全国高等教育自学考试指定教材
电子商务专业（专科）

计算机与网络技术基础

（2007 年版）

（附：计算机与网络技术基础自学考试大纲）

全国高等教育自学考试指导委员会　组编
于　森　主编

中国人民大学出版社

图书在版编目（CIP）数据

计算机与网络技术基础：2007年版/于淼主编. 2版
北京：中国人民大学出版社，2007
全国高等教育自学考试指定教材. 电子商务专业. 专科
ISBN 978-7-300-03718-9

Ⅰ. 计…
Ⅱ. 于…
Ⅲ. ①电子计算机-高等教育-自学考试-教材②计算机网络-高等教育-自学考试-教材
Ⅳ. TP3

中国版本图书馆CIP数据核字（2006）第155947号

电子商务专业（专科）
计算机与网络技术基础（2007年版）
（附：计算机与网络技术基础自学考试大纲）
全国高等教育自学考试指导委员会　组编
于 淼　主编

出　版　中国人民大学出版社
社　址　北京中关村大街31号　　邮政编码　100080
网　址　http://www.crup.com.cn
　　　　http://www.ttrnet.net(人大教研网)
印　刷　北京市荣盛彩色印刷有限公司
规　格　184mm×260mm　16开本　　版　次　2001年3月第1版
　　　　　　　　　　　　　　　　　　　　2007年2月第2版
总印张　32　　印　次　2016年9月第10次印刷
总字数　790 000　　总定价　48.00元

自学考试教材服务网　网址：http://zkjc.neea.edu.cn

组 编 前 言

21世纪是一个变幻难测的世纪，是一个催人奋进的时代。科学技术飞速发展，知识更替日新月异。希望、困惑、机遇、挑战，随时随地都有可能出现在每一个社会成员的生活之中。抓住机遇，寻求发展，迎接挑战，适应变化的制胜法宝就是学习——依靠自己学习，终生学习。

作为我国高等教育组成部分的自学考试，其职责就是在高等教育这个水平上倡导自学、鼓励自学、帮助自学、推动自学，为每一个自学者铺就成才之路。组织编写供读者学习的教材就是履行这个职责的重要环节。毫无疑问，这种教材应当适合自学，应当有利于学习者掌握、了解新知识、新信息，有利于学习者增强创新意识、培养实践能力、形成自学能力，也有利于学习者学以致用，解决实际工作中所遇到的问题。具有如此特点的书，我们虽然沿用了“教材”这个概念，但它与那种仅供教师讲、学生听，教师不讲、学生不懂，以“教”为中心的教科书相比，已经在内容安排、形式体例、行文风格等方面都大不相同了。希望读者对此有所了解，以便从一开始就树立起依靠自己学习的坚定信念，不断探索适合自己的学习方法，充分利用已有的知识基础和实际工作经验，最大限度地发挥自己的潜能，达到学习的目标。

欢迎读者提出意见和建议。

祝每一位读者自学成功。

全国高等教育自学考试指导委员会

2006年11月

目　录

计算机与网络技术基础

附:计算机与网络技术基础自学考试大纲

计算机与网络技术基础

第一章　计算机基础知识

第一节　计算机概述

1.1.1　计算机的发展简史

电子计算机的发展阶段通常以构成计算机的电子器件来划分，至今已经历了四代。

（1）第一代电子计算机。

电子管（又称真空管）是1913年发明出来的，起初用于雷达等电子设备中。1946年从ENIAC开始，才用于电子计算机。人所共知的第一台电子计算机ENIAC的主要器件是18 000支电子管。人们把电子器件是电子管的计算机统称为第一代电子计算机。

（2）第二代电子计算机。

第二代电子计算机的特点是用晶体管代替了电子管。半导体晶体管于1948年由贝尔实验室研制出来，从1956年开始用于制作电子计算机。晶体管的优点是体积小、重量轻、发热少、耗电少、寿命长、价格低，特别是工作速度比电子管更快。

另外，第二代计算机普遍采用磁芯存储器作内存，采用磁盘与磁带作外存，使存储容量增大，可靠性提高。这时，汇编语言取代了机器语言，开始出现了FORTRAN和COBOL等高级语言。

（3）第三代电子计算机。

第三代电子计算机的主要特点是以中、小规模集成电路取代了晶体管。集成电路（IC）是将许多个晶体管和电子元件集中制造在同一块很小的硅片上。集成电路的体积更小，耗电更少，功能更强。用半导体存储器淘汰了磁芯存储器，使存储器也开始集成电路化；内存容量大幅度增加。另外，系统软件和应用软件有了很大发展，出现了结构化、模块化程序设计方法。

第三代计算机的典型机型有IBM360系列和PDP11系列等。其主存储器容量达1MB～4MB，运算速度达200万次/秒。

（4）第四代电子计算机。

第四代电子计算机的主要特点是用大规模集成电路（LSI）和超大规模集成电路（VL-SI）取代中小规模集成电路。微电子学理论和制作工艺方面的发展，为大幅度提高集成电路的集成度创造了条件。

这时，出现了微处理器，从而产生了微型计算机。微型机的突出优点使其得以迅速发展和普及。

人们通常把1971年至今出现的大型机称为第四代电子计算机，代表机种有IBM370和CRAYⅡ等。

从20世纪80年代开始，日、美等国家开展了新一代称为“智能计算机”的计算机系统的研究。

目前计算机的发展有如下四个重要的方向：

①巨型化。用于天气预报、军事计算、飞机设计、核弹模拟等。

②微型化。微型机已从台式机发展到便携机、膝上机、掌上机。

③网络化。近几年，计算机联网形成了巨大的浪潮，它使计算机的实际效用得到大大的提高。

④智能化。使计算机具有更多的类似人的智能。

1.1.2 微型计算机的发展简史

20世纪70年代出现的微型计算机是第四代计算机中的一种，它的主要特点是体积小、价格低、使用方便，它的出现推动了计算机的进一步发展，使计算机迅速得以普及。

开发微型计算机的先驱是两名青年工程师，美国Intel公司的霍夫（Hoff）和意大利的费金（Fagin）。霍夫首先提出了可编程通用计算机的设想，即把计算机的全部电路作在4个集成电路芯片上，从而可大大缩小计算机的体积。这个设想首先由费金实现，他在4.2mm×3.2mm硅片上集成了2 250个晶体管，构成了中央处理器（CPU，Central Processing Unit）Intel4004，再加上一片随机存取存储器、一片只读存储器和一片寄存器，通过总线连接就构成了4位微型计算机。

凡由集成电路构成的中央处理器，人们习惯称之为微处理器（Micro Processor）。随着微电子技术的发展，集成度的迅速提高，微处理器也在不断发展。20多年间，CPU集成度提高了1万倍，字长由4位发展到64位，运算速度也越来越快。不同规模的微处理器形成了微型计算机不同的发展阶段。

继1971年人类第一台4位微型计算机诞生之后，1972年Intel公司又研制成8位微处理器Intel8008。

由于构成微处理器的集成电路的集成度不断提高，1972年采用的速度较低的P沟道MOS（Metal Oxide Semiconductor，金属氧化物半导体）电子器件被1973年新开发的速度较高的N沟道MOS所取代，出现了一批8位微处理器。具有代表性的产品有Intel公司的Intel8080、Motorola公司的M6800、Zilog公司的Z80等。8位微处理器特别适用于控制电路，所以至今应用仍很广泛。

1978年开始出现了16位微处理器。由于采用HMOS（High performance MOS，高性能MOS）工艺，该工艺能把2.9万个晶体管集成在32.9mm^{2}的芯片上，因而使微处理器的性能一下子提高了近十倍。具有代表性的产品有Intel8086、Z8000、M68000等。它们有很强的寻址能力、较宽的数据通道，能支持多种数据类型、多处理系统和分布式处理系统，能运行数据算式、科学计算的各种应用程序，在性能上可与中档小型机相媲美。

1981年起采用超大规模集成电路构成的32位微处理器问世。它们的集成度大多在每片10万个以上晶体管，大多采用微程序技术，拥有巨大的地址空间，支持虚拟存储和多种高级语言。具有代表性的产品有 Intel 公司的 Intel80386、Intel80486、Z80000、NS-16032、HP-32、M68020 等。用 32 位微处理器构成的微型计算机，其性能可与 20 世纪 70 年代的大、中型计算机相比。

微型机的发展还在不断前进。1993 年，Intel 又研制出奔腾（Pentium）芯片，一个芯片集成了 310 万个晶体管，各国微机厂家纷纷推出以奔腾为 CPU 的 32 位微型计算机。

现在 Intel 已推出了 Intel Itanium 体系结构的 64 位微处理器，其主要竞争对手 AMD 公司也推出了 AMD×86 64 体系结构的芯片。微型计算机已进入了 64 位时代。

1.1.3 计算机的特点

1. 运算速度快

计算机的运算速度已从每秒几千次（加法运算）发展到现在高达每秒几千亿次。计算机运算速度快的特点，不仅极大地提高了工作效率，而且使许多极复杂的科学问题得以解决。例如，外国的一位数学家花了 15 年时间把圆周率 π 的值算到小数点后 707 位，而用现代计算机不到一小时就完成了。

2. 计算精度高

科学技术的发展，特别是尖端科学技术的发展需要具有高度准确的计算，只要电子计算机内用以表示数值的位数足够多，就能提高运算精度。一般的计算工具只有几位有效数字，而计算机的有效数字可以准确到十几位、几十位，甚至上百位，这样就能精确地进行数据计算和表示数据的计算结果。

3. 存储功能强

计算机具有存储“信息”的存储装置，可以存储大量的数据，当需要时，又能准确无误地取出来。计算机这种存储信息的“记忆”能力，使它能成为信息处理的有力工具。

4. 具有逻辑判断能力

计算机可以进行数值运算，也可以进行逻辑运算，可以对文字或符号进行判断和比较，进行逻辑证明。这是其他任何计算工具无法相比的。

5. 具有自动运行能力

计算机不仅能存储数据，而且能存储程序。由于计算机内部操作是按照人们事先编制的程序自动一步一步地进行的，所以不需要人工操作和干预。这是计算机与其他计算工具最本质的区别。

可以说，计算机以上几个方面的特点，是促使计算机迅速发展并获得极其广泛应用的最根本的原因。

1.1.4 计算机的应用领域

电子计算机的应用极其广泛，其应用领域已渗透到国民经济各个部门及社会生活的各个方面。根据应用性质，大体上可以归纳为以下五个方面。

1. 科学计算

科学计算是电子计算机产生的最原始的动力。在近代科学和工程技术中常常会遇到大量复杂的科学计算问题，利用计算机的高速度、高精度、大存储量和连续运算的能力，可实现人工无法实现的各种科学计算问题。甚至可以对不同计算方案进行比较，以选出最佳方案，如复杂电子电路的计算、天气预报计算等。“数值仿真”则是在此基础上发展起来的应用。例如，可以用计算机仿真原子弹的爆炸，避免过多的实弹试验。

2. 数据处理

数据处理是指对原始数据进行收集、整理、合并、选择、存储、输出等加工过程，也称信息处理。信息是随人类而存在的，没有信息就没有人类的发展。信息处理是计算机应用的一个重要方面。它涉及的范围和内容十分广泛，如办公自动化、生产管理自动化、军事指挥自动化、医疗管理和诊断、专家系统和决策系统、国内与国际综合信息处理等。据统计，计算机在数据处理方面的应用占全部计算机应用的80%以上。这类应用的特点是数据量大，而且要经常处理。典型的应用如银行业务电脑化处理、全国航班联网订票系统、企业MIS（管理信息系统）等。

3. 过程控制

过程控制是指实时采集、检测数据，并进行处理和判定，按最佳值进行调节的过程。利用计算机实现生产过程的控制，不仅可大大地提高自动化水平，减轻人们的劳动强度，提高生产率，更重要的是提高了控制的准确性，提高了产品质量和成品合格率。近年来，计算机过程控制系统在机械、冶金、石油、化工、电力、建材和轻工业等各个部门得到广泛的应用，并获得了很高的经济效益。

过程控制的一个显著特点是要求实时性强，即计算机做出反应的时间和被控制过程的时间相适应。在导弹、人造卫星等需要精确控制的发射中，如果没有计算机的快速反应和调整是无法成功的。

4. 计算机辅助设计和辅助教学

计算机辅助设计（CAD）是指用计算机帮助工程设计人员进行设计工作。CAD是计算机技术和某项专门技术相结合的产物，采用CAD可以使设计工作半自动化或全自动化，这不仅使设计周期大大缩短，节省人力物力，而且还降低了设计成本，提高设计精度，保证设计质量。当前，在机械制造、建筑工程、造船、飞机、大规模集成电路、服装设计以及高档的电子产品设计中，已广泛使用计算机进行辅助设计。例如，在建筑设计过程中，可以用CAD软件进行力学计算、结构设计、绘制立体图形和建筑图纸等。

CAD为工程设计自动化提供了广阔的前景，已得到各国工程技术人员的重视。一些国家已把计算机辅助设计和辅助制造（CAM）、计算机辅助测试（CAT）和计算机辅助工程（CAE）组成一个集成系统，使设计制造、测试和管理有机地组成一体，形成了高度的自动化系统，因此产生了自动化生产线和“无人工厂”。

计算机辅助教学（CAI）是指利用计算机进行辅助教学工作。它可以利用图形、动画和声音等方式使教学过程形象化；还可采用人机对话方式，对不同学生采用不同的教学内容和教学进程，改变了教学的统一模式。这不仅有利于提高学生的学习兴趣，而且有利于因材施教。此外，还可以利用计算机来辅导学生、解决问题、批改作业、编制考题等。

5. 人工智能

人工智能（AI）是指用计算机来“模仿”人的智能，使计算机能像人一样具有识别语言、文字、图形和“推理”、学习以及适应环境的能力。第五代计算机的开发将成为人工智能研究成果的集中体现。具有某一方面专门知识的“专家系统”和具有一定“思维”能力的机器人的大量出现，是人工智能研究不断取得进展的标志。例如，应用在医疗工作中的医学专家系统能模拟医生分析病情，为病人开出药方，为病人提供咨询等。在有害人体健康的工作环境中采用的机器人，可以完成人们无法完成的各项复杂的工作。

由此可见，电子计算机的作用已远远超出本来的“计算”概念。电子计算机的发展和广泛的应用不仅推动了生产力的发展，大大地提高了劳动效率，对社会的发展产生了重大的影响，而且标志着人们已开始步入了以计算机为主要应用工具的信息化时代。如果说第一次工业革命是以蒸汽机为代表的动力革命，第二次工业革命是以发动机为代表的电气革命，那么第三次工业革命就是以电子计算机为代表的信息革命。可以预见，在信息社会中，计算机技术在对信息的生产、收集、处理、存储和传播等方面发挥越来越重要的作用，计算机作为一种崭新的生产力将推动信息社会更快地向前发展。

1.1.5 计算机的分类

计算机的种类很多，新型号的计算机如雨后春笋般地涌现，可以从不同的角度对其进行分类。

1. 按计算机的原理分类

计算机从原理上可分为三大类：电子数字式计算机、电子模拟式计算机和混合式计算机。

(1) 电子数字式计算机。电子数字式计算机是指其中的数字都是由 0 和 1 构成的二进制数的形式，即由不连续的数字量表示。基本运算部件是数字逻辑电路，因此其精度高，便于大量信息存储，通用性强。通常我们使用的都是电子数字式计算机，简称电子计算机。

(2) 电子模拟式计算机。电子模拟式计算机是指用连续变化的模拟量即电压表表示，其基本运算部件是运算放大器构成的各类运算电路。电子模拟式计算机运算速度快、精度不高；通用性差，主要用于过程控制中。

(3) 混合式计算机。混合式计算机结合了两者的优点。

2. 按计算机的用途分类

(1) 通用机。通用机是指为解决各种问题，具有较强的通用性而设计的计算机。平时使用的计算机一般都是通用机。

(2) 专用机。专用机是指为了解决一个或一类特定的问题而设计的计算机。一般在过程控制中使用的是专用机。

3. 按计算机的规模分类

规模主要指计算机的一些主要技术指标，如字长、运算速度、存储容量、外部设备、输入和输出能力、配置软件、价格高低等。

一般分为四类：巨型机、大中型机、小型机和微型计算机。当然，这种划分随着时间的推移也在变化，现在的奔腾微机其性能指标已达到早期的巨型机。目前使用的机器是朝着两个化即微型化和巨型化发展，前者价格每年在降低而性能在增强，后者代表了国家的科学技术水平。相对地，大中型机的优势在逐渐消失，因而也失去了往日的风采。

第二节　计算机数制

1.2.1　数制的基本概念

计算机采用的数制是二进制，它的特点是逢 2 进 1，因此在二进制中，只有 0 和 1 两个数字符号。

计算机采用二进制，这是因为只需表示 0 和 1，这在物理上很容易实现，如电路的导通或截止，磁性材料的自向磁化或反向磁化等；0 和 1 两个数的传输和处理抗干扰性强，不易出错，可靠性好。另外，0 和 1 正好与逻辑代数“假”和“真”相对应，易于进行逻辑运算。

在程序设计中，有时也使用十六进制。实际上，十六进制常用作二进制的压缩形式，它的 1 位表示二进制的 4 位。八进制的 1 位则表示二进制的 3 位。

下面简单介绍有关数制的几个基本概念。

1. 基数

在一种数制中，只能使用一组固定的数字符号来表示数目的大小，具体使用多少个数字符号来表示数目的大小，就称为该数制的基数。

(1) 十进制 (Decimal)。

基数是 10，它有 10 个数字符号，即 0，1，2，3，4，5，6，7，8，9。其中最大数码是基数减 1，即 9，最小数码是 0。

(2) 二进制 (Binary)。

基数是 2，它只有 2 个数字符号，即 0 和 1。这就是说，如果在给定的数中，除 0 和 1 外还有其他数，如 1012，它就绝不会是一个二进制数。

(3) 八进制 (Octal)。

基数是 8，它有 8 个数字符号，即 0，1，2，3，4，5，6，7。最大的数也是基数减 1，即 7，最小的数是 0。

(4) 十六进制 (Hexadecimal)。

基数是 16，它有 16 个数字符号，除了十进制中的 10 个数字符号可用外，还使用了 6 个英文字母。它的 16 个数字符号依次是 0，1，2，3，4，5，6，7，8，9，A，B，C，D，E，F。其中 A～F 分别代表十进制数的 10～15，最大的数字也是基数减 1。

既然有不同的数制，那么在给出一个数时，必须指明是什么数制的数。例如，$(1001)_2$，$(1001)_8$，$(1001)_{10}$，$(1001)_{16}$所代表的数值就不同。除了用下标表示外，还可用后缀字母来表示数制。例如，2A4EH，FEEDH，BADH（最后的字母 H 表示十六进制数），与$(2A4E)_{16}$，$(FEED)_{16}$，$(BAD)_{16}$的意义相同。

2. 进制和位权

在数制中还有一个规则，这就是 N 进制必须是逢 N 进 1。

对于多位数，处在某一位上的 1 所表示的数值的大小，称为该位的位权。例如，十进制第 2 位的位权为 10；第 3 位的位权为 100；而二进制第 2 位的位权为 2，第 3 位的位权为 4。一般情况下，对于 N 进制数，整数部分第 i 位的位权为 N^{i-1}，而小数部分第 j 位的位权为 N^{-j}。

（1）十进制数的特点是逢 10 进 1。例如：

$$(1001)_{10}=1\times10^3+0\times10^2+0\times10^1+1\times10^0$$

（2）二进制数的特点是逢 2 进 1。例如：

$$(1001)_2=1\times2^3+0\times2^2+0\times2^1+1\times2^0=(9)_{10}$$

（3）八进制数的特点是逢 8 进 1。例如：

$$(1001)_8=1\times8^3+0\times8^2+0\times8^1+1\times8^0=(513)_{10}$$

（4）十六进制数的特点是逢 16 进 1。例如：

$$(1001)_{16}=1\times16^3+0\times16^2+0\times16^1+1\times16^0=(4\ 097)_{10}$$

$$(9AC)_{16}=9\times16^2+10\times16^1+12\times16^0=(2\ 476)_{10}$$

1.2.2 数制之间的转换

1. 非十进制数转换成十进制数

要将非十进制数转换成十进制数，只要把非十进制数按权展开求和即可。

（1）二进制数转换成十进制数。

$$\begin{aligned}(1010.101)_2&=1\times2^3+0\times2^2+1\times2^1+0\times2^0+1\times2^{-1}+0\times2^{-2}+1\times2^{-3}\\&=8+2+0.5+0.125\\&=(10.625)_{10}\end{aligned}$$

（2）八进制数转换成十进制数。

$$\begin{aligned}(126.55)_8&=1\times8^2+2\times8^1+6\times8^0+5\times8^{-1}+5\times8^{-2}\\&=64+16+6+0.625+0.078\ 125\\&=(86.703\ 125)_{10}\end{aligned}$$

（3）十六进制数转换成十进制数。

$$\begin{aligned}(30CF.4A)_{16}&=3\times16^3+0\times16^2+12\times16^1+15\times16^0+4\times16^{-1}+10\times16^{-2}\\&=12\ 288+0+192+15+0.25+0.039\ 062\ 5\\&=(12\ 495.289\ 062\ 5)_{10}\end{aligned}$$

2. 十进制数转换成非十进制数

对于十进制数转换成非十进制数，整数转换中采用除基数取余的方法；小数转换中采用乘基数取整的方法。

十进制整数转换成二进制整数时，应采用“除 2 取余”法。先获得的余数为二进制整数的低位，后获得的余数为二进制整数的高位。

例如，把十进制整数 $(112)_{10}$ 转换成二进制整数，结果是 $(1110000)_2$。

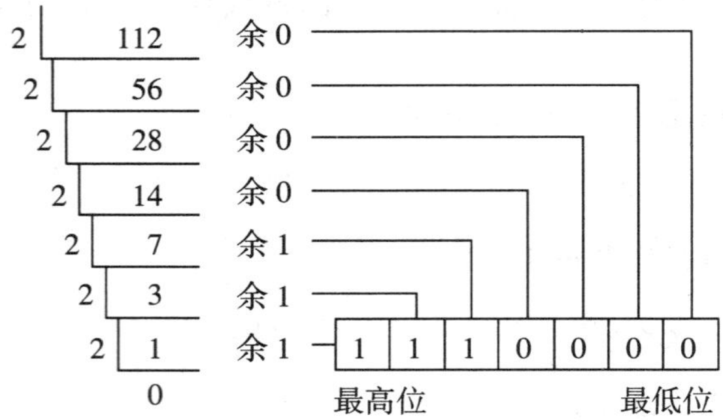

把十进制小数转换成二进制小数时，应采用“乘 2 取整”法。第一个乘积的整数为转换结果的最高位，最后一个乘积的整数为转换结果的最低位。

例如，把 $(0.375)_{10}$ 转换成二进制小数，结果为 $(0.011)_2$。

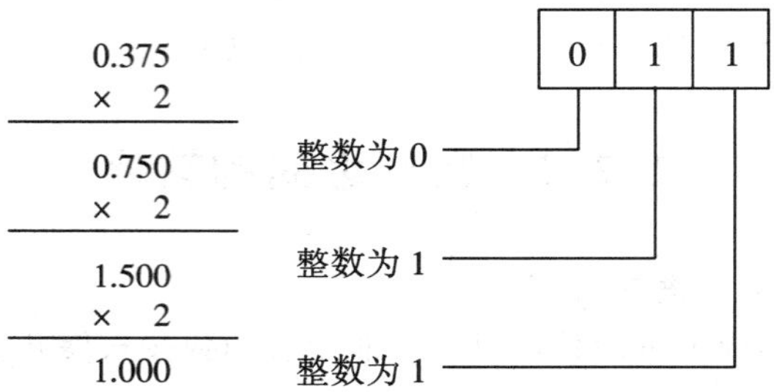

上面的例子是简单的，通过有限次“乘取整”过程而告结束。但是，也有许多情况可能是无限的，这就要根据精度要求选取适当的位数。

用同样的方法，可将十进制数转换成八进制数和十六进制数，即“除 8 取余、乘 8 取整”和“除 16 取余、乘 16 取整”。

3. 二进制数、八进制数、十六进制数之间的转换

（1）二进制数、八进制数之间的相互转换。

由于八进制数的 1 位数相当于二进制数的 3 位数，因此，从八进制数转换成二进制数，只需以小数点为界，向左向右，每位八进制数用相应的 3 位二进制数取代，即可分别转换成二进制的整数和小数。无论向左还是向右，最后不足 3 位二进制数时都用零补足 3 位。

例如，把 $(613.501)_8$ 转换为二进制数 $(110001011.101000001)_2$。

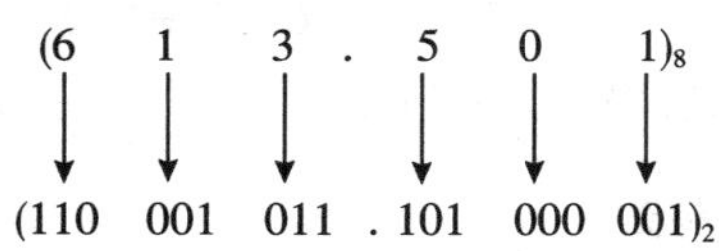

同理，把二进制数转换成相应的八进制数只是上述方法的逆过程。

例如，把 $(10001011.001010101)_2$ 转换为八进制数 $(213.125)_8$。

$$(010\quad 001\quad 011\ .\ 001\quad 010\quad 101)_2$$

$$\downarrow\quad\downarrow\quad\downarrow\quad\downarrow\quad\downarrow\quad\downarrow$$

$$(2\quad 1\quad 3\ .\ 1\quad 2\quad 5)_8$$

（2）二进制数、十六进制数之间的相互转换。

由于十六进制数的 1 位数相当于二进制数的 4 位数，因此，从十六进制数转换成二进制数时，只需以小数点为界，整数部分向左，小数部分向右，每位十六进制数用相应的 4 位二进制数取代，即可分别转换成二进制的整数和小数。无论向左还是向右，最后不足 4 位时都用零补足 4 位。

例如，$(4A7.D5)_{16}$ 转换成二进制数 $(10010100111.11010101)_2$。

$$(4\quad A\quad 7\ .\ D\quad 5)_{16}$$

$$\downarrow\quad\downarrow\quad\downarrow\quad\downarrow\quad\downarrow$$

$$(0100\ 1010\ 0111\ .\ 1101\ 0101)_2$$

又例如，把 $(11010110.000101011101)_2$ 转换成十六进制数 $(D6.15D)_{16}$。

$$(1101\ 0110\ .\ 0001\ 0101\ 1101)_2$$

$$\downarrow\quad\downarrow\quad\downarrow\quad\downarrow\quad\downarrow$$

$$(D\quad 6\ .\ 1\quad 5\quad D)_{16}$$

1.2.3 二进制数的算术运算

1. 二进制数的加法运算

二进制数的加法运算法则是：

①0＋0＝0

②0＋1＝1＋0＝1

③1＋1＝0（向高位进位）

例如，$(110)_2+(1011)_2$ 的算式如下：

被加数	110
加数	1011
＋）进位	111
和数	10001

2. 二进制数的减法运算

二进制数的减法运算法则是：

①0－0＝1－1＝0

②1－0＝1

③0－1＝1（向高位借位）

例如，$(11000011)_2-(00101101)_2$ 的算式如下：

被减数	11000011
减数	00101101
－）借位	1111
差数	10010110

3. 二进制数的乘法运算

二进制数的乘法运算法则是：

①0×0＝0

②0×1＝1×0＝0

③1×1＝1

例如，$(1110)_2 \times (1101)_2$ 的运算乘法算式为：

```
          被乘数      1110
            乘数      1101
   ---------------------------
                      1110
   部分积            0000
                    1110
                   1110
   ---------------------------
            乘积  10110110
```

其特点是，乘数某位为 1，则将被乘数复制下来，若为 0 则不复制，换 1 位则左移 1 位。可见，二进制数的乘法可以归结为"复制＋移位"操作。

4. 二进制数的除法运算

二进制数的除法运算法则是：

①0÷1＝0（1÷0 无意义）

②1÷1＝1

例如，$(100110)_2 \div (110)_2$ 得商 $(110)_2$ 并余数 $(10)_2$ 的运算算式为：

```
                   110——商
      除数——110 ┌──────
                │100110——被除数
               -) 110
               ─────────
                  0111
               -)  110
               ─────────
                    10——余数
```

在计算机内部，二进制数的加法是基本运算，利用加法可以实现二进制数的减法、乘法和除法运算。其原理主要是应用了"补码"运算，有兴趣的读者可参阅有关书籍。

1.2.4 二进制数的逻辑运算

逻辑变量之间的运算称为逻辑运算。它是逻辑代数的研究内容，也是计算机的基本操作。二进制数 1 和 0 在逻辑上可以代表"真"与"假"、"是"与"否"、"有"与"无"。这种具有逻辑属性的变量称为逻辑变量。由此可见，逻辑运算是以二进制数为基础的。

计算机的逻辑运算与算术运算的主要区别是：逻辑运算是按位进行的，位与位之间不像加减运算那样有进位或借位的联系。

逻辑运算主要包括三种基本运算：逻辑加法（又称"或"运算）、逻辑乘法（又称"与"运算）和逻辑否定（又称"非"运算）。此外，"异或"运算也很常用。

1. 逻辑加法（“或”运算）

逻辑加法通常用符号“+”或“∨”表示。例如，有逻辑变量 A、B 和 C，它们的逻辑加法运算关系为：

$$A+B=C \quad 或 \quad A\vee B=C$$

逻辑加法运算规则如下：

$$0+0=0, \quad 0\vee 0=0$$
$$0+1=1, \quad 0\vee 1=1$$
$$1+0=1, \quad 1\vee 0=1$$
$$1+1=1, \quad 1\vee 1=1$$

从上式可见，逻辑加法有“或”的意义。也就是说，在给定的逻辑变量中，A 或 B 只要有一个为 1，其逻辑加的结果为 1；两者都为 1，则逻辑加为 1。

2. 逻辑乘法（“与”运算）

逻辑乘法通常用符号“×”或“∧”或“·”来表示。例如，有逻辑变量 A、B 和 C，它们的逻辑乘法运算关系为：

$$A\times B=C$$
$$A\wedge B=C$$
$$A\cdot B=C \text{ 或 } AB=C$$

逻辑乘法运算规则如下：

$$0\times 0=0, \quad 0\wedge 0=0, \quad 0\cdot 0=0$$
$$0\times 1=0, \quad 0\wedge 1=0, \quad 0\cdot 1=0$$
$$1\times 0=0, \quad 1\wedge 0=0, \quad 1\cdot 0=0$$
$$1\times 1=1, \quad 1\wedge 1=1, \quad 1\cdot 1=1$$

不难看出，逻辑乘法有“与”的意义。它表示只当参与运算的逻辑变量都同时取值为 1 时，其逻辑乘积才等于 1。

3. 逻辑否定（“非”运算）

逻辑非运算又称逻辑否运算。其运算规则为：

0=1 非 0 等于 1

1=0 非 1 等于 0

4. 逻辑异或运算（“半加”运算）

异或运算通常用符号“⊕”表示。其运算规则为：

$0\oplus 0=0$　0 同 0 异或，结果为 0

$0\oplus 1=1$　0 同 1 异或，结果为 1

$1\oplus 0=1$　1 同 0 异或，结果为 1

$1\oplus 1=0$　1 同 1 异或，结果为 0

即两个逻辑变量相异，输出才为 1。

第三节　计算机中的数据与编码

数据是指能够输入计算机并被计算机处理的数字、字母和符号的集合。人们看到的景象和听到的事实，都可以用数据来描述。通常，经过收集、整理、组织起来的数据就能成为有用的信息供人们使用。

数据可分为人读数据和机读数据。例如，人类独有的语言、文字、数字以及图像、图书、资料、声像制品等，都是特定的人群才能理解的数据，这就是人类可读的数据；商场出售的物品上常会印出黑白相间、粗细不同的条形码，通过扫描器阅读后，它就会把有关物品的信息输给计算机处理，这种条形码就是一种机读数据。

1.3.1　数据的单位与存储形式

在计算机内部，数据是以二进制的形式存储和运算的。

数据的最小单位是二进制的 1 位数（bit）。

通常将 8bit 编为一组，叫做一个字节（Byte）。一个英文字符的编码通常用一个字节来存储。一个汉字的机内编码则需要两个字节甚至更多字节来存储。

在计算机中常用一个字（word）来表示该计算机能最方便、最有效地进行操作的数据或信息的长度。一个字由若干个字节组成。通常将组成一个字的位数叫做该字的字长。例如，某计算机的字长为 16 位，则表示该机的一个字由两个字节（16 位）组成。不同级别的计算机的字长是不同的。

在计算机中常用的字长为 8 位、16 位、32 位、64 位等。

例如，一个字长 8 位的存储单元可以表示 0～255 共 2^8 即 256 个无符号整数，也可以表示 ASCII 码中的一个字符。

图 1—1 表示组成计算机字长的位数。

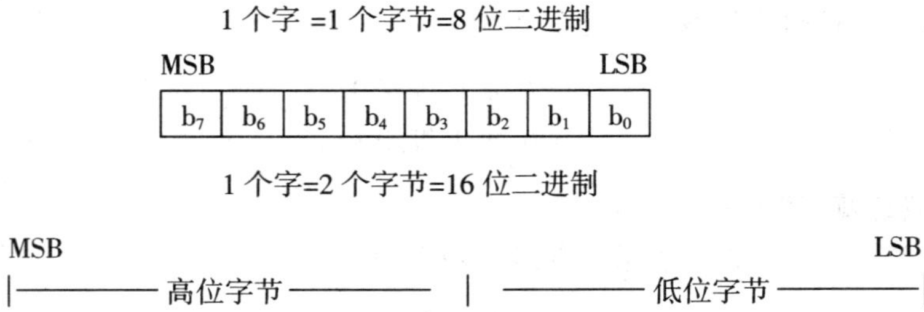

图 1—1　字、字节和位的关系

一个字最右边的一位称为最低有效位（LSB，Least Significant Bit），最左边的一位称为最高有效位（MSB，Most Significant Bit）。在 8 位字中，自右至左，依次为 b_0～b_7，为一字节。在 16 位字中，自右至左，依次为 b_0～b_{15}，为两个字节，左边 8 位为高位字节，右边 8 位为低位字节。

1.3.2 字符编码

字符编码（Character Code）就是规定用怎样的二进制码来表示字母、数字和专门符号。由于这是一个涉及世界范围内有关信息表示、交换、处理、存储的基本问题，因此都以国家标准或国际标准的形式颁布施行。

在计算机系统中，有两种重要的字符编码方式：EBCDIC 和 ASCII。前者主要用于 IBM 的大型主机，后者则用于微型机与小型机。

ASCII 是美国标准信息交换码（American Standard Code for Information Interchange），它已被国际标准化组织（ISO）接收为国际标准。因此，ASCII 码已为世界所公认，并在世界范围内通用。

字符是计算机处理的主要对象。人们使用最多的符号有十进制数字 0～9、大小写英文字母 A～Z 和 a～z、通用的算术运算符及各种标点符号等近百个。

ASCII 码有 7 位，它包含 10 个阿拉伯数字、52 个英文大小写字母、32 个标点符号和运算符，以及 34 个控制码，总共 128 个字符，所以可用 7 位码（$2^7=128$）来表示。（表 1—1）

表 1—1　　7 位 ASCII 表

0000	NUL	DLE	SP	0	@	P	、	p
0001	SOH	DC$_1$	!	1	A	Q	a	q
0010	STX	DC$_2$	“	2	B	R	b	r
0011	ETX	DC$_3$	#	3	C	S	c	s
0100	EOT	DC$_4$	$	4	D	T	d	t
0101	ENQ	NAK	%	5	E	U	e	u
0110	ACK	SYN	&	6	F	V	f	v
0111	BEL	ETB	‘	7	G	W	g	w
1000	BS	CAN	(	8	H	X	h	x
1001	HT	EM	)	9	I	Y	i	y
1010	LF	SUB	*	:	J	Z	j	z
1011	VT	ESC	+	;	K	[	k	{
1100	FF	FS	,	〈	L	\	l	|
1101	CR	GS	—	=	M	]	m	}
1110	SO	RS	.	〉	N	↑	n	～
1111	SI	US	/	?	O	↓	o	DEL

当微型机采用 7 位 ASCII 码作机内码时，每个字节的 8 位只占用了 7 位，而把最左边的 1 位（最高位）置 0。

ASCII 的新版本称为 ASCII-8。它把原来的 7 位码扩展成 8 位码，因此它可以表示 256 个字符。这样表示每个字符的字节，其最高位并不全是 0。

表内左边两列主要是控制字符，如 NUL—空白、LF—换行、FF—换页、CR—回车、ESC—扩展等。

1.3.3 汉字编码

1. 国标码

我国制定了“中华人民共和国国家标准信息交换汉字编码”，代号为 GB2312-80。这种编码称为国标码。在国标码的字符集中共收录了汉字和图形符号 7 445 个，其中一级汉字 3 755个，二级汉字 3 008 个，图形符号 682 个。

国标 GB2312-80 规定，所有的国标汉字与符号组成一个 94×94 的矩阵。在此方阵中，每一行称为一个“区”，每一列称为一个“位”，因此，这个方阵实际上组成了一个有 94 个区（区号分别为 01 到 94）、每个区内有 94 个位（位号分别为 01 到 94）的汉字字符集。一个汉字所在的区号和位号简单地组合在一起就构成了该汉字的“区位码”。在汉字的区位码中，高两位为区号，低两位为位号。由此可见，区位码与汉字或符号之间是一一对应的。

汉字与符号在方阵中的分布情况如下：

- 1～15 区为图形符号区；
- 16～55 区为一级常用汉字区；
- 56～87 区为非常用的二级汉字区；
- 88～94 区为自定义汉字区。

2. 机内码

汉字的机内码是指在计算机中表示汉字的编码。机内码与区位码稍有区别。为什么不直接用区位码作为机内的编码呢？这是因为汉字的区码和位码的范围都在 1 到 94 内，如果直接用区位码作机内码，就会与基本 ASCII 码冲突。

汉字的机内码通常与所使用的计算机系统有关。目前，对于国内大多数的计算机系统来讲，一个汉字的机内码占两个字节，分别称为高位字节与低位字节，且这两位字节与区位码的关系如下：

机内码高位＝区码＋A0H（H 表示十六进制）

机内码低位＝位码＋A0H

例如，汉字“啊”的区位码为 1601，区码和位码分别用十六进制表示即为 1001H，则它的机内码为 B0A1H。其中，B0H 为机内码的高位字节，A1H 为机内码的低位字节。

3. 汉字字模信息

在需要输出一个汉字时，首先根据该汉字的机内码找出其字模信息在汉字库中的位置，然后取出该汉字的字模信息作为图形在屏幕上显示或在打印机上打印输出。

汉字是一种象形文字，每一个汉字可以看做一个特定的图形，这种图形一般用点阵来描述。

例如，如果用 16×16 点阵来表示一个汉字，则一个汉字占 16 行，每一行上有 16 个点。通常，每一个点用一个二进制位表示，值 0 表示暗，值 1 表示亮。由于计算机存储器的每个字节有 8 个二进制位，因此，16 个点要用两个字节来存放。由此可知，16×16 点阵的一个汉字字形需要用 32 个字节来存放，这 32 个字节中的信息就构成了一个汉字的字模。所有汉字的字模集合就构成了汉字字库。同样的道理，32×32 点阵的一个汉字需要 128 个字节来存放。其他点阵的汉字依此类推。

第四节　计算机与信息时代

大家知道，计算机的产生是人类文明发展和科学技术进步的产物，它推动了整个社会的前进。在当今信息社会中，人们离不开信息、数据和计算机。计算机作为重要的计算工具，能快速、自动地处理大量的数据，帮助人们获取与分析各种各样的信息。

1.4.1　信息和数据的概念

1. 信息

信息在现实世界中是广泛存在的。我们每时每刻都离不开它，需要经常不断地获取信息、加工信息和运用信息来为社会各个领域服务。所以，信息的概念十分广泛，在不同的领域、从不同的角度有着不同的意义。

从计算机应用角度，通常将信息看做人们进行各种活动所需的或所获取的知识。在我们学习、生活和工作中，经常接触到各式各样的信息，而且频繁地传播、加工和利用这些信息，从而达到认识世界、最终改造世界的目的。可以说，现实世界到处都充满了信息。在用计算机处理信息时，必须将现实世界中的信息转换为计算机能识别的符号（符号就是通常所说的数据），然后加工成新的信息。

2. 数据

数据是现实世界中的各种信息记录下来的、可以识别的符号。它是信息的载体，是信息的具体表示形式。数据可以是数字、文字、图像或其他特殊符号，目的是要对它进行通信、解释和处理。

数据和信息这两者既有联系，又有区别：数据是信息的表示形式，信息是数据所表达的含义；数据是具体的物理形式，信息是抽象出来的逻辑意义；数据可用多种不同的形式来表示一种同样的信息，信息不随它的数据形式不同而改变，它反映了现实世界中客观存在的知识。

例如，在身体普查时，表示每个人的身高：170、174、168……这些都是存在计算机内的数据，通过加工、处理，得到了所有人的平均身高，这是信息，反映了人们的身体状况。

1.4.2　信息处理和计算机在信息处理中的作用

1. 信息处理

在当今信息社会，信息处理实际上就是利用计算机的特点，由计算机进行数据处理的过程。其中包括：通过数据的采集和输入，有效地把数据组织到计算机中，由计算机系统对数据进行相应的一系列存储、修改、检索、分类排序、合并、统计、输出等操作的过程。经过对数据的加工处理后，向人们提供有关的信息，这个全过程就是信息处理。实际上，信息处理的本质就是数据处理，其主要目标是获取有用的信息。

2. 计算机在信息处理中的作用

众所周知，计算机具有快速、高效、智能、记忆和自动化处理等一系列的特点，为常用信息的处理带来了极大的方便。

计算机在信息处理中的主要作用如下：

(1) 极高的运算速度可高效率、高质量地完成数据加工处理的任务。每秒高达百亿次的巨型机和每秒高达亿次的微型机使数据的一系列加工处理在极短的时间内完成。许多以往人工无法完成的定量分析工作现在都得以实现。

(2) "海量"的存储设备使得世界的空间变大了。计算机与集成电路技术的快速发展，各类存储器的性能价格比进一步提高，将大量图书、档案资料压缩在磁盘或光盘上，便于信息长期保存和反复使用。例如，国外的大型图书馆已把大量的图书信息存储于光盘中。

(3) 全新的多媒体技术使计算机渗透到社会的各个领域。多媒体技术使计算机具有视觉、听觉和说话的能力，使用户可以从文字、图形、图像、声音、视频等各种方式获得信息。友好的图形界面可减少用户对计算机的神秘感，先进的外部设备使大量信息方便地输入到计算机及显示和打印。多媒体技术加强了人与计算机之间建立起更为默契与更加融洽的新型关系。

(4) 四通八达的计算机网络使各国的距离变近了。用户可以坐在家中用计算机与国内外的任何地方进行信息的交流与共享、信息的传递与汇集。

(5) 智能化的决策支持系统应用于管理信息，为决策的科学化提供了实现的可能。近年来，微型机的普及和办公室自动化的迅速发展，为决策支持系统创造了良好的条件。一些实用的决策支持系统的使用使决策者可以从图形、表格、统计汇总等多方面进行信息分析，有助于决策者决策的科学化。

总之，计算机在信息处理中的作用正随着信息化社会的到来而显示出它的威力。因此，每个人应学习和掌握使用计算机，使它更好地为社会服务，由此进一步推动社会的前进。

3. 信息高速公路

自1993年以来，"信息高速公路"这个时髦的名词已为大家所熟悉。在全球范围内掀起了一个建设信息高速公路的热潮。但什么是信息高速公路，建设信息高速公路的意义何在，其特点又是什么，这一系列的问题不可能以很简短的文字表达清楚。这里只是让读者对信息高速公路有一个初步认识。

(1) 信息高速公路的由来。

20世纪50年代，美国建成了遍布全国的高速公路网，对加速美国商品、劳务和人员的流通发挥了极其巨大的作用，推动了美国和周边国家的经济发展。至今高速公路网仍是美国现代经济的基础。

1993年，克林顿就任美国总统后，停止了耗资巨大的星球大战计划和大功率正、负电子对撞机，提出了建立"国家信息基础设施（National Information Infrastructure）"计划，简称NII。其计划归纳为三个要点：

①敷设覆盖美国的光纤网络。

②用光纤网络连接所有的通信系统、计算机资料库和电信消费设备。

③让光纤网络能传输视频、音频、数字、图像等多媒体。

对美国和世界来说，这一重大举措绝不亚于物质形态的高速公路所能产生的经济和社会效益。信息基础设施将传送空前的信息流量、传送知识形态的各种信息，使拥有这些设施的国家和地区真正跨入信息社会。人们将借助于信息基础设施改变传统的生产、生活方式和相互沟通的方式，从而大幅度地提高社会生产力和生活质量。

(2) 信息高速公路的组成。

众所周知，高速公路是让许多车辆并行高速通过的公路。信息高速公路必然也是一条很宽的信息通道，可以通过大量、并行、高速的信息传输网络。所以，信息高速公路实际上是一个高速信息网体系。它应该包括以下三个方面的内容：

①通信网络。信息高速公路的干线将采用现有的广域通信技术，包括光纤、卫星和微波。光纤通信具有高速率、宽频带、大容量、高可靠等优点，满足作为干线的数字通信网。

②通信设备。数据服务器将是超级微机、大型或小型计算机、微机及大容量并行计算机。各用户设备集中在网络终端，有 PC 机、多媒体计算机（MPC）、新式电话、电视等。

③通信资源。由信息源、信息平台和应用信息系统三大部分组成。信息源包括经济、科技、文化、法律、教育、政治、军事等各种各样的社会信息资源，以信息库、数据库或知识库等形式存在。信息平台用以完成各种信息处理、传输交换和分配，并把有关的应用信息系统连接和综合起来，最大限度地发挥信息资源共享和信息系统整体功能的效用。应用信息系统则根据用户的需求，为其信息活动提供各种信息服务。

综上所述，信息高速公路可以说是由信息网络和信息设备构成的“路面”，而信息资源就是在公路上行驶的“车辆”。二者构成了一个有机的整体，才能发挥信息高速公路的作用。

(3) 信息高速公路的意义。

继美国提出建设信息高速公路后，日本、欧洲共同体、新加坡、韩国等都积极响应，并投入巨资准备在 10～20 年内建设信息高速公路。信息高速公路建设的意义表现在以下几个方面：

①对社会经济建设的影响。信息高速公路建成后，社会的信息流量大大增加，将加快整个社会经济发展的速度，综合国力的增强；信息高速公路将使每个家庭都能享受充分的信息服务，高速度、高质量的信息传递将家庭与社会连接起来，形成一个巨大的信息市场；建立信息高速公路的巨额投资，本身形成了一个信息高速公路经济，可以提供更多的就业机会；伴随着信息高速公路的多媒体产品将在全球形成数以万亿美元的巨大市场。

②对人们工作和社会方式的影响。信息高速公路使人们的工作和生活方式发生巨大改变。人们坐在家中通过多媒体计算机浏览世界各地当天的报纸、查阅各地图书馆的图书、收看电视、欣赏音乐、办公、购物、看病、发电子邮件等。

③对教育的影响。在教育内容上，各类学校要加强信息处理、计算机、通信技术和多媒体等方面内容的教育，计算机文化是人类必须掌握的除书本文化以外的第二文化已成为人们的共识，要提高全民的计算机意识、信息化意识。在教育方式上，改变传统的以教师教授为主，学生被动学习的方式，利用信息高速公路网实现远距离双向交互式教学和多媒体结合的教学方式。

我国也在政府的统一规划下，制订并开始实施规模空前的国家经济信息网，即“金字”工程（包括“金桥”“金关”“金卡”“金税”“金宏”“金智”“金卫”“金企”“金农”等）、中国教育科研网（简称 CERNET）和公用数据通信网的建设计划。

第二章 计算机系统结构

第一节 计算机硬件系统的基本结构

微型计算机系统的基本硬件结构如图 2—1 所示。

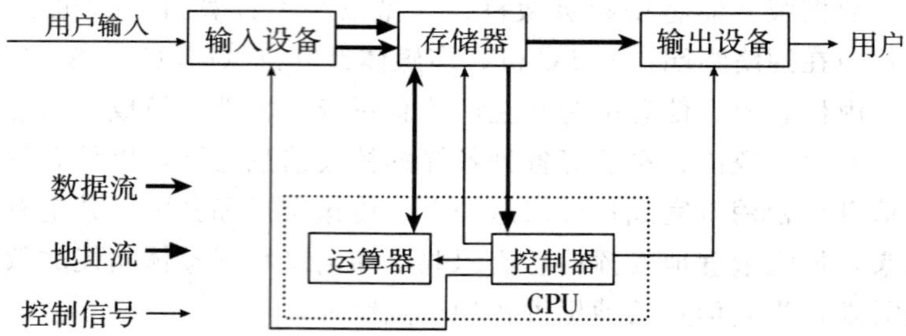

图 2—1 微型计算机系统的基本硬件结构

1. 计算机硬件的五大功能部分

(1) 运算器。

运算器又称算术逻辑单元(Arithmetic Logic Unit, ALU)。它是计算机对数据进行加工处理的部件,包括算术运算(加、减、乘、除等)和逻辑运算(与、或、非、异或、比较等)。

(2) 控制器。

控制器负责从存储器中取出指令,并对指令进行译码;根据指令的要求,按时间的先后顺序,负责向其他各部件发出控制信号,保证各部件协调一致地工作,一步一步地完成各种操作。控制器主要由指令寄存器、译码器、程序计数器、操作控制器等组成。

硬件系统的核心是中央处理单元(Central Processing Unit, CPU)。它主要由控制器、运算器等组成,并采用大规模集成电路工艺制成芯片,又称微处理器芯片。

(3) 存储器。

存储器是计算机记忆或暂存数据的部件。计算机中的全部信息,包括原始的输入数据、经过初步加工的数据以及最后处理完成的有用信息都存放在存储器中。而且,指挥计算机运行的各种程序,即规定对输入数据如何进行加工处理的一系列指令也都存放在存储器中。存储器分为内存储器(内存)和外存储器(外存)两种。

(4) 输入设备。

输入设备是给计算机输入信息的设备。它是重要的人机接口,负责将输入的信息(包括数据和指令）转换成计算机能认识的二进制代码，送入存储器保存。

（5）输出设备。

输出设备是输出计算机处理结果的设备。在大多数情况下，它将这些结果转换成便于人们识别的形式。

2. 计算机的简单工作原理

现在的计算机，都是根据冯·诺依曼的“存储程序”原理实现自动工作的。

首先把表示计算步骤的程序和计算中需要的原始数据，在控制器输入命令的作用下，通过输入设备送入计算机的存储器。当计算开始时，在取指令命令的作用下把程序指令逐条送入控制器。控制器对指令进行译码，并根据指令的操作要求向存储器和运算器发出存数、取数命令和运算命令，经过运算器计算并把计算结果存放在存储器内。在控制器发出的取数和输出命令的作用下，通过输出设备输出计算结果。

3. 微型计算机硬件结构的特点

微型计算机硬件结构最重要的特点是总线（Bus）结构。它将信号线分成三大类，数据总线、地址总线和控制总线。这样就很适合计算机部件的模块化生产，促进了微型计算机的普及。微型计算机的总线化硬件结构如图 2—2 所示。

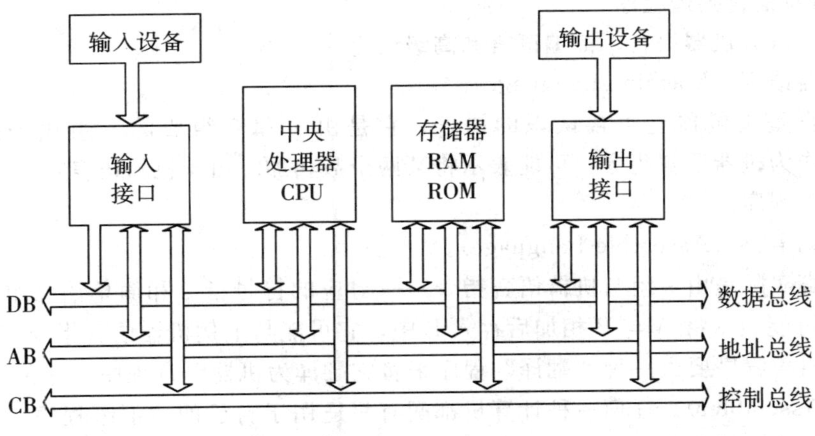

图 2—2　微型计算机的总线化硬件结构

第二节　计算机软件系统的基本结构

有一句名言“没有软件的计算机只不过是一堆废铁”，可见软件对于计算机系统的重要性，它是组成计算机系统的重要部分。

微型计算机系统的软件分为两大类，即系统软件和应用软件。系统软件是指由计算机生产厂（部分由“第三方”）为使用该计算机而提供的基本软件。最常用的有操作系统、文字处理程序、计算机语言处理程序、数据库管理程序、联网和通信软件、各类服务程序和工具软件等。应用软件是指用户为自己的业务应用而使用系统开发出来的用户软件。系统软件依赖于机器，而应用软件则更接近用户业务。下面简要介绍系统软件。

1. 操作系统

操作系统（Operating System）是最基本、最重要的系统软件。它负责管理计算机系统的各种硬件资源（如 CPU、内存空间、磁盘空间、外部设备等），并且负责解释用户对机器的管理命令，使它转换为机器实际的操作。

DOS（Disk Operating System）曾经是微型计算机最常用的一种操作系统。它具有较完善的磁盘文件管理功能，并且具有很好的开放性。

Windows 是美国微软公司（Microsoft）研制的具有视窗功能的操作系统。它具有较强的图形化处理功能，并能在微机上运行多个任务。

Xenix 是著名的 UNIX 操作系统的微机版本。UNIX 一般运行在小型机和高档微机上，是一个很好的多用户分时处理的操作系统。

2. 文字处理程序

微型计算机用于办公自动化，文字处理是其重要内容，所以文字处理程序也是很基本的系统软件。

Word 是用 Windows 下的文字处理软件，除了文字录入功能外，它的“所见即所得”排版功能和较强的图文混排功能很受用户欢迎。

3. 计算机语言处理程序

计算机语言分机器语言、汇编语言和高级语言。

（1）机器语言（Machine Language）。

机器语言是指机器能直接认识的语言，它是由 1 和 0 组成的一组代码指令。例如，01001001，作为机器语言指令，可能表示将某两个数相加。由于机器语言难记，所以基本上不能用来编写程序。

（2）汇编语言（Assemble Language）。

汇编语言实际是由一组与机器语言指令一一对应的符号指令和简单语法组成的。例如，ADD A，B 可能表示将 A 与 B 相加后存入 B 中，它可能与上例机器语言指令 01001001 直接对应。汇编语言程序要由一种“翻译”程序来将它翻译为机器语言程序，这种翻译程序称为汇编程序（Assembler）。任何一种计算机都配有只适用于自己的“汇编程序”。汇编语言适用于编写直接控制机器操作的低层程序，它与机器密切相关，一般人也很难使用。

（3）高级语言（High Level Language）。

高级语言是为一般用户使用而设计的，比较接近日常用语，对机器依赖性低，即适用于各种机器的计算机语言。高级语言有数十种，下面介绍常用的几种。

BASIC 语言是一种最简单易学的计算机高级语言，许多人学习基本的程序设计就是从它开始的。新发展的 Visual BASIC 语言具有很强的可视化设计功能，是重要的多媒体编程工具语言。

FORTRAN 语言是一种非常适合于工程设计计算的语言，它已经具有相当完善的工程设计计算程序库和工程应用软件。

C 语言是一种具有很高灵活性的高级语言，它适合于各种应用场合，所以现在应用非常广泛。

Java 语言是 20 世纪 90 年代才发展起来的一种新的高级语言。它适应了当前高速发展的网络环境的编程，非常适合于交互式多媒体应用的编程，它简单、安全性好、可移植性强。

微软总裁比尔·盖茨（Bill Gates）认为，“Java 是长时间以来最卓越的程序设计语言”。目前，Java 语言已经在全球普及起来，得到了广泛应用。

将用高级语言所写的程序翻译为机器语言有两种翻译程序，一种叫做“编译程序”，一种叫做“解释程序”。

编译程序可把高级语言所写的程序作为一个整体进行处理，编译后与子程序库链接，形成一个完整的可执行程序。此方法的缺点是编译、链接较费时，但可执行程序的运行速度很快。FORTRAN 和 C 语言等都采用这种编译方法。

解释程序则对高级语言程序逐句解释执行。这种方法的优点是程序设计的灵活性大，但程序的运行效率较低。

BASIC 语言本来属于解释型语言，但现在已发展为也可以编译成高效的可执行程序，兼有两种方法的优点。Java 语言则需先编译为 Java 字节码，在网络上传送到任何一种机器上之后，再由该机器所配置的 Java 解释器对 Java 字节码进行解释执行。

4. 数据库管理系统

日常许多业务处理，都属于对数据组的管理，所以，计算机制造商也开发了许多数据库管理系统（DBMS）。

较著名的适用于微机系统数据库管理的系统有 Oracle、Microsoft SQL Server 和 SyBase 等。SyBase 则是非常适合于微机网络环境的分布式数据库管理系统，它所使用的客户/服务器（Client/Server）工作模式，合理地处理了网络环境下集中与分散的关系，极大地提高了工作效率。Oracle 是一种大型数据库的管理程序，它在运行 UNIX 的小型机上运行得非常好，目前也有适用于微机的版本。

5. 联网和通信软件

计算机发展至今天，联网已日趋普及。在网络上信息和资源的管理比单机上要复杂得多。因此，出现了许多专门用于联网和网络管理系统软件，如著名的局域网操作系统——Novell 公司的 NetWare、国际互联网 Internet 浏览器软件——Netscape 公司的 Navigator 等。单机之间通过电话线或专用线进行通信的软件则十分丰富，有人估计有数百种之多。

6. 各类服务程序和工具软件

还有许多软件是属于服务类或工具类的，如各类诊断程序、数学统计库程序、多媒体输入输出和创作工具软件等。

第三章　Windows XP 操作系统

第一节　概　　述

Windows XP 是当前 PC 平台上的主流操作系统，它的设计思想主要体现在：

- 用户更容易使用；
- 速度更快，功能更强；
- 具有很好的兼容性。

Windows XP 操作系统的主要功能如下：

(1) 易于使用。

由于单击可打开文件以及每个窗口中新增的“浏览”按钮等桌面选项，使得浏览计算机更加方便。现在一台计算机可以使用多台监视器，大大拓宽了工作空间。Windows XP 支持通用串行总线（USB）标准，这样，插入新硬件之后就可立即使用，无需重新启动计算机，安装硬件更加简便。在 Windows XP 下还可以使用数字相机和其他数字图像设备。

(2) 可靠性更高。

可以访问“联机支持 Web 站点”，以寻求常见问题的解答并随时更新 Windows。Windows XP 工具有助于定期测试硬盘和检查系统文件，甚至还可以自动解决某些问题。疑难解答和 Dr. Watson 诊断工具还提供如何排除计算机故障等方面的帮助。

(3) 速度更快。

Windows 和程序的打开速度较以前更快。借助“维护向导”，可以十分方便地提高计算机的速度和效率。电源管理功能使较新的计算机可以进入“休眠”状态并能立即进入工作模式，无需关闭系统和重新启动计算机。同时，还可以使用 FAT32 文件系统更有效地存储文件，并可节省硬盘空间。

(4) 真正的 Web 集成。

使用 WWW 较以前更方便。“Internet 连接向导”使得连接 Web 更为简单。借助 Web 风格的活动桌面，可在任何窗口中查看 Web 页，甚至可以将最佳 Web 页作为桌面墙纸使用。在 Microsoft Outlook Express 中，可以发送电子邮件以及向 Internet 新闻组投递消息。借助 Microsoft NetMeeting，可以通过 Internet 协同处理文档并可在 Internet 上举行会议。借助 Microsoft NetShow，可以在 Internet 上现场播放“流”式媒体。

(5) 更具娱乐性。

Windows XP 支持 DVD、数字音频和 VRML，因此，可在计算机上播放高品质的数字电影和音频。Windows XP 提供了多种桌面方案，可以采用某种方案，大大改善桌面外观和音响效果。每种桌面都包含独特的墙纸、屏幕保护程序、3-D图标、声音、字体、颜色方案和鼠标指针。

Windows XP操作系统的新增功能如下：

(1) 工作界面。

用户登录界面：用户启动Windows XP系统后，会出现漂亮的用户登录界面，界面左侧是Windows XP的标志和提示内容，右侧列出已建立所有的用户账户。如果用户没有设置登录密码，直接单击用户账户前的图标就可以登录到系统，这种简化信息管理的措施使用户在登录时更加方便。

桌面：Windows XP新增了“桌面清理向导”这一工具。系统在运行时将每隔60天自动清理桌面。

任务栏：Windows XP系统在任务栏属性设置中增加了“分组相似任务栏”的功能。在任务栏上的通知区域中新增了“隐藏不活动的图标”功能。

“开始”菜单：系统会自动在“开始”菜单的左侧添加用户最常用程序的快捷方式，以便用户随时再次使用这些程序。

控制面板：在“控制面板”窗口中新增了分类视图，用户可以单击“切换到经典视图”选项来改变其显示方式。

(2) 网络功能。

网络的设置：Windows XP有强大的网络功能，即使用户不具有太多的网络知识，也可以使用“网络安装向导”轻松地完成网络的设置。设置Internet连接防火墙，可以限制或阻止来自Internet的各种破坏。启动“添加网上邻居向导”，帮助用户注册提供联机存储空间的服务，用来储存、组织、共享文档和图片。

网络工具：Windows XP自带了微软公司最新版本的集成软件MSN Explorer，它可以使用户轻松地上网冲浪，与朋友进行交流、管理财务、收听音乐以及进行网上购物等。Windows Messenger集电子邮件、即时文字交流、即时视频文件播放、即时声音交流、远程支持及应用程序和数据文件功能于一体。用户利用此功能可以和在线的朋友进行交流，给朋友打电话和传呼，以及和朋友共享相片、音乐和其他文件等。

(3) 多媒体功能。

媒体播放器：Windows XP系统中，Windows Media Player 9.0是一个功能强大的数字媒体播放器，它可以播放CD、VCR、DVD等格式的音频和视频文件。使用该播放器，用户不仅可以欣赏各种音乐和影片，还可以自定义播放器的外观，创建自己的播放列表。

对扫描仪和照相机的支持：在Windows XP中提供了对扫描仪和照相机的支持，用户可以在“控制面板”窗口中启动“扫描仪和照相机安装向导”给自己的计算机添加这两种外部设备。

对CD-RW和CD-R的支持：在Windows XP环境下，如果用户在自己的计算机上安装了CD-RW或CD-R设备，那么就可以将图片、音乐和各种文档做成CD，这样用户可以很方便地下载各种信息。不仅如此，用户还可以制作自己的音乐CD，在个人相册中加入音乐做成光盘。

Windows Movie Maker程序：它可用于视频影片的编辑。用户可以将便携式摄像机或者数码摄像机中的影音资料导入到自己的计算机中，然后利用这个程序进行编辑，也可以将计算机中现存的音频和视频文件合成一个电影，可以在其中加入插曲、旁白，甚至静物照片。Windows Movie Maker程序采用超压缩技术，使用户所制作的影片所占的空间很小。

（4）帮助系统和搜索功能。

帮助和支持中心：在 Windows XP 中引入了全新的帮助系统。当打开“帮助支持中心”窗口时可以看到一系列常用主题和多种任务以超级链接的形式显示，结构更加合理，而且用户使用起来更加方便。

用户可以使用“搜索”“索引”功能在帮助系统中查找所需要的内容，如果用户是连入 Internet 的，可以通过列表中的内容获得 Microsoft 公司的在线支持。

（5）多用户管理。

多用户管理：Windows XP 中允许多用户登录，不同的用户可以使用同一台计算机进行个性化的设置。

快速切换用户：在 Windows XP 环境下切换用户账户时，不需重新启动计算机，只要选择“用户账户”窗口中的“使用快速切换”复选框，则不用关闭所有程序就可以快速切换到另一个用户账户。

（6）其他特色功能。

系统还原：在中文版 Windows XP 的系统管理工具中提供了“系统还原”功能。如果用户对自己的计算机做了有害的更改，影响到系统的正常运行，使用“系统还原”功能可以取消所做的更改。

任务管理器：按下 Ctrl＋Alt＋Delete 组合键时，会打开“任务管理器”窗口。

错误报告：用户在运行应用程序过程中，如果执行了非法操作，或系统出错，则会出现一个对话框，询问用户是否向微软发送错误报告，如果用户是连入 Internet 的，可以选择发送报告。微软公司将收集类似信息对系统出现的问题进行修改。

Clear Type 技术：随着液晶显示器应用得越来越广泛，Windows XP 也新增了 Clear Type 技术。通过该技术，使用液晶显示器或便携式电脑的用户将获得更高质量的画面效果，字体的边缘在屏幕上显示会更平滑清晰，不过这对用户的显卡和显示器有一定的要求。

多语言和输入法：Windows XP 提供了对世界各地多种语言的支持，提供了多种输入法。

第二节　Windows XP 安装

3.2.1　Windows XP 安装简介

第一次安装 Windows XP，用户需要完成以下基本任务：

（1）检查用户自己的计算机硬件，要注意 Windows XP 是否支持它们，它们是否符合安装 Windows XP 的最低要求；同时关掉所有正在运行的应用程序，并且从内存中撤除不需要的 TSR（内存驻留程序）；用磁盘工具检查和重整用户的硬盘，并备份关键文件。

（2）启动 Windows XP 安装程序。它的启动方式依赖于用户从什么设备安装 Windows XP，即从光盘还是共享的网络盘上安装。

（3）选择一个安装 Windows XP 的目录。这个目录将存放 Windows XP 的系统文件。

（4）选择安装类型。可以选择的项包括典型安装、紧凑安装、便携安装和定制安装。大多数情况下，推荐用户使用典型安装，因为这种安装方式将会安装所有带有默认设置的标准组件。如果用户的硬盘空间比较紧张，那么使用紧凑安装最节省硬盘资源。便携安装是为在便携机上安装 Windows XP 而优化的。有经验的用户则可以使用定制安装，以便自己控制安装的组件。

（5）提供用户名、计算机名和其他安装 Windows XP 所需要的标识信息。

（6）如果用户选择了定制安装的安装方式，则必须对选项和系统组件做出符合自己要求的选择，包括网络、多媒体等。

（7）安装程序复制完所有要求的文件并重新启动计算机后，用户应该选择正确的时区，并完成特定软件和硬件的配置。

3.2.2 安装 Windows XP 的系统要求

1. Windows XP Home Edition/Professional 的最低硬件要求（见表 3—1）

表 3—1　　最低硬件要求

1	Pentium 233MHz 或更快的处理器（建议 300MHz）
2	至少 64MB 的 RAM（建议 128MB）
3	硬盘上至少有 1.5GB 的可用空间
4	CD-ROM 或 DVD-ROM 驱动器
5	键盘和 Microsoft 鼠标或一些其他兼容指针设备
6	Super VGA（800×600）或更高分辨率的视频适配器和监视器
7	声卡
8	扬声器或耳机

2. 使用某些 Windows XP 功能所需的其他项目或服务

（1）Internet 接入。一些 Internet 功能可能需要 Internet 接入、Microsoft.NET Passport 账号、向服务提供商单独付费；可能需要支付本地和/或长途电话费。14.4Kbps 或更高速率的调制解调器。

（2）联网。用户接入局域网、广域网、无线或家庭网络所需的网卡，接入适合的网络结构；接入第三方网络可能需要支付额外的费用。

（3）对于即时消息、语音和视频会议及应用程序共享，双方需要：Microsoft.NET Passport 账号和 Internet 接入或 Exchange 2000 Server 即时消息账号和网络接入（某些配置可能要求下载其他组件）。

（4）对于语音和视频会议，双方还需要：33.6Kbps 或更高速率的调制解调器，或网络连接，以及带扬声器或耳机的麦克风和声卡。

（5）对于视频会议，双方还需要：视频会议摄像头。

（6）对于应用程序共享，双方还需要：33.6Kbps 或更高速率的调制解调器，或网络连接。

（7）对于远程协助，双方必须都运行 Windows XP，并与网络连接。

（8）对于远程桌面，需要基于 Windows 95 或更新版本的计算机，且两台计算机必须已联网。

（9）声音：声卡和扬声器或耳机。

（10）DVD 视频回放：DVD 驱动器和 DVD 解码器卡或 DVD 解码软件，以及 8MB 视频 RAM。

（11）Windows Movie Maker。视频采集功能需要相应的数字或模拟采集设备。400MHz 或更高的处理器，用于数字视频摄像机采集。

实际需求会根据系统配置与选装的应用程序和功能有所不同。如果通过网络进行安装，则可能需要更大的可用硬盘空间。

3.2.3 安装 Windows XP

1. 启动 Windows XP 安装程序

(1) 从 Windows 启动。

开机进入 Windows 以后，如果从 CD-ROM 安装，则插入 CD 盘，在文件管理器中双击此驱动器；如果从网络盘的源文件安装，则连接服务器，切换到包含 Windows XP 源文件的共享网络目录。

在 Windows XP 安装文件目录中双击 SETUP. EXE，或从文件菜单中选择“运行”，然后键入 SETUP，启动“Windows XP 安装向导”。

(2) 从 MS-DOS 启动。

开机以后，如果从 CD-ROM 安装，则插入 CD 盘，并使光驱成为当前盘；如果从网络盘的源文件安装，则连接服务器，切换到包含 Windows XP 源文件的共享网络目录。

在命令行提示符下，键入 SETUP，回车，遵照屏幕上的指导，启动“Windows XP 安装向导”。

2. 安装过程中包括的内容

安装 Windows XP 的全过程具体包括以下内容：

- 收集信息；
- 分析计算机（硬件检测）；
- 定制安装中选择软件组件；
- 定制安装中选择硬件组件；
- 指定计算机标识；
- 定制安装中改变计算机设置；
- 复制文件，完成安装。

由于安装程序具有智能性，所以安装所需要的信息基本上都由安装程序自动收集。然而下面的信息则必须由用户提供：

- Windows XP 的安装目录；
- 安装类型；
- 用户信息。

第三节 Windows XP 桌面基本操作

3.3.1 桌面简介

启动 Windows XP 之后，首先出现的就是桌面，即屏幕工作区。桌面好比个性化的工作间。桌面左边是一些图标，即小图片。每个图标分别代表一个对象，如文件夹或程序。用户桌面上的图标可能与图 3—1 所示有所不同，这与计算机的设置有关。

图 3—1　桌面

3.3.2　浏览计算机

1. 简介

浏览计算机的方法很多。例如，用我的电脑或 Windows 资源管理器都可以查看计算机内容。这两种浏览工具很容易找到，“我的电脑”可以从桌面上打开，“Windows 资源管理器”可从“开始”菜单打开。表 3—2 比较了一些可用的浏览工具。

表 3—2　　**游览工具**

浏览方法	位置	显示驱动器和网络计算机	最佳用途
“开始”按钮	任务栏	不能	启动程序、打开收藏夹、获得帮助、关闭系统
我的电脑	桌面	能	浏览磁盘驱动器和使用系统工具
Windows 资源管理器	“开始”菜单	能	在一个窗口内查看整个计算机内容和资源的层次

2. 任务栏与“开始”按钮

使用任务栏和“开始”按钮可以方便地浏览 Windows XP。无论打开多少窗口，这两个功能在桌面上总是随时可用，如图 3—2 所示。

图 3—2　任务栏与“开始”按钮

任务栏中的按钮显示已打开的窗口，包括被最小化的或隐藏在其他窗口下的窗口。单击任务栏上的按钮，可在不同窗口之间进行切换。用“开始”按钮几乎可以完成所有的任务。可以启动程序、打开文档、自定义桌面、寻求帮助、搜索计算机中的项目等。“开始”按钮上某些命令的右边有右箭头，表明该命令有下级菜单。若将鼠标放到有右箭头的项目上，就会出现下级菜单。因为每个计算机的设置不同，所以计算机上的“开始”菜单可能与图 3—3 所示稍有不同。

图 3—3　“开始”菜单

使用“开始”按钮：

- 单击“开始”按钮，出现“开始”菜单。
- 单击要打开的项目。指向带右箭头的项目可打开下级菜单。

3. 我的电脑

如果要查看单个文件夹或驱动器上的内容，那么双击桌面上的“我的电脑”，将在一个新窗口中显示有效的驱动器。双击驱动器图标，窗口将显示驱动器上包含的文件夹。双击文件夹可看到其中包含的文件。在“我的电脑”窗口中可显示如表 3—3 所示图标。

表 3—3　　　　　　　　　　　　　　　　**图标及其作用**

图标	作用
	查看硬盘内容，通常是指 C 盘
	如果计算机有 CD-ROM 驱动器，则查看 CD-ROM 驱动器中的光盘内容
	如果计算机有 DVD-ROM 驱动器，则查看 DVD-ROM 驱动器中的光盘内容
	查看文件夹内容

使用“我的电脑”查看硬盘：

（1）在桌面上双击“我的电脑”，将显示“我的电脑”窗口，如图 3—4 所示。

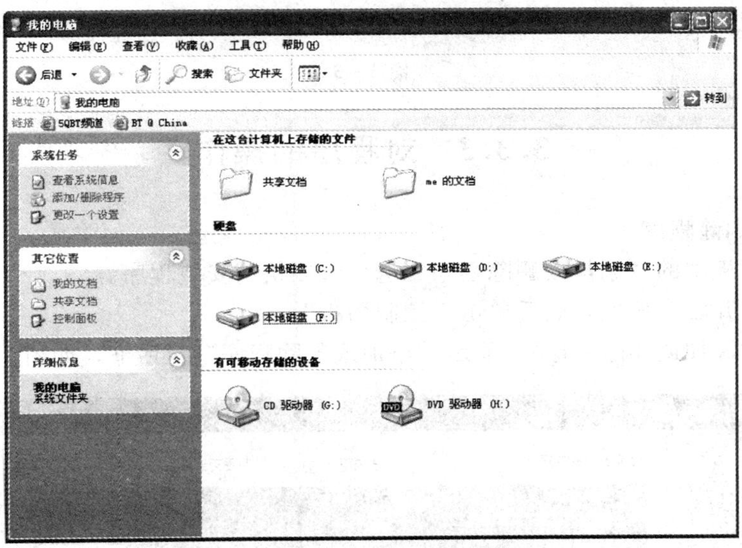

图 3—4　“我的电脑”窗口

（2）双击表示硬盘的图标，将显示硬盘窗口，同时显示硬盘中的内容。

4. Windows 资源管理器

以层次结构查看文件，使用“Windows 资源管理器”，可以在单个窗口中浏览这些项目，而不用在许多独立的窗口中分别打开各个驱动器和文件夹。“资源管理器”的左窗格包含驱动器和文件夹列表，而右窗格显示所选文件夹的内容。可以使用“查看”菜单更改图标在右窗格中显示的方式。

使用 Windows 资源管理器查看硬盘：

（1）单击窗口上方的“文件夹”按钮。

（2）在左窗格中单击表示硬盘的驱动器符，硬盘的内容将显示在右窗格中，如图 3—5 所示。

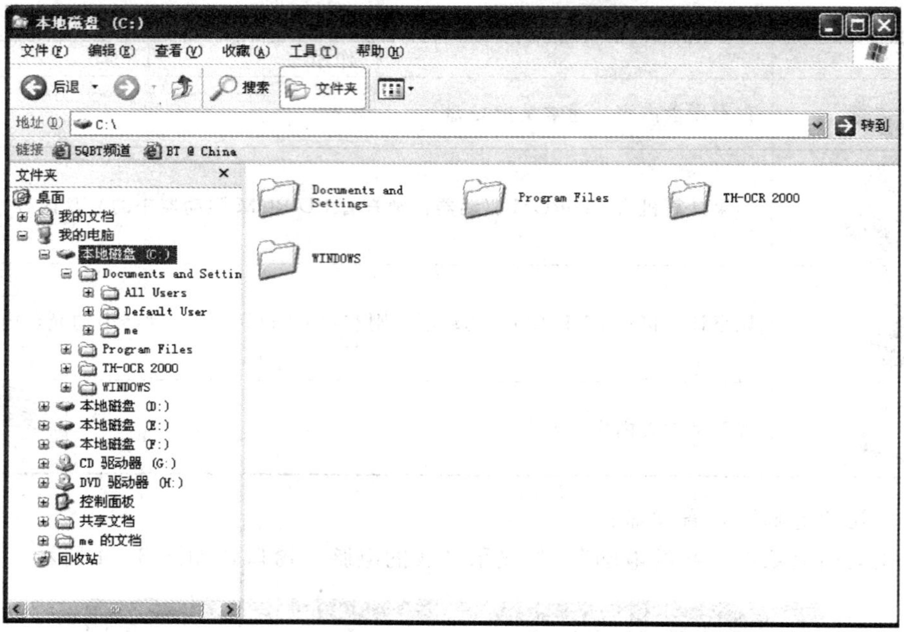

图 3—5

3.3.3 对程序的操作

1. 添加和删除程序

使用控制面板中的“添加或删除程序”选项可以快速安装程序。

(1) 单击“开始”按钮，然后单击“控制面板”。

(2) 双击“添加或删除程序”，显示“添加或删除程序”对话框，如图 3—6 所示。

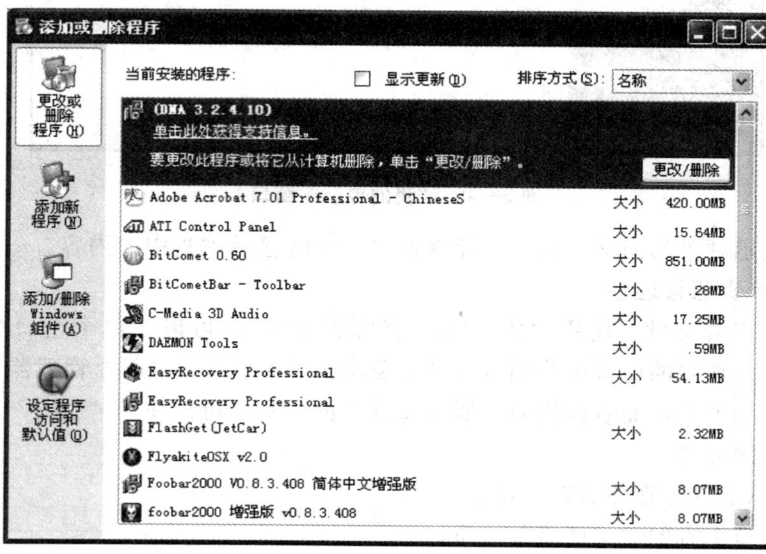

图 3—6 “添加或删除程序”对话框

（3）按照屏幕提示操作。

注意

单击“添加/删除 Windows 组件”选项卡，然后按屏幕提示操作，也可以添加和删除 Windows 组件。

2. 启动和退出程序

（1）启动程序。

①单击“开始”，然后将鼠标指针指向“所有程序”，将显示“所有程序”菜单。

②指向包含要启动的程序的程序组（如“附件”），然后单击程序名，如图 3—7 所示。

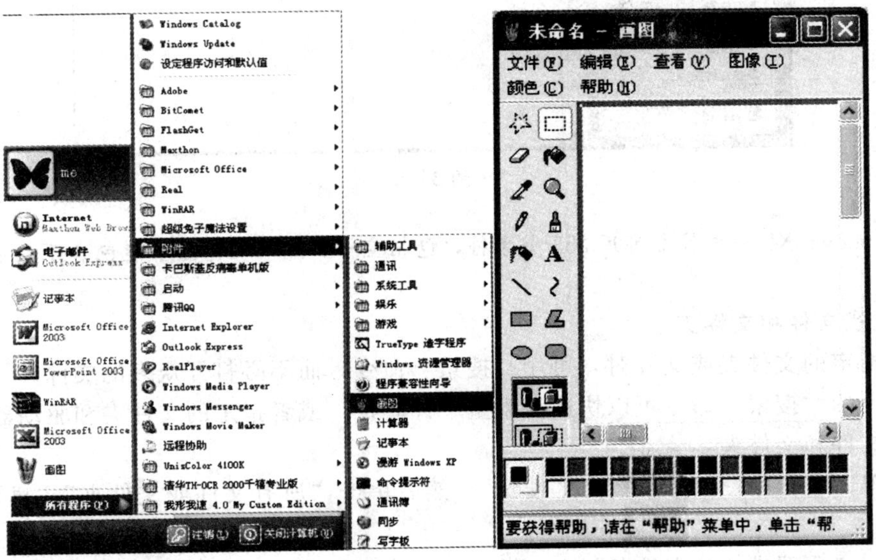

图 3—7

（2）退出程序。

单击程序窗口右上角的“关闭”按钮。

3.3.4 管理文件和文件夹

1. 创建文件夹

使用程序并对数据进行保存，或者安装程序时，通常都会创建一些文件。文件可以存储在许多地方：硬盘、网络驱动器或软盘等。为了更好地组织文件，还应当将它们存储在文件夹中。

创建文件夹：

（1）在桌面上双击“我的电脑”，将显示“我的电脑”窗口。

（2）双击要创建文件夹的磁盘驱动器或文件夹，打开驱动器或文件夹窗口。

（3）在“文件”菜单上指向“新建”，然后单击“文件夹”，如图 3—8 所示。

（4）键入文件夹名称，然后按下 Enter 键。则新的文件夹出现在选好的地方。

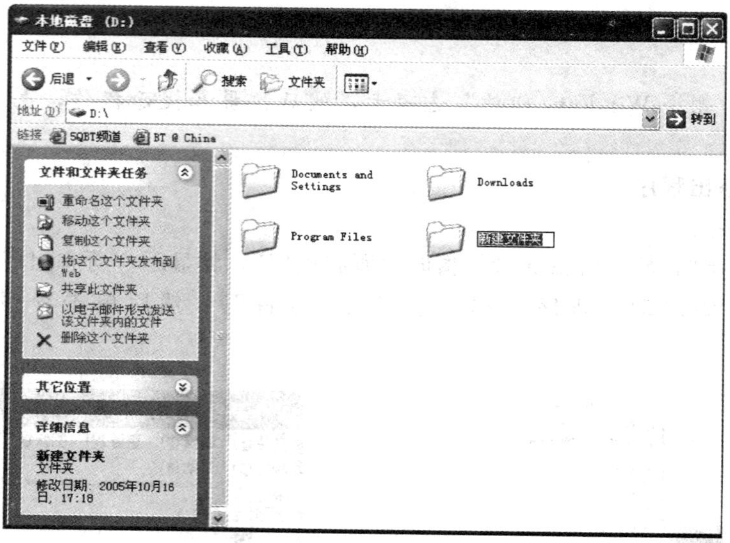

图 3—8

注意

在 Windows XP 中文件名可用 255 个字符，包括空格。然而文件名不能包含下列字符：\ / ：* ？" 〈〉 |。

2. 查找文件和文件夹

查找指定的文件夹或文件时，可用“搜索”命令，而不必打开众多的文件夹。使用“开始”菜单上的“搜索”命令可以快速搜索整个计算机，或者指定的文件夹和驱动器。

查找文件和文件夹：

(1) 单击“开始”菜单，指向“搜索”，然后单击“所有文件或文件夹”，显示“搜索”对话框。

(2) 在“全部或部分文件名”中，输入要查找的文件或文件夹名称。

(3) 单击“在这里浏览”的下箭头以指定要搜索的位置。

(4) 单击“搜索”。稍等片刻，将显示搜索结果，如图 3—9 所示。

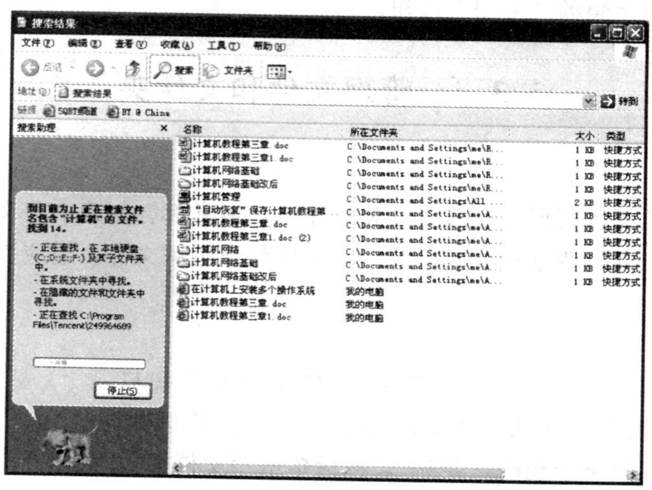

图 3—9 搜索结果

3. 打开文件和文件夹

定位所需的文件后，可以双击打开该文件。

打开文件或文件夹：

(1) 在桌面上双击“我的电脑”，将显示“我的电脑”窗口。

(2) 双击包含要打开的文件或文件夹的驱动器。

(3) 双击该文件或文件夹。

4. 重命名文件和文件夹

如果决定更改文件或文件夹的名称，可以重命名这些文件或文件夹。

重命名文件或文件夹：

(1) 在窗口中，选择要重命名的文件或文件夹。

(2) 在“文件”菜单上单击“重命名”。

(3) 键入名称，然后按 Enter 键。

5. 复制和移动文件、文件夹

当创建文件和文件夹时，可能希望将它们复制或移动到另一个地方。

复制或移动文件、文件夹：

(1) 在窗口中选择要复制或移动的文件、文件夹。

注意

可以选择多个项目。如果选择不相邻的项目，则按住 Ctrl 键，同时单击要选择的项目。如果选择相邻的项目，则在选择项目的同时按住 Shift 键。如果选择窗口中的所有项目，则在“编辑”菜单中单击“选择全部”命令。

(2) 在“编辑”菜单中，单击“复制”表示要复制文件，单击“剪切”表示要移动文件。

(3) 双击要在其中放置文件、文件夹的文件夹。

(4) 单击“编辑”菜单中的“粘贴”，则该文件出现在新的地方。

6. 删除文件和文件夹

无论何时删除文件，此文件都被暂时移到桌面上的“回收站”里。如果改变了主意，则可以恢复此文件。但在“清空回收站”后，其中的全部项目则从计算机中被永久删除。

(1) 删除文件和文件夹。

①在桌面上双击“我的电脑”，将显示“我的电脑”窗口。

②选择要删除的文件或文件夹。

③在“文件”菜单上单击“删除”，显示“确认文件删除”对话框。

④单击“是”，则文件被移到“回收站”中。

(2) 永久删除文件和文件夹。

①在桌面上双击“回收站”，打开“回收站”。

②在“文件”菜单上单击“清空回收站”。

7. 关闭计算机

在 Windows XP 中的工作结束后，使用“开始”菜单上的“关闭系统”命令可以关闭窗口和程序，并为关闭计算机做准备。如果还没有保存工作，系统将提示进行保存工作。

要点

在没有看到通知您完成关闭计算机的消息前请不要关闭计算机。如果不是正确关闭计算机，有可能丢失信息。

关闭计算机：

(1) 单击“开始”菜单，然后单击“关闭计算机”，将显示“关闭计算机”对话框，如图 3—10 所示。

图 3—10 “关闭计算机”对话框

(2) 如果想关闭计算机则单击“关闭”。如果计算机没有自动关闭，则在可以安全关闭计算机时显示一条消息。

第四节 Windows XP 的 TCP/IP 网络配置

3.4.1 Windows XP 的 TCP/IP 配置参数

一个基于 Windows XP 的系统要想在一个可路由的网络环境中使用 TCP/IP，需要设置三个参数。

1. IP 地址

一个 IP 地址是一个逻辑的 32 位地址，用来指定一台 TCP/IP 主机。每个 IP 地址被分为两个部分，一部分是网络 ID，另一部分是主机 ID。网络 ID 用来指定所有的机器在同一个物理网段上，而主机 ID 则用来指定在网络上的一台网络设备，如一台机器或一台路由器。在网络上每台运行 TCP/IP 的机器都需要一个不同的 IP 地址。

2. 子网掩码

一个子网掩码用来掩住 IP 地址的一部分，以使 TCP/IP 能够利用分主机 ID 的一部分来作为网络 ID。当一台 TCP/IP 主机想要通信时，子网掩码可以用来决定一台主机是在本地网还是在远程网。

3. 默认网关

为了和另一个网段的主机进行通信，一个 IP 地址必须指出一个路由器地址，使网络信息通过默认网关（用户也许已经知道在 TCP/IP 中，网关和路由是同一个概念）和另一个网段的主机进行通信。默认网关用来指示 TCP/IP 从什么地方发出数据包，最终是要把数据送到远程的目的网中去。如果用户不指出默认网关，那么信息只能在本地网中进行传送。

3.4.2 安装 TCP/IP 协议

用户可以根据自己的需要安装 TPC/IP 协议。具体步骤如下：

（1）从“控制面板”中单击“网络连接”图标，就会在 Windows XP 的桌面上弹出一个“网络连接”窗口。

（2）选定连接后单击“更改此连接的设置”按钮（见图 3—11）。

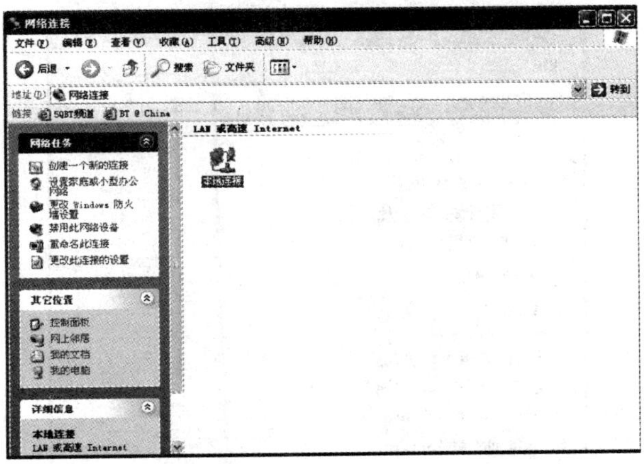

图 3—11

（3）在弹出的连接属性窗口中的“常规”选项卡上，在“此连接使用下列项目”列表中选中“Internet 协议（TCP/IP）”复选框，单击“安装”按钮，它就会被添加到用户的网络组件中去（见图 3—12）。

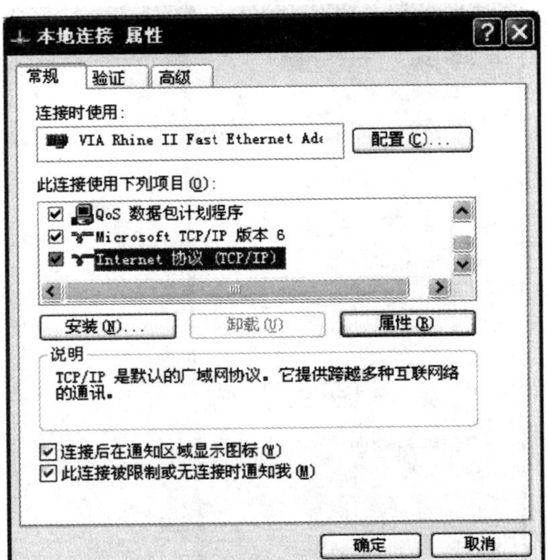

图 3—12

3.4.3 配置 Windows XP 下的 TCP/IP

在连接属性窗口中的“常规”选项卡上，在“此连接使用下列项目”列表中选中“Internet 协议（TCP/IP）”，单击“属性”按钮（见图 3—12），进入“Internet 协议（TCP/IP）属性”对话框（见图 3—13）。可以进行对 IP 和 DNS 的配置，也可单击“高级”按钮进行进一步的配置（见图 3—14）。

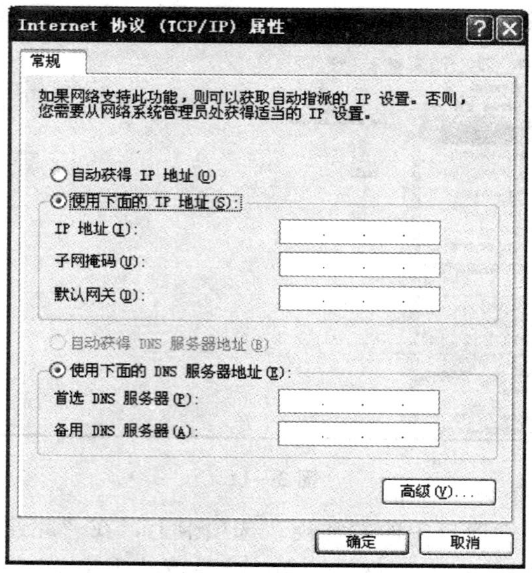

图 3—13

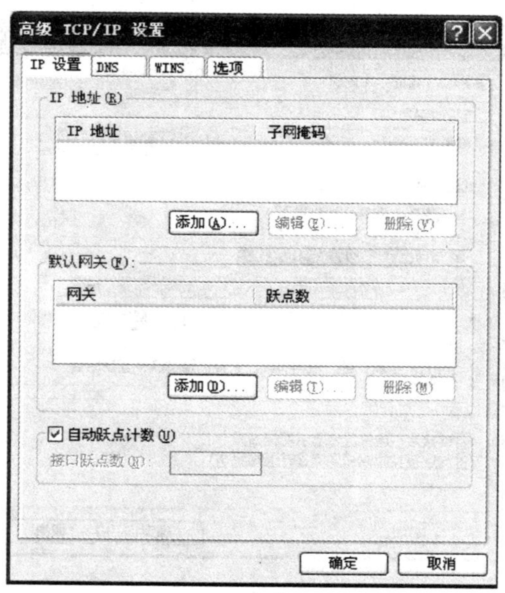

图 3—14

1. “IP 设置” 选项卡

用户可以使用 “添加” 按钮和 “删除” 按钮来管理本机所使用的 IP（见图 3—15）与网关，这个网关的地址也应该由系统管理员提供。

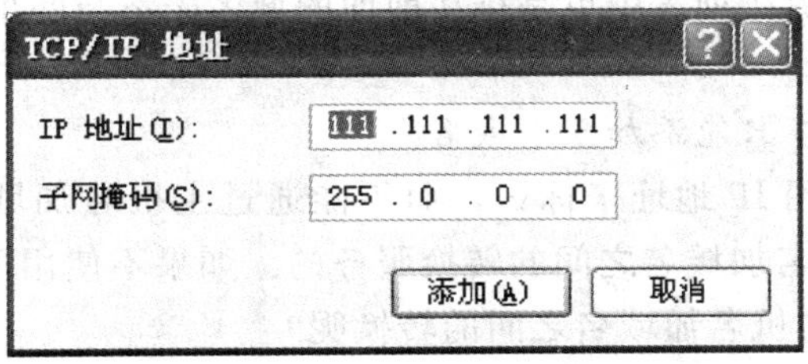

图 3—15

2. DNS 选项卡

DNS 选项卡如图 3—16 所示。用户可以添加或删除 DNS 服务器的 IP 地址。

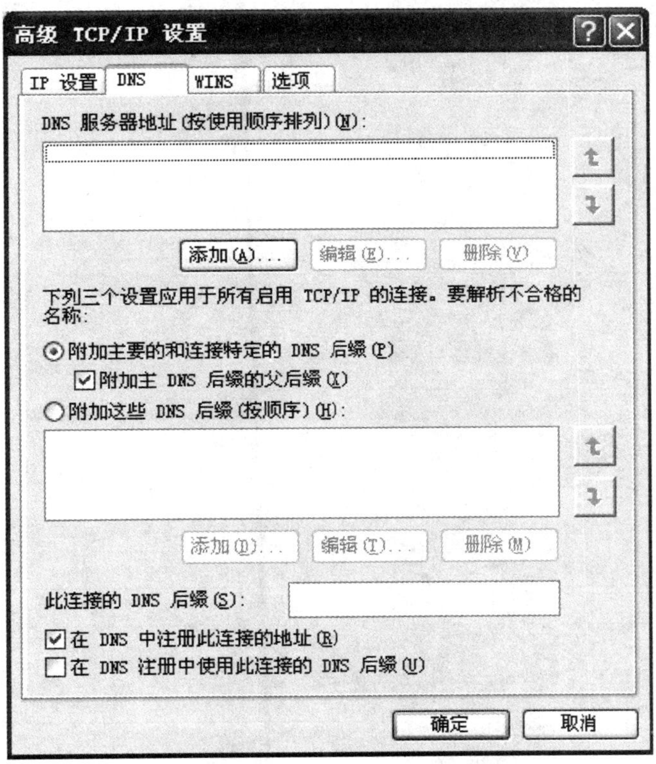

图 3—16 DNS 选项卡

主机是指这台计算机在网络中的名称。它由大小写字母 a～z、A～Z，数字 0～9 和符号 “—” 组成。

域是指服务器控制网络上的计算机能否加入的计算机组合。域名除了由大小写字母 a～z、A～Z，数字 0～9 和符号 “—” 组成外，还可以使用符号 “·” 作为分隔符，如 net. tsinghua. edu. cn 是一个合法的域名。

用户可以在 DNS 服务器搜索顺序中添加和删除 DNS 服务器，系统将优先使用排在第一个的 DNS 服务器，只有当这个服务器没有响应的时候，系统才会与第二个 DNS 服务器通信。

系统可以将这个列表中的 DNS 后缀同主机名组合在一起与 DNS 服务器进行交流。与 DNS 服务器相同，在域后缀列表中也是排在前面的域名先参与匹配。

注意

DNS 后缀列表中最多只能添加 5 个域名。

DNS 服务器必须使用 IP 地址来标识，而不能通过主机名加域名来标识。因为 DNS 服务器就是提供 IP 和主机名加域名之间的转换服务的。如果不使用 IP 地址，那么谁又来做这个 DNS 服务器的 IP 和主机名加域名之间的转换呢?

用户最好使用一个 DNS 服务器。否则用户虽然可以在 Internet 上遨游，但是只能通过大量的无法记忆的 IP 地址来访问 Internet，而不能使用简单、容易记忆的主机名加域名（www. microsoft. com，www. ibm. com）来访问 Internet。

第四章　计算机网络概述

第一节　计算机网络的产生与发展

4.1.1　计算机网络的产生

计算机与通信的相互结合主要有两个方面。一方面，通信网络为计算机之间的数据传递和交换提供了必要的手段；另一方面，数字计算技术的发展渗透到通信技术中，又提高了通信网络的各种性能。当然，这两个方面的进展都离不开人们在半导体技术上取得的辉煌成就。

由于当初计算机是为成批处理信息而设计的，所以当计算机在和远程终端相连时，必须在计算机上增加一个接口才行。显然，这个接口应当对计算机原来的硬件和软件的影响尽可能地小些。这样，就出现了如图 4—1 所示的线路控制器（line controller）。图中的调制解调器 M 是必须加入的，因为电话线路本来是为传送模拟的话音信号而设计的，它不适合于传送计算机的数字信号。调制解调器的主要作用就是：把计算机或终端的数字信号变换成可以在电话线路传送的模拟信号以及完成相反的变换。

早期的线路控制器只能和一条通信线路相连，同时也只能适用于某一种传送速率。由于在通信线路上是串行传输而在计算机内采用的是并行传输，因此这种线路控制器的主要功能是进行串行和并行传输的转换以及简单的差错控制。计算机主要仍用于成批处理。有时，计算机在一天中的部分时间用作成批处理，而在另一部分时间则收集远地的信息进行处理。故图 4—1 所示的系统常称为联机系统，以区别于早先出现的脱机系统。

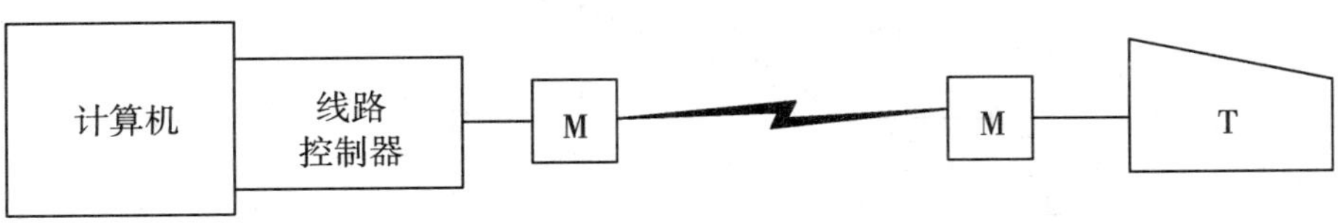

图 4—1　联机系统

随着远程终端数量的增多，为了避免一台计算机使用多个线路控制器，在 20 世纪 60 年代初期，出现了多重线路控制器（multiline controller）。它可以和许多个远程终端相连接（见图 4—2）。这种联机系统也称为面向终端的计算机通信网。有人将这种最简单的计算机网络称为第一代的计算机网络。这里，计算机是网络的中心和控制者，终端围绕中心计算机分布在各处，而计算机的主要任务也还是进行成批处理。

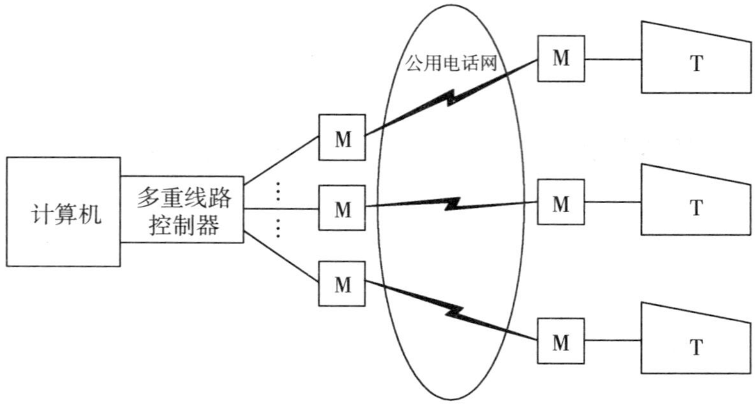

图 4—2　多重线路控制器的使用

注：M——调制解调器；T——终端。

计算机最初只是用来进行科学计算的，然而人们很快就认识到计算机还可用作数据处理。现在计算机的非数值应用已远比纯粹的科学计算广泛得多。这就使得计算机的用户数量迅速增长。但是，每当需要增加一个新的远程终端时，上述的这种线路控制器就要进行许多硬件和软件的改动，以便与新加入的终端的字符集和传输速率等特性相适应。此外，有的程序还要重新编写，还要分配更多的存储空间作为缓冲区。然而，这种线路控制器对主机却造成了相当大的负担。也就是说，远程终端的通信对以成批处理为主要任务的计算机成为一个相当大的额外开销（overhead）。人们终于认识到应当设计另一种不同硬件结构的设备来完成数据通信的任务。这就导致了通信处理机的出现。通信处理机也称为前端处理机（FEP，Front End Processor），有时也可简称为前端机。前端处理机分工完成全部的通信任务，而让主机（原来的计算机）专门进行数据的处理。这样就大大减小了主机的额外开销，因而显著地提高了主机进行数据处理的效率。图 4—3 表示用一个前端处理机。从 20 世纪 60 年代初期起，前端处理机就被广泛地使用着。一直到现在，前端处理机仍然在计算机网络中起着重要的作用。

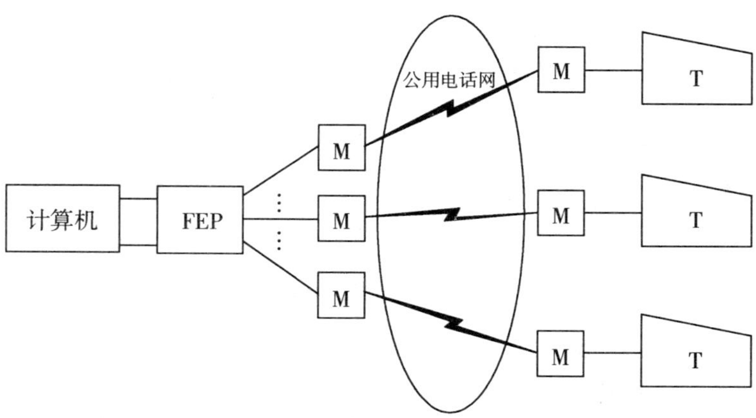

图 4—3　用前端处理机完成通信任务

注：FEP——前端处理机；M——调制解调器；T——终端。

远程终端的数量不断增长，使通信费用随之增加。为了节省通信费用，可以在远程终端较密集处加一个集中器（concentrator）。集中器和前端机相似，也是一种通信处理机。它的一端用多条低速线路与各终端相连，其另一端则用一条较高速率的线路与计算机相连（见图4—4）。由于集中器不是简单的多路复用器而是一个智能复用器，它可以利用一些终端的空闲时间来传送其他处于工作状态的终端的数据。这样，所用高速线路的容量就可以小于各低速线路容量的总和，从而明显地降低了通信线路的费用。此外，由于集中器距终端较近，因此在集中器与各终端之间往往可以省去调制解调器。

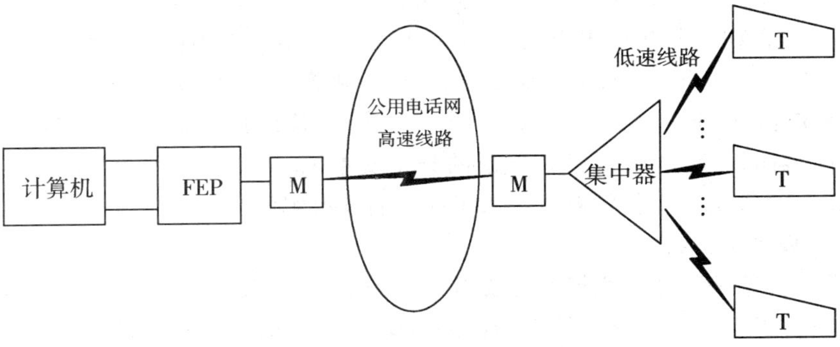

图 4—4　采用集中器降低通信费用

注：FEP——前端处理机；M——调制解调器；T——终端。

在 20 世纪 60 年代，这种面向终端的计算机通信网获得了很大的发展。其中许多网络至今仍在使用。

4.1.2　分组交换网的产生

在研究计算机网络的发展时，必须着重介绍分组交换（packet switching）。分组交换也称为包交换，它是现代计算机网络的技术基础。下面将介绍分组交换的产生过程和分组交换的要点。

1. 传统的电路交换技术不适合计算机数据的传输

在电话出现后不久，人们便认识到，在所有用户之间架设直达的线路对通信线路的资源是极大的浪费。必须依靠交换机实现用户之间的互连。一百多年来，电话交换机经过多次更新换代，从人工接续、步进制、纵横制以至现代的程序控制交换机（程控交换机），其本质始终未变，都是采用电路交换（circuit switching）。电路交换也可称为线路交换。从通信资源的分配方法来看，电路交换是预先分配传输带宽。用户在开始通话之前，先要申请建立一条从发端到收端的物理通路。只有在此物理通路建立之后，双方才能互相通话。在通话的全部时间里，用户始终占用端到端的固定传输带宽。

然而，当这种通信系统用来传送计算机或终端的数据时，就出现了新的问题。这是因为计算机的数据是突发式地和间歇性地出现在传输线路上，而用户应支付的通信线路费用是按占用线路的时间计算的。和打电话传送连续的话音信号不同，在计算机通信时，线路上真正用来传送数据的时间往往不到 10%甚至 1%。在绝大部分时间里，通信线路实际上是空闲的。

不仅如此，电路交换建立通路的呼叫过程对计算机通信也嫌太长。电路交换本来是为打电话而设计的。打电话的平均持续时间约为几分钟，因此其呼叫过程（约 10s～20s）就不算太长。但是，1000bit 的计算机数据在 2400bps 的线路上传送时，只需不到半秒的时间。相比之下，呼叫过程占用的相对时间就太多了。

由此可见，必须找出新的适合于计算机通信的交换技术。

2. 分组交换网的试验成功

存储转发的概念最初是在 1964 年 8 月由巴兰（Baran）在美国兰德（Rand）公司的“论分布式通信”的研究报告中提出的。1962 年—1965 年，美国国防部远景规划局（DARPA，Defense Advanced Research Project Agency）和英国的国家物理实验室 NPL 都在对新型的计算机通信网进行研究。1966 年 6 月，NPL 的戴维斯（Davies）首次提出“分组”（packet）这一名词。1969 年 12 月，美国的分组交换网 ARPANET（当时仅 4 个结点）投入运行。从此，计算机网络的发展就进入了一个崭新的纪元。

3. 分组交换的主要特点

下面简要地介绍一下分组交换的主要特点。图 4—5 所示是分组交换网的示意图。图中结点 A，B，…，F 以及连接这些结点的链路 AB，AC 等组成了分组交换网，或称为通信子网；H1～H5 都是一些独立的并且可以进行通信的计算机。现在习惯上把在通信子网以外的计算机 H1～H5 称为主机，而把分组交换网中的结点上的计算机称为结点交换机。在阅读文献时应注意，在 ARPANET 建网初期，分组交换网中的结点交换机曾被称为接口报文处理机（IMP，Interface Message Processor）。

当主机 H1 要向主机 H2 发送数据时，首先要将数据划分为一个个等长的分组，然后将这些分组一个接一个地发往与 H1 相连的结点 A。此时，除链路 H1-A 外，网内其他通信链路并不被目前通信的双方所占用。需要注意的是，即使是链路 H1-A，也只是当分组正在此链路上传送时才被占用。在各分组传送之间的空闲时间，链路 H1-A 仍可为其他主机发送的分组使用。

结点 A 将收到的分组先放入缓冲区，再按一定的路由算法，确定该分组下一步该发往哪个结点。可见，各结点的分组交换机的主要任务是：负责分组的存储、转发以及选择合适的路由。显然，每个发送的分组必须携带一些有关目的地址的信息，否则分组交换机就无法确定每个分组的路由。例如，在图 4—5 中的结点 E，就能区分开哪个分组应发给主机 H2 还是应发给主机 H5。这里要注意，结点暂时存储的是短分组，而不是整个的长报文。短分组不必存储在磁盘中而是暂存在内存中。这就保证了较高的交换速率。

在图中只画了两对主机（H1 和 H2，H3 和 H5）在进行通信。实际上，一个分组交换网可以容许很多主机同时进行通信，而一个主机中的多个进程也可以和不同主机中的不同进程进行通信。

在传送分组的过程中，由于采取了专门的措施，因而保证了数据的传送具有非常高的可靠性。

从以上所述可知，采用存储转发的分组交换，实质上是采用了断续或动态分配传输带宽的策略。这对传送突发式的计算机数据是非常合适的，因为这样就可以大大提高通信线路的利用率。

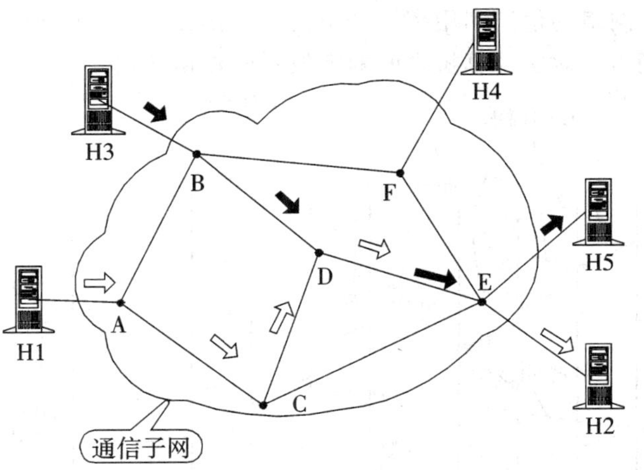

图 4—5　分组交换网的示意图

为了提高通信子网的可靠性，常采用复杂的拓扑结构，使得当少数结点或链路出现故障时，不致引起全网的瘫痪。此外，通信网络的主干线路往往由一些高速链路构成，以便迅速传送大量的计算机数据。

这样，在传送计算机数据时，分组交换网的主要优点可归纳如表 4—1 所示。

表 4—1　　　　**分组交换的优点**

优点	所采用的手段
高效	动态或断续分配传输带宽
灵活	每个结点均有智能，可根据情况决定路由和对数据做必要的处理
迅速	以不太长的分组为传送单位，在每个结点存储时间很短；高速链接
可靠	完善的网络协议；分布式多路由的通信子网

当然，分组交换也带来一些新的问题。例如，分组在各结点存储转发时因要排队总会造成一定的时延。当网络业务量过大时，这种时延可能会很大。此外，各分组必须携带的控制信息也造成了一定的额外开销。整个分组交换网的管理与控制也都比较复杂。

应当指出，从本质上讲，这种断续分配传输带宽的存储转发原理并非新概念。古代就已有邮政通信，就其本质来说也是属于存储转发方式。而在 20 世纪 40 年代，电报通信也采用了基于存储转发原理的报文交换。在报文交换中心，一份份电报被接收下来，并穿成带。操作员以每份报文为单位，撕下纸带，根据报文的目的站地址，拿到相应的发报机转发出去。这种报文交换的时延较长，从几分钟到几小时不等。分组交换虽然也采用存储转发原理，但由于在交换结点上使用了电子计算机，且分组为定长，其长度不大，完全可放在交换结点计算机的内存中进行处理，这就使分组的转发非常迅速。例如，ARPANET 的经验表明，在正常的网络负荷下，全网端到端的平均时延小于 0.1s。这样，分组交换虽然采用了某些古老的交换原理，但它实际上已变成了一种新式的交换技术。

图 4—6 表示电路交换、报文交换和分组交换的主要区别。其中的 A 和 D 分别是源结点和目的结点，而 B 和 C 是在 A 和 D 之间的中间结点。

从图 4—6 不难看出，若所要传送的数据量很大，且其传送时间远大于呼叫建立时间，则采用预先分配传输带宽的电路交换较为合适。报文交换和分组交换不需要预先分配传输带宽，因而可提高整个网络的信道利用率。分组交换比报文交换的时延小，但其结点交换机必须具有更强的处理能力。对于计算机之间的突发式的数据通信，分组交换显然更为合适些。

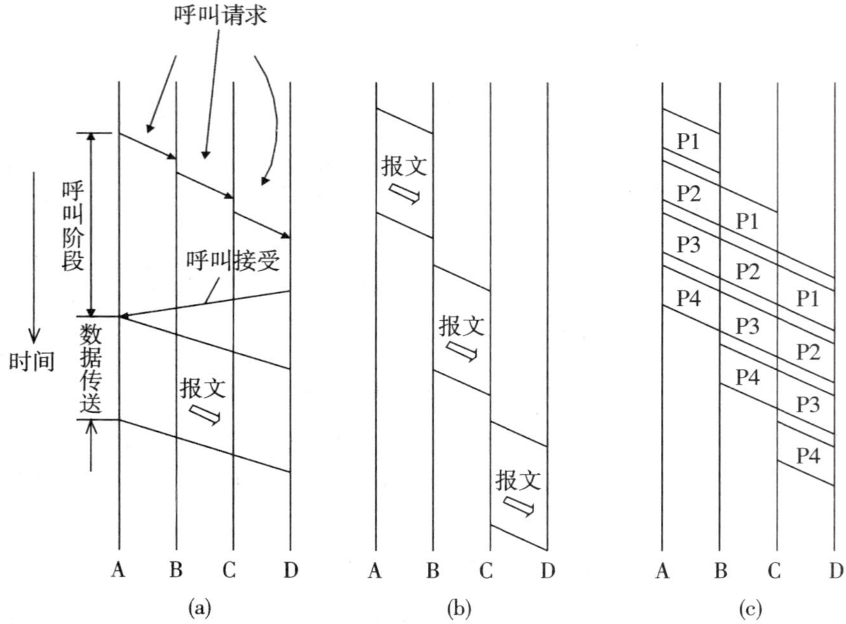

图 4—6　三种交换的比较

注：(a) 电路交换；(b) 报文交换；(c) 分组交换，P1～P4 表示分组。

可以看出，当端到端的通路是由很多段的链路组成时，采用分组交换传送数据比用电路交换显然要好些。这是因为采用电路交换时，只要整个通路中有一段链路不能使用，通信就不能进行。就像我们给一个很远的用户打电话一样，由于要经过很多次转接，只要整个通路中有一段线路不通，电话就打不通。但分组交换可以将数据一段一段地像接力赛跑那样传过去。

ARPANET 的试验成功使计算机网络的概念发生了根本的变化。早期的面向终端的计算机网络是以单个主机为中心的星形网（见图 4—7 (a)），各终端通过通信线路共享主机的硬件和软件资源。但分组交换网则是以通信子网为中心（见图 4—7 (b)），主机和终端都处在网络的外围。这些主机和终端构成了用户资源子网。用户不仅共享通信子网的资源，而且还共享用户资源子网的许多硬件和各种丰富的软件资源。

这种以通信子网为中心的计算机网络常称为第二代的计算机网络。这种计算机网络比第一代的面向终端的计算机网络的功能扩大了很多。

这里需要指出，分组交换网之所以能得到迅速的发展，很重要的一个原因就是：分组交换技术给用户带来了经济上的好处——其费用比使用电路交换更为低廉。

除了上述的专用分组交换网 ARPANET 外，一些工业发达国家还开始建造公用分组交换网。这与公用电话网相似，可以为更广大的用户服务。例如，英国于 1973 年开始建造试验分组交换网 EPSS，在 1977 年试验成功后，改名为 PSS；美国则建造了 TELENET（现名 SPRINGNET）、TYMNET 和 COMPAC 等网络；欧洲共同体有 9 个国家联合建造了 EURONET 公用分组交换网；法国建造了 TRANSPAC 网；加拿大建造了 DATAPAC 网；日本的 NTT 先后建造了电路交换与分组交换的综合交换系统 DDX-1，以及电路交换、分组交换分别建网的交换系统 DDX-2。

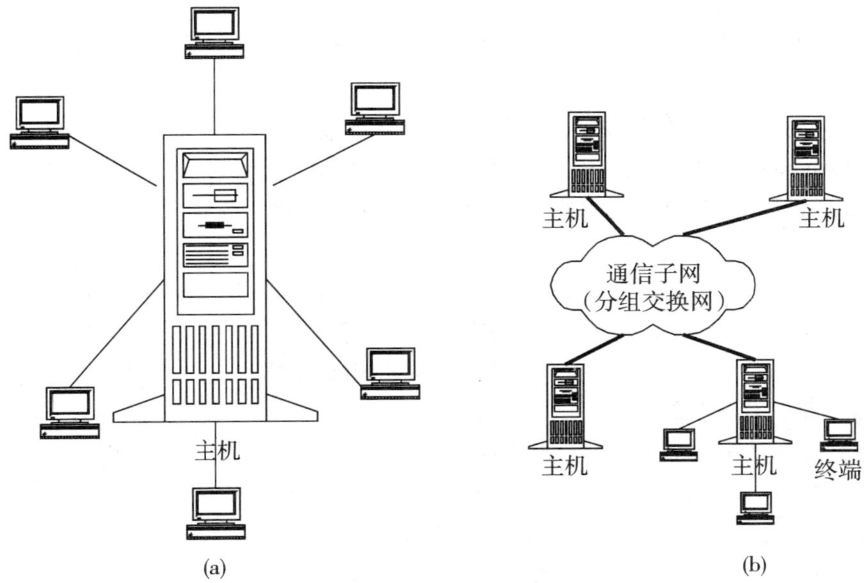

图 4—7　从以单个主机为中心（a）演变到以通信子网为中心（b）

据统计，到 1987 年底为止，全世界共有 87 个国家和地区的 214 个公用分组交换网在运行，而其中多数国家和地区都在大力发展公用分组交换网。

4.1.3　计算机网络体系结构的形成

计算机网络是一个非常复杂的系统。相互通信的计算机系统必须高度协调工作才行，而这种“协调”是相当复杂的。为了设计这样复杂的计算机网络，早在最初的 ARPANET 设计时即提出了分层的方法。“分层”可将庞大而复杂的问题，转化为若干较小的局部问题，而这些较小的局部问题就比较易于研究和处理。

1974 年，美国的 IBM 公司宣布了它研制的系统网络体系结构（SNA，System Network Architecture）。这个著名的网络标准就是按照分层的方法制订的。以后 SNA 又不断得到改进，更新了几个版本。现在它是世界上使用得较为广泛的一种网络结构。据统计，按照 SNA 设置的网络在 1998 年就至少有 15 000 个。不久后，其他一些公司也相继推出本公司的一套体系结构，并都采用不同的名称。

网络体系结构出现后，使得一个公司所生产的各种设备都能够很容易地互连成网。这种情况当然有利于一个公司垄断自己的产品。用户一旦购买了某个公司的网络，当需要扩大容量时，就只能再购买原公司的产品。如果同时又再购买了其他公司的产品，那么由于网络体系结构的不同，就很难互相连通。

然而社会的发展使得不同网络体系结构的用户迫切要求能够互相交换信息。为了使不同体系结构的计算机网络都能互连，国际标准化组织（ISO）于 1977 年成立了专门机构研究该问题。不久，他们就提出了一个试图使各种计算机在世界范围内互连成网的标准框架，这就是著名的开放系统互连基本参考模型（OSI/RM，Open Systems Interconnection/Reference Model），简称 OSI。从这以后，就开始了所谓的第三代计算机网络。

4.1.4 Internet 成为世界上最大的计算机网络

进入 20 世纪 80 年代中期以来，在计算机网络领域最引人注目的事就是美国的 Internet 飞速发展。Internet 的本来意思就是互联网。有人也将其译为国际互联网，或按音译为因特网。现在 Internet 已成为世界上最大的国际性计算机互联网。下面简单介绍 Internet 的发展过程。

到 1983 年，ARPANET 已连上了三百多台计算机，供美国各研究机构和政府部门使用。在 1984 年，ARPANET 分解成两个网络。一个仍称为 ARPANET，是民用科研网。另一个是军用计算机 MILNET。由于这两个网络都是由许多网络互连而成，因此它们都为 Internet。后来 ARPANET 就称为 Internet 的主干网。

美国国家科学基金会（NSF）认识到计算机网络对科学研究的重要性，因此从 1985 年起，NSF 就围绕其六个大型计算机中心建设计算机网络。1986 年，NSF 建立了国家科学基金网 NSFNET，它是一个三级计算机网络，分为主干网、地区网和校园网，覆盖了全美国主要的大学和研究所。NSFNET 也和 ARPANET 相连。最初，NSFNET 主干网的速率不高，仅为 56kbps。在 1989 年—1990 年，NSFNET 主干网的速率提高到 1.544Mbps，即 T1 的速率，并且成为 Internet 中的主要部分。到了 1990 年，鉴于 ARPANET 的实验任务已经完成，在历史上起过重要作用的 ARPANET 就正式宣布关闭。

1991 年，NSF 和美国的其他组织开始认识到，Internet 必将扩大其使用范围，不会仅限于大学和研究机构。世界上的许多公司纷纷接入到 Internet，使网络上的通信量急剧增大，每日传送的分组数达 10 亿之多。Internet 的容量又不够用了。于是美国政府决定将 Internet 主干网转交给私人公司来经营，并开始对接入 Internet 的单位收费。然后，IBM、MERIT 和 MCI 成立了一个非赢利的公司 ANS（Advanced Networks and Services）。ANS 公司于 1993 年建造了一个速率为 45Mbps 的主干网 ANSNET 来取代旧的 NSFNET。现在 NSF 已和 MCI 签订合同建造另一个更高速率（155Mbps）的主干网来代替现在的 ANSNET。

Internet 已经成为世界上规模最大和增长速率最快的计算机网络，没有人能够准确说出 Internet 究竟有多大。在 1995 年初的统计是：有 12 000 个网络连在 Internet 上，而每天约有 1 200 台计算机入网。在 Internet 上的数据通信量每月约增加 10%。每天在世界范围有约 1 500 万人直接使用 Internet。Internet 已连通了世界上的 137 个国家和地区。

目前，几乎所有的发达国家都相继建设了自己的国家级的教育和科研计算机网络，并且与 Internet 互连在一起。由于 Internet 具有极为丰富的信息资源，它突破了地址位置的限制，为广大的大学教师和学生，特别是研究人员，提供了一个非常好的计算机环境，大大地促进和加快了他们之间的信息交流与技术合作。实践表明，凡是建立了国家教育科研计算机网络的国家，其教育和科研事业都明显地得到迅速的发展。

Internet 仍属第三代计算机网络，因为它使用的也是分层的体系结构。大家知道，ARPANET 是世界上第一个计算机网络，它有自己的一套体系结构（通常称为 TCP/IP 协议族，或简称为 TCP/IP)。因此 Internet 没有使用上面的 OSI 体系结构。

大量计算机网络专家经过十几年的努力，制订出了整套的 OSI 国际标准，其指导思想是企图将全世界的各种计算机网络都互连在一起。然而，世界上规模最大的计算机网络 Internet 并没有使用这个 OSI 标准。这一事实很值得我们深思。至少我们应当懂得，虽然把标准制订出来是很不容易的，但把印在纸上的标准变成现实就更加困难，因为有很多因素在制订标准时可能考虑不到。

4.1.5 新一代计算机网络——宽带综合业务数字网

进入 20 世纪 90 年代后，计算机网络的发展更加迅速，目前正在向宽带综合业务数字网的方向演变。这也就是人们常说的新一代或第四代计算机网络。

新一代计算机网络的技术上最主要的特点就是综合化和高速化。

综合化是指将多种业务综合到一个网络中。采用分组交换的计算机网络本来是用来传送计算机数据的。人们传送话音信息则一直使用另一个与计算机网络很不相同的电话网（采用电路交换）。但是，现在人们已经可以将各种业务，如话音、数据、图像等，都以二进制代码的数字形式综合到一个网络中来传送。这样的网络就叫做综合业务数字网（ISDN）。采用综合业务数字网最大的潜在优点就是经济（这里之所以用“潜在优点”是因为有些综合业务的技术在目前的价格仍然较高），这样就可以不必按照不同的业务来分别建造各自的通信网（分别建网是很花钱的）。

网络向综合化发展与多媒体技术的迅速发展也是密切相关的。多媒体技术是指能够同时获取、处理、编辑、存储和显示两个以上不同类型的信息媒体技术。这些信息媒体包括文字、声音、图形、动画、图像（静态的和活动的）等。传送多媒体信息最合适的网络显然就是综合业务数字网。

在 20 世纪 70 年代中期提出的综合业务数字网是使用电路交换，线路的传输速率不高，因此称为窄带综合业务数字网（N-ISDN)。然而窄带综合业务数字网无法满足各种多媒体技术的需求。

网络高速化也就是宽带化，目前就是指网络的传输速率可达到几十至几百个兆位/秒（Mbps)，甚至达到几十千兆位/秒（Gbps）的量级。当传输速率超过 100Mbps 时，一般就要采用光纤技术。高速的综合业务数字网使用一种新的快速分组交换方法，即异步转移模式（ATM)，利用这种交换方式可以较好地进行各种不同业务的综合。采用 ATM 技术的高速综合业务数字网就称为宽带综合业务数字网（B-ISDN)，它是目前人们所认识到的比较先进的网络。现有的电话网络（采用电路交换）和计算机网络（采用分组交换）将来都要汇合成为宽带综合业务数字网（B-ISDN)。

从计算机网络在社会上的地位和作用来看，最近也有了本质上的变化。产生这种变化的主要原因就是：当前世界已进入信息化时代，信息已成为发展社会生产力和提高人民生活质量日益重要的资源。现在一个国家在经济上能否迅速发展，已经不再是简单地取决于年产多少钢铁或粮食，更重要的是要看整个社会信息化的程度如何。经济建设，离不开信息化。而实现社会信息化的一个非常重要的环节就是要建设好一个先进的国家信息网络。这种网络当然就是上面所说的新一代计算机网络，或宽带综合业务数字网。

第二节　计算机网络的基本概念

计算机网络的精确定义并未统一。

关于计算机网络的最简单的定义是：一些互相连接的、自治的计算机的集合。若按此定义，则早期的面向终端的网络都不能算是计算机网络，而只能称为联机系统（因为那时的许多终端不能算是自治的计算机）。但随着硬件价格的下降，许多终端都具有一定的智能，因而"终端"和"自治的计算机"逐渐失去了严格的界限。若用微型计算机作为终端使用，按上述定义，则在图4—2至图4—4中所示的网络，均可称为计算机网络。

也有人认为，计算机网络与计算机通信网应当有所区别。但是我们认为，重要的是一个网络的结构、用途和性能，而不是其名称。因此本书将"计算机网络"和"计算机通信网"当做同义词，同时采用文献给出的关于计算机网络的定义，即一个计算机网络应当有三个主要的组成部分：

（1）若干个主机，它们向各用户提供服务。

（2）一个通信子网，它由一些专用的通信处理机（通信子网中的结点交换机）和连接这些结点的通信链路组成。

（3）一系列的协议。这些协议是为在主机和主机之间或主机和子网之间或子网中各结点之间的通信而用的。协议是通信的双方事先约定好的和必须遵守的规则。

"计算机通信"与"数据通信"这两个名词也常混用。早期的数据通信与现代的计算机通信显然是有区别的。但随着技术的进步，数据通信的含义也在发生变化。因此，我们认为有时计算机通信与数据通信是可以混用的名词。不过在许多情况下，数据通信网往往指的是计算机网络中的通信子网。

最后还要指出，计算机网络与分布式计算机系统虽然有相同之处，但二者并不等同。分布式系统的最主要特点是整个系统中的各计算机对用户都是透明的。也就是说，对用户来说，这种分布式计算机系统就好像只有一个计算机一样。用户通过键入命令就可以运行程序，但用户并不知道是哪一个计算机在为他运行程序。由此可见，计算机网络并不等同于分布式计算机系统。一般说来，分布式系统是计算机网络的一个特例。当然，也许一些分布式系统根本就不是计算机网络（如分布式计算机）。

第三节　计算机网络的分类

由于计算机网络的广泛使用，目前在世界上已出现了各种形式的计算机网络。对网络的分类也很多。从不同角度划分网络，有利于全面了解网络系统的各种特性。

4.3.1 按距离划分

按网络的作用范围可将网络划分为以下几种：

（1）广域网（远程网，WAN，Wide Area Network）。广域网的作用范围一般为几十到几千千米。

（2）局域网（LAN，Local Area Network）。局域网的作用范围通常为几米到几十千米。

以上两种为传统的划分方式，近年来在LAN与WAN之间又出现了一种新的分类。

（3）城域网（MAN，Metropolitan Area Network）。城域网的作用范围界于WAN与LAN之间，其运行方式与LAN相似。

4.3.2 按通信介质划分

根据通信介质的不同，网络可划分为以下几种：

（1）有线网。采用如同轴电缆、双绞线、光纤等物理介质来传输数据的网络。

（2）无线网。采用卫星、微波等无线形式来传输数据的网络。

4.3.3 按通信传播方式划分

根据通信传播方式的不同，网络可划分为以下几种：

（1）点对点传播方式网。点对点传播方式网是以点对点的连接方式，把各个计算机连接起来的。这种传播方式的主要拓扑结构有星形、树形、环形、网形。

（2）广播式传播方式网。广播式传播方式网是用一个共同的传播介质把各个计算机连接起来的。主要有以同轴电缆连接起来的总线形网，以微波、卫星方式传播的广播形网。

4.3.4 按通信速率划分

根据通信速率的不同，网络可划分为以下几种：

（1）低速网。网上数据传输速率在300bps～1.4Mbps之间的系统。这种系统通常是借助调制解调器利用电话网来实现的。

（2）中速网。网上数据传输速率在1.5Mbps～45Mbps之间的系统。这种系统主要是传统的数字式公用数据网。

（3）高速网。网上数据传输速率在50Mbps～750Mbps之间的系统。信息高速公路的数据传输速率会更高。

4.3.5 按使用范围划分

根据使用范围的不同，网络可划分为以下几种：

（1）公用网。公用网又称为公众网。对所有的人来说，只要符合网络拥有者的要求就能使用这个网。也就是说，它是为全社会所有的人提供服务的网络。

（2）专用网。专用网为一个或几个部门所拥有，它只为拥有者提供服务。这种网络不向拥有者以外的人提供服务。

4.3.6 按网络控制方式划分

按网络所采用的控制方式，可把计算机网络分为集中式和分布式两种网络。

1. 集中式计算机网络

这种网络处理的控制功能高度集中在一个或少数几个结点上，所有的信息流都必须经过这些结点之一。因此，这些结点是网络处理的控制中心，而其余的大多数结点则只有较少的处理控制功能。星形网络和树形网络都是典型的集中式网络。

集中式网络的主要优点是实现简单，其网络操作系统很容易从传统的分时操作系统经适当的扩充和改造而成。故早期的计算机网络都属于集中式的网络，目前仍被广泛采用。但它们都存在着一系列的缺点，如实时性差、可靠性低、缺乏较好的可扩充性和灵活性。

2. 分布式计算机网络

在这种网络中，不存在一个处理的控制中心，网络中的任一结点都至少和另外两个结点相连接，信息从一个结点到达另一结点时，可能有多条路径。同时，网络中的各个结点均以平等地位相互协调工作和交换信息，并可共同完成一个大型任务。分组交换、网状型网络都属于分布式网络，这种网络具有信息处理的分布性、高可靠性、可扩充性及灵活性等一系列的优点，因此，它是网络的发展方向。目前大多数广域网中的主干网，便是做成分布式的控制方式，并采用较高的通信速率，以提高网络性能；而对大量非主干网，为了降低建网成本，则仍采取集中控制方式和较低的通信速率。

4.3.7 按网络环境划分

根据网络环境的不同，可把计算机网络分为部门网络、企业网络和校园网络三种。

1. 部门网络（Departmental Network）

部门网络是局限于一个部门的 LAN，一般供一个分厂、处（科）或课题组使用，这种网络通常由几个至 20 个工作站、1～2 个服务器以及可共享的一般打印机或激光打印机等组成。在大型企业和校园中，通常都包括多个部门网络，它们通过网桥/路由器或其他方式互联。然而部门网络中的信息流仍主要局限于部门内部流动（约占 80%），只有少量（约占 20%）的信息流越出了部门网到其他网络中进行远程资源访问。

部门网络规模小且技术成熟，目前最流行的是总线形以太网，传输速率为10/100Mbps，网络管理也比较简单，且由于已经积累了较多的经验，故不需要专职的管理人员，可由本部门的业务人员兼任网络管理员。

2. 企业网络（Enterprise Network）

这是在一个企业中配置的、能覆盖整个企业的计算机网络，如一个公司、工厂或大商场等中等规模的企业，通常占用一栋或几栋楼。而一个大型企业则可以包括若干个地理上分散的（可能分布在不同的城市）子公司和分厂。中等规模的企业网络通常由两级网络构成，其低层是分布在各个部门（分公司、处、科）的部门网络，而高层则是用于互联这些部门网络的主干网。主干网通常都具有较高的传输速率，如 100Mbps，并挂有中、小型机作为整个企业的数据服务器，存储整个企业的重要数据；在规模较大且地理上分散的企业中，往往还需要通过广域网络将各地的主干网和部门网互联起来。

企业网络不仅规模大，可能拥有多种类型的网络，以及配置大量的、品种繁多的硬件和软件，而且是现代企业活动的神经中枢。任何关键部门的故障都有可能影响整个企业网的工作。因此在企业网中对关键部件都采用了容错技术，同时，由于对网络的管理和维护要求较高，因而必须配备经验丰富的专职网络管理人员。

3. 校园网络（Campus Network）

校园网络是指在学校中配置的、覆盖整个学校的计算机网络。通常在一所大学的计算中心和一些院、系里都配置了部门 LAN，它们分散在各个大楼中，可利用主干网络或网络中心单元将这些网络互联起来形成一个统一的校园网。但当前更流行也更有效的方法是利用一个高速网络，将分散的部门 LAN 连接起来，形成一个两级网络形式的校园网。在发达国家的名牌大学中一般都建立了校园网；在我国也有不少大学，如清华大学、北京大学、北京航空航天大学等，也都建成了校园网。

4.3.8 按拓扑结构划分

拓扑（Topology）是从图论演变而来的，是一种研究与大小形状无关的点、线、面特点的方法。在计算机网络中抛开网络中的具体设备，把工作站、服务器等网络单元抽象为“点”，把网络中的电缆等通信介质抽象为“线”，这样从拓扑学的观点看计算机和网络系统，就形成了点和线组成的几何图形，从而抽象出了网络系统的具体结构。这种采用拓扑学抽象的网络结构称为计算机网络的拓扑结构。

计算机网络系统的拓扑结构主要有总线形、星形、环形、树形、全互联形和不规则形几种。网络拓扑结构对整个网络的设计、功能、可靠性、费用等方面有着重要的影响。

按网络拓扑结构，可将网络划分为以下 6 种。

1. 星形结构

星形结构由一个功能较强的转接中心 S 以及一些各自连到中心的从结点组成。这种网络各个从结点间不能直接通信，从结点间的通信必须经过转接结点（见图 4—8（a））。例如，A 结点要向 B 结点发送信息，A 结点先向转接中心 S 送 RTS（Request to Send）报文请求发送，S 转发 RTS 报文到 B 结点，然后从 B 收到 RTR（Ready to Receive）准备接收报文，这样就在 A 和 B 间建立通路并可开始通信。

星形结构有两类：一类是转接中心仅起各从结点连通的作用；另一类的转接中心是一个很强的计算机，从结点是一般计算机或终端，这时转接中心有转接和数据处理的双重功能。强的转接中心也成为各从结点共享的资源，转接中心也可按存储转发方式工作。

星形结构的优点是建网容易，控制相对简单，其缺点是属于集中控制，对中心结点依赖性大。

2. 层次结构或树形结构

层次结构是联网的各计算机按树形或塔形组成，树的每个结点都为计算机（见图 4—8

(b))。一般来说，愈靠近树根（或塔的顶部）的结点，其处理能力就愈强。底层的结点命名为0级，次低层的为1级，塔顶的级最高。低层计算机的功能和应用有关，一般都具有明确定义的和专业化很强的任务，塔的顶部则有更通用的功能，以便控制系统的工作。低层的结点通常仅带有限数量的外围设备，相反，顶部的结点常为可带有前端机的中型甚至大型计算机。烦琐的重复性的功能和算法，如数据收集和变换都在底层处理，相反，数据处理、命令执行（控制）、综合处理等都由顶部结点完成，如共享的数据库放在顶部而不分散在各个低层结点。信息在各个级上垂直进行传输，这些信息可以是程序、数据、命令或以上三者的组合。层次结构如果仅有两级，就变为星形，一般来说，层次的层也不宜过多，以免转接开销过大。芝加哥大学的Miss系统就是一个典型的分层结构的网络。

层次结构适用于相邻层通信较多的情况，典型的应用是低层结点解决不了的问题，请求中层解决，中层计算机解决不了的问题请求顶部的计算机来解决。

3. 总线形结构

由一条高速公用总线连接若干个结点所形成的网络，如图4—8（c）所示。其中一个结点是网络服务器，由它提供网络通信及资源共享服务，其他结点是网络工作站（用户计算机）。总线形网络采用广播通信方式，即由一个结点发出的信息可被网络上的多个结点所接收。由于多个结点连接到一条公用总线上，因此必须采取某种介质访问控制规程来分配信息，以保证在一段时间内，只允许一个结点传送信息。目前最常用的且已列入国际标准的规程有CSMA/CD访问控制规程和令牌传送访问控制规程。关于这两个规程将在第七章第三节进行详细阐述。

在总线形结构网络中，作为数据通信必经之路的总线的负载能力是有限度的，这是由通信介质本身的物理性能决定的。所以，总线形结构网络中工作站结点的个数是有限制的，如果工作站结点的个数超出总线负载能力，就需要采用分段等方法，并加入相当数量的附加部件，使总线负载符合容量要求。

总线形网络结构简单灵活、可扩充、性能好。所以，进行结点设备的插入与拆卸非常方便。另外，总线形网络可靠性高，网络结点间响应速度快，资源共享能力强，设备投入量少，成本低，安装使用方便。当某个工作站点出现故障时，对整个网络系统影响小。因此，总线形结构网络是最普遍使用的一种网络。但是由于所有的工作站通信均通过一条共用的总线，所以，实时性较差，并且总线的任何一点出现故障，都会造成整个网络瘫痪。

4. 环形结构

环形网是局域网常用的拓扑结构，它由通信线路将各结点连接成一个闭合的环。数据在环上单向流动，每个结点按位转发所经过的信息，可用令牌控制来协调控制各结点发送，任意两点都可通信（见图4—8（d））。

5. 点-点部分连接的不规则形结构

在广域网中，互联的计算机一般都安装在各个城市，各结点间距离很近，某些结点间是否用点-点线路专线连接，要依据其间的信息流量以及网络所处的地理位置而定。如果某结点间的通信可由其他中继结点转发且不太影响网络性能，则可不必直接互联。因此当地域范围很大且结点数较多时，成为部分结点连接的任意拓扑结构（见图4—8（e））。部分结点连接的网络必然带来经由中继结点转发而相互通信的现象，这称为交换。

6. 点-点全连接结构

点-点全连接结构的网，每一结点和网上其他所有结点都有通信线路连接，这种网的复杂性随处理机数目的增加而迅速地增长（见图 4—8（f））。例如，将 6 个处理机用点-点方式全连接起来，每个处理机要连 5 条线路，必须有 5 个通信端口，全网共需 15[$N\times(N-1)/2$] 条线路。该类网络的优点是无需路由选择，通信方便。但这种网络连接复杂，适合于结点数少、距离很近（如一个房间）的环境。

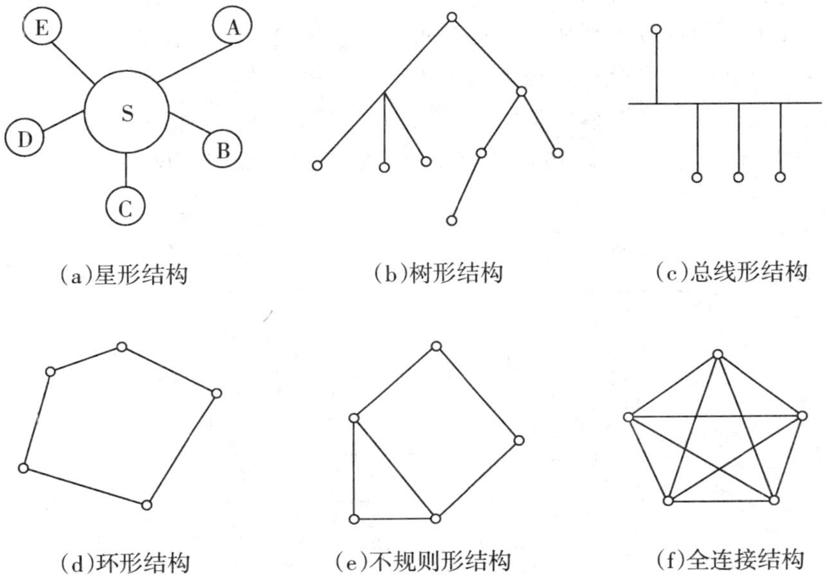

(a)星形结构　(b)树形结构　(c)总线形结构

(d)环形结构　(e)不规则形结构　(f)全连接结构

图 4—8　网络拓扑结构示意图

还有其他一些划分方式，如按交换方式划分、按网络构成成分划分、按通信性能划分等。

第四节　计算机网络的应用

4.4.1　用于企业的网络

许多机构都有一定数量的计算机在运行，这些机器大都相距甚远。例如，一家有许多分公司的集团，可能在每个分公司所在地都装配有计算机。最初，每台计算机都独立地工作，但后来管理部门可能决定把这些独立的计算机连接起来，以获取和核对整个集团公司的信息。

实际上核心问题就是资源共享（resource sharing）。其目的是让网络上的用户，无论他处于什么地方，也无论资源的物理位置在哪里，都能使用网络中的程序、设备，尤其是数据。也就是说，用户使用千里之外的数据就像使用本地数据一样。可以这样归纳网络的目的：它试图解除“地理位置的束缚”。

第二个目的是依靠可替代的资源来提供高可靠性（high reliability）。例如，所有的文件可以在两台或三台计算机上留有副本，如果其中之一不能使用（由于硬件故障），还可以使用其他的副本。另外，多处理机的出现，意味着如果其中一台机器出了故障，其余的处理机仍然可以分担它的任务，尽管性能可能有所下降。例如，军事、银行、航空、交通管制、核反应堆安全设备和其他许多的应用中，出现硬件故障后仍能继续运行的能力是极其重要的。

第三个目的是节约经费（saving money）。小型计算机比大型计算机有更高的性能价格比。主机（房间大小的计算机）比个人计算机大概快十倍，但价格却在千倍以上。这种不平衡使得许多系统设计者用多台功能强大的个人计算机来组建系统，每个用户使用一台个人计算机，数据则存放在一台或多台共享的文件服务器（File Server）里。在这一模式中，用户被称做客户（Client），而整个结构被称做客户/服务器模型（Client/Server Model），如图4—9所示。

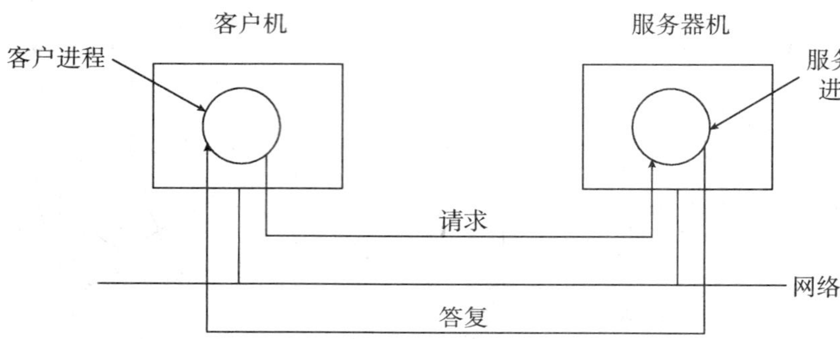

图 4—9　客户/服务器模型

在客户/服务器模型中，通信的方式通常是客户向服务器发送请求信息，指示需要完成的工作。服务器完成工作后送回应答。一般情况下，是多个客户使用少量服务器。

网络的第四个目的是可扩充性，即当工作负荷加大时，只要增加更多的处理器，就能逐步改善系统的性能。而采用中心主机的方式，当系统能力达到极限时，就必须用更强大的主机来代替它。这样做一般开销都较大，而对用户的影响就更大了。在客户/服务器模型中，新的客户和服务器可以按需要随时加入。

建立网络的第五个目的与技术没有太大的关系。计算机网络可以为分布在各地的雇员提供强大的通信手段（communication medium）。通过网络，两个或多个生活在不同地方的人可以一起写报告。当某人修改了联机文档的某处时，其他人员可以立即看到这一变更，而不必花几天的时间等待信件。这种速度上的提高使得广泛分布的人与人之间的合作很容易进行，而在以前这是不可能的。从长远的观点来看，利用网络来增强人际沟通可能比它的技术目的（如增加可靠性）更重要。

4.4.2　服务于公众的网络

从20世纪90年代开始，计算机网络开始为居家的个人用户提供服务。下面简要地介绍三种服务：

- 访问远程信息；
- 个人间通信；
- 交互式娱乐。

访问远程信息有多种形式。一个常见的例子是访问财务部门。许多人现在用电子方式支付账单，管理银行户头和进行投资。居家购物也开始流行，人们可以浏览成千上万的联机货物清单。某些清单还能很快提供相应产品的即时影像，用户只需轻轻点一下该产品的名字就可以了。

第一类应用是访问信息系统。例如，当前世界范围内使用的万维网（World Wide Web），它包含了有关艺术、商业、餐饮、政府、健康、历史、爱好、娱乐、科学、体育、旅游等方面的信息。

以上的所有应用都涉及人和远程数据库的交互。

网络的第二类广泛应用将是人际交互，基本上它是21世纪替代19世纪发明的电话的手段。电子邮件（electronic mail）或者说email，已在上百万人当中使用，并且将很快包含声音、图像，与文本一起传送。但这要花相当长的一段时间才能做到尽善尽美。

实时电子邮件使远程用户可以无延迟地通信，可以互相看到对方或听到对方的声音。这种技术可以用来召开虚拟会议，即视频会议（video conference）。有时候人们认为交通业和通信业在展开竞赛，不论谁获得胜利，都将使对方过时。虚拟会议可被用于远程学校，或者从远方专家处获得医疗咨询，以及大量的其他方面的应用。

在一群经选择的人之间使用世界范围的新闻组已是常事，他们在一起讨论各种可能的话题，并且有越来越多的公众参加进来。在讨论中，某人发表一篇文章，而其他订阅该新闻组的人就可以阅读它，通常这种讨论很有趣也很热烈。

第三类应用是娱乐，这是一个巨大并且还在继续增长的工业。这里最吸引人的应用是视频点播（video on demand）。十年或更长一段时间以后，人们能选择任何拍摄好的电影或电视节目，不论哪个国家的作品，都可以立即在屏幕上播放。新电影可能会是交互式的，观众可以在某一时刻选择故事的发展方向，而在拍摄时已经为各种可能的情节发展提供了场景。直播电视也可能会变成交互式的，观众将参与问答节目，选择竞赛者等。

在另一方面，视频点播并不一定会成为主宰。游戏可能会是黑马。我们已经有了多人实时模拟游戏，如在虚拟地牢中玩捉迷藏，或者飞行模拟，一组玩家与另一组玩家对玩。如果能做到用头盔来玩，并有实时三维动作及图片质量的移动图像，我们就拥有了世界范围的共享虚拟现实。

简单地说，综合信息、通信和娱乐的能力将造成一个新兴的、基于计算机网络的巨大工业。

4.4.3 社会问题

网络的广泛应用将会引发新的社会、种族和政治问题。许多网络的共有特点是人们可以和趣味相投的人在新闻组或公告板中互换信息。如果讨论的主题仅限于技术或如园艺之类的爱好，不会出现太多的问题。

当新闻组讨论的是人们确实关心的主题，如政治、宗教或性，麻烦就来了。发表在这些组里的观点对有些人来说是极大的侮辱。而且，交流的消息不一定只是文本。现在可以在网络上轻松地传送高分辨彩色图片甚至一小段影视剪辑。一些人认为让其自生自灭就行，但另一些人认为发表某些材料是根本不可接受的。

人们指责网络经营者，声称他们应负责管理网络上传输的内容，就好像报纸和杂志一样。网络经营者们理所当然的反应是，网络就像电话公司或邮局一样，不可能控制用户的言论。更强有力的论点是，如果对网络经营者实行检查制度，可能会使他们删除任何东西以避免被指控，而这样，就干涉了他们用户的言论自由。可以有把握地说，这场争论还会持续下去。

另一个话题是雇员的权利和雇主的权利。许多人在工作中阅读和撰写电子邮件。有些雇主宣称有权阅读或检查雇员的信息，包括下班后从家里的终端发出电子邮件。但不是所有的雇员都同意这一观点。

计算机网络提供了发送匿名信息的能力。在某些情况下，这可能是再理想不过了。例如，学生、士兵、雇员和市民可以用这种方式检举教授、军官、上司和政府官员的不法行为，而不用担心遭到报复。在另一方面，在美国和大多数西方国家，法律明确赋予被告和检举者当面对质的权利，匿名指控不能被用作证据。

简而言之，计算机网络和500年前的印刷业一样，允许普通市民以不同方式向不同听众发表他们的观点。这种新的自由带来了许多尚未解决的社会、政治和道德问题。解决这些问题的方法就留给读者自己去思索吧。

第五章　网络通信基础

第一节　数据通信基础

大家都知道打电话的过程，呼叫的一方拿起话筒拨号，被呼叫的一方听到电话机振铃后拿起话筒，然后双方开始交谈。在交谈的过程中，语音以模拟声波的形式发出信息，声波经过电话机转换成模拟的电信号，这个电信号通过电话线进行传输，到达通话的另一方的电话机后，再转化成声波的形式从听筒里发出。听话的一方所听到的声波不是说话的一方所发出的声波的准确复制，而是变了调的声音，这是由于信号在传输过程中要受到干扰而发生畸变，只是这种畸变一般不会改变语言的可懂性，再加上人有识别模糊信息的智能，所以这种变形的声波也能被听懂。

下面来看一看两台计算机之间传输文件的过程。图 5—1 表示两台远程的计算机通过电话线传输文件。首先，计算机 A 通过调制解调器和电话线与计算机 B 建立连接；然后，利用通信软件，计算机 A 将存在磁盘上的文本文件 FILE. TXT 通过建立的连接传到计算机 B 的磁盘里。这样接收到的文件和发送的文件是完全一致的。

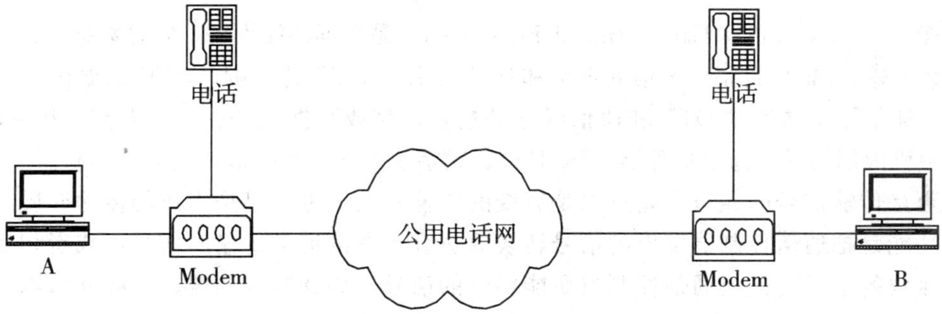

图 5—1　计算机间的数据通信

上述文件传输过程看似简单，其实它包含了非常复杂的通信技术。假设在计算机 A 中的文件 FILE. TXT 包含一条问候信息“Hello! Happy birthday to you!”，这一问候信息其实由一些 ASCII 码字符组成，而每个 ASCII 码字符又是 8 位二进制数的序列，所以计算机 A 中的文件 FILE. TXT 由一个二进制数的序列组成。在发送文件时，这个二进制数的序列从磁盘调入计算机的内存，然后通过计算机与调制解调器之间的通信电缆，被送到调制解调器时，成为一个二值（具有高低两个电压）的电信号序列。为了防止传输错误，调制解调器往往在这个二值的电信号序列中添加一些错误校验信息，然后转换成适合于在电话线中传输的模拟信号，以便有效而可靠地传输。在这个模拟信号的传输过程中，由于信号的能量会有所衰减和受到其他的干扰，所以在接收端，计算机 B 的调制解调器收到的信号往往与计算机 A 的调制解调器发出的信号不同。计算机 B 的调制解调器将接收到的信号转换为二值的电信号序列，并根据校验信息试图发现或纠正传输中的错误。正确的二值电信号序列被送到计算机 B 的存储器里，然后又转储到磁盘中。计算机 B 的用户打开接收到的文件就可以看到接收到的信息，这条信息通常是发送的原始信息的准确复制。

从上面的介绍可以看出，计算机间的通信和普通电话机间的通信有着显著的区别。首先，计算机通信系统中发送和接收的是数字信号，而电话通信中发送和接收的是模拟信号；其次，计算机间的通信增加了信号变换的设备，如调制解调器，通过它可以在模拟信号上传递数字数据，并且可以发现或纠正传输中的错误；第三，在计算机间的通信中，接收到的数据和发送的数据通常是完全一致的，而在电话通信中，接收的却是变了样的原始信号的仿制品。

本章将介绍计算机间的数据通信系统。如果把上面的计算机间传输文件的系统抽象化，就成为如图 5—2 所示的数据通信系统的一般结构模型。

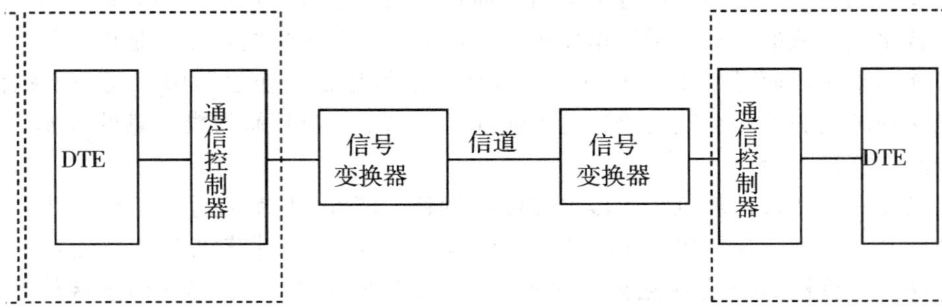

图 5—2 数据通信系统的一般结构模型

在图 5—2 中，DTE（Data Terminal Equipment）是数据终端设备，它是数据的出发点和目的地。数据输入/输出设备、通信处理机和计算机属于 DTE 的范围。DTE 根据协议控制通信的功能。通信控制器负责 DTE 和通信线路的连接，完成数据缓冲、速度匹配、串并转换等。例如，微机内部的异步通信适配器（UART）、数字基带网中的网卡就是通信控制器。

信道是传输信号的通道，它可以是有线的传输介质，也可以是无线的传输介质。信号变换器的功能是把通信控制器发出的信号转换成适合于在信道上传输的信号，或者相反，把从信道上接收的信号转换成通信控制器所能接收的信号，如调制解调器、光纤通信网中的光电转换器。信号变换器和其他的网络通信设备又统称为数据通信设备（DCE，Data Communication Equipment），DCE 为用户设备提供入网的连接点。

第二节 数据通信的基本概念

1. 信息、数据和信号

不同领域中对信息有各种不同的定义，一般认为信息是人对现实世界事物存在方式或运动状态的某种认识。表示信息的形式可以是数值、文字、图形、声音、图像和动画等，这些表示媒体归根到底都是数据的一种形式。

数据是把事件的某些属性规范化后的表现形式，它能被识别，也可以被描述，如十进制数、二进制数、字符等。数据的概念包括两个方面：其一，数据内容是事物特性的反映或描述；其二，数据以某种媒体作为载荷体，即数据是存储在媒体上的。

信号是数据的具体的物理表现，具有确定的物理描述，如电压、磁场强度等。

信息、数据和信号这三者是紧密相关的。例如，当人们在教给小孩“自行车”的英语时，总要向他（她）传递一些关于自行车的信息，如自行车是交通工具及自行车的外形和特征等。小孩便将自行车的信息和英文字 bicycle 联系起来。当人们将 bicycle 读出来或写出来时，就是用数据在传递自行车的信息。用数据传递信息总是依赖于一定的物理信号，例如用嘴发出的声音其实是用声波信号传递信息，用笔写出字符其实是用文字来传递信息。当字符串数据 bicycle 在计算机通信网络中传输时，通信线路上实际上传输的是一个二值的电压序列信号。从数据的角度来看，按照事先的约定，字符串 bicycle 可以被识别为自行车，同时字符串 bicycle 又可以用一个二值的电压信号序列来描述，如图5—3所示。

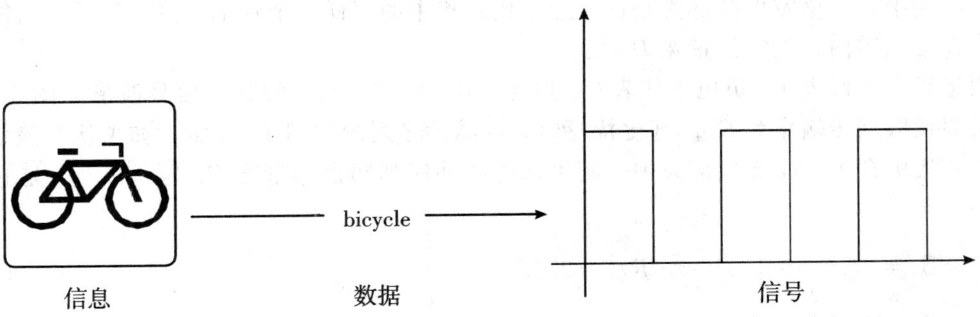

图 5—3　信息、数据和信号

在数据通信系统中，人们关注得更多的是数据和信号。

2. 模拟和数字

信号可以是模拟的，也可以是数字的。与信号的分类相对应，信道也分为传送模拟信号的模拟信道和传送数字信号的数字信道两大类。

数据可以是模拟的，也可以是数字的。模拟是与连续相对应的。模拟数据是取某一区间的连续值，而模拟信号是一个连续变化的物理量。例如，声音信号是一个连续变化的物理量，声音数据是在一区间内取连续值。用盒式录音机录下人的声音以连续变化的磁场强度保存在磁带上。普通的模拟电视的视频信号也是模拟的。电报、电话网等模拟信道在计算机网络出现之前的一个世纪已经存在了，利用模拟信道进行数据通信比较方便，但传输过程中会受到干扰而失真，必须采用有效的差错控制技术。

数字是与离散相对应的。数字数据取某一区间内有限个离散值，数字信号取几个不连续的物理状态来代表数字。最简单的离散数字是二进制数字 0 和 1，它分别由信号的两个物理状态（如低电平和高电平）来表示。由这些离散数字按不同的规则组成的离散数字序列就形成了数字数据，其离散数字的序列便是数字数据的代码。利用数字信号传输的数据，在受到一定限度内的干扰后是可以恢复的。例如，用高电平 2.4V 代表数字 1，用低电平 0.4V 代表数字 0，如果电压因干扰分别变成 2.5V 和 0.5V，接收信号的一端依然可以判定接收的数字数据是 1 和 0。

模拟信号和数字信号的区别如图 5—4 所示。

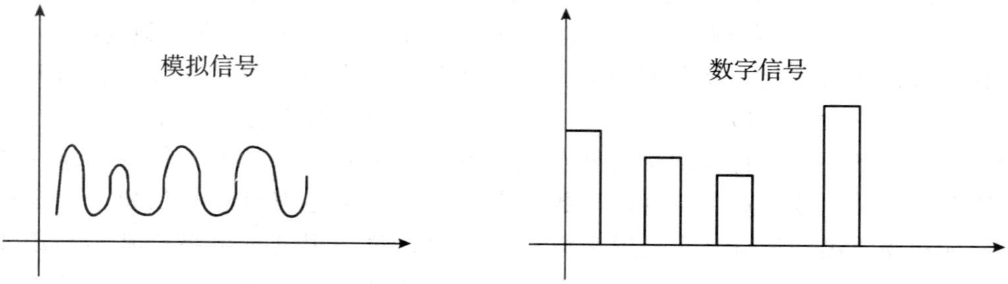

图 5—4　模拟信号和数字信号

3. 带宽

信号的带宽是指它的频谱宽度。理论上任意持续期有限的信号的频谱总是无限宽的，但在实际应用中，频谱宽度被认为是信号能量比较集中的那样一个频率范围。如果认为能量主要集中在主频谱内，则它的带宽 B_f 是 $1/\tau$。

假定正电平代表 1，负电平代表 0，则与位串 101010 相应的脉冲信号波形如图 5—5 所示。又假设数据传输率为 Rbps（比特/秒），则脉冲序列的周期 $T=2/R$，如果认为该信号的能量主要集中在 1，3，5 次谐波中，则可认为脉冲序列频谱的带宽 B_f 为 $5f_1$，f_1 是它的基波频率。于是有

$$B_f=5f_1=5\cdot 1/T=5\cdot R/2=2.5R \tag{5—1}$$

可见，数据传输率 R 越高，则信号带宽越宽。

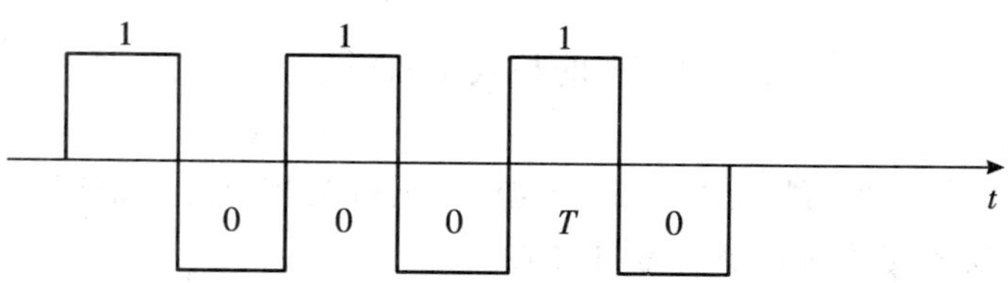

图 5—5　脉冲系列

语音信号的频谱大约在 20Hz～20kHz 之间，在电话线中传输的标准的话音信号频谱在 300Hz～3 400Hz 之间；电视信号的带宽为 0MHz～4MHz。

在传输信号的系统中，对不同频率的正弦波其传输能力是不同的。如果对不同频率的正弦波测量出它们通过系统后各自的输出幅度与输入幅度之比 $K(f)$，则对于任何传输系统可以获得一条曲线 $K(f)\sim f$，称为该系统的频率响应曲线。一个具有低通特性的系统，其典型的频率响应曲线如图 5—6 所示。当 $K(f)$ 降低到时 $1/\sqrt{2}$，相应的频率 f_c 称为该系统的截止频率。当输入信号的频率大于 f_c 时，它在该系统中传输时将受到较大的衰减。因此，可以把 $0\sim f_c$ 称为具有低通特性的系统所具有的带宽。

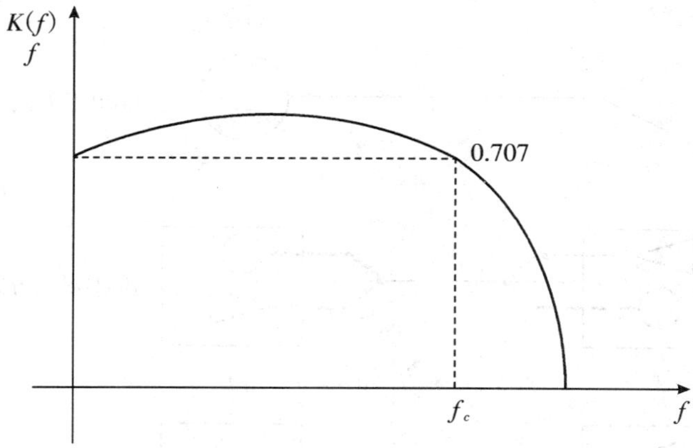

图 5—6　低通系统的频率响应曲线

可以想象，如果被传信号的带宽 B_f 大于传输系统的带宽 W_f，则信号分量中有相当一部分信号将被衰减掉，从而造成被传信号的失真。通常的电话传输系统，其带宽为 3 000Hz。如果用它来传输数据，其数据率由式（5—1）可知

$$R=\frac{B_f}{2.5}=\frac{3\,000}{2.5}=1\,200\text{bps}$$

可见，在电话线上用 1 200bps 的速率传送数据时，如果没有 5 次以上的谐波受到较大的衰减，就基本上能保持原始信号的形状。

第三节　点–点通信方式

5.3.1　点–点通信方式

按信息传送的方向，可把点–点通信方式分为单工方式、半双工方式和全双工方式。

（1）单工（Simplex）方式：在这种方式中，信息固定地从一端（发送端）传送到另一端（接收端），如图 5—7（a）所示。键盘与计算机、计算机和打印机之间的通信多是这种方式。

（2）半双工（Half-Duplex）方式：在这种方式中，信息可以向两个相反方向传送，但不能同时进行。依据信息传送的方向，发送设备和接收设备交替地使用传输信道相连，如图 5—7（b）所示。

（3）全双工方式：在这种方式中，能同时在两个相反方向上传输信息，因此需要两个独立的通道。这两个独立的通道，可以采用两对线路来实现，也可以采用多路复用技术来实现，如图 5—7（c）所示。

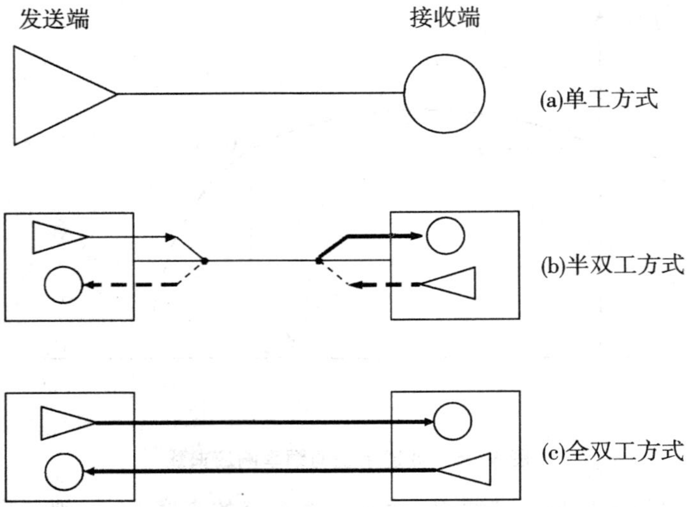

图 5—7　点-点通信方式示意图

5.3.2　通信线路结构

若一条线路上只有两个站，则通信线路是点-点结构；若一条线路上有多个站，则通信线路是多点结构。它们分别如图 5—8（a）和（b）所示。

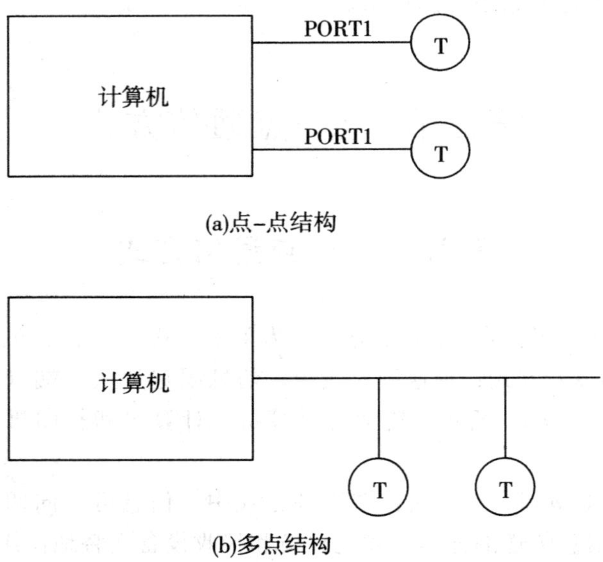

图 5—8　通信线路结构示意图

由信息流向线路结构组合起来可以构成较复杂的通信方式，如图 5—9 所示。

一般数据通信的过程有三个阶段：

（1）链路建立阶段。在发送站和接收站之间建立连接，接收站准备好接收。

（2）数据传输。以帧的形式传送数据。

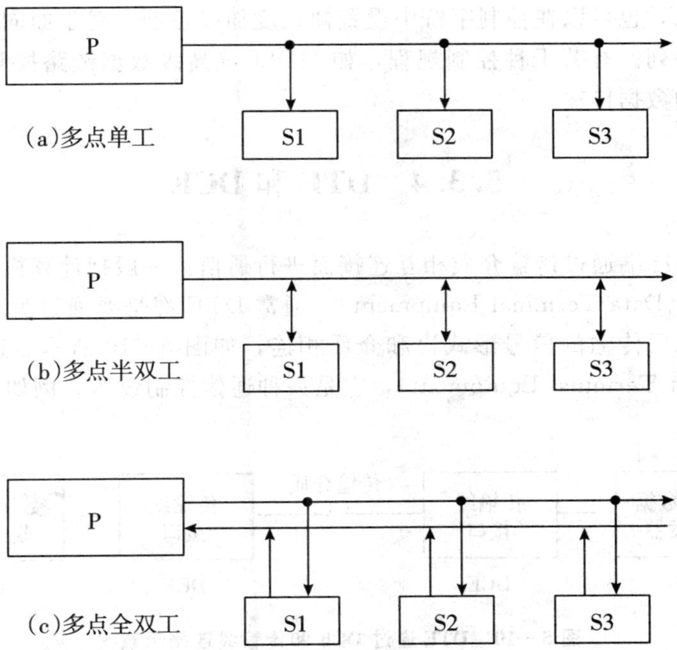

图 5—9　多点通信方式示意图

(3) 结束阶段。终止接收站和发送站之间的逻辑连接。

5.3.3　异步与同步通信

同步问题是数据通信中一个十分关键的问题。发送端一位一位地把信息通过介质发往接收端，接收端必须识别信息的开始和结束，而且必须知道每一位的持续时间。只有这样，接收端才能从传输线上正确地取出被传送的数据。通常使用两种同步方式进行传输：异步传输和同步传输。

在信息传输的过程中，往往还要求在不同的等级上实现同步。通常有：(1) 字符同步——识别每一个字符或一帧数据的开始和结束；(2) 位同步——识别每一位的开始和结束。

在异步传输中，每发送一个字符其开头都带一位起始位，以便在每一个字符开始时接收端和发送端同步一次。在同步传输中，在每块数据的开头设置专门的同步字符，它可以是一个字符或多个字符，然后要求发送端和接收端在该帧数据传输的过程中保持同步。

同步传输有面向字符和面向位的两种控制方式。对于面向字符的传输。数据都被看做字符序列，所有的控制信息也都是字符形式。在数据串（字符序列）的前、后分别设有开始标志和结束标志。其一般格式如下：

一个或多个 同步字符	控制字符	数据字符	结束控制字符

接收端首先寻找开始同步字符，然后处理控制字符，接收数据字符。一帧的结束可以用

结束控制字符标志，也可以在控制字符中设置帧长度加以控制。对于面向位的传输，数据都被看做二进制位序列。有若干种控制规程，如 HDLC（高级数据链路控制规程）、SDLC 等都是用于面向位的数据传输。

5.3.4 DTE 和 DCE

计算机或数据终端通过传输介质相互连接而进行通信。一般把计算机或终端这类数据处理设备称为 DTE（Data Terminal Equipment）。通常 DTE 都是要通过另一个中间设备把数据变成适合于在介质传输的信号形式再和介质相连，如图 5—10 所示。这个中间设备称为 DCE（Data Circuit Terminal Equipment），它是一种通信控制设备。例如，调制解调器就是一种 DCE 设备。

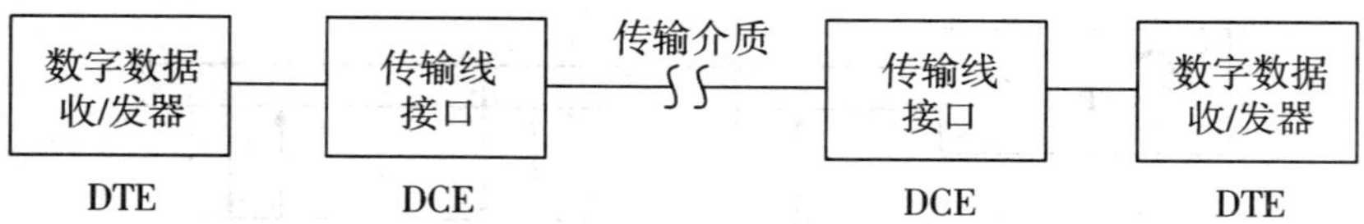

图 5—10 DTE 通过 DCE 和传输线连接示意图

DCE 一方面负责和线路相联系，如接收另一端 DCE 来的位串；另一方面又要和与它相连的 DTE 联系，向 DTE 传达它从链路上所接收的控制和数据信息。为了生产厂商和用户的方便，在 DTE 和 DCE 之间必须规定出标准的物理连接方式，这些关于物理连接的规定称为通信过程中的物理层协议。

第四节 传输信号错误检测技术

5.4.1 错误检测方法

由于电路的质量不好或遇到较强的干扰会使信息在传输的过程中出错。一般对一个字符是否出错常常采用奇偶校验的方法；对一个字符块是否出错常常采用块奇偶校验方法，有时又称为水平垂直奇偶校验。表 5—1 所示为字符块奇校验码的形成说明。

表 5—1　　字符块（奇）校验示例

字符发送序号	字符	各字符奇校验位（垂直奇校验位）
1	1 0 1 0 0 1 0	0
2	1 0 0 0 0 0 1	1
3	0 1 0 1 1 0 0	0
4	1 0 1 0 0 0 0	1
5	1 0 0 0 0 1 0	1
6	0 1 0 1 0 0 0	1
块奇校验字符 （由水平奇校验位组成）	1 1 1 1 0 1 0	0

在表 5—1 中，每一行设置一位字符本身的奇偶校验位，常称为垂直奇偶校验位；发送端在发送完一个字符块以后，再发送一个块校验字符（它由各字符的相同位产生的奇偶校验位组成）。接收端在接收到字符块及其块校验字符后进行检查，根据一个字符的奇偶校验和字符块的块奇偶校验，就能查出一个错误的确切位置，并自动纠正它。对于一维位串，为检测传输中的错误，常采用 CRC（循环冗余码校验）方法。

5.4.2 CRC 校验

1. CRC（Cyclic Redundancy Checks）校验的基本思想

已知一个长度为 k 的二进制位串（往往称为一帧），为了检查它在传输中的错误，发送器产生另一个 n 位二进制序列，往往称为帧校验序列（Frame Check Sequence，FCS），使得合成的 $k+n$ 位二进制数据帧能够被某一个预先确定的数整除（按模 2 运算）。接收端收到 $k+n$ 位位串以后，用这个预定的二进制数去除（模 2 运算），若能除尽，则无错误；若除不尽则有错误发生。模 2 运算只做加减法时不管进位（借位）位，加减法用异或运算进行。

2. CRC 校验的求法

设 M 为一个 k 位长的信息帧。

P 为 $n+1$ 位预先确定的用来生成校验码的二进制序列，其最高位和最低位必须为 1。

F 为 n 位 FCS，即校验码序列。

T 为 $k+n$ 位被传输的帧。

因为 F 是接在 M 信息帧之后的，因此

$$T=M\cdot 2^n+F \qquad (5—2)$$

式中，$M\cdot 2^n$ 相当于 M 左移 n 位，后面添 n 个零。

设 $M\cdot 2^n$ 除以 P 的商和余数分别是 Q 和 R，则有

$$M\cdot 2^n=P\cdot Q+R \qquad (5—3)$$

即 $\quad M\cdot 2^n/P=Q+R/P$

若设 $T=M\cdot 2^n+R$，则 T 一定能被整除。因为按模 2 的加减运算相当于异或运算，故有

$$T/P=(M\cdot 2^n+R)/P=(M\cdot 2^n)/P+R/P=Q+R/P+R/P=Q \qquad (5—4)$$

这样，校验码序列 F 就是 $M\cdot 2^n$ 除以 P 的余数 R。

5.4.3 纠错码

在传输中出现的差错原则上有两种方法来处理：

(1) 检错加重发。在发送数据中加入足够的冗余位，使接收方知道是否有错误发生，如果有错，则请求发送方重发。

(2) 自动纠错。在发送数据中加入足够的冗余位，使接收方不仅知道发生了错误而且还能知道哪里错了，从而纠正它。

一种简单的 Hamming 纠错码如下：

如果考虑通常的七位 ASCLL 码，字符 A 的 ASCII 码为 1000001，字符 B 的 ASCII 码为

1000010 等。我们可以在每个字符的编码中加入若干冗余位，使它具有纠错功能。这些冗余位称为校验码，把它插入到序号数是 $2^n(n=0,1,1,\cdots)$ 的地方，形成的纠错 ASCII 码记为

$$P_1P_2P_3P_4P_5P_6P_7P_8P_9P_{10}P_{11}$$

其中 $P_1P_2P_4P_8$ 为插入的校验位，$P_3P_5P_6P_7P_9P_{10}P_{11}$ 为原来的 ASCII 码。如果数据位的长度为 m，校验码长度为 r，有 $r+m\leqslant 2^r-1$，已知 m 的大小则可以求出所要求的校验位长度 r。如果把数据位的下标写成 2 的幂次方之和，即

$3=1+2$，$5=1+4$，$6=2+4$，$7=1+2+4$，$9=1+8$，$10=2+8$，$11=1+2+8$。各校验位由下式决定：

$P_1=D_3\oplus D_5\oplus D_7\oplus D_9\oplus D_{11}$（$\oplus$代表异或）

$P_2=D_3\oplus D_6\oplus D_7\oplus D_{10}\oplus D_{11}$

$P_4=D_5\oplus D_6\oplus D_7$

$P_8=D_9\oplus D_{10}\oplus D_{11}$

则由数据位可立即生成校验位。为了检测有无错误以及哪一位出错，设置一个计数器，其初值为 0，如果 $P_i(i=1,2,4,8,\cdots)$ 错则计数器增加 i。最后计数器之值为 0 则表示没有错，计数器之值为 x 则表示第 x 位出错($x=1,2,3,4,5,6,7,8,9,\cdots$)。可见 r 位校验码可以纠正 m 位信息中的单比特错误。对于突发性的非单比特错误，例如一个 10 位长的帧可能一次发生多位出错，但是它要间隔很长的时间才发生一次，也可以变个花样使用汉明编码。这时把 10 个字符的汉明码排成一个矩阵，每行一个字符的汉明码，一共有 10 行 11 列，发送的时候按列来进行。其中只有一列可能出现多比特错误，接收以后再排成矩阵，对每一行汉明码进行校验，因为每一行仍然只出现单比特错误，因此汉明码仍能对它进行纠正。

第五节　数据链路控制

在通信时，为了对数据传输过程加以控制和管理，必须进行以下几方面的工作：

(1) 进行流量控制。发送站不能以超过接收站所能接收的速度发送数据。

(2) 进行差错控制。对于被传输系统引入的错误要有一定的检查和纠正方法。

(3) 链路控制规程协议。由于用于控制目的的数据和用于表达内容的数据是在同一条链路上传送，因此要对信息交换的起始、维持、结束等过程进行管理，这就要有管理链路上通信过程的规程或协议。

5.5.1　流量控制

流量控制的目的是在传输介质负载能力允许的情况下，使发送站以不超过接收站的能力发送数据。常用下列方法实现。

1. 停止—等待方法

最简单的流量控制方法是停止—等待（Stop-and-Wait）方法，发送一帧数据后停止下来，

等待接收端的响应信号，在接收端允许发送下一帧时则继续发送下一帧，否则继续等待。这种方法对于传播时间远小于帧传输时间的链路是适宜的。传播时间是A站开始发送到B开始接收的时间；传输时间是A站开始发送到B站接收完成的时间，因此，传输时间一般等于传播时间加发送一帧所需的时间。但是对于帧发送时间小于传播时间的链路，如卫星传输，等待响应的时间大大超过发送时间，链路用于传输有效数据的时间太少，利用率低，此时这种单纯的停等方式也就不适用了。单纯的停等方式在发送端没有得到接收端响应的情况下，只允许发出一帧数据；若对这种情况加以改善，发送端在没有得到接收端的响应时允许发送 N 帧数据，在卫星传输时，相当于有多帧数据同时处于传输之中。在这种情况下，介质的利用率可以作如下分析。

在通信过程中，介质利用率是指介质传送有效数据的时间与该传输过程所经历的总时间之比。设A站向B站发送一帧数据所需要的时间为一个单位时间，数据从A站到B站的传播时间为 a 个单位时间，则传输完一帧数据所需要的时间为（$1+a$）个单位时间。对于单纯的停等方式，接收完一帧数据后应紧接发一个响应帧，如果不计响应帧长，一个响应帧从B站到A站的传输时间也为 a 个单位。在（$1+2a$）单位时间内，传送有效数据的时间是一个单位，所以介质的最大利用率为 $1/(1+2a)$；当 $a \ll 1$ 时近似为1。

（1）对于允许连续发送 N 帧的情况，当 $N<1+2a$ 时，传输情况如下：

①t_0　　A站开始发送第一帧；

②t_0+a　　第一帧开始到达B站，A站发完 a 帧；

③t_0+a+1　　B站接收完第一帧，发回一个响应帧ack1，A站发完 $a+1$ 帧；

④t_0+N　　A站发完 N 帧，等待回答；

⑤t_0+2a+1　　A站接收到响应帧ack1，允许发送下一帧，B站接收完 $a+1$ 帧。

上述过程如图5—11所示。可见这时的介质利用率为 $N/(1+2a)$，即在 $1+2a$ 的时间内传输 N 帧有效数据，有效利用时间为 N 个单位时间。

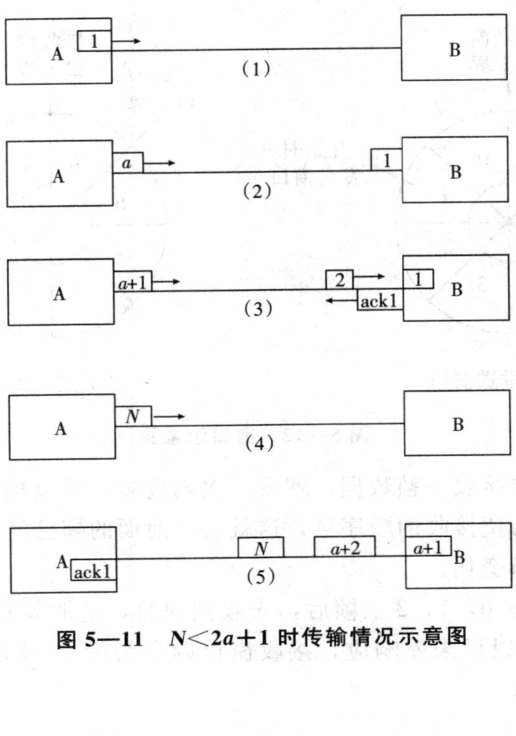

图5—11　$N<2a+1$ 时传输情况示意图

(2) 当 $N>2a+1$ 时，传输情况如下：

①t_0　　　　　A 站开始发送；

②t_0+a　　　　第一帧开头到 B 站，A 站发完 a 帧；

③t_0+a+1　　B 站收完第一帧，发出响应帧 ack1；

④t_0+2a+1　　A 站收到第一帧的响应帧 ack1，$N>2a+1$，这时 A 站一直发送下去。可见介质没有任何空闲时间，B 站在 a 以后一直接收有数据，因此介质利用率为 1。

总之，发送端在没有收到接收端响应信号的情况下，允许连续发送 N 帧数据，链路的利用率为

$$U=\begin{cases}1 & N>2a+1\\ \dfrac{N}{2a+1} & N<2a+1\end{cases} \tag{5—5}$$

2. 滑动窗口法

通常，对链路进行流量控制采用了比停等更为一般的方法，称为滑动窗口法。它允许发送端在没有接收端响应的情况下最多发送出 N 帧数据，N 称为窗口的大小，当 $N=1$ 时，滑窗法就是停等方式。利用滑窗法进行流量控制的过程，以 $N=7$ 作为例子，概述如下：

设发送端 A，接收端 B，A 和 B 端都各有 7 个缓冲区，B 有能力连续接收 7 帧数据，因此允许 A 在未收到 B 的响应前连续发送 7 帧数据。这时被传输的帧用模 8 序号数来编号。每个时刻 A 站保留一个序号数表，指出它当前能够向 B 站发出的帧序号数；B 站也维持一个序号数表，指出它当前能够接收的帧序号数，这些表的内容随传输过程的进行而不断变化；把这个表称为窗口。例如，开始 A 站允许发送 0，1，2，3，4，5，6 帧，窗口的上界为 0，下界为 6；B 允许接收 0，1，2，3，4，5，6 帧，接收窗口的上界为 0，下界为 6。我们往往采用图示的办法来表示发送和接收窗口，如图 5—12 所示。

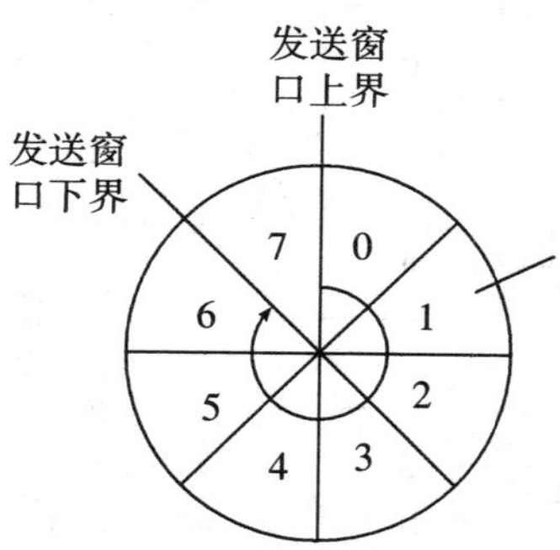

(a)发送窗口

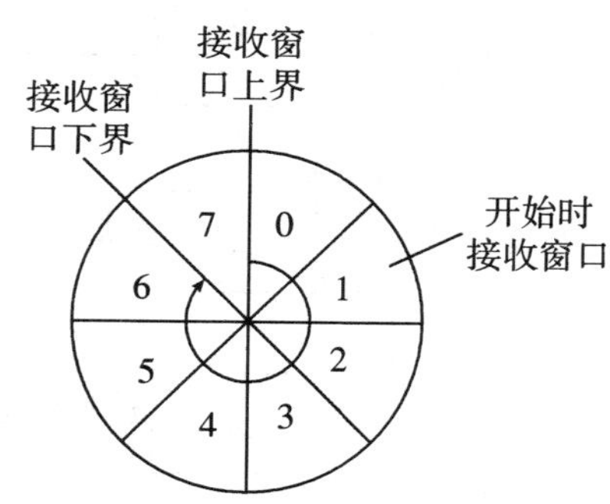

(b)接收窗口

图 5—12　窗口示意图

这时接收端并不需要接收一帧数据，就发一次响应帧，可以接收几帧数据以后回答一帧响应帧，并指出下一次希望接收的顺序号，这就表明前面的帧已经接收了。窗口的内容（帧序号数）随传输过程不断变化。

假如当 A 站连续发送 0，1，2 三帧后，未收到回答，这时发送窗变为图 5—13（a）所示。若 B 站收到 0，1 帧以后未发响应，接收窗口则变为图 5—13（b）所示。对发送端来

讲，每次发送的帧序号数为上次帧序号数加 1，它必须位于发送窗口内；接收一帧如果不回答，则接收窗口缩小一帧。接收的帧号只需在接收窗口内，可以与顺序无关。接收端回答以后，表示接收缓冲区空出，因此接收窗口相应地扩大。例如，当 B 站收到 2 号帧以后，发出响应帧，指出下次希望接收的是 $n=3$ 号帧。这时接收窗口变为图 5—13（c）所示，它指出能被接收的帧号为 3，4，5，6，7，0，1。当 A 站收到 $n=3$ 的响应帧以后，A 端清除 0，1，2 帧缓冲区，发送窗口扩大，这时发送窗口如图 5—13（d）所示。这时发送窗口能从第三帧开始，依次发送 3，4，5，6，7，0，1 号帧，若发送了 3，4，5 帧，则窗口上界变为 6 帧，在没有收到响应帧的情况下，只能发送 6，7，0，1 帧。若 B 收到第三帧未作回答，则接收窗口上界变为 4 帧，下界仍为 1 帧；若 B 收到 4 帧后，回答响应帧为希望接收 $n=5$ 号帧，则接收窗口变为 5，6，7，0，1，2，3 帧。其他情况由此类推。可见滑动窗口法采用接收窗口和发送窗口来控制链路中传输数据的多少，不使发送端发出的数据量超过接收端能接收的程度。一般发送窗口接收窗口一样大。窗口的大小和发送端、接收端缓冲区的大小有关。

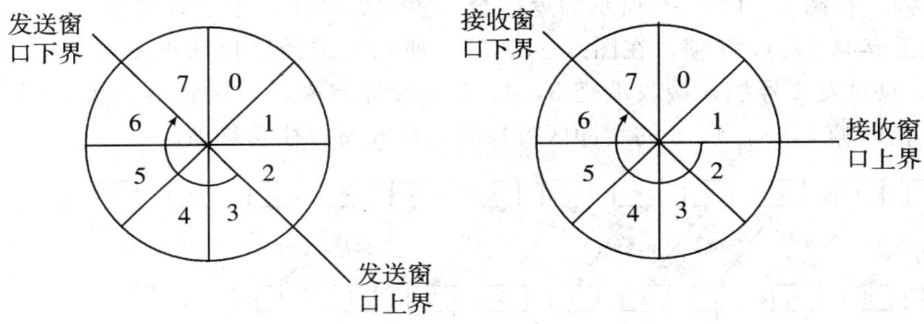

(a) 允许发送的帧序号为 3,4,5,6　　(b)允许接收的帧序号为 2,3,4,5,6

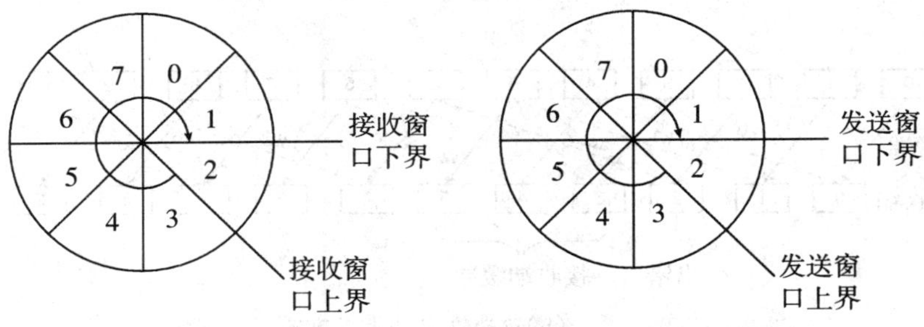

(c)允许接收的帧序号为 3,4,5,6,7,0,1　(d)允许发送的帧序号为 3,4,5,6,7,0,1

图 5—13　窗口内容的动态变化

5.5.2　差错控制

差错控制技术主要基于两个方面：

(1) 错误检测。利用 CRC 码检查传输过程是否有错。

(2) 请求自动重发。当接收端检测出错误以后，接收器产生自动重发请求（ARQ），请求发送器重新发送。

采用差错控制技术的目的是使一个不可靠的链路变成一个可靠的链路。

在采用停等方式的链路控制中，发送端接收到 nak（非正常响应帧）或者超过一定的时间未接收到响应，则自动重新发送上一帧。

在采用滑窗式流量控制的链路中，用连续自动重发技术。连续自动重发又分为返回全部重发和选择性自动重发。例如，当A站连续发送出1，2，3，4帧以后，接收到一个非正常响应，假如它指明1号帧出错，这时2，3，4正在传输之中。如果发送端这时全部重发1，2，3，4帧数据，这种方式称为返回全部重发方式。若发送端只重发第一帧，当第一帧正确接收后接收端回答希望接收序号 $n=5$ 的帧，它表明2，3，4帧均已正确接收，这种只重发出错帧的方法称为选择性自动重发。

关于连续重发技术，可以用图5—14进一步说明。

在图5—14中，假定发送端发出0，1，2，3帧数据后，收到 ack0 响应帧，并继续发出帧4，收到响应帧 ack0，发出数据帧5，收到响应帧 nak2，说明帧2出错，发送端此时已发出3，4，5帧。在图5—14（a）所示的返回全部重发方式中，发送端重新发送2，3，4，5帧；接收端丢弃原3，4，5帧；在图5—14（b）所示的选择性自动重发方式中，发送端收到 nak2 后，只重发2号帧，接收端把3，4，5帧缓冲起来，当接收端正确收到2号帧后，发出 ack5，同时帧2，3，4，5的缓冲区被释放，接收窗口往前移动。

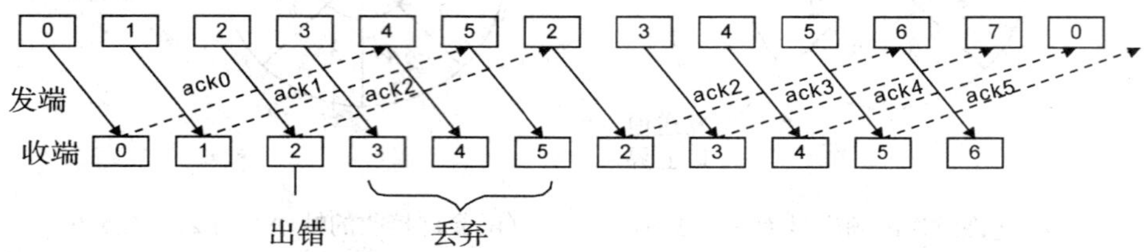

(a)返回全部重发方式

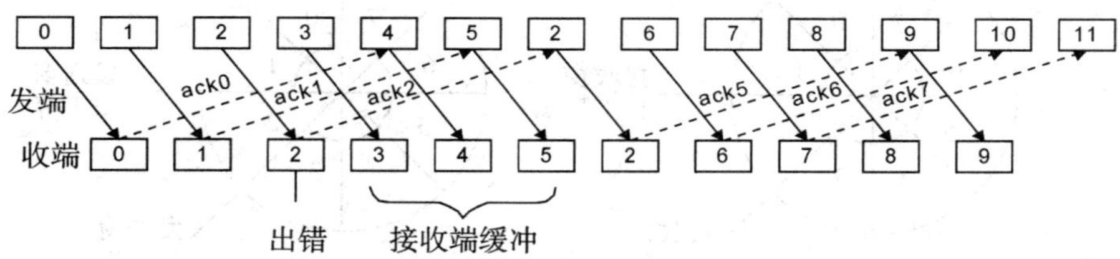

(b)选择性自动重发方式

图5—14　自动重发

5.5.3　链路控制规程

为了保证通信的双方能有效、可靠地进行数据传输，在通信的发送和接收之间有一系列的约定或规定，我们把这些约定或规定称为通信控制规程。由于对控制方法影响较大的是传输信息的基本单位，因此链路控制规程有“面向字符的控制规程”和“面向比特的控制规程”。面向字符的控制规程把数据和控制信息都看做字符，面向比特的控制规程把数据和控制信息都看做位的组合。

1. 面向字符的控制规程

（1）控制字符。

在面向字符的控制规程（BISYNC）中，规定了大约十个控制字符。使用比较普遍的IBM公司的双同步通信规程BISYNC（Binary Synchronous Communication）中规定了下列控制字符：

- SYN　同步字符（BISYNC采用两个或多个同步字符）；
- ENQ　查询，用于建立数据链路，主站查询次站有无发送请求（询问对方是否就绪）；
- SOH　报头开始；
- STX　报文开始；
- ITB　中间块（组）结束；
- ETB　块（组）发送结束；
- ETX　文本结束；
- DLE　转义字符；
- ACK　确认响应；
- NAK　否定回答。

（2）透明与非透明数据。

数据和控制字符在同一条链路中传送，因此一般要求被传送的数据中不包含控制字符，不包含控制字符的数据称为非透明数据。如果采用特殊的措施允许数据中包含所有的字符，即也包括控制字符在内，这种数据称为透明数据。传输透明数据的方式称为透明传输方式。

（3）报头与报文。

报文指传输的正文。报头往往指发送设备的标志符、接收设备的标志符、数据传输的路径、数据的优先级、数据的密级、数据的控制特征或信息特征等内容。

（4）传输数据的结构。

在双同步通信规程中采用如下形式的一些数据结构：

无报头帧格式：

SYN	SYN	STX	非透明数据	ETX	BCC（块校验字符）

有报头和一个数据块的帧格式：

SYN	SYN	SOH	报头	STX	非透明数据	ETX	BCC

数据分块传送格式：

SYN	SYN	SOH	报头	STX	非透明数据	ITB	BCC	STX	非透明数据	ETB	BCC

为了能进行透明传输（只对报文进行透明传输，报头总是不透明），在控制字符之前加上一个DLE字符。例如，用DLE・STX表示透明数据开始；DLE・ETX表示透明正文结束；DLE・SYN表示数据暂停期间的SYN等。透明数据的传输结构如下。

无报头帧格式：

SYN	SYN	DLE	STX	透明数据	DLE	ETX	BCC（块校验字符）

有报头，数据中间有间断的格式：

SYN	SYN	SOH	报头	DLE	STX	透明数据	DLE	SYN	透明数据	DLE	ETX	BCC

数据分块传送格式：

SYN	SYN	SOH	报头	DLE	STX	透明数据	DLE	ITB	BCC	DLE	STX	透明数据	DLE	ETB	BCC

为了真正做到数据透明，如果数据中有和 DLE 相同的字符，则要增加一个 DLE，即把 DLE 变成 DLE·DLE，在接收数据中检测到两个 DLE 时，则去掉一个。透明传输的实现原理可形象地表示如下：

…	DLE	STX	数据	DLE	DLE	数据	DLE	ETX	…

控制方符加 DLE 前缀（第一个 DLE）

发方加入 收方去掉（第二个 DLE）

2. 面向比特的控制规程

面向字符的控制规程把数据和控制信息看做字符；面向比特的控制规程（HDLC）是把数据和控制信息看做位的组合。HDLC（Hight-Level Data Link Control）是应用普遍、颇有代表性的链路控制规程。它是国际标准化组织（ISO）开发的。

在 HDLC 中，定义了三种类型的工作站、二种类型的链路结构、三种数据操作方式。

（1）三种类型的工作站。

①主站（Primary Station）。它负责控制链路的操作。主站发出的帧称为命令帧。

②次站（Secondary Station）。在主站控制下操作。它发出的帧称为响应帧。主站和每个次站都有一个独立的逻辑通路。

③组合站（Combined Station）。它综合了主站和次站的特性，可以发出命令帧和响应帧。

（2）二种类型的链路结构。

①非平衡式结构（Unbalanced Configuration）。它由一个主站、一个或若干个次站组成。支持半双工或双工传输，如图 5—15（a）所示。

②平衡式结构（Balanced Configuration）。它由两个组合站组成，支持半双工或全双工传输，如图 5—15（b）所示。

（3）三种数据操作方式。

①正常响应方式（Normal Response Mode，NRM）。这是一种非平衡结构中的数据操作方式。它是主站进行对次站的数据传输，次站响应主站的探询，以传输数据。没有主站的允许，次站不能主动发数据。

②异步平衡方式（Asynchronous Balanced Mode，ABM）。这是一种平衡结构中的数据操作方式。在这种方式中，每一个组合站都可以进行对另一个站的数据传输。

③异步响应方式（Asynchronous Response Mode，ARM）。这是一种非平衡结构中的数据操作方式。在这种方式中，次站可以在没有主站明确允许的情况下着手进行数据传输，即在没有命令的情况下，发出数据。主站仍然负责初始化、错误恢复、逻辑上拆除和连续等

功能。

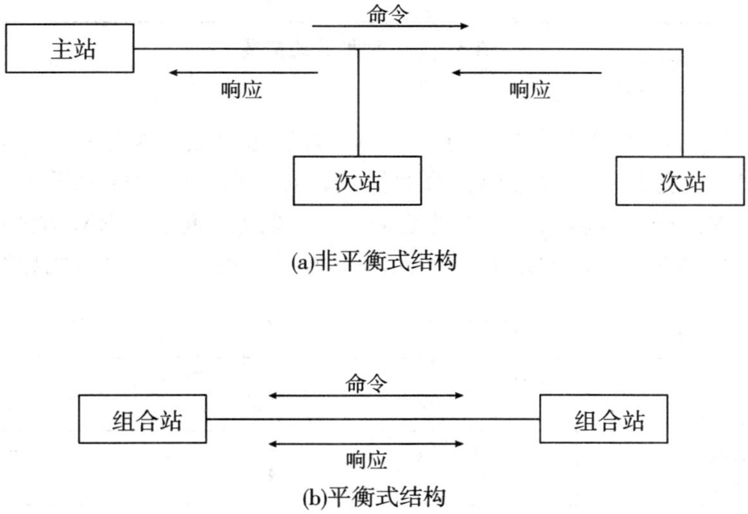

图 5—15　HDLC 链路结构示意图

正常响应方式有用于点-点方式和多分支线的情形。一台计算机连接多个终端，计算机查询每个终端。异步平衡方式用于全双工点-点方式。异步响应方式用于次站需要主动传输数据的情况。

(4) HDLC 的帧结构（见图 5—16）。

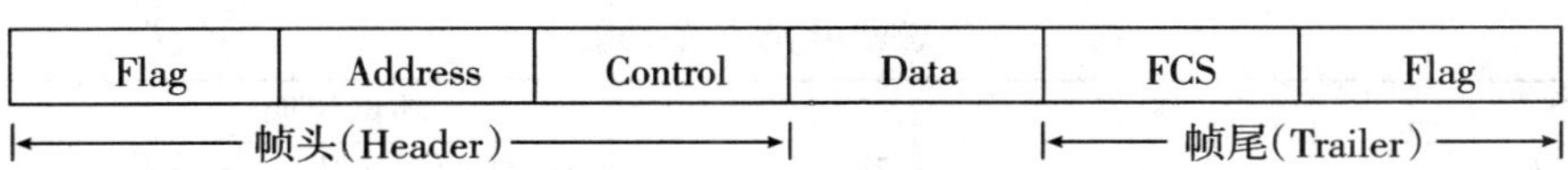

图 5—16　帧结构图

HDLC 的帧具有下列段：

- Flag——标志，8 位。
- Address——地址段，一个或多个 8 位。
- Control——控制段，8 或 16 位。
- Data——数据段，其长度可以变化。
- FCS——帧校验序列，16 或 32 位。

上述各段组成的帧结构如下：

Flag 为八位二进制数组成的标志 01111110，标志帧的起始和结束，同时兼作同步信号，数据中则不能出现这样的数据模式，为此，对发送数据采取凡是 5 个连续的 1 之后插入一个 0；在接收的时候，再去掉 5 个连续 1 之后的 0，以此保证任意的数据模式都可以包括在数据域中，这种特性称为透明性。

地址段通常是 8 位，以识别次站的地址。对于点-点通信实际上不需要，但为了统一起见，仍然保留。地址段可以补充到多个 8 位组，如图 5—17 所示。前面的 8 位组首位为 0，只有最后一个 8 位组首位为 1，以表示地址段的结束。单个 8 位地址 111111111 解释为所有站地址，用以表示主站“广播”到所有的次站。

1 2 3 4 5 6 7 8	9 10 11 12 13 14 15 16	17 …	$n\times8$
0	0	0	1

图 5—17　地址段的扩展

控制段定义的三类帧：

①信息帧（I-Frame）用于传送数据。N(S) 为发送的数据帧号；N(R) 为接收端附在帧上的响应信息，它指出下一次希望接收的帧号。对于信号帧中的 P/F 位，主站的命令帧用它作查询位，次站的响应帧用它标志这是最后一帧数据，即在 NRM 方式中，主站以P=1 给出允许次站发送的命令；次站以 F=1 表示发送最后一帧。控制段格式如图 5—18 所示。

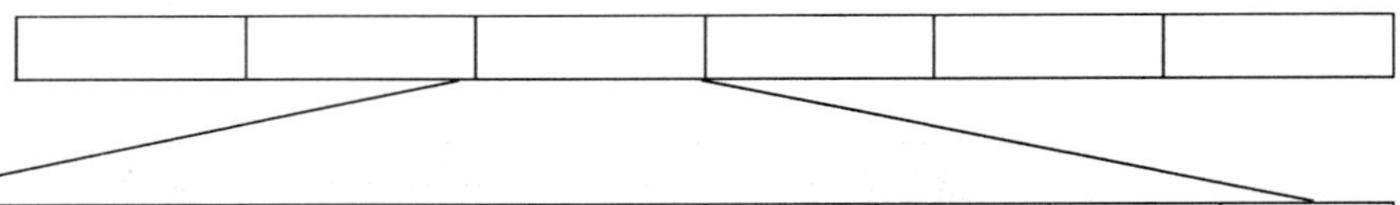

类别 \ 位序号	1	2	3	4	5	6	7	8
信息帧 I	0	N(S)			P/F	N(R)		
监控帧 S	1	0	S	S	P/F	N(R)		
无编号帧 U	1	1	M	M	P/F	M		

图 5—18　控制段格式

②管理帧（S-Frame）用于流量和差错控制。其中 SS 二位的功能如表 5—2 所示。

表 5—2　　管理帧中 SS 位的功能

SS	意义	功能说明
0 0	RR	接收就绪。当无适当的返回帧时，用它作响应
0 1	RNR	接收未准备好
1 0	REJ	返回全部自动重发请求
1 1	SREJ	选择性自动重发请求

在管理帧中的 P/F 位往往作如下用途：主站在 RR 中置 P=1，用以查询次站，次站以信息帧响应；当次站无信息发送时以一个 F=1 的 RR 帧作回答。主站（或组合站）也可以置 P=1 的 RNR 帧去了解对方站（次站或组合站）的接收状态，对方站如果能接收信息帧，则以 F=1 的 RR 帧回答；若对方站忙，则以 F=1 的 RNR 帧回答。

③无编号帧（U-Frame）主要用于各种控制目的，自身不携带编号，也不影响其他帧编号。它可以分为以下几组：

- 设置方式的命令和响应；
- 关于信息传送的命令和响应；
- 恢复命令和响应；
- 其他命令和响应。

设置方式的命令用于主站或组合型站去控制次站（或组合站）的工作方式。次站发出无编号响应（UA）帧，以表示接收上述命令，UA 中的 F 位设置成与接收到的 P 位具有相同数值。

设置方式的命令有：

SNRM—置正常响应方式。也适用于多点结构。

SNRME—置扩充正常响应方式。

SARM—置异步响应方式。

SARME—置扩充异步响应方式。

SABM—置异步平衡方式，适用于平衡结构。

SABME—置扩充异步平衡方式。

SIM—置初始化方式，使被寻址的次站（或组合站）重新初始化链路控制功能。

DISC—终止逻辑链路的连接命令。它告诉被寻址的站，发送站终止操作。

对上述设置方式命令的响应有：

UA—无编号响应。用于对上述设置方式命令的确认。

DM—拆除连接响应。用于指出被寻址的站已经拆除逻辑连接。

RIM—请求初始化。用于指出该站（响应站）准备未就绪，需要一个初始化命令。

RD—请求终止连接。用于指出该站要求一个 DISC 命令，以终止逻辑链路的连接。

信息传送命令和响应用于站间信息交换，主要有：

UI—无编号信息帧。用于交换控制信息。它既可作命令又可作应答。

UP—无编号查询命令。用于请求控制信息，可以同时探询多个站址。

恢复命令和响应用于当正常的自动重发请求（ARQ）机构不起作用时。

RESET—复位命令。用于清除错误状态，复位帧序号数 N(R)和 N(S)。

FRMR—帧拒收响应。用于报告接收端接收到一个错误帧。例如，非法控制域或数据域太长，非法的帧序号数等。

其他命令和响应。例如：

XID—交换标志命令/响应。用于交换两个站的标志和特点。

TEST—测试命令/响应。一个测试命令必须用一个测试响应尽可能早地回答，这是测试线路和被寻址站是否正常进行的简单方法。

第六节　链路复用

在局域网络和远程通信中，为提高介质利用率，研究和发展了链路的多路复用技术，即在同一介质上时传输多路信号，它只需要一条传输线、一个 I/O 口，就可使多个终端同时与主机通信。链路的多路复用有两种主要的技术：频分多路复用技术和时分多路复用技术。

5.6.1　频分多路复用

当介质的有效带宽超过被传输的信号带宽时，可以把多个信号调制在不同的载波频率上，从而在同一介质上实现同时传送多路信号，这种技术称为频分多路复用（Frequency Division Multiplexing)，简称 FDM。图 5—19 所示是频分多路复用的原理示意图。它假设有 6 个信号源，分别输入 6 路信号到频分多路器，多路器将每路信号调制在不同的载波频率上。每路信号以其载波频率为中心，占用一定的带宽，此带宽范围称做一个通道，各通道之间通常用保护频带隔离开，以保证各路信号的频带间不发生重叠。

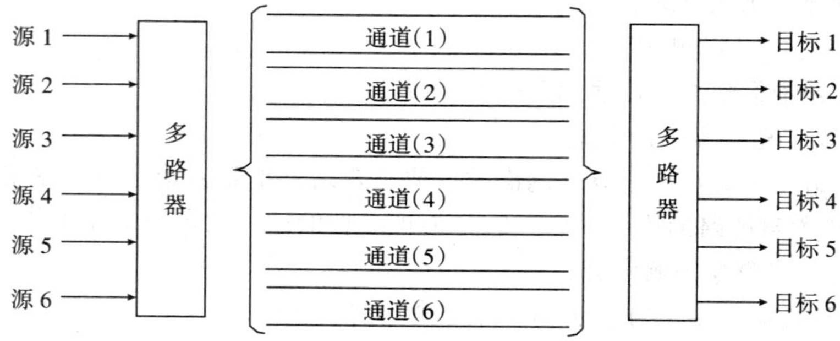

图 5—19　频分多路复用的原理示意图

输入信号可以是模拟的（如语音），也可以是数字的。例如，在一根音频电话线上，进行全双工 FSK 传输时，一路通道的中心频率 $F_1=1\ 170$Hz，另一通道的中心频率 $F_2=2\ 125$Hz，信号沿着这两路通道向着相反的两个方向传输。这是双路频分复用的简单例子。FDM 还常常用于在同一传输线上沿同一方向传输多路信号。

FDM 系统的一般工作方式如下：

为使 N 路模拟或数字信号 $m_i(t)(i=1,2,\cdots,n)$ 在同一传输介质上同时传输，则对每一路 $m_i(t)$ 应在频率 f_{sci} 上进行调制。f_{sci} 称为子载波频率，原则上各种调制方式均可使用。图 5—20（a）所示为各路被调子载波 $S_{sci}(t)$ 叠加在一起形成子调制组合信号 $m_c(t)$。各 f_{sci} 的

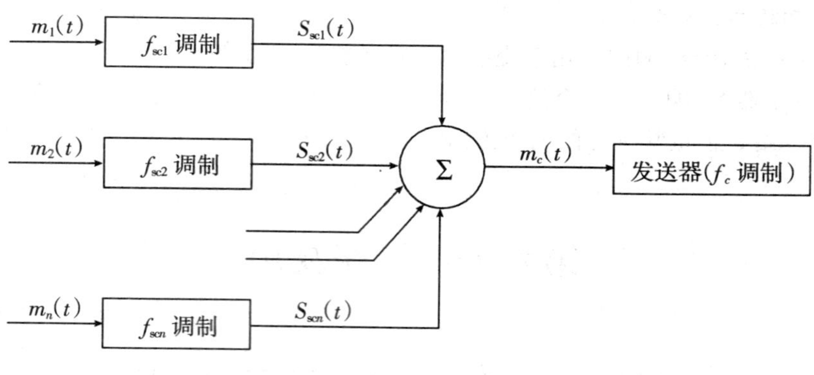

(a)FDM 的发送过程

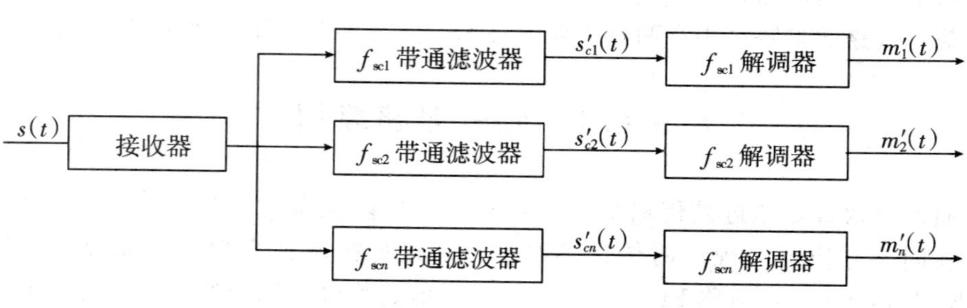

(b)FDM 的接收过程

图 5—20　FDM 系统的一般工作方式

选择应使各路子载波信号 $S_{sci}(t)$ 的频带 B_{sci}之间互不重叠。组合信号的总带宽 $B > \sum_{i=1}^{N} B_{sci}$。组合信号的整个频带还可以通过第二级调制再移动到载波频率为 F_c 的两个边带上，此为 FDM 的多级调制技术。在接收站，首先通过解调制，恢复出组合信号 $m_c(t)$，然后利用中心频率分别在 f_{sci}的带通滤波器把组合信号再分解成若干分量，每一个分量对应于原来的子调制信号 $S_{sci}(t)$，每一个子调制信号再经过解调以后恢复出 $m_i'(t)$，其过程如图 5—20（b）所示，采用多级 FDM 调制技术，可以扩大通道的数目。

5.6.2 时分多路复用

由于传输介质可达到的数据传输速率，通常总是超过一些信号的数据传输速率。所以，可以采用将多路信号按一定的时间间隔相间传送的方法，实现在一条传输线上“同时”传送多路信号，此即时分多路复用。

基本的时分多路复用技术是同步时分多路复用技术，简称 TDM。如果采用一些较复杂的措施，改善同步时分多路复用的性能，就产生了统计时分多路复用或称为异步时分多路复用、智能时分多路复用等。

在同步时分多路复用技术中。各路时隙的分配是预先确定的时间，因此各信号源的传输定时是同步的，其原理示意图如图 5—21 所示。每一个通道在时间上按照预先确定的间隔错开一位、一个字节或一块数据的时间，以此来共享传输链路。在一般情况下，同步时分的工作方式如图 5—22 所示。

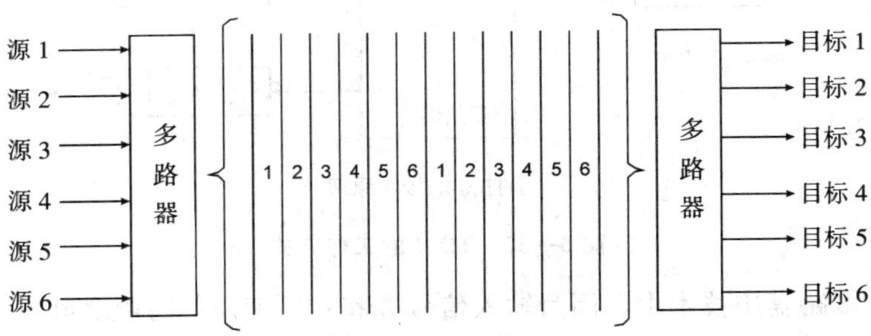

图 5—21 同步时分多路复用技术的原理示意图

输入的各路数字信号首先被缓冲存储，如图 5—22（a）所示。

典型的缓冲器长度是一位或一个字节。多路转换器 MUX 顺序地扫描每一个缓冲器，形成 $m_c(t)$。对扫描操作的速度要求是希望每个缓冲器在下一个输入到达前被扫描一次，因此 $m_c(t)$的数据率至少等于每个输入通道数据率的和。数字信号 $m_c(t)$可以直接在介质上传输，模拟信号需通过调制才能传输。$m_c(t)$信号的格式如下：

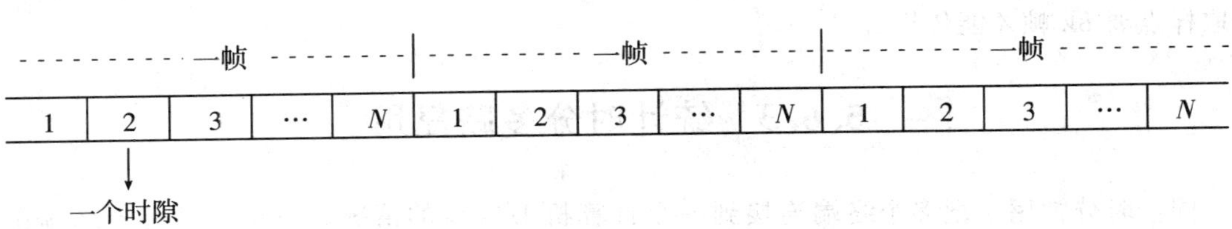

发送一个缓冲器的内容（典型的为发送一位或一个字节）所需的时间长度称为一个时隙（Time Slot）或时间片；扫描器扫描完各缓冲器为一个周期，扫描一周期产生的信号称为一帧，一帧由若干个隙组成，每路输入信号占据一个时隙。各帧中同一个位置的时隙用于传送同一输入信号，为一条通道。采用字符错开技术的多路器，每个时隙传送一个字符；采用位错开技术的多路器，每个时隙传送一位。

在接收端，如图 5—22（b）所示，时间上错开传送的各路信号，被一个与发送端同步的扫描器分开，并被分送到相应的目标缓冲存储器。

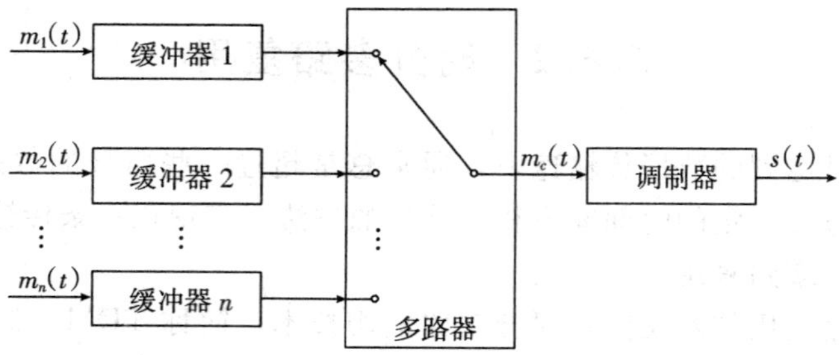

(a)TDM 的发送原理

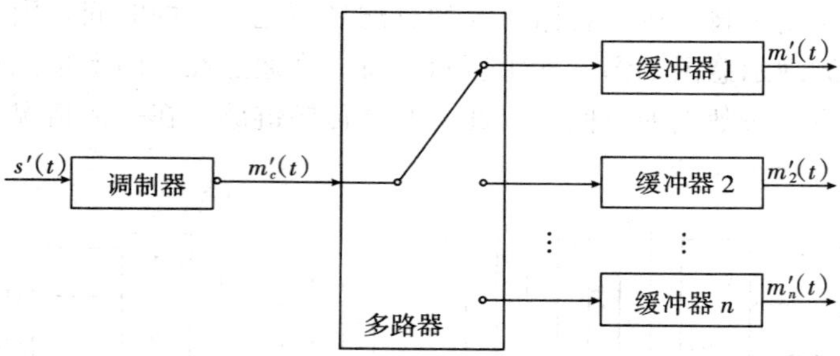

(b)TDM 的接收原理

图 5—22　TDM 的工作方式

在同步时分多路复用技术中，因为输入信号源和它所使用的时隙之间的关系是预先排定的，所以扫描器依固定的时序对输入源进行扫描。如果某一个输入源没有信息发送，则相应的时隙仍然被它占据着，这就造成了介质实际传输能力利用不足。

同步时分多路复用技术和 FDM 一样，也用于长距离电话通信系统。广泛使用的最基本的 TDM 系统是采用 DS-1 传输格式的 24 通道多路器。DS-1 格式中一帧数据包括 24 个 8 位加上一位帧同步位，总共 193 位。

当传输声音时，因为取样率为 8k，帧长为 193 位，因此，24 路同步时分多路复用的数据率应是 8 000×193＝1. 544Mbps（因为一帧对每一路只能传送一个取样点，每路每秒 8k 个取样点要 8k 帧才能传送）。

5. 6. 3　统计时分多路复用

同步时分常用于把多个终端连接到一个计算机 I/O 口的情况。由于不是每个终端在扫描到它的时刻都有数据传送，因此，在一帧中的许多时隙实际被浪费掉。所以，完全可以设计成有 N 个输入/输出线，但是只有 K 个（$K<N$）时隙的时分多路器，使得时隙和输入线之间的关系不再是固定的。多路器在扫描输入缓冲存储器时，若有数据传送，则给该输入线分配一个时隙；无数据传送的输入线则不分配时隙。因此，在统计时分多路复用方式中，是根据各缓冲存储器有无数据发送而动态分配时隙的。由于输入/输出线和时隙之间的关系不固定，这样，在每个时隙中除了要传送数据以外，还必须携带有关输入线地址的信息，以便在接收端能正确地把数据分发到相应的缓冲存储器中去，这时，一个时隙内的数据格式可考虑为：

地址	数据

←一个时隙→

图 5—23～图 5—25 示出了同步时分和统计时分的工作方式比较。假设有 4 个输入源 A，B，C，D，它们在 t_0，t_1，t_2，t_3 时刻所产生的数据如图 5—23 所示，空白处表示没有数据需要传送。

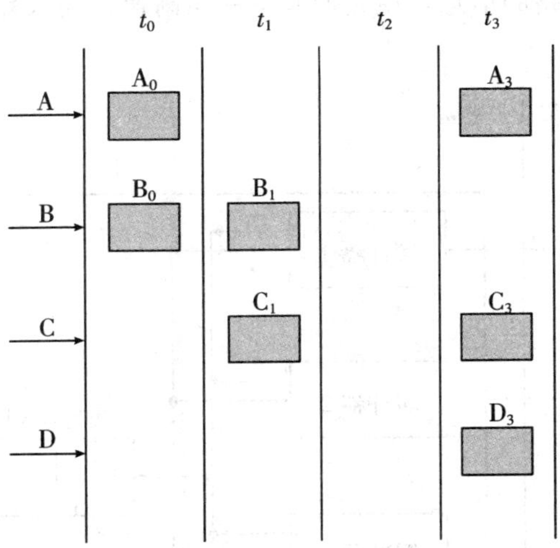

图 5—23　多路信号源待传数据示意图

在同步时分多路复用技术中，对应于 4 个输入源，将产生 4 个时隙，在 t_0，t_1，t_2，t_3 帧内的时隙分配情况如图 5—24 所示。其中有阴影的时隙表示有数据传送，空白时隙没有数据传送而白白浪费掉了。

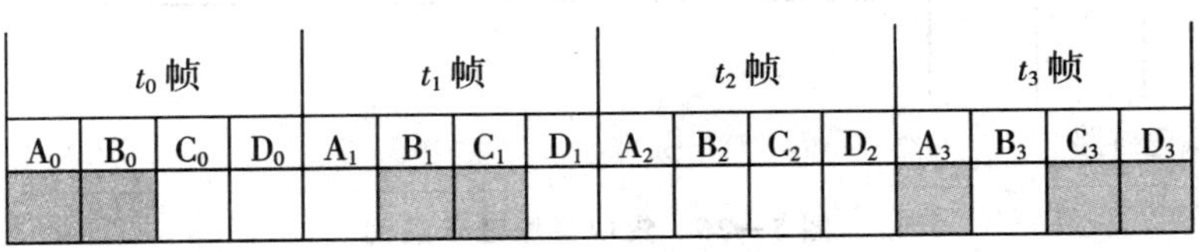

图 5—24　同步时分多路复用技术中的时隙与数据

在异步时分多路复用技术中，对于图 5—23 所示的数据待传情况，产生的各帧结构如图 5—25 所示。

可见，在异步时分多路复用技术中，对于没有数据传输的输入线不予分配时隙，这样就不会发送空闲时隙，提高了线路利用率。统计时分方式有时又称为请求多路时分复用方式，因为当输入端一帧信息收集完毕，等待传输时，要向多路器发出请求（置一个标志），多路器则分配一个时隙。

<table>
<tr><td colspan="4">原 t_0 帧</td><td colspan="4">原 t_1 帧</td><td colspan="6">原 t_3 帧</td></tr>
<tr><td colspan="2">A_0</td><td colspan="2">B_0</td><td colspan="2">B_1</td><td colspan="2">C_1</td><td colspan="2">A_3</td><td colspan="2">C_3</td><td colspan="2">D_3</td></tr>
<tr><td>A</td><td>DATA</td><td>A</td><td>DATA</td><td>A</td><td>DATA</td><td>A</td><td>DATA</td><td>A</td><td>DATA</td><td>A</td><td>DATA</td><td>A</td><td>DATA</td></tr>
</table>

图 5—25　异步时分多路复用技术中的时隙与数据

5.6.4　集中器的原理

集中器集中各低速链路的信息，使它们共享一条高速传输线路，其原理示意图如图 5—26 所示。

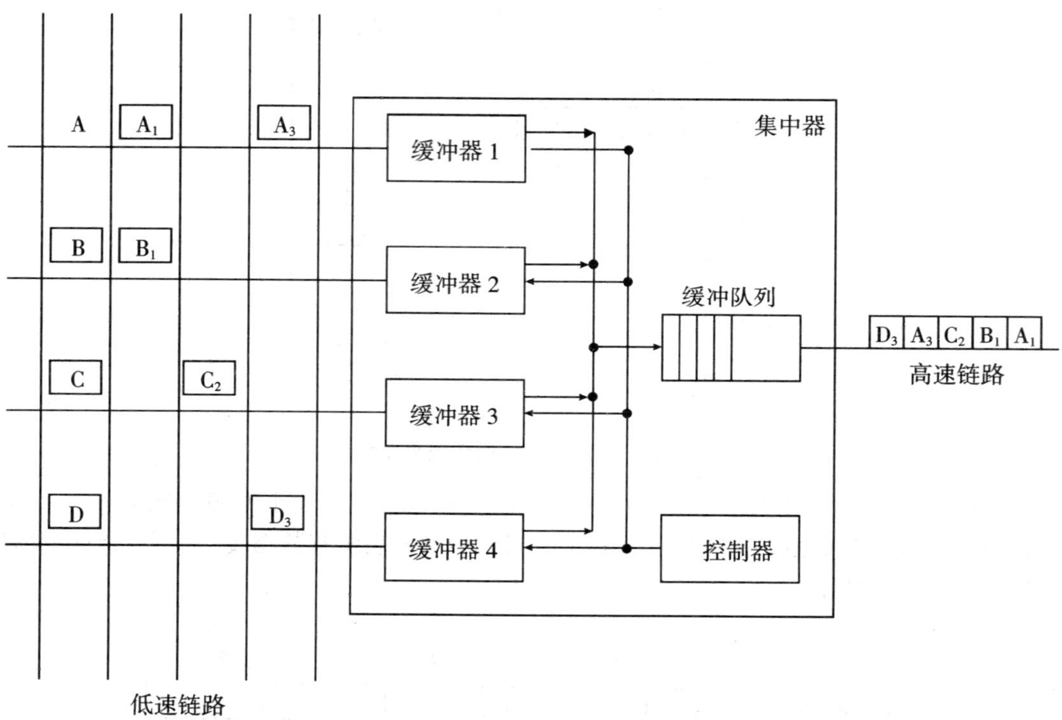

图 5—26　集中器原理示意图

集中器把统计时分多路技术和存储转发技术结合起来。控制器扫描每一个输入缓冲器，当某一缓冲器有数据传输时，就给该数据附加一个地址头信息，并把它放到发送缓冲队列中去，当线路有空时，再依次把它们发送出去。目前的集中器除集中功能外，往往还能实现本地链路之间的数据交换。

第六章　计算机网络协议

第一节　计算机网络协议概述

由于网络中的计算机的类型有可能不同，使用的操作系统也不尽相同，因此不同结构的计算机和不同的网络之间的通信就出现了问题。为了促进异种机互联网络的研究和发展，20世纪70年代后期，国际标准化组织（ISO）制定了一个参考模型，为协调标准的研究提供了一个共同基础，允许现存的和正在演变中的标准化活动有一致的框架和前景。其最终目标是，允许任一支持某种可用标准的计算机的应用进程自由地同任何其他支持同一标准的计算机的应用进程进行通信，而不管计算机是由哪个厂商制造的。该模型称为ISO开放系统互连（Open System Interconnection）参考模型，简称ISO/OSI RM。这个模型不涉及具体计算机通信网络的应用，它所描述的是通信软件的结构，借助这种结构，提供可靠的数据透明的通信服务，而与任何具体厂商的设备或规约无关，从而支持全球范围的应用。

计算机网络体系结构精确定义了网络及其组成部分的功能和各部分之间的交互功能。计算机网络体系结构采用分层对等结构，对等层之间有交互作用。

1. 体系结构的概念

由若干台至几百台乃至几千台计算机连成的计算机网络是一个复杂系统。面对这样的系统，必须采取有效的方法才能对其进行分析和综合处理，也就是将它们分成各种各样的基本元素，然后研究它们之间的各种交互结构。

体系结构是一个广义的概念，它包括三类重要的相互有关的结构，即物理结构、逻辑结构和软件结构。其中每一种结构都是由一组元素和它们之间的交互作用方式定义的。而这些结构的相互关系就形成了所要考虑系统的体系结构。

（1）物理结构。

物理结构元素是完成一定功能的物理部件。系统的物理结构依赖于所处理的任务，这些部件可以是集成电路、计算机部件、计算机或由计算机组成的系统。

物理结构决定系统所需的资源，即所需硬件设备的数目和技术要求。在构造系统时，首先注意的可能是物理结构；但是，在进行系统分析时，先研究的应该是逻辑结构。

（2）逻辑结构。

逻辑结构元素决定输入、存储、发送、处理或信息传递的基本操作功能。常将逻辑结构元素称为逻辑模块。逻辑结构可以是计算机操作系统、终端模块、通信程序模块等。逻辑结构元素还可以是相关的几个逻辑模块联合起来的更复杂的实体。

分析逻辑结构元素的相互作用，应考虑整个系统的操作，研究处理与信息流有关的进程

(操作系统中的一个概念，表示程序的一次执行)，并决定系统的逻辑资源。

(3) 软件结构。

在大多数情况下，一个系统包括不同目的的各种软件。这些软件执行不同的信息处理任务。因此，系统体系结构的重要特性之一就是其软件或程序结构。

软件结构由如下一些相互有关的程序组成：数据处理、进程访问、硬件故障诊断、数据发送、通道(或信道)控制等。软件结构元素就是各种程序。程序之间的相互作用保证了必要的信息处理任务的正确执行。

计算机网络是一种十分复杂的系统，应从物理结构、逻辑结构和软件结构来描述其体系结构。具体来说，逻辑结构是指执行各种网络操作任务所需的功能；物理结构是指实现网络逻辑功能最优分配的各种网络子系统和设备；软件结构是指网络软件的结构，这些网络软件就是在各网络部件中执行网络功能的程序。

综上所述，计算机网络的体系结构是计算机网络及其组成部分的功能的精确定义。

2. 网络协议的概念

协议是用来描述进程之间信息交换过程的术语。在计算机网络中，两个相互通信的实体处在不同的地理位置，其上的两个进程相互通信，需要通过交换信息来协调它们的动作和达到同步，而信息的交换必须按照预先共同约定好的过程进行。

例如，网络中一个微机用户和一个大型主机的操作员进行通信，由于这两个数据终端所用字符集不同，因此操作员所输入的命令彼此不认识。为了能进行通信，规定每个终端都要将各自字符集中的字符先变换为标准字符集的字符后，才进入网络传送，到达目的终端之后，再变换为该终端字符集的字符。当然，对于不相容终端，除了需变换字符集字符外，其他特性，如显示格式、行长、行数、屏幕滚动方式等也需作相应的变换。这样的协议通常称为虚拟终端协议。又如，通信双方常常需要约定何时开始通信和如何通信，这也是一种协议。所以，协议是通信双方为了实现通信所进行的约定或对话规则。

计算机网络的协议主要由语义、语法和定时三部分组成。语义规定通信双方彼此"讲什么"，即确定协议元素的类型，如规定通信双方要发出什么控制信息，执行的动作和返回的应答。语法规定通信双方彼此"如何讲"，即确定协议元素的格式，如数据和控制信息的格式。定时关系规定了信息交流的次序。

第二节 TCP/IP 协议的体系结构

TCP/IP 通常指 TCP/IP 协议族，它由许多协议组成，这些协议由因特网体系结构委员会(IAB，Internet Architecture Board)定为因特网标准。

6.2.1 TCP/IP 的层次

TCP/IP 并不像 OSI 协议族那样有正式的协议模型。然而，在已经制定出的协议标准的基础上，我们可以将 TCP/IP 的通信任务组织成五个相对独立的层次：

- 应用层
- 主机到主机层或运输层
- 互联网层
- 网络接入层
- 物理层

物理层（physical layer）定义了数据传输设备（如工作站、计算机）和传输媒体或网络间的接口。这一层涉及对于传输媒质特性、信号特性、数据速率和相关内容的确定。

网络接入层（network access layer）关心的则是一个端系统和它连接的网络之间的数据交换。发送方计算机必须给网络提供目的地计算机的地址，以便网络将数据转送到相应的目的地。发送方计算机可能希望利用网络提供的某些服务（如优先级）。在这一层使用的具体软件依赖于所使用的网络的类型：对于电路交换、分组交换（如 X.25）、局域网（如以太网）和其他网络，都有着不同的标准。因此，将有关网络接入的功能划分到一个单独层次中是有意义的。这样做可以使得网络接入层以上的其他通信软件不必再去关心它们所使用的网络的具体细节。同一个高层软件应该不管计算机所连接的是什么网络而都能正常运行。

网络接入层关心的是如何在同一网络中的两个端系统之间传送数据的问题。如果两台设备连在两个不同的网络上，要使数据穿过多个互连的网络就要有另外的处理操作过程。这就是互联网层（internet layer）的功能。互联网协议（IP）用在这一层提供越过多个网络的选路功能。这个协议不仅要在端系统中实现，而且要在路由器中实现。一个路由器就是一个连接两个网络的处理机，其主要功能是将数据沿着源端系统到目的端系统的路径，从一个网络转送到另一个网络。

不管交换数据的是什么应用程序，通常总要求数据的传送可靠无误，即总希望能够确保所有的数据都能到达目的应用程序，并且数据到达的顺序与发送时的顺序相同。我们即将看到，实现可靠传送的机制与应用程序的特性实质上是无关的。因此，将这种机制集中到一个共同的层次以便使所有的应用程序都能共享，是很有意义的。这样的层次被称为主机到主机层（host-to-host layer）或运输层（transport layer）。传输控制协议（TCP，Transmission Control Protocol）是提供这项功能的最常用的协议。

应用层（application layer）包括支持各种用户应用程序所需的逻辑功能。每一个不同种类的应用程序，如文件传送，都需要一个专供这种应用程序使用的单独的模块。

6.2.2 TCP 和 UDP

作为 TCP/IP 协议体系结构的一部分的应用程序，其中的大部分都是利用 TCP 作为运输层协议。TCP 为应用程序之间的数据传送提供可靠连接。图 6—1（a）表示的是 TCP 的首部格式，TCP 首部最少有 20 字节（或者 160bit）长。源端口（Source Port）和目的端口（Destination Port）字段分别标识使用这一连接的源系统应用程序和目的系统应用程序。序号（Sequence Number）、确认号（Acknowledgment Number）和窗口（Windows）字段提供流量控制和差错控制功能。检验和（checksum）字段是一个用来检测 TCP 段中差错的 16bit 长的帧检验序列。

除了 TCP 之外，在 TCP/IP 协议族中还有另外一个经常用到的运输层协议：用户数据报协议（UDP，User Datagram Protocol）。UDP 为应用层过程提供无连接服务，它并不保证一定传到，也不保证按序传送和不重复传送。UDP 能够使一个应用程序用最少的协议机制向另一个应用程序发送报文。面向事务的应用程序通常使用 UDP，一个例子就是简单网络管理协议（SNMP，Simple Network Management Protocol）。SNMP 是 TCP/IP 网络的标准网络管理协议。由于 UDP 是无连接的，它本身做的事情很少。实际上，UDP 仅仅对 IP 增加了端口寻址功能。这一点从图 6—1（b）所示的 UDP 首部可以清楚地看出来。

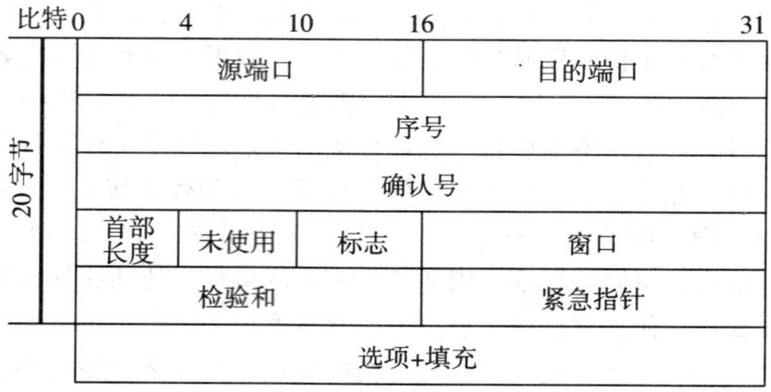

(a)TCP 的首部

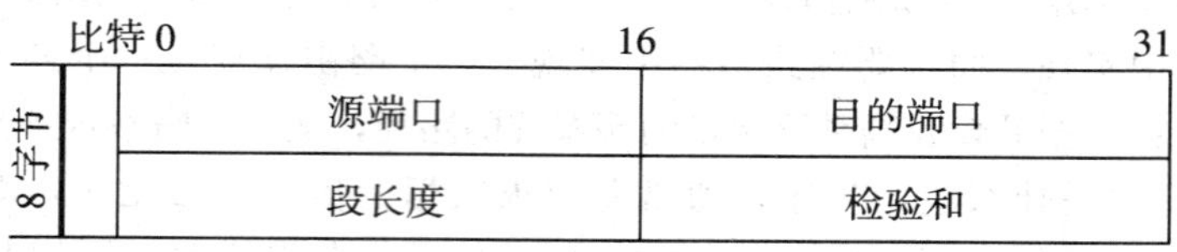

(b)UDP 的首部

图 6—1　TCP 和 UDP 的首部

6.2.3　IP 和 IPv6

几十年来，IP 一直是 TCP/IP 协议体系结构的关键组成部分。图 6—2（a）表示的是 IP 首部格式，IP 首部由至少 20 字节（或者说 160 bit）组成。IP 首部包括 32bit 长的源地址和目的地址。首部检验和（Header Checksum）字段用来检测 IP 首部中的传送差错以避免 IP 分组的错误传送。协议字段则表明到底是 TCP、UDP 还是另外什么高层协议正在使用 IP。标志（Flag）和片偏移（Fragment Offset）字段用在分片和重装过程中。在 IP 数据报的传输过程中，有时需将单个的 IP 数据报分成多个 IP 数据报（又称为数据报片），然后在目的端再将这些数据报片重新装配成原来的 IP 报文。

1995 年开发因特网标准的组织因特网网络工程部（Internet Engineering Task Force）发布了一个当时被称做 IPng 的下一代 IP 协议规约。该规约在 1996 年成为一个因特网标准 IPv6。IPv6 对现有 IP（称为 IPv4）作了许多功能上的增强。IPv6 是为适应当今网络的高速化趋势和数据融合（包括图形和图像数据）趋势而设计的。但推动这一新协议的发展的主要力量则来自于增加地址的需要。目前的 IP 使用 32bit 长的地址标识一个源系统或目的系统。随着因特网的急剧增大以及各种专用网络相继接入因特网，这个地址长度就变得不再能够满足所有系统入网的地址需求了。如图 6—2（b）所示，IPv6 包括各有 128bit 长的源地址和目的地址字段。预计最终所有 TCP/IP 系统都将从目前的 IP 协议转移到 IPv6 协议，但这个过程可能要花费数年甚至几十年的时间。

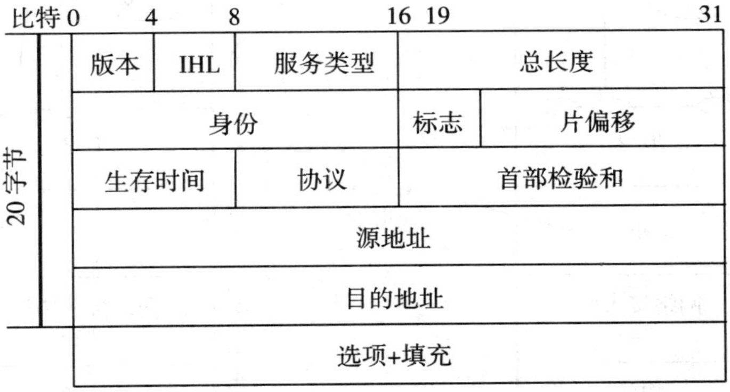

(a)IP 首部格式

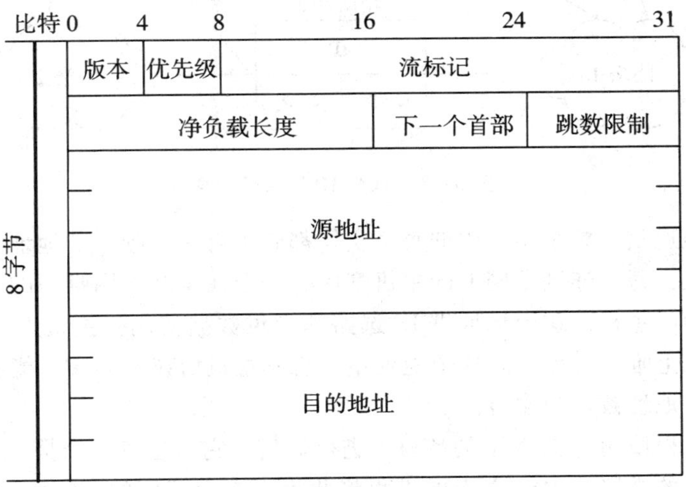

(b)IPv6 首部格式

图 6—2　IP 数据报的首部格式

6.2.4　TCP/IP 的工作方式

图 6—3 表示出协议在通信过程中是如何配置的。为了清楚地表示整个通信设施可能由多个网络组成，作为组成部分的各网络通常被称为子网（sub network）。某些种类的网络接入协议，如以太网逻辑，被用来将一台计算机连接到一个子网。这种协议使主机可以向同一个子网上所连接的另一台主机发送数据。当接收端主机处于另外的子网上时，发送端主机就将数据发到一个路由器。所有的端系统和路由器都要运行 IP 协议。IP 的作用就是将一台主机上的数据块通过一个或多个路由器传送到另一台主机。TCP 则只在端系统上实现；它跟踪各个数据块以保证所有数据块都可靠地传递给相应的应用程序。

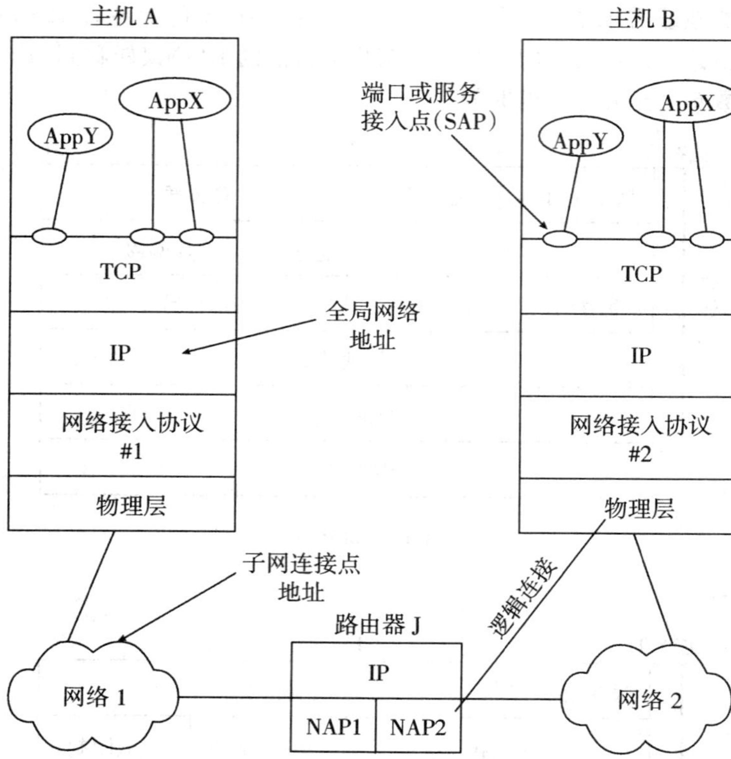

图 6—3　TCP/IP 的若干概念

为了能成功地通信，整个系统中的每个实体都必须有一个唯一的地址。实际上，我们需要两个层次的寻址。每个连到子网上的主机都应有一个在全互联网唯一的地址，这可以使数据能够交付给正确的主机。这个地址供 IP 选路和交付数据使用。主机上每个应用程序则必须有一个在此主机上唯一的地址，这个地址使主机到主机协议（TCP）能够将数据交付给正确的进程。后一种地址被称为端口。

假定有一个进程使用主机 A 上的端口 1 进行通信，它希望将一个报文发送给利用主机 B 上端口 2 进行通信的进程。主机 A 上的进程将此报文交给下面的 TCP，并让其发送给主机 B 上的端口 2。TCP 将此报文交给下面的 IP，并让其发送给主机 B。IP 只要知道数据是发给主机 B 就可以了。接下来 IP 将此报文向下交给网络接入层（如以太网逻辑），告诉它将其发到路由器 J。

为了控制这个工作过程，控制信息应连同用户数据一起传输。图 6—4 表示出了这层意思。假设发送进程产生了一块数据并将它交给 TCP。TCP 可能会将这块数据再划分为许多更小的数据块，以便更方便地进行管理。对每一个这样的小块，都要附加一个包含控制信息的 TCP 首部，见图 6—1 (a)，这就形成了一个 TCP 报文段（segment）。这些控制信息是供主机 B 中的 TCP 协议实体使用的。TCP 首部中包含的可能项目有：

- 目的端口：当主机 B 上的 TCP 实体收到这一报文段时，它必须知道这个报文段是要交付给谁的。
- 序号：TCP 对发送到一个特定目的端口的报文段按顺序编上号码，以便当报文段未能按序到达时，主机 B 上的 TCP 实体能够恢复它们原来的顺序。

- 检验和：发送方 TCP 还包括一段代码，它是报文段中其余内容的一个函数。接收方 TCP 实体进行一个相同的计算，并将结果与收到的代码比较。若两者不一致就说明在传输中出现了差错。

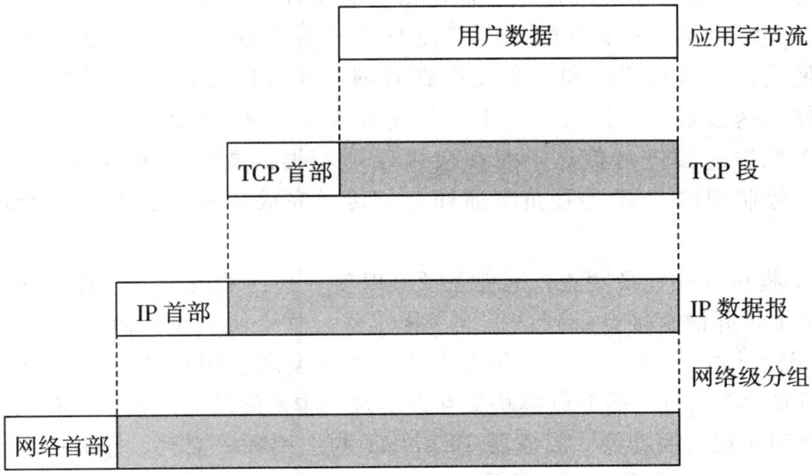

图 6—4　TCP/IP 体系结构中的协议数据单元

接下来 TCP 将每一个报文段交给 IP，并让 IP 将其传送到主机 B。这些报文段要穿过一个或多个子网，并经过一个或多个路由器的转发处理。这项操作也要使用控制信息。因此 IP 实体将包含控制信息的首部（图 6—2）加到每一个报文段上，这就形成了 IP 数据报（IP datagram）。IP 首部中包含的项目中就有目的主机地址（在这个例子中就是主机 B 的地址）。

最后，每个 IP 数据报被交给网络接入层，以便将其通过它在到达目的地的路途中所遇到的第一个子网传输出去。网络接入层给 IP 报文加上其首部，构成分组（或称为帧）。该分组通过子网向路由器 J 发送。分组首部包含子网所需要的用来传送数据的信息。分组首部包括的内容如下：

- 目的子网地址：子网必须知道分组到底要交付给连在其上的哪一个设备。
- 要求的设施：网络接入协议可能要用到某些子网设施，如优先级。

在路由器 J 处，分组首部被去掉，路由器继而检看 IP 首部。依据 IP 首部中所包含的目的地址信息，路由器中的 IP 模块将数据报通过子网 2 送到主机 B。为了做到这一点，数据报又被加上一个网络接入首部。

当主机 B 收到了上述数据后，要完成一个相反的过程。在每一层上相应的首部都被去掉，剩下的部分上交给紧邻的上一层，这个过程持续到原始数据交付到目的的进程为止。

6.2.5　TCP/IP 应用程序

简单邮件传送协议（SMTP，Simple Mail Transfer Protocol）提供了基本的电子邮件功能。它提供了一个将报文在各个主机之间传送的机制。SMTP 的功能包括邮件发送清单（mailing list）、返回回执（return receipts）和转发（forwarding）。SMTP 协议并不指定报文的生成方式，它需要和某种本地编辑或电子邮件设施联合使用。报文生成之后，SMTP接受它，并使用TCP将它发到另一主机上的一个SMTP模块。目的端SMTP模块将使用本地电子邮件软件包，将收到的消息存储到用户的邮箱之中。

文件传送协议（FTP，File Transfer Protocol）在用户命令的指示下从一个系统向另一个系统发送文件，无论文本格式还是二进制格式的文件都可以传送。FTP还具有控制用户访问的功能。当用户要传送文件时，FTP就与目的系统建立一条TCP连接以交换控制报文。这可以使用户将其标识符和口令发送到对端，并可以让用户指明文件以及对文件的操作。在文件传送被对方允许后，FTP实体将建立另一条TCP连接用于数据的传送。文件就通过这个数据连接进行传送，而在应用层则不再需要任何的首部或控制信息开销。传送完成后，控制用的TCP连接负责通知对方传送完成，并可以继续接受新的文件传送命令。

TELNET提供远程登录功能。远程登录可以使一个终端或个人计算机用户登录到一个远端的计算机上，并像直接登录到该机上一样工作。这个协议是为简单的卷动模式（scroll－mode）终端设计的。TELNET实际上由两个模块实现：用户TELNET和服务器TELNET。用户TELNET与终端I/O模块交互以实现与本地终端的通信。它在实际终端的特性与网络标准之间实现转换功能。服务器TELNET与应用程序交互，作为一个代理终端处理程序使远程终端对于应用程序来说就像本地终端一样。用户TELNET和服务器TELNET之间的终端通信量由TCP连接承载。

6.2.6 因特网标准

许多组成TCP/IP协议族的协议都已经被标准化或者正在标准化过程中。负责这项工作的是一个被称为因特网体系结构委员会（IAB）的组织。

1. 因特网和因特网标准

因特网是使用TCP/IP协议族的网络互连起来形成的大型网络集合体。因特网发源于ARRANET，而后来国防远景研究规划局（DARPA，Defense Advanced Research Projects Agency）又支持它发展供军队用户和政府承包商使用的另外的一些网络。

IAB是因特网设计、工程建设和管理的协调委员会。这个委员会不仅管理因特网本身，而且还要管理为实现互操作性因特网终端所用协议的标准化过程。IAB有两个主要的分支工作组：因特网工程部（IETF）和因特网研究部（IRTF，Internet Research Task Force）。各部的实际工作是由所属的各工作组完成的。各工作组成员是自愿加入的，对任何方面感兴趣都可以参加。

IETF负责发布RFC。RFC实际上是因特网研究和开发领域的工作备忘录。RFC的一个文件可能讨论有关计算机通信的任何话题，它可能是一份会议报告，也可以是一个标准的规约。

哪个RFC会最终成为因特网标准则由IAB根据IETF的建议做出决定。一个规约要成为标准必须满足以下准则：

- 已经稳定下来并易于理解。
- 技术适当。
- 已具有多种独立的可互操作的实现，并具备充分的运行经验。

● 具有明显的广泛支持。
● 在因特网的某些部分或全部组成部分中有明确的用途。

上述准则与国际标准制订的准则的一个重要区别就是这里强调运营经验。

2. 标准化过程

目前的因特网标准化过程在 RFC 2026 中给出。图 6—5 展示出了一个规约成为一个标准所要走过的步骤［被称为标准轨迹（standards track）］。越到后来的步骤就越包含更多的审察和试验。在每一步，IETF 都必须就是否将协议推进到下一步做出建议，并得到 IAB 的批准。

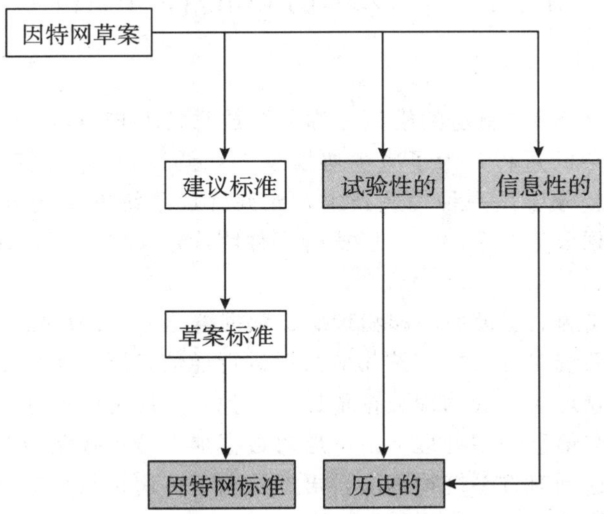

图 6—5　因特网标准和非标准的轨迹

图中的白框代表临时状态，在这些状态上停留的时间应尽量短。然而，在建议标准（Proposed Standard）状态应至少停留六个月，在草案标准（Draft Standard）状态至少应停留四个月，以便有充足的时间听取评论和进行审议。灰色框代表长时间停留的状态，在这些状态可能停留多年。

所有 RFC 第一步都是作为一个因特网草案（Internet Draft）公布的。因特网草案是供非正式评论用的。这些文件可以从因特网上容易地得到，因此可以进行公开的评论或修改。一个因特网草案可能要经过多次修改才能最终以 RFC 的形式公布。

处于标准轨迹上的规约，其走向成熟的第一步是迈到建议标准。一个建议标准通常是稳定的。它已经在各种已知的设计选择中做出了取舍。它已经被有关人员所了解，并且已经受到有分量的同行评议。它已经引起业界足够的兴趣，因此可以被认为有相当的发展价值。

建议标准上升为草案标准的条件是必须已经用不同的程序代码完成的至少两种独立的和可互操作的实现，且必须有足够的运行经验。一个草案标准被认为是最终的规约，而在典型情况下，进一步的修改仅仅是要解决新的特定的问题。

经过一段时间的评议，如果草案标准符合所有的上述准则，它将被升级到因特网标准（Internet Standard）层次。因特网标准有如下特征：高度成熟的技术，以及大家一致认为指明的协议或服务将为因特网提供重要好处。到了这个阶段，除了 RFC 号码之外，这个规范还被分配一个 STD 号码。最终，若协议变得过时了，它就被归入“历史”范畴。

还有一些另外的 RFC 并不是标准轨迹的一部分。如果一个协议或者其他的规约还不成熟，因而不能进入标准化过程，但它可作为一个实验性的 RFC 发表。在经过进一步的工作后，这个规约可以重新提交而进入标准的轨迹。还有一种信息性的 RFC，发表这种 RFC 的目的是为因特网共同提供一般的有用信息。

第三节　OSI 协议的体系结构

国际标准化组织（ISO）制定的模型，称为开放系统互连（OSI）参考模型。计算机系统间的通信是一个复杂的过程，为了减少协议设计和调试过程的复杂性，ISO/OSI 参考模型采用了分层的方法。分层是一种构造技术，允许开放系统网络用分层的方式进行逻辑组合。整个通信子系统划分为若干层，每层执行一种明确定义的功能，并由较低层执行附加的功能，为较高层服务。

OSI 构造了顺序式的七层模型，即物理层、数据链路层、网络层、运输层、会话层、表示层、应用层，不同系统对等层之间按相应协议进行通信，同一系统不同层之间通过接口进行通信。只有最低层物理层完成物理数据传递，其他对等层之间的通信称为逻辑通信，其通信过程为将通信数据交给下一层处理，下一层对数据加上若干控制位后再交给它的下一层处理，最终由物理层传递到对方系统物理层，再逐层向上传递，从而实现对等层之间的逻辑通信。一般用户由最上层的应用层提供服务。

6.3.1　物理层

物理层是 OSI 的最低层，它建立在物理通信介质的基础上，作为系统和通信介质的接口，用来实现数据链路实体间透明的比特（bit）流传输。

1. 物理层的特性

物理层是 OSI 中唯一涉及通信介质的一层，它提供与通信介质的连接，描述这种连接的机械、电气、功能和规程特性，以建立、维护和释放数据链路实体之间的物理连接。物理层向上层提供位（bit）信息的正确传送。

物理层有四个重要特性：

（1）机械特性。主要规定了 DTE/DCE 接口连接器的尺寸、芯数和芯的安排及连线的根数等。常用的连接器有 25 芯、24 芯、37 芯和 15 芯等几种规格。

（2）电气特性。主要规定了每种信号的电平、信号的脉冲宽度、允许的数据传输速率和最大传输距离。

（3）功能特性。规定了接口电路引脚的功能和作用。

（4）规程特性。规定了接口电路信号发出的时序、应答关系和操作过程，如怎样建立和拆除物理层连接，是全双工还是半双工等。

2. 物理层提供的服务

（1）物理连接。

数据电路是一条通信路径。该路径是由两个物理实体之间的物理介质和用于传输比特流必需的设施以及物理层中的中继设备、互联数据电路构成的。

物理连接分为两类：

①点一点连接。它连接两个数据链路实体。

②多点连接。一个数据链路实体与多个数据链路实体连接。

物理层一旦完成数据链路互联后，其中间的物理实体在物理层以上是不可见的，数据链路层所能感知的只是两个物理连接端点（点一点连接），或多个物理连接端点（多点连接）。

物理连接可以是永久性连接（专线），也可以是动态连接（交换网）。

（2）物理服务数据单元。

物理层提供两类物理服务数据单元：

①串行传输方式物理服务数据单元，它仅含有1个比特。

②并行传输方式物理服务数据单元，它由若干个比特组成。

（3）顺序化。

物理层在进行比特传输时能保证接收物理实体所收到的比特顺序，与发送物理实体所发送的比特顺序相同。

（4）数据电路标识。

物理层提供唯一能标识两相邻系统之间数据电路的标识符。

（5）故障情况报告。

当物理层内出现差错时，应向数据链路实体报告物理层中所检测到的故障和差错。

（6）服务质量指标。

物理连接服务的质量大部分由数据电路本身确定，其质量指标包括误码率、服务可用性、数据传输速率和传输延时。

3. 物理层的功能

为了实现数据链路实体之间比特流的透明传输，物理层应具有下述功能：

（1）物理连接的建立与拆除。

当数据链路层请求在两个数据链路实体之间建立物理连接时，物理层应能立即为它们建立相应的物理连接。当两个数据链路实体之间要经过若干中继数据链路实体时，物理层还应对这些中继数据链路实体进行互联，以建立起一条有效的物理连接。当物理连接不再需要时，由物理层立即拆除。

（2）物理服务数据单元传输。

物理层既可以采取同步传输方式，也可以采取异步传输方式来传输物理服务数据单元。前者要求在系统中配置同步适配器板，而后者则应配置异步适配器板来完成数据的发送和接收功能。

（3）物理层管理。

物理层要涉及本层的某些管理事务，如功能的激活（何时发送和接收、异常情况处理等）和差错控制（传输中出现的奇偶错和格式错等）。

6.3.2 数据链路层

数据链路层的主要用途为在相邻网络实体之间建立、维持和释放数据链路连接，并传输数据链路服务数据单元。亦即数据链路层的主要职责是控制相邻系统之间的物理链路，它在物理层传送“位”信息的基础上，在相邻结点间传送被称为帧的数据信息，数据链路层由于种种原因也可能在传输中出现差错，也需进行检错、纠错，从而向网络层提供无错的透明传送。数据链路层软件是计算机网络最基本的软件，该层是任何网络都必须有的层次，相对于高层来说，所用的服务和协议比较成熟。

1. 数据链路层的目的

数据链路层在网络实体间提供建立、维持和释放数据链路连接，以及传输数据链路服务数据单元所需的功能和过程的手段，在物理连接上建立数据链路连接。数据链路连接是建立在物理连接基础上的，在物理连接已经建立时，一般可保持较长时间不变。每次通信前后，双方相互联系以确认一次通信的开始和结束，这就是建立数据链路连接和拆除数据链路连接。也可认为数据链路连接是活动的物理连接，在一次物理连接上可以进行多次通信，即可以建立多次持续时间较物理连接短的多个数据链路连接。而在任意两个数据链路连接期之间是空闲的物理连接。

数据链路层检测和校正在物理层出现的错误，并能使网络层控制物理层中的数据电路的互联。

2. 数据链路层的功能和服务

数据链路层的主要功能是为网络层提供连接服务，并在数据链路连接上传送数据链路协议数据单元 L-PDU。一般将 L-PDU 称为帧。

（1） 数据链路连接的建立和释放。

根据数据链路层向网络层提供的服务质量、应用环境以及是否有连接这三个因素，服务可分为以下三种：

1） 无应答、无连接服务。在这种服务中，源主机的数据链路层可以在任何时候发送任意长的信息。接收主机的数据链路层将收到的信息送入自己的网络层。发送前不必建立数据链路连接，传输时接收方也不做应答，出错和数据丢失时也不做处理。这种服务质量低，适用于线路误码率很低以及传送实时性要求高的（如语音类的）信息等。

2） 有应答、无连接服务。在这种服务中，当发送主机的数据链路层要发送数据时，直接发送数据帧。当接收数据链路能接收帧，并经校验结果正确时，就向源主机数据链路层返回应答帧；若不能接收或接收后经校验不正确的帧，就返回否定应答帧，发送端要么重发原帧，要么暂时不能进行。这种方式发送的第一个数据帧除传送数据外，也起数据链路连接的作用。由于数据帧一般比建立连接的帧的长度要长，当接收端不能接收时就浪费了更多的时间。在一个结点的物理链路多或通信量小的情况下，有应答、无连接方式成功的概率大，且实现和控制都较为简单。

应答可分为三种方式：

①正向应答。收到的帧是正确的就返回确认应答，没有收到帧或帧受损，则不发应答。这种方式在传送正确时，响应速率快，而在极少数帧受损的情况下，发送站要利用超时机制

重发原帧。这种方式在实际中获得了广泛的应用。

②双向应答。若收到的帧是正确的，则接收站返回确认应答；若收到的帧不正确，则返回否定应答。该方式在线路误码率高时，响应速度快。对个别重要的传输，如控制帧，即使在使用正向应答方式时也可采用双向应答。

③负向应答。仅当收到受损的帧时，接收端才返回否定应答。这种方式发送的应答帧数最少，响应速度慢，很少使用。

3）面向连接的服务。这种服务的质量好，是ISO/OSI参考模型推荐的主要服务方式。这种服务方式对网络层移交的一次数据传送分为三个阶段，即数据链路建立、数据传送和数据链路的拆除。数据链路建立阶段是让双方的数据链路层都同意并作好传送的准备；数据传送阶段是将网络层移交的数据传送到对方。当数据传送结束时，拆除数据链路连接。

（2）数据链路数据单元的构成。

本功能是将数据链路服务数据单元，配上数据链路协议控制信息，形成数据链路协议数据单元。数据链路层以服务数据单元与网络层交换数据。

（3）数据链路连接的分裂。

当数据量很大时，为提高传输速率和效率，可将原来在一条物理链路上传输的数据，改用多条物理链路来传输。显然，该功能恰与多路复用相反。

（4）定界与同步。

用于从物理连接上传输的比特流中，识别出数据链路服务数据单元的开始和结束，以及识别出其中的每个字段，以便实现正确的接收和控制。

（5）顺序和流量控制。

顺序控制功能可使通过数据链路连接的各数据链路协议数据单元，能按发送的顺序传输到相邻结点。流量控制功能用以保持数据单元的发送速率与接收速率的匹配。

（6）差错的检测和恢复。

用于检测出传输出错、格式出错或操作出错。这些错误可能是由于物理连接或相应的数据链路实体的误动作所造成的。恢复功能则是从上述三种出错状态中解脱出来，并将不能恢复的差错向有关的网络实体报告。

3. 数据链路层协议

数据链路层协议可分为两类：面向字符的通信规程和面向比特的通信规程。

面向字符的通信规程的特点是利用若干个控制字符控制报文的传输。通常，报文由标题（或称报头）和正文两部分组成。标题含有报文名称、源站地址、目标站地址、发送日期等信息，用于传输控制；正文则是报文的具体内容。当标题和正文长度不定时，还要求有用于标识它们开始和结束的控制字符。此外，当目标站收到对方发来的报文时，若正确无误，则应向源站发回表示确认的字符信息；若有错，便发回拒绝接收的字符信息。所有这些用于控制信息传输的字符都称为数据链路控制字符。图6—6所示是一种报文格式。

SOH	标题	STX	正文	ETX	校验

图6—6　报文格式举例

面向比特的通信规程典型的是ISO制定的HDLC（High-level Data Link Control，高级数据链路控制）。该规程传送信息的单位称为帧。帧分为控制帧和信息帧。在信息帧的数据字段（正文）中，不以字符为单位，可以看做比特流，也不一定要为字符长度 8 位的整数倍数，故称为面向比特的通信规程。比特流用帧标志来划分帧边界，帧标志也可用作同步字符。图 6—7 所示是一种帧格式。

标志	站址	控制	信息	帧校验	标志
01111110	8 比特	8 比特	任意长	16 比特	01111110

图 6—7　帧格式举例

面向比特的通信规程有许多优点。首先，HDLC 在正文字段没有位数限制时，即可传递 5 单位、7 单位和 8 单位的编码以及其他无结构的信息，而面向字符的通信规程规定只能传送 8 位字符（7 位编码和 1 位校验码）；其次，字符型规程规定了一些（通常为 10 个）控制字符，接收端搜索判别不方便，透明性不好，虽可用编码独立的通信规程，但传递效率低。HDLC 仅用唯一的标志 F（01111110），效率和透明性都较好。

6.3.3　网络层

网络层的主要用途是为实现源 DCE 和目标 DCE 之间的通信建立、维护和终止网络连接，并通过网络连接交换网络服务数据单元。在网络层的支持下，两个端系统的传输实体之间要进行通信，只需把要交换的数据交给它们的网络层便可实现。传输实体不必考虑建立和操作一个指定的网络连接时有关的路径选择及中转等细节。至于网络层如何利用数据链路层的资源来提供网络连接，对传输层是透明的。

广域计算机网络一般都划分为通信子网和资源子网。网络层是通信子网的最高层，因此，网络层和运输层的界面，既是层间的接口，又是通信子网和用户主机组成的资源子网的界限。该层综合以下两层和本层的功能向资源子网提供丰富的服务，对广域计算机网是极为重要的。数据链路层的任务是在相邻两个结点间实现透明的无差错的帧级信息的传送，而网络层则要在通信子网内把报文分组从源结点传送到目标结点。网络层协议就要实现这种传送中涉及的中继结点路由选择、子网内的信息流量控制和差错处理等。

局域网大多采用总线、环形等拓扑结构，属广播式信道，从信息传送观点看，相邻结点间的传送和源到目标结点的传送是类似的。IEEE 802 标准认为网络层对 802 局域网是不必要的，而仅将网际互联功能置于数据链路层之上，把一些流量控制、差错处理都放在逻辑链路子层完成。这说明局域网网络层的功能很弱，甚至是不必要的。相反，广域计算机网络的通信子网拓扑结构复杂、地域广阔，网络层所涉及的技术问题、理论问题很复杂，其概念是全面、系统、完整的。

1. 网络层的功能

根据 ISO/OSI 层间操作的思想，网络层利用本层和以下两层的功能向运输层提供服务；网络层的主要功能是支持网络连接的实现。它包括点一点结构的网络连接以及由具有不同特性的子网所支持的网络连接等。网络层的具体功能如下：

（1）建立和拆除网络连接。

此功能是指利用数据链路层提供的数据链路连接，构成传输实体间的网络连接。网络连接同样可由若干个通信子网以串联形式构成。这些互联的子网可具有相同或不相同的服务能力，子网连接的两端可采用不同的子网协议。

(2) 路径选择和中继。

此功能是在两个网络地址之间选择一条适当的路径。为了建立端系统之间的通信，网络层必须使用数据链路层的服务来控制数据链路的互联。当网络连接是由几个子网串联而构成时，应将单独子网内的路径选择和中继功能，与由子网互联所构成的网际、网内的路径选择和中继功能分开。

(3) 网络连接多路复用。

此功能提供网络连接多路复用的数据链路连接，以提高数据链路连接的利用率。

(4) 分段和组块。

为了提高传输效率，当数据单元太长时，可以对它们进行分段；反之，也可将几个较短的数据单元组成块后一起传输。无论哪种情况，都必须保留网络服务数据单元分界符。

(5) 传输和流量控制。

当传输实体需要有序传输网络服务数据单元时，网络层将在指定的网络连接上用有序传送的方法来实现。利用网络层提供的流量控制服务来对网络连接上传输的网络服务数据单元进行有效控制，以免发生信息“堵塞”或“拥挤”现象。

(6) 加速数据传递。

(7) 复位。

(8) 差错的检测与恢复。

网络层的差错检测是利用数据链路层的差错报告以及其他的差错检测能力来检测经网络连接所传输的数据单元的，目的是检测是否出现异常情况。恢复功能是指从被检测到的出错状态中解脱出来。

(9) 服务选择。

当一个网络连接要穿越几个子网时，若各子网具有不同的服务指标，则需要利用服务选择功能，使网络连接的两端能提供相同的服务。

2. 数据报和虚电路

在 OSI/RM 中规定，网络层中提供两种类型的网络服务，即无连接服务和面向连接的服务。在现代计算机网络的网络层中，都提供了这两种服务，它们分别被称为数据报服务和虚电路服务。

(1) 数据报（Data gram）服务。

1) 数据报的传输方式。

在数据报传输方式中，网络层从运输层接受报文（发送时）并拆分为报文分组，把每一个分组作为一个独立的信息单位传送。在传输过程中并不去考虑它与前面已发出的数据报和后面将要发出的数据报的顺序关系。数据报每经过一个中继结点时，都要根据当时情况并按照一定的算法为其选择一条最佳的传输路径。这就有可能使从某结点先发出的数据报未必比后发出的数据报先到达目标。事实上，数据报类似于通常的信件和电报。

数据报的一种格式如图 6—8 所示。

源地址	目的地址	服务要求	表示符	数据

图 6—8 数据报的一种格式

其中包含有源和目标结点的网络地址、服务要求和标识符。服务要求可以是：当发送成功时，要求网络回送确认；若分组不能被传送至预定目标，网络应向源主机回送诊断信息（分组），以指出原因。无论哪种情况，都应回送分组标识符，以便主机识别。

2）数据报服务的特征。

①不需建立连接。对等实体在通信前，不需建立连接，目标结点在收到数据报后，也不需发送确认，因而是一种开销较小的通信方式。但发方不能确切地知道对方是否准备好接收，是否正在忙碌。故数据报服务的可靠性不是很高。

②采用全网地址。由于每个数据报都单独传送，因此在每个数据报中都必须具有源和目标主机的全网地址，以便能单独在网络中传输。网络结点在收到该组后，可直接根据该地址，按照一定的算法选择一条传输路径，把它传送到目标。然而在频繁的人一机交互作用时，每次都附上源和目标主机的全网名称是十分累赘的，也降低了信道利用率。

③要求路由选择。数据报在网络中传输时，每经过一个网络结点都要进行一次路由选择。当有一个很长的报文需要传输时，必须先把它分成若干个具有一定长度的分组，若这些分组都采用数据报发送方式，势必增加网络开销。

④数据报不能按序到达目标。当把一份长报文分成若干个短的数据报时，由于它们被独立传送，因而可能各自通过不同的路径到达目标。显然，数据报服务不能保证这些数据报按序到达目标。

⑤对故障的适应性强。若数据报传输途径中的某个结点或链路发生故障，则数据报服务可以绕过这些故障地区而另选其他路径，把数据报传送至目标。

⑥易于平衡网络流量。在数据报传输过程中，中继结点可为数据报选择一条流量较少的路由，而避开流量较高的路由，这样，既可平衡网络中的信息流量，又可使数据报得以更迅速地传输。

（2）虚电路（Virtual Circuit）服务。

1）虚电路传输方式。

在源主机与目标主机通信之前，应先建立一条网络连接，即虚电路。为此，源主机应发出呼叫请求分组，在该分组中包含了源和目标主机的全网地址。呼叫请求分组途径的每一个网络结点，都要记下该分组所用的虚电路号，并为它选择一条最佳传输路由发往下一个网络结点。当呼叫请求分组到达目标主机后，若它同意与源主机通信，便由网络层为双方建立一条虚电路。这样，在以后每个分组中不必再填上源和目标主机的全网地址，而只需标上虚电路号。当通信结束时，将该虚电路拆除。

2）虚电路服务的特征。

由上所述可知，虚电路服务方式具有如下特征：

①要求先建立连接。网络层应为源和目标主机建立一条网络连接，供双方进行通信。

②全网地址。仅在源主机发出的呼叫分组中需要填上源和目标主机的全网地址，而在数据传输阶段的分组中，都只需填上虚电路信号即可。

③路由选择。同样只是当呼叫请求分组在网络中传输时，各途径的结点都要为它们进行路径选择，以后便不再需要。

④按序到达。由于源主机发出的所有分组都能通过事先建立好的一条虚电路进行传输，故能保证主机所发出的所有分组都按照发送时的先后顺序到达目标主机。

⑤可靠性较高。由于在通信前双方已进行过联系，每发送完一定数量的分组后，对方也都给予了确认，故比较可靠。

⑥适用于交互式作用。利用虚电路服务来实现交互作用，不仅及时而且网络开销小。

3）永久虚电路和呼叫虚电路。

虚电路又可分为以下两类：

①永久虚电路。永久虚电路是两个 DTE 之间永久性连接的虚电路。一个 DTE 能通过分配给它的永久虚电路，把分组发送至网络，再由网络传送到目标 DTE。同样 DTE 通过该虚电路去接收数据分组。不论发送还是接收分组，都不需建立虚电路和清除虚电路的操作。因此，永久虚电路类似于点到点的专用线。

②呼叫虚电路。即前面所述的源和目标 DTE 之间的暂时性连接的虚电路。它根据源 DTE 的呼叫请求而建立，通信结束时便拆除。

一个 DTE 可以有许多永久虚电路和呼叫虚电路。

（3）数据报与虚电路服务的特点（见表 6—1）

表 6—1　　虚电路服务和数据报服务的特点

项目	虚电路	数据报
目标地址	建立连接时需要	每个分组都需要
初始化设置	需要	不需要
分组顺序	由通信子网负责保证	通信子网不负责
差错控制	由通信子网负责对主机透明	由主机负责
流量控制	通信子网提供	网络层不提供
连接的建立和释放	需要	不需要

虚电路服务和数据报服务的区别，实质上在于将分组的差错和顺序控制放在网络层还是放在运输层，也就是放在通信子网中还是放在主机系统中。由于应用场合的不同，两种服务各有自己的优缺点。

对于数据准确性要求很高的用户，他们为了保护自己，在运输层就要进行差错处理和分组顺序的控制。这样，子网就没有必要再进行这种重复性的工作。为了减少费用和简化网络层设计，应支持无连接的数据报。另外，在需要将短数据单元频繁地与其他大批用户交换的时候，虚电路呼叫建立的额外开销与正在传送的数据量相比显得很大，所以在这些短报文应用中，根本就没有排序的必要，差错的处理由主机来承担也很方便。因此，数据报服务是解决短小分组交换网络层的方法之一。

在一些实时性要求较高而对准确性要求较低的语音数字化的数据传送中，网络层中的差错将导致重发，从而延迟了时间，严重影响实时性，因而宁愿采用数据报服务。

大多数用户支持面向连接的虚电路服务，他们只希望由通信子网提供简单而又可靠的服务，如远程联机系统、长数据的文件传送系统和银行系统等均支持网络层的虚电路服务。实现虚电路服务在硬件和软件上都要比实现数据报服务有更大的开销，但是它免除了主机出错处理、排序和流控制的麻烦。特别是在多种类型功能差异很大的主机之间，要实现本应由通信子网完成的虚电路服务，困难将更大一些，因为这要求每一种机器都必须有一种运输层协议软件。如果放在子网来完成，因为子网的结点机类型单一，实现起来方便，各用户都可受益，但费用要高一点。

ISO 在最初制定 ISO/OSI 时，仅考虑了面向连接的服务，而现在各层都增加了无连接服务。网络层是一个重要的层次，它提供的服务类型对运输层和主机系统的设计有着更大的影响。

3. 路由选择

路由选择或称路径控制，是指网络中的结点根据通信网络的情况，按照一定的策略选择一条可用的传输路由，把信息发往目标 DTE。路由选择是通信网络的重要功能之一，它将严重地影响网络传输性能。目前已研制出多种路由选择方法，其中，不少已为国际网络所采用，并获得了良好效果。

（1）路由选择的时机。

网络路由选择算法是网络层软件的一部分，路径选择的频繁程度取决于选择的时机，即在什么情况下进行一次路由选择。当网络内部采用无连接的数据报方式时，每传送一个分组都要选择一次路由，因此路由选择频度较高。当网络层采用虚电路服务时，每次传送都在建立呼叫连接时，选择一次路径，后继的数据分组就沿着建立的虚电路路径传送，路径选择的频度较低。虚电路路径选择也叫会话路径选择，在整个用户会话期都存在一条有效的路径。

（2）路由选择算法的要求。

路由选择算法的要求是：

①正确性。即能正确而迅速地将分组从源结点传送到目标结点。

②简单性。实现方便，相应的软件开销少。

③健壮性。能根据网络拓扑变化（如某结点损坏）和通信量的变化而选择新的路径，不致引起作业的夭折。

④稳定性。算法应是可靠的，即不管运行多久，保持正确而不发生振荡。

⑤公平性和最优化。既要保证每个结点都有机会传送信息，又要保证路径选择最佳。

（3）路由选择算法的分类。

路由选择算法可按不同的原则进行分类。根据源结点发送分组是全路、多路还是单路向外发送，可将路由选择算法分为扩散式、选择扩散式和单路路由选择。在单路路由选择中，按照健壮性又可分为自适应式和非自适应式。非自适应式不能依据当前实际传输量和拓扑变化来作路径选择，而是按原先设计好的路径传送，一般称为固定式；自适应算法能较好地适应网络中的通信量和拓扑的变化，但实现时难度大、开销多。自适应算法又可分为孤立式、集中式和分布式。实际上，非自适应路径的修改是静态的，它的修改经过一定运行后才能进行；而适应式路径的选择和修改是依当前网络流量和网络拓扑而动态进行的。

6.3.4 运输层

运输层是在优化网络服务的基础上，为源主机和目标主机之间提供可靠的价格、合理的透明数据传输，使高层服务用户在相互通信时不必关心通信子网实现细节。引入运输层的基本想法是在网络层的基础上再增添一层软件，使之能屏蔽掉各类通信子网的差异，向用户进程提供一个能满足其要求的服务，且具有一个不变的通用接口，使用户进程只需了解该接口，便可方便地在网络上使用网络资源并进行通信。此通信接口位于运输层上，故而又称为运输层接口。

对运输层协议的要求取决于两个因素：(1) 对运输层服务的要求 T；(2) 通信子网所提供的服务 N。运输层协议可以表示为两个集合的差集，因此，运输层协议在不同的网络中有着不同的内容。通信子网所提供的功能愈多，运输层为达到某一指定水平的服务所必须补充的功能就愈少。例如，如果在子网中已经提供了虚电路服务，以保证分组能按序地、无差错地从源结点传输到目标结点，那么运输层软件便可大大地简化。但如果通信子网只提供了数据报服务，则运输层会变得比较复杂，以保证分组被有序地、无差错地传输。运输层的作用如图 6—9 所示。

高层协议	
运输层协议	运输层协议
高质量网络服务	低质量网络服务

图 6—9　运输层的作用

在 ISO 制定 OSI 之前，运输层及其以上各层还没有形成较固定的概念，因此，ISO/OSI 运输层的概念比起低三层来说影响更大，更具有 ISO/OSI 的特色。

运输层是整个协议层次结构中最核心的一层，它为源主机和目标主机之间提供性能可靠、价格合理的数据传输。运输层一方面为会话层提供服务，一方面使用网络层所提供的服务。

1. 运输层的功能

(1) 映像运输地址到网络地址。

将运输服务数据单元从一个运输实体传送到另一主机上的运输实体时，运输层必须将运输地址映像为网络地址，才能在通信子网中传输。在 OSI/RM 中规定，一个运输实体可以为多个会话实体服务，因此一个网络地址可和多个运输地址相连接。

(2) 多路复用与分割。

为了有效地利用网络连接，运输连接与网络连接之间的映像可采用 3 种形式：

①一一对应。一条运输连接映像为唯一的一条网络连接。

②多路复用。利用一条网络连接支撑多条运输连接，使网络连接得到充分使用以减少费用。

③分割。利用多条网络连接来支撑一条运输连接，以提高运输服务质量和改善传输的可靠性。

(3) 运输连接的建立与释放。

该功能用于为两个会话实体建立运输连接。在此阶段，运输层必须使所要求的服务类型与网络所提供的服务相匹配。这些功能包括：

①获得一条网络连接；

②网络连接的多路复用和分割；

③建立最佳的运输协议数据单元长度；

④选择进入数据传输阶段后可供使用的功能；

⑤映像运输地址到网络地址；

⑥对运输连接的识别。

在释放连接阶段的主要任务是释放运输连接，它所包含的功能是说明释放原因和标识被释放的连接。

（4）分段与重新组装。

发送运输实体可以将运输服务数据单元分段为多个网络服务数据单元；接收运输实体把所收到的网络服务数据单元重新组装为运输服务数据单元。

（5）组块与分块。

当用户数据很少时，发送运输实体可以将多个运输服务数据单元组合成一个运输服务数据单元；接收运输实体把所收到的运输服务数据单元，重新分割为多段运输服务数据单元。

2. 运输层协议类型

运输层协议显然和网络层提供的服务有关。网络层提供的服务愈完善，运输层协议就愈简单，网络层提供的服务愈简单，运输层协议就愈复杂。网络层服务可分成三类：

（1）A类。它可提供完善的服务，分组的丢失、重复和错序的情况可忽略不计。不使用N－RESET原语，两运输实体间的数据类似于数据链路层实体间通信的环境。广域网几乎不可能提供A类的服务，但有些局域计算机网络可提供接近A类的服务。基于A类服务的运输层协议是很简单的。

（2）B类。单个分组很少丢失，但网络层会因为内部拥塞、硬件故障和软件错误而时常发出N－RESET服务原语。运输层协议要纠正由于N－RESET原语而出现的混乱需建立新的网络连接，重新同步，恢复正常传送，使运输服务用户对网络层出现的N－RESET一无所知。广域网常提供该类服务。

（3）C类。网络提供的数据传送服务是完全不可靠的。提供数据报服务的广域网、无线电分组交换网以及很多经网络互联形成的国际网络服务，均属此类。该类服务会出现丢失和重复分组。另外，还可能发送N－RESET服务原语。

根据网络层提供的服务质量，ISO/OSI把运输层协议分为5类，如表6—2所示。

表6—2　　运输层协议类型

协议类	网络类	协议类型
0	A	简单类
1	B	基本错误恢复类
2	A	多路利用类
3	B	出错恢复和多路利用类
4	C	出错检测和恢复类

0类协议最简单，它将运输连接映射到网络连接，依靠网络层对数据的正确传送，运输协议不进行排序和流量控制。

1类协议仅处理由于N—RESET而产生的影响，这时运输连接两端的运输实体就进行一次重新同步，从数据传送的中断处继续开始传送。在不发生N—RESET的情况下，网络层不会有丢失、重复的分组。因此，该类协议也不需出错检测和流量控制。

2类协议和O类协议类似，允许多个运输连接向同一个网络连接发送数据，称为多路复用。若要在每个运输连接上的信息量少而又要充分利用网络连接，则该类协议很有用处。

3类协议集中了1类和2类协议的特点。它既可以多路复用，又可从N-RESET中恢复。

4 类协议是以 C 类网络服务为对象的，必须能处理分组的丢失、重复、出错以及从 N—RESET 中恢复，它是最复杂的运输层协议。

有些运输层设计成可以提供上述几种协议的全部或一部分，运输服务用户可以选择。当运输服务用户在发起建立运输连接时，可以给出希望的运输协议类型和替换的协议类型，连接的响应者就可从发起者给出的协议类型中选择一种协议，如果响应者不能满足发起者提出的协议类的要求，则拒绝连接。

6.3.5 会话层

应用进程之间为完成某项处理任务而需进行一系列内容相关的信息交换，会话层就是为有序地、方便地控制这种信息交换提供控制机制的。

1. 会话层的主要功能

我们已经知道，数据链路控制协议用于建立、维持相邻结点之间的连接，网络层协议可为源 DCE 和目标 DCE 建立连接。运输层协议负责建立和维持端—端之间的连接。OSI 的低四层提供了基本的、可靠的通信服务，确保数据从源 DTE 发出后，经过网络到达目标 DTE 时不会丢失。尽管如此，由低四层所提供的连接服务仍不能满足很多应用上的需要。会话层协议的目的则是通过给基本的运输服务进行“增值”（add value），提供一个面向应用的连接服务。

会话层对运输连接所进行的“增值”基于下面的应用要求：

（1）半双工通信方式。

在询问/响应应用系统中，通常由远程终端向系统发出询问。系统收到后经过适当处理，便向该远程终端发出响应，即远程终端和系统之间采取双向轮流发送方式。为支持这种应用，网络应提供半双工通信方式。

（2）提供有效的差错纠正机制。

在信息传输过程中难免会出现差错，此时要求重发所有的数据。为此用户必须保留它已发送的数据。当所传送的数据流很长时，由此所造成的时空开销是可观的。因此，要求网络具有更有效的差错纠正机制。

（3）允许暂时中断会话。

在消息处理应用中，发送消息的一方在传送完所有的消息后，希望将传送暂停一些时间，以便准备新的消息。当新消息准备好以后，再从原中断处恢复传送。如果暂停时间较短，则无需断开已建立的连接，以节省时间开销。若预计不会立即恢复传送，便可断开连接，待用户准备好后再从断点开始建立一个新的连接。

会话层完成的主要功能有：

（1）会话连接到运输连接的映射。会话连接要通过运输连接来实现。会话连接和运输连接有三种对应关系——一个会话连接对应一个运输连接；多个会话连接建立在一个运输连接上；一个会话连接对应多个运输连接。图 6—10 表示出了这种关系。

（2）数据传送。包括会话的常规数据、加速数据、特权数据和能力数据的传送。

（3）会话连接的恢复和释放。

（4）会话管理。包括同步和浮动的管理。

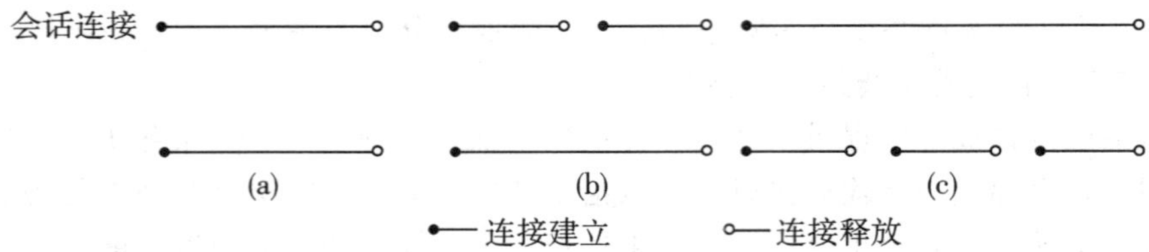

图 6—10 会话连接到运输连接的映射

2. 数据令牌和数据交换

会话用户进程间的数据通信可以按全双工方式进行，会话层也可提供这种方式，但极少使用。会话层更多地提供交互式半双工通信方式。

在交互式半双工数据交换中，会话层给会话服务用户提供数据令牌来控制常规数据的传送，有数据令牌的会话服务用户才可发送数据，另一方只能接收数据。当数据发完之后，就将数据令牌转让给对方，对方也可请求令牌。这种用令牌控制会话服务用户的会话，可以确定谁发送，并可确保发送完整的数据，使会话有顺序进行。

在会话层，还有一些其他类型的数据传递：

（1）加速数据的传送。在会话连接建立后，会话服务用户可以传送紧急的数据，称为加速会话服务数据单元，它不受数据令牌的控制，也不受流量控制的约束。

（2）特权数据的传送。用于传送特权会话服务数据单元，它和常规的数据相比有较高的优先权，它不受数据令牌的控制，但受流量控制的约束。这种数据为高层控制报文、网络维护和系统管理提供一类数据，这种数据不是最终用户发送的，而是因网络系统本身需要而由服务提供者使用的。

（3）能力数据的传送。用于会话层本身的控制，它的真正功能是允许在一个会话期间更改会话的任选项和参数。与特权数据不同，能力数据必须完全得到对方的确认。由于能力数据是控制会话用的，它只在两个活动之间的时间内传送，且只有同时持有数据、同步和活动令牌时才能发送。

3. 活动管理

会话服务用户之间的交互对话可以划分为不同的逻辑单元，每个逻辑单元称为活动。每个活动完全独立于它前后的其他活动，且具有完整的逻辑功能。

活动是由会话服务用户确定的，是会话服务用户一系列交换过程中相对独立的逻辑单元的抽象功能，它可能涉及两个方向上发送的所有通信量。活动的另外一个性质是活动可以被中断，当恢复执行时不会丢失信息。

活动管理是构成一个会话的主要方法。因此，双方对活动的结构取得一致意见是必要的，因为活动涉及两个方向上发送的所有信息，两端用户不能各自同时开始一个活动，因此，引入活动令牌来管理活动。用户调用活动服务，就必须持有活动令牌。实际上，一个用户要调用活动服务，除活动令牌外，还要持有数据令牌和次同步令牌。

4. 同步和同步管理

在会话服务用户组织的一个活动中，有时要传送大量的信息，如将一个文件连续发送给对方，为了使发送的数据更加精细地结构化，可在用户发送的数据中设置同步点，这些同步点要使双方用户都能了解，以便记录发送过程的状态。一旦出现高层软件错误或不符合协议的事件使会话发生中断，这时可使会话实体从中断处返回一个已知的状态继续传送，而不必从文件的开头恢复会话，以提高传送的效率。当会话用户持有数据令牌、次同步令牌和主同步令牌时就可在发送数据流中用相应的服务原语设置次同步点和主同步点。

用户的会话可由对话单元组成，一个对话单元是基本的交换单元且每个对话单元都是单向的、连续的。会话用户可按对话单元交互传送。因此，不同的对话单元可以不是一个方向的，主同步点就是在数据流中标出对话单元。一个主同步点表示前一个对话单元的结束和下一个对话单元的开始。在一个对话单元内部即两个主同步点之间可以设置次同步点，用于对话单元数据的结构化。例如，一个用户向另一个用户发送一篇文章，这篇文章可以组织成一个活动。文章的节可作为对话单元而设置主同步点，各节的每页可设置次同步点。同步点的设置是为了便于实现同步操作，即重新同步。在低层协议中，只有接收端未收到或收到的内容不正确时使发送端超时而重发。会话层要求的重传则是在已正确应答对方而在后期处理中发现出错而请求重传，后者叫做再同步。为了从错误中恢复，接收端用户可要求从设置的某个次同步点开始重新传送，避免从头开始重传。为了使发送端用户便于重传，必须保存已发送的信息缓冲区的数目，将重新同步的范围限制在一个对话单元之内，即最多返回到最近一个主同步点。一旦开始一个新的主同步点，前面保存的信息就可覆盖。

活动和同步点是密切相关的，当一个活动开始时，同步号置 1，该同步点必然是一个主同步点，在一个活动内，可设置多个同步点，主同步点之间可设置多个次同步点，所有同步点可以连续编号。由于一个活动开始必然对应一个主同步点，一旦开始了一个活动，重新同步操作就不可能再同步到前一个活动中的同步点。一个活动可包含多个对话单元，活动包含的信息可以是双向的，一个对话单元只能是单方向的，而一个会话可以包含多个活动，一个活动又可被中断。

6.3.6 表示层

1. 表示层的目的

表示层的目的是处理有关被传送数据的表示问题。由于不同厂家的计算机产品常使用不同的信息表示标准，如果不解决信息表示上的差异，通信的用户之间就不能互相识别。从物理层到会话层的各层协议尽量采用各种措施来确保发送的信息准确、可靠，由于表示上的差异存在，这些正确传送的信息仍不能使用。解决差异的方法是，在保持数据含义的前提下进行信息表示格式的转换。为了保持数据信息的意义，可以在发送前转换，也可以在接收后转换，或双方都转换为某标准的数据表示格式。

因此，应用数据具有两个方面的问题：

（1）语法—数据的表示形式。

（2）语义—数据的内容和含义。

表示层提供了应用实体之间通信时所涉及的信息表示，即应用数据的语法，且只涉及应用数据的表示，不涉及应用数据对于应用层的意义。由于表示层要为应用层服务，当应用实体有数据信息语义要进行转换时，表示层提供应用实体之间要用到的公共表示，消除不同的应用进程之间信息表示在结构上的区别，这就使得应用实体不必关心信息在“公共表示”方面的问题，从而为应用实体提供了语法独立性。所谓公共表示，就是将各应用实体的本地信息表示转换为公共表示，或从公共表示变成各应用实体的本地表示。对于异种计算机网络来说，表示层的功能是非常重要的。表示层使用的就是公共信息表示，并提供转换机制。具体的公共信息表示法由专门的国际标准给出。

2. 表示层的主要功能

（1）数据语法转换。

传送的数据有三种语法形式：产生数据源的应用实体所用的数据表示语法、数据接收方应用实体所用的数据语法和表示实体之间传送数据所用的数据语法。显然，这些语法有可能两两相同或三者完全相同。表示层包含有公共数据表示语法和另外两个数据语法中任意一个进行转换所需要的功能。具体所用的公共数据语法是由相应表示实体之间共同协商的。

（2）数据语法的表示。

表示层提供在连接开始选择一种数据语法和随后可选择另一种数据语法的方法。协商的过程通过表示实体间显式应答来实现，协商的各表示实体代表了应用实体对数据语法的要求。协商的内容包括采用的语法形式、需要哪些转换以及在哪里执行数据转换等。

（3）为用户执行会话服务原语提供手段。

表示层与上下相邻层的关系，类似于会话层与相邻层的关系。表示层大多数原语与会活层中的相同。实际上这些原语中多数原语是由会话层实现的。其他有关活动及活动管理、令牌控制和管理等原语，则主要由会话层执行，表示层或进行传递，或仅加入少量原语参数后再传递。

（4）表示连接管理。

利用会话层提供的服务建立表示连接，管理在这个连接上的数据传送和同步控制，以及连接的释放等。

（5）管理当前所需的数据结构集。

如有多种传送语法和多种转换功能，为语法协议提供多种选择。

（6）数据加密和数据压缩。

加密可增加数据安全性，压缩则可提高传输效率并节约存储空间。

6.3.7 应用层

应用层是开放系统互联参考模型的最高层。它给应用进程提供了访问 OSI 环境的手段。应用层的目的是作为用户使用 OSI 功能的唯一窗口。每个应用进程都是通过所在端开放系统中的应用实体，表示给其他开放系统的应用实体。

应用层也许是功能最丰富、实现最复杂的一层，同时又是相对最不成熟的一层。该层中包含了许多服务，其中有的服务标准已经出台，但更多的服务标准还尚未出台。

1. 应用层模型和概念

应用进程借助于应用实体（AE）、实用协议和表示服务来交换信息，如图 6—11 所示。应用层的作用是在实现应用进程相互通信的同时，完成一系列业务处理所需的服务功能。当然这些服务功能与所处理的业务有关。

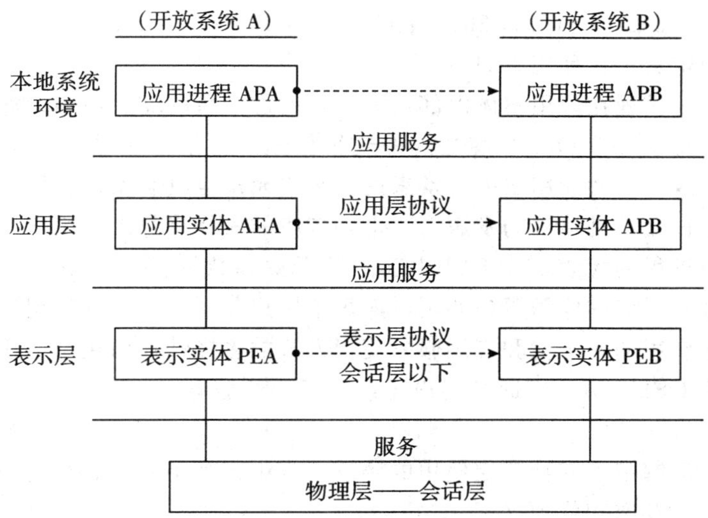

图 6—11　应用层的抽象模型和地位

应用进程使用 OSI 定义和通信功能，这些通信功能是通过 OSI 参考模型各层实体来实现的。但是，应用实体是应用进程利用 OSI 通信功能的唯一窗口。它按照应用实体间约定的通信协议，传送应用进程的要求，并按照应用实体的要求在系统间传送应用协议控制信息，有些功能可由表示层和表示层以下各层实现。

应用实体由一个用户元素和一组应用服务元素组成。应用服务元素可分为两类，即公共应用服务元素（CASE）和特定应用服务元素（SASE）。特定应用服务元素能提供满足特定应用的特殊需要的服务。而公共应用服务元素则是特定应用服务中公共使用的那部分，或者它提供其他服务元素都通用的服务，如应用的连接和释放就是公共应用服务元素，如图 6—12 所示。另外，公共服务元素也是用户元素要使用的。

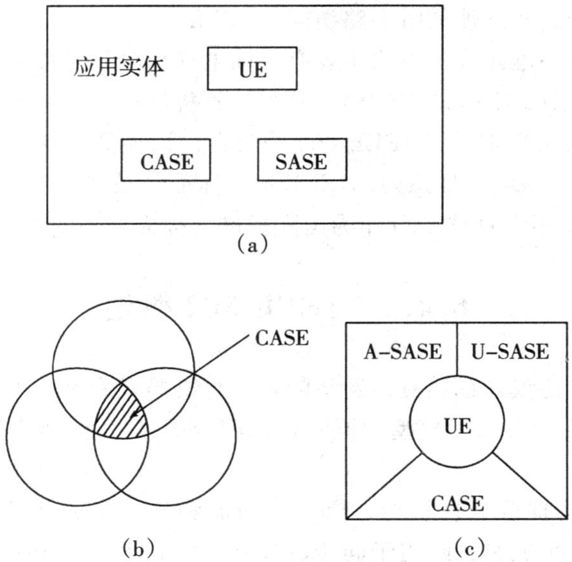

图 6—12　公共应用服务元素与特定应用服务元素

在 1988 年，ISO 8649 和 ISO 8650 中已不再分为 CASE 和 SASE，而是统称为 ASE，又根据用途的不同定义了各种用途的 ASE。

用户元素是应用进程在应用实体内部为完成它的通信目的需要使用的那些应用元素的处理单元，而不是信息系统与 OSI 环境之间的逻辑信道。对于应用进程来说，用户元素具有发送和接收能力；对于公共应用服务元素来说，用户元素也具有发送和接收能力；对于特定服务元素来说，用户元素是请求的发送者，也是响应的最终接收者。用户元素是应用服务元素的用户，是应用进程的代表，在 OSI 中起着数据源和数据宿的作用。实际上，用户元素向应用进程提供多种形式的应用服务调用，而每个用户元素实现一种特定的应用服务使用方式。用户元素屏蔽应用的多样性和应用服务使用方式的多样性，简化了应用服务的实现。应用进程完全独立于 OSI 环境，它通过用户元素使用 OSI 服务。

2. 应用层协议

在应用层中，已制定了多种广泛使用的协议，其中很多是有代表性的协议：

（1）文件传递、存取和管理（FTAM）。

（2）虚拟终端协议（VTP）。

（3）报文处理系统（MHS）。

（4）作业传递与操作（JTM）。

（5）事务处理（TP）等。

第四节　LAN 协议

国际标准化组织（ISO）为大型计算机网络制定的开放系统互联（OSI）的 7 层数据通信协议在局域网中起着重要的作用。对局域网来说，人们最关心的是控制网络访问的协议。最普通的协议有令牌传送和载波侦听多路访问（CSMA）。

国际上研究局域网标准协议的机构主要有美国电气与电子工程师协会局域计算机网络标准化 802 委员会（简称 IEEE 802 委员会）、欧洲计算机制造厂商协会（ECMA）和国际电工委员会（IEC），其中最有影响的是 IEEE 802 委员会。该委员会专门从事局域网的标准化研究工作，并形成了 IEEE 802 标准系列。IEEE 802 标准已被美国国家标准局（ANSI）接收为美国国家标准，1984 年 3 月被 ISO 作为国际标准，称为 ISO 8802。

6.4.1　IEEE 802 概述

我们知道，低三层协议是依赖具体网络的，计算机局域网是几种具体的网络，共享信道是其特殊性。遵循 ISO/OSI 参考模型的原则，IEEE 802 系列标准协议主要解决局域网低三层的功能。

IEEE 802 标准的物理层处理机械、电气、功能和规程等方面的特性，其功能主要有：对信号的编码和译码、生成和去除用于同步的前导码，以及发送和接收比特流，提供建立、维持和断开物理连接的物理实施。

局域网拓扑结构简单，共享传输介质，在任意两个结点之间都有唯一的路由，所以网络层不存在路由选择问题，其他的功能如流量控制、寻址、排序、差错控制等可由数据链路层完成。因此，IEEE 802 标准不单独设立网络层。但考虑到多个 IEEE 802 局域网需要互连，IEEE 802 在实现模型中在 LLC 之上设立了网际层。

在 ISO/OSI 参考模型中，数据链路层的功能简单，它只负责把数据从一个结点可靠地传输到相邻的结点。但在局域网中，多个站点共享传输介质，在结点间传输数据之前必须首先解决由哪些设备占用传输介质，因此数据链路层要有介质访问控制功能。由于介质的多样性，所以必须提供多种介质访问控制方法。为此 IEEE 802 标准把数据链路层划分为两个子层：逻辑链路控制（LLC）子层和介质访问控制（MAC）子层。LLC 子层负责向网际层提供服务。MAC 子层管理基于各种介质的链路上的通信，并且在发送数据时负责把数据组装成带有地址和差错校验段的帧，在接收数据时负责把帧拆封，执行地址识别和差错校验。LLC 子层和 MAC 子层的功能分工使得 LLC 对各种物理介质的访问在 MAC 子层完全透明，即各种 MAC 子层与 LLC 子层的界面是一致的。

6.4.2 IEEE 802 标准系列

IEEE 802 委员会已经公布的 IEEE 802 标准文本如表 6—3 所示。

表 6—3 **IEEE 802 标准系列**

标 准	职 责	标 准	职 责
IEEE 802.1	网络互操作	IEEE 802.7	宽带网
IEEE 802.2	逻辑链路控制	IEEE 802.8	光纤网
IEEE 802.3	CSMA/CD 及 100BaseX	IEEE 802.9	集成式电话与数据
IEEE 802.4	令牌总线网	IEEE 802.10	LAN 的安全性技术
IEEE 802.5	令牌环网	IEEE 802.11	无线通信
IEEE 802.6	城域网	IEEE 802.12	100VG-AnyLAN

这些标准在物理层和 MAC 子层有区别，但在逻辑链路控制（LLC）子层是兼容的。

（1）IEEE 802.1 标准负责解决 802 计划中其他各种标准之间的互操作性、网络互连及系统管理。

（2）IEEE 802.2（LLC）负责逻辑链路控制子层协议。

（3）IEEE 802.3（CSMA/CD）定义使用 CSMA/CD 协议和总线拓扑的网络。IEEE 802.3 标准继承了 DEC、Intel 和 Xerox 开发的 DIX 以太网标准。

（4）IEEE 802.4 标准定义了一种使用宽频带或单信道媒体的令牌总线拓扑。运用这种拓扑，在网络负荷量大的情况下，网络性能将优于 CSMA/CD 网络。

（5）IEEE 802.5 标准规定了令牌环网的拓扑，在这种拓扑结构中，电缆形成一个闭合的环。该网络标准的每个环网最多可以连接 250 个结点，数据传输速度为 4Mbps 或 16Mbps。当结点接收到一个令牌帧，它才对环网具有访问权，才能发送信息。

（6）IEEE 802.6 标准针对城域网提出了一种快速而合算的连接 LAN 的方案。

(7) IEEE 802.7 标准负责制订使用宽频带技术及其安装方法的网络标准。

(8) IEEE 802.8 作为 IEEE 802.3～IEEE 802.5 这几种标准中介绍的电缆的替代标准，选中了光纤电缆及其安装方法。

(9) IEEE 802.9 标准用于电话和数据通信的各种桌面接口，其目标是建立一种与 ISDN 和 IEEE 802.2 技术标准相兼容的标准。

(10) IEEE 802.10 处理加密问题以及与 OSI 参考模型相兼容的安全结构问题。

(11) IEEE 802.11 解决无线网络的协议和接口标准等问题。

(12) IEEE 802.12 (100VG-AnyLAN) 考察 HP 公司提交的使用需求优先协议和四重信号法的 100Mbps 以太网方案。

6.4.3 逻辑链路控制子层

IEEE 802.2 标准规定了 LLC 子层协议，其中包括 LLC 子层对网际层、MAC 子层和 LLC 子层本身管理功能的界面服务规范。LLC 协议标准向网际层提供三种服务形式，即无确认的无连接方式服务、面向连接方式服务和有确认的无连接方式服务。

(1) 无确认的无连接方式服务。它是在不建立数据链路级连接的方式下提供网络层实体交换链路服务数据单元 (LSDU) 的手段。这是一种数据报服务，支持点到点、多点式或广播式数据传输。网际层实体之间要传输多个数据单元，只需要作一次服务访问。服务提供者不保证一个用户提交的数据顺序地传递给另一个用户，如果传输失败，也不通知发送者。

(2) 面向连接方式服务。它提供了建立、使用、复位以及终止数据链路层连接的手段。这些连接是通过 LLC 服务访问点之间的点到点式连接，并提供数据链路层的定序、流控和差错恢复。这是一种虚电路服务。

(3) 有确认的无连接方式服务。它需要对每个接收到的数据单元提供立即确认功能。服务提供者每次只发送一个数据单元，在得到这个数据单元的接收确认之后，再发送下一个数据单元。

第五节 宽带综合业务数字网 (B-ISDN) 和异步传输模式 (ATM) 及其协议简介

6.5.1 宽带综合业务数字网 (B-ISDN)

随着电子技术的飞速发展，特别是光纤技术、VLSI 技术、光盘存储技术、高速高分辨率工作站的出现，一方面，数据传输的速率提高得越来越快；另一方面，各种新的业务不断涌现，使用户对高速网络的需求显得格外迫切。图 6—13 所示是近年来可以给广域网和局域网提供使用的传输速率。

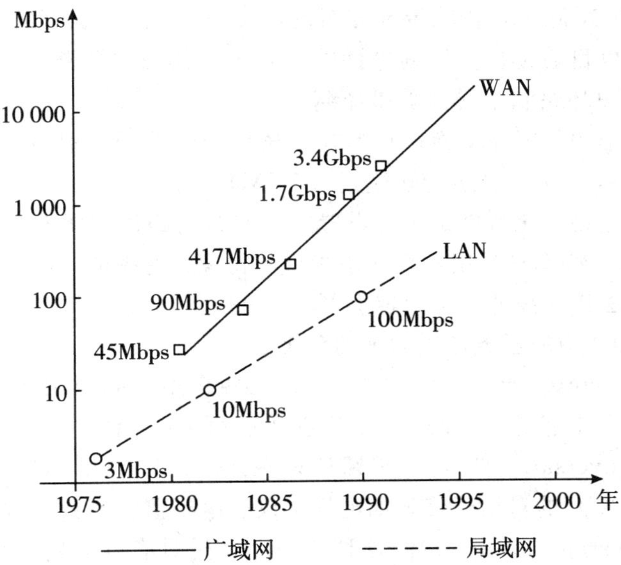

图 6—13　数据传输速率的发展情况

但是，ISDN 对用户只能提供 2Mbps 以下的业务，很难适应未来的需求。于是，在 ISDN还远未实用化时，一种新型的宽带综合业务数字网（B-ISDN，Broadband-ISDN）的思想就提出来了，以区别于原来的那种“窄带”ISDN（有时记为 N-ISDN）。

宽带综合业务数字网（B-ISDN）也是将各种业务，如话音、数据、图像和活动图像都综合在一个网络中传送，包括了 N-ISDN 所有的业务功能。图 6—14 所示是可在宽带综合业务数字网（B-ISDN）中传输的一些业务及其在通信时占用信道的时间。

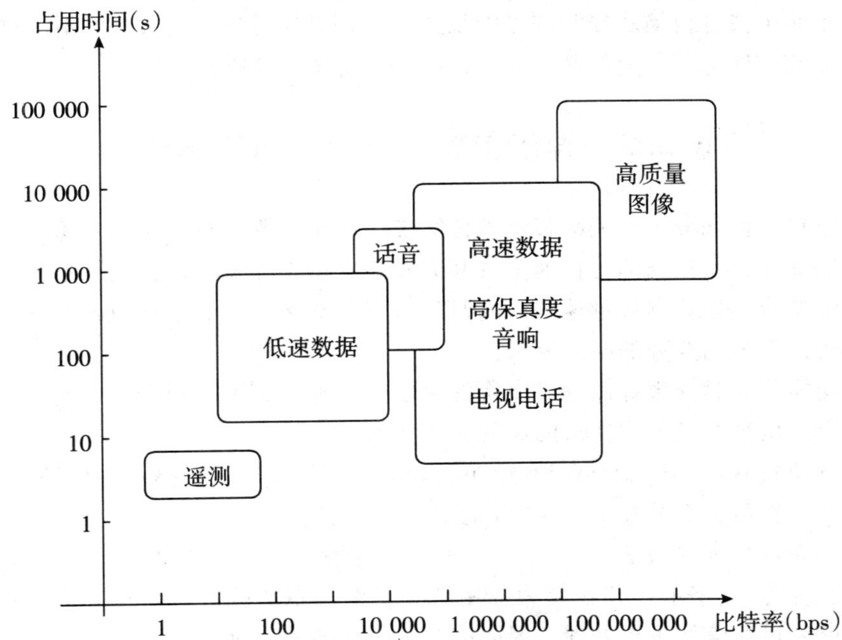

图 6—14　B-ISDN 可以提供的业务

B-ISDN 和 N-ISDN 除了在传输带宽方面差别很大外，还有以下的一些重大区别：

（1）N-ISDN 是以目前正在使用的电话网为基础，其用户环路采用双绞线（铜线）。但在 B-ISDN 中，其用户环路和干线都采用光缆。

（2）N-ISDN 使用的是电路交换。只是在传送信令的 D 通路使用分组交换。B-ISDN 则使用一种快速分组交换，称为异步传输模式（ATM）。

（3）N-ISDN 各通路的比特率是预先设置的。如 B 通路比特率为 64kbps。但 B-ISDN 使用虚通路的概念，其比特率只受用户到网络接口的物理比特率的限制。

（4）N-ISDN 无法传送高速图像，但 B-ISDN 可以传送。

CCITT 对 B-ISDN 中的业务作了如下的分类。

（1）交互型业务（interactive service）。这是在两个用户间或用户与服务提供者之间双向交换信息（不包括控制信令）。交互型业务还可分为以下三种：

①会话业务（conversational service）。这是在用户之间或用户与服务提供者之间的双向、实时（无存储转发）的对话通信，如电视会议、电视监测和数字数据等。

②留言业务（messaging service）。这种业务要经过具有存储转发信箱或信息处理功能的存储，因而不必是实时的。

③检索业务（retrieval service）。提供用户从信息中心检索公用信息的能力，如可视图文和数据检索等。

（2）分配型业务（distribution service）。这主要是从服务提供者到用户的单向信息传送。分配型业务可再划分为以下两种：

①用户能单独进行演示控制的分配型业务（distribution service with user individual presentation control）。以周期性重复的信息实体（如帧）的序列来提供的，使用户有能力选择单个信息实体和控制信息的起点与次序，如可视图文。

②用户不能单独进行演示控制的分配型业务。特点是用户可接入，但不能对所分配信息的演示的起点和次序进行任何控制，如广播电视和高清晰度电视。

6.5.2 异步传输模式（ATM）概述

现有的电路交换和分组交换都很难胜任宽带综合业务数字网中的交换任务。

对于电路交换，当数据的传输速率及其突发性变化非常大时，交换的控制就变得十分复杂。对于分组交换，当数据传输速率很高时，协议数据单元在各层的处理成为很大的开销，无法满足实时性很强的业务的时延要求。

但电路交换的实时性很好而分组交换的灵活性很好，因此，对于宽带综合业务数字网，应当采用结合这两种交换方式优点的新的交换技术。

异步传输模式（ATM，Asynchronous Transfer Mode）就是建立在电路交换和分组交换的基础上的一种新的交换技术。ATM 的主要优点如下：

（1）选择固定长度的短信元（cell）作为信息传输的单位，有利于综合业务传输和高速交换。信元长度为 53 字节，其首部为 5 字节。长度固定的首部可使结点的功能尽量减少，只用硬件电路就可对信元进行处理，因而缩短了信元的处理时间。

（2）能支持不同速率的各种业务。ATM 允许终端有足够多比特时就去利用信道，从而取得灵活的带宽共享。来自各终端的数字流在链路控制器中形成完整的信元后，即按先到先服务的规则，经统计复用器，以统一的传输速率将信元插入一个空闲时隙内。链路控制器调节信息源进网的速率。不同类型的服务都可复用在一起，高速率信源就占有较多的时隙。交换设备只需按网络最大速率来设置，它与用户设备的特性无关。

（3）所有信息在最低层是以面向连接的方式传送的，以保持电路交换适合于传送实时性很强的业务的优点。但对用户来说，ATM 既可工作于确定方式（承载某种业务的信元基本上周期性地出现），以支持实时型业务；也可以工作于统计方式（信元不规则地出现），以支持突发型业务。

（4）由于光纤信道的误码率极低，且容量很大，因此在 ATM 网内不必在数据链路层进行差错控制和流量控制，这明显地提高了信元在网络中的传送速率。

总之，宽带综合业务数字网（B-ISDN）使用的交换方式是异步传输模式（ATM），而 ATM 的物理基础是采用 SDH 标准的光纤传输网络。图 6—15 表示出了这种关系。

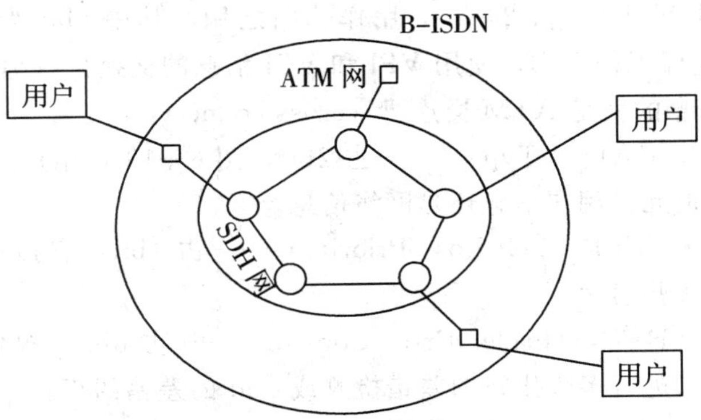

图 6—15　B-ISDN 与 ATM 和 SDH 的关系

6.5.3　ATM 信元结构

信元长度主要由两个互相矛盾的因素决定。当采用分组交换时，分组越长，分组首部的额外开销就相对越小。对于某些应用，如分组话音通信或分组图像通信，过长的分组时延会使通信质量变坏。当时延较大时，如果再加上有回声，则恢复后的话音质量还要更差。因此，在选择最佳分组长度时应折中处理。

ATM 信元即固定长度的分组，它由 5 个字节的首部和 48 字节的信息字段组成。信元首部包含着在 ATM 网络中传递信息所需的信息。图 6—16 所示为 ATM 信元的结构。

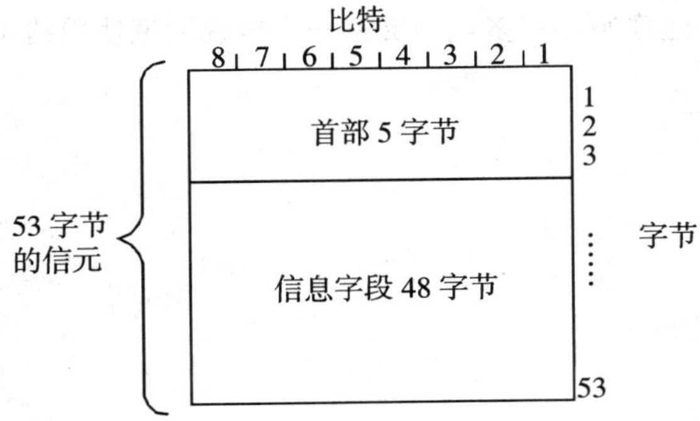

图 6—16　ATM 信元的结构

ATM 信元有两种不同的首部，分别对应于用户—网络接口 UNI 和网络结点接口 NNI。UNI 是用户终端设备与网络的接口，而 NNI 是一个网络结点与另一个网络结点的接口。

在 UNI 的信元首部的格式如图 6—17 所示。

8	7	6	5	4	3	2	1
GFC				VPI			
VPI				VCI			
VCI							
VCI				PT		保留	CLP
HEC							

图 6—17　在用户—网络接口 UNI 的信元首部

下面介绍 UNI 信元首部的各字段的作用。

- 一般的流量控制（GFC，Generic Flow Control）——占 4bit，它又称为接入控制字段。当多个信元排队传输时，用它来决定发送顺序的优先级。
- 路由字段 VPI/VCI——占 24 bit，用作选路之用，其中 8bit 为虚通道标识符 VPI，16bit 为虚通路标识符 VCI。使用 VPI 和 VCI 信息的交换机就称为 ATM 交换机，而仅使用 VPI 信息的就是 ATM 交连机（cross connect）。
- 负荷类型（PT，Payload Type）——占 2bit，图 6—19 在用户—网络接口 UNI 的信元首部标识该信元是用户信息还是网络信息。
- 信元丢失优先级（CLP，Cell Loss Priority）——占 1bit，它指示了当网络发生拥塞时应优先丢弃哪些信元。
- 首部差错控制（HEC，Header Error Control）——占 8bit，提供覆盖首部所有字段的差错控制。可进行多个比特的差错检测或 1bit 的差错纠正。
- 保留字段——占 1bit，留给以后使用。

NNI 信元首部基本上与 UNI 的相同。唯一的区别是 NNI 不需要 GFC，因此第一个字节全都是 VPI。也就是说，VPI 共占用 12bit。

CCITT 已建议了两种 UNI 速率：一种为 155.52Mbps，简称为 150Mbps；另一种为 622.08Mbps，简称为 600Mbps。前者叫做 SB 接口，后者叫做 TB 接口，分别对应于 SONET的光载波 OC－3 和 OC－12。但目前所做的工作大部分集中在前者。为了处理多个电视频道的分配，从网络到用户的数据速率应有 600Mbps 的量级。但从用户到网络需要的速率则小得多，为支持一个电视频道使用约 150Mbps 或更低的速率。

第七章　计算机局域网

第一节　局域网概述

局域网也称局部网，是计算机网络的一种，它既具有一般计算机网络的特点，又有自己的特征。局域网是在一个较小的范围，利用通信线路将众多计算机和外设连接起来，达到数据通信和资源共享的目的。

图 7—1 所示是典型的局域网在地理范围和数据率方面与广域网、多处理机系统的对比。

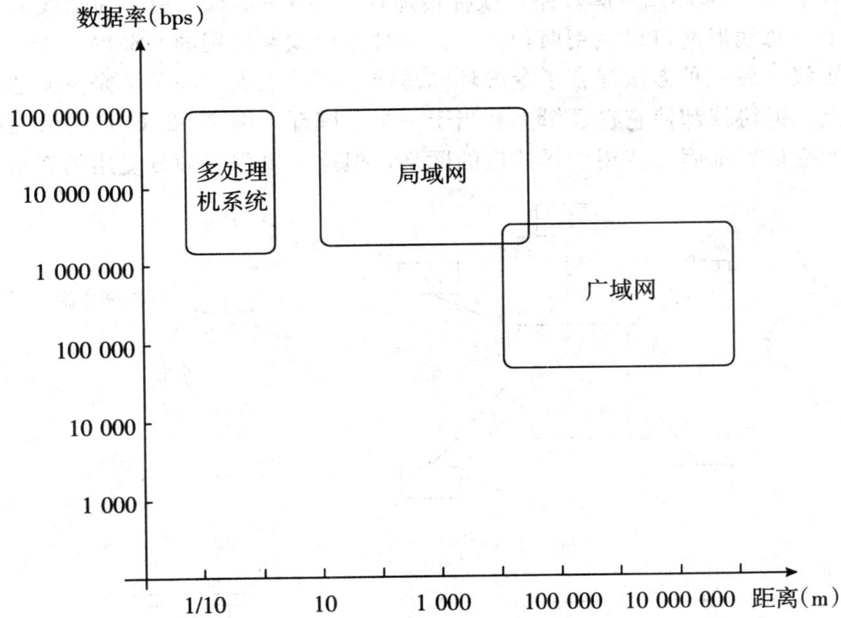

图 7—1　典型的局域网与广域网、多处理机系统的比较

一般来说，局域网的特点是：

- 为一个单位所拥有，且地理范围和站点数目均有限；
- 所有的站共享较高的总带宽（较高的数据传输速率）；
- 较低的时延和较低的误码率；
- 各站为平等关系而不是主从关系；
- 能进行广播（一站向其他所有站发送）或组播（一站向多个站发送）。

一个工作在多用户系统下的小型计算机，也基本上可以完成局域网所能做的工作。二者相比，局域网具有以下的一些主要优点：

(1) 能方便地共享昂贵的外部设备、主机、软件和数据。从一个终端可访问全网。

(2) 便于系统的扩展和逐渐地演变。

(3) 提高了系统的可靠性、可用性和残存性。

(4) 响应速度较快。

(5) 各设备的位置可灵活调整和改变，有利于数据处理和办公自动化。

但是，局域网也引起了一些问题。例如：

(1) 当不同厂家的设备一起连到网上时，它们未必能够进行数据交换。

(2) 数据的安全与保密需要采取专门的措施。

(3) 由于每个小单位很容易增加连在网络上的计算机设备，从总体来看，一个局域网的总的设备往往超过总的需求，这就造成了浪费。

通常，局域网按网络拓扑进行分类。图 7—2 (a) 所示是星形网。它是集中控制的。近年来由于集线器 (hub) 的出现和双绞线大量用于局域网中，星形网和多级结构的星形网获得了非常广泛的应用。图 7—2 (b) 所示是环形网，最典型的就是令牌环形网 (token ring)，它又称为令牌环或令牌环路、权标传递环。图 7—2 (c) 所示为总线形网，各站直接连在总线上。总线形网可以使用两种协议。一种是以太网使用的 CSMA/CD，另一种是令牌传递总线协议。后一种方法综合了令牌环和总线形网的优点，物理上是一条总线，所有站都连到总线上，但协议却使它在逻辑上相当于一个令牌环。图 7—2 (d) 所示是树形网，它是总线形网的变形，都属于使用广播信道的网络，但这主要用于频分复用的宽带局域网。

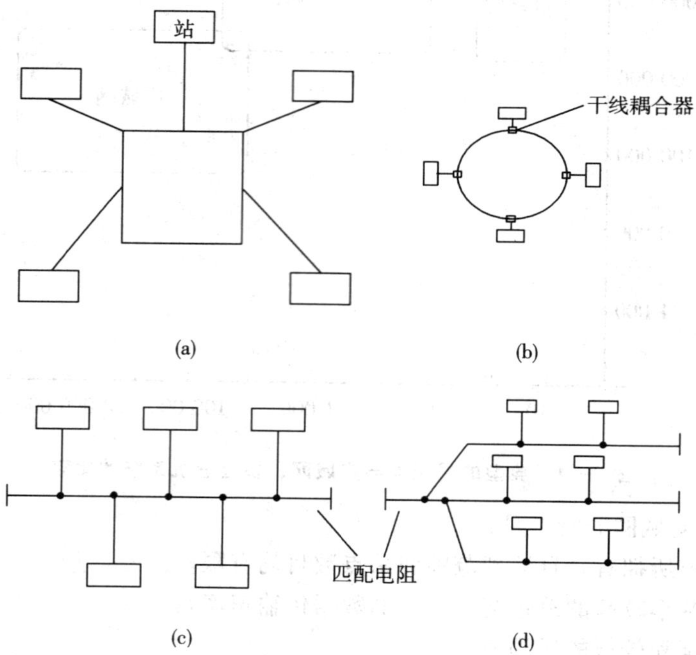

图 7—2 局域网的拓扑

局域网可使用多种传输媒体。双绞线最便宜，原来只用于低速 (1Mbps～2Mbps) 基带局域网。50Ω 同轴电缆可用到 10Mbps，而 75Ω 同轴电缆可用到 50Mbps，也可用在宽带局域网中（数据率约为 20Mbps～50Mbps）。光纤具有很好的抗电磁干扰特性和很宽的频带，过去主要用在环形网中，其数据率可达 100Mbps 或更高。

现在技术发展很快，点到点线路使用光纤也逐渐增多，而在双绞线上传送数据的速率达到 10Mbps 已很平常，有的甚至可达 100Mbps。

第二节　局域网的体系结构

局域网的体系结构与 OSI 的有相当的区别。物理层显然是需要的，因为物理连接以及按比特在媒体上传输都需要物理层。局域网不存在路由选择问题，因此局域网可以不要网络层。

由于局域网的种类繁多，其媒体接入控制的方法也各不相同，远远不像广域网那样简单。为了使局域网中的数据链路层不致过于复杂，就应当将局域网的数据链路层划分为两个子层，即媒体接入控制或媒体访问控制（MAC，Medium Access Control）子层和逻辑链路控制（LLC，Logical Link Control）子层，而网络的服务访问点 SAP 则在 LLC 子层与高层的交界面上（见图 7—3）。

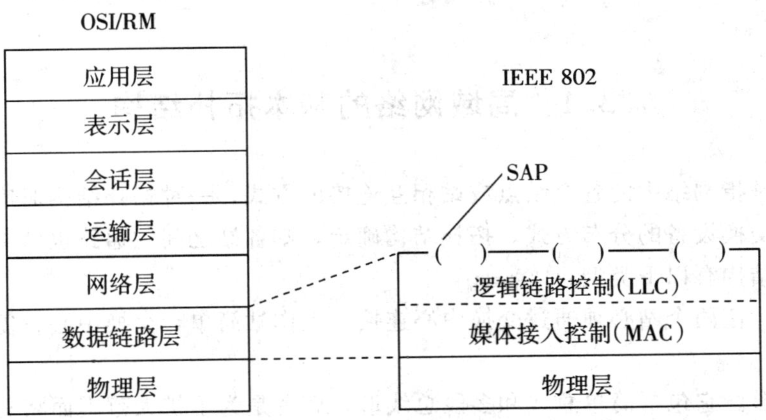

图 7—3　局域网的参考模型与 OSI/RM 的对比

因此，和 OSI 参考模型相比，局域网的参考模型就只相当于 OSI 的最低的两层。

与接入各种传输媒体有关的问题都放在 MAC 子层。MAC 子层还负责在物理层的基础上进行无差错的通信。具体讲，MAC 子层的主要功能是：

- 将上层交下来的数据封装成帧进行发送（接收时进行相反的过程，将帧拆卸）；
- 实现和维护 MAC 协议；
- 比特差错检测；
- 寻址。

数据链路层中与媒体接入无关的部分都集中在逻辑链路控制（LLC）子层。具体讲，LLC 子层的主要功能是：

- 建立和释放数据链路层的逻辑连接；
- 提供与高层的接口；
- 差错控制；
- 给帧加上序号。

图 7—4 是表明 LLC 子层与 MAC 子层的区别的示意图。从中可以看出，在 LLC 子层的上面看不到具体的局域网。或者说，局域网对 LLC 子层是透明的。只有下到 MAC 子层才看见了所连挂的是采用什么标准的局域网（总线网、令牌总线网或令牌环形网）。

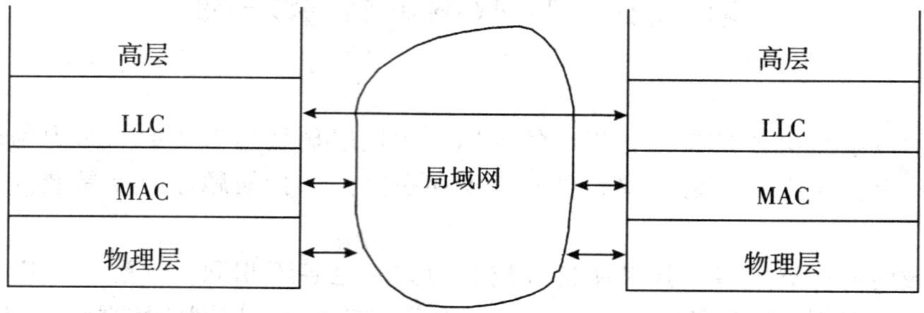

图 7—4　局域网对 LLC 子层的透明性

第三节　局域网络的拓扑结构和传输介质

7.3.1　局域网络的基本拓扑结构

拓扑结构是指网络中的各个结点或站相互连接的方式。一种拓扑结构对应于一种通信线路连接和一种交换设备的分布方式。拓扑结构确定，则各站之间的通路也就确定了。常用局域网络的拓扑结构有以下类型：

（1）星形。任两个站必须通过交换中心连接，工作站简单，交换中心较复杂。星形还可以构成多级。

（2）总线形。它包括简单总线和多段总线形，后者是为了扩大范围而将总线分段的。

（3）树形。它是一种有分支的总线结构，多用于宽带网（CATV 系统）。

（4）环形。为安装维护方便，扩大系统范围，采用具有布线中心的星环结构。另外，还有一种由多环组成的桥结构。

7.3.2　传输介质

通常使用的传输介质包括：

（1）双绞线；

（2）同轴电缆；

（3）光纤；

(4) 微波、红外线、激光（视线距离内的传播）。

目前较流行的传输介质是同轴电缆或双绞线。

双绞线是成本低廉、应用广泛的传输介质，过去一直用于低速传输。但随着通信技术和微电子技术的不断发展，最大数据率已可达 10Mbps，甚至可达 100Mbps。国际上流行的双绞线是两两绞合在一起的，以减少线间电磁干扰，常用于局域网的星形结构中。双绞线抗干扰能力较差，不适于环境恶劣的场合，比较适合在办公室或教学环境中使用。安装简单、方便。

同轴电缆的数据传输率高，抗干扰能力较强，性能价格比高，安装维护方便。在局域网中常用以下三种同轴电缆：

(1) 75Ω 同轴电缆用于宽带或基带传输中，数据传输率为 1Mbps～50Mbps。

(2) 50Ω 同轴电缆用于基带传输中，数据传输率为 10Mbps。它又包括粗缆和细缆两种。粗缆抗干扰能力强，传输距离远，价格昂贵；细缆抗干扰能力较粗缆差，传输距离较近，价格便宜，安装容易。

(3) 93Ω 同轴电缆用于基带传输，数据率为 2Mbps～10Mbps，常用于 ARCnet 局域网中。

光缆是最有前途的传输介质，具有远距离的很高传输率，多模光纤一般可达 2km（一段），单模光纤一般可达 3km。数据传输率为 100Mbps，甚至可达 1 000Mbps，误码率很低，抗干扰能力较强，基本上不受电磁干扰或噪声影响，具有很好的保密性和很低的损耗。光缆不适宜用在总线形或树形结构中，常用于环形网或远距离的点-点连接（如两个总线网之间的高速连接），铺设费用高，安装维护较困难。

表 7—1 中列出了局域网中各种传输介质的性能比较。

表 7—1 局域网中传输介质的性能比较

介质	信号类型	常用数据传输率 (Mbps)	最大传输距离 (在最大数据率时) (km)
双绞线	数字	1～10	0.1～3
同轴电缆 (50Ω)	数字	10	1～3
同轴电缆 (75Ω)	数字	50	1
同轴电缆 (75Ω)	模拟	20～50	10
同轴电缆 (93Ω)	数字	2～10	1
光缆	模拟	100	1～10

7.3.3 局域网络的类型、传输介质与拓扑结构的关系

一般把局域网分成三类：

(1) 一般局域网 LAN；

(2) 高速局域网 HSLN；

(3) 计算机化分支交换网 CBX。现将它们的特性列于表 7—2 中。

表 7—2　　三类局域网络的比较

特征	LAN	HSLN	CBX
传输介质	双绞线；同轴电缆（50Ω，75Ω）；光纤	CATV 同轴电缆	双绞线
拓扑结构	总线（树形）；环形；星形	总线形	星形
传输速率	1Mbps～100Mbps	500Mbps	9.6kbps～64kbps
最大距离	2.5km	1km	1km
交换技术	包交换	包交换	电路交换
站数	30～300	10	100～1 000

7.3.4　LAN 中常用的介质存取控制技术

我们知道，LAN 中典型的拓扑结构有总线形、树形、环形、星形。在总线形、树形、环形中，各个网络工作站共用一根传输介质；在星形中，各工作站共用交换中心。下面介绍介质存取控制的基本原理与方法。

1. 总线结构中介质争用的方法

在总线结构中，如图 7—5 所示，若干站共用一根总线，该总线集传输与交换功能于一体。但任何时刻只可能有一个站利用总线发送数据。由于各站是彼此独立的，要求发送数据的时间是随机的，因此，如何安排总线为各个站服务，这就是介质的存取控制问题。

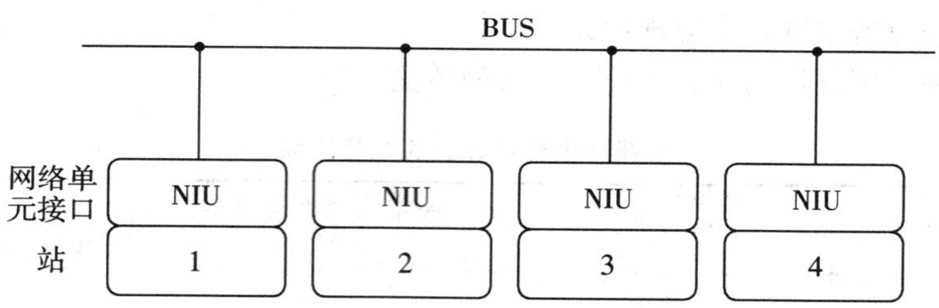

图 7—5　总线结构局部网络

(1) CSMA/CD 的基本思想。

CSMA/CD 是 Carrier Sense Multiple Access With Collision Detection 的缩写，称为具有冲突检测的载波侦听多路存取方法。基本思想是，任何一个站需要发送数据时，首先侦听一下目前有无另一个站正在发送，即介质上有无信号传输。如果侦听的结果总线是空闲的，则该站可以立即发送一帧数据；如果侦听结构是总线上有数据传送，则就一直侦听下去，等到发现总线上无信号传输时，该站就立即发送一帧数据。问题是在同一段时间内，可能有多个站都在各自的位置侦听。这时，它们都会发现总线是空闲的，则这些站几乎都有可能同时发送数据，造成冲突。如图 7—6 所示，设站 B 正在发送，B 的信息沿线向两端传送。此时，如果 A、C 站也希望发送数据，则它们都在侦听总线，一旦 B 发送完毕，且数据已远离 A、C 而去，则 A、C 在自己的位置上几乎同时发现总线是空闲的，于是 A、C 可能同时发送数据而造成冲突。

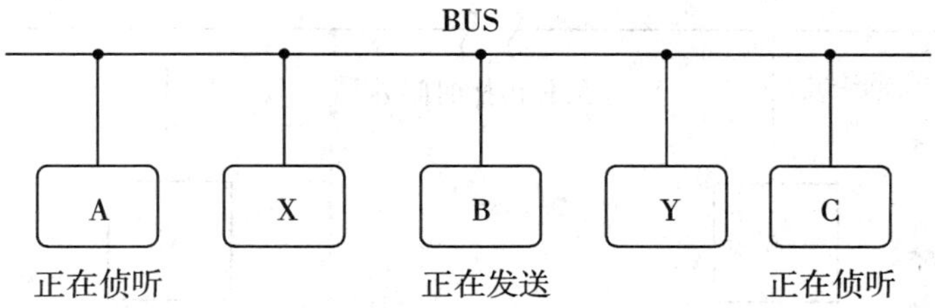

图 7—6　发送与侦听

此外，即使在 B 发送的时候，只有 A 在侦听，B 发送完以后，A 发送，在 A 发送的信号到达 C 站前，如果 C 在侦听，C 仍发现总线是空的。这时如果 C 站发送，也会造成冲突。因此，由于信号传播时间的存在，这种单纯的先侦听后发送的策略不可能彻底避免总线冲突。

为了检测冲突，在每个站的 NIU 中都设置有相应的电路，如图 7—7 所示。它可以把发送出去的和总线上接收回的信号相比较，若 A′和 B′相同，则无冲突；若 A′和 B′不同，则有冲突。当有冲突时，站 A 延迟一个随机时间，再重新侦听，以使冲突的双方在下一次发送的时间上能够错开，尽量减少冲突发生的可能性。

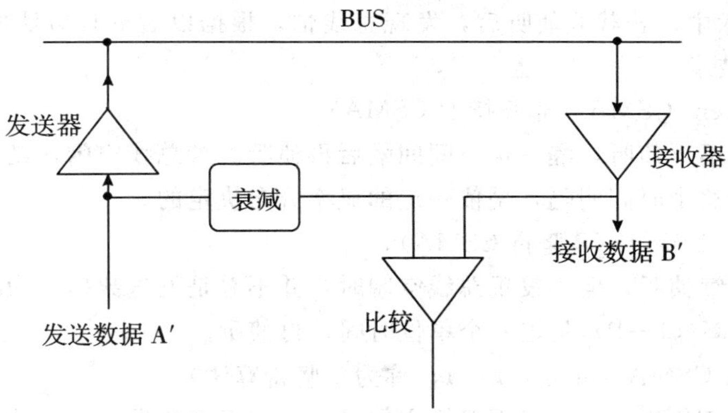

图 7—7　冲突检测原理图

与延时相应的随机数一般在（0，M）之间，$M=2^{\min(N,16)}$。其中，N 为已遭到的冲突次数：冲突大于 16 次，则另作处理。为减少冲突所采用的这种延时算法往往称为截断的二进制指数退避算法。

实际上，当一个站开始发送时，要知道本次有无冲突。这在很短时间内就能知道，它不超过介质最远传播时间的二倍。如图 7—8 所示，设 A、C 相隔最远，信号从 A 传播到 C 所需时间为 a，由冲突检测时间不超过 $2a$（在电缆中，电磁波在大约 1μs 时间传播 200m，即速度约为 2×10^{8} m/s）。例如，在时刻 t_0—A 发送，$t_0+\alpha$—A 发送的信号传到 C，若 C 在 $t_0+\alpha-\varepsilon$（ε 为一小量）时侦听，则发现总线空闲，从而开始发送信息。

在（$t_0+\alpha-\varepsilon$）$+\alpha$ 时，C 发送的信息到达 A，则发送端 A 在 $t_0+2\alpha-\varepsilon$ 时刻能检测到有冲突发生。也就是说，如果冲突发生，则在发送信息之后不到 2α 时间内就能检测到。所以，往往把 2α 作为一个时间单位。若在发送后 2α 时间内无冲突，则发送站取得使用总线的权利，利用它就能正确地送出一帧数据。

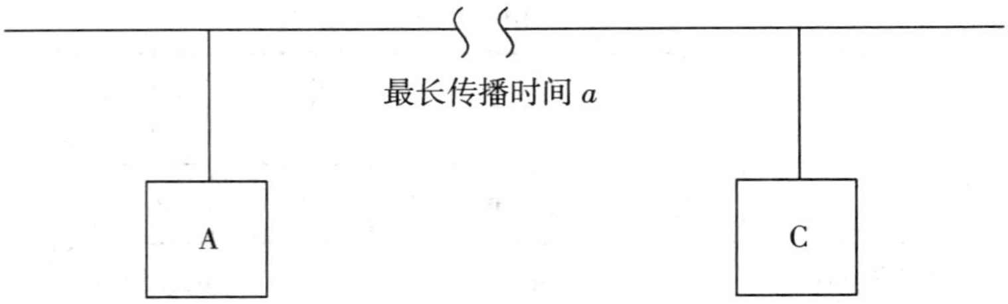

图 7—8　网络范围示意图

一旦检测到有冲突，就应该立即停止发送，重新竞争，以减少冲突浪费的时间。为了使所有站都能尽快知道有冲突发生，往往发出一个特殊的阻塞信息（Jam），连续几个字节全 1（Manchest 码），以加强冲突，使各站重新开始侦听与竞争。可见，为检测冲突，发送端的最小信息长度应大于 2α 时间。

这种使用总线的策略，无需一个专门的机构来统一安排，每个站都处于同等的地位，争用总线，它是一种分布式控制方式，多个站可以同时争用总线。所以，这种控制机理称为具有冲突检测的载波侦听多路存取技术。

（2）各种不同的 CSMA 技术。

在 CSMA 技术中，若载波侦听后，发现总线忙，根据以后处理方法的不同又可分为几种不同的 CSMA 技术。

①Non-Persistent CSMA（非坚持的 CSMA）。

若总线忙，则不再侦听，隔一定时间间隔后再侦听。若总线空闲，则立即发送。隔一定时间间隔再侦听的这个时间间隔，是依一定的概率分布决定的。

②P-Persistent CSMA（P 坚持 CSMA）。

若总线忙，继续侦听；但当发现总线空闲时，并不总是发送数据。为减少冲突，以概率 P 发送数据，以概率（1－P）延迟一个单位时间，再侦听。

③1-Persistent CSMA（此处，P＝1，称为 1 坚持算法）。

若总线忙，一直侦听，直到发现总线空闲时，立即发送数据；若有冲突，回退一个随机时间间隔，重新侦听。

P 坚持算法理论上比较好，由于 1 坚持算法采用了冲突检测技术，冲突浪费的时间并不多；又由于采用了二进制指数回退时间的算法，两个原冲突的站下次几乎不可能再冲突，因此，1 坚持算法实际上被采用的较多。CSMA/CD 称为总线争用介质控制技术，是最普通也较为成熟的技术。

2. 环结构中的令牌控制方法

环形结构局域网如图 7—9 所示。

重复器作为环中一节，接收一位发送一位，一般有一位延迟，数据单方向流动。

令牌传送的基本思想是：在环中设置了一个称为 token（令牌或标志）的数据帧，让它沿着环一站接一站地往下传送。token 的格式，原理上只须一位，如果各站都无数据发送，则空闲标志 Free token 一站接一站沿环传送。若有某站要发送数据，则必须等到它捉住一个 Free token 后，把 Free token 改成 Busy token，然后接着发送一帧数据，它包括源地址、目标地址、数据和校验部分等。

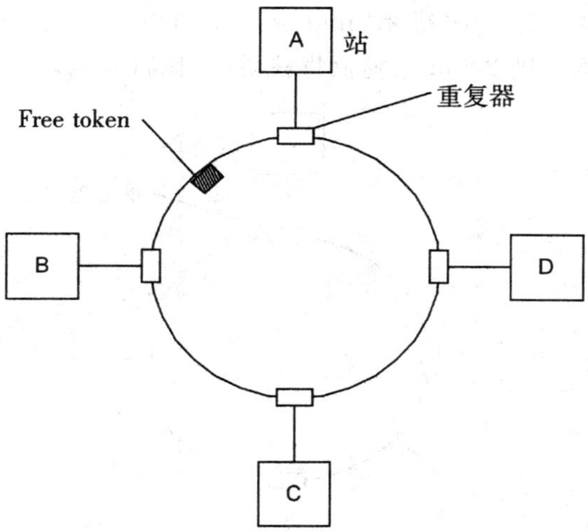

图 7—9 环形结构局域网

因为环是循环结构的，当数据到达目标站，并被接收以后，接收站做一个记号（改变帧中的控制位）；当数据回到源站时，由源站把数据清除掉。数据发送完毕或定时时间到，发送站再发出一个 Free token，使以后的站有权利使用环。所以 Token Ring 的思想是，谁抓住 Free token，谁就有权传送一帧数据，数据传完后，再放出 Free token；数据一般由源发送站清除。其过程如图 7—10 所示。

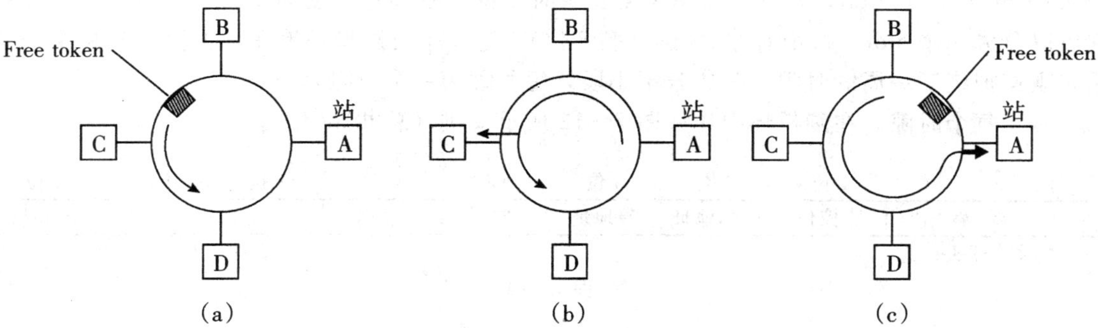

图 7—10 令牌传送过程

图（a）表示站 A 想发送数据，等待 Free token 到达；若站 C、D 均无数据发送，则 Free token 到 A。

A 抓着 Free token，并把它改成 Busy token 后，再放出去，接着站 A 向站 C 发送一帧数据。

图（b）表示此时 C 站是接收站，它把寻址到它的数据抄入站内。

图（c）表示当站 A 收到被站 C 抄过的数据后，放出一个 Free token；同时从环上清除原数据。

3. 环结构中的 Slotted 方法

剑桥环也是一种普遍使用的环控制方法（它称为 Slotted Ring）。它把环电缆当做一种存储介质。当高速据数据注入环时，电缆成为一种移位寄存器，数据驻留在环上，如图 7—

11 所示。电缆对信号的延迟大约每米 5ns；200m 的电缆处是 1μs；如果数据率是每秒 10Mbit，每比特 100ns 宽，则 200m 电缆上将驻留 10 比特数据。

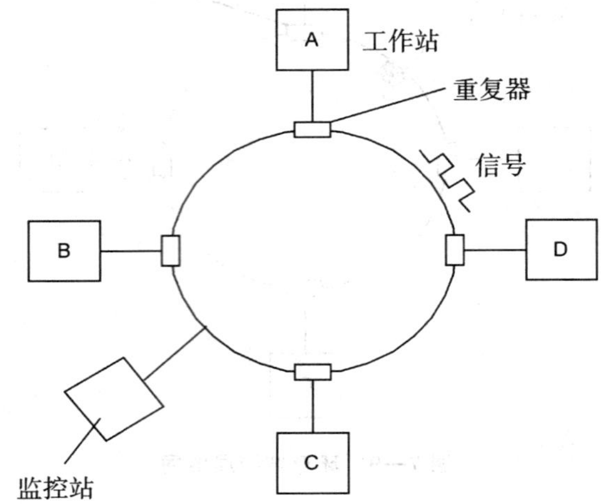

图 7—11 Slotted Ring

如果人为地加入一些可调整的移位寄存器并加上重复器的延时，则整个环就提供了一个存放信息的空间。把这个空间等分成一些小段，每段成为一个 slot。例如，100 个站，每站相隔 12m，数据率 10Mbps，又假设每站重复器延时 1 位，则站间长度为 $(12\text{m}\times 10^7\text{bps})/(2\times 10^8\text{m/s})=0.6\text{bit}$，再加上每站重复器延时 1 位，故环总长度为 $100\times 1.6\text{bit}=160\text{bits}$。它可以分成 4 个 slot，每个时隙 38 位（剩 8 位），这 4 个时隙循环地在环上流动（从某一个站来观察把绕环一周的时间，分成若干小段，每段称为一个时隙）。

对于每个时隙，在剑桥环中作如图 7—12 所示安排（总共 38 位）。

1 位	1 位	1 位	8 位	8 位	8 位	8 位	1 位	1 位	1 位
1	满/空	监控位	目标地址	源地址	数据	数据			奇偶校
↑时隙开头标志							响应位		

图 7—12

上述各主要位的作用如下：

(1) 时隙开头位。表示一个时隙开始。因为两个时隙之间都写上了零。

(2) 满/空位。当该时隙装入地址和数据时，源站置此位为 1；当数据收后，源站置此位为 0，否则 slot 永远循环。

(3) 监控位。源站在发送数据时，置监控位为 1，然后由监控站复位，监控站进行监控与网络管理。若源站发生故障，不能使满/空位复位，则第二次到达监控时，由于满/空位和监控位为 10，故监控位可发满/空位有错。

(4) 响应位。当源站装入地址和数据后，置它为 11，表示数据正在发送中。若返回为 11，表示目标站未工作，拒收发来的数据；00，表示目标站已接收该数据；01，表示目标站忙，未接收该数据。

总之，剑桥环的基本思想是：使一个环中永远有若干个（少数）slot 在其中循环，待发送的站首先抓住一个空闲时隙（empty slot），然后把数据填入 slot 中。在这个 slot 没有绕回来之前，工作站无响应信息回来，不能用另外的 slot 再发送新一帧数据。当载有数据的 slot 绕回发送站时，由发送站清除满/空（Full/Empty）位；当另外一个满/空位＝0 的 slot 到达后，该站方能利用它继续发送数据。

slot 的最大问题是开销太大，38 位中只有 16 位数据；当同时发送的站少时，slot 有空，效率低。一般当 slot 数等于一个环周期内平均发送站的数目时，效率较高。剑桥环在欧洲使用得较普遍。

4. 总线结构中的令牌传送介质控制方法

此法是在令牌环控制方法启发下产生的，如图 7—13 所示。一个总线结构的网络，如果指定每一个站的前者和后者，在逻辑上构成一个环，如图中 A→D→B→C→A，即得 Token Bus。

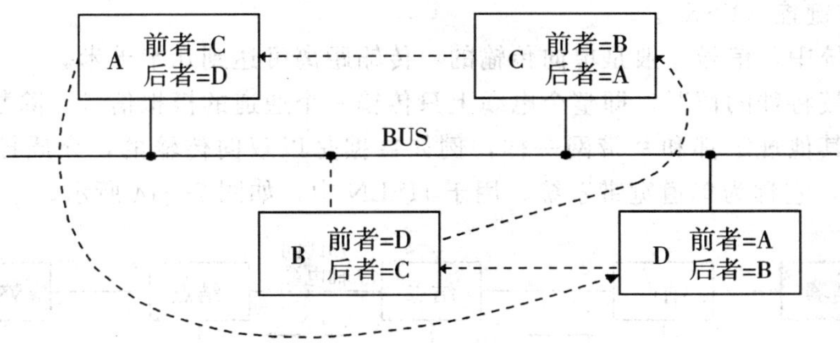

图 7—13　总线结构中的令牌传送

它和物理环不同。它的任两个站之间的通路，都是借助于总线来实现的，但在原理上是用 Token Ring 的思想来使用总线。一般整个逻辑环上只有一个 Free token，其具体做法是：

初始化时就排定了总线上每一个站的逻辑位置，每一个站都知道它的前者和后者，构成一个逻辑环，产生一个 Free token 在环上传送。要发送的站抓住 Free token，把它置为 Busy token，并发送一帧数据，接着再释放出一个 Free token 到下一站，这种方法比 CSMA/CD 复杂些，需要更多维护。因为系统必须能处理以下问题，这些处理都是比较复杂的：

(1) 环初始化。用某种方法确定出当时环的逻辑顺序。

(2) 能把一个站加入环中。因为随时启动的站必须插入环中。

(3) 当一个站关掉时，自动退出环。

(4) 当出现错误时，例如同时出现两个相同地址时，能够及时发现，并重新初始化。

第四节　基带和宽带局域网

7.4.1　两类数据传输技术

在 Bus/Tree 结构中，通常使用了两类传输技术：基带传输和宽带传输。它们是按介质上传送的信号形式来区分的。

1. 基带（Baseband）传输系统

在基带传输中：

- 数据采用数字信号，如非归零脉冲或曼彻斯特编码等。
- 整个介质带宽为信号所占用。同一时刻只有一个信号在总线上传送。不能使用频分多路技术。
- 传输方向为双向。
- 距离可达几千米。

2. 宽带（Broadband）传输系统

在这种传输系统中，是利用被调制的模拟信号来表示数据，必须使用调制解调器。对一个介质可采用频分多路复用技术。通常有三种调制方式：振幅键控（ASK）、频移键控（FSK）和相移键控（PSK）。

在这种系统中，信号一般是单向传输的，传输距离可达到几十千米。

有一种比较特殊的情况，即整个电缆上只传输一个通道的模拟信号，除数据是以调制的方式传输外，其他规定都和基带网一样，例如数据是以双向传输的，介质控制协议采用了CSMA技术等，它称为单道宽带系统，用于HSLN中，如图7—14所示。

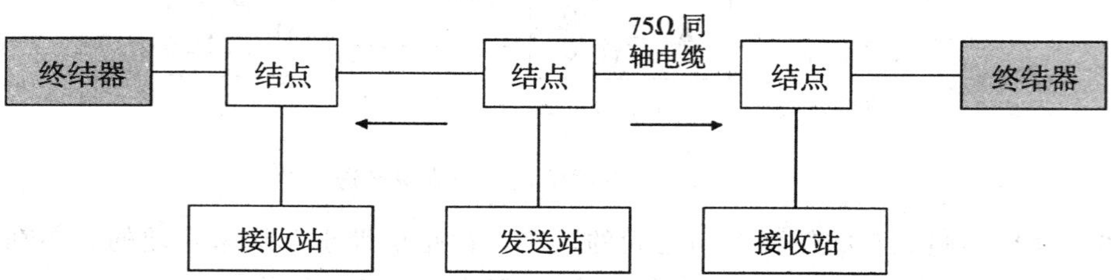

图7—14　单道宽带系统示意图

7.4.2　宽带系统的结构

基带系统的缺点在于：衰减大，带宽有限，同时传送电视和数据有困难，这导致了对宽带的研究。宽带的特点是带宽，可充分利用频分技术；既能传数字信息，又能传模拟信息。宽带系统有以下几种结构：

（1）单电缆频分系统总线结构。

（2）双电缆系统。

（3）树形结构的公共天线电视系统（CATV）。

以前的CATV系统是单向传输的，目前已可做成双向传输，上行信号和下行信号使用不同的频道。上行信号一般可用于如收电费等管理功能。

7.4.3　宽带系统的服务

1. 专用

每个Fi频率相当于一个专用通道，每个通道需要能把信号调制在不同频率上的调制解调器，如图 7—15 所示。

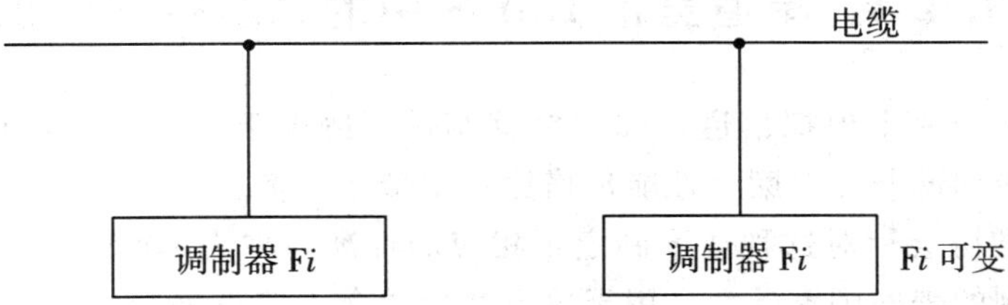

图 7—15　宽带传输系统的专用服务

2. 提供交换服务

如图 7—16 所示。用户（入网设备）向控制器发出要求交换数据的请求信号；控制器指定相应设备（变频调制器）调制到相应的频率，以把它们接通，实现数据交换。

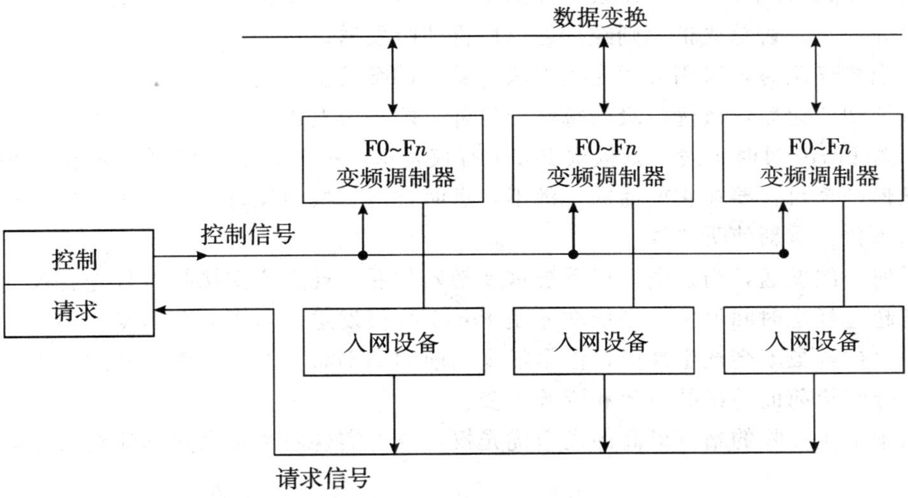

图 7—16　宽带传输系统的交换服务

3. 实现在同一频带上的多点存取（类似 CSMA）

如图 7—17 所示，F0 频带相当于一个基带，任何时候也只允许一个设备发送，因此存取过程需要介质存取协议加以控制。

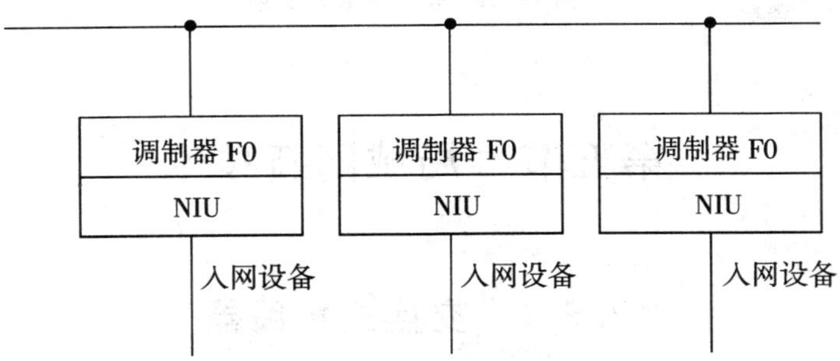

图 7—17　同一频带上的多点存取

7.4.4 单道宽带 HSLN 中的介质存取协议

一根电缆仅用于一个模拟信道，称为单道宽带，适用于 HSLN，它利用总线拓扑结构双向传输。此时所用调制器价廉，性能价格比与基带差不多。

美国国家标准协会针对这种情况制定了相应的标准，称为 ANSI 的 X3T9 • 5MAC，是关于介质存取控制的美国国家标准，用于单道宽带的介质控制协议。

对于 HSLN，因为它用于连接计算中心高速大容量的计算机，因此，对它的要求就和 LAN 不同，往往用于文件传输。要求 HSLN 能够实现两个站之间的不中断的多帧传输，这里采用了一种称为避免冲突或优先级化的 CSMA 技术。

下面介绍 X3T9 • 5MAC（避免冲突的 CSMA）协议的基本思想。

设有 n 个站（或口）共用总线，如图 7—18 所示，但要避免冲突发生，措施是：

(1) 先侦听。若总线忙，则经推迟以后再侦听发送。

(2) 当总线闲时，采用分优先级方法，避免冲突发生。基本规则如下：

①系统初始化后，按优先级给每一个口都分配一个发送机会（一段时间）。开始Port0有权发送，若 Port0 过时不发，则依次 Port1 有权发送，……若都不发送，则重新初始化。

②任何一个口，要在它前面的口都不发送时方能有机会发送一次；每发送一次以后，系统重新初始化，重新侦听总线。

③任何一次发送，当发送完毕系统重新初始化后，规定上次接收站首先有权优先发送响应帧；若超过规定时间不发，则依次才是 Port0 有权发送；若 Port0 不发，则 Port1 有权发送，……这样，虽不会产生冲突，但是如果当前的站不需要发送，而后面的站要发送时，那就会产生分配给前面的站的时耗和资源浪费。

④由于上次接收的站有最高的发送优先权，故可实现两个站之间不间断的多帧传输。

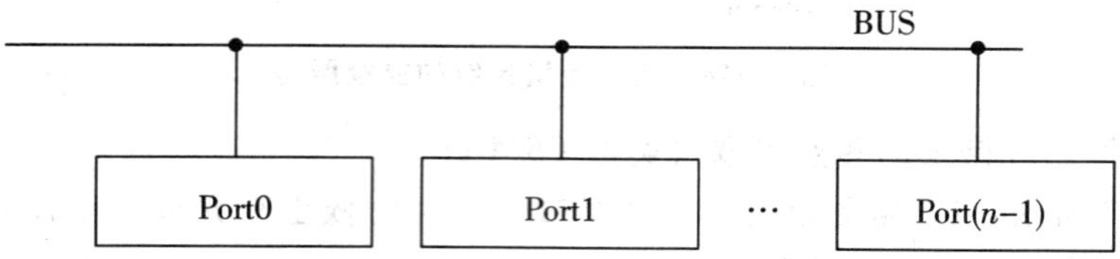

图 7—18 n 个站共用总线

第五节 局域网新技术

7.5.1 交换式集线器

10Mbps 以太网和 16Mbps 的令牌环的数据传输速率对大部分用户来说是够用的。但是在最近的几年里，局域网的用户数明显增加了。多媒体技术广泛使用后，大量图像数据需要在网络上传输。计算机支持的协同工作（CSCW）模式的出现，也要求局域网有更高的数据率。现有局域网的数据传输速率往往成为整个系统的瓶颈。

在局域网中使用交换式集线器（switching hub 或 hub/switch）可明显地提高局域网的性能。

交换式集线器的主要特点是：所有端口平时都不连通。当工作站需要通信时，交换式集线器能同时连通许多对的端口，使每一对相互通信的工作站都能像独占通信媒体那样，进行无冲突的数据传输。通信完成后就断开连接。

对于普通 10Mbps 的共享式以太网，若共有 N 个用户，则每个用户占有的平均带宽只有总带宽（10Mbps）的 N 分之一。在使用交换式集线器时，虽然数据率还是 10Mbps，但由于一个用户在通信时是独占而不是和其他网络用户共享传输媒体的带宽，因此，整个局域网总的可用带宽就是 $N\times 10$Mbps。这正是交换式集线器的最大优点。

交换式集线器的交换方式有两种，即直通（cut-through）方式和传统的存储转发方式。直通方式并非简单直接连通。这种方式不必将整个数据帧先存入缓冲区再进行处理，而是在接收数据帧的同时就立即按数据帧中的目的地址决定该帧的转发端口。这就使得转发速度大大提高。由于在这种交换式集线器的内部采用了基于硬件交叉矩阵，其交换时延仅为 30μs 左右。对于多媒体应用，直通式交换是一种很好的方法。但在某些情况下，仍需要采用基于软件的存储转发方式进行交换。例如，当需要进行线路速率匹配、协议转换或差错检测时。

从一般的局域网集线器升级到交换式集线器并不需要改变局域网的原有线路或网卡，而仅需更换集线器即可。交换式集线器的发展与建筑物结构化布线系统的普及应用密切相关。在结构化布线系统中，广泛地使用了交换式集线器。

但交换式集线器也存在一些问题：

（1）目前还没有制定一个统一的管理交换式集线器的标准。网络管理员必须使用多个管理控制台才能监控不同厂商生产的交换式集线器。

（2）绝大多数交换式集线器在分析交换流量方面都很欠缺。网络管理员需要为每个端口配备测试工具。

7.5.2 高速局域网

目前大致有以下几种方法来解决局域网媒体的数据传输速率。

1. 100BASE-T 技术

100BASE-T 是在双绞线上传送 100Mbps 基带信号的以太网，仍使用 IEEE 802.3 标准，即 CSMA/CD 协议。这种以太网又称为快速以太网（Fast Ethernet）。用户只要更换一线网卡，再配上一个 100Mbps 的集线器，就可很方便地由 10BASE-T 以太网直接升级到 100Mbps，而不必改变网络的拓扑结构。所有在 10BASE-T 上的应用软件和网络软件功能都可保持不变。

100BASE-T 的网卡有很强的自适应性，它能够自动识别 10Mbps 和 100Mbps。

现在 IEEE 已将 100BASE-T 的快速以太网定为正式的国际标准，其代号为 802.3u。

2. 100VG-AnyLAN 技术

这也是一种 100Mbps 的高速局域网，它综合了现有以太网和令牌环的优点。IEEE 也为此技术制定了国际标准 802.12。100VG-AnyLAN 常简写为 100VG。

100VG 技术不仅提高了局域网的传输速率，而且还将 CSMA/CD 协议中的某些部分改进为能更好地支持多媒体传输。这正是 100VG 技术有强竞争力的原因。

100VG 以 100Mbps 的速率传输以太网和令牌环的帧信息，能使用多种传输媒体。

100VG 是一种无冲突局域网，用户可以在此网络上获得高达 95%的吞吐量。它在媒体接入控制（MAC）子层运行一种新的协议，叫做需求优先级（demand priority）协议。各工作站有数据要发送时，要向中心集线器发出请求。每个请求都标有优先级别。一般的数据为普通优先级，而对时间敏感的多媒体应用的数据（如话音、活动图像）则可定为高级优先级。中心集线器使用一种循环仲裁过程来管理网络的结点。它对各结点的请求连续进行快速的循环扫描，检查来自结点的服务请求。高级优先级的请求可在普通优先级请求之前优先接入网络，因而可保证对时间敏感的一些应用提供所需的实时服务。集线器接收输入的数据帧只将其导向具有匹配目的地址的端口，从而提供了固有的网络数据安全性。优先级的标记（高级或普通的）由高层应用软件完成。标记信息作为帧信息的一部分被送往媒体接入控制（MAC）子层。

100VG 支持 10BASE-T 和令牌环的网络拓扑，因此现有的 10BASE-T 以太网和令牌环的用户可以很方便地将现有网络移植成 100Mbps 的速率。此外，100VG 还可通过 FDDI 或 ATM 与广域网相连。

3. 其他种类的高速局域网

（1）等时以太网（isochronous Ethernet）。采用 4B/5B 编码技术，将以太网的 10Mbps 信道和一个 6Mbps 的等时信道组合起来的网络技术，其信号速率为 20MBand。这 6Mbps 带宽就可用于传送图像、话音的等时信号。

（2）全双工以太网，即 20Mbps 以太网。其关键部件除了两个独立的发送和接收通道外，还包括一个能使用这些通道的主机系统接口和新的服务器网卡（终端适配器）。这种全双工以太网有可能广泛用于桌面图像通信系统中。

（3）全双工令牌环。全双工令牌环发送数据时，不需要截获令牌就可以发送。因此，它已不再是一个真正的令牌环，而只是使用了与令牌环相同的帧格式、相同的首部和尾部。由于在发送数据时不必等待令牌，因此全网的吞吐量明显得到提高。由于不需要维护令牌，因而可靠性也更高了。

第八章　计算机广域网

第一节　通信网交换技术

8.1.1　结点与站

两个结点之间直接有线路相连，它们之间的通信是最简单的。但不可能任两个结点间都直接有线相连，它们之间的通信是通过网中的中间结点来实现的。对于一个结点，它应有以下几方面的功能：

（1）能把主机或工作站接入网络（主机接口功能）。

（2）能实现交换功能，即按一定的要求，在源和目标之间建立起一种连接（Switching 功能）。

（3）具有一定的监测功能。例如，对线路的质量进行检查，对信息流量进行统计等功能。

结点一般不处理传输内容，用来处理传输内容的设备称为站，如计算机或终端。通常把网络中所有通信结点和链路一起称为通信子网，而把所有"站"的集合称为资源子网，整个系统（通信子网和资源子网）一起称为计算机网络。

8.1.2　三类交换技术

站通过网络进行通信。源结点与目标结点之间采用交换技术实现其连接。通常有三种交换方式。

（1）电路交换（Circuit Switching）。

它是在源结点和目标结点之间建立起一条物理通路引导信息从源站到达预定的目的站。采用这种交换方式时，通信过程必须包括建立连接；传输数据；拆除线路连接三部分。

（2）报文交换（Message Switching）。

报文交换又叫信息交换。这种交换的结点是存储转发系统（Store and Forward Message System），它一般由通用小型机或微机构成，它的工作方式与电路交换完全不同，在每个结点为每一条链路设置发送排队栈，某个站要发送信息，就把目标地址并入信息中，然后通过源结点送上网络。网中的结点接收信息后，依据目标地址选择相应的一条通道，把信息存储在相应通道的发送缓冲器队列中，等待转发，这样一个结点一个结点地转发下去，就能把信息从源发往目的地，达到数据交换的目的。而且，在这种交换技术中，用计算机进行路由选择、流量控制、差错校验都比较容易。

报文交换的优点是采用了排队等待发送，充分利用了线路。缺点是传输延迟时间有时可能比较长，对于较长的报文因为要求先存储、再转发，限制了它在实时传输和交互式传输中的应用。

(3) 包交换 (Packet Switching)。

为了利用综合电路交换延时小，报文交换线路利用率高的优点，提出了包交换（又称报文分组交换）的方法。在原理上它类似于报文交换（存储转发），但是在网络中传输的信息长度是受限制的，一般最长一千到几千位。对于一个较长的信息，它要分为若干独立的段，一次发送一段。每一段称为一个“包”或“分组”(Packet)。每个包除数据外还要包括诸如目标地址、包顺序号等控制信息，像报文一样，经过一个个的结点传送到目的地；待所有的包到达后，在目的结点中再把这些“包”拼接成一个完整的报文。

包交换改善了报文交换系统的性能，使信息传送能够做到基本实时。

目前，网络内部处理由源结点送上的“包”系列的方法有两种，即数据报 (Data gram) 和虚电路 (Virtual Circuit)。

在数据报中，每个包是独立的，看做一个消息。每个结点利用包中的目标地址段等信息，根据相应的路径选择算法，独立地选择传输路径，如图 8—1 所示。

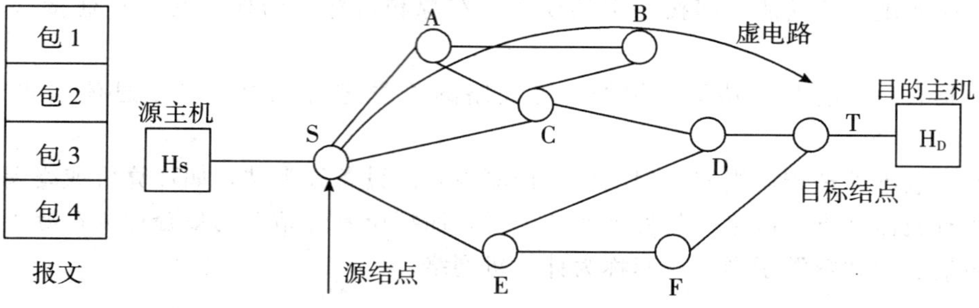

图 8—1　包交换原理示意图

数据报的方式简单，但是到达目标结点时包的先后顺序和发送结点处的顺序可能不一致，因此需要重新整理顺序，恢复原来的报文信息。

在虚电路方法中，在发送之前，首先通过发送呼叫请求信息包，建立起一条逻辑通道。相继发送的所有信息包都经过这条路径，这样，包的接收顺序就和发送顺序是一样的，也无需每一个包在各个结点进行路径选择。信息发送完以后拆除所建立的逻辑通道。

数据报是网络最基本的功能，它要求进入网络的每个包具有完全的目标地址信息，以便每个结点利用它决定下次应发往的链路。在网络内部实现虚电路要复杂一些，这时，网内每条链路都被复用成多条虚链路，并按顺序编号。当源主机中的某个进程要求和目标主机中的某个进程通信时，首先发送呼叫包从源主机传到目标主机，利用结点的路径选择等功能在网内建立一条虚拟电路。这条虚电路实质上是由各条链路中号码最低的虚链路链接而成。一段虚链路只能服务于一条虚电路，否则会造成虚电路的“粘连”，使“粘连”末端的结点无法正确地决定接着往哪一个结点传送数据。在建立虚电路的时候，实质上要求网络具有类似于数据报的功能。为了使后续的数据包能自动地沿着这条虚电路传输，在每个结点还要存储一个虚电路登录表，以便引导进入该结点的包沿着早先建立的虚电路传输。每个结点的虚电路登录表包括进入结点及使用的虚链路号、下次发往的结点及使用的虚链路号。

如果在系统初始化的时候就设置好若干条虚拟电路，以后使用时就不用再建立和拆除，这类虚电路称为永久性虚电路，用呼叫包建立的虚电路称为虚呼叫虚电路，通信完毕后应将其拆除。

主机上的两个进程通过网络进行通信，不一定要了解网络的内部结构，只须关心从主机看来网络有什么功能，即网络能为主机提供什么服务，这种服务和网络的内部结构是彼此独立的。从主机和网络的接口来看网络所提供的服务，原则上也分为两类，一类是虚电路服务，一类是数据报服务。在虚电路服务中，从源主机看来，网络是一个可靠的依发送顺序把信息包传送到目标主机的通道；在数据报服务方式中，从源主机来看，网络能接收从源主机送来的信息包，并把它作为一个独立的单位发送到目标主机。

由于网络提供的服务和网络的内部结构是相互独立的，因此网络的工作方式存在四种可能的组合：

（1）通信子网内部实现虚电路，接口也提供虚电路服务，如 IBM 系列机的 SNA 结构。

（2）通信子网内部实现数据报，对主机的接口提供虚电路服务。这时源/目主机和源/目结点之间的链路被复用成多条虚电路，中间结点按数据报方式工作，如 ARPANET。

（3）通信子网内部实现数据报，网络对主机也提供数据报服务。这是最简单的方式，这时每个包包括了完全的目标地址。错误控制、包顺序控制、网络的流量控制都由主机完成。Internet 采用了这种方式。

（4）通信子网内部实现虚电路，接口提供数据报服务，它用于比较特殊的场合，如互联局域网络等。

8.1.3 三种交换技术的比较

对于实时性强，交互式的传输，采用报文交换不适合；

对间歇性或轻的负载，采用电路交换较有效；

对于持续性或重的负载，采用租用专线的电路交换系统适合；

对于中等或稍重的负载，包交换能较好地利用线路。在包交换中，短信息用数据报较灵活，长信息用虚电路较方便。

第二节 报文分组交换网

ARPANET 中通信处理机（结点）采用型号完全相同的计算机，称为 IMP（Interface Message Processor），采用包交换方式。通信线路采用 50kbps 租用线，一种改进后的 IMP，能把终端直接接入网络，称为 TIP（Terminal Interface Processor），通信子网的简图如图 8—2 所示。每个 IMP 最多可连 4 个主机，另外能和其他 2～4 个 IMP 相连接。在通信子网内部采用数据报方式，在主机和通信子网之间提供虚拟电路服务。

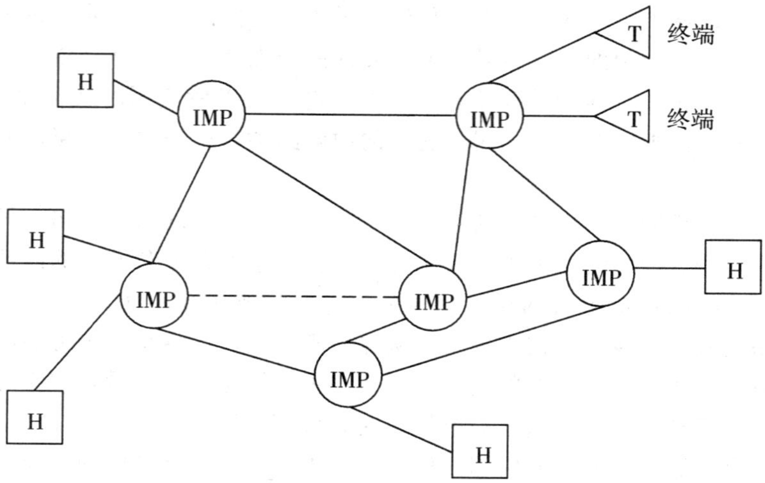

图 8—2　IMP、TIP 与主机连接简图

8.2.1　包交换网中信息传输的基本过程

下面以一个简单化的 ARPANET 为例，说明信息在网中的传输过程。

当网中两个主机（一个称为源主机，另一个称为目的主机）需要传送信息时，其传输过程可以分为三个阶段：(1) 源主机到源 IMP；(2) IMP 到 IMP（源 IMP→中间 IMP→目标 IMP)；(3) 目标 IMP 到目标主机。

1. 源主机到源 IMP

信息以报文为单位传送，一个报文包括报头和正文，如图 8—3 所示。

报头	正文	校验
32 位	8 064 位	

图 8—3　报文结构

正文最长为 8 064 位。因为 IMP 设置了 8 个缓冲区，每区为 63 字，每字 16 位；8×63×16=8 064 位)，太长的报文要分为几个报文发送。

报头格式如图 8—4 所示。

优先级	发往 IMP	跟进	八进制	报文类型	目标地址编号（目标主机、目标 IMP)	报文标志（名称）	子类型
1	2	3	4	5 …8	9　16	17　28	29　32

图 8—4　报头格式

第 1 位——报文是否要优先传送。1 表示优先；0 表示普通。

第 2 位——当为 1 时，表示报文是出于测试与控制 IMP 参数的目的。在一般情形下该位为 0。

第 3 位——1 表示对该报文进行跟踪，记录报文穿越网络的情况。

第 4 位——仅用于主机与 IMP 的电传通信。该位为 1，则报文在电传上应按 12 进制打印；该位为 0，表示应按 ASCII 码打印报文。

第 5～8 位——标志报文的类型。例如 0000 表示该报文是在主机与主机之间传送的正规报文。其他 15 种情况为非正规报文，仅在主机与 IMP 之间作控制用。

第 9～16 位——报文的目的地编号，包括目标 IMP 和目标主机的编号。其中 9～10 位为目标主机的编号；11～16 位为目标 IMP 的编号。

第 17～28 位——报文标志。在正规报文中，源主机给报文一个名称，当源主机未收到目标 IMP 的响应信息以前，不再使用该名称，使该报文名称具有唯一性，以便源主机能在出错后重发该报文。

第 29～32 位——报文子类型。它与前面四位（5～8 位）合起来使用可以扩大其功能。

2. IMP 到 IMP 传输

源 IMP 收到源主机的报文后，把报文分解为若干个分组，每个分组（Packet）又包括分组头和正文，正文最长为1 008位，如图 8—5 所示。

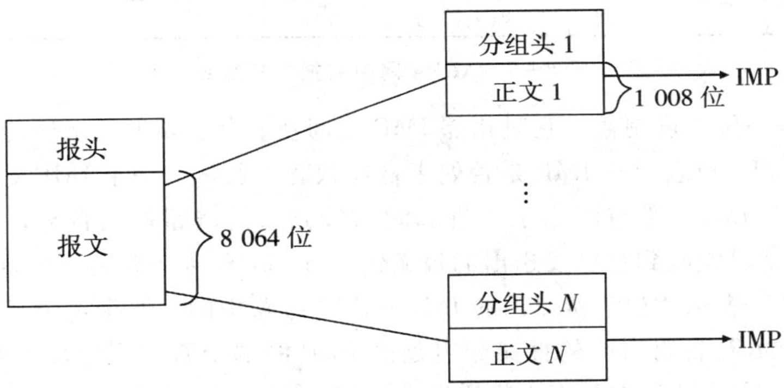

图 8—5　源 IMP 对报文的分解

源 IMP 依据一定的方式选择路径，把分组沿网络传输，在传输时，IMP 附加上同步及起始、结束标志等。传输一个分组的帧格式如图 8—6 所示。

…	SYN 同步	DLE STX 起始标志	分组头	正文	DLE ETX 结束标志	硬件校验	SYN	SYN	…
	←8→	← 16 →	←128→	←最大 1 008→	← 16 →	←24→	←8→	← 8→	

图 8—6　帧格式

当某 IMP 欲向相邻 IMP 发送分组时，先由硬件产生 SYN、DLE、ETX 三个字符，作为帧的开始；接着发送分组头和正文；最后又由硬件产生两个字符 DLE 和 ETX，以及三个字节的 CRC 校验码。这一帧和下一帧的 DLE 之间至少有两个字节的 SYN 同步字符。IMP 把每条链路复用成 8 条逻辑信道（卫星信道是复用成 16 条信道）。当有数据发送时，IMP 选择号码最低的逻辑信道，在每一条逻辑信道上采用停—等方式控制流量。当每一个 IMP 接收到一个分组并检查正确后，沿原链路发回一个 ACK，同时把报文分组发向下一个 IMP，当 IMP 收到肯定回答 ACK 后，IMP 才能从缓冲区中清除该分组副本，否则超时（＞125ms）后，IMP 自动重发该分组。

当目标 IMP 收到由源 IMP 发来的一个报文的全部数据包以后，把它组合成一个完整的报文发向目标主机，同时向源 IMP 送回一个响应报文包 RFNM。当源 IMP 收到相应的 RFNM 后，才能消除该报文并从源主机取得下一个报文。因此，RFNM 在网络的两个端点之间起到控制流量的作用。主机发一个报文，被对方接收了以后才发下一个报文。

3. ARPANET 中的报文分组头

每一个分组中的分组头占 128 位，如图 8—7 所示。

<table>
<tr><td>SEQ
(1)</td><td>H_i/L_0
(1)</td><td colspan="3">(3)</td><td>逻辑通道号
(3)</td><td>未用
(7)</td><td>0</td></tr>
<tr><td>0</td><td>0</td><td>版本</td><td>优先级</td><td>跟踪</td><td>引导标志</td><td colspan="2">响应位（一位对应一个通道）</td></tr>
<tr><td colspan="8">软件校验和（16）</td></tr>
<tr><td colspan="8">源 IMP（16）</td></tr>
<tr><td colspan="6">报文号（8）</td><td colspan="2">在接收端的报文块号（8）</td></tr>
<tr><td>S/M
(1)</td><td>最后包
(1)</td><td colspan="2"></td><td colspan="2">信息块使用次数</td><td>包编号</td><td>包编码</td></tr>
<tr><td colspan="8">目标 IMP（16）</td></tr>
<tr><td colspan="7">虚电路号</td><td>子类型</td></tr>
</table>

图 8—7　ARPA 网中的报文分组头

其中 SEQ 是一位二进制数，它对相邻 IMP 之间在一条逻辑通道上所传送的报文包进行编号（模 2）。H_i/L_0 位表示本 IMP 是否处于自环状态。通常，一个 IMP 总是把报文分组经过链路送往另一个 IMP，但有时为了检查和测试线路，使链路构成自环，把包返回给发送者，这时，IMP 就可能收到自己发送出的报文包，H_i/L_0 位为 1 时就标志这种状态。

“逻辑通道号”表示“包”所使用的 IMP－IMP 链路中的（八个逻辑通道中的）哪一个逻辑通道号。“版本”表明当前的报文分组是由 IMP 的哪个版本程序所产生的。“优先级”是主机使用的，它说明该报文是否应优先发送。“跟踪”位说明通信子网是否要追踪此报文包，使网络管理能知道此报文包穿越网络的路径。“引导标志”由源主机送出，经由原 IMP，沿着子网传到目标主机，它与主机—IMP 协议有关。“响应位”作为附随应答信息，回答某逻辑信道上最后收到的报文包号码。“软件校验和”是由源 IMP 算出，为沿路 IMP 所检查，以确定传输过程及 IMP 的存储器是否有错误的检验数据。“源 IMP”允许子网中可以有直到 2^{16} 个 IMP。“报文号”是源 IMP 赋给报文的号码。它给主机 A 和主机 B 之间相继传送的报文赋以连续的号码，在流量控制及源 IMP—目标 IMP 协议中要涉及此段。“在接收端的报文块号”是由目标 IMP 使用的控制信息。

S/M 位标示此报文是单包还是多包报文。“最后包”标示当前包是否是报文的最后一个包。“信息块使用次数”是主机使用的信息。“包编号”是对一个报文中的包进行的编号。“包编码”说明报文包的类型，其具体含义如下：

- 0——数据包；
- 1——向目标 IMP 申请分配缓冲器的包；
- 2——源 IMP 归还它不需要的分配单元的信息包；
- 3——当未收到 RFNM 响应时，源 IMP 的询问包；
- 4——RFNM 包，从目标发回源 IMP 的电文应答包；

- 5——允许源 IMP 发送和上次报文类似的下一个报文包（RFNM＋ALLOCATE 包）；
- 6——目标 IMP 发来的目标主机关机信息包；
- 7——对 3 号包的响应包。

“目标 IMP”指明目标 IMP 的地址。“虚电路号”在主机和 IMP 之间使用了 256 条虚拟电路，主机选择某一条虚电路把报文从源主机传到源 IMP；网内不用虚电路而用数据报传输；到目标 IMP 再插入当前尚未使用的最低号码的虚电路号，把装配好的报文沿此虚电路从目标 IMP 传到目标主机。

“子类型”用来标志该包是通常报文包还是数据报服务包。数据报不使用源 IMP—目标 IMP 协议。

由上述可见，在 ARPANET 的分组头中，包括以下几部分信息：

第一部分信息用于引导和控制帧数据穿过一条链路，起链路控制作用。主要包括 SEQ 发送包顺序号、逻辑通道号和应答信息等。

第二部分信息用于引导和控制一个报文从源 IMP 穿过网络到达目标 IMP。主要包括源 IMP 和目标 IMP 段、S/N 位、最后包、包编号和包编码等。

第三部分信息用于主机和 IMP 通信，如虚拟电路号等。

第四部分信息总是供主机使用的，如引导标志等。

ARPANET 通信网在源/目主机和子网之间建立了 256 条虚电路，为主机之间的传输提供网络服务。子网内部采用数据报，每个结点都有路由选择功能，在链路上有流量和差错控制，在网络中源 IMP 和目标 IMP 之间采用 RFNM 方式控制。从分组头内容来看，链路控制和网络控制信息，甚至主机间的控制信息是混合在一起的。

8.2.2 主机利用网络进行通信

1. 主机通信过程

计算机都有一个操作系统，若干用户进程都是通过操作系统使用机器。在网络条件下，各个用户进程也希望能够通过操作系统像使用本地资源一样地使用远程资源，如列出远程主机磁盘上的目录等。为此，在主机中必须有实现网络通信功能的软件，它是操作系统的一部分或扩充。在 ARPANET 中早期使用的这个软件称为网络控制协议（NCP），主机不同，NCP 也不同。一个主机内的 NCP 和网内另一个主机内的 NCP 通过控制命令通信，每个主机内的用户进程可以通过系统调用使用 NCP。这时通信的过程如图 8—8 所示。

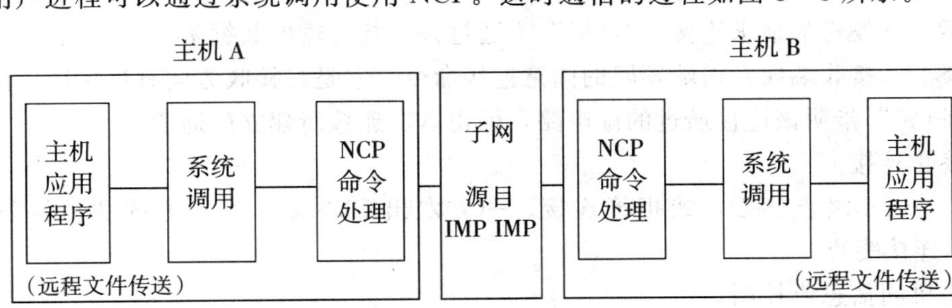

图 8—8 主机利用网络的通信过程

NCP 的功能是为主机上的一个进程和另一个主机上的进程之间的通信提供一个可靠的逻辑通道。这个通道是借助于网络提供的服务实现的。由于网络所提供的服务不同，NCP所要完成的工作也就不同，如果网络本身提供了一个可靠的免除错误的虚电路服务，则NCP 就比较简单；如果网络提供一个不可靠的数据报服务，NCP 还要完成顺序控制、差错控制等功能，NCP 的功能依赖于通信网所提供的服务。为了适应不同网络的互连，ARPA-NET 网络后来开发了一个传输控制协议（TCP），以适应于更广泛的网络服务。两个进程之间传送的信息多半是报文序列。在 ARPANET 中，NCP 提供给用户的传输服务是提供一个免除错误的、报文顺序不变的单工通道，如果要实现双工则要使用两个通道。

2. 进程之间的连接

位于两台主机上的两个进程通过网络进行通信，首先要在它们之间实现连接。为了连接，必须指定连接的对象，一般称它为传输地址，是由网络号、主机号、主机指定的端口（PORTS）号码组成的。在 TCP 协议中，用 32 位二进制数指定网络和主机，用 16 位二进制数指定主机内的端口（PORTS）。在 NCP 中，用 32 位的一个套接字（Socket）来指定连接的一方，设有如图 8—9 所示格式。

用户主机号	主机内用户号	AEN
（8 位）	（16 位）	（8 位）

图 8—9

其中用户标识号占 24 位，它包括一个 IMP 上的用户主机号和主机内的用户号。AEN（Another Eight bit Number）的前七位表示套接字的编号，后一位表示套接字的属性；0 代表发送套接字；1 代表接收套接字。一个发送套接字和一个接收套接字确定了一个连接，一个连接在通信的双方建立了一条单工通道，套接字相当于这个通道的进出端。连接工作由 NCP 中的 RTS 和 STR 两条命令实现，一旦连接成功，这条单工通道由 RTS 命令中的 8 位二进制数所指出的链路号表示，在这条通道上传送的报文只须包括这个链路号就能被正确地发送到目标进程。主机之间通信的全过程就归结为发送进程向连接的输入端注入报文，而接收进程从连接的输出端取出报文。

3. NCP 中的基本控制命令

为了实现网络控制程序之间的通信，规定了一些控制命令。在 NCP 中，设有供连接、数据传输和主机间流量控制的命令。这些命令分为若干类。

（1）建立连接。

①STR——发送端请求连接。“规模”为通过该连接传输的数据量。

②RTS——接收端向发送端发回的同意连接命令。它是在接收方同意连接后，由接收方发出的。“链路”指明该连接通过的虚电路，标识本次连接所建立的通道。

（2）终止连接。

CLS——表示终止连接，或拒绝连接。一方发出 CLS 后，另一方同意后再发回一个 CLS，以示连接终止。

（3）主机间信息流控制。

①ALL——当连接成功以后，接收方发出的、给发送方分配缓冲器的命令。发送方收到该命令后允许发送的报文数目和位数都可增加到命令指出的值。以此实现主机之间的流量

控制。

②GVB——接收方要求发送方归还缓冲区命令，f（m）和f（b）分别表示归还的报文空间和位空间的分数值。

③RET——发送方对GVB的认可。

（4）中止连接命令。

①INS——从接收端发出的中止连接命令。

②INR——从发送端发出的中止连接命令。除此之外，NCP中还有初始化命令、测试命令和差错控制命令等。

主机中的各个进程并不直接使用NCP中的这些命令，而是通过操作系统调用命令再来使用NCP中的这些命令。

在计算机中的应用程序，利用这些调用命令和NCP联络，通过NCP程序，发出控制命令，实现两个远地进程之间的联系，进而实现两个应用程序之间的通信。

第三节　ARPANET的通信协议

从ARPANET的基本工作方式可以看出，两个进程之间的数据交换是通过若干层次实现的。由于计算机型号不同，操作系统不同，要实现资源共享，使整个系统可靠，结构清晰，必须对系统中的各个层次功能、层次之间的接口作明确而统一的规定，这些规定称为协议（Protocol）。

ARPANET中规定有：

（1）IMP-IMP协议。

该协议规定了在两个相邻的IMP之间传送数据的方式。一条链路复用成8条逻辑通道，每一条逻辑通道采用停—等方式，按帧格式传送一个报文包。

（2）源IMP-目标IMP协议。

规定了在源IMP和目标IMP之间传送数据的方式。源IMP把主机来的报文分成若干个报文包，每个包选择一条逻辑通道传送到下一个IMP；目标IMP接收到一个报文的全部包以后，装配成原报文，并把报文传送到目标主机同时向源IMP发出RFNM信息。

（3）HOST-IMP协议（网络服务协议）。

HOST-IMP协议规定了主机和IMP之间的通信方式，主机和IMP之间建立了256条虚电路，0号虚电路用于传送源主机NCP和目标主机NCP之间的控制命令。一个报文从一条虚电路发出后，该电路暂时封闭；当源主机接收到由目标IMP发回的RFNM之后，该虚电路被释放，才可以用来传送下一个报文。

（4）HOST-HOST协议。

该协议为不同主机上的两个用户进程之间的通信提供服务，它以网络提供的服务为基础，但在它向用户提供的服务中网络通信的细节已经完全被隐蔽起来。这一层次的通信功能往往称为传输层协议或端—端协议。在ARPANET中，主机中的NCP（网络控制程序或协议）是HOST-HOST协议的实体；而操作系统中关于连接、接收、发送等系统调用则是

HOST-HOST 协议向用户提供的传输服务。

ARPANET 是世界上最早的分组交换网，为了能把各种结构上不同、服务质量也有较大差异的网络互连成世界范围的网，其协议不断演变，到 1978 年基本实现了现在的 TCP/IP 协议。1987 年美国国家科学基金会（NSF）对 ARPANET 进行了重大改造，使 NF-SNET 代替了 ARPANET 成为 Internet 网络的新的主干网。Internet 在世界范围内获得了巨大的成功。

第四节　拥塞控制与流量控制

拥塞（Congestion）指的是在包交换网络中由于传送的包数目太多，而存储转发结点的资源有限造成网络传输性能下降的情况。拥塞会使网络的吞吐量（单位时间传输的有效数据量）明显下降。拥塞的一种极端情况是死锁（Deadlock），退出死锁往往需要网络复位操作，所以应尽量避免死锁的发生。

流量控制（Flow Control）指的是在一条通道上控制发送端发送数据的数量和速度使其不超过接收端所能承受的能力，这个能力主要指接收端接收数据的速率和接收数据缓冲区的大小。通常采用停—等法或滑动窗口法控制流量。流量控制是针对端系统中资源受限而设置的，拥塞控制是针对中间结点资源受限而设置的。流量控制限制了进入网络中的信息总量，可以在一定的程序上起到减缓拥塞的作用。

8.4.1　网络中产生死锁的原因

由于一个结点总是和周围多个结点相连，采用存储转发的方式实现交换功能，如果在某一时刻相邻两个 IMP 的缓冲区都被各处发往对方的数据包所占满，这时两个 IMP 既不能收也不能发，会产生死锁，这种死锁称为直接存储转化型死锁。在环形结构中，若每个 IMP 的缓冲区都被发往下一个 IMP 的信息所占满。这时所有的 IMP 也都既不能发也不能收，这样造成的死锁称为间接存储一转发死锁，克服的方法是使缓冲区总是留有余地，或设置一个溢出专用缓冲区。

报文在源 IMP 拆成报文分组，在目标 IMP 中重新装配。目标 IMP 的缓冲区也是有限的。如果目标 IMP 中的缓冲区被许多未齐全的（不能组成同一个报文的）报文包所占满，它就不能再接收，也不能向目标主机送报文，从而造成死锁。这种死锁称为重装死锁。避免重装死锁的办法是采用预约缓冲区。源 IMP 在发送报文分组之前就先向目标 IMP 发预约缓冲器请求，当得到同意接收的信息后再发该报文的分组。目标 IMP 在收齐该报文的分组后，按原序号装配成原报文，然后送往目标主机。此后，缓冲器空，则向源 IMP 发出 RFNM 信息。

8.4.2　预防拥塞的方法

为了防止各种类型的存储转发死锁，需要为信息包提供足够的存储缓冲区。在提供虚电路服务的网络中，可以在建立虚电路时为每一条虚电路保留若干专用缓冲区。例如，对采用停—等法的链路，只需要为每条虚电路保留一个自用单元；对采用滑动窗口法的链路则需保留与窗口大小相应的存储单元。在建立虚电路时如果某结点缓冲区不够，则需要重新作路径选择。若缓冲区固定地分配给各条虚电路专用，将降低缓冲区的利用率。但这时虚电路就不会发生拥塞。还有许多合理分配存储区就能避免拥塞的方法。

8.4.3 源主机与目标主机之间的流量控制

拥塞控制主要是控制通信子网内部的信息流，而主机之间的流控则是控制资源子网穿过通信子网的信息流量。主机之间的流控在 ARPANET 中也是采用预约和分配缓冲区的方法实现的。NCP 中的 ALL（分配缓冲区命令）、GVB（归还缓冲区命令）、RET（归还认可即对 GVB 命令的应答）等命令就是用于控制主机之间流量的命令，它使主机输入到通信子网的报文速率与主机从子网接收报文的速率一致，并使接收主机所接收的报文序列数不会超过它的缓冲区所能承受的能力。

第五节 路径选择

路径选择是指报文分组交换网（通信子网）中，每个结点具有自动选择最佳传输路径的能力。对路径选择的要求在各种网络中并不完全一样。例如，军用网络要求在恶劣环境中也能可靠传输；在商用网络中，首先考虑经济效益；在简易的小规模网络中要求算法不要太复杂等。下面介绍几种常用的算法。

8.5.1 固定路由算法

对于图 8—10 所示的一个网络，为了实现路由选择可以做出一张表，如表 8—1 所示。表中指出从源结点到目标结点所经过的第一个结点名。

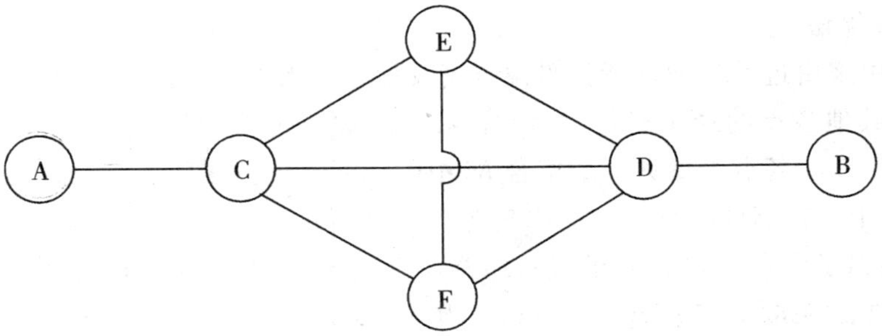

图 8—10 简易网络的路由选择示例

表 8—1　　　　　　　　　　图 8—10 所示的一种固定路由表

目标结点＼源结点	A	B	C	D	E	F
A		D	A	F	C	C
B	C		F	B	D	D
C	C	D		F	C	C
D	C	D	D		D	D
E	C	D	E	E		D
F	C	D	F	F	D	

在某一结点中只需存储表 8—1 中的相应一列，依据目标结点的信息就能决定该分组往哪一个结点传送。如果路由表中要用的某一个结点出现故障，则传送失败。为此，除了绝对的固定路由之外，也常常选择备用的第二、第三路由，并且标示出该路径是否可用。例如，用 0 表示路径正常，用 1 表示故障。若结点 C 的固定路由表如表 8—2 所示，当第一路径不能用时，利用第二路径，第二路径也有故障时，用第三路径。

表 8—2　　　　　　　　　　　　C 点路由表

目标	第一路径	线路情况	第二路径	线路情况	第三路径	线路情况
A	A	0	A	0	A	0
B	F	1	D	0	E	1
C						
D	D	0	E	1	F	1
E	E	1	F	1	D	0
F	F	1	D	0	E	1

8.5.2　求解最短路径的方法

当网络拓扑和链路长度一定时，往往很关心从源点到其他各结点的最短路径。假如各条链路的费用是已知的，该方法也可以用来确定最低费用的路径；如果已知各条链路的延迟，该方法也能用于确定最小延迟路径。下面讨论两种确定最短路径的方法。

在图 8—11 所示网络中，已知各链路的长度，如图中所示。

1. Dijkstra 算法

该算法是用来由近及远地逐渐找出源点到其他任一点的最短路径，例如，在图 8—11 中找出源点①到其他各点的最短路径。为此，我们把源点①看做集合 N 中的一个元素，把除①以外的②③④⑤⑥各点看做另一个集合 M 中的元素。该算法的要点是：

在集合 M 中，在当前条件下，找出离源点①最近的一点 w，w 与源点的最短距离记为 $\mathrm{D}(w)$，这就找出了源点①到 w 点的最近距离，并把 w 归入集合 N，对 M 中剩下的每一个点 x，求出与源点的最短距离 $\mathrm{D}(x)=\mathrm{Min}[\mathrm{D}_0(x),\mathrm{D}(w)+\mathrm{L}(x,w)]$。其中 $\mathrm{D}_0(x)$ 为上次 x 点与源点的最短距离。$\mathrm{D}(w)+\mathrm{L}(x,w)$ 为 x 点经 w 到达源点的路径。因此，$\mathrm{D}(x)$ 就为当前条件下，x 与源点的最短路径。在集合 M 中每求出一个与源点①最接近的点 w 后，就将该 w 点并入集合 N 中，直到把集合 M 中所有各点均并入集合 N 中为止。

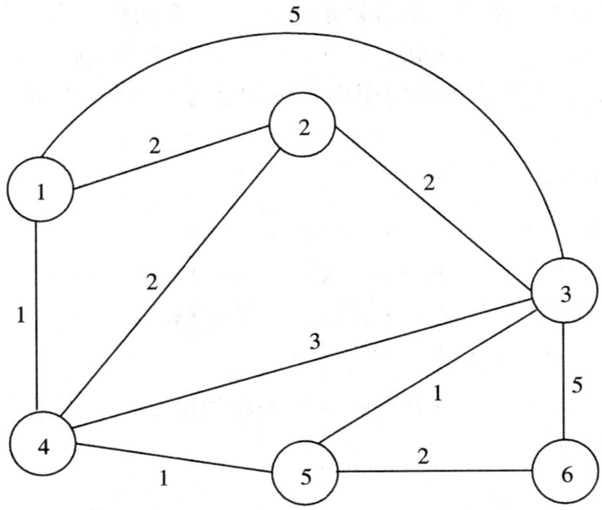

图 8—11　求最短路径网络示例

具体做法是:

(1) 在集合 M 中找出与源点最近的一点 w。以图 8—11 所示情况为例，首先应标出集合 M 中各点与源点在当前条件下的距离。把 M 中每个点与源点①之间，在当前条件下的最短距离记为 $D_0(2)=2$，$D_0(3)=5$，$D_0(4)=1$，$D_0(5)=\infty$，$D_0(6)=\infty$。与源点①无直接连接的点其距离记为∞，找出点 w 使 $D(w)=\mathrm{Min}[D(2),D(3),\cdots,D(6)]$。显然，在图 8—12 中，$w=4$，$D(w)=D_0(4)=1$，此时把点④并入集合 N 中。这样，集合 N 和集合 M 中的元素将分别为 {①；④}、{②；③；⑤；⑥}。

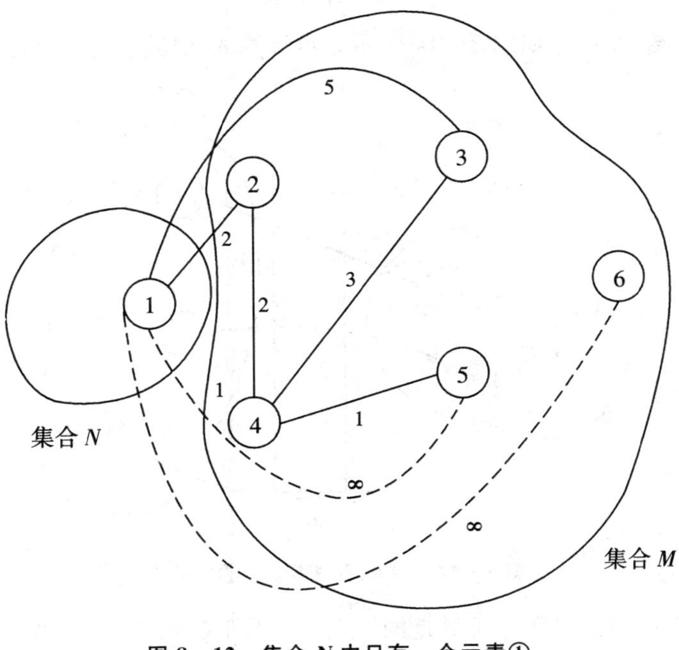

图 8—12　集合 N 中只有一个元素①

(2) 求 M 中其余各点与源点①的最短距离 M 中其余的任一点 x，在当前条件下，到源点①的最短距离为 $\mathrm{Min}[D_0(x), D_0(w)+L(x,w)]$。即在当前条件下，$M$ 中任一点到源点①的最短距离，是上次该点到源点的最短距离与该点通过 w（点④）再到源点①的距离中之最小者。

因为 $D(\omega)=D_0(4)=1$，故

$$D(2)=\mathrm{Min}[D_0(2), L(2,4)+D_0(4)]=D_0(2)=2$$
$$D(3)=\mathrm{Min}[D_0(3), L(3,4)+D_0(4)]=L(3,4)+D_0(4)=4$$
$$D(5)=\mathrm{Min}[D_0(5), L(5,4)+D_0(4)]=L(5,4)+D_0(4)=2$$
$$D(6)=\mathrm{Min}[D_0(6), L(6,4)+D_0(4)]=\infty$$

在当前条件下，M 中任一点与源点的最短距离如图 8—13 所示。从中可见，在当前条件下离源点最近的点是点②。

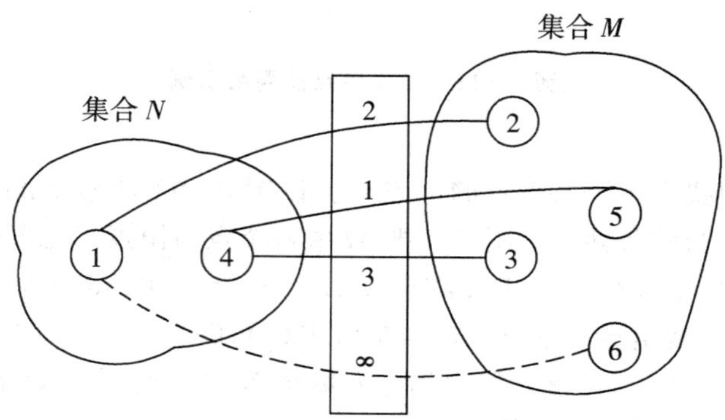

图 8—13　*N* 中有①和④两个元素

把点②并入集合 N 中，如图 8—14 所示。再计算 M 中其余各点到源点的最短距离。

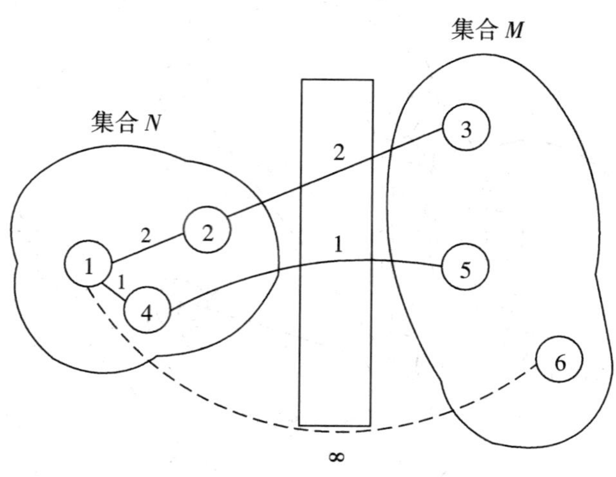

图 8—14　*M* 中还剩下③、⑤和⑥点

(3) 继续在 M 中找出与源点①最近的一点。因为 $D(2)=D_0(2)=2$，由图 8—11 可见：

$$D(3)=\mathrm{Min}[D_0(3), L(3,2)+D_0(2)]=D_0(3)=4$$

$D(5)=Min[D_0(5),L(5,2)+D_0(2)]=D_0(5)=2$

$D(6)=Min[D_0(6),L(6,2)+D_0(2)]=D_0(3)=\infty$

所以，在当前条件下 M 中离源点最近的一点是⑤点，将其并入集合 N 中，再继续计算 M 中剩余点③和⑥到源点①的最短距离。

因为在当前条件下：

$D(5)==D_0(5)=2$

$D(3)=Min[D_0(3),L(3,5)+D_0(5)]=L(3,5)+D_0(5)=3$

$D(6)=Min[D_0(6),L(6,5)+D_0(5)]=L(6,5)+D_0(5)=4$

这样，又可把点③归入集合 N 中，再计算 $D(6)=Min[D_0(6),L(6,3)+D_0(3)]=D_0(6)=4$。最后，得到源点到其他所有点的最短路径，如图 8—15 所示。

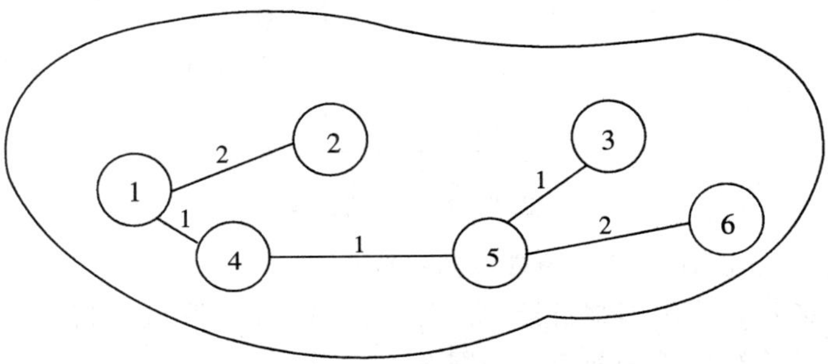

图 8—15　源点①到其他各点的最短距离

2. Backward-Search 算法

该方法用来找出网络中任意一个结点到目标结点的最短路径。

如图 8—16 所示网络，若要找出网中各点到目标点 D(=①）的最短路径，例如源点⑥到目标点①的最短路径，可用以下方法。

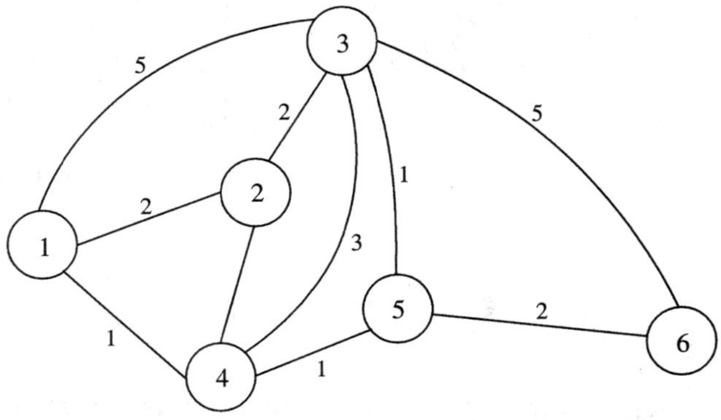

图 8—16　求最短路径网络示例

算法原理如图 8—17 所示，如果已知源点 S 的相邻点集 $\{y_i\}$ 中的每个点 y_i 到达目标点 D 的最短路径分别为 $D(y_i)$；每个点 y_1 到达源点的距离记为 $L(y_i)$；则源点 S 与目标点 D 之间的最短路径为

$$\mathrm{Min}[L(y_i)+D(y_i)] \qquad i=1,2,\cdots,n$$

式中 n 是 S 相邻点集 $\{y_i\}$ 中点 y_i 的个数。为了找到 y_i 点到目标点 D 的最短路径，又必须借助于 y_i 点的相邻集 $Z=\{z_i\}$，$i=1$，…，n 到目标点的最短路径。为了找到 z_i 到源点的最短路径，又要求助于它的相邻点到目标的最短路径。因为网络结点数是有限的，递推下去最后总可以借助于 D 点和相邻结点的距离逐次求出源点到目标点的最短路径。

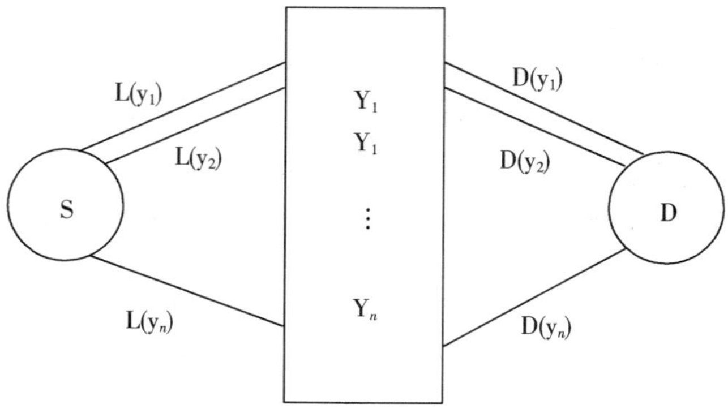

图 8—17 算法原理

具体方法以求第⑥点到第①点的最短路径为例。

（1）按照网络拓扑，找出围绕目标点的各层相邻点集，先画出第 0、1、2 三层的相邻点图，以后的各层按计算结果逐步画出，如图 8—18 所示。

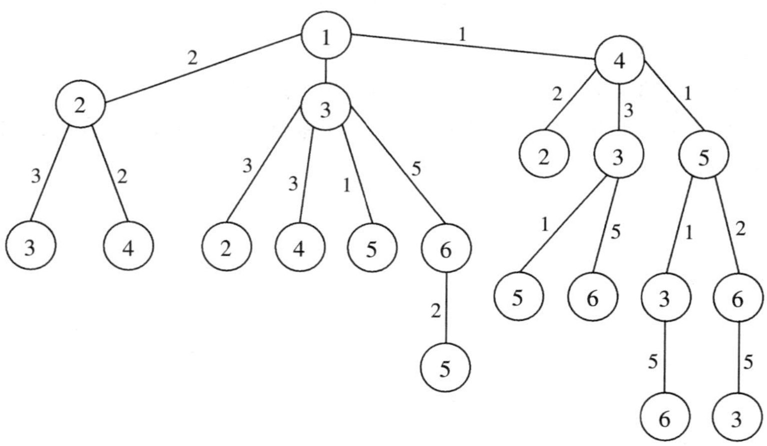

图 8—18 相邻点层次图

第 0 层——目标点①。

第 1 层——网中以不超过一条链路到达目标点的各点路径（目标点的相邻点）。

第 2 层——相继的相邻点，即网中以两条链路到达目标点的各条路径。

第 3 层——网中以三条链路到达目标点的各可能的较短路径。

第 4 层——网中以四条链路到达目标点的各可能的较短路径。

（2）标出网中各点当前能以不超过一条链路到达目标的最短路径。

$D(2)=2; D(3)=5; D(4)=1; D(5)=\infty; D(6)=\infty$。

(3) 在允许通过不超过两条链路的情况下，求出网中各点到目标点的最短距离。

假设用 $D_0(y)$ 表示上次 y 点到目标点的最短路径；用 $L(x, y)$ 表示 x 点到 y 点的最短距离。则 $L(x,y)+D_0(y)$ 表示 x 点经过 y 点到达目标点的最短路径。这样，可求出各点到达目标点的最短路径为

$$D(2)=\mathrm{Min}[D_0(2), L(2,3)+D_0(3), L(2,4)+D_0(4)]=D_0(2)=2$$

$$D(3)=\mathrm{Min}[D_0(3), L(3,2)+D_0(2), L(3,4)+D_0(4)]=D_0(3,4)=4$$

$$D(4)=\mathrm{Min}[D_0(4), L(4,2)+D_0(2), L(4,3)+D_0(3)]=D_0(4)=1$$

$$D(5)=\mathrm{Min}[D_0(5), L(5,3)+D_0(3), L(5,4)+D_0(4)]=D_0(5,4)=2$$

$$D(6)=\mathrm{Min}[D_0(6), L(6,3)+D_0(3)]=D_0(6,3)=10$$

以上各式中：

$$D(3,4)=L(3,4)+D_0(4)$$

$$D(5,4)=L(5,4)+D_0(4)$$

$$D(6,3)=L(6,3)+D_0(3)$$

(4) 在允许通过不超过三条链路的情况下，求出网络中各点到目标点的最短距离。

$$D(2)=D_0(2)=2$$

$$D(3)=\mathrm{Min}[D_0(3), L(3,5)+D_0(5)]=D(3,5)=3$$

$$D(24=D_0(4)=1$$

$$D(5)=\mathrm{Min}[D_0(5), L(5,6)+D_0(6), L(5,3)+D_0(3)]=D_0(5)=2$$

$$D(6)=\mathrm{Min}[D_0(6), L(6,3)+D(3), L(6,5)+D_0(5)]=D_0(6,5)=4$$

(5) 在允许通过不超过四条链路的情况下，求出网络中各点到目标点的最短距离。

$$D(2)=D_0(2)=2$$

$$D(3)=\mathrm{Min}[D_0(3), L(3,6)+D_0(6)]=D_0(3)$$

$$D(4)=D_0(4)=1$$

$$D(5)=D_0(5)=2$$

$$D(6)=\mathrm{Min}[D_0(6), L(6,3)+D_0(3)]=D_0(6)=4$$

由以上可以看出源点⑥和目标点①的最短路径是⑥—⑤—④—①，最短路径值为 4。

上述方法实际上是通过逐次对 D(2)、D(3)、D(4)、D(5)、D(6) 的值进行迭代，求出最短路径。迭代的最大次数由邻点图的层次决定，若有 n 个结点，则最大可有 $(n-1)$ 层。迭代的最大次数为邻点图的层次数减 1。

8.5.3 具有适应能力的分布式路由算法

具有适应能力的分布式路由算法是根据网络当前运行情况，动态地调整路由选择。完全能适应的路由算法，要将网络当前的状态汇集到某一结点，然后在该结点选择路径。由于汇集网络状态本身就比较困难，因此，完全适应的路由算法也难实现。分布式路由选择法是各

结点依据当前相邻结点的情况来修改自己的路由表，网络远端的变化只有经过相邻点的多次传递才能逐渐反映出来。

第六节　X.25 网络存取协议

X.25 是一个对公用分组交换网的接口的规范。X.25 规定了三级通信协议：物理层，链路层或称帧层，网络层。物理层建议采用 X.21 或 X.21bis。链路层采用了 HDLC 中异步平衡方式（ABM），称为 LAP-B。分组级也称为网络层，是 X.25 的最高层，以上都称为用户级。

X.25 主要提供虚电路服务，也可以提供数据报服务。通常有两类虚电路：虚呼叫虚电路和永久虚电路。前者通过呼叫才能建立，数据传输完毕要拆除，在这一点上类似于电路交换过程；后者不需要建立和拆除，类似于专线连接方式。

8.6.1　X.25 中使用的包类型和格式

为了在网络上的两个分组式终端（DTE）之间建立连接、传输数据、拆除连接等，把在网络上传送的报文分组分成了若干类型，它们包括：

（1）呼叫建立和清除包；

（2）数据与中断包；

（3）数据报分组；

（4）流量控制与复位包；

（5）诊断包。

每种包至少包括前三个字节，第一字节低 4 位和第二字节 8 位共 12 位用来指示包所选择的逻辑通道，它们分别称为组号和组内号。所以，X.25 最多有 $2^{12}=4\,096$ 条虚电路。在数据包中的 M 用于表示报文是单包还是多包信息，当 M=1 时，表示多包信息；其中 D 位往往用来表示包中的数据是否装满；Q 位如果为 1，往往表示这是用数据包来传送的网络控制数据。第三字节用以表示包的类型，如表 8—3 所示。表 8—3 中的分组类型可归纳为图 8—19 所示的六种格式。

表 8—3　　X.25 分组类型表

	DTE→DCE	DCE→DTE	第三字节								适用业务		
			8	7	6	5	4	3	2	1	VC	PVC	DG
呼叫建立与消除	呼叫请求	呼叫指示	0	0	0	0	1	1	1	1	●		
	呼叫接受	呼叫连通	0	0	0	0	1	1	1	1	●		
	清除请求	清除指示	0	0	0	1	0	0	1	1	●		
	DTE 清除确认	DCE 清除确认	0	0	0	1	0	1	1	1	●		
数据与中断	DTE 数据	DCE 数据	P（R）			M	P（S）			0	●	●	
	DTE 中断请求	DCE 中断请求	0	0	1	0	0	0	1	1	●	●	
	DTE 中断确认	DCE 中断确认	0	0	1	0	0	1	1	1	●	●	

续前表

	DTE→DCE	DCE→DTE	第三字节								适用业务		
			8	7	6	5	4	3	2	1	VC	PVC	DG
数据报	DTE 数据报	DCE 数据报	P（R）			0	P（S）			0			●
		数据报业务信号	P（R）			0	P（S）			0			●
流控制与复位	DTE RR	DCE RR	P（R）			0	0	0	0	1	●	●	●
	DTE RNR	DCE RNR	P（R）			0	0	1	0	1	●	●	●
	DTE REJ		P（R）			0	1	0	0	1	●	●	●
	DTE 复位请求	DCE 复位指示	0	0	0	1	1	0	1	1	●	●	●
	DTE 复位确认	DCE 复位确认	0	0	0	1	1	1	1	1	●	●	●
再启动	DTE 再启动请求	DCE 再启动指示	1	1	1	1	1	0	1	1	●	●	●
	DTE 再启动确认	DCE 再启动确认	1	1	1	1	1	1	1	1	●	●	●
* 诊断		诊断	1	1	1	1	0	0	0	1	●	●	●

注：表中的 * 表示可选项；DG 表示数据报；PVG 表示永久虚电路；VC 表示虚呼叫；●表示适用的业务项。

数据报分组

<table>
<tr><td>0</td><td>0</td><td>0</td><td>1</td><td colspan="4">组号</td></tr>
<tr><td colspan="8">逻辑通道号</td></tr>
<tr><td colspan="3">P（R）</td><td>0</td><td colspan="3">P（S）</td><td>0</td></tr>
<tr><td colspan="4">源地址长度</td><td colspan="4">目标地址长度</td></tr>
<tr><td colspan="8">源、目地址</td></tr>
<tr><td colspan="8">00 自选业务段长度</td></tr>
<tr><td colspan="8">自选业务（0～63 字节）</td></tr>
<tr><td colspan="8">数据报标识</td></tr>
<tr><td colspan="8">数据（128 字节）</td></tr>
</table>

呼叫请求、指示包

<table>
<tr><td>0</td><td>0</td><td>0</td><td>1</td><td colspan="4">组号</td></tr>
<tr><td colspan="8">逻辑通道号</td></tr>
<tr><td>0</td><td>0</td><td>0</td><td>0</td><td>1</td><td>0</td><td>1</td><td>1</td></tr>
<tr><td colspan="4">源地址长度</td><td colspan="4">目标地址长度</td></tr>
<tr><td colspan="8">源、目 DTE 地址</td></tr>
<tr><td colspan="8">00 自选业务段长度</td></tr>
<tr><td colspan="8">自选业务</td></tr>
<tr><td colspan="8">数据（16 或 128 字节）</td></tr>
</table>

数据包

<table>
<tr><td colspan="2">QD01</td><td colspan="2">组号</td></tr>
<tr><td colspan="4">逻辑通道号</td></tr>
<tr><td>P（R）</td><td>M</td><td>P（S）</td><td>0</td></tr>
<tr><td colspan="4">数据（256 字节）</td></tr>
</table>

认可、接受包

<table>
<tr><td>0</td><td>0</td><td>0</td><td>1</td><td colspan="3">组号</td></tr>
<tr><td colspan="7">逻辑通道号</td></tr>
<tr><td colspan="4">…</td><td>1</td><td>1</td><td>1</td></tr>
</table>

控制包

<table>
<tr><td>0</td><td>0</td><td>0</td><td>1</td><td colspan="2">组号</td></tr>
<tr><td colspan="6">逻辑通道号</td></tr>
<tr><td colspan="5">包类型</td><td>1</td></tr>
<tr><td colspan="6">附加信息</td></tr>
</table>

清除请求、指示包

<table>
<tr><td>0</td><td>0</td><td>0</td><td>1</td><td colspan="4">组号</td></tr>
<tr><td colspan="8">逻辑通道号</td></tr>
<tr><td>0</td><td>0</td><td>0</td><td>1</td><td>0</td><td>0</td><td>1</td><td>1</td></tr>
<tr><td colspan="8">原因</td></tr>
</table>

图 8—19　X. 25 分组格式

8. 6. 2　虚电路的建立与拆除

1. 虚电路的建立过程

当网上一个 DTE 想和另一个 DTE 通信时，首先由主叫端向被叫端发送呼叫请求包，在其逻辑通道组号和逻辑通道号中填入当时未使用的最低逻辑通道号。包中还要指明主叫端DTE地址、被叫端DTE地址等信息。主叫端DCE（网络源结点）收到呼叫请求包后，把它发向网络，在网络中按网内协议传送到被叫端DCE（网络目标结点）。在此，被叫端DCE把呼叫请求包转换为呼叫指示包，表示它收到了一个呼叫请求，把呼叫指示包发往与它相连的DTE。呼叫请求包和呼叫指示包的格式完全相同，但是呼叫指示包的逻辑通道号和呼叫请求包的逻辑通道号没有任何关系。被叫端DCE从它当前没有使用的逻辑通道中选择一个最小的逻辑通道号赋予呼叫指示包。被叫端DTE接收到呼叫指示包后，如果接受这次呼叫，则采用和呼叫指示包相同的逻辑通道号向它的DCE发送呼叫接受包，DCE收到呼叫接受包以后，知道DTE接受呼叫，把呼叫接受包发向网络，在网内传输到主叫端DCE，主叫端DCE收到被叫端的呼叫接受包以后，以和呼叫请求包相同的逻辑通道号向主叫端DTE发送呼叫接通包，主叫端DTE收到呼叫接通包以后表明本次呼叫成功，虚电路已经建立，可以进入数据交换阶段。

2. 虚电路的拆除过程

当数据传送结束，主叫端或被叫端的任何一方都可以提出清除虚电路的要求。例如，主叫端要求清除虚电路，主叫端DTE向被叫端DCE发出清除请求包，DCE收到后，把该清除请求包发向网络，同时向主叫端DTE发出一个清除确认包，以表示主叫端电路拆除。当被叫端DCE收到清除请求包以后，它向被叫端DTE发出清除指示包，被叫端DTE收到清除指示包以后，向被叫端DCE回答一个清除确认包，以表示被叫端虚电路拆除。当然，也可以设计成让被叫端清除确认包通过网络传到主叫端去，这时主叫端才最后拆除主叫端虚电路。

8.6.3 X.25协议通信过程示意

X.25包中的发送顺序号P（S）和接收顺序号P（R）是对在一条虚电路上传输的数据分组进行编号用的，利用它们对在一条虚电路上传送的报文进行顺序控制和流量控制。流量控制采用滑动窗口法，类似于在一条逻辑链路上对数据帧所采用的流量控制方法。所不同的是，这里是在一条虚电路上对数据包采用滑窗控制法。

8.6.4 非分组式终端和网络的接口

DTE要能实现X.25协议，在源和目标之间建立虚电路，使数据以包的形式通过不同的虚电路，同时和多个DTE进行通信，这种DTE称为分组式终端，实质上是一个主机。实际上使用的一般计算机终端往往都不具备或不完全具备实现X.25层3协议的能力，这类设备称为一般终端。为了实现一般终端的入网，作为X.25建议的补充，国际电报电话咨询委员会（CCITT）规定了另外一组与PAD（Packet Assembly and Disassembly）有关的协议。这组协议包括：

- X.3。规定了公共数据网上PAD设备的功能。
- X.28。异步起止式数据终端和PAD之间的接口协议。
- X.29。PAD和分组式DTE之间控制信息与数据传输的规程。

一个 PAD 可以为多个终端提供服务，PAD 有许多控制参数以适应不同类型终端的要求。与 PAD 连接的终端以异步起止式工作，终端一次向 PAD 发送一个字符，它们首先被存储在 PAD 的缓冲区中，然后被组装成 X.25 形式的数据包，以和 X.25 协议类似的方式通过网络送到远程 DTE 去。远程 DTE 通过 X.25 网络送到终端的数据包也首先存储在 PAD 中，剥去 X.25 层 3 协议的头部数据包，然后一次一个字符地送到终端。X.28 规定了终端和 PAD 之间通信的协议，终端经过 PAD 和远端 DTE 之间的通信仍然要首先建立连接。例如，终端首先应向 PAD 提出与远端 DTE 进行通信的要求。因为一个 PAD 可以为多个不同类型的终端服务，所以，一般要求 PAD 把请求连接的终端类型发送到对方去，这可以在终端的呼叫请求包中的附加数据段内指定。一旦 PAD 和远端 DCE 建立连接，远程 DCE 依 X.25 协议在 DCE 和 DTE 之间建立起虚拟电路，数据传输才能进行。如果主叫端是分组式终端，被叫端是一般终端而且不一定确切知道它的类型，这时往往要求 PAD 把被叫终端的参数传送到主叫端 DTE 中，传送时采用了 X.25 数据包中的数据段。为了区别这类数据是 PAD 的参数，需将数据包中的 Q 位置 1。X.29 规定了 PAD 和分组型终端 DTE（HOST）之间控制信息交换和用户数据交换的规程。

第九章　计算机网络互连

第一节　网络互连概述

网络互连是指LAN-LAN、LAN-WAN、WAN-WAN、LAN-HOST之间的连通性和互操作能力。网络互连要通过一个中间设备（或中间系统），ISO的术语称为中继（relay）系统。根据中继系统所在的层次，可以有以下五种中继系统：

（1）物理层中继系统，即转发器（repeater）。

（2）数据链路层中继系统，即网桥或桥接器（bridge）。

（3）网络层中继系统，即路由器（router）。

（4）网桥和路由器的混合物桥路器（brouter）。桥路器是一种产品，它兼有网桥和路由器的功能。实际上，严格的网桥或严格的路由器产品是较少见的。

（5）在网络层以上的中继系统，即网关（gateway）。网关又称为网间连接器、信关或联网机。用网关连接两个不兼容的系统就要在高层进行协议的转换。

当中继系统是转发器或网桥时，一般并不称为网络互连，因为这仅仅是把一个网络扩大了，而这仍然是一个网络。我们所说的是用路由器进行互连的互联网络。路由器其实就是一台专用计算机，用来在互联网中进行路由选择。可以设想有 N 个网络要进行互连，每两个网络之间需要一个协议转换器，N 个网络共需 $N(N-1)$ 个协议转换器。因此，需要设计出非常多的协议转换器才行。

为了简化网络的互连，可以采用标准化的方法。这对很多网络进行互连时尤为方便。图9—1（a）所示是五个网络通过几个路由器（在图中标有R字的圆圈代表路由器）互连起来。可以将这多个网络和连接它们的路由器看做一个虚拟网络，这就是图9—1（b）所示的互联网络（Internetwork），简称为互联网（Internet）。当互联网上的主机要进行通信时，就像在一个网络上通信一样，它们看不见互连的各个网络中的细节。这样做比在高层用网关来实现互连要方便得多。目前的网络互连几乎都是使用互联网协议。

当然，使用相同协议的网络互连在一起时，可以使用更简单的方法。例如，X.25分组交换网进行互连时，只要使互连的网络接口符合X.75建议书即可。目前国际上对各国的X.25公用数据网的互连就是采用这种办法。

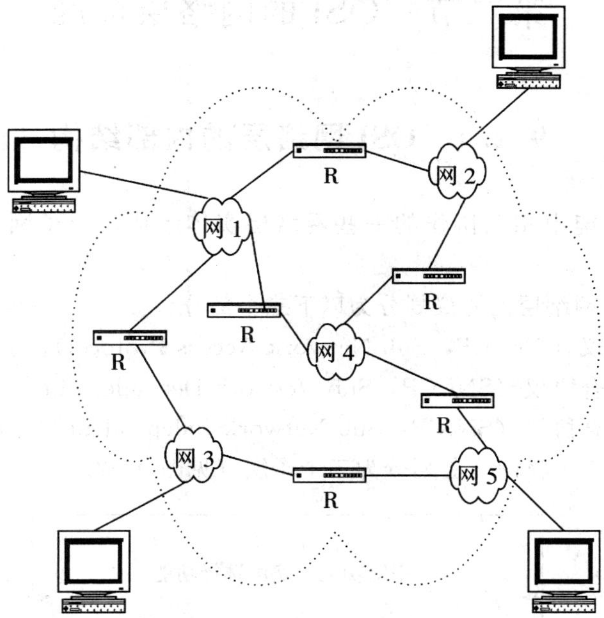

(a)

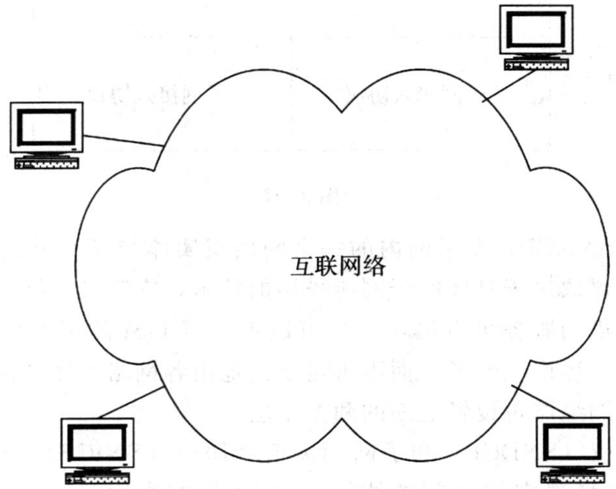

(b)

图 9—1

第二节　OSI 的网络层标准

9.2.1　OSI 网络层的内部结构

网络层由整个系统中相互协作的一些网络层实体组成，与子网（或网络）是完全不同的。

ISO 8649 标准将网络层的协议划分为以下三个部分：

（1）子网接入协议（SNACP，Sub Network Access Protocol）；

（2）子网相关汇合协议（SNDCP，Sub Network Dependent Convergence Protocol）；

（3）子网无关汇合协议（SNICP，Sub Network Independent Convergence Protocol）。

实际上，这就相当于将网络层划分为三个子层（见图 9—2）。

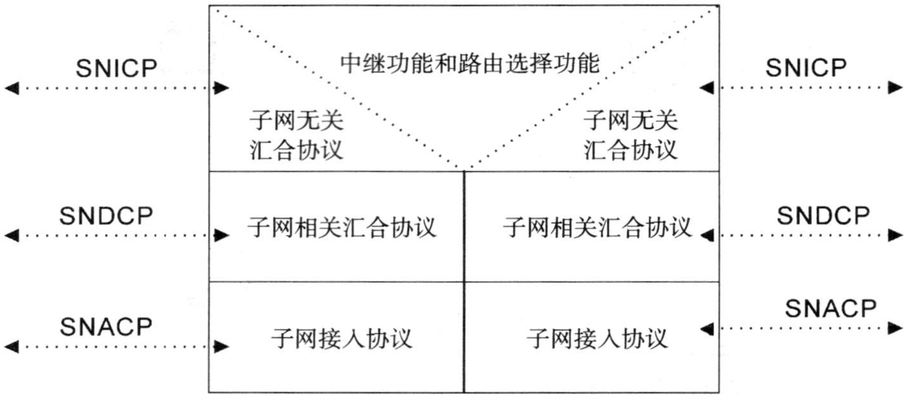

图 9—2

子网接入协议（SNACP）是子网内的一个网络层实体与子网外的一个网络层实体之间的协议。子网接入协议取决于具体的子网所采用的技术，它定义数据应怎样通过接入子网的界面。一个子网所提供的服务可以等于，也可以不等于 OSI 的网络服务。若二者相等，则网络层有一个子网接入协议就够了，而不再需要其他由各网络实体共同合作的功能。也就是说，这时就不需要在网络层再设置上面的两个子层。

子网相关汇合协议（SNDCP）和子网无关汇合协议（SNICP）的共同特点是：这些协议是在子网以外的网络层实体之间的协议。SNDCP 的作用是上下调整由子网接入协议（SNACP）所提供的服务，屏蔽各种子网内部的差异。SNDCP 或者提供 OSI 网络服务，或者只提供 SNICP 所需的服务。若提供的是 OSI 网络服务，则在网络层就不再需要 SNICP 子层了。

子网无关汇合协议（SNICP）以各子网中的一个最小子网服务为基础。这样做可以在整个网络范围内使用一个统一的互联网协议，但代价是有些可使用的子网服务未能被利用。互联网协议主要完成分组的转发（中继）和路由选择功能。

并不是在每一种情况下网络层都一定有三个子层存在。有时网络层为 SNACP＋SNDCP，但有时网络层也为 SNACP＋SNICP。

9.2.2 网络层的寻址

1. 有关寻址的基本概念

互联网络中的任何一个系统都可以和其他的系统互相通信，但需要一个全球范围内统一的识别系统。而标准 ISO 8348 的补充篇 2，就是一个全球网络层寻址标准，是互连系统中大家都必须遵循的一个标准。目前常采用的地址编号方法有两大系统，一种是非等级的（flat），或称为平坦地址，另一种是分级的（hierarchical）。

非等级的地址空间的特点是每个地址的编号都是平等的且彼此无关。地址的编号也和具体的地理位置无关。但是这种编号系统需要有一个全球系统的管理机构，同时地址映射表要占很大的空间。可以说在全球范围内采用非等级的地址编号实际上是不可行的。

分级的地址空间是将全球的地址空间划分为若干个子域（如每个国家相当于一个子域），各子域下面又划分为更小的一些子域。图 9—3（a）是分级地址空间的树状表示法，而在图 9—3（b）则是按域的划分图，二者的意思是一样的。这样，每个地址子域只管理自己直属的一些子域的编号，因而使地址映射表和路由表的编制大为简化。一个网络也只管自己网内主机的编号，其他网络主机的编号情况则与本网络无关。在图 9—3 中，域 X 和域 Z 下属的子域都具有编号为 b 的地址，但这并不会引起混乱。这是因为它们的全局地址并不相同，一个是 X. b，而另一个是 Z. b。

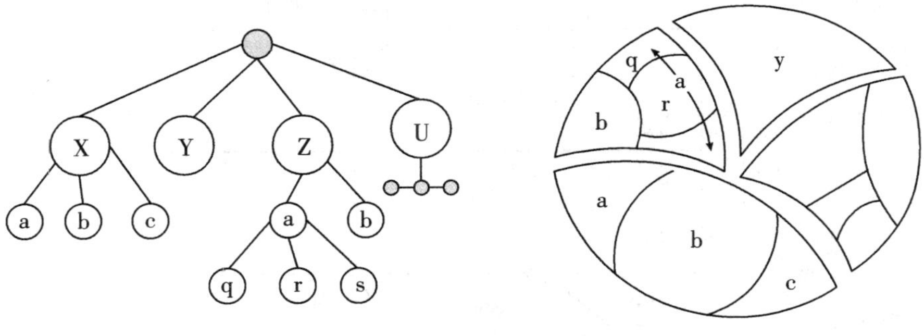

（a）　　　　（b）

图 9—3

当然，分级寻址的方法也有其缺点。例如，一台主机若移入其他网络，则其地址就要改变。此外，在具体实现地址编号时，采用分级的方法编出的地址号码要比非等级的方法长一些。

2. OSI 的网络地址结构

OSI 的网络地址结构相当复杂。下面以具体的例子来介绍。

大家知道，要找到某个 DTE 中的某个进程，先要通过一个 MAC 地址找到这个 DTE，然后再通过 LLC 子层的 SAP 地址找到该进程。现在举一个一般的例子。一个实系统 DTE 连接在某个实子网上。DTE 与实子网之间不存在服务访问点 SAP，这是因为实子网的物理媒体处于 OSI 参考模型之外。一个实系统与实子网的接口叫做子网连接点（SNPA，Sub

Network Point of Attachment)。子网连接点（SNPA）也可称为 DTE 在子网中的物理地址，或称为子网地址。CCITT 所制订的许多关于地址的标准，讲的都是如何识别一个 DTE 在子网中的物理地址。SNPA 的作用是使分组在子网中能找到目的进程所驻留的 DTE。

当一个 DTE 同时与多个子网相连时，该 DTE 就有多个子网地址 SNPA。图 9—4 所示的 DTE 同时和三个子网相连，因此它就有三个子网地址：SNPA1、SNPA2 和 SNPA3。要找到所要找的运输层实体，还要在 DTE 内部按照层次的关系找到数据链路层服务访问点（DLSAP）和网络层服务访问点（NSAP）。而且，网络层可以有多个 NSAP，每一个 NSAP 与某个实体相连接。为了从 DLSAP 能找到所需的 NSAP，在网络层中设有一个 NSAP 选择开关（NSEL）。从图 9—4 可以看出，从子网连接点 SNPA 经 DLSAP 和 NSEL，就可到达所要找的运输实体。这样，我们就可定义一个网络层服务访问点 NSAP 地址，它能够完全确定网络服务用户（运输实体）的地址。

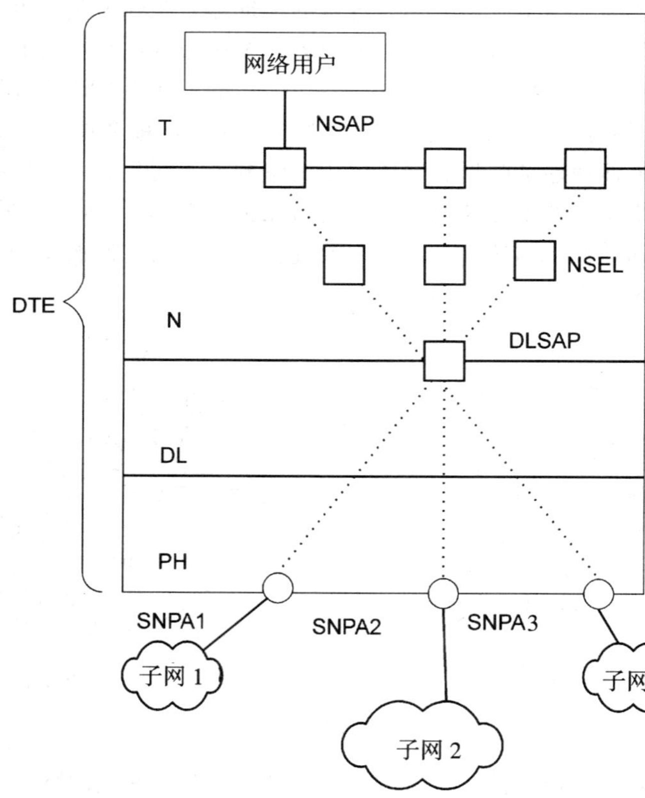

图 9—4

到现在为止，一个进程的地址至少应当由四部分组成：

地址=<子网地址><DT 在子网中的连接点 SNPA><DLSAP><NSEL>

这里<子网地址>用来从多个子网中识别所要找的子网，而<NSEL>用来找到与网络用户相连的 NSAP。但是，我们还知道只有子网的拥有单位才有权力分配子网的地址号码。因此，地址至少应由以下五部分组成：

地址=<子网拥有单位标识符><子网地址><DTE 在子网中的 SNPA>
<DLSAP><NSEL>

这五部分组成的地址叫做 NSAP 地址的特定域部分（DSP，Domain-Specific Part）。

特定域部分还不是完整的 NSAP 地址。一个完整的 NSAP 地址应当在上面五部分的基础上再加上一个部分，即初始域部分（IDP，Initial Domain Part），它用来描述对子网拥有单位的管理机构。这样，就得出了完整的 NSAP 地址结构如下：

NSAP 地址=<IDP><DSP>
=<IDP><子网单位标识符><子网地址>
<SNPA><DLSAP><NSEL> (9—1)

在采用分级的地址空间时，地址长度与我们使用的地址空间子域数有很大的关系。地址空间的子域数越少，地址长度就越短，但地址的管理就越复杂。这样，经综合考虑，ISO 确定用 20 个字节作为 NSAP 地址的最大长度。如果用二进制编码，则可以有 2^{160} 个地址。

图 9—5 所示为 OSI NSAP 地址的结构图。可以看到，初始域部分（IDP）又由两个部分组成，即

（1）管理机构及格式标识符（AFI，Authority and Format Identifier）；

（2）初始域标识符（IDI，Initial Domain Identifier）。

地址管理机构的责任是定义地址域的结构以及分配域的值。

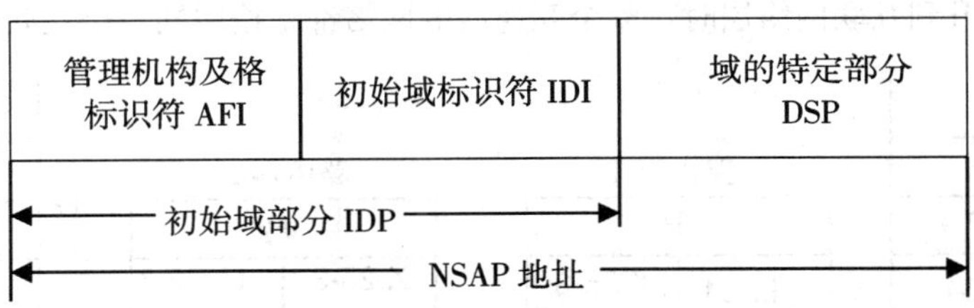

图 9—5

在 NSAP 地址结构中，AFI 占 1 字节，由 2 个十进制数字组成（0～99）。0 用作转义符，表示地址结构中只有后面的部分 DSP。00～09 为保留值。目前使用的 AFI 值的范围是 36～51。AFI 的数值表示负责分配 IDI 中数值的管理机构、IDI 的格式和 DSP 的抽象语法。IDI 的抽象语法永远是十进制数字，而 DSP 则可以使用以下四种抽象语法中的一种：二进制数字、十进制数字、国际字符（ISO 646）和本国的字符。

表 9—1 所示为典型的 AFI 值及其所对应的地址管理机构、IDI 格式和 DSP 语法。

表 9—1

AFI 值	地址管理机构	IDI 格式	DSP 语法
36	CCITT	X. 121 十进制数字，≤14 数字	十进制数字
37	CCITT	X. 121 十进制数字，≤14 数字	二进制
46	ISO	ICD，4 位十进制数字	十进制数字
47	ISO	ICD，4 位十进制数字	二进制
48	本地机构	本地定义	十进制数字
49	本地机构	本地定义	二进制

注：ICD 是 ISO 6523 规定的国际码指示符（International Code Designator）。

9.2.3 OSI 的互联网协议

1. 无连接服务互联网协议的基本概念

互联网协议（IP，Internet Protocol）是指在 Internet 中使用的一个特定的互联网协议。不加 IP 的"互联网协议"表明它是泛指提供无连接服务的互联网协议，而不一定是指 Internet这一特定的互联网协议。

为了更好地了解互联网协议的概念，图 9—6 画出了两个局域网各通过一个路由器与一个 X. 25 广域网互连的情况。设站 A 与站 B 有共同的运输层协议（记为 TP），而站 A 和站 B 以及路由器 1、路由器 2 都有共同的互联网协议 IP。图 9—6 还画出了数据从站 A 传到站 B 的过程中，各有关层次所加上的或拆卸下的首部或尾部的情况。图中用 H 和 T 分别表示首部和尾部。在数据经过不同网络传送时，网络层以下的首部和尾部不断地改变，但只要到了互联网层，就不会再进行首部的变换。从图 9—6 可看出，运输层首部 TH 和互联网层首部 IPH 都是不变化的。另外，由于 X. 25 只定义了 DTE 和公用数据网的接口而没有涉及网络的内部情况，因此在图 9—6 中，广域网和路由器相连的两条链路上的帧⑤和帧③是不一样的，它们的链路层首部分别为 DL1H 和 DL2H，其链路层尾部分别为 DL1T 和 DL2T，而这两条链路上的帧交给网络层时，其网络层分组的首部分别为 N1H 和 N2H。这是在一般的网络层与运输层之间所增加的一个互联网络层的协议，所以有人把这种互联网协议看做第 3.5 层协议。不管互连的各子网之间有多少差异，在上升到互联网络层时，整个互连后的网络都是按照同一个互联网协议来工作的。

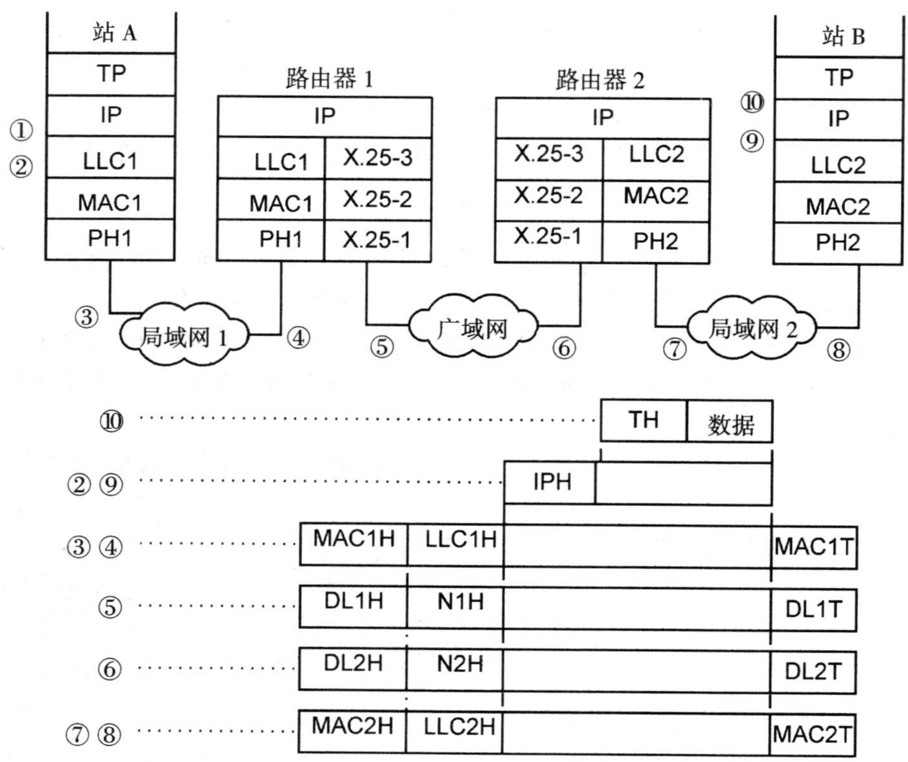

图 9—6

对于无连接的数据报服务，为完成数据传输所需要的全部信息都在数据报的首部中。OSI 称这种数据报为互联网协议数据单元（IPDU，Internetwork Protocol Data Unit）。

对这种数据报服务，运输层必须有适当的机制来保持数据的完整性。

和虚电路服务相比，采用这种数据报服务的最大好处是简化了路由器的设计，降低了其成本。此外，在灵活性方面也是较好的。

2. 互联网中分组的首部格式

ISO 的互联网协议的分组首部格式，即 IPDU 首部，如图 9—7 所示。下面通过对主要字段的介绍来了解互联网协议的要点。

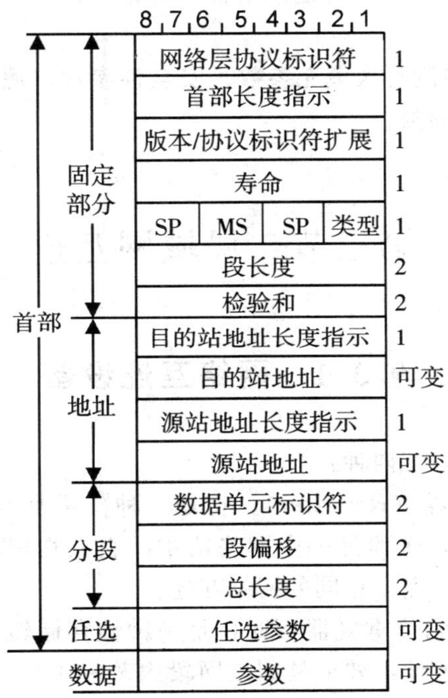

图 9—7

（1）长度指示。“长度”是指 IPDU 首部的长度。长度指示是必要的，因为在 IPDU 的首部有三个字段的长度是可变的。长度指示字段占 8bit，所指示的长度单位是字节，因此 IPDU 的首部长度的最大值是 254 字节。

（2）段长度。一个网络所允许通过的数据报的最大长度是受限制的。段长度字段在将长报文进行分段时指出每个段的长度（包括首部在内），而并不是指未分段前的数据报长度。

（3）SP。IPDU 中第 5 字节的第一比特是允许分段比特（SP，Segmentation Permitted）。当 SP=1 时才允许分段。SP=0 表明不允许分段，此时首部后面的“数据单元标识符”“段偏移”和“总长度”这三个字段就不出现。虽然这样做可以减少一点额外开销，但这对路由器分析数据报的首部时会带来一些麻烦。

（4）SP 字段的后面是更多字段（MS，More Segment）。MS=1 表示后面还有段，而 MS=0 表示这已是最后的一个段。

(5) 数据单元标识符。必须保证在网络中产生的分组（当然是指分段前的分组），都不使用重复的数据单元标识符。

(6) 段偏移。段偏移字段指出：较长的分组在分段后，某个段在原分组中的相对位置。也就是说，相对于用户数据字段的起点，该段从何处开始。

(7) 寿命。寿命字段指出允许分组在网络中存在多长的时间，其单位为 0.5s。寿命字段对防止分组在网络中无限制地兜圈子是很有用的。

(8) 地址。地址字段长度可变（不超过 20 字节），因此要有地址长度指示字段。

(9) 服务类型与分组类型。类型字段共有 5bit 长，它说明这是一个数据 IPDU 还是一个差错报告 IPDU。还有一个 ER 比特是差错报告标记。ER＝1 表明当此 IPDU 被丢弃时应向源站发送一个差错报告。

(10) 任选参数。任选字段写入填充参数、安全性参数、源路由选择参数、路由记录参数、服务质量参数和优先级参数。

第三节　局域网互连

9.3.1　网络互连设备

网络互连设备通常分为以下四种：

(1) 网络中继器或重复器（Repeater）。它是一种位重复设备，从一段网络接收一位，再按原逻辑产生出一个新位，送到另一个网络段中。它在物理层上实现两个网络之间的互连，用于物理层以上各层协议完全相同的网络互连。

(2) 网桥（Bridge）。它和位重复器不同，是一种帧存储转发设备，从一个网段接收一帧数据，并判断该帧的目标地址，如果是到该网段内某一主机（工作站）的，则不予转发，如果是到另一个网段的则转发出去。

LAN 通常采用 IEEE 802.3、802.4、802.5 三种介质存取控制协议，在它们之间实现互连的网桥一般有 9 种，常用的是 802.3～802.5（CSMA/CD）之间的网桥以及 802.3（CSMA/CD）～802.5（token ring）之间的网桥。两个局域网之间通过网桥互连的结构如图 9—8 所示。在图 9—8 中，若 A、B 很近，网间链路及两端设备中相应的物理层和链路层没有必要存在，一个网桥设备直接连接两根传输介质；若 A、B 很远，则一个网桥逻辑上被网间链路分成了两半，每边可以称为一个半网桥。网间链路上采用何种链路层协议，这与网络协议没有什么联系。网桥用于互连介质存取控制层以上各层协议相同的网络。它是在数据链路层实现互连的设备。一桥也可以连接多个网。

(3) 路由服务器（Router）。它是对数据进行存储转发的设备，是在网络层对数据包（packet）进行存储转发并改变其格式的设备。它具有路径选择功能，可依据网络当前的拓扑结构，选择一条“最佳”路径，把接收到的包转发出去。

把桥（Bridge）和路由器（Router）的功能合在一起的设备称为桥路由器（Brouter）。对于它能识别的网络层协议起着路由器的功能，不能识别的网络层协议起着桥的功能。适用于高层协议（传输层以上各层）相同的网络互连。

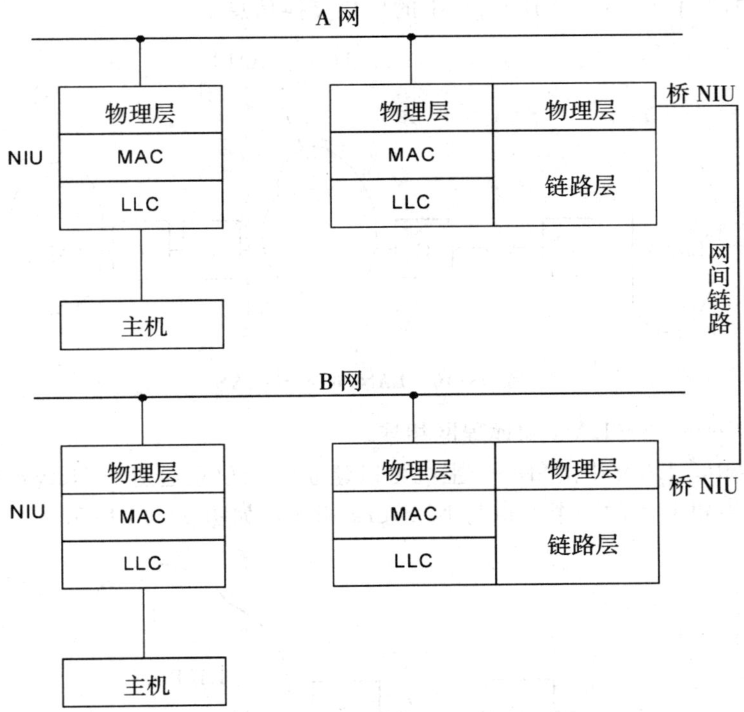

图 9—8　两个局域网间的桥连接

（4）协议变换器（Gateway）。用于传输层以及其上各层协议不相同的网络互连设备，称为协议变换器。它必须把一个协议转换为另一个协议，而不丢失过多的东西。Gateway 有时也用来泛指广义的网络协议变换，适用于任何一个层次。

9.3.2　局域网互连的典型方式

异型局域网互连的典型方式有以下几种：

（1）LAN-LAN（直接相连）。

如图 9—9 所示，LAN A（或 B）的用户通过连接可以和 LAN B（或 A）中的用户交换信息。图中 LAN A 和 LAN B 是不同类型的网络，它们可以位于同一个或不同的地方。

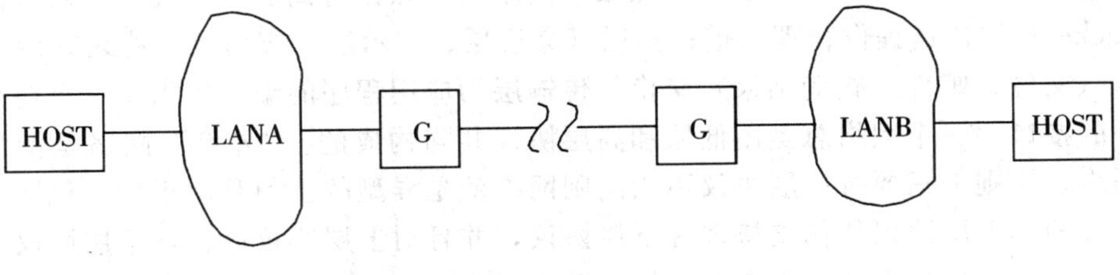

图 9—9　异型 LAN 间点一点相连

（2）LAN-Network-LAN。

如图 9—10 所示，两个不同类型的局域网可以经过一个远程的包交换网络相互连接，使 LAN A（B）中的用户与 LAN B（A）中的用户交换信息。

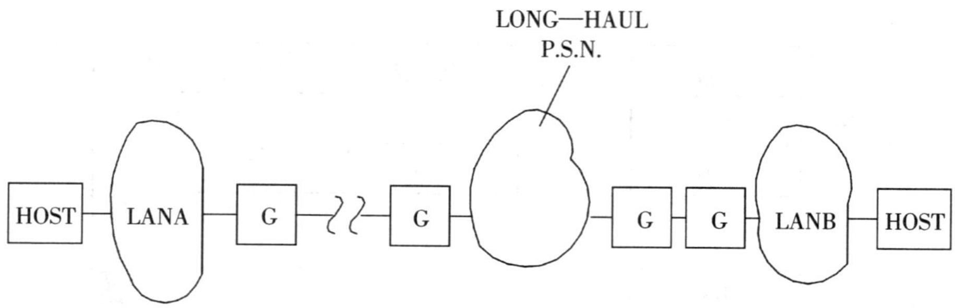

图 9—10 LAN-Network-LAN

（3）LAN-Network（LAN 和远程网相连）。

在这种连接中，LAN 中的每一个主机可以建立一个独立通道与 Network 相连，也可以是 LAN 中所有主机共用的一个通道与 Network 相连，如图 9—11 所示。

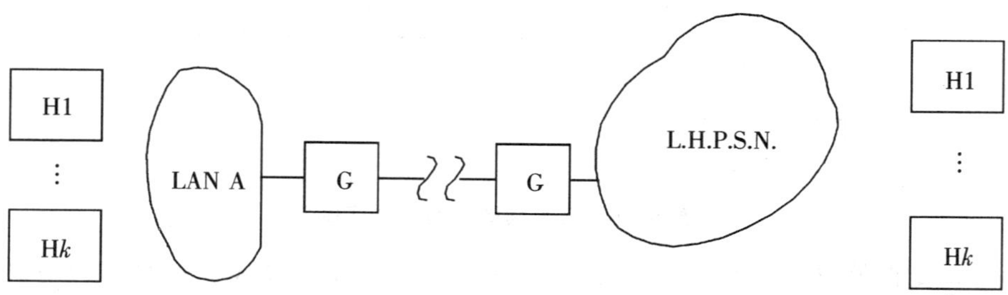

图 9—11 LAN-Network

第四节 网络互连结构

9.4.1 层次结构

计算机网络系统是分层次实现的，低层（网络层、数据链路层、物理层）协议的功能为分组（Packet）的传送提供物理通道；高层（会话层、表示层、应用层）协议在两个用户间实现信息（文件、邮件、查询结果）交换。传输层为应用程序的编写提供了一个与具体网络细节无关的接口。一个网络总是由低层和高层协议共同构成的。“异型”网络是指具有不同协议的网络，原则上只要有一层协议不相同则网络就是异型的。但是由于计算机网络系统是分层次实现的，上层协议往往支持多种下层协议，并且对上层协议而言，下层协议的异质性被屏蔽起来了，似乎是根本就不存在一样。网络互连可以在不同的层次上实现，在物理层上实现转换的设备称为中继器或重复器；在数据链路层上实现转换的设备称为网桥；在网络层上实现转换的设备称为网关或路由器；在传输层及以上各层中进行转换的设备称为协议变换器，如图 9—12 所示。网络的目的是相互之间能够进行数据交换，只要两个机器的应用程序之间能够交换数据并理解其信息内容则通信的目的就能达到，在什么层次上实现互连并不太重要。但是两个网络如果要在应用层实现互连，例如实现透明的文件传输，其文件结构和操作方式都完全不相同，要做一个完全能够在其间进行转换的协议变换器是困难的。因此，解决网络互连的问题最好是上层采用相同的协议，而在下层（链路层、网络层）实现不同协议之间的转换。实际上把小网变成统一的大网。

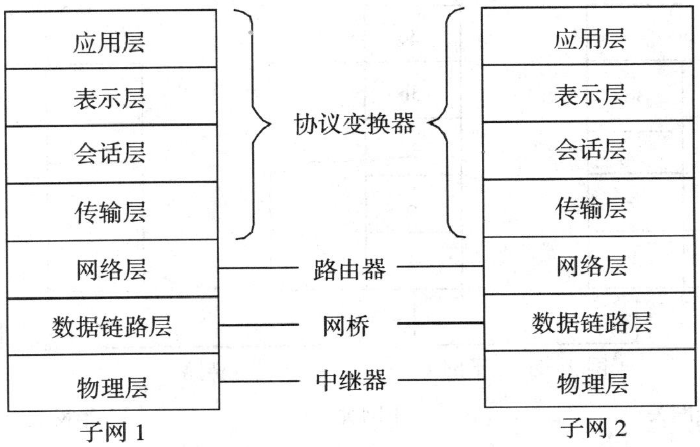

图 9—12　网络互连层次与设备

9.4.2　网桥与网关

1. 网桥

网桥是在介质访问控制层互联网络的设备。除了互连与协议转换以外，网桥的另一个作用是调节负载或调节带宽。例如一个共享介质的局域网（总线、环），其上有两个文件服务器，另外有两组用户，第一组用户绝大多数时间访问第一个文件服务器，第二组用户绝大多数时间访问第二个服务器，他们偶尔有些交叉，即第一（二）组的用户又访问第二（一）个文件服务器。假定每组 10 个用户，介质的数据为 10Mbps，完全不考虑由冲突等因素引起的介质利用率下降，在一段介质的条件下每个用户访问文件服务器的平均数据率为10Mbps/20 用户＝0.5Mbps。如果用网桥把介质分成两段，虽然每段内任何时候都只允许一个工作站发送，但是由于网桥的帧存储转发工作方式不是位重复方式，两段上的工作站是允许同时发送的。因此把第一组用户和第一个服务器分配到一个网段，把第二组用户和第二个服务器分配到另一个网段，每个用户访问文件服务器的平均数据率增加一倍，即每个用户享受的介质的平均带宽增加了一倍。所以，在一定的场合可以靠局域网的划分来克服共享介质局域网络带宽不足的问题。解决这个问题的根本方法当然是采用具有帧交换功能的集线器来构成交换式局域网。在此例中，如果第一（二）组的用户访问第二（一）个服务器，网桥在两个网段间自动转发这些帧，因此网桥具有自动判别帧的目标地址是否不属于该网段的能力。

网关和网桥的区别在于网关在网络层处理包的存储转发，它考查的不是帧地址而是包中的网络地址。在互联网中子网编号往往是网络地址的一个部分，因此如果网桥换成路由器，则它们只要查一下包中的目标地址部分的子网号码就能完成路径选择的工作，比起网桥来容易得多。

2. 网关

OSI 的网关有两种：一种是面向连接的网关，一种是无连接的网关。当两个子网之间有一定距离时，往往可以把一个网关分成两半，中间用一条链路连接起来，如图 9—13 所示。

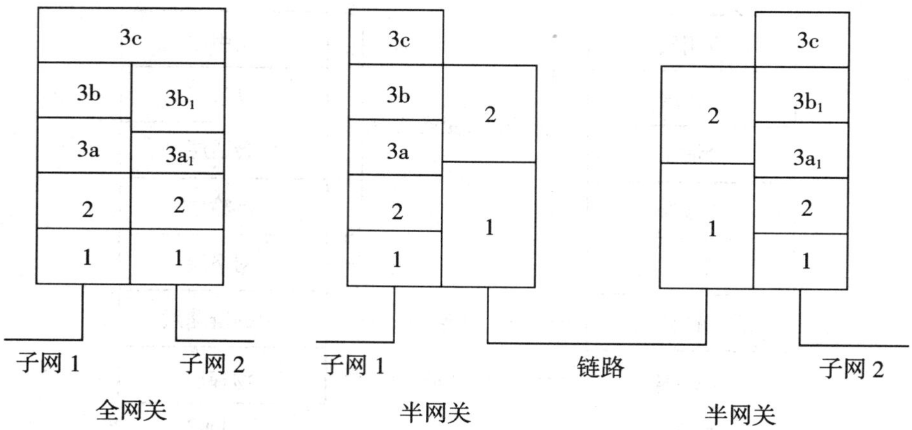

图 9—13　全网关与半网关

面向连接的网关用于虚电路网络的互连，无连接的网关用于数据报网络的互连。IP 网络在网络层提供统一的 IP 协议，它是一个不可靠的数据报网络，在传输层提供可靠的 TCP（传输控制协议）和不可靠的 UDP（用户数据报协议）。从用户的观点来看，它是一个独立的、统一的网络；但在物理上它是由不同的网络互连而成的，而且还不可能在每个网络之间实现全互连。因此，一个主机和另一个主机之间交换的数据可能中间穿越了许多网络。作为互联网络的一个实例就是 Internet 网络，它是从 ARPANET 逐渐发展起来的，其网间协议称为 IP，传输层协议称为 TCP，并有许多应用协议，如 FTP（文件传输协议）、SMTP（简单邮件传输协议）、TELNET（远程登录协议）、DNS（域名服务）等。网间网的结构从层次的划分来看，它可以分成应用层、传输层、网间层（IP）、子网接口层和物理网络层。物理网络从拓扑结构上可以包括总线形、树形、环形、星形，从传输介质上可以包括光纤网、卫星网、无线电网，从范围来讲可以包括远程网、局域网，从协议上讲可以包括 802.3、802.4、802.5、X. 25、ARPANET 等。因此，网间网是一个包罗万象的网络。

第五节　TCP/IP 网络

IP 网络的基本思想是，任何一个能够传输分组的网络，都可以作为一个物理子网融入到网间网之中，在传输层采用统一的 TCP 协议。因此，TCP/IP 网络是一个概念抽象、十分灵活而通用的网络系统。

9.5.1 IP 网络地址

在任何一个物理网中，例如一个 802.3 协议的 LAN 中，每个站点都有一个唯一标识该站点的地址，它就是网卡中的 6 个字节长的地址码。对于 IP 网中的主机和网关也必须有一个全网统一的地址。IP 地址的格式由网络号和主机号共同组成，长度为 32 位，并且具有如图 9—14 所示几种格式。

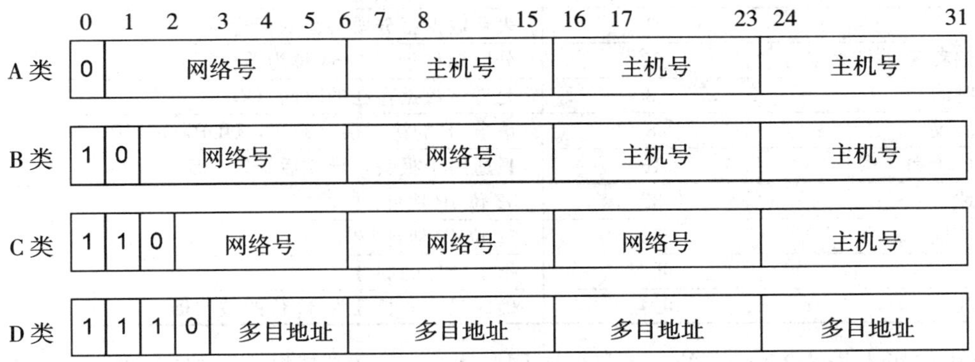

图 9—14 IP 格式

A 类地址用于网络规模大（主机多）而网络数量小的情况，C 类地址用于网络规模小（主机少）而网络数量大的情况，B 类地址介乎 A 类和 C 类之间。在文档中 IP 地址以四个用圆点隔开的十进制整数表示，D 类地址称多目地址（multicast address），用于表示一个应用组。

其中 A 类网络地址 127 是一个保留地址，用于网络软件测试和本机进程间通信，称为回送（Loop back）地址。在网络中不能出现含网络号 127 的分组。各位全为 0 的网络号解释成本网络。32 位全为 1 的 IP 地址代表本网络内部广播地址，称为有限广播地址（Limited broadcast address）。主机号全为 1 的 IP 地址称为该网的广播地址。

在网间网中，一个网关或路由器至少同时属于两个不同的网络，因此它们都具有至少两个 IP 地址。如果一个主机经不同的通道同时和若干个网络相连，则该主机同时具有几个 IP 地址。

因为 IP 地址是数字式的，难于记忆也难于理解，因此 IP 网络中同时设计了一套字符型的命名机制，称为域名系统（DNS，Domain Name System）。一个 IP 网的主机或网关都有相应的域名（Domain name），一个主机域名唯一地对应着一个 IP 地址，但是一个域名如果还有若干别名，则一个 IP 地址对应着若干个域名。为了使域名找到相应的 IP 地址，在网间网中提供了一套域名服务系统，它由若干级的名字服务器组成。用户习惯使用的是域名，而系统内部使用的是 IP 地址，从域名到 IP 地址的解析由域名服务器完成。

9.5.2 IP 协议

IP 协议作为网间网中网络层协议，提供无连接的数据报传输机制。IP 数据报分组的格式和一般“包”的格式差不多，也分为报头和数据区两个部分。报头的具体格式如表 9—2 所示。

表 9—2　　　　　　　　　　　　　报头的格式

名称	长度（位）	用途
版本	4	IP 协议版本
IHL	4	32 位/字的报头长度
服务类型	8	指定优先级、可靠性和延迟要求
数据报总长度	16	数据报长度（以字节表示）
数据报标识符	16	表示该数据报的唯一标志
标志	3	表示数据报分段特征的标志位
分段偏移量	13	分段偏移量（以 64 位为单位）
生存时间	8	允许该数据存在的时间（s）
用户协议	8	请求 IP 的协议层（TCP，UDP，ICMP…）
报头校验和	16	只适用于报头，异或后结果求反
源地址	32	32 位 IP 地址
目标地址	32	32 位 IP 地址
选择项	可变	指定额外的服务
填充区	可变	确保报头的长度为 32 位的整数倍

其中，版本指该 IP 协议的版本号。不同版本的 IP 协议其报头的格式不完全相同。IHL 指报头的长度，它包括到目标地址为止的 20 个字节的固定部分，以 4 个字节作为一个单位长度，如果没有选择项和填充区，其值为 5。填充区是为了使报头长度为 32 位的整数倍而设置的。服务类型用来说明对本数据报传输的要求，其中三位用来表示数据报的优先级，0 表示一般优先级，7 表示网络控制优先级。另有三位分别代表 D（Delay）、T（Throughput）、R（Reliability），表示用户要求该分组以最短的延时（D）、最大的吞吐率（T）、最高的可靠性（R）来传输。它们只是反映了用户的要求，在可能的情况下网络尽量满足，例如当 D 置位时，如果存在租用线和卫星两条路径，采用租用线（因为它延时短）而不采用卫星线；但当 T 置位时采用高数据率的卫星线路。数据报总长度包括报头和数据区的总长度，以字节为单位计算。数据报标识符作为该数据报分组的唯一标志。一个源主机发出的数据报分组应该没有相同标识符的分组同时存在网间网中，一般用一个计数器的值来表示。因为 IP 数据报在传输过程中，受到某些物理网络帧长的限制可能被分成若干个段，每一段作为一个小的 IP 包在网络中传输，这些小的 IP 包其报头中除了像分段偏移量、报头校验和不同外，其余都是一样的。数据报标识符可用于识别哪些段是属于原来的一个大数据报的。标志部分包括了三位，其中有一位未用，一位代表该数据报允不允许被分段，若置 1 则不允许分段；另一位表示该 IP 包是否是一个数据报的最后一段，若置 1 则表示还有另外的段，置 0 则表示是最后一段。分段偏移量指出该数据报中的数据在原来未分段的数据报数据的位置，它的值是以 8 个字节为单位来计算的。生存时间指允许该分组存在的时间，以秒为单位。数据报在传输过程中，随着时间的流逝，网关和主机要从该域减去所消耗的时间，一旦该域的值小于或等于零则该分组被删除，网关向源主机发回出错信息。用户协议指出了 IP 数据报中数据区的格式。报头校验和是一个 16 位的校验和，是为确保头部的可靠性而设置的。源（目标）地址是指源主机和目标主机的 IP 地址。选择项是报头中的可变部分，用以指定额外的服务。IP 数据报能够完成的额外服务被分成许多类别，每类有一定的编码和相应的格式，

通过选择项告诉 IP 服务软件，并把记录的结果放到选择项的表格中供分析。

IP 协议的工作原理如下：传输层把报文分成若干个数据报，每个数据报最长为64kB。每个数据报在网关中进行路径选择，穿越一个一个物理网络从源主机到达目标主机。在传输过程中数据报可能被分成小段，每一小段都被当做一个独立的数据报被传输。分段是在进入一个帧长较小的物理网络的网关上进行的，但是并不在离开这个网络进入下一个网络的网关上重装，而是让这些分段作为一个个独立的数据报传输到目标主机，在目标主机上重装。一个片段发生丢失也会引起整个数据报的重传。

和 IP 协议一起工作，用于报告 IP 层的错误和传输 IP 层控制信息的工具还有一个网间网控制报文协议（ICMP，Internet Control Message Protocol）。该报文的格式也分为报头和数据区两个部分，如图 9—15 所示。

图 9—15　ICMP 报文格式

其中，类型域为一个字节整数，指出该报文的类型。不同类型的报文用来报告不同的差错或传输不同的控制信息。类型值和报文类型（功能）如表 9—3 所示。

表 9—3　　类型值和报文类型（功能）

类型域	ICMP 报文类型（功能）
0	回应应答报文（ECHO REPLY）
3	目标不可达报文
4	源抑制报文
5	重定向报文
8	回应请求报文（ECHO REQUEST）
11	数据报超时报文
12	数据报参数出错报文
13	时戳请求（Timestamp Request）
14	时戳应答（Timestamp Reply）
17	子网屏蔽请求
18	子网屏蔽应答

代码域也为一个字节整数，它提供报文类型的进一步信息，如表 9—4 所示。

表 9—4　　代码域

代码域	意　　义	代码域	意　　义
0	网络不可达	7	目标主机未知
1	主机不可达	8	源主机被隔离
2	协议不可达	9	禁止与目标网络通信
3	端口不可达	10	禁止与目标主机通信
4	需分段但标志禁止分段	11	对请求的服务类型，网络不可达
5	源选径失败	12	对请求的服务类型，主机不可达
6	目标网络未知		

图 9—15 中的校验和占两个字节，它是整个报文（包括数据部分在内）的校验和。对于不同类型的报文，其数据区的格式是不同的。

ICMP 报文是在两个不同机器中的 IP 软件之间传输信息，但它是封装在 IP 数据报中作为数据来传输的，形式如图 9—16 所示。ICMP 协议不作为一个独立的协议，它仅作为 IP 协议中的一个模块，来处理 IP 层中的控制问题。

图 9—16　ICMP 报文的 IP 封装

ICMP 报文分成三类：

(1) 差错报告报文。包括目标下可达报文（3 类）、数据报超时报文（11 类）、数据报参数出错报文（12 类）。在 IP 数据报传输过程中，某个网关上的 IP 软件一旦发现传输出错，它把 IP 报头以及数据区前 64 位（上层协议中最重要的数据）数据复制到 ICMP 报文的数据区，丢掉出错的 IP 数据报，形成 ICMP 差错控制报文，再将其封装到 IP 数据报中，传输到源主机的 IP 层，向源主机报告出错情况。

(2) 传输控制报文。包括源抑制报文（4 类）和重定向报文（5 类）。其中源抑制报文用于网间网的阻塞控制。网关在 IP 分组存储转发的过程中可能遇到同时有大量的分组拥入网关，由于内部缓冲区的不足，无法转出去，只好把它丢掉的情况。这种现象称为拥塞(Congestion)。IP 软件一旦发现某条输出线路发生拥塞，即等待发送的数据报超过了某一个限制值或者开始发生丢弃现象，它就向源主机发出 ICMP 中的源抑制报文，希望它减小平均发送数据率，以抑制拥挤现象的继续发生。源主机收到源抑制报文后降低自己的传输率。重定向报文是一个物理网络周边的网关向内部主机传达路径信息用的。主机依据自己的初始路由信息，通过本网中某个网关向目标 A 发送数据报，该网关掌握有最新的网络路由信息，它是靠网关之间周期性的交换路径信息而获得的，该网关此时发现到达目标 A 应该走另外的路径。因此，它除了转发出该数据报外，并向源主机送出一个重定向报文，指出到达目标 A 主机应发向的网关地址。主机收到该重定向报文后，修改自己的路径表，使之适应于变化了的网络拓扑。因此，重定向报文是用来改变主机的初始路由信息的。

(3) 请求/应答报文。包括回应请求/应答（8/0 类）、时戳请求/应答（13/14 类）、子网屏蔽请求/应答（17/18 类）。回应请求/应答用于测试目标主机的可达性。请求者向目标主机发送一个回应请求报文，其数据区中包括若干任选的数据；目标主机收到请求报文以后，把请求报文中的任选数据复制到回应应答报文中，并向请求者发过去。回应请求/应答报文均以 IP 数据报的形式传输，请求者获得正确的回答就意味着整个 IP 传输过程正常。时戳请求/应答报文是用于主机之间调整时钟的。报文的数据区中有三项：①初始时戳，由时戳请求者填写的该机时钟值；②接收时戳，由时戳应答者收到请求时填上自己的时钟值；③发送时戳，由应答者填上发回时戳应答报文时间。其中发送时戳与接收时戳之差即为应答者的报文处理时间。时戳请求者收到时戳应答报文的时间减去初始时间，再减去应答者的报文处理时间即是报文往返一次所用去的时间。由报文传输时间和初始时戳及接收时戳可以判断出两个主机时钟的差值，以供调整。子网屏蔽字在 IP 网络中用来决定原来 IP 地址中表示主机号的那位现在声明为表子网络。

9.5.3 IP 路由

路径选择是网络层重要的功能。IP 路由选择采用路由表的方法来实现，每个主机和网关上都有一个路由选择表，其中指明目标网络号和下一个网关的地址。当一个网关收到一个 IP 数据报后首先判断该数据报的目标网络号是否就是它自己，如果不是则依路由表进行转发；如果是，则进入子网内部寻径，将 IP 包发向相应的主机，主机收到 IP 包以后，正确的则交给上层处理，否则丢弃，报告出错。还有许多主机到网关、网关到主机、网关到网关关于共享介质的广播，只须把 IP 包封装在以太帧中再广播到介质上即可。

从一个网关把 IP 包装到帧内部传到另一个网关时也需要对方网关的帧地址，这类帧地址称为物理地址。在不同的物理子网内部，每个主机和网关的物理地址其含义和表示方法是不同的，能够执行 IP 软件的主机及网关总是知道自己的物理地址和 IP 地址的，但是不一定知道与对方 IP 地址相应的物理地址。为此，在物理网络的内部提供了一个 ARP（Address Resoluiton Protocol，地址解析协议），它用于从 IP 地址找出物理地址。IP 网络还提供一个相反的协议 RARP（Reverse Address Resolution Protocol，反向地址解析协议），用于从物理地址获取它的 IP 地址。

IP 路由选择虽然是由路由表来决定的，但是路由表是由周期性存在的网关之间交换的路由信息不断刷新的，以此适应网络拓扑结构和内部状态的变化。

9.5.4 网间网的传输层协议

网间网的网络层采用无连接的不可靠数据报服务，传输层有两个并列的协议：TCP（Transport Control Protocol，传输控制协议）和 UDP（User Datagram Protocol，用户数据报协议）。前者提供面向连接的可靠的服务，后者提供高效的但不可靠的服务，其可靠性由应用程序处理。

网络层处理的是使 IP 数据报从一个主机传到另一个主机；而传输层是要利用网络层提供的服务实现位于两个主机上的进程之间的通信。一个多用户系统中同时运行着若干进程，进程是通过端口来接收、发送数据的，在 TCP/IP 网络中将一个主机中的端口分为两部分，一部分称为保留端口，另一部分称为自由端口。保留端口由系统服务程序使用，不同主机上的同样服务程序占用相同的端口。自由端口由用户程序使用，它必须首先向系统申请，然后与远地服务程序的众所周知的端口建立联系方能传输数据。

1. UDP 协议

用户数据报协议（UDP）建立在 IP 协议之上，它增加了端口的功能，相当于多个进程可以共享 IP 数据报传输。UDP 报文的格式如图 9—17 所示。

	0 15	16 31
报头	UDP 源端口	UDP 目标端口
	UDP 长度	UDP 校验和
数据	数据区	
	数据区	

图 9—17 UDP 报文的格式

其中 UDP 长度为包括报头和数据区在内的总长度，以字节为单位。UDP 校验和是一个可选项，置 0 表示未选择，以模 2^{16} 的反码表示。整个报文封装在 IP 数据报之中。

UDP 报文中不包括主机的地址，主机地址由 IP 报头表示。但是 UDP 的校验和除 UDP 报头和数据以外，在计算时还包括一个伪头标（Pseudo header），其格式如图 9—18 所示。

<table>
<tr><td>0　　　　7</td><td>8　　　　15</td><td>16　　　　31</td></tr>
<tr><td colspan="3">源 IP 地址</td></tr>
<tr><td colspan="3">目标 IP 地址</td></tr>
<tr><td>填充（0）</td><td>协议</td><td>UDP 长度</td></tr>
</table>

图 9—18　UDP 伪头标的格式

其中填充段全为 0，协议指协议类型编码，UDP 类型为 17，UDP 长度指 UDP 报文的长度，但不包括伪头标。如果 UDP 校验和是正确的，则说明 UDP 的数据、UDP 的端口和主机的地址一般是正确的。UDP 校验和是保证数据正确的唯一手段，伪头标只供计算校验和用，其 IP 地址要从 IP 数据报的报头中获取。

2. TCP 协议

TCP 协议提供面向连接的可靠的字节流服务。面向连接就是在传输数据之前必须先在两个不同主机的传端口之间建立一条连接，一旦连接成功，在两个进程之间就建立起来了一条虚电路，它如同一根流动数据的管道，发送进程向它输入数据，接收进程从它那里依次取出数据。TCP 协议的连接服务提供全双工的方式，由在相反方向上传送数据的两个独立的通道组成，可以同时在两个相反的方向上传送数据字节流。为了保证数据的可靠性，TCP 协议中采用了确认与超时重传的机制。TCP 协议把通过连接而传送的数据看做字节流，用一个 32 位整数对被传送的字节编号，接收端对收到的字节流必须不时发回响应信息，告诉发送端下一次希望接收的字节号。如果发送端对发出的字节流超过一定的时间限制还没有收到确认，则重发该字节流。由于在存储转发的包交换中采用了超时重发的机制，也就可能引起数据报的延迟重复出现现象，从而损害数据的可靠性。因此，传输连接的建立采用了三次握手的方法。

传输层协议把从应用程序来的字节流划分成段，每段作为一个 TCP 报文，封装在 IP 数据报中通过网间网传输。

TCP 报文的格式如图 9—19 所示。

<table>
<tr><td colspan="2">0　　　　7</td><td colspan="7">8　　　　15</td><td>16　　　　23</td><td>24　　　　31</td></tr>
<tr><td colspan="9">源端口</td><td colspan="2">目标端口</td></tr>
<tr><td colspan="11">序号</td></tr>
<tr><td colspan="11">确认号</td></tr>
<tr><td>头长度</td><td>保留</td><td></td><td>URG</td><td>ACK</td><td>PSH</td><td>RST</td><td>SYN</td><td>FIN</td><td colspan="2">窗口</td></tr>
<tr><td colspan="9">校验和</td><td colspan="2">紧急指针</td></tr>
<tr><td colspan="11">选项</td></tr>
<tr><td colspan="11">选项及填充字节</td></tr>
<tr><td colspan="11">数据</td></tr>
</table>

图 9—19　TCP 报文的格式

其中源端口和目标端口都是传输层的端口号。序号域中的序号是指本段 TCP 报文中的数据在被传输的字节流中的位置。确认号是一种捎带确认，它表示接收端希望接收的下一个字节编号。头长度表示以 32 位为单位的 TCP 报头长度。保留域留作它用。窗口域是一个 16 位的整数，它和确认号一样是由接收端发向发送端的信息，它表示在已经被确认了的数据后面还允许发送端继续发送多少字节的数据，它实际上是一个可变大小的窗口值。TCP 协议在传输连接上采用类似于滑动窗口的办法进行流量控制，窗口的大小用字节数表示，引起窗口改变的因素除从 TCP 报文接收到的这个窗口值以外，还和网络的拥塞情况有关。在没有拥塞发生的情况下，窗口就是接收端通告的值，当有拥塞发生时窗口将减小一半以减小注入网络的字节数，同时超时重传的时间区间也增大一倍，以尽量避免重复的数据报出现在网络中。

TCP 协议报文只有一种格式，各种不同的功能（连接、断连、响应等）是靠其中的若干码位来实现的。

对传输层协议用户所能见到的只是由操作系统提供的系统调用，如 socket（创建一个端口）、Connect（连接请求）、Accept（连接接受）、Send（发送数据）、Recv（接收数据）。可以粗略地认为传输层协议有一个输入和一个输出字节流缓冲区，Send、Recv 调用在一般情况下都是把用户数据写入输入缓冲区或从输出缓冲区读出。传输协议的实体维持一个主机上的输入缓冲区的数据经过传输连接传送到另一个主机上的输出缓冲区。在虚电路上总是一次传送一个 TCP 报文，但是报文的长度（不包括报头）可以小到一个字节，当然也不会大于 64kB。为了提高效率，传输协议希望当缓冲区数据足够大时把它们作为一个段而推入传输管道。这种做法对于一个远程登录终端来讲非常不合适，当终端输入一个键盘命令后终端等待主机的回答，然而这个键盘命令正在等待与它结伴而行的同伙们，根本还没有往主机走。为此传输层提供了一种强迫数据传送机制，只要应用程序发出一个推入（Push）命令，则传输层立即将缓冲区的内容形成段而传输出去。对于被用 Push 操作而推入的数据，TCP 报文中码位 PSH 置为 1，接收端的 TCP 软件对于 PSH 置 1 的报文将立即交给应用程序。

码位中 ACK 置为 1 表示该 TCP 报文中含有接收端的确认信息。ACK 位还和 SYN 位共同表示连接请求与响应，当 SYN＝1，ACK＝0 时表示该报文作连接请求用；当 SYN＝1，ACK＝1 时表示该报文作连接响应报文用。码位中的 RST 置 1，代表要求传输连接复位。TCP 协议不像一般的传输层协议对在传输层连接上顺序传送的报文包进行编号，而是对其上顺序传送的字节流进行编号。当连接建立时双方都确定一个字节流的起始序号，以后凡是在这条连接上传输的字节都有一个 32 位整数的字节编号，编号按模 2^{32} 顺序计算，从连接建立开始一直到连接结束为止。

码位中的 FIN 表示字节流的最后一段，再没有数据要发送，在这个方向的连接拆除。TCP 协议提供的字节流服务总是先进入缓冲区的字节先被传输，在接收端先从传输管道中出来。为了处理一些特别需要的紧急的传输，如同不经过排队而首先到达对方一样，TCP 协议提供了一个紧急处理手段，进入传输管道的数据仍然是先到者在前，后到者在后，但是对于后到者中的一段紧急数据在 TCP 报文中做出一标识，这就是 URG 位。如果 URG 置 1，表示此段 TCP 报文中有紧急数据，该数据的起始位置由紧急指针域表示。接收端的 TCP 软件接收到 URG 为 1 的报文，它首先对它作处理或者递交给应用程序。因此，URG 功能相当于一般传输协议中的加速数据传输或带外（out of band）数据传输的功能。

第十章　网络操作系统

第一节　网络操作系统概述

计算机网络是通过通信设施将地理上分散的具有自治功能的多个计算机系统互连起来，实现信息交换、资源共享、互操作和协作处理的系统。网络操作系统就是在原来的各自计算机系统操作上，按照网络体系结构的各个协议标准进行开发，使之包括网络管理、通信、资源共享、系统安全和多种网络应用服务的操作系统。

网络操作系统（NOS）是网络的心脏和灵魂，是向网络计算机提供服务的特殊的操作系统。它在计算机操作系统下工作，使计算机操作系统增强了网络操作所需要的能力。例如，在局域网上使用字处理程序时，PC 机操作系统的行为像在没有构成局域网时一样，这正是局域网操作系统软件管理了用户对字处理程序的访问。网络操作系统运行在称为服务器的计算机上，并由联网的计算机用户共享，这类用户称为客户。

NOS 与运行在工作站上的单用户操作系统或多用户操作系统由于提供的服务类型不同而有所差别。一般情况下，NOS 是以使网络相关特性最佳为目的，如共享数据文件、软件应用，以及共享硬盘、打印机、调制解调器、扫描仪和传真机等。一般计算机的操作系统，如 DOS 和 OS/2 等，其目的是让用户与系统及在此操作系统上运行的各种应用程序之间的交互作用最佳。

为防止一次由一个以上的用户对文件进行访问，一般网络操作系统都具有文件加锁功能。如果没有这种功能，就不会正常工作。文件加锁功能可跟踪使用中的每个文件，并确保一次只能有一个用户对其进行编辑。文件也可由用户的口令加锁，以维持专用文件的专用性。

NOS 还负责管理局域网用户和局域网打印机之间的连接。NOS 总是跟踪每一个可供使用的打印机和每个用户的打印请求，并对如何满足这些请求进行管理，使每个用户端的操作系统感到所希望的打印机犹如与其计算机直接相连一样。

早期的网络功能比较简单，仅提供了基本的数据通信、文件和打印服务及一些安全性特征，随着网络的规模化和复杂化，现代网络操作的功能不断扩展，性能也大幅度提高，很多系统同时提供局域网和广域网的连接。

10.1.1　网络操作系统的类型和组成

网络操作系统有三种类型。

1. 集中式

集中式网络操作系统实际上是从分时操作系统加上网络功能演变而来的，这种系统的基本单元是一台主机和若干台与主机相连接的终端，将多台主机连接就构成了网络。UNIX 系统是典型的例子。由于 UNIX 系统发展时间长、性能可靠，并且多用于大型主机，所以在关键任务场合仍是首选的系统，金融行业至今仍以 UNIX 系统为主。

2. 客户/服务器模式

这种模式代表了现代网络的潮流，在网络中连接多台计算机，有的计算机提供文件、打印等服务，被称为服务器。而另外一些计算机则向服务器请求服务，称为客户机或工作站。客户机与集中式网络中的终端不同的是，客户机有自己的处理能力，仅在需要通信时才向服务器发出请求，而典型的终端一般称为傻终端，没有自己的处理能力，是靠主机的 CPU 分时完成各种处理。服务器在性能上的要求往往没有主机高，在中等应用场合较为流行。Novell 公司的 NetWare 和 Microsoft 公司的 Windows Server 2003 是这种网络操作系统的典型代表。

3. 对等式

与客户/服务器模式相关的另一种模式是对等式网络，它使网络中每一台计算机都具有客户和服务器两种功能，既可向其他机器提供服务又可向其他机器请求服务。这种模式应用于两种场合：

（1）简单网络连接。适用于工作组内几台计算机之间仅需提供简单的通信和资源共享，这种情况下无须购置专用服务器。在小规模应用时是投资少、实施简单的方案。

（2）分布式计算。把处理和控制分布到每个计算机的分布式计算模式是极为复杂的，目前尚无成熟的系统。

在集中式网络中，网络操作系统仅用于主机，终端本身不需要安装系统；在客户/服务器网络中，网络操作系统实际上由两部分组成，一部分是服务器软件，另一部分是客户机软件，其中服务器软件是网络操作系统中的主要组成部分，而客户端要简单得多，主要提供用户访问网络的接口。在这种模式下，对于连接在网络中的计算机，哪一台安装了服务器软件，就被称之为服务器，反之，则称之为客户机。当然，服务器软件一般装在网络中性能最好的计算机上，以便提供最好的服务。在对等式网络中，所有的计算机安装的都是同一系统，提供客户/服务器两种功能。

10.1.2 网络操作系统的特征

网络操作系统除具有一般操作系统的特征外，还具有自己的特性。一个典型的网络操作系统应有以下特征：

（1）与硬件无关，可运行于不同的网络硬件上。不同的硬件设备可以构成不同的拓扑结构，如总线形、环形、星形、混合形，因此，网络操作系统应独立于网络的拓扑结构。当然，任何一种网络操作系统都不可能支持所有的连网硬件，包括新开发出来的硬件设备，从而对连网硬件的支持能力也就成了选择网络操作系统时的一个考虑因素。

（2）广域网连接。一个功能齐全的网络操作系统应可以通过网桥、路由交换器等与其他网络连接，并支持 DHCP（动态主机配置协议）、IP 路由、DNS（域名服务）等广域网连接功能。

（3） 多种客户端支持。

（4） 目录服务。这是一种以单一逻辑的方式访问可能位于全球范围内的所有网络服务和资源的技术。无论用户在何处，也无论资源位于什么地方，用户只需通过一次登录就可访问网络服务和资源。

（5） 多用户支持。网络操作系统应能同时支持多个用户对网络的访问。

（6） 网络管理。支持网络实用程序，如系统备份、安全管理、容错、性能控制等。

（7） 安全性和存取控制。

（8） 系统容错能力。

（9） 支持多种增值服务。它是评价网络操作系统的重要因素。

（10） 互操作性。允许多种操作系统和厂商的产品共享相同的网络电缆系统，并且彼此可以连通访问。

10.1.3 当前流行的网络操作系统

1. Banyan System 公司的 VINES

VINES 是由 Banyan System 公司开发的产品。VINES 是当今企业连网的主导产品之一，尽管所占市场份额不大，但在技术上却有其独到之处。VINES 于 1984 年推出，最早是运行于专用服务器上的 VINES1.0，随后相继推出适用于各种 PC 机的 PC 版本。1992 年发展到 VINES 5.0 版。由于 VINES 底层支持各种通信协议，因而能对 LAN 与 WAN 的互联提供强有力的支持。VINES 的主要特点是：

（1） 安装简便，管理容易。

（2） 采用 Sheet Talk 全局命名服务，使系统管理员能轻易地在不同服务之间转移资源，达到负载平衡。

（3） 与 WAN 的连网能力强。VINES 运行在 UNIX 之上，支持多用户和多任务。另外，还支持对称多处理技术（SMP），从而能充分利用硬件的处理能力来提高速度和性能。VINES 还可在一台服务器上支持任意数量的用户。

2. Sun Microsystem 公司的 NFS

Sun NFS（Network File System）是 1984 年由 Sun Microsystem 公司推出的产品，如今已成为一种事实上的标准。NFS 提供了在异种机、异种操作系统的网络环境下共享文件的简单方法。它是基于 Client/Server 模式的。NFS 的特点是：

（1） 提供透明文件访问和文件传送。用户可以直接获取远程文件和数据，而不必了解其细节。本地与远程文件读写几乎没有什么区别。在网络上真正实现了分布式处理。

（2） 容易扩充。扩充新的资源或软件，不需要改变现存工作环境。

（3） 可靠性高。

（4） 高性能，可灵活配置。

对于目录服务，NFS 利用了 NIS+。NIS+在设计上类似于 NDS，但它是允许栏目级访问控制的唯一现代目录服务，允许较低级别的管理员具有对用户的有限权力。

NFS 的优点就是它以处理器、用户和网上客户机形式表现的稳定性与可伸缩性，NFS 的同一个副本既能够在单处理器台式机上运行，又能够在装备了能够处理数据库和控制大型网络通信的 64 个预处理器的大型机——服务器上运行。

3. Microsoft 公司的 Windows Server 2003

Windows Server 2003 是目前被认为最有前途的 NOS 之一，它卓越的性能、强大的互联操作性、友好的 GUI 界面以及目前扩展的对 Internet 的支持都令人刮目相看。

Windows Server 2003 网络操作系统是具有抢先式多任务、多线程调度能力并可支持文件、打印、信息传递与应用服务的多用途 32 位操作系统。它具有以下特点：

（1）能在健壮、易用的 Windows 平台上实现各种商务解决方案。

（2）提供了所需的一切工具来建立安全可靠的数据库，访问大型机的数据。

（3）建立消息传递基础设施和管理网络中的所有机器。

（4）可以运行在 Intel X86、MIPS R4000、Digital Alpha AXP、PowerPC 等多种服务器平台上。

（5）支持 SMP 对称多处理。

（6）各种安全和先进的容错功能，保证信息的完整性和有效性。

Windows Server 2003 操作系统具有价格低、应用服务能力强、安全性高、内含软件丰富等特点，所以是目前国内较为流行的网络操作系统。

4. Novell 公司的 NetWare 操作系统

NetWare 具有以下特点：

（1）具有高性能的文件系统，支持 4GB～32TB 的文件空间，支持 DOS、OS/2、MAC 和 UNIX 文件系统。

（2）高可靠性，具有一、二、三级容错。

（3）良好的权限管理，安全保密度高。

（4）开放性好。开放的开发环境，开放的数据链路接口（ODI），可安装模块的体系结构。

（5）NDS 服务为大型应用提供可能。

（6）对 Internet 的支持丰富。

NDS 不但提供可以实现当今最高网络安全性的平台，还借助易于使用的图形管理实用程序为管理员提供了单一的控制点，NetWare 充分发掘了 Intel CPU 的能力，具有很高的运行效率。很多应用系统软件都被设计在 NetWare 操作系统上运行，其中也包括许多著名的客户/服务器模式的数据库系统软件，应用十分广泛。其缺点是系统崩溃的可能性高，价格比 Windows Server 2003 较高，并且它只能运行在 Intel X86 的 PC 服务器系统上。

第二节　Windows Server 2003 网络操作系统

10.2.1　Windows Server 2003 网络特性和新特性

无论作为工作站的操作系统还是作为服务器的操作系统，微软公司推出的 Server 2003 操作系统都极具特色：

(1) 体系结构的独立性。

(2) 多处理器支持。

(3) 多线程的多任务。

(4) 大量的内存空间。

(5) 集中化的用户环境文件。

(6) 远程访问服务。

(7) 基于域和工作组的管理功能。

(8) 容错与多驱动器阵列（RAID）支持。

(9) NetWare 支持。

Server 2003 具有十大优点：

(1) 便于部署、管理和使用。

(2) 安全的基础结构。

(3) 企业级的可靠性、可用性、可伸缩性和性能。

(4) 采用了最新技术，降低了 TCO。

(5) 便于创建动态的 Internet 和 Internet Web 站点。

(6) 用 Intergrated Application Server 加快开发速度。

(7) 便于查找、共享和重新利用 XML Web 服务。

(8) 稳定的管理工具。

(9) 降低支持成本，增强用户功能。

(10) 利用全球伙伴和认证专业人士网的专家知识。

10.2.2 Server 2003 网络环境

所有的微软网络产品都具有源于对等网络（peer to peer）的结构特征。在微软的网络环境中，用户必须熟识 Domain（域）、NetBIOS 之类的术语。

1. 域——改进的工作组

如果要使网络系统增加更多的智能和更高的安全性，那就需要域（domain）。域可以看做一个“超级工作组”，一个具有集中安全控制的工作组。与工作组一样，域也是一组联网的计算机集合；与工作组不同的是，对域资源的所有访问都由该域中的某个计算机授权监控。这个计算机称为主域控制器，域主要有两个优点：

(1) 一个域对一个用户来说只有一个密码，该密码可打开该域的所有被授权使用的资源。

(2) 密码是由用户设定的。网络管理员若要拒绝某人上网，只需要删除那个人的账号。别人无需更改密码仍可继续使用网络。

域的概念是构造微软高级网络的基础。域可由共享资源和用户组成。

2. 网络用户

每个用户都有一个账号及其用户信息的数据库记录，最简单的用户账号包括以下信息：用户名、密码和权限。

3. 用户权限

权限即允许对某个打印机、目录、文件或其他网络资源进行访问的权利。访问有多种级别：只读、只执行、读/写等。

4. 组

组可用于为相同的用户集合分配权限。

5. 网络中的计算机

在微软网络中，要求给每一台上网的计算机赋名，名字最长不超过 15 个字符。

6. 域间安全性

域中的用户使用用户权利去共享信息。如果需要使用其他域中的信息资源，可在域之间建立信任关系来解决。

7. 网络软件

（1）网卡驱动软件，要求选用与硬件相适应的驱动程序。

（2）网络协议。网络协议十分繁杂，针对不同的应用，选取的网络协议可能不同。同 UNIX 和 Internet 连接，一般用 TCT/IP；同 NetWare 连接，选 IPX/SPX；同微软网络连接，选 NetBEUI。

10.2.3 安装 Server 2003 服务器

在准备工作充分的情况下，Server 2003 服务器的安装是比较容易的。

1. 安装 Server 2003 系统要求

（1）CPU 与 RAM。

Server 2003 有 4 个 32 位版本：

- Server 2003 Web 版。
- Server 2003 Standard 版（标准版）。
- Server 2003 Enterprise 版（企业版）。
- Server 2003 Datacenter 版。

CPU 与 RAM 要求如表 10—1 所示。

表 10—1　　Server 2003 的配置要求

要求	Web 版	标准版	企业版	Datacenter 版
最小 CPU 速度	133MHz	133MHz	基于 x86 的计算机：133MHz；基于 Itanium 的计算机：733MHz	基于 x86 的计算机：133MHz；基于 Itanium 的计算机：733MHz
推荐 CPU 速度	550MHz	550MHz	733MHz	733MHz
最小内存	128MB	128MB	128MB	512MB
推荐最小内存	256MB	256MB	256MB	1GB
最大内存	2GB	4GB	基于 x86 的计算机：32GB；基于 Itanium 的计算机：64GB	基于 x86 的计算机：64GB；基于 Itanium 的计算机：512GB
多 CPU 支持	最多 2 个	最多 4 个	最多 8 个	最少需要 8 个，最多 64 个
安装所需的磁盘空间	1.5GB	1.5GB	基于 x86 的计算机：1.5GB；基于 Itanium 的计算机：2.0GB	基于 x86 的计算机：1.5GB；基于 Itanium 的计算机：2.0GB

（2）视频卡：VGA 制式。

（3）CD-ROM 或网络连接条件：以提供安装软件源。

（4）硬盘：200MB以上。

（5）鼠标和串行接口。

（6）网卡。

硬件准备好后，可用测试软件检查硬件的工作状况。

2. Server 2003的几种安装方式

（1）通过从光盘启动计算机并全新安装Windows Server 2003。

①检查计算机，确定该计算机能够从光盘驱动器启动，并且是要执行全新安装。

②启动计算机，将光盘插入驱动器。

③等待安装程序显示对话框。

④按照提示进行操作。

（2）在MS-DOS的计算机上安装Windows Server 2003。

①将光盘插入驱动器。

②在命令提示符下，键入X:，其中X是光盘驱动器的驱动器号。

③在X提示符下，键入CD\I386，然后按回车键。

④在X:\I386>提示符下，键入WINNT，然后按回车键。

⑤按照提示进行操作。

（3）在运行Windows 98/NT/2000的计算机上安装Windows Server 2003。

①将光盘插入驱动器。

②在运行Windows 98/NT 4.0/2000的计算机上，将自动运行启动安装，运行的程序为X:\I386\WINNT32.EXE，其中X是光盘驱动器的驱动器号。

③按照提示进行操作。

（4）从网络启动安装程序。

要想通过网络安装Windows Server 2003，可以直接把CD-ROM设为共享，或者把安装源文件（在\I386目录中）复制到一个共享文件夹中，再用合适的程序来启动安装程序。

①在一台网络服务器上插入CD-ROM并共享该驱动器以共享安装文件，或把CD-ROM上\I386目录下的文件复制到一个共享文件夹中。

②将要安装Windows Server 2003的计算机连接到共享CD-ROM或共享文件夹。

③按下述情况查找且运行CD-ROM的\I386目录或共享文件夹中的正确文件。

- 在运行MS-DOS或Windows 3x的计算机上，启动共享文件夹中的WINNTEXE文件。
- 在运行Windows 98/NT 4.0/2000的计算机上，启动共享文件夹中的WINNT32.EXE文件。

④按照提示进行操作。

3. 运行安装程序

安装Windows Server 2003服务器的主要步骤如下：

（1）将Windows Server 2003的光盘插入驱动器并重新引导计算机。从CD-ROM引导后，安装程序将复制最小版本Windows Server 2003到内存并开始安装程序的文本模式部分。

（2）进入“欢迎使用安装程序”屏幕对话框，这里有3个选项。如果是全新安装，可按Enter键；如果原来硬盘上已经安装了Windows Server 2003，但系统出了故障，可按R键开始修复过程；如果选择了 F3 功能键，将退出安装。

（3）系统提示 Windows Server 2003 许可协议，按 F8 键同意继续安装。

（4）选择暗转分区的位置。此时屏幕显示硬盘上现有可用空间或现有分区，有 3 种操作选择。若要在选定分区上安装，按 Enter 键；若要在未分区空间中创建新分区，按 C 键；若要删除选定的分区，按 D 键。

（5）选择分区格式化的文件系统类型。Windows Server 2003 支持 FAT、FAT32 和 NTFS 文件系统。FAT32 文件系统缺乏安全性，而且不支持文件和文件夹压缩、磁盘配额、文件加密或单个文件权限。NTFS 文件系统性能和安全性都优于 FAT/FAT32 文件系统，是 Windows Server 2003 推荐采用的文件系统。

（6）格式化结束后，系统直接将文件复制到 Windows Server 2003 安装文件夹中。然后计算机重新启动进入图形界面。

（7）设置“区域和语言选项”，默认为中文。

（8）输入姓名和单位信息。

（9）输入产品序列号。

（10）选择 Windows Server 2003 要使用的授权模式。选择“每服务器，同时连接数”单选按钮并输入同时连接的计算机数，或者选择“每设备或每用户”单选按钮，表示每个设备或每个用户必须拥有客户端访问许可证。

（11）输入“计算机名称”和“管理员密码”。

（12）设置日期和时间。

（13）在“网络设置”对话框中选择网络设置类型。选择“典型设置”，系统只会安装 TCP/IP 协议，并设置成自动获得 IP 地址方式；如果想手工设置一些网络组件，可选“自定义设置”。

（14）在随后出现的“网络组件”对话框中选择“Internet 协议（TCP/IP)”，单击“属性”按钮，设置 IP 地址。

（15）设置“工作组或计算机域”。

（16）系统复制文件完成后，重新启动计算机，即完成了全部安装。

10.2.4 本地用户和组

在 Windows Server 2003 服务器中，“计算机管理”“本地安全设置”是管理网络中的用户账号、组，以及计算机和域安全规则的最基本的管理工具。

计算机管理允许网络管理人员完成以下工作：

（1）创建、修改、删除域中的用户账号。

（2）定义用户环境和网络连接。

（3）为用户账号分配登录信息。

（4）管理域中的组和组中各账号间的成员关系。

（5）管理网络中不同域之间的信任关系。

（6）管理域的安全规则。

计算机管理的所有功能对于管理者（administrators）是可用的，账号管理员组（Account Operators）的成员可以管理大部用户的账号，但不能实现任何安全规则。一般用户则只能通过计算机管理来查看信息，而不能删改。

打开“控制面板”，“计算机管理”如图 10—1 所示。首先会看到域中所有用户的列表，紧跟其后的是域中所定义的组。

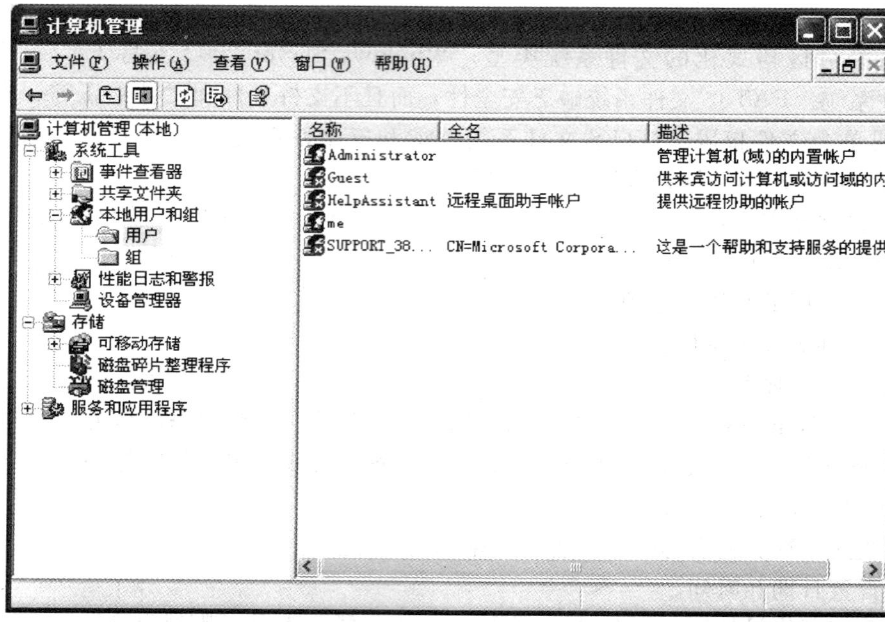

图 10—1　计算机管理中的用户

要查看组成员，可单击“用户”菜单下的“组”命令，如图 10—2 所示。

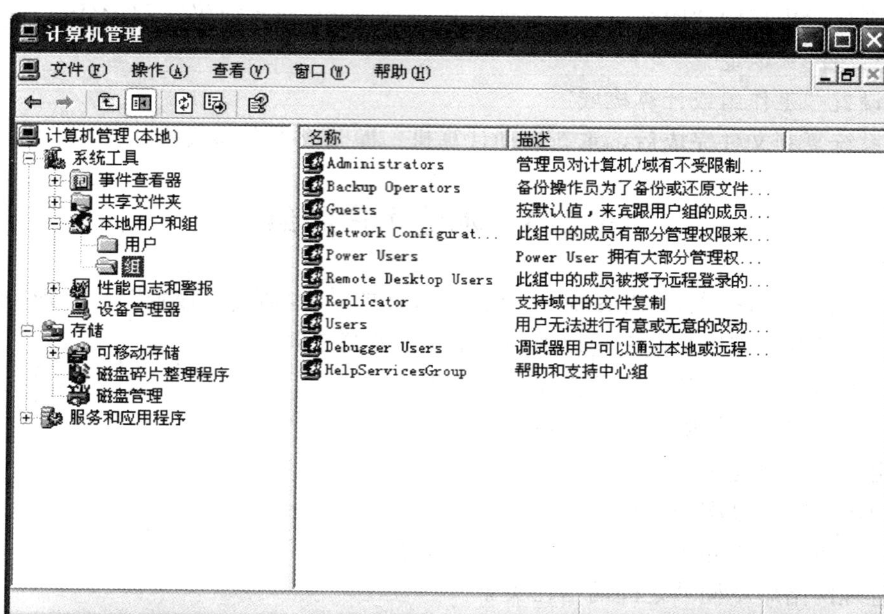

图 10—2　计算机管理中的组

要想查看和管理任何显示出来的用户账号或组的属性，只需在账号或组名上用鼠标双击，即可出现如图 10—3 所示的“用户属性”对话框。

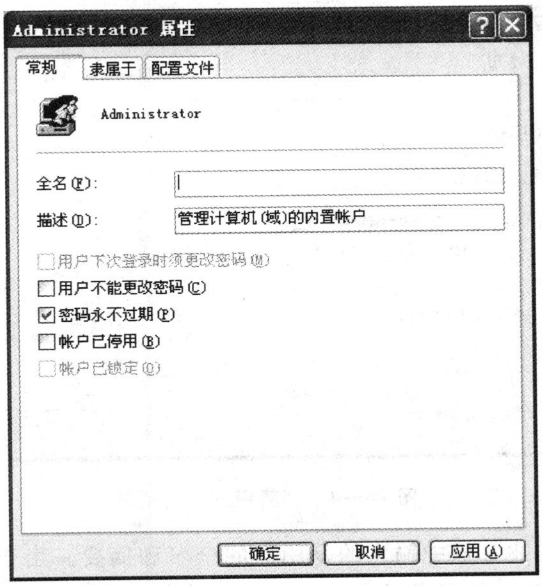

图 10—3　“用户属性”对话框

1. 创建用户账号

Windows Server 2003 服务器中，用户账号包括用户名、密码、隶属关系。用户对网络中资源进行访问的权限及优先级等信息的说明如表 10—2 所示。

表 10—2

用户账号属性	说明
用户名	用户登录时输入的名字
密码	用户登录到自己账号的密码
全名	用户的全名
登录脚本	用户登录时自动运行的批处理文件或可执行文件

用户账号在创建时被自动分配一个安全识别符（SID）。SID 是 Windows Server 2003 服务器安全系统中识别该账号的唯一数字。

在 Windows Server 2003 服务器中创建新的用户账号时，右击“用户”，选择“新用户”选项即可，如图 10—4 所示。其中有关部分选项的说明如表 10—3 所示。

建立用户账号时应注意以下几点：

(1)“用户名”框中输入的用户名应具唯一性，用户名最多为 20 个字符（大小写均可）或 10 个汉字，但不得包含下列字符

” / \ [ ] ; | : = , + * ? < >

用户名允许输入空格，但在命令中引用用户名时还需加引号，所以应尽量避免。

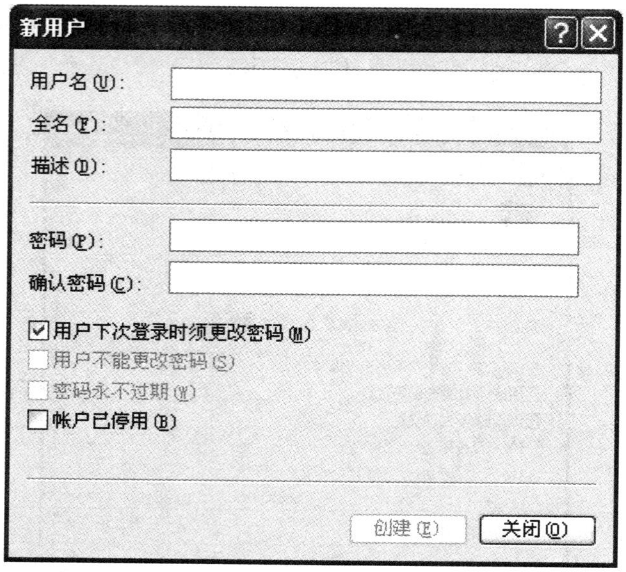

图 10—4 “新用户”对话框

(2)“全名”和“描述”框中输入的是用户的全名和摘要。由于可以在“查看”选项中按全名排序，因此一个统一的取名标准（如按姓氏排序）是必要的。

(3) 在“密码”和“确认密码”框中输入密码时须注意密码是区分大小写字母的。

(4) 如果新账户建立后，暂不使用，可选择“帐户已停用”复选框。

表 10—3　　创建新用户账号的密码和账号选项

选项	默认值	说　明
用户下次登录时须更改密码	On	强迫用户在下一次登录时修改其密码；之后，其值将被设置为 Off
用户不能更改密码	Off	若选中，将禁止用户修改该账号的密码。该选项适用于共享账号
密码永不过期	Off	若选中，用户账号将忽略密码失效期，该密码将永不会失效。该选项对于代表服务的账号和希望有一个永久性密码的账号都非常有用
帐户已停用	Off	若选中，该账号将被关闭，在打开以前任何人都无法以该账号登录（但该账号并没有从数据库中删除）。该选项适于被当做模板的账号

右击“新用户”，“属性”对话框的顶部有三个标签，分别是“常规”“隶属于”和“配置文件”，它们可分别用于定义账户属性。

2. 指定组

选择“隶属于”标签，可以为新用户账号指定一个组。组的从属关系显示在“隶属于”对话框中，如图 10—5 所示。

要给用户账号增加新的从属关系，可先在“隶属于”框中选择一个或一些组，然后单击“添加”按钮；要取消与某一个组的从属关系，则应从“隶属于”框中选择那个组，然后单击“删除”按钮。

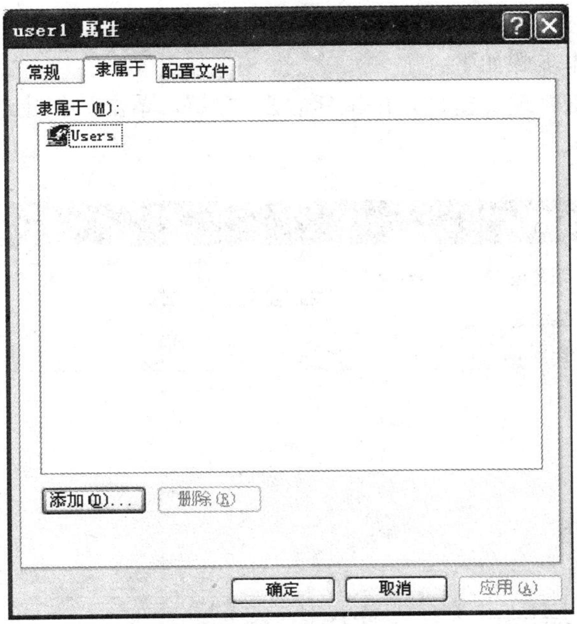

图 10—5 “隶属于”对话框

3. 默认账户概述

Windows Server 2003 系统安装完后，会预设两个账户，即 Administrator 和 Guest，也就是管理员和来宾账户。

Administrator 账户可称为超级用户，具有对服务器的完全控制权限，并可以根据需要向其他用户指派用户权利和访问控制权限。通常情况下，只有在执行需要管理凭据的任务时才启用此账户。出于安全的考虑，此账户的密码最好设置为强密码，即密码位数足够，包含大小写字符、数字和符号的密码。

Administrator 账户是 Administrators 组的成员，在 Windows Server 2003 中，不可以在 Administrators 组里删除 Administrator 账户，但可以重命名或禁用此账户。为防止恶意用户尝试访问该账户，建议将 Administrator 账户重命名或禁用，这样可更好地保证系统的安全。要注意的是，即便已经禁用了此账户，在安全模式下仍可使用该账户访问计算机。

Administrator 账户是首次设置服务器时使用的账户，而后可以使用这个账户创建新的账户操作计算机。

Guest 账户，也称为来宾账户，由在计算机上没有实际账户的用户使用。Guest 账户不需要密码。在默认的情况下，Guest 账户是禁用的。设置 Guest 账户的权利和权限的方法与设置其他用户的一样，通常，Guest 账户是默认的 Guest 组的成员，可以登录到服务器，但其他权利和任何权限都必须由 Administrators 组的成员授予。考虑到安全的原因，建议将 Guest 账户禁用。

如果 Windows Server 2003 系统安装了远程协助会话，则会同时创建一个 HelpAssistant 账户。该账户由“远程桌面帮助会话管理器”服务管理，当不存在远程协助请求时，将自动删除。

4. 新建组

创建本地组的操作步骤如下：

（1）打开“计算机管理”窗口，用鼠标右击“组”，单击“新建组”，打开“新建组”对话框，如图 10—6 所示。

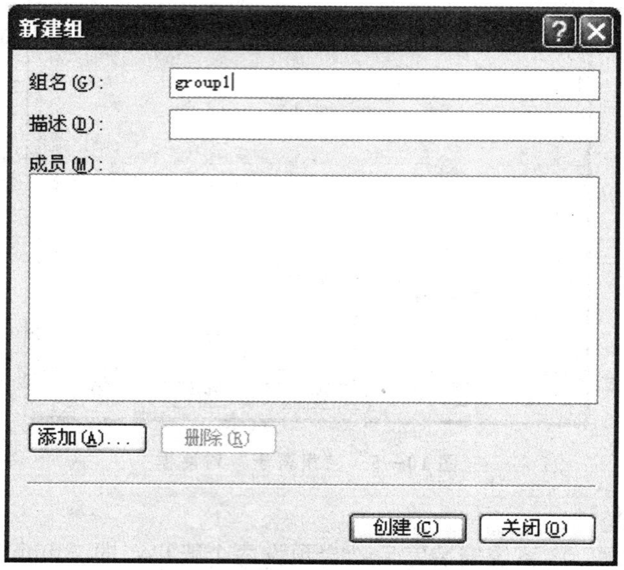

图 10—6 “新建组”对话框

（2）在此对话框中，输入组名、描述，然后单击“创建”按钮即可创建一个新组。

（3）如果此时即想向该组中加入成员，则在上一步中不单击“创建”按钮，而先单击“添加”按钮，打开“选择用户”对话框，如图 10—7 所示。

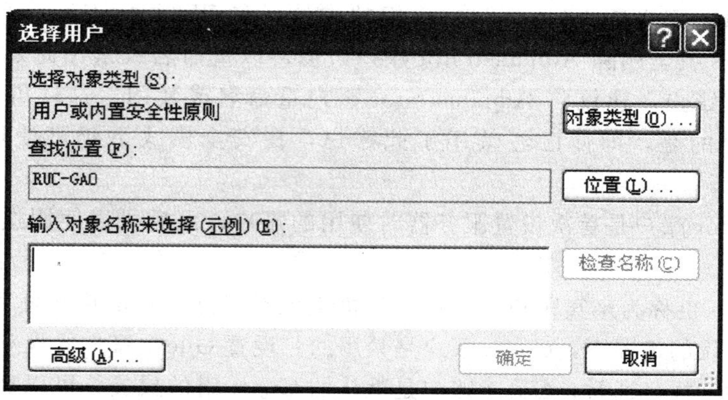

图 10—7 “选择用户”对话框

（4）在此对话框中可通过选择对象类型、位置或输入对象名称来确定要加入组的对象。单击“对象类型”按钮，打开相应的对话框，如图 10—8 所示。

（5）单击“确定”按钮即可将该对象加入到新创建的组，使其成为该组的成员。

图 10—8 “对象类型”对话框

5. 预设组概述

(1) Account Operators。此组名称的意思是账户操作者，该组的成员可以创建、修改和删除 Users 或 Computers 容器中的用户与组，但对 Administrators 或 Domain Admins 组则不具备这样的权限。此外，该组的成员还可以登录到域控制器，并具有关闭该控制器的权限。可以看出，这个组的权限很大，因此在向该组中添加新成员时一定要确保安全。

(2) Administrators。该组的成员具有对计算机的完全控制权限，并可完全控制域中的所有域控制器。默认情况下，Domain Admins 组、Enterprise Admins 组和 Administrator 账户是该组的成员。由于该组的完全控制权限，在添加用户时一定要特别谨慎。

(3) Backup Operators。该组的成员可以备份和还原系统中的所有文件，不论是否对文件具有操作权限；成员还可以登录到域控制器，并具有关闭该控制器的权限。此组没有默认的成员。

(4) Guests。具有的权限最少，默认情况下 Domain Guests 组和 Guest 用户是该组的成员，但 Guest 用户在默认情况下被禁用。

(5) Incoming Forest Trust Builders。该组的成员可创建根域的单向内传信任，没有默认的组成员。

(6) Network Configuration Operators。该组的成员可更改 TCP/IP 的设置。该组没有默认的成员。

(7) Performance Monitor Users。该组的成员可在本地或从远程客户端监视该域中域控制器上的性能计数器，没有默认的成员，也没有默认的用户权利。

(8) Performance Log Users。该组的成员可在本地或从远程客户端管理该域中域控制器上的性能计数器、日志和警报，没有默认的成员。

(9) Pre-Windows 2000 Compatible Access。这个组的创建，主要是为了向下兼容运行 Windows NT 4.0 及其早期版本的计算机，该组的成员具有对该域中所有用户和组的读取访问权。

(10) Print Operators。该组的成员可管理连接到该域的域控制器上的打印机，还可以加载或卸载打印机驱动程序。

(11) Remote Desktop Users。该组的成员可远程登录到域控制器。

(12) Replicator。该组由域控制器的“文件复制”服务使用，具有目录复制功能。

(13) Server Operators。该组的成员可在域控制器上进行交互式登录，创建和删除共享资源，启动和停止某些服务，备份和还原文件，格式化硬盘，以及关闭计算机等。该组中没有默认的成员。

(14) Users。该组的成员可运行常见任务，例如运行应用程序，使用打印机等。默认情况下，Domain Users 组、Authenticated Users 或 Interactive 都是该组的成员。域中创建的任意用户账户均为该组成员。在此组中，还有许多默认的组成员，如 Cert Publishers、DnsAdmins、Domain Admins 等，在此不再介绍。

6. 组的管理

Windows Server 2003 服务器中的用户组是指具有相同网络权力的一组用户。把域中的用户账号分成不同的组，不仅简化了一般性和安全性管理，更可以快速、方便地授权多个用户对网络资源的访问。

对 Windows Server 2003 服务器中的组运行管理时，要注意以下几点：

(1) 通过显示组的特性，可以修改任何组用户对该组的关系。

(2) 删除一个组时，组中的所有用户账号和其他组并不受影响。

10.2.5 Windows Server 2003 的文件系统和网络资源的管理

在 Windows Server 2003 服务器中，资源管理器是进行磁盘控制、目录和文件权限管理的简便工具。

使用 Windows Server 2003 资源管理器可完成以下任务：

(1) 显示、遍历目录和文件。

(2) 创建和删除目录。

(3) 移动、复制和删除文件。

(4) 确定文件的属性。

(5) 维护软盘。

(6) 与网络上被共享的目录建立连接。

(7) 共享目录。

(8) 防止文件和目录的非法使用。

1. 目录、文件和磁盘的管理

在 Windows Server 2003 服务器中，特别需要注意资源管理器在网络环境下的特殊情况：

(1) 如果某个被选用的驱动器是按 NTFS 格式化的，那么用户若不具有移动或复制文件和目录的权限，则不能执行此类操作。另外，在复制文件和目录时，它们原有的安全权限、监查参数和所拥有者等信息将不会被保留和传递，而是将继承另一个目录的权限。

(2) 在 NTFS 卷上，文件名可长达 255 个字符，但下列字符不能在文件名中出现：。?” / ＜ ＞ * | :。

(3) 在资源管理器中，可以对文件或目录的特性和属性进行检查。其做法是，先选中一个文件或目录，然后再选择“文件”菜单下的“属性”选项，即可检查目录和文件特性。

（4）在删除 NTFS 卷中的文件和目录前，用户必须具有删除这些目录和文件的权限。

2. 连接网络资源

除了基本的文件管理和安全功能外，资源管理器还为网络管理员提供了目录共享的功能。用户可以通过网络连接到这些共享目录上，并对其上的信息进行访问。

要查看网络中的共享资源，可打开“工具”菜单，选择“映射网络驱动器”，就会出现图 10—9 所示对话框。

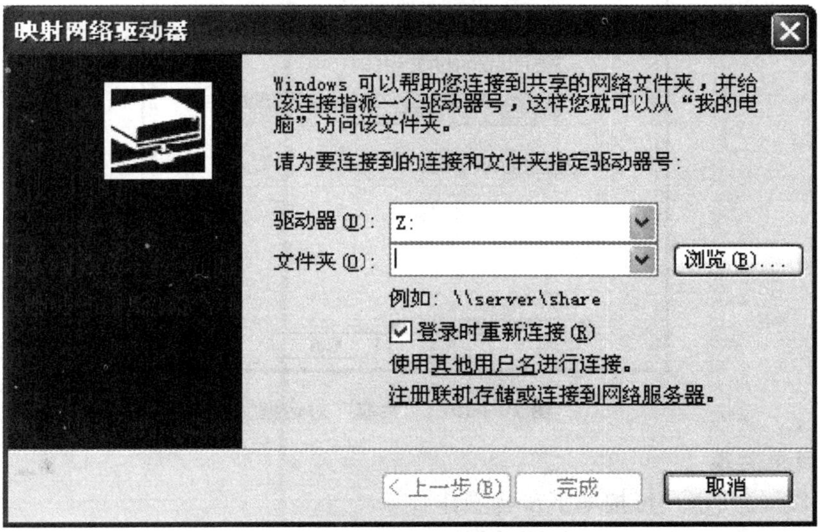

图 10—9　“映射网络驱动器”对话框

该对话框中，网络的域、工作组、计算机和共享目录按树形结构组织。双击列表中的任何网络名、域名、工作组名或计算机名都可以把这棵网络树展开。

要与网上的共享资源建立连接，首先在“驱动器”框中选择一个驱动器名（默认为下一个可用驱动器名），然后单击“浏览”按钮选择要映射的文件夹或盘符，目录选中后，其路径会出现在“文件夹”框中，再单击“确认”按钮就可建立起连接。另外，也可双击网络树中的共享目录建立与它的连接。

如果希望在登录时自动建立与共享目录的连接，则可选中“登录时重新连接”复选框，再单击“确认”按钮。

3. 共享驱动器和目录

网络上的大多数服务器主要用来存放可供网络用户访问的文件和目录。要使用户可以访问，必须首先对这些文件和目录进行共享。

进行目录共享时，必须以 Administrators、Servers 或 Operators 组的成员身份登录。管理员先连接管理根目录 C$，再执行下面的步骤：

（1）在资源管理器窗口中选择一个要共享的目录。

（2）从“文件”菜单下选择“属性/共享”，便会打开如图 10—10 所示的“共享”对话框。

（3）将需要共享的文件夹拖入或复制到“共享文档”文件夹。

（4）单击“确定”按钮，该目录便会以“共享文档”图标形式出现在目录中。

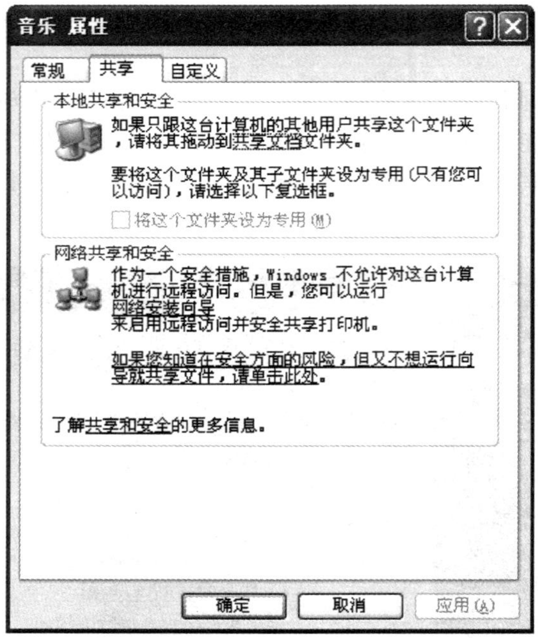

图 10—10 “共享”对话框

4. 停止目录共享

要停止目录的共享，可按如下步骤操作：

(1) 单击与共享目录相连接的驱动器图标。

(2) 从“文件”菜单中选择“属性/共享”。

(3) 在“共享”对话框中选择“将这个文件夹设为专用”。

(4) 单击“确定”按钮。

5. 修改共享特性

要改变共享目录的共享特性，只需选中共享目录，然后从“文件”菜单下选择“属性/共享”。这时将出现“共享”对话框，通过它可以完成如下工作：

(1) 改变允许访问共享目录的用户数。

(2) 编辑共享目录的注释。

(3) 改变共享目录上的共享权限。

6. 控制对共享目录和文件的访问

除了具有文件管理和目录共享的能力外，Windows Server 2003 服务器的资源管理器还是控制用户文件访问的基本工具。在诸多方面，资源管理器还是域用户管理器的配套工具，域用户管理器中的安全功能针对的是网络用户，规定它们对系统各部分的访问权力和执行某些任务的权力；而资源管理器的安全功能则针对文件和目录本身，规定哪些用户可以对它们进行访问。

Windows Server 2003 对共享数据有三类权限：

(1) 共享权限，使用整个共享目录。

(2) 目录权限，控制用户对共享子目录的查看权限。

(3) 文件权限，控制用户对某些文件的访问。

目录和文件的权限仅在NTFS卷上可用。无论文件和目录是在本地驱动器上还是在远程网络驱动器上，对目录和文件的控制只能通过资源管理器来完成。

一般来说，Windows Server 2003服务器上的文件目录分为三类，即

（1）系统文件所在目录，一般不希望任何人通过网络访问它。

（2）用户的个人目录，其很重要的一点，就是要保证个人目录中的数据安全性，在没有特许的情况下，个人目录仅供用户个人自己使用。

（3）可互相访问的应用软件目录，这是众多用户要使用的应用软件。

7. 控制共享访问的权限

在共享目录时，为指定共享权限，应以Administrators、Servers或Operators组的成员身份登录，选择“新共享”或“共享目录”对话框中的“权限”，会出现“通过共享访问的权限”对话框，请注意下拉式列表框“访问类型”。表10—4总结了访问类型可选项。

表10—4　　访问类型

访问类型	访问级
拒绝访问	禁止对该目录及其子目录和文件的任何访问
读取	允许查看文件名和子目录名、改变共享目录的子目录、查看文件中的数据和运行程序
更改	允许查看文件名和子目录名、改变共享目录的子目录、查看文件中的数据、运行应用程序、增加文件和子目录、修改文件中的数据，以及删除子目录和文件
完全控制	允许查看文件和子目录名、改变共享目录中的子目录、查看文件中的数据、运行应用程序、增加文件和子目录、修改文件中的数据、删除目录和文件、修改权限（只对NTFS的文件和目录）、接管所有权（只对NTFS的文件和目录）

这些权限可以对任何共享目录进行设置，无论用NTFS，还是FAT格式化的驱动器。在目录上设置的任何权限对该目录的内容（包括子目录）都同样有效。

第三节　Windows Server 2003的安全配置

Windows Server 2003是大家最常用的服务器操作系统之一。虽然它提供了强大的网络服务功能，并且简单易用，但它的安全性一直困扰着众多网管：如何在充分利用Windows Server 2003提供的各种服务的同时，保证服务器的安全稳定运行，最大限度地抵御病毒和黑客的入侵。Windows Server 2003 SP1中文版补丁包的发布，恰好解决了这个问题，它不但提供了对系统漏洞的修复，还新增了很多易用的安全功能，如安全配置向导（SCW）功能。利用SCW功能的“安全策略”可以最大限度增强服务器的安全，并且配置过程非常简单。

10.3.1　安装SCW

Windows Server 2003系统为增强其安全性，默认情况下，很多服务组件是不被安装的，要想使用，必须手工安装。SCW功能也是一样，虽然你已经成功安装了补丁包SP1，但也需要手工安装“安全配置向导（SCW）”组件。

进入“控制面板”后，运行“添加或删除程序”，然后切换到“添加/删除 Windows 组件”页。在“Windows 组件向导”对话框中选中“安全配置向导”选项，最后单击“下一步”按钮，就能轻松完成 SCW 组件的安装。

安装过程很简单，接下来就能根据自身需要，利用 SCW 配置安全策略，增强 Windows Server 2003 服务器安全。

10.3.2 配置“安全策略”

在 Windows Server 2003 服务器中，单击“开始”→“运行”后，在运行对话框中执行 SCW.exe 命令，就会弹出“安全配置向导”对话框，开始你的安全策略配置过程。当然也可以进入“控制面板”→“管理工具”窗口后，执行“安全配置向导”快捷方式来启用 SCW。

1. 新建第一个“安全策略”

如果是第一次使用 SCW 功能，首先要为 Windows Server 2003 服务器新建一个安全策略，安全策略信息是被保存在格式为 XML 的文件中的，并且它的默认存储位置是 C:\WINDOWS\security\msscw\Policies。因此一个 Windows Server 2003 系统不仅可以根据不同需要，创建多个“安全策略”文件，并且还可以对安全策略文件进行修改，但一次只能应用其中一个安全策略。

在“欢迎使用安全配置向导”对话框中单击“下一步”按钮，进入到“配置操作”对话框。因为是第一次使用 SCW，这里要选择“创建新的安全策略”单选项，单击“下一步”按钮，就开始配置安全策略。

2. 配置“角色”

首先进入“选择服务器”对话框，在“服务器”栏中输入要进行安全配置的 Windows Server 2003 服务器的机器名或 IP 地址，单击“下一步”按钮后，“安全配置向导”会处理安全配置数据库。

接着就进入到“基于角色的服务配置”对话框。在基于角色的服务配置中，可以对 Windows Server 2003 服务器角色、客户端角色、系统服务、应用程序和管理选项等内容进行配置。

所谓服务器“角色”，其实就是提供各种服务的 Windows Server 2003 服务器，如文件服务器、打印服务器、DNS 服务器和 DHCP 服务器等，一个 Windows Server 2003 服务器可以只提供一种服务器“角色”，也可以扮演多种服务器角色。单击“下一步”按钮后，就进入到“选择服务器角色”配置对话框，这时需要在“服务器角色列表框”中勾选你的 Windows Server 2003 服务器所扮演的角色。

注意

为了保证服务器的安全，只勾选你所需要的服务器角色即可，选择多余的服务器角色选项，会增加 Windows Server 2003 系统的安全隐患。如笔者的 Windows Server 2003 服务器只是作为文件服务器使用，这时只要选择“文件服务器”选项即可。

进入“选择客户端功能”标签页，来配置 Windows Server 2003 服务器支持的“客户端功能”，其实 Windows Server 2003 服务器的客户端功能也很好理解，服务器在提供各种网络服务的同时，也需要一些客户端功能的支持才行，如 Microsoft 网络客户端、DHCP 客户端和 FTP 客户端等。根据需要，在列表框中勾选你所需的客户端功能即可，同样，对于不需要的客户端功能选项，建议一定要取消对它的选择。

接下来进入到“选择管理和其他选项”对话框，在这里选择你需要的一些 Windows Server 2003 系统提供的管理和服务功能，操作方法是一样的，只要在列表框中勾选你需要的管理选项即可。单击“下一步”按钮后，还要配置一些 Windows Server 2003 系统的额外服务，这些额外服务一般都是第三方软件提供的服务。

然后进入到“处理未指定的服务”对话框，这里“未指定服务”是指，如果此安全策略文件被应用到其他 Windows Server 2003 服务器中，而这个服务器中提供的一些服务没有在安全配置数据库中列出，那么这些没被列出的服务该在什么状态下运行呢？在这里就可以指定它们的运行状态。建议选中“不更改此服务的启用模式”单选项。最后进入到“确认服务更改”对话框，对你的配置进行最终确认后，就完成了基于角色的服务配置。

3. 配置网络安全

以上完成了基于角色的服务配置。但 Windows Server 2003 服务器包含的各种服务，都是通过某个或某些端口来提供服务内容的，为了保证服务器的安全，Windows 防火墙默认是不会开放这些服务端口的。下面就可以通过“网络安全”配置向导开放各项服务所需的端口，这种向导化配置过程与手工配置 Windows 防火墙相比，更加简单、方便和安全。

在“网络安全”对话框中，要开放选中的服务器角色、Windows Server 2003 系统提供的管理功能和第三方软件提供的服务所使用的端口。单击“下一步”按钮后，在“打开端口并允许应用程序”对话框中开放所需的端口，如 FTP 服务器所需的 20 和 21 端口，IIS 服务所需的 80 端口等。这里要切记“最小化”原则，只要在列表框中选择要必须开放的端口选项即可，最后确认端口配置。这里要注意：其他不需要使用的端口，建议不要开放，以免给 Windows Server 2003 服务器造成安全隐患。

4. 设置注册表

Windows Server 2003 服务器在网络中为用户提供各种服务，但用户与服务器的通信中很有可能包含“不怀好意”的访问，如黑客和病毒攻击。如何保证服务器的安全，最大限度地限制非法用户访问，通过“注册表设置”向导就能轻松实现。

利用注册表设置向导，修改 Windows Server 2003 服务器注册表中某些特殊的键值，来严格限制用户的访问权限。用户只要根据设置向导提示和服务器的服务需要，分别对“要求 SMB 安全签名”“出站身份验证方法”“入站身份验证方法”进行严格设置，就能最大限度地保证 Windows Server 2003 服务器的安全运行，并且免去手工修改注册表的麻烦。

5. 启用“审核策略”

聪明的网管会利用日志功能来分析服务器的运行状况，因此适当地启用审核策略是非常重要的。SCW 功能也充分地考虑到这些，利用向导化的操作就能轻松启用审核策略。

在“系统审核策略”配置对话框中要合理选择审核目标，毕竟日志记录过多的事件会影响服务器的性能。因此建议用户选择“审核成功的操作”选项。当然，如果有特殊需要，也可以选择其他选项，如“不审核”或“审核成功或不成功的操作”选项。

6. 增强 IIS 安全

IIS 服务器是网络中最为广泛应用的一种服务，也是 Windows 系统中最易受攻击的服务。如何来保证IIS服务器的安全运行，最大限度免受黑客和病毒的攻击，这也是SCW功能要解决的一个问题。利用“安全配置向导”可以轻松地增强IIS服务器的安全，保证其稳定、安全运行。

在“Internet信息服务”配置对话框中，通过配置向导，来选择你要启用的Web服务扩展、要保持的虚拟目录，以及设置匿名用户对内容文件的写权限。这样IIS服务器的安全性就大大增强。如果你的Windows Server 2003服务器没有安装、运行IIS服务，则在SCW配置过程中不会出现IIS安全配置部分。

完成以上几步配置后，就进入到保存安全策略对话框。首先在“安全策略文件名”对话框中为你配置的安全策略起个名字，再在“应用安全策略”对话框中选择“现在应用”选项，使配置的安全策略立即生效。

利用SCW增强Windows Server 2003服务器的安全性能就这么简单，所有的参数配置都是通过向导化对话框完成的，免去了手工烦琐的配置过程。SCW功能的确是安全性和易用性有效的结合点。

第四节　UNIX系统简介

10.4.1　UNIX的历史与发展

操作系统在整个计算机系统中起着至关重要的作用。UNIX系统是一个多用户、多任务的分时系统。在它的管理之下，一台机器可供多个用户“同时”使用，每一个用户都能执行一个或多个程序。为实现这一点，UNIX必须对整个计算机进行控制，在此基础上，为每个用户所执行的各个程序分配相应的资源。这些资源中最重要的是中央处理器（CPU）。程序是由一条条指令构成的，而没有CPU，这些指令将无法执行，完成不了任何工作。另一些资源有内存（RAM）、外存（磁盘）等，它们都是程序正常运行所必不可少的。

计算机要对整台机器的各方面进行控制，如CPU、内存、外存，以及其他许多外围设备，如软盘驱动器、光盘驱动器、打印机、磁带、终端、网卡等。当然，进行这种控制的目的是向用户提供一个高效而又方便地使用这些资源的接口。所有这些控制程序就构成了整个UNIX的核心——内核。程序完成的所有工作，都要直接或间接地使用这个内核所提供的服务来完成。UNIX提供这些服务的形式是系统调用。

仅有内核还不行，因为仅这样还不能为用户提供一个方便的开发、使用环境。为此，UNIX系统还提供了大量的系统程序，也就是一些标准的服务，如编译程序、文本编辑程序、命令语言、文件打印服务、记账服务、系统管理服务等，但它们都是以内核提供的服务为基础的。

在随系统自带的标准服务之上，根据各行各业用户具体工作需求的不同，可以在标准的系统之上加上一些独立厂商开发的应用软件或应用开发软件，如各种数据库管理系统、图形应用和开发环境、网络应用和开发环境等。在这些开发环境的基础上，可以开发出自己的大量满足不同需求的应用。

综上所述，我们可以清楚地看出当今UNIX系统在结构上的一些特点，如图10—11所示。

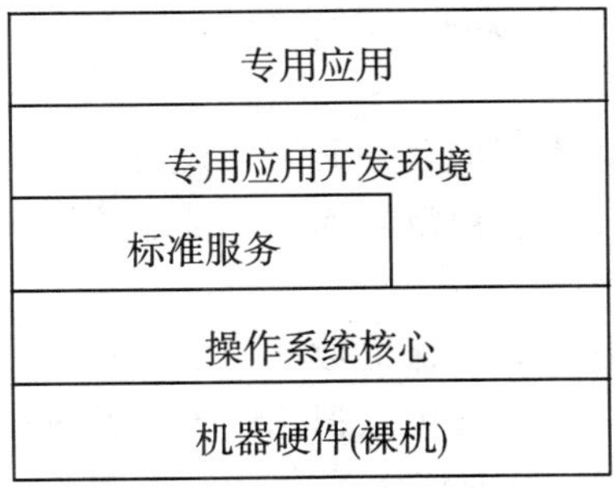

图 10—11　UNIX 系统的层次结构

在上述层次结构中，各层之间的关系是上层使用下层提供的服务，下层向上层提供所请求的服务。由于具有这种良好的层次关系，UNIX 系统的扩展极为容易，这是它作为一个开放系统的重要保证，也是它的一个重要特征。

与其名称一致，UNIX 系统小巧、灵活，不贪大求全。小巧的实用程序有一个好处就是易于复用。软件复用技术是近年来为解决软件危机而出现的，其主要目的就是把以前开发的程序充分利用起来。由于 UNIX 的许多程序都比较小，功能单一，比较易于在许多任务中把它们用起来。而那些庞大而复杂的程序就没有这些优点了，因为把它们集成起来比较困难。

虽然在 UNIX 后来的发展过程中，开发者给许多实用程序都加上了大量的控制和选项，使得各个实用程序也都变得比较复杂，但是上面所说的特点并没有消失。UNIX 系统的这种特点与现在的许多系统中那种直观的用户界面是背道而驰的。现在的许多系统实际上是一种“傻瓜”系统，用户对计算机不必有太多的了解，只需拿鼠标在屏幕上点一点就完事了。对于一个喜欢挑战的人来说，他会更喜欢 UNIX 系统复杂的命令接口，但这种东西是非常乏味的。这也正是 UNIX 使许多初学者望而生畏的原因。用户为了完成某项工作，可能要涉及大量的命令，而掌握这些命令的用法则不是一蹴而就的。但对一个喜欢钻研的用户来说，则是一种很好的锻炼。近年来，在 UNIX 领域内逐渐出现了许多的图形用户界面。图形界面的好处是它用菜单、按钮、工具条、对话框等图形界面元素向用户屏蔽了传统的字符方式的命令行。这对广大普通用户而言，无疑是一件值得庆幸的好事。

UNIX 的另外一个重要特点是其可移植性。现在在每一种类型的计算机上，几乎都有相应的 UNIX 版本。在软件成本仍然比较高的今天，好的可移植性是一件产品获得成功的一个极为有利的优势。而且，不仅 UNIX 系统本身具有很好的可移植性，在其上开发的应用软件也具有很好的可移植性。许多软件无需任何修改或稍作修改即可移植到另一种 UNIX 系统上。这种高度的可移植性是其开放性的重要保证。

UNIX 的成功之处在于有许多开发者不断对其进行扩充和完善，使得其安全性、可靠性等不断得到加强。随着信息时代的到来，各种系统都要进行相应的革新，以满足越来越高的计算任务的需求。UNIX 当然也不会例外。

信息时代的一个重要特征是实现资源的共享。资源共享的一个重要条件是各台独立的计算机要通过网络连接起来，实现信息交换。因此，网络功能的完善与否将决定一个系统的成败。UNIX 的发展过程中，这一点受到了很好的重视。现在的 UNIX 系统可以支持许多通信协议，有些协议，如 TCP/IP 还放在核心内实现，使得 UNIX 成为一种具有内在的 Internet 网络路由功能的操作系统。但由于网络协议为数众多，UNIX 系统必须能够支持多种协议，这样才能更好地实现计算机之间的联网。在这个发展过程中，最主要的任务是要支持 ISO 的 OSI 网络通信协议。

联网不是目的，只是手段，真正的目的是要实现分布式计算。分布式计算就是要对分布在不同位置的计算机的计算工作进行协调，使它们能够协同完成庞大、复杂的计算任务，以便获得更强大的计算能力。

资源共享中的一个重要问题是如何保证数据的安全性。如果安全性问题不能解决，资源共享将成为一句空话。近年来，人们开始认识到计算机系统安全性的重要性，也开始为此而投入大量的精力。1991 年推出的 SVR4ES 首次通过美国 B2 安全级验证，这标志着 UNIX 系统在安全性方面获得了重大的进步，但系统的安全性问题仍旧是一个重要的研究课题。

10.4.2 UNIX 的树形目录结构

目录是一种文件，UNIX 系统通过此种特殊文件将系统中所有的文件分级、分层组织在一起。各目录文件之间通过一个特殊的结构关联起来，就形成了 UNIX 文件系统的树形层次结构。

熟悉 MS-DOS 的用户可能知道，DOS 中有一个称为 tree 的命令，它可以列出一定层次的目录结构。仿照此命令的输出结果，我们可以画出 UNIX 文件系统的一个不太完全的目录结构，如图 10—12 所示。

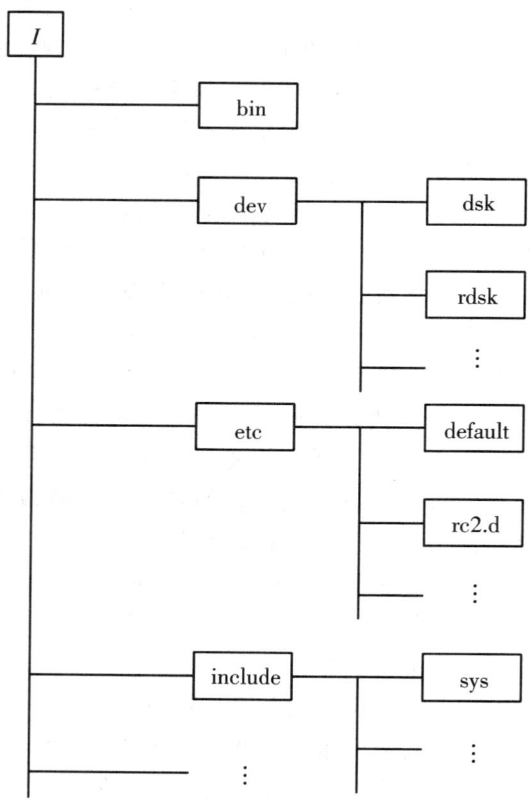

图 10—12　UNIX 的目录结构

图 10—12 中，我们只画出了目录结点名称（加方框表示，下同）而没有画出各个目录“之下”的每一个文件。用图论的语言来说，也就是只画出了“非叶结点”(有子孙的结点)，而文件（指普通文件）则相当于图论中树结构中的“叶结点”（不再有子孙的结点）。实际上，各个目录结点“之下”都会有一些文件，并且，系统在建立每一个目录时，都会自动地给它设定两个目录文件，一个是“.”，代表该目录文件自己，另一个则是“..”，代表新建目录的父目录。对于根目录“/”，其“.”和“..”都代表它自己。

UNIX 系统经过长期的发展，逐步形成了比较标准的命名规则，应用程序和用户一般都能而且应该遵循这些约定。bin 目录之下所组织的是二进制文件，这里专指一些可执行文件，如系统提供的命令、实用程序。/dev 目录所组织的是对各种外围设备，如磁盘、打印机、终端等进行访问的各个特别文件（Special File），用户不能删除此目录下的文件。按照设备类型的不同，此目录中还包含有几个子目录，这些子目录下分别组织有与某类设备相关的特别文件。

/etc 目录组织有各种用于系统管理的程序和数据。这些文件都是必需的，但有些文件用户可对照进行修改，以控制系统的行为。根据管理任务的不同，该目录之下也有若干个子目录，如/etc/default、/etc/rc. d 等，前者主要用于组织系统程序所用的一些缺省值文件，后者则用于控制系统的初始化。

/include 目录所组织的都是一些 C 语言开发所用的头文件（Header File）。这些头文件对于程序员进行应用程序开发是必需的。该目录之下有一个 Sys 子目录，其中组织有系统程序所用的一些头文件。

对于一个大的应用程序而言，它应该具有自己的定义得比较好的目录结构，并且在对目录进行命名时，应尽量遵循约定。这样，经多数人的共同努力，将可以使 UNIX 系统在“外观”上保持为一个比较完美的、一致的系统。

以上我们只介绍了 UNIX 系统目录结构中极小的一部分。实际上现在较大的 UNIX 系统中有些有一千多个目录，小的也有好几百个。我们这里不可能、也没有必要对之一一进行介绍。由此可以看出 UNIX 系统中的文件是一个组织有序的整体，为保持此种有序状态，需要广大用户在使用 UNIX 系统时自觉遵守一些不成文的约定，维护 UNIX 系统的完美。

10.4.3 目录和路径

首先介绍一下“当前目录”(Current Directory）的概念。从逻辑上讲，用户在登录到 UNIX 系统中之后，每时每刻都“处在”某个目录之中，此时用户可以显示出该目录所组织的所有文件，此目录就称做当前目录或工作目录（Working Directory）。当前目录是可以改变的。当用户初始登录至系统中时，其主目录（Home Directory）就成为其当前目录。用户主目录是系统管理员在向系统中加入相应用户时建立起来的，每个用户都有自己的主目录，不同用户的主目录一般互不相同。

目录的名称是在建立它时指定的。建立目录的命令是 mkdir（Make directory)，该命令语法如下：

```
$ mkdir music. dir
```

上面的命令行（Command Line）第一个字符 $ 称为命令提示符（Prompt String）。用户登录至系统中之后该提示符就会显示。用户可将此提示符改为其他串。

此命令结果就是系统在当前目录下建立一个新目录，此新目录为当前目录的子目录，而当前目录则是新建目录的父目录。此处指定的目录名称是 music. dir。合法的名称是不超过 14 个 ASCII 字符。为了避免在使用时造成不必要的麻烦，建议不要在文件名中出现“$”、“\”、“&”、“!”、“*”、“|”和空格一类的字符。但这并不是说目录名中绝对不可以出现这些字符，我们只是说使用了这些字符会造成使用上的一些不便。另外，“/”是为了形成文件名而保留的，在目录名中不能使用。

目录建立好后，我们可以修改其名称，也可以将其删除。此时须将当前目录改换至待操作的目录的某个祖先目录，然后再使用 rmdir（Remove Directory）或 mv（Move）命令。语法如下：

```
$ mv music. dir book. dir
$ rmdir book. dir
```

目录被改名之后，它所组织的各个文件仍保持不变，仅仅是目录文件本身的名称被修改。mv（Move 移动）命令还可用于将目录或普通文件移动至另一目录中。在用 rmdir 命令删除目录时应注意被删除的目录中不应再组织有任何文件，以防止文件系统中出现某些文件无父目录的不一致情形。若要将某目录及其所组织的所有文件“连根拔掉”，可使用 rm 命令，如下所示：

```
$ rm book. dir
```

rm(Remove) 命令主要用于文件的删除。

上面介绍了目录的建立、改名和删除的方法。这里主要涉及四个命令：mkdir、rmdir、mv 和 rm。借助于这四个命令，我们可以在系统中建立起一个良好的目录结构，以便有效地组织和管理我们的文件。

目录层次建定好之后，就可以把有关的文件放到相应的层次中，从而实现我们对文件的组织。对文件进行此种组织的目的是方便对文件的访问。在对文件的访问中，需要用到“路径”(Path) 的概念。

顾名思义，路径是指到某个地方（这里是指某个文件结点）的一条道路。此路径的主要构成是目录名称，中间用“/”分开。任一文件在文件系统中的位置都是由相应路径决定的。在对文件进行访问时，用户要给出路径，然后由核心按照一定的算法分析此路径中的各个目录，直至得到相应文件的数据。

上面所说的是“绝对路径”，也就是路径名称是以“/”开始的。实际上还有一个相对路径的概念。相对路径有一个相对起点，而这个起点就是前面所说的“当前目录”。在相对路径中，有两个非常重要的目录，一个是“.”，代表当前目录自己；另一个是“..”，代表当前目录的父目录。这两个目录的具体所指都是随着当前目录的变化而变化的。相对路径是以非“/”的目录名开始的，它由当前目录到待访问的文件的那条道路上所有的目录名构成，各目录名之间也由“/”分开。

在相对路径的写法中，“/”可以省略，因为对此种路径，默认情况下，系统就是从当前目录开始搜索，把“/”写在这里当然也不错，但是多了一次操作。

上面提到了当前目录的变化，我们可以使用 cd（Change Directory）命令来实现。cd 命令的参数是一个路径，此路径既可以是相对路径，也可以是绝对路径。

在用户使用了一连串的 cd 命令之后，可能就不知“身在何处”了。此时可能需要显示一下当前目录路径。这可以使用 pwd（Print Working Directory）命令。

上面主要介绍了目录、主目录、当前目录、路径、相对路径和绝对路径这几个概念，并介绍了与这些概念有关的几个命令的用途和用法。这些对于维护一个良好的文件系统目录结构是必不可少的，而且目录结构的好坏将直接影响到系统的使用效率。下面将给出本节所涉及的命令的比较详细的语法和解释，以方便读者查找。应该说明的是，大多数系统中均提供 man 命令。借助于此命令，我们可以获得关于某个命令的说明。如要获得关于 ls 命令的说明，可输入：

```
$ man ls
```

10.4.4 几种特别文件

（1）三个标准文件。

任一用户，只要他一登录到系统中，系统就为之建立好了三个文件。其一为标准输入文件，其二为标准输出文件，其三为标准错误文件。在用户登录至系统中后，系统将把这三个文件与用户所用终端的设备文件联系起来。大多数命令一般都是从标准输入中读取输入，而将产生的正常输出写到标准输出，将命令显示的错误信息或不正常输出写入到标准错误文件，以免将错误信息与正常输出混在一起。这也就是系统中为什么要建立一个标准错误文件的原因。由于系统将这三个文件都同用户终端设备文件连接起来了，故在用户看来，命令的输入是从终端键盘输入的，而其输出则是到了终端显示器，错误信息和不正常输出也到了终端显示器。

上面所说的只是“标准”的情况。实际上命令的输入可以从非标准输入文件的其他文件中获取，而输出和错误信息也可以送至非标准输出或标准错误的其他文件中，这就是 UNIX 系统中的输入、输出重定向能力。

（2）管道。

UNIX 系统中还有一类特殊文件，称为管道。管道的引入主要是为了解决如何方便地将一个命令的输出作为另一个命令的输入问题。在没有引入管道文件这个概念之前，对上述问题的解决方法是使用临时文件。显然这种方法的效率不是很高，而且中间临时文件对用户而言是毫无意义的。引入管道文件以后，这个问题就得到了很好的解决。在系统中，管道文件的存储有一块专用的内存区域。而且它的存取不像其他文件那样具有“随机访问”的特点，而是“先进先出”的。

管道可分为两种：一为无名管道，二为有名管道。前者主要用于父子进程之间的通信，而后者则用于关系不太密切的进程之间。在使用时，除无名管道的建立与普通文件有些不同之外，其他诸如管道的读、写、关闭等与普通文件是完全相同的。

读写管道的两个进程在执行上是并发进行的，而不像在使用临时文件的情况下那样，两条命令是串行执行的，这也是其效率较高的一个原因。

（3）设备文件。

UNIX 系统的一个重要特点就是把所有的硬件设备，如打印机、软盘、硬盘和终端等都当做一个文件。这样做的好处是对所有设备的处理都是一致的，对用户而言，无须对不同的设备加以区别。

我们可以把各种设备特别文件看做一个用于描述相应硬设备的说明。这类文件并不是普通的磁盘文件，它只是占据文件系统树形结构中的一个结点，应用程序和用户通过这个结点来访问相应的硬件设备。某些结点可能对应的是同一个硬设备，但是根据其结点名称的不同，对硬设备的访问可能具有不同的特点。设备文件分为两类：一类为字符设备文件，一类为块设备文件。主要是根据它们与核心之间每次传送字节数的不同区分。字符设备与核心每次只传送一个字节。块设备与核心之间每次传送的是一个数据块。

10.4.5　文件系统的内部实现

按照从底层到上层的顺序，下面对文件系统的内部实现进行概述。

(1) 存储设备硬件。这主要是指各种磁盘、磁带、光盘等大容量的存储设备。系统中的各种数据都得借助于它们才能得以保存。但文件系统的实现中却不直接涉及具体的硬件，而只是涉及“逻辑设备”。一个逻辑设备实际上也就是一个文件系统。UNIX 系统中的每一个文件系统都由一个逻辑设备号来标识。逻辑设备是物理设备（硬件）的一种抽象，其物质基础是物理设备上的一个个存储区（块）。每一个逻辑设备都要占用物理设备上的一段连续的存储区域，此区域在生成逻辑设备时由用户自己指定。

(2) 设备驱动程序。它的作用是充当逻辑设备和物理设备之间的中介。逻辑设备地址到物理设备地址的转换是由设备驱动程序完成的。程序在访问任何文件的数据时给出的均是逻辑地址。这种地址只能经设备驱动程序的转换之后才能找到数据实际的存放位置。另外，设备驱动程序还要负责物理设备与程序之间的数据传输。各种不同的设备有其各自不同的驱动程序。

(3) 高速缓冲。此部分主要是为提高文件系统的效率而设置的。高速缓冲实际上是内存中的一部分存储区域，其大小是在系统安装时由安装人员指定的。设置高速缓冲的目的主要是减少对磁盘这种速度较低的外部设备的访问，从而达到缩小系统响应时间，提高系统吞吐率的目的。

(4) 文件子系统。这部分是文件系统实现中最为核心的一部分。它所要完成的任务包括对文件的内部表示、对文件访问的控制、对高速缓冲的管理及对存储设备的存储空间的管理等。文件的内部表示是由一个被称做索引结点（Index Node）的结构来完成的；对文件的访问控制要实现文件的保护与共享、一致性等；高速缓冲区的管理目标是要尽可能地减少对磁盘的访问，使得要访问的数据均能够在内存中找到；存储空间的管理要完成对存储空间的分配与释放。

(5) 系统调用接口。该接口提供的是一些标准的服务，其形式同函数调用类似。开发人员使用此系统调用接口，将能够方便地实现对系统中文件的访问控制。例如，打开文件，读文件中的数据，向文件中写数据等。

第十一章　Linux 操作系统

第一节　Linux 的产生与发展

在微机领域，随着 Microsoft 公司 Windows 系列操作系统的日益成熟，全球的微机操作系统市场已经成了 Microsoft 公司的天下。但是，随着 Internet 的迅猛发展，在国际互联网上出现了一群由世界各地的编程高手、业余计算机爱好者、网络黑客组成的强大开发队伍。他们基于自己对计算机的爱好和对计算机知识的深刻了解，开发出一个在功能上不逊色于任何一个现在市场上出售的 UNIX 操作系统的、全新的、免费的、源代码完全公开的 UNIX 系统——它就是 Linux。

Linux 是一个可以在基于 Intel 386、Intel 486、Pentium、Pentium Pro、Pentium MMX、Pentium Ⅱ 处理器以及 Cyrix、AMD 的兼容芯片的微机上运行的 UNIX 系统。Linux 系统具有最新 UNIX 的全部功能，包括真正的多任务、虚拟存储、共享库函数、即时负载、优越的存储管理和 TCP/IP、UUCP 网络工具。

由于其系统软件免费获取、硬件费用低廉的特点，Linux 近年来发展迅猛。各大软件公司已纷纷开始推出 Linux 版本的商业软件。世界各大计算机公司如 IBM、Oracle、Sybase 等纷纷开发支持 Linux 平台的软件产品。Linux 正逐步进入商业应用时代。

所有想了解 Linux 的人最关心的就是 Linux 能够做什么，我们可以简单归纳为以下几点：

（1）编辑器。

（2）中文输入。

（3）视窗。

（4）网络功能。

（5）编译程序。

（6）图形/动画。

（7）与其他操作系统的兼容性。

（8）游戏。

第二节　Linux 与 UNIX 的关系

11.2.1　UNIX 的特点

UNIX 之所以在计算机界能够受欢迎，它本身具有许多优点：

(1) 结构简洁且功能强大。

(2) 丰富的软件开发环境。

(3) 系统的开放性和可移植性。

(4) 先进的网络功能。

11.2.2　Linux 的特点

Linux 从 UNIX 那里继承了许多优点，同时它自身又具有一些独特的特点：

(1) 多用户。

多用户是指在同一时间内可以有多个用户使用同一台机器。在这方面，Linux 的实现要比 UNIX 更为方便，因为大部分的 UNIX 都是商业性质的，所以都有最多用户人数的限制，而 Linux 就没有这样的规定。这对于用户来说非常有用，因为它根本不需要系统资金的投入就可以获得多用户的支持，这对于构建一个非营利性质的 Internet 站点有着巨大的吸引力。

(2) 多任务。

多任务是指同一台计算机在同一时间可以运行多个应用程序。用户可以同时做多件事情，这不管对用户来说，还是对于最大限度地利用系统资源来说都是非常有好处的。Linux 的这一特性是从 UNIX 那里继承下来的，因为 UNIX 就是一个典型的多任务操作系统。

(3) 多平台。

Linux 最初是为了在 x86 平台下运行而设计的，但由于它在 Internet 上的成功引起了世人的注意，所以很快被移植到 SPARC 和 Alpha 平台上了，并且 RedHat 公司已经推出了这两种平台下的发行套件。由于 Linux 的名气越来越大，现在许多商业公司平台都开始支持 Linux，Linux 向其他平台的移植工作进行得更加迅速。

(4) 按需存取。

在 Linux 下，一个应用程序执行时，并不是它所有的代码段都要被加载到内存中。Linux 只把那些在应用程序运行时确实要用到的代码段加载到内存中，这样做的目的就是减少读写磁盘的时间，加快应用程序的运行。在 DOS 中我们经常使用的一个应用程序 smartdrv 也是出于这方面的考虑，但由于在 Linux 下这种方法是集成在操作系统中的，所以它的效率要比 Smartdrv 高得多。

(5) 内存保护。

在 Linux 下，应用程序只能访问系统分配给它的内存区域，而不能访问其他内存区域。这种应用程序使用相对独立的内存区域的好处在于，当一个应用程序出错时，不会影响整个操作系统的正常运行。Linux 还采用一种非正式的解决方案，很好地解决了 UNIX 下经常由于溢出而造成的系统安全漏洞问题。

（6）虚拟内存分页技术。

在 Linux 下，系统把虚拟内存分为许多小的内存页面。在系统运行时，并不是把整个进程都交换到硬盘上，而是按照内存页面来交换。也就是说，在 Linux 系统中，不仅可以使用整个分区来做虚拟内存，而且还可以使用单独的文件来做虚拟内存。而且，Linux 可以在系统运行时动态地增加交换空间，而不是像 UNIX 那样，要想使用新的交换空间必须重新启动系统。

（7）内存页面共享。

在 Linux 中，多个应用程序可以共享同一块内存页面（每块大小为 4KB）。只有当一个进程试图对这块共享内存执行写操作时，Linux 系统才把它复制到内存的另一块区域，这样做不仅可以加快应用程序的执行速度，而且还节省了大量的物理内存。这是对 x86 下有限的物理内存进行合理利用的最好解决方案。

（8）具有优秀的磁盘缓冲调度功能。

Linux 的磁盘 I/O 操作与其他操作系统都有所不同，这也是 Linux 最引人注目的优点。由于它把系统运行时没有用到的所有剩余物理内存都用来做硬盘高速缓冲，所以它的磁盘 I/O 操作速度要比其他操作系统快得多。反之，如果有应用程序需要使用这部分内存，Linux 就会释放它，以供应用程序使用。这一点是其他任何操作系统都不具备的。

（9）动态链接共享库。

与 Microsoft 公司的 Windows 3.1 和 Windows 95/Windows Server 2003 系列操作系统使用动态链接库一样，Linux 也使用动态链接共享库（dynamically linked shared libraries）。使用动态链接共享库的目的和 Microsoft 公司使用动态链接库 dll 是一样的，都是为了在程序设计时实现模块化，并有效减小应用程序的大小。而且，使用动态链接共享库的另一个重要的优点就是：用户只需要对动态链接共享库进行升级，那些使用该动态链接共享库的应用程序都会随之升级。

（10）支持伪终端设备。

Linux 允许同时有多个用户从网络登录到系统中，每个登录进程使用一个单独的伪终端设备。Linux 默认的伪终端设备数目为 64 个，而且只需要给系统打一个简单的补丁就可以使 Linux 系统支持 256～1 024 个伪终端设备。在 Linux 中采用了动态收集的策略，Linux 系统会自动回收已经废弃的终端，以供别的用户使用。

（11）支持多个虚拟控制台。

用户可以在一个真正的控制台前登录多个虚拟控制台。

（12）支持的硬件范围广泛。

由于在世界各地都有 Linux 的爱好者在为 Linux 编写各种硬件产品的驱动程序，所以 Linux 下可用的硬件驱动程序比较多，几乎所有硬件产品的驱动程序都可以在 Linux 下找到。这一点比起别的 UNIX 操作系统产品要优越得多。

（13）支持多种 CPU。

Linux 几乎支持目前流行的全部 CPU。

(14) 支持数学协处理器387的软件模拟。

由于Linux操作系统内核支持协处理器FPU的软件模拟，所以Linux可以在那些没有FPU的机器上运行。

(15) 支持多种文件系统。

Linux自身使用的是ext2FS，这是一种非常先进的文件系统。这种文件系统支持的硬盘容量可以为2TB，文件名的长度可以为255个字符。同时，Linux还支持其他很多种文件系统，如表11—1所示。

表11—1

Minix	ext	ext2	xiafs
Hpfs	fat	msdos	umsdos
Vfat	proc	nfs	iso9660
Smbfs	ncpfs	affs	ufs
Romfs	sysv	xenix	coherent

第三节　Linux的发行版

我们通常所说的Linux是由两部分组成的。

一部分是Linux的内核，由Linus Torvalds开发维护并拥有版权。目前，Linux内核的稳定版本是2.0.34。Linux的内核为其他的系统程序和应用程序的运行创造基本的环境，主要包括CPU管理和内存管理等部分。

另外一部分是在内核之上运行的系统程序和应用程序，是由Internet上的广大Linux爱好者自己开发或移植过来的，是操作系统和用户交互的程序以及用户用来完成自己工作的程序。

原则上，用户可以从网上或其他地方获取Linux的内核，并且自己编译它。然后用户可以用同样的方式获取许多应用程序的源代码，编译以后装入系统。对于复杂的程序，这样做不但费时，而且容易出错。为了避免这些问题的出现，用户通常选择从Linux的发行商那里获取操作系统和应用程序。Linux各发行版本之间的区别在于它们的软件、协议和它们如何封装、安装与在用户系统中跟踪应用软件包，以及安装和维护工具、文档与其他服务。

目前，在世界上比较有影响的Linux发行版本主要有以下几种：Slackware、Debian和RedHat。

1. Slackware Linux

Slackware是Walnut Creek CDROM公司发行的、基于2.0.29内核的一种Linux，ftp.cdrom.com是Slackware Linux的起源地。Slackware曾经是市场上最重要的一种发行版本，一些发行版本也是以它为基础经过再包装并提供其他服务而形成的。它的优势是文档比较完整，Linux的许多文档都是以Slackware为默认平台来写的，包括安装、配置和维护等各方面，所以用户选用Slackware Linux后，就可以迅速地按照相应文档熟悉Linux。国内的用户大多选用默认Slackware，互相之间也容易交流和学习。其缺点是软件的更新速度慢，也没有给用户提供很好的升级、更新的策略和工具。

Slackware Linux 目前的版本是 3.3，用户可以在 Clinux 的 FTP 服务器上下载，也可以直接从 ftp.cdrom.com 上下载。

2. RedHat Linux

RedHat Linux 是由 RedHat Software 公司发行的，目前的版本是 5.1，它是基于 2.0.34 内核的。它的 RPM 技术，即 RedHat 的软件包管理系统，可以方便地安装和卸掉应用软件与操作系统本身，包括内核和操作系统的基础部分。RedHat 的安装和配置也是几种发行版本中最容易的，安装的过程甚至比 Windows 95 还要方便。RedHat Linux 具有以下特点：

（1）从 4.0 版开始，RedHat Linux 就同时支持 Intel、Alpha、Sparc 三种硬件平台环境。

（2）RedHat Linux 4.0 提供版本 2.0.1 的内核，RedHat Linux 4.1 版则提供 2.0.27 版本的内核，而且如果内核以 RPM 方式进行更新，只需要一行指令就可以完成了。

（3）提供 2.3.2 版的 RPM 程序，套件程序的安装、查询变得更加简单，效率更高。

（4）所附带的软件套件比较丰富。

（5）有详细而完整的在线帮助。

（6）带有各种各样的服务器程序，用户可以随意安装，不用自己再费力气下载，然后再编译运行。

（7）用 RPM 程序来更新程序或安装补丁，要比以前经常重装 RedHat Linux 方便多了。

（8）采用可插入的授权模块（Pluggable Authentication Modules，PAM）加强安全性和系统管理的可扩充性。

（9）附带了 Red Baron secure web browser，支持表单、帧结构、SSL、SET 等，浏览效率甚至超过 Netscape。

3. Debian GNU/Linux

Debian 是由 Ian Muldock 在 1993 年编成的，最先是由自由软件基金会（FSF）的 GNU 项目负责的。

Debian GNU/Linux 具有以下几个特点：

（1）独立的相互依存关系（dependency）。

在所有 Linux 的发行版本里，Debian 是第一个提出这种相互依存关系的，也是做得最好的一个版本。相互依存关系就是当安装一个软件包时，它会首先检查是否已经安装了需要调用的模块、其版本对不对、是否与其他模块的存在发生冲突。这种依靠关系是由软件包的维护者仔细地设计的。

（2）DPKG 包管理系统。

它使得软件包的维护和升级变得非常容易。当用户需要升级某个软件包时，不需要重新安装整个系统，只要安装某一软件包就行了，而 Slackware 升级却需要安装整个系统。Debian 还可以在系统运行时进行升级，包括对内核等关键部分的升级，这就为必须不间断工作的系统提供了无缝的升级。

（3）全功能。

Debian 发行版本目前包括近 500 个软件包，是所有发行版本中包含的软件最多、最全的。用户可以选择安装软件包，因为 Debian 已经为此提供了一个工具。用户可以在 Debian

的任何一个镜像站点找到 Debian 目前所能提供的软件包的列表和说明。

（4）自由地使用和分发。

发行和开发 Debian 是不需要付任何费用的。Debian 发行版本里的所有正式的软件包都可以自由地分发，通常这要在 GNU 的普通公共许可协议（General Public License）指定的条款约束下进行。

尽管 Debian 本身是一个免费软件，但它是基于 Debian GNU/Linux 的发行版本，是可以进行附加开发的。通过提供一个可靠的全功能的基本系统，Debian 给 GNU/Linux 的用户提供了增强的兼容性，允许 GNU/Linux 的发行者减少重复开发，集中精力开发使自己区别于他人的东西。

第四节　RedHat Linux 的使用方法

在众多的 Linux 版本中又以 RedHat 公司的 RedHat Linux 最为著名，用户最为广泛。下面以 RedHat Linux 7.1 为例，详细讲述它的使用方法。

11.4.1　新特性简介

RedHat Linux 7.1 的特性主要有以下几点：

（1）RedHat Linux 7.1 版本采用最新的 Linux 2.4.2 版稳定内核，支持更多硬件设备，采用最新的图形系统 Xfree86 4.0.3，提供强大的硬件支持，同时引入全图形安装界面，使得安装界面更为简单。

（2）RedHat Linux 7.1 版本显著改进了对多处理器计算机的支持，单处理器计算机最高可支持 4GB 的用户登录进程，消除 PCI 总线限制，进一步扩展了虚拟内存的性能，支持 64GB 的物理内存，支持更多的用户和用户组，促使调度程序可处理更多的进程；增加和改进了对硬件设备的支持，改进了多线程的网络栈性能。

（3）RedHat Linux 7.1 版本对移动存储设备提供了出色的支持，包括可“热插拔”USB 设备、ZIP 驱动器和各种光盘刻录机。另外，还增强了对 PCMCIA 设备的支持，这对使用 PCMCIA 设备的笔记本电脑的用户来说是非常重要的。

（4）加入了最新系统配置工具，方便用户管理和系统调用，如 apacheconf、bindconf 和 printconf 等。这些工具能方便用户通过 GUI（图形用户界面）来配置 Apache、Bind 和打印机。

（5）新版本在安全方面也做了许多修补工作。安全默认设置可保证端口关闭，新的防火墙屏蔽可由用户随意打开或关闭。

11.4.2　安装指南

1. 安装硬件要求

安装硬件要求如表 11—2 所示。

表 11—2

硬件设备	要　求
CPU	Intel，AMD 的 X86 系列 CPU
内存	建议 64MB，最好 128MB 以上
CD-ROM	IDE 接口和大部分 SCSI 接口光驱
显卡	xfree86 4.0 大大提高了兼容性，能够支持几乎所有的主流显卡（不过，在字符终端小，太新的显卡支持可能有问题）
网卡	NE2000 兼容显卡，3COM，Intel
SCSI 卡	支持 ADAPTERE 152X、154X、274X、284X、294X、394X、AIC7890 和大部分流行的 SCSI 卡

登录 RedHat 的官方网站 https://hardware.redhat.com/hwcert/index.cgi 可以获得更详细的信息。

2. 安装 RedHat Linux

（1）从 CD-ROM 安装。安装 RedHat Linux 7.1，常用的方法就是使用光盘安装。其安装光盘共有两张，第 1 张可直接从光盘启动，包含大部分的软件包和一些安装工具；第 2 张光盘则包含许多附加的软件包。将第 1 张光盘放入光驱，使计算机从 CD-ROM 启动之后即开始自动安装 RedHat Linux。

安装过程相对较简单。

①选择合适的安装方式。

- 图形模式：默认方式。整个安装过程的图形界面类似于 Windows。不过可能有些显卡无法显示或显示不正常，如果是这样，可以选用文本方式安装。
- 文本模式：在提示符状态下输入 text，回车，即进入文本模式的安装界面。建议有一定经验的用户选用这种方式。
- 专家模式：输入 expert，回车。如果十分熟悉 Linux，或有一些特殊的硬件安装程序无法正确配置，则可考虑使用这种安装方式。
- 救援模式：这不是在首次安装时使用的，它仅在原有的 Linux 系统无法正常启动的情况下，用来拯救系统。
- 驱动盘模式：如果有特殊的硬件驱动盘，需要在安装时提供给 Linux 系统使用，则输入 linux dd，回车，安装程序会提示插入驱动软盘。

②选择合适的安装类型。安装过程中，RedHat Linux 提供了 Workstation、Server、Laptop、Custom、Upgrade Existing 5 种安装类型，根据具体情况选择。

- Workstation：工作站。安装程序会自动利用空闲空间完成分区工作。但如果机器上安装过 NT，则不选用这种方式。
- Server System：服务器系统。选用这种方式安装，将清除整个硬盘的分区信息。如果是用空硬盘来构建服务器，建议选用。
- Laptop：为笔记本电脑准备的安装方式。
- Custom System：定制安装。这是最灵活、最安全的安装方式。
- Upgrade Existing System：升级现有系统。若已安装了旧版本的 RedHat Linux，这是最佳的选择。

③硬盘分区。Linux 最少需要两个分区，一个 Linux native（文件）分区，一个 Linux

swap（交换）分区。其中，Linux native 分区是存放 Linux 系统的分区，在分区时应该将 Mount Point 设置为“/”。而 Linux Swap 分区则用做交换空间（内存的补充），建议与内存的大小相等，但最好也不超过 128MB。

④LILO 的设置。通常 LILO 可以安装在第一硬盘的主引导区（MBR）或 Linux 分区的引导扇。如果要使用 LILO 来做双启动，需要选择第 1 种，如果使用 Linux 启动软盘或其他系统引导器引导 Linux，请选择第 2 种方式，即安装在 Linux 分区的引导扇。

⑤选择系统安全等级。这是 RedHat Linux 7.1 提供的新选项，它提供了 3 种选择。

- High：如果选择 High 级，那么所有来自外界的网络访问都将被禁止。
- Medium：默认的级别，选择该级别，则对于外界的网络访问仅限于该系统提供的网络服务。
- No firewall：最低安全保障，任何外界的网络访问都将被允许。

(2) 其他安装方式。可以通过 FTP 服务器、NFS 服务器、SMB 共享卷、硬盘进行安装。如果采用这些安装方式，请首先制作 Linux 启动盘。

先在安装光盘上找到 Linux 启动盘映像文件，即/images 目录下的 boot.img（启动盘文件）；然后从/images、/install 或/dosutil 目录中找到制作映像盘的工具 rawrite.exe；再将映像文件和 rawrite.exe 复制到同一目录，最后在 DOS 命令行下执行 rawrite 命令。

```
C:\linst>RAWRITE
Enter disk image source flie name:(在这里输入映像文件名)
Enter target diskette drive:(在这里输入目标盘符，如 A:)
```

①从 FTP 站点安装。使用该方式必须与 FTP 服务器（该 FTP 服务器还须支持长文件名）高速相连，不能够以拨号连接来安装。

②从 NFS 服务器安装。如果在局域网中有一台 NFS 服务器，可将安装盘复制到 NFS 服务器上，然后用 Linux 启动盘启动，访问 NFS 服务器进行安装。同样，这也需要 NFS 服务器能够支持长文件名。

③从 SMB 共享卷安装。将安装盘放到一个支持共享卷的 Windows 9x/NT/2000 服务器上，然后通过访问共享卷中的安装盘实现安装。

④从硬盘安装。这种方式适合于从网上下载了安装文件的用户。首先将 RedHat Linux 安装文件复制到硬盘同一个分区的 RedHat 目录下，然后将要安装的软件包复制到另一个子目录 RPMS 中，接着就可使用 Linux 的启动盘启动进行系统安装。

⑤AUTOBOOT 安装。

11.4.3 登录和退出系统

1. 启动系统

通常 LILO 是安装在主引导区（MBR）上的，计算机启动后，主引导区上的程序被执行，将出现一个登录界面：左边是一个小红帽图像，右边列出了可以启动的操作系统，可以用键盘箭头进行切换（安装好后默认值为 Linux）。

如果默认选择是 Windows 操作系统，那么可以在启动 Linux 后，用 vi 修改/etc 目录下的 lilo.conf 文件，在其中加上 default=windows 命令行，然后再执行“/sbin/lilo”命令即可重新生成新的 LILO。

2. 用户登录

Linux 是一个真正意义上的多用户操作系统，用户要使用该系统，必须首先登录。用户登录系统时，为了使系统能够识别该用户，必须输入用户名和密码，经系统验证无误后才可登录系统使用。Linux 下有两种用户：

（1）root 用户。超级权限者，系统的拥有者。在 Linux 系统中有且只有一个 root 用户，它可以在系统中做任何操作。在系统安装时所设定的密码就是 root 用户的密码。

（2）普通用户。Linux 系统可以创建许多普通用户，并为其指定相应的权限，使其有权使用 Linux 系统。

用户登录时，首先输入用户的登录名，系统根据该登录名来识别用户；然后，输入用户的口令，该口令是用户自己选择的一个字符串，对其他用户完全保密，是登录系统时识别用户的唯一根据，因此每一个用户都应该保护好自己的口令！

系统在建立之初，仅有 root 用户，其他的用户则是由 root 用户创建的。由于 root 用户的权限太大了，所以如果 root 用户出现误操作将可能造成很大的损失。建议系统管理员为自己新建一个用户，只有需要做系统维护、管理任务时才以 root 用户登录。

登录成功，我们将获得 Shell（Shell 是用来与用户交互的程序，它就像 DOS 中的 Command.com，不过在 Linux 下可以有多种 Shell 供选择，如 bash、csh、ksh 等）提示符，如果以 root 用户登录，那么获得的提示符是“#”，否则是“$”。

提示

如果在安装时设置为启动即进入图形界面，则系统启动后，用户登录界面将是图形化的，而且当输入正确的用户名与密码后，就会直接进入 X Window。这个设置是可以修改的，在/etc 目录下有一个 inittab 文件，其中有一行配置：

```
id：3：initdefault：
```

其中，数字 3 代表一启动即进入字符终端，如果改为 5 则代表一启动即进入 X Window。

3. 修改口令

为了更好地保护用户账号的安全，Linux 允许用户在登录之后随时使用 passwd 命令修改自己的口令。修改口令需要输入原来的口令，如果口令错误，将中止程序，无法修改口令；输入新的口令，提示重复一遍新的口令，如果两次输入的口令相吻合，则口令修改成功。而如果是 root 用户修改口令，则不需要输入旧密码。也就是说，它可以修改任何用户的口令。

4. 退出登录

无论 root 用户还是普通用户，只需简单地执行 exit 命令就可以退出登录。

5. 关闭机器

在 Linux 系统中，普通用户是无权关闭系统的。只有 root 用户才能够关闭它。可以通过以下几种方法实现：

（1）按下 Ctrl+Alt+Del 组合键，这样系统将重新启动。

（2）执行 reboot 命令，这样系统也将重新启动。

（3）执行 shutdown-h now 命令，这样系统将关闭计算机。

（4）执行 halt 命令，也可以关闭计算机。

11.4.4 文件与目录操作

与其他操作系统一样，在 Linux 系统下用户的数据和程序也是以文件的形式保存的。所以，在使用 Linux 的过程中，要经常对文件与目录进行操作。

1. 文件名与文件类型

文件名是一个文件的标识。Linux 系统中文件名的规则与 Windows 系统中的基本上相同。它同样是由字母、数字、下划线、圆点组成，最长的都是 225 个字符。

与 Windows 系统一样，Linux 系统中也有文件和目录。而在 Linux 系统中有一种特殊的文件，那就是设备文件。在 Linux 系统中，每一个 I/O 设置都映射为一个文件，可以像普通文件一样处理，这就使得文件与设备的操作尽可能统一。从用户的角度来说，对 I/O 设备的使用和一般文件的使用几乎一样，这样就可以让用户不必了解 I/O 设备的细节。

2. 目录结构

与 Windows 一样，在 Linux 中也是通过目录来组织文件的。但不同的是，在 Linux 下只有一个根目录。如果有多个分区，就需要将其他分区 mount 到根目录。

在 Linux 分区时，有一个选项要填，那就是 Mount Point，将其中一个写成了“/”，也就是根目录（这一点与 Windows 相反，一个是“\”，一个是“/”）。其他的则可能是/home，/usr。安装完系统后，会发现/home、/usr 就是根目录下面的 home、usr 目录。这样，整个分区就用于该目录了。

另外，需要说明的是，在 Linux 下“当前目录”“路径”等概念与在 Windows 下的是一样的。

3. 显示文件内容

在 Linux 下有 4 个相关的命令，功能各有千秋。

(1) cat 命令。cat 命令使用的方法很简单：“cat 文件名”。不过比 type 命令更强大的是，它可同时查看多个文件，如“cat 文件名一 文件名二”。

（2）more 命令。如果文本文件比较长，一屏无法显示完全，可以使用 more 来代替 cat 命令即可。其效果与 type 文件名/p 类似。使用 more 命令将一次显示一屏文本，显示满后停下来，并提示出已显示全部内容的百分比，按空格键就可以继续显示下一屏。

（3）less 命令。less 命令的功能几乎和 more 命令的一样，也是按页显示文件，不同之处在于 less 命令在显示文件时允许用户既可以向前又可以向后翻阅文件。向前翻按 b 键；向后翻按 p 键；指定位置输入百分比；退出为 q 键。

（4）head 命令。通过 head 命令可以仅查看某文件的前几行，如果未指定行数，则使用默认值 10，即 10 行。其格式为：head 行数文件名。

4. 编辑文件

在 RedHat Linux 中有许多文字编辑工具，这里推荐 vi。vi 是 UNIX 系统中使用最广泛的文件编辑器。

启动 vi 的方法很简单：直接输入“vi”或直接输入“vi 文件名”命令。启动 vi 时，处于命令状态，不能够输入字符，只能输入命令。

a：新增文本命令，执行后将进入输入模式，在当前光标之后新增文本。

i：插入文本命令，执行后将进入输入模式，在当前光标位置处新增文本。

dd：删除一行命令。

x：删除当前字符命令。

p：粘贴命令，如果在执行该命令之前，使用了 dd 或 X 命令，那么将会把删除的内容粘贴到当前光标位置。

:q：退出 vi 命令，不过如果在执行这个命令之前修改过内容，则无法退出。

:q!：“不存盘退出”命令，即放弃所有的修改，强行退出。

:w：存盘命令。

:wq：存盘退出命令。

:n（其中 n 为数字）：跳转到文件的第 n 行，如果超过了总行数，那么将会停到最后一行。

/pattern（其中 pattern 是要查找的内容）：如“/default”，就是在文件中查找 default 字符串。

当使用“ a”或“ I”命令进入输入模式后，如果要回到命令模式，只需按一下 Esc 键即可。

5. 文件查找命令

Linux 下提供了一个强大的文件查找命令 find。

语法格式：find 起始目录 寻找条件。

起始目录很容易理解，就是从哪里开始找。下面讲一些常用的“寻找条件”。

—name 字符串：字符串中可以用通配符“ * ”“?”，用于寻找文件名与字符串匹配的文件。

—user 用户名：查找文件属主是指定用户的文件。

—group 组名：查找文件属主所在的组是指定组的文件。

—atime 天数：查找在指定天数前被访问的文件。

—ctime 天数：查找在指定天数前创建的文件。

—mtime 天数：查找在指定天数前修改过的文件。

—amin n：查找在 n 分前被访问的文件。

—cmin n：查找在 n 分前创建的文件。

—mmin n：查找在 n 分前修改过的文件。

而且它支持多个条件进行组合（and，or，not）：其中用-a 表示 and（与），用-o 表示 or（或），用！表示 not（非）。例如，在全盘查找一个名为 a. txt 的文件：＄find/-name a. txt；在 home 目录下查找属于用户 xf 的所有扩展名为 htm 的文件：＄find/home-name * htm-a-user xf。

6. 文件内容查询命令

在 Linux 下，还提供了一个强大的文件内容查询命令 grep，它可以在一大堆文件中找到特定的字符串，并打印出它所在的行和所在的文件。下面通过几个实例来说明 grep 命令的使用方法：

列出文件 file1 中所有的 Software develop 字符串：＄grep ‘software develop’ filel。

列出当前目录中所有包含 software develop 字符串的文件：$grep ‘software develop’*。

列出当前目录下所有子目录中所有包含 software develop 字符串的文件：$grep－s ‘software develop’*。

7. 文件的复制、删除与移动

下面介绍如何在 Linux 系统中完成文件的复制、删除与移动操作。

（1）cp 命令：文件/目录复制命令。

语法格式：cp［选项］源文件或目录，目标文件或目录

常用的选项有如下几种：

a：该选项常在复制目录时使用，它保留链接、文件属性，并递归地复制目录。

f：如果目标文件或目录已存在，就覆盖它，并且不做提示。

i：与 f 选项正好相反，它在覆盖时，会让用户确认。

p：使用该选项，复制文件时将保留修改时间和访问权限。

r：若给出的源是一个目录，那么 cp 将递归复制该目录下所有的子目录和文件，不过这要求目标也是一个目录。

另外，需要注意的是，如果源是文件名，目标是目录名，那么使用 cp 命令可以指定多个源文件名。例如，$cp a. txt b. txt/home/user1，该命令将把 a. txt 和 b. txt 文件复制到/home/usrl 目录中。

（2）rm 命令：文件/目录删除命令。

语法格式：rm［选项］文件...

常用的选项有如下几种：

f：在删除过程中不给任何指示，直接删除。

r：指示 rm 将参数中列出的全部目录和子目录都递归删除。

i：交互式的删除，每个文件在删除时都给出提示。

（3）mv 命令：文件/目录移动命令。

语法格式：mv［选项］源文件或目录，目标文件或目录

常用的选项有如下几种：

f：当操作要覆盖已有的目标文件时不给任何指示。

i：交互式的操作，当操作要覆盖已有的目标文件时会询问用户是否覆盖。

8. 目录操作

（1）创建新目录。

语法格式：mkdir 目录名

（2）删除空目录。

语法格式：rmdir 目录名

（3）改变目录。

语法格式：cd 目录名

不管目录名是什么，cd 与目录名之间必须有空格，也就是说“cd/”“cd/”“cd..”“cd.”都是非法的，而应该输入“ cd/”“cd..”“cd.”，如果直接输入命令“cd”，而不加任何参数，将回到这个用户的主目录。

(4) 显示当前目录。

语法格式：pwd

(5) 列目录命令。

语法格式：ls [选项] [目录或文件]

常用的选项有如下几种：

a：显示指定目录下所有的子目录与文件，包括隐藏文件。

c：按文件的修改时间排序。

l：采用长格式来显示文件的详细信息。每个文件一行信息，其内容为文件类型与权限、链接数、文件属主、文件数组、文件大小、最近修改时间、文件名等。

11.4.5 磁盘管理

系统软件和应用软件都要以文件的形式存储在计算机的磁盘空间中，作为系统管理员应随时监视磁盘空间的使用情况。可以使用下面两个命令来实现。

1. df 命令

df 就是 disk free，顾名思义就是检查磁盘上还剩下多少空间等信息。

2. du 命令

du 就是 disk usage，也就是看一下磁盘使用了多少。

该命令还有一些常用的选项，用来完成以下更多的功能。

—a：将列出当前目录下所有的文件、子目录、子目录下的文件、子目录下的子目录等的磁盘占用情况。

—b：以 Byte 为单位表示占用的磁盘空间。

—c：在最后显示出一个统计值。

11.4.6 用户管理

用户管理主要的工作就是建立一个合法的用户账户，设置和管理用户的密码，修改用户账户的属性，以及在必要时删除已经废弃的用户账号。

1. 增加一个新用户

在 Linux 系统中，只有 root 用户才能够创建一个新用户。

语法格式：useradd [选项] 用户名

例如，新建一个登录名为 userl 的用户：# useradd userl。但是，这个用户还不能够登录，因为还没为它设置初始密码，而没有密码的用户是不能够登录 Linux 系统的。在默认情况下，将会在/home 目录下新建一个与用户名相同的用户主目录。如果需要另外指定用户主目录，可以使用如下命令：

```
# useradd-d /home/xf userl
```

同时，该用户登录时将获得一个 Shell 程序：/bin/bash，而假如不想让该用户登录，也就可以指定该用户的 Shell 程序为：/bin/false。这样该用户即使登录，也不能够执行 Linux

下的命令：

```
#useradd-s /bin/false userl
```

在 Linux 中，新增一个用户的同时会创建一个新组，这个组与该用户同名，而这个用户就是该组的成员。如果要让新的用户归属于一个已经存在的组，则可以使用如下命令：

```
#useradd-g user userl
```

这样该用户就属于 user 组的一员了。而如果要让其仅属于一个组，则应该使用：

```
#useradd-G user userl
```

完成了这一操作后，还应该使用 passwd 命令为其设置一个初始密码。

2. 删除一个用户

语法格式：userdel［选项］用户名

删除用户的同时最好将它留在系统上的文件也删除掉，可以使用“userdel-r 用户名”来实现这一目的。

3. 修改用户属性

在前面看到了在新建一个用户的时候如何指定它的用户主目录，如何指定它的 Shell，如何设置它所属的组等。Linux 中提供了一个命令来实现修改用户属性。

语法格式：usermod-g 组名-G 组名-d 用户主目录-s 用户 Shell

4. 增加一个组

还记得 Linux 的文件可以为同组的人、非同组的人设置不同的访问权限吗？我们可以根据自己的需要创建用户组。

语法格式：groupadd 组名

5. 删除一个组

删除一个组的语法格式：groupdel 组名

6. 修改组成员

如果需要将一个用户加入一个组，只需编辑/etc/group 文件，将用户名写到组名的后面。

例如，将 newuser 用户加入到 softdevelop 组，只需找到 softdevelop 这一行：

```
softdevelop：x：506：userl，userZ
```

然后在后面加上 newuser，形成：

```
softdevelop：x：506：userl，userZ，newuser
```

另外，在 RedHat Linux 中还提供了一个图形化的用户管理工具：userconf，通过它可以更直接地进行用户管理。

11.4.7 进程管理

Linux 是一个多用户多任务的操作系统。多用户是指多个用户可以在同一时间使用计算机系统；多任务是指 Linux 可以同时执行几个任务，它可以在还未执行完一个任务时又执行另一个任务。

所有在 Linux 系统上运行的内容都可以称之为一个进程。每个用户任务、每个系统管理守护进程，都可以称之为进程。Linux 用分时管理方法使所有的任务共同分享系统资源。下面看一下如何控制这些进程。

1. 启动进程

在 Linux 系统中有两种启动进程的方法：

（1）直接输入命令启动一个进程。在普通情况下，进程将在前台执行，这时无法再执行新的命令；如果在命令之后加上一个“&”，则该进程将会放在后台执行，仍然可以执行新的命令。

（2）通过命令启动。通过 at、cron、crontab 命令可以像 Windows 中的计划任务一样定时启动某个进程，大家可以使用“man 命令名”来查询具体的使用方法。

2. 查看进程

在 Linux 系统中，可以使用 ps 命令来查看正在运行的进程。

3. 终止进程

一个进程在任务完成之后，将自动完成。如果要中止该进程，有两种方法：对于在前台运行的程序，直接通过组合键 Ctrl+C 就可以中止进程；而对于在后台运行的程序，则需要通过前面介绍的 ps 命令找到它的进程号，然后使用“kill 进程号”来终止该进程。

11.4.8 网络应用

RedHat Linux 7.1 系统提供了与网络相关的工具，掌握好这些工具是十分必要的。

1. 设置工具

设置工具有两种。

（1）Netconfig。Netconfig 是 Red HatLinux 提供的 Linuxconf 的一部分，主要用于设置与网络相关的参数。它可以在 console 下运行（文本选单），也可以在 X Window 中运行（图形界面）。

（2）ifconfig。ifconfig 是 Linux 系统中最常用的一个用来显示和设置网络设备的工具。其中 if 是 interface 的缩写。它可以用来设置网卡的状态或显示当前的设置。

2. 诊断工具

诊断工具有以下 3 种。

（1）Ping。Ping 是一个最常用的检测是否能够与远端机器建立网络通信连接的命令。

（2）traceroute。如果 ping 不通远端服务器，想知道是在什么地方出的问题；或者想知道信息到远端服务器都经过了哪些路由器，可以使用 traceroute 命令。顾名思义，trace 是跟踪，route 是路由，也就是跟踪路由。使用这个命令很简单，traceroute 远程主机 IP 地址或域名。

这个命令的输出格式如下：

1 路由器（网关）的 IP 地址 访问所需时间 1 访问所需时间 2 访问所需时间 3

2 路由器（网关）的 IP 地址 访问所需时间 1 访问所需时间 2 访问所需时间 3

其中，最前面的数字代表“经过第几站”；路由器（网关）的 IP 地址就是该站点的 IP

地址；访问所需时间1、2、3是指访问到这个路由器（网关）需要的时间。

(3) netstat。在Linux系统中，提供了一个功能十分强大的查看网络状态的工具：netstat。它可以得知整个Linux系统的网络情况。

①统计出各网络设备传送、接收数据包的情况：netstat-i

这个命令将输出一张表，其中包括以下内容。

- Iface：网络接口名
- MTU：最大传输单元
- RX—OK：共成功接收多少个包
- RX—ERR：接收的包中共有多少个错误包
- RX—DRP：接收时共丢失多少个包
- RX—OVR：共接收多少个碰撞包
- TX—OK：共成功发送多少个包
- TX—ERR：发送的包中共有多少个错误包
- TX—DRP：发送时共丢失多少个包
- TX—OVR：共发送多少个碰撞包

②显示网络的统计信息：netstat-s

使用这个命令，将会以摘要的形式统计出IP、ICMP、TCP、UDP、TCPEXT形式的通信信息。

③显示TCP传输协议的网络连接情况：netstat-t

这个命令的输出也是一张表，其中包括以下内容。

- Local Address：本地地址，格式是IP地址：端口号
- Foreign Address：远程地址，格式也是IP地址：端口号
- State：连接状态，包括LISTEN、ESTABLISHED、TIME_WAIT等。

④只显示使用UDP的网络连接情况：netstat-u

⑤显示路由表：netstat-r

这个命令与route命令的输出相同。

3. 网络服务访问限制

在RedHat Linux 7.1中加强了对网络中不安全因素的防范，如果安装时安全等级不是在最低一级，那么本机之外的所有访问都可能被拒绝。这是因为在RedHat Linux 7.1中做了一些默认的ipchains设置，这是Linux内置的防火墙机制，它可以使用一些规则来允许或禁止某种访问。它的规则存放在/etc/sysconfig/ipchains文件中，如果要让它暂时不生效，那可以运行/etc/rc.d/init.d/ipchains stop，那么所有的规则都被取消，所有的网络访问都将被允许。可以运行/etc/rc.d/init.d/ipchains status来获知现在对网络访问的限制。

4. 通过Modem拨号上网

在Linux下，也可以通过Modem拨号上网。Modem是串行设备，外置的Modem需要连到一个串口上，内置的Modem自带一个串口。在RedHat Linux 7.1中，串口设备的命令与DOS的关系如下：

COM/dev/ttyS0

COMZ/dev/ttysl

通常情况下，我们是无须设置 Modem 的，只需要对 Modem 对应的端口进行操作就可以了。

（1）拨号上网。可以使用拨号工具 Kppp 进行手动拨号上网。

（2）终止拨号。要终止拨号是十分简单的：＄dip-k

对于习惯了使用图形界面的 Windows 用户而言，有一种图形化的拨号上网软件 Kppp。使用它拨号上网很简单：运行 Kppp：先单击 K 按钮，选择 Internet，然后选择 Kppp；单击 Kppp 面板上的 Setup 按钮，再单击 New 按钮，进行 Accounts 的设置；选择 Device 进行相应的设置（选择 Modem 设备，设置速率）；设置完成后，单击 OK 按钮退出，返回 Kppp 主画面；填入 Login ID 和 Password，再单击 Connect 按钮，就可以开始拨号了，拨号成功，会在任务条上出现一个像 Windows 中的网络连接示意图标 Modem 一样的小图标。

第十二章　网络安全与网络管理

第一节　网络安全概述

12.1.1　计算机网络面临的威胁

一般认为，计算机网络系统的安全威胁主要来自黑客攻击、计算机病毒和拒绝服务等方面，具体有以下表现形式：

（1）身份窃取。指用户的身份在通信时被他人非法截取。

（2）非授权访问。指对网络设备和信息资源进行非正常使用或越权使用等。

（3）冒充合法用户。主要指利用各种假冒或欺骗的手段非法获得合法用户的使用权限，以达到占用合法用户资源的目的。

（4）数据窃取。指非法用户截取通信网络中的某些重要信息。

（5）破坏数据的完整性。指使用非法手段，删除、修改、重发某些重要的信息，以干扰用户的正常使用。

（6）拒绝服务。指通信被终止或时实操作被延迟。

（7）否认。指通信的双方有一方事后否认曾参与某次活动。

（8）数据流分析。指分析通信线路中的信息流向、流量和流速等，从中获得有用信息。

（9）干扰系统正常运行。指改变系统的正常运行方法，减慢系统的响应时间等手段。

（10）病毒与恶意攻击。指通过网络传播病毒或恶意攻击等。

12.1.2　计算机网络安全的内容

计算机网络安全主要有以下一些内容。

1. 保密性

为用户提供安全可靠的保密通信是计算机网络安全最为重要的内容。尽管计算机网络安全不仅仅局限于保密性，但不能提供保密性的网络肯定是不安全的。网络的保密性机制除为用户提供保密通信以外，也是许多其他安全机制的基础，如接入控制中登录口令的设计、安全通信协议的设计和数字签名的设计等，都离不开密码机制。

2. 安全协议的设计

人们一直希望能设计出安全的计算机网络，但网络的安全性是不可判定的。目前在安全协议的设计方面，主要是针对具体的攻击设计安全的通信协议。通常协议安全性的保证有两种方法，一种是用形式化方法来证明，另一种是用经验来分析协议的安全性。形式化证明的方法是人们所希望的，但一般的协议安全性也是不可判定的。对复杂的通信协议的安全性，目前主要采用找漏洞分析的方法。对于简单的协议，可通过限制敌手的操作（假定敌手不会进行某种攻击）来对一些特定情况进行形式化的证明。当然，这种方法有很大的局限性。

3. 接入控制

接入控制（access control）也叫做访问控制。必须对接入网络的权限加以控制，并规定每个用户的接入权限。由于网络是一个非常复杂的系统，其接入控制机制比操作系统的访问控制机制更复杂，尤其在高安全性级别的多级安全性（multilevel security）情况下更是如此。

所有上述计算机网络安全的内容都与密码技术紧密相关。如在保密通信中，要用加密算法来对消息进行加密，以对抗可能的窃听；安全协议中的一个重要内容就是要论证协议的安全性取决于加密算法的强度；在接入控制系统的设计中，也要用到加密技术。

第二节　数据加密概述

计算机密码学是解决网络安全问题的技术基础，是一个专门的研究领域。密码技术主要包括以下几个方面。

- 加密。简单地说，就是把明文变换成密文的过程。
- 解密。简言之就是把密文还原成明文的过程。
- 认证。识别个人、网络上的机器或机构。
- 数字签名。将发送文件与特定的密钥捆在一起。它是把密文和用来解码的密钥一起发送，而该密钥本身又被加密，还需要另一个密钥来解密。
- 签名识别。数字签名的反过程，它证明签名有效。

上述技术利用了先进的数学理论，下面介绍对称密钥密码体制、公开密钥密码体制和密钥分配。

12.2.1　对称密钥密码体制

对称密钥密码体制属于传统密钥密码系统。如果一个加密系统的加密密钥和解密密钥相同，或者虽不相同，但可以由其中一个推导出另一个，则是对称密钥密码体制。

对称密钥密码体制也称为私钥加密法，它的优点是使用的加密算法比较简便高效，密钥简短，破译极其困难，因此具有很高的保密强度，但它的密钥必须按照途径进行传递。根据“一切秘密寓于密钥当中”的公理，密钥管理成为影响系统安全的关键因素，难于满足开放式计算机网络的需求。对称密钥密码体制主要有以下几点不足：

（1）密钥使用一段时间后就要更换，加密方每次启动新密码时，都要经过某种秘密渠道把密钥传给解密方，而密钥在传递过程中很容易泄露。

（2）网络通信时，如果网内的所有用户都使用同样的密钥，就失去了保密的意义，但如果网内任意两个用户通信时都使用互不相同的密钥，N 个人就要使用 N（$N-1$）/2 个密钥，密钥量太大，难于管理。

（3）无法满足互不相识的人进行私人谈话时的保密要求。Internet 中，有时互不相识的两方需要传送加密信息。

（4）难于解决数字签名验证的问题。

12.2.2 公开密钥密码体制

如果将一个加密系统的加密密钥和解密密钥分开，则加密和解密分别由两个密钥来实现，并使得由加密密钥推导出解密密钥在计算机上是不可行的。采用公开密钥密码体制的每一个用户都有一对选定的密钥，其中加密密钥不同于解密密钥，加密密钥公之于众，谁都可以用，解密密钥只有解密人自己知道，分别称为“公开密钥”和“私密密钥”。公开密钥密码体制也称为不对称密钥密码体制。

公开密钥密码体制是现代密码学的最重要的发明和进展。保护敏感的信息一直是密码学多年来关注的重点。但这仅是当今密码学的一个方面，另一个方面是对信息发送人的身份验证。公开密钥密码体制对这两个方面的问题都给出了出色的答案。

公开密钥密码体制的优点有以下几方面：

（1）密钥分配简单。由于加密密钥和解密密钥不同，且不能由加密密钥推导出解密密钥，因此，加密密钥表可以像电话号码本一样，分发给各用户，而解密密钥则由用户自己掌握。

（2）密钥的保存量少。网络中的每一密码通信成员只需秘密保存自己的解密密钥，N 个成员只需产生 N 对密钥，便于密钥管理。

（3）可以满足互不相识的人之间进行私人谈话时的保密性要求。

（4）可以完成数字签名和数字签别。发信人使用只有自己知道的密钥进行签名，收信人利用公开密钥进行检查，既方便又安全。

由于任何人都可获得公开密钥，公开密钥存在的问题是能否信任使用密钥的密钥持有者。这就是公开密钥认证问题。认证是指用户必须提供他是谁的证明，如他是某个人、某个组织的代理等。每个密钥都有它们自己的标识（keyID），keyID 是一个八位十六进制数，两个密钥具有相同 keyID 的可能性是几十亿分之一。公开密钥证明也称为数字 ID、数字证书、数字护照。在网络上，数字 ID 的作用就像公民的身份证或司机的驾驶执照。

12.2.3 密钥分配

由于密码算法是公开的，网络的安全性就完全基于密钥的安全保护。因此，在密码学中出现了一个重要的分支——密钥管理。密钥管理包括密钥的产生、分配、注入、验证和使用。我们只讨论密钥的分配。

密钥分配是密钥管理中最大的问题。密钥必须通过最安全的通路进行分配。例如，可以派非常可靠的信使携带密钥分配给互相通信的各用户。这种方法称为网外分配方式。但随着用户的增多和通信量的增大，密钥更换频繁（密钥必须定期更换才能做到可靠），派信使的办法将不再适用。这时应采用网内分配方式，即对密钥自动分配。

密钥的网内分配方式有两种，一种是在用户之间只按实现分配，另一种是设立一个密钥分配中心（KDC，Key Distribution Center），通过 KDC 来分配密钥。后一种方法已成为使用得较多的密钥分配方法。

在公开密钥体制中，如果每个用户都具有其他用户的公开密钥，就可以实现安全通信。看来好像可以如电话簿那样公布用户的公开密钥，其实经常变化。由于用户经常更换，由于需要更换已暴露的密钥，由于需要周期性地更换密钥以减少密钥暴露的机会，密钥更换、增加和删除的频度是很高的。同时，虽然公开密钥不需对任何人保密，但公开密钥的完整性却是必须保证的。如果公开密钥被篡改或替换，则安全性就得不到保证。分配大量的“电话簿”而又能保证其完整性，是一项十分复杂的工作。随着开放系统的不断扩大，这种密钥“电话簿”将变得无法管理。此外，公开密钥相当长，人工密钥输入相当麻烦且易出错。所以，我们仍然要对它进行网内密钥分配。

目前，公认的有效方法也是通过 KDC 来管理和分配公开密钥。每个用户只保存自己的秘密密钥和 KDC 的公开密钥 PKAS。用户可以通过 KDC 获得任何其他用户的公开密钥。

第三节　网络环境下的威胁和安全措施

12.3.1　网络安全的威胁

可以将网络环境下对网络安全的威胁分为以下三类：(1) 未经许可地析出信息；(2) 未经许可地篡改信息；(3) 未经许可地拒绝或中止一些用户对资源的使用。

上述的析出信息的攻击称为被动攻击，而更改信息和拒绝用户使用资源的攻击称为主动攻击。

在被动攻击中，攻击者只是观察通过一个连接的协议数据单元（PDU）而不干扰信息流。即使这些数据对攻击者来说是不易理解的，他也可通过观察 PDU 的协议控制信息部分，了解正在通信的协议实体的地址和身份，研究 PDU 的长度和运输的频度，以便了解所交换的数据的性质。

主动攻击是指攻击者对连接中通过的 PDU 进行各种处理，如有选择地更改、删除、延迟这些 PDU。还可在稍后的时间将以前录下的 PDU 插入这个连接。甚至还可将合成的或伪造的 PDU 送入到一个连接中去。

主动攻击可进一步划分为三种，即更改报文流、拒绝报文服务、伪造连接初始化。

更改报文流包括对通过连接的 PDU 的真实性、完整性和有序性的攻击。对真实性的攻击可以是更改 PDU 中的协议控制信息，这样就使 PDU 被送往错误的目的地。对完整性的攻击可以是更改 PDU 的数据部分。对有序性的攻击则可用删除 PDU 或更改 PDU 中协议控制部分的序号来实现。

拒绝报文服务是指攻击者或者删除通过某一连接的所有 PDU，或者将双方或单方的所有 PDU 加以延迟。

伪造连接初始化则是攻击者重放以前合法连接初始化序列的记录，或者伪造身份而企图建立连接。

对于主动攻击，可以采取适当措施加以检测。但对于被动攻击，通常却是检测不出来的。根据这些特点，可得出计算机网络通信安全的五个目标：(1) 防止析出报文内容；(2) 防止信息量分析；(3) 检测更改报文流；(4) 检测拒绝报文服务；(5) 检测伪造连接初始化。

对付被动攻击可采用各种数据加密技术，而对付主动攻击，则需将加密技术与适当的鉴别技术相结合。

12.3.2 实现通信安全的加密策略

通常有两种不同的加密策略，即链路加密与端到端加密。现分别讨论如下。

1. 链路加密

在采用链路加密的网络中，每条通信链路上的加密是独立实现的。通常对每条链路使用不同的加密密钥。当某条链路受到破坏时就不会导致其他链路上传送的信息被析出。加密算法常采用序列密码。由于 PDU 中的协议控制信息和数据都被加密，这就掩盖了源结点和目的结点的地址。若在结点间保持连续的密文序列，则 PDU 的频度和长度也能得到掩盖。这样就能防止各种形式的通信量分析。由于不需要传送额外的数据，采用这种技术不会减少网络的有效带宽。由于只要求相邻结点之间具有相同的密钥，因而密钥管理易于实现。链路加密对用户来说是透明的，因为加密的功能是由通信子网提供的。

由于报文是以明文形式在各结点内加密的，所以结点本身必须是安全的。一般认为网络的源结点和目的结点在物理上都是安全的，但所有的中间结点（包括可能经过的路由器）则未必都是安全的。因此必须采取有效措施。对于采用动态自适应路由的网络，一个被攻击者掌握的结点可以设法更改路由使有意义的 PDU 经过此结点。这样将导致大量信息的泄露，因而对整个网络的安全造成威胁。

链路加密的最大缺点是在中间结点暴露了信息的内容。在网络互连的情况下，仅采用链路加密是不能实现通信安全的。此外，链路加密也不适用于广播网络，因为它的通信子网没有明确的链路存在。若将整个 PDU 加密会造成无法确定接收者和发送者。由于上述原因，除非采取其他措施，否则在网络环境中链路加密将受到很大的限制，可能只适用于局部数据的保护。

2. 端到端加密

端到端加密是在源结点和目的结点中对传送的 PDU 进行加密和解密，端到端加密已超出了通信子网的范围，因此要在运输层或其以上各层来实现。这样就使端到端加密的层次选择有一定的灵活性。若选择在运输层进行加密，则可以使安全措施对用户来说是透明的。这样可不必为每一个用户提供单独的安全保护，但容易遭受运输层以上的攻击。当选择在应用层实现加密时，用户可根据自己的特殊要求来选择不同的加密算法，而不会影响其他用户。这样，端到端加密更容易适合不同用户的要求。端到端加密不仅适用于互联网环境，而且同样也适用于广播网。

在端到端加密的情况下，PDU 的控制信息部分（如源结点地址、目的结点地址、路由信息等）不能被加密，否则中间结点就不能正确选择路由。这就使得这种方法易于受到被动攻击。虽然也可以通过发送一些假的 PDU 来掩盖有意义的报文流动，但这要以降低网络性能为代价。由于各结点必须持有与其他结点相同的密钥，这就需要在全网范围内进行密钥管理和分配。

为了获得更好的安全性，可将链路加密与端到端加密结合在一起使用。链路加密用来对 PDU 的目的地址进行加密，而端到端加密则提供了对端到端的数据进行保护。

12.3.3 在端到端加密下的若干措施

防止析出报文内容应直接采用加密技术。若加密在会话层或应用层完成，则所有的运输层控制信息对攻击者来说都是可知的。若加密由运输层完成，则仅仅在网络层及下面各层的控制信息是暴露的。由于网络层协议控制信息对网络层的 PDU 所通过的每个结点都应当是不可知的，所以网络层一般不能提供端到端保护。可见运输层就是实现端到端加密的最低层。

一次连接使用一个不同的密钥是反攻击的一个有力措施。采用不同的加密方式还可进一步掩盖数据的模式。

抗通信量分析的措施涉及掩盖协议实体之间的报文流的频率、分组长度等。适当的链路加密能防止各种被动攻击，但端到端加密却很难做到这一点。

若加密在运输层完成，攻击者就只能在网络地址这一级观察数据模式，即攻击者能够知道哪一些运输层实体在交换信息，但却不知哪些高层实体在交换信息。

掩盖网络地址模式在互联网环境中是不可能的。要做到这一点将涉及用全网范围的一个密钥对网络层的 PDU 的实际目的地址加密，并将这些 PDU 送交网络中的所有主机。这当然会使网络的有效带宽急剧下降，并浪费大量的主机处理能力。因此，端到端加密实际上只能在运输层及其上各层实现。

对于更改报文流的抗击就是要检测报文的完整性、真实性和有序性。这里最基本的是要保证报文的完整性。在通信协议中的差错检验码可以用来检测 PDU 由于传输错误而造成的报文更改，但这不能防止对 PDU 完整性的蓄意攻击。这时必须采用鉴别（authentication）技术。

为保证报文的真实性，应使收方实体能可靠地确定一个 PDU 所在的连接及其传送方向。为此，应在所有时间内使每个连接都有唯一的标识符，并将此标识符附加到通过此连接的每一个 PDU 上。利用这个唯一标识符就能可靠地确定 PDU 所属的连接。若每一个连接使用不同的密钥，则此密钥就可提供一个隐含的唯一标识符。

为了防止对有序性的攻击，可在每一个 PDU 中增加一个序号，同时不能在某个连接唯一标识符存在期间重复使用该符号。对序号重复使用的限制，防止了攻击者在序号循环后重复一个旧的 PDU。

对于拒绝报文服务，发送 PDU 的实体能够检测到这种攻击，但却无法通知对方。例如，一个终端用户要请求使用远端的一个编辑程序。用户检测出来了有拒绝报文服务的攻击，因为编辑程序一直没有给出应答，但另一方面，编辑程序却一直在等待下一次的用户请求（但一直等不到）。

要检测出这类攻击需要增加一个请求应答机构，此机构要求双方实体周期性地交换一对

PDU，以确定双方之间是否存在一条通路。要做到这一点，应在连接的两端各增加一个定时器，每个定时器周期性地启动一个请求 PDU 的传输，强迫对方给出应答，如无应答，则表明发生了拒绝报文服务的攻击。

伪造连接初始化攻击有两种，一种是以假的身份建立一个连接，另一种是重发一个以前是合法的连接初始化序列的记录。要抵抗第一种攻击，可使连接必须按某种方法来建立。用双方已知的密钥加密就含有鉴别的隐含信息。只有已知密钥的人员才能对信息进行加密和解密。要抵抗第二种攻击，连接初始化必须有一个鉴别连接的时间完整性的机构或方法，即验证初始化过程是否是实时的。

第四节　网络防火墙概述

Internet（因特网）的迅速发展，给人们提供了发布信息和检索信息的场所，但它也带来了信息污染和信息被破坏的危险。人们为了保护其数据和资源的安全，创建了防火墙。防火墙从本质上说是一种保护装置，是用来保护网络数据、资源和用户声誉的。数据是指用户保存在计算机里的信息，需要保护的数据有三个典型的特征：保密性、完整性和可用性。

12.4.1　Internet 防火墙

因特网防火墙常常被安装在受保护的内部网络连接到因特网的结点上，所有来自 Internet 的传输信息或从你的内部网络发出的信息都必须穿过防火墙。因此，防火墙能够确保如电子信件、文件传输、远程登录或在特定的系统间信息交换的安全。

从逻辑上讲，防火墙是分离器、限制器、分析器。从物理角度看，各站点防火墙物理实现的方式有所不同。通常防火墙是一组硬件设备——路由器、主计算机或路由器、计算机和配有适当软件的网络的多种组合。

防火墙主要有以下优点。

1. 防火墙能强化安全策略

防火墙是为了防止不良现象发生的“交通警察”，它执行站点的安全策略，仅仅容许“认可的”和符合规则的请求通过。

2. 防火墙能有效地记录 Internet 上的活动

因为所有进出信息都必须通过防火墙，所以防火墙非常适用收集关于系统和网络使用与误用的信息。作为访问的唯一点，防火墙记录被保护的网络和外部网络之间进行的所有事件。

3. 防火墙限制暴露用户点

防火墙能够用来隔开网络中一个网段与另一个网段。这样，就能够有效控制影响一个网段的问题通过整个网络传播。

4. 防火墙是一个安全策略的检查站

所有进出网络的信息都必须通过防火墙，防火墙便成为一个安全检查点，使可疑的访问被拒绝于门外。

防火墙也有自己的缺点。

1. 不能防范恶意的知情者

防火墙可以禁止系统用户经过网络连接发送专有的信息，但用户可以将数据复制到磁盘、磁带上，放在公文包中带出去。如果入侵者已经在防火墙内部，防火墙是无能为力的。内部用户偷窃数据，破坏硬件和软件，并且巧妙地修改程序而可以不用接近防火墙。对于来自知情者的威胁只能要求加强内部管理，如主机安全防范和用户教育等。

2. 防火墙不能防范不通过它的连接

防火墙能够有效地防止通过它进行传输信息，然而不能防止不通过它而传输的信息。

3. 防火墙不能防备全部的威胁

防火墙被用来防备已知的威胁，如果是一个很好的防火墙设计方案，可以防备新的威胁，但没有一个防火墙能自动防御所有的新的威胁。

4. 防火墙不能防范病毒

防火墙不能消除网络上的 PC 机的病毒。虽然许多防火墙扫描所有通过的信息，以决定是否允许它通过内部网络，但扫描是针对源、目标地址和端口号的，而不扫描数据的确切内容。即使先进的数据包过滤，在病毒防范上也是不实用的，因为病毒的种类太多，有许多种手段可使病毒在数据中隐藏。无论防火墙是多么安全，用户只能在防火墙后面清除病毒。

12.4.2 防火墙设计

防火墙设计主要有以下几种类型：

(1) 双重宿主主机，有至少两个网络接口（或宿主）的计算机系统。

(2) 屏蔽主机。

(3) 屏蔽子网。

为了叙述这些内容，先介绍以下基本概念。

1. 数据包过滤

数据包过滤系统在内部与外部的主机之间发送数据包，但它们是有选择地执行。它们按照自己站点的安全策略允许或阻止某些类型的数据包通过，控制由路由器执行，通常也称为屏蔽路由器，其形式如图 12—1 所示。

屏蔽路由器与普通路由器的差别，主要在于普通路由器只是简单地查看每一个数据包的目标地址，并且选取数据包发往目标地址的最佳路径。如何处理数据包上的目标地址，一般有两种情况出现：

(1) 路由器知道如何发送数据包到其目标，则发送。

(2) 路由器不知道如何发送数据包到其目标，则退还数据包，经由 ICHP 向源地址发送“不能到达目标”的消息。

作为屏蔽路由器，它将更严格地检查数据包，除了决定它是否能发送数据包到其目标之外，屏蔽路由器还决定它是否应该发送。“应该”或者“不应该”由站点的安全策略决定，由屏蔽路由器强制设置。屏蔽路由器放置在内部网络与 Internet 之间，作用为：

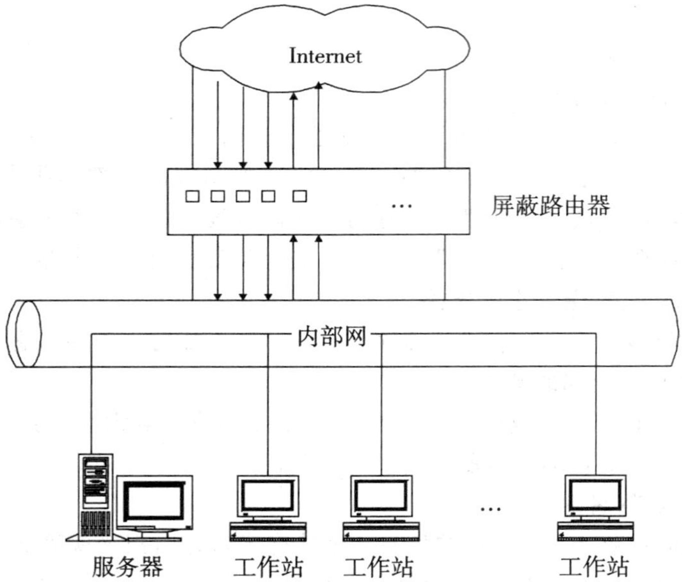

图 12—1　使用屏蔽路由器进行数据包过滤

（1）屏蔽路由器将担负更大的责任，它不但需要执行转发及确定转发的任务，而且它是唯一的保护系统。

（2）如果安全保护失败，内部的网络将被暴露。

（3）简单的屏蔽路由器不能修改任务。

（4）屏蔽路由器能容许或否认服务，但它不能保护在一个服务之内的单独操作。如果一个服务没有提供安全的操作要求，或者这个服务由不安全的服务器提供，数据包过滤自身则不能保护它。

2. 代理服务

代理服务是运行在防火墙主机上的专门的应用程序，或者称服务程序。防火墙主机可以是有一个内部网络接口和一个外部网络接口的双重宿主主机，也可以是一些可以访问因特网并可被内部主机访问的堡垒机。这些程序接受用户对因特网服务的请求，并按照安全策略转发它们到实际的服务。代理就是一个提供替代连接并且充当服务的网关。

代理服务位于内部用户（在内部的网络上）和外部服务（在因特网上）之间。代理在幕后处理所有用户和因特网服务之间的通信以代替相互间的直接交谈。

透明是代理服务的一大优点。对于用户来说，代理服务器给出用户直接使用真正的服务器的假象；对于真正的服务器来说，代理服务器给出真正的服务器在代理主机上直接处理用户的假象。

如图 12—2 所示，代理服务有两个主要的部件：代理服务器和代理客户。在图 12—2 中，代理服务器运行在双重宿主主机上；代理客户是正常客户程序的特殊版本，用户与代理服务器交谈而不是面对远在因特网上的“真正的”服务器。此外，如果使用户遵循特定的步骤，正常的客户程序也能被用作代理客户端。代理服务器评价来自客户的请求，并且决定认可哪一个或否定哪一个。如果一个请求被认可，代理服务器代表客户接触真正的服务器，并且转发从代理客户到真正的服务器的请求，以及从真正的服务器到代理客户的响应。

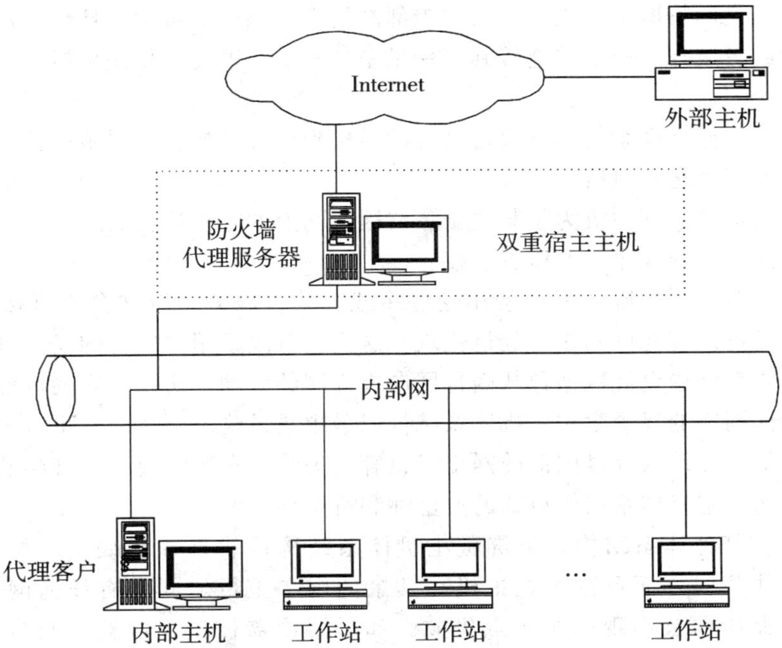

图 12—2 代理服务用于双重宿主主机

代理服务器的作用不仅仅是转送用户的请求以得到因特网的服务。代理服务器还能控制用户做些什么，因为是它来决定处理的请求。依据用户站点的安全策略，请求可以被允许也可以被拒绝，这就构成了代理服务器的控制能力。更先进的代理服务可以允许不同的主机有不同的代理能力，而不在所有主机上都执行一样的限制。

12.4.3 防火墙体系结构

防火墙的体系结构一般有双重宿主主机体系结构、被屏蔽主机体系结构和被屏蔽子网体系结构。

1. 双重宿主主机体系结构

双重宿主主机体系结构是围绕具有双重宿主的主体计算机而构筑的。该计算机至少有两个网络接口，这样的主机可以充当与这些接口相连的网络之间的路由器，并能够从一个网络到另一个网络发送 IP 数据包。然而，实现双重宿主主机的防火墙体系结构禁止这种发送功能。因而，IP 数据包从一个网络并不是直接发送到其他网络。防火墙内部的网络系统能与双重宿主主机通信，同时防火墙外部的网络系统也能与双重宿主主机通信。通过双重宿主主机，防火墙内外的计算机便可进行通信了，但是这些系统不能直接互相通信，它们之间的IP 通信被完全阻止。

2. 被屏蔽主机体系结构

双重宿主主机体系结构提供了来自与多个网络相连的主机的服务，而被屏蔽主机体系结构使用一个单独的路由器提供来自仅仅与内部的网络相连的主机的服务。在这种体系结构中，主要的安全由数据包过滤提供。在屏蔽的路由器上的数据包过滤是按这样一种方法设置的，即堡垒主机是因特网上的主机连接到内部网络上的系统的桥梁。任何外部的系统试图访问内部的系统或者服务，都必须连接到这台堡垒主机上。因此，堡垒主机需要拥有高等级的安全。

数据包过滤也允许堡垒主机开放可允许的连接到外部世界。在屏蔽的路由器中，数据包过滤配置可以按下列之一执行：

（1）允许其他的内部主机为了某些服务与因特网上的主机连接。

（2）不允许来自内部主机的所有连接。

用户可以针对不同的服务混合使用这些手段。某些服务可以被允许直接经由数据包过滤，而其他服务可以被允许间接地经过代理。这完全取决于用户实行的安全策略。

因为这种体系结构允许数据包从因特网向内部网的移动，所以，它的设计比没有外部数据包能到达内部网络的双重宿主主机体系结构似乎更具风险。当然，双重宿主主机体系结构在防备数据包从外部网络穿过内部的网络时也容易失败。多数情况下，被屏蔽的主机体系结构提供比双重宿主主机体系结构更高的安全性和可用性。

然而，比较其他体系结构，被屏蔽主机体系结构仍然有一些缺点。如果侵袭者没有办法侵入堡垒主机时，而且在堡垒主机和其余的内部主机之间没有任何网络安全措施存在的情况下，路由器会出现一个单点失效。如果路由器被损害，整个网络对侵袭者就全面开放了。

3. 被屏蔽子网体系结构

被屏蔽子网体系结构添加了额外的安全层到被屏蔽主机体系结构中，即通过添加周边网络更进一步地把内部网络与因特网隔离开。

堡垒主机是用户的网络上最容易受侵袭的主体。任凭用户尽最大的力气去保护它，它仍是最有可能被侵袭的，因为它的本质决定了它是最容易被侵袭的对象。如果在屏蔽主机体系结构中，用户的内部网络在没有其他的防御手段时，一旦有人成功地侵入被屏蔽主机体系结构中的堡垒主机，那就可以毫无阻挡地进入内部系统。因此，用户的堡垒主机是非常诱人的攻击目标。

被屏蔽子网体系结构的最简单的形式为两个屏蔽路由器，每一个都连接到周边网，一个位于周边网与内部的网络之间，另一个位于周边网与外部网络之间（通常为因特网）。如果想侵入用这种类型的体系结构构筑的内部网络，侵袭者必须要通过两个路由器。即使侵袭者设法侵入堡垒主机，他们仍然需要通过内部路由器。在此情况下，网络内部的单一的易受侵袭点便不会存在了。

下面是对屏蔽子网体系组成的说明。

（1）周边网络。

周边网络是另一个安全层，是在外部网络与用户的被保护的内部网络之间附加的网络。如果侵袭者成功地侵入用户的防火墙的外层领域，周边网络在那个侵袭者与用户的内部系统之间提供了一个附加的保护层。

对于周边网络，如果某人侵入周边网上的堡垒主机，他仅能探听到周边网上的通信。因为所有周边网上的通信来自或者通往堡垒主机或因特网。由于没有内部通信能越过周边网，所以，即使堡垒主机被损害，内部的通信仍然是安全的。

一般来说，来往于堡垒主机，或者外部世界的通信，仍然是可监视的。防火墙设计工作的一部分就是确保这种通信不致于机密到阅读它将损害你的站点的完整性。

（2） 堡垒主机。

在被屏蔽的子网体系结构中，用户把堡垒主机连接到周边网，这台主机便是接受来自外界连接的主要入口。而出站服务按如下任一方法处理：

①在外部和内部的路由器上设置数据包过滤，以允许内部的客户端直接访问外部的服务器。

②设置代理服务器在堡垒主机上运行，以允许内部的客户端间接地访问外部的服务器。也可以设置数据包过滤来允许内部的客户端在堡垒主机上同代理服务器交谈，反之亦然。但是禁止内部的客户端与外部网络直接通信。

许多堡垒主机可以为各种各样的服务充当代理服务器。

（3） 内部路由器。

内部路由器的作用，主要是保护内部的网络，使之免受外部网和周边网的侵犯。内部路由器为用户的防火墙执行大部分的数据包过滤工作，它允许从内部网到因特网的有选择的出站服务。这些服务是用户的站点能使用数据包过滤，而不是代理服务安全支持提供的服务。用户允许的服务完全取决于自身需要和业务，它可以包括输出 Telnet、FTP、Archie、Gopher 和其他服务。

内部路由器所允许的堡垒主机和用户的内部网之间的服务，可以不同于内部路由器所允许的外部网和用户的内部网之间的服务。限制堡垒主机和内部网之间服务的理由是：当堡垒主机受到侵袭时，减少内部网上受到侵犯机器的数量和服务的数量。

用户应该将堡垒主机和内部网之间所允许的服务限制在实际所需的范围，用户还可以通过仅仅允许它们来往于特定的内部主机，进一步限制这些服务。用户必须密切关注其他的内部主机的安全和通过堡垒主机联系的服务的安全，因为那些主机与服务都将是侵袭者追逐的目标。

（4） 外部路由器。

外部路由器主要保护周边网和内部网使之免受来自外部网的侵犯，实际上，外部路由器允许几乎任何东西从周边网出站，并且它们通常只执行非常少的数据包过滤。保护内部机器的数据包过滤规则在内部路由器和外部路由器上基本上是一样的，因此在规则中有允许侵袭者访问内部路由器的错误，错误就可能同时出现在外部路由器上。

外部路由器一般由外部群组提供，同时用户对它的访问被限制。外部群组可能愿意放入一些通用型数据包过滤规则来维护路由器，但是不愿意使用维护复杂或频繁变化的规则组。

在外部路由器上唯一确实特殊的数据包过滤规则是那些在周边网上保护机器的规则。然而，许多保护是冗余的，因为在周边网上的主机主要是通过主机安全被保护的。用户可以放在外部路由器上的其余的规则是内部路由器规则的复制。它们是防止内部主机与因特网之间不安全通信的规则。为了支持代理服务，内部路由器将让内部的主机发送一些协议使它们能与堡垒主机交谈，外部路由器可以让所有来自堡垒主机的协议通过。这些规则对额外的安全等级是理想的，但是它们仅仅在理论上阻止不存在的数据包，因为这些数据包已经被内部路由器阻止。如果数据包的确存在，其原因是路由器已失效，或者是有人将一台主机连接到了周边网络。

外部路由器最有效的任务是阻止从因特网上伪造源地址进来的任何数据包。这样的数据包自称来自内部的网络，但实际上是来自因特网。内部路由器也可以做这件事，但是它无法分辨自称是来自周边网的数据包是否伪造的。因此，内部路由器有时并不能保护周边网上的系统使之免受伪造数据包的侵扰。

第五节　代理服务简介

代理只允许单个主机或少数主机提供因特网访问服务，而不允许所有的主机都能为用户提供此类服务。代理服务的条件是具有访问因特网能力的主机才可以作为那些无权访问因特网的主机的代理，这样使得一些不能访问因特网的主机通过代理服务也可以完成访问因特网的工作。

代理服务是在双重宿主主机或堡垒主机上运行一个特殊协议或一组协议。使一些仅能与内部用户交谈的主机同样也可以与外界交谈，这些用户的客户程序通过与该代理服务器交谈来代替直接与外部因特网中的服务器的“真正的”交谈。代理服务器判断从客户端来的请求并决定哪些请求允许传送而哪些应被拒绝。当某个请求被允许时，代理服务器就代表客户与真正的服务器进行交谈，将从客户端来的请求传送给真实服务器，将真实服务器的回答传送给客户。

作为代理服务不需任何特殊硬件，但对于大多数服务来说要求专门的软件。代理服务只是在客户和服务器之间限制 IP 通信的时候才起作用的，如一个屏蔽路由器或双重宿主主机。如果在客户与真实服务器之间存在 IP 级连通，那么客户可以绕过代理系统。

12.5.1　代理原因

如果用户不能访问 Internet，那么与其连接就没有意义。另一方面，若系统的所有主机都能自由地访问 Internet，则在与 Internet 网连接时将没有安全感。解决这种情况最有效的办法是为所有的用户提供一台主机与因特网连接，因为这些主机对用户来说是不透明的，那些想访问因特网的用户将无法直接访问，他们不得不在双重宿主主机上登录，并从那里访问因特网，然后将结果送回到他们自己的主机。这种多步处理方法使用户进行多次传送并且离开他们所熟悉的环境。

没有配置代理系统的双重宿主主机对于利用它来访问因特网的用户来说，会大大降低他们所获得的效益。另外，它一般难以提供足够的安全机制来保护系统，特别是对于要与外界连接的主机。

代理系统的安全机制不会受到双重宿主主机的影响，它们通过与双重宿主主机的相互作用来解决安全问题。代理系统要求用户在后台与双重宿主主机进行交谈而不能直接在双重宿主主机上进行。由于用户很少与双重宿主主机进行交谈，所以用户根本感觉不到代理的存在，他们认为自己是在直接访问因特网服务器。图 12—3 显示了代理的实现过程。

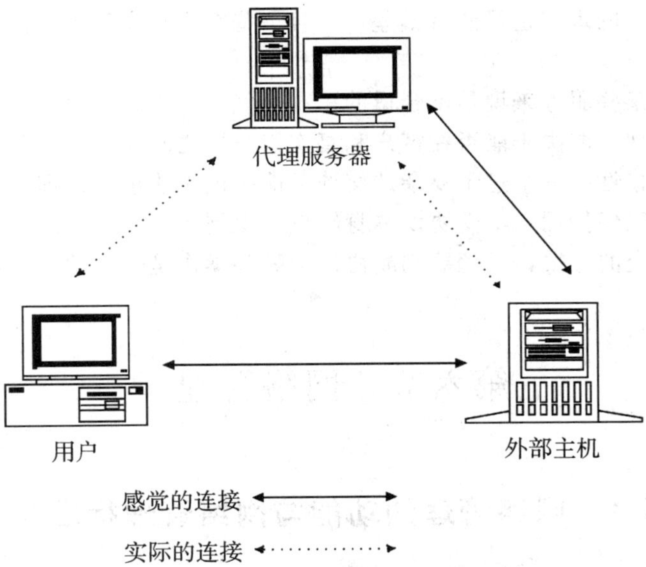

图 12—3　代理的实现过程

12.5.2　代理服务的优点

(1) 代理服务允许用户直接访问因特网。

采用双重宿主主机的方案，用户需要登录到主机上才能访问因特网，所以用户感到不方便，而采用代理服务，用户会认为他们是直接访问因特网。当然，这需要在后台运行一些程序，但这对用户来讲是透明的。代理服务系统允许用户从他们自己的系统访问因特网，但不允许数据包在用户系统和因特网之间直接传送。传送只能是间接的，或通过双重宿主主机，或通过一个堡垒主机和屏蔽路由器系统。

(2) 代理服务适合于做日志。

因为代理服务遵循优先协议，它们允许日志服务以一种特殊且有效的方式来进行。

12.5.3　代理服务的缺点

(1) 代理服务落后于非代理服务。

在一个服务出现和它的代理服务的出现之间一般会有一个较为明显的延迟，这个延迟时间的长短主要依赖于为代理而设计的服务器，所以一个站点在提供一个新的服务时无法立刻提供代理服务，则在可以使用代理服务之前，该服务只能放在防火墙外，这样便会产生安全漏洞。

(2) 每个代理服务要求不同的服务器。

用户可能需要为每个协议配置不同的代理服务器，而代理服务对真实服务器来说是客户，对客户来说是真实服务器。因此，选择、安装和配置这些不同的代理服务器是一项复杂的工作。

(3) 代理服务一般要求对客户或程序进行修改。

除了一些专门为代理而设计的服务外，代理服务器一般都要求对客户或程序进行修改，而每一种修改难免会带来某些缺憾。因为这些修改，代理应用就可能没有非代理应用运行得那样好，同时对于协议的理解也可能有偏差，并且一些客户程序和服务器要比非代理服务缺乏灵活性。

(4) 代理服务对某些服务来说是不合适的。

代理服务能否实现，取决于能否在客户和真实服务器之间插入代理服务器，这要求两者间的交谈有相对的直接性。一个过于复杂的交谈可能永远无法进行代理。

(5) 代理服务不能保护用户不受协议本身缺点的限制。

作为一个确保安全的方案，代理要判断协议中哪些操作是安全的。

第六节　网络管理

12.6.1　网络管理的功能与网络管理标准简介

为实现开放系统的互连，国际电信联盟制定了电信管理网标准。该标准为网络管理规定了五个方面的任务，它们是性能管理、故障管理、配置管理、计费管理和安全管理。

1. 性能管理

性能管理是对网络性能的管理，要求做到对网络的特性、资源利用率和有关通信活动进行分析，以帮助网络管理人员评价网络资源及相关的通信活动的情况和效率。有效的性能管理能优化网络的性能，最大限度地满足不同层次用户对网络的需求。

性能管理包括系统资源的运行状况和通信效率等系统性能，其能力包括监视和分析被管网络及其所提供服务的性能机制。性能分析的结果可能会启动某个诊断测试过程或重新配置网络以维持网络的性能。性能管理收集、分析有关被管网络当前状况的数据信息，并维护和分析性能日志，其典型的功能包括：①收集统计信息；②维护并检查系统状态日志；③确定自然和人工状况下系统的性能；④改变系统操作模式以进行系统性能管理的操作。性能管理依靠软件工具可以测量服务器 CPU 处理数据的速率，测量文件服务器与工作站之间数据传输的速率，统计有多少工作站在工作等。

进行性能管理需要了解局域网上的全部业务，管理员可根据需要了解配置信息，查看服务器负载是否过重，是否使用了网桥、路由器将网络分段等。通过对这些信息的收集、统计，可进行故障诊断和对重大故障发出报警警告。

2. 故障管理

故障管理是网络管理最基本的功能之一。当网络出现故障时，网络管理员必须迅速查找到故障并及时排除故障。由于网络故障的产生原因往往相当复杂，特别当故障是由多个网络共同引起时就更为复杂，所以通常情况下不大可能迅速隔离某个故障。在此情况下，一般先将网络修复，然后再分析网络故障的原因。故障管理包括以下五项功能：①维护并检查错误日志；②接受错误检测报告并做出响应；③跟踪、辨认错误；④执行诊断测试；⑤纠正错误。

故障管理主要对网络设备和服务器故障进行检测、诊断、故障排除、维修和报告。故障主要发生在三个方面：硬件、软件和电缆系统。

网络硬件的故障可用诊断程序诊断，也可用故障诊断设备，有经验的人员还可人工查错。主要检查网络参数，如帧头长度、帧顺序、CRC 错、冲突发生的频度等。

查找软件故障较困难，一般使用规程分析仪。它作为一个特殊工作站连接在网上，收集、显示和分析 LAN 上传输的数据，并将这些数据保存起来。该仪器解决了大量的网络查错问题，但必须有高水平的专家才能评价其结果。

网卡、电缆和其他硬件对网络的操作、速度与网络吞吐量都有不同影响。网卡兼容性差，工作不正常，可以使用网卡内带的诊断程序诊断；电缆故障可以使用万用表、示波器和时域反射仪等进行测量。

3. 配置管理

配置管理是维护网络正常有序运行的重要手段。它初始化网络并配置网络，以使其提供网络服务。目的是实现某个特定功能或使网络性能达到最优。

配置管理的任务是识别网上设备和用户，收集必要的数据，为通信系统的初始化提供数据，而且要提供连续可靠的连接。配置管理与硬件、软件和电路维护清单相连，这些清单随配置改变而做相应的修改，配置改变也会影响网络性能。

文件管理的任务是帮助用户查询文件而不必使用文件的全名或具体的目录位置。有专门的文件管理工具使用户可根据文件主题、项目名称或生成日期调用文件，或根据任何信息段寻找保存在网上任何地方的文件。

一些用户工具能使管理人员访问远程工作站或从键盘、屏幕上采集数据，从而能帮助用户分析问题发生在哪里，有的系统还可以对接受帮助的用户进行统计。

4. 计费管理

计费管理负责记录网络资源的使用，目的是控制和监测网络操作的费用与代价，它对一些公共商业网络尤为重要。它可以估算出用户使用网络资源可能需要的费用和代价，以及已经使用的资源。网络管理员还可以通过向用户收取费用来控制用户过多使用和占有网络资源。另外，当用户需要使用多个网络中的资源时，计费管理应能计算总计费用。

计费管理是对网络资源和通信资源的使用进行计费，包括对用户使用的各种资源进行跟踪，统计用户对资源的使用数量和占用时间计算费用及对已收费用户进行确认。该系统能对用户的访问活动建立详细记录，这样在发生问题后可根据记录查找原因。

计费系统还具有安全管理功能。管理员可以用它检查某个用户对某个服务器、目录或文件的操作。该系统还能提供错误报告清单，有利于防止故障发生。

5. 安全管理

安全管理是网络管理中非常重要的内容。安全性一直是网络的重要环节之一，而用户对网络安全的要求又相当高。网络中主要有以下几大安全问题：网络数据的私有性、授权、访问控制。相应地，网络安全管理应包括对授权机制、访问控制、加密和加密关键字的管理，另外，还要维护和检查安全日志。

对任何一个网络而言，信息安全都是极为重要的。安全管理的任务主要是保护网上处理的信息不被泄露和修改，限制没有授权的用户或者具有破坏作用的用户对网络的访问，要能控制网上的合法用户只能访问自己访问权限范围内的资源，以保护网上信息不会在传输时泄露和被修改。

当前主要的网络操作系统是通过对文件服务器的公共接入使用集中式的存储。对数据的保护应注意以下几点：

①局域网上承受安全危险最大的是工作站和电缆。因为本地工作站上的重要数据容易被盗，授权用户可以通过工作站获取服务器上的有用信息。远程工作站通过电话接入，其安全问题也应注意。电缆系统也是信息泄露的途径。铜线容易被分接，还会造成磁辐射，通过电磁感应的方法便可以获取网上信息，而光纤在这方面安全得多。

②网络操作系统对逻辑访问的管理包括两部分，一是控制用户对网络的访问；二是保护文件不被不该访问的用户访问，不被随意修改和删除。

③访问控制的目的是控制用户对网上文件的访问。系统为用户授权，对文件和目录层层设防。用户欲对某目录下的文件进行某种操作，必须有相应的权限。另外，访问控制还能对非法入网的用户进行跟踪。

④病毒是威胁信息安全的大敌，应该高度重视。市场上虽有种类繁多的防病毒工具，但对新病毒却显得力不从心，所以应严格禁止使用备份软件，加强对病毒的监测和及时清除病毒，这也是保证网上信息安全的重要措施。

12.6.2 网络管理协议简述

1. SNMP 简述

SNMP（Simple Network Management Protocol）是一个简单网络管理协议，是使用户能够通过轮询、设置一些关键字和监视某些网络事件来达到网络管理目的的一种网络协议。在 SNMP 应用实体间通信时不需要事先建立连接，这样降低了系统开销，但不能保证报文的正确到达。

SNMP 的结构为 SNMP 管理者（SNMP Manager）和 SNMP 代理（SNMP Agents）以及管理信息库 MIB（Management Information Base）。其工作原理非常简单，它在 SNMP 的管理者和 SNMP 的代理之间实时传递网络信息。这些网络信息在简单网络管理协议中被称为协议数据单元（PDU，Protocol Data Unit）。在 SNMP 中定义了 5 类协议数据单元。从高层角度，可以将协议数据单元看做包含了若干变量的对象，每个变量有它自己的变量名和变量值。当管理员要查看某个网络设备是否连接在网上时，就发出一个包含该请求的协议数据单元。如果相应设备的确连在网上，用户会接受到一个协议数据单元；当设备关闭时，就会出现一个自陷信息，使管理者知道出现了这样一个网络事件。在此，管理员所在的计算机就是 SNMP 管理者，而网上的网络设备就是 SNMP 代理。

在 SNMP 的网络通信模型中，SNMP 管理者负责向 SNMP 代理进行轮询。在简单网络管理协议中定义了四种为轮询提供服务的报文操作原语。

此外，当 SNMP 代理的当前状态符合某种预先设定的状态时，它会主动向 SNMP 管理者发一种协议数据单元，这种报文称为 Trap。这些预先设定的状态包括连接或断开以及各种报警状态。Trap 报文在性能网络管理中尤为重要。当网络中出现网络设备故障时，管理者可根据 Trap 类型进行诊断和处理。

SNMP 对网络设备的管理采用的是轮询管理策略（Polling-based Management），由于 SNMP 通信协议在数据查询和网络设备检测时占有较多的网络带宽，因此这种管理方式不适合大型广域网（WAN）。

早期的 SNMP 有许多不足之处，主要表现在：

①由于 SNMP 是基于 TCP/IP 的一种网络管理协议，所以它不能超越 TCP/IP 的范畴。

②像所有 TCP/IP 协议族中的协议一样，SNMP 对安全问题考虑甚少。

③当 SNMP 刚刚面世时，SNMP 没有提供允许管理程序共享信息和互相通信的机制，因此降低了管理灵活性，并增加了网络负载。

正因为早期的 SNMP 存在着不足，1993 年对 SNMP 进行了改进，改进后的 SNMP 有以下特点：

①PDU（Protocol Data Unit）在改进后的 SNMP 中增加了两种新的数据原语。

②改进后的 SNMP 支持 SNMP 中的集中式网络管理机制，用一台管理器进行全网管理，或者将网络分割成若干小单元，每个单元中使用一台管理器进行管理。同时，在改进后的 SNMP 中还支持分布式管理策略（Distributed Management Strategy）。

③通过加密和鉴别技术，改进后的 SNMP 提供了更强的安全能力。

2. CMIP 简述

CMIP 协议是在 OSI 制订的网络管理框架基础上提出的网络管理协议，与其说它是一个网络管理协议，不如说它是一个网络管理体系。这个体系包含以下组成部分：一套用于描述协议的模型，一组用于描述被管对象的注册、标识和定义的管理信息结构，被管对象的详细说明以及用于远程管理的原语和服务。CMIP 和 SNMP 一样，也是由被管代理和管理者、管理协议和管理信息库组成。在 CMIP 中，被管代理和管理者没有明确的指定，任何一个网络设备既可以是被管代理，也可以是管理者。

CMIP 管理模型可以用三种模型进行描述：组织模型用于描述管理任务如何分配；功能模型描述了各种网络管理功能和它们之间的关系；信息模型提供了描述被管对象和相关管理信息的准则。

从组织模型来说，所有 CMIP 的管理者和被管理者存在于一个或多个域中，域是网络管理的基本单元。从功能模型来说，CMIP 主要实现失效管理、配置管理、性能管理、计账管理和安全性管理。每种管理均由一个特殊管理功能领域负责完成。从信息模型来说，CMIP 的 MIB 库是面向对象的数据存储结构，每一个功能领域的对象为 MIB 库的存储单元。

CMIP 是一个完全独立于下层平台的应用层协议，它的五个管理功能领域由多个系统管理功能（SMF）加以支持。CMIP 的设计宗旨与 SNMP 相同，但用于监视网络的协议数据报文相对多一些。CMIP 共定义了 11 类 PDU，变量以非常复杂和高级的对象形式出现，每一个变量包含变量属性、变量行为和通知。CMIP 中的变量体现了 CMIP MIB 库的特征，并且这种特征表现了 CMIP 的管理思想，即基于事件不是基于轮询。每个代理独立完成一定的管理工作。

CMIP 的优点在于：

①它的变量不仅传递信息，而且还可完成一定的网络管理任务，这样就减少了管理者的负担和网络负载。

②在安全性方面，它拥有验证、访问控制和安全日志等一整套管理方法。

但是，CMIP 同样存在缺点：

①资源占用量大，对硬件设备的要求高。

②由于它在网络代理上要运行相当数量的进程，所以大大增加了网络代理的负担。

③它的 MIB 库过分复杂，难于实现。

第十三章　Internet 应用技术

第一节　概　　述

13.1.1　Internet 在中国的发展

Internet 在中国发展的历史，大致可划分为两个阶段。

第一阶段为 1987—1993 年。这个阶段的特征是：通过 X.25 线路实现和 Internet 电子邮件系统的互联。在此阶段中，我国的一些大学和科研机构通过与国外大学和科研机构的合作，通过拨号 X.25 连通了 Internet 电子邮件系统。1987 年 9 月 20 日 22 点 55 分，由北京的 CANET 向世界发出第一封中国的电子邮件，标志着我国开始进入 Internet 网。

第二阶段从 1994 年开始。这个阶段的特征是：通过与 Internet 的 TCP/IP 连接，实现了 Internet 的全功能服务。由中科院、北京大学、清华大学和国内其他科研教育单位的校园网组成的 NCFC（中国国家计算与网络设施）于 1994 年 4 月正式开通了与国际 Internet 的 64Kbps 专线连接，并于 1994 年 5 月 21 日完成了我国最高域名主服务器设置，即以 CN 作为我国最高域名在 Internet 网管中心登记注册，实现了真正的与 Internet 的 TCP/IP 连接，从而可向 NCFC 的所有成员提供 Internet 的全功能服务。从那时起，我国才算真正加入了国际 Internet。

继此之后，我国又于 1995 年 11 月建成了中国教育和科研计算机网（CERNET），于 1995 年 5 月建成了中国公用计算机互联网（CHINANET），于 1996 年 9 月正式开通了中国金桥网（CHINAGBN）。

到目前为止，我国最大的拥有国际线路出口的公用互联网络共有 4 个，它们是 CHINANET、CHINAGBN、CSTNET 和 CERNET。其中 CSTNET 是在 NCFC 和 CASNET（中科院网络）的基础上建设和发展起来的。负责我国 Internet 域名和域名注册的机构——中国互联网络信息中心（CNNIC）就设在 CSTNET 的网络中心。

13.1.2　Internet 接入技术

在连入 Internet 之前，首先要了解需要什么设备。

1. Internet 基本构件

从物理的角度观察，Internet 无非就是由硬件和软件构成的。而硬件主要包括通信线路、网络设备和计算机（主机和终端）；软件则包括操作系统、网络协议和应用程序。Internet 的全部服务实际上都是由操作系统、网络协议和应用程序共同实现的。

（1）计算机网络。

简单地说，由两台或更多的计算机互相连接起来形成的网络就称为计算机网络。Internet 就是一个规模庞大的计算机网络。计算机联网的主要目的就是相互通信和资源共享。

一般把单位内部规模较小的、主要用网络电缆将计算机连接起来形成的网络称为局域网（LAN，Local Area Network），而把用公共通信设施将计算机互相连接形成的规模很大的网络称为广域网（WAN，Wide Area Network），这是因为公用通信设施的覆盖范围是非常广阔的，往往遍及整个国家。

可以把 Internet 看做范围遍及全球的、规模更大的广域网，构成它的除了计算机外，还有千千万万个局域网和规模稍小的广域网。

（2）通信线路。

接入 Internet 可以采用的通信线路种类很多。因为不可能每个要接入 Internet 的单位或个人都自己铺设通信线路，所以绝大多数用户主要是通过公共通信网接入到 Internet。目前，我国的公共通信网提供的线路主要有以下几种类型：

①公用电话交换网 PSTN，即通常的模拟电话线路，也是个人用户最常用的线路。

②公用分组交换网，即 X.25 网（CHINAPAC）。

③数字数据网，即 DDN 网（CHINADDN）。

④依附于 X.25 网或 DDN 网的帧中继网 FR。

⑤综合业务数据网 ISDN。

（3）网络设备。

重要的网络连接设备有三种：路由器、访问服务器和调制解调器。其中路由器（Router）和访问服务器（Access Server）主要用于 ISP 端，个人用户一般使用调制解调器（Modem）即可接入 Internet。

路由器的主要用途是连接多个独立的网络或子网，为网间的数据传送寻找最佳路由，此外还进行其他一些网络的管理与控制操作。访问服务器在基本工作原理上与路由器很相似，但它主要不是用于网络互连，而是用于多个拨号用户的 Internet 接入。访问服务器通常有 4 个以上的同步或异步串行接口。

Modem 的用途是将计算机的数字信息转换成模拟信号以便在模拟线路上传送。对于个人拨号用户来说，这是接入 Internet 不可缺少的设备。

（4）主机与终端。

在 Internet 中，每一台拥有自己的 Internet 地址或 IP 地址的计算机才被称为主机。主机可以是一台 PC 机或工作站，也可以是小型机甚至巨型机。

在多用户系统中，主计算机往往带有很多终端（Terminal），终端通常由一个键盘、一个显示器和一些通信部件组成。这些终端往往只有很有限的计算能力，所以有时也称为哑终端。所有终端都通过通信线路或直接与主计算机相连接，主计算机则为每个终端提供计算、存储、主件访问等操作能力。这种系统也称为分时系统。当这样的计算机系统与 Internet 相接，为远地计算机提供终端访问服务或其他服务时，它就成了一台 Internet 主机。

在终端方式下，用户只能做所连接的主机允许做的事情，而且除了用户所输入的命令和显示的结果外，其他所有工作都由远程主机来完成。

（5）软件系统。

软件包括操作系统、应用程序和网络通信协议。网络通信协议可以说是网络赖以生存的基础，可以这样说，没有 TCP/IP 就没有今天的 Internet。至于实用程序，可以把它们看做网络协议的应用层。所有网络服务都要通过运行实用程序来获得。

（6）客户/服务器系统。

我们使用 Internet 的主要原因之一是为了资源共享。资源共享是通过两个互相分离的安装在不同的计算机上的程序实现的。其中之一是安装在提供资源和服务的计算机上，这部分被称做服务器（Server）程序；另一部分是获取和使用 Internet 上资源和服务的程序，需要安装在用户的计算机上，称为客户（Client）端程序。这样，由服务器程序和客户端程序共同完成一件任务的系统就称为客户/服务器系统。

客户/服务器系统的优点是客户程序和服务器程序没有必要在同一台计算机上运行。实际上，在绝大多数情况下，它们都存在于不同的计算机中。

所有的 Internet 服务资源都使用客户/服务器系统实现。每一种 Internet 客户程序都有自己的命令和规程，并且都有机内帮助功能。用户的工作只是启动客户程序并告诉它去做什么，而客户程序的任务是与适当的服务器建立连接并保证用户发出的命令正确执行。

2. Internet 的接入方式

在决定 Internet 的接入方式之前，用户首先要选择 Internet 的接入点。目前我国只有国家邮电通信部门提供 NSP 服务。作为一般用户，通常只是从 Internet 获取信息资源和服务，这时用户只要选择一个 ISP 作为 Internet 接入点就行了。

确定接入点后，就可以决定 Internet 的接入方式了。Internet 接入方式可分为以终端方式入网和以主机方式入网。根据所用通信线路的不同，以主机方式入网可分为以 SLIP/PPP 方式入网和以 DDN 专线方式入网。

（1）以终端方式入网。

几乎所有的 ISP 都提供终端方式接入 Internet。在这种方式中，ISP 的主计算机与 Internet 直接连接，是 Internet 的一台主机。它可以连接若干台终端。用户的本地计算机通过通信软件的终端仿真功能连接到 ISP 的主机上并成为该主机的一台终端，经由主机系统访问 Internet，如图 13—1 所示。

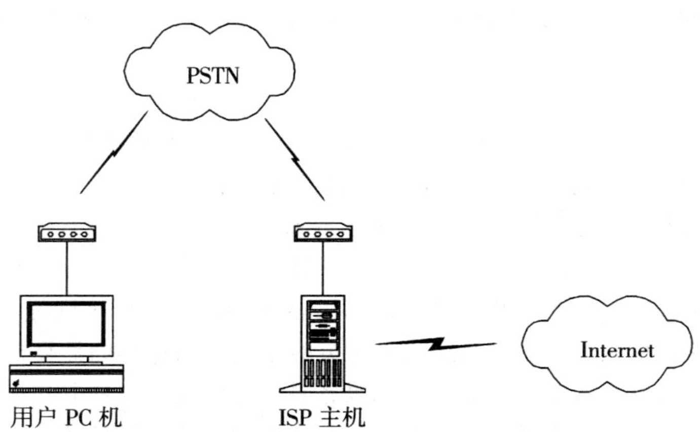

图 13—1　以仿真终端方式访问 Internet

由于终端接入方式没有实现用户与 Internet 的真正连接，即用户的本地计算机与 Internet 之间没有 IP 连通性，所以这种方式只能提供有限的 Internet 服务，通常只有 E-mail、Telnet 和 FTP 等，而不能享用具有多媒体功能的、图形界面的 WWW 服务。

(2) 以 SLIP/PPP 方式入网。

SLIP 是英文 Serial Line Internet Protocol（串行线 IP 协议）的缩写。PPP 是英文的 Point-to-Point Protocol（点对点协议）的缩写。SLIP 是一个比较简单的互联网络协议，用于在拨号电话线等串行链路上运行 TCP/IP 协议。大多数 SLIP 连接均有静态的 IP 地址。PPP 是由 SLIP 扩充发展而来的。对于 PPP，远程服务器可以为本地客户机提供一个动态 IP 地址，这是 PPP 协议内的标准功能。

如果一台计算机每次入网时都使用固定的同一个 IP 地址，那么该 IP 地址就称为静态 IP 地址（分配）。反之，若一台计算机没有固定的 IP 地址，而是在入网时由 ISP 从一组 IP 地址中选出一个未分配的 IP 地址分配给入网机器使用，退网后该 IP 地址又可以分配给其他需入网的机器使用，那么该 IP 地址就称为动态 IP 地址（分配）。不论动态 IP 地址还是静态 IP 地址，在 Internet 上都是唯一的，不能在网上同时重复使用。使用动态 IP 地址是因为在 Internet中，IP 地址的数量是有限的，而进入 Internet 的计算机却在不断增长，造成了 IP 地址不够分配。为了解决这个问题，人们就把没有上网的计算机的 IP 地址拿出来，动态地分配给需要上网的计算机，退网后再回收回来分配给其他需要上网的计算机。这样就部分地在一定程度上解决了 IP 地址不够分配的问题。

SLIP/PPP 协议可使普通电话线呈现出专线的连接特性，这样用户就可以在本地计算机上运行 TCP/IP 软件，使本地的计算机如同 Internet 主机一样，尽管运行速度低些，但是具有专线连接的所有功能。也就是说，以 SLIP/PPP 方式入网的用户本地计算机是作为 Internet 的一台主机来使用的。以主机身份入网的计算机，可以享有 Internet 上的全部服务。

(3) 以 DDN 专线方式入网。

前面两种接入方式主要是针对个人用户或小公司用户。大的公司、机构或科研院校等单位都有自己的局域网络和非常多的网络用户，这时则应选择 DDN 专线连接方式。这种方式是一个复杂的、成本较昂贵的方式。使用这种连接方式时，需要在用户和 ISP 两端分别加装支持 TCP/IP 协议的路由器，为局域网上的每一台计算机申请一个静态 IP 地址，并向电信部门申请一条 DDN 数字专线，由用户独自使用。DDN 专线可支持各种不同速率，其费用随速率不同而有所变化。用户端的局域网经过一个路由器，为该局域网上所有的计算机提供完全的 Internet 连接。专线方式连接的最大优点是访问速率高、可靠性高。

专线连接不需要拨号过程，当软件、硬件设置好后，用户的局域网就溶入了 Internet，成为 Internet 的一部分。所以无论何时入网，只需要用自己的账号和口令登录到网上即可访问 Internet。

表 13—1 所示是以上三种接入方式的比较。

(4) 使用其他通信线路入网。

除了电话线路和 DDN 专线外，还有许多种类的公共通信线路也支持 Internet 的接入，如 X.25、帧中继 FR、ISDN 等。

表 13—1　　　　　　　　　　　　　　**各种接入方式的比较**

方式	所需的硬件和软件	速度	性能描述	适合对象
终端方式	PC机、调制解调器、电话线、终端仿真及相应软件、账号	28.8kbps	费用低廉，只能作为远程主机的哑终端，可以使用的服务有限	个人或要求不高的部门
SLIP/PPP方式	PC机、调制解调器、电话线、SLIP/PPP等相应软件、账号	56kbps	费用适当，能作为Internet上的主机，可以使用全部服务	个人或小型企业
DDN专线方式入网	局域网、DDN专线、路由器、调制解调器及相应软件、一组IP地址	64kbps～2.048Mbps或更高	费用较高，作为Internet上的网络，独立管理IP地址和带宽，可以享有全部功能	有一定规模的企业

①通过 CHINAPAC 的 X.28 异步方式入网。

这种连接方式是通过 X.28 异步拨号线路接入分组网 CHINAFAC（X.25），分组网端口接通后，需要输入网络用户标识符（NUI）和用户密码，核对正确后，返回用户一个接通的分组端口号，然后用户还应输入分组网与 Internet 网连接的分组网端口地址，最后输入 Internet所需的用户账号和口令，核对正确后，用户就可以仿真终端方式登录到远程主机。分组网上的 X.28 用户只能以终端方式接入 Internet。

②通过 CHINAPAC 的 X.25 方式入网。

如果是单机入网，则用户的计算机中需要插入一块 X.25 网卡，另外还需一台同步 Modem。入网时，通过呼叫 CHINAPAC 与 Internet 的分组网端口地址接通 Internet，经过用户账号和口令检查后以终端方式登录到远程主机上。这种连接方法只能以终端方式接入Internet。

如果是局域网接入 Internet，则需要在局域网上安装一台支持 TCP/IP 的路由器，为网上的每台计算机申请一个静态 IP 地址，并安装 TCP/IP 协议栈。通过路由器连入 Internet 的局域网上的每台计算机都作为 Internet 的主机共享 Internet 的全部服务。这种连接方式适用于使用电子邮件并且通信量不大的用户，其传输速率在 64Kbps 以下。

③通过帧中继入网。

通过帧中继入网只适用于将局域网接入 Internet 的用户。这种连接方式除需租用一条帧中继线路外，基本上类似于用 X.25 将局域网接入 Internet。与 X.25 比较，帧中继省略了网络层协议，并简化了传输处理过程，所以具有通信效率高、成本低的优点，其通信速率可达 2.048Mbps。

④通过 ISDN 专线入网。

ISDN 是综合业务数字网的英文缩写。ISDN 是通过对电话网进行数字化改造而发展起来的。目前电话网交换和中继已经基本上实现了数字化，即电话局和电话局之间从传输到交换全部实现了数字化，但是从电话局到用户则仍然是模拟的，向用户提供的仍只是电话这一单纯业务。综合业务数字网的实现，使电话局和用户之间仍然采用一对铜线，也能够做到数字化，并向用户提供多种业务，除了拨打电话外，还可以提供诸如可视电话、数据通信、会议电视等多种业务，从而使电话、传真、数据、图像等多种业务综合在一个统一的数字网络中进行传输和处理。

通过 ISDN 接入 Internet 既可以用于局域网，也可以用于独立的计算机。对于单独的计算机入网，需要一块 ISDN 网卡或一台 ISDN 数字式 Modem；对于局域网连入 Internet，则需要具有ISDN接口的路由器。现在很多厂家的路由器产品都提供了ISDN接口，如3COM公司的42X/52X系列路由器以及具有WAN扩展插卡的NetBulider系列路由器。

通过ISDN接入Internet的传输速率对于基速通道（BRI）可达128Kbps，对于主速通道（PRI）可达1.544 Mbps或2.048Mbps。

⑤通过网络电缆直接连接入网。

如果入网计算机或局域网与ISP的局域网之间的距离非常近，便可以采用这种方式，即用网络电缆将本地计算机或局域网与ISP的局域网直接连接起来。这种连接的数据传输速率与ISP的局域网络的传输速率相同，可达（10～100）Mbps。当然这时仍需为本地的每一台计算机都申请一个IP地址。为了安全，可能还需要在本地局域网与ISP的局域网之间加入一台路由器。

⑥直接卫星入网。

DirecPC卫星发送服务是美国休斯网络系统公司1996年推出的高速宽带多媒体接入技术。近年来，DirecPC风靡全球。目前，DirecPC不但在美国已拥有大量用户，并且在加拿大、墨西哥、德国、北非、中东、印度、日本、韩国以及中国的台湾等国家和地区得到广泛应用。

Internet应用的一个很大特点是信息的不对称性。用户浏览万维网时，一个简短的请求可能引起几千倍的下载文件回传。如果通过调制解调器下载，常常要花几十分钟到几小时才能完成。使用DirecPC技术，用户可通过调制解调器接入本地ISP，发出请求，由ISP通过卫星下载用户请求的文件或数据。DirecPC的下载速率可达到400Kbps，是56Kbps调制解调器的8倍。以一个1MB的文件为例，DirecPC的下载时间为10s。卫星接入Internet的另一优点是具有连续的广播能力，传输速率不受调制解调器的限制。除了通过浏览万维网外，DirecPC还可以用于文件传输和多媒体业务。通常DirecPC主站的卫星上行线信息传输速率可达24 Mbps。Internet用户只需加装一套0.75m～0.9m的小型卫星天线，即可享用（200Kbps～400Kbps）高速浏览，3Mbps的下载速率以及欣赏视频、音频节目。

3. 宽带接入

速度已成为Internet发展的关键，宽带Internet无疑是对世界发展的重要推动力。那么何谓宽带网呢？

传统上网的方法，一般都是以电话线接Modem，这个方法上网的速率由2 400bps至现在的56Kbps，这种可以称为窄带上网。而上网的速率在1Mbps以上，即是宽带上网。宽带上网，将能提供比传统上网方法快150倍以上的速度，所以我们相信宽带上网将会取代旧有使用电话线的上网方法。它的主要接入方式有ADSL、Cable Modem和以太网3种。

（1）Cable Modem接入法。

Cable Modem（线缆调制解调器）是通过现有的有线电视网（CAT.V）宽带网络进行数据高速传输的通信设备。Cable Modem是集Modem功能、桥接加解密功能、网卡和以太网集线器等功能于一身的专用Modem。它无须拨号上网，不占用电话线，可永久连接。Cable Modem通常至少有两组接口，分别是RF接口和CPE接口。RF接口通过HFC网络与前端连接；而CPE接口则通过网卡或集线器与用户电脑连接。目前Ethernet和USB是市场上最普遍的CPE接口。

Cable Modem的传输速率一般可达（3～50）Mbps，距离可以是100km甚至更远。

Cable Modem 通过有线电视网络进行高速数据传输，从网上下载信息的速度比现有的电话 Modem快 1 000 倍。通过电话线下载需要 20min 完成的工作，使用 Cable Modem 只需要 1.2s。Cable Modem 终端系统（CMTS）能和所有的 Cable Modem 通信，但是 Cable Modem 只能和 CMTS 通信。如果两个 Cable Modem 需要通信，那么必须由 CMTS 转播信息。

（2）XDSL 接入法。

DSL（数字用户线路）是以铜质电话线为传输介质的传输技术组合，它包括 HDSL、SDSL、VDSL、ADSL 和 RADSL 等，一般称为 XDSL。它们主要的区别就是体现在信号传输速度和距离的不同，以及上行速率和下行速率对称性的不同这两个方面。

①HDSL 与 SDSL 支持对称的 TI 与 EI（1.544Mbps 与 2.048Mbps）传输。其中，HDSL的有效传输距离为 3km～4km，且需要 2～4 对铜质双绞电话线；SDSL 最大有效传输距离为 3km，只需一对铜线。比较而言，对称 DSL 更适用于企业点对点连接应用，如文件传输、视频会议等收发数据量大致相应的工作。同非对称 DSL 相比，对称 DSL 的市场要少得多。

②VDSL、ADSL 和 RADSL 属于非对称式传输。其中，VDSL 技术是 XDSL 技术中最快的一种，在一对铜质双绞电话线上，下行数据的传输速率为 13Mbps～52Mbps，上行数据的传输速率为 1.5Mbps～2.3Mbps，但是 VDSL 的传输距离只在几百米以内，VDSL 可以成为光纤到家庭的具有高性价比的替代方案，深圳的 VOD（Vedo on Demand）就是采用这种接入技术实现的。ADSL 在一对铜线上支持上行速率为 640Kbps～1Mbps，下行速率为 1Mbps～8Mbps，有效传输距离在 3km～5km 范围以内。RADSL 能够提供的速率范围与 ADSL 基本相同，但它可以根据双绞铜线质量的优劣和传输距离的远近动态地调整用户的访问速率。正是 RADSL 的这些特点使 RADSL 成为用于网上高速冲浪、视频点播（IAV）、远程局域网络（LAN）访问的理想技术，因为在这些应用中用户下载的信息往往比上载的信息（发送指令）要多得多。

ADSL 接入服务较其他接入技术能做到较高的性能价格比。下面对 ADSL 与其他接入技术进行比较。

①ADSL 与 Cable Modem 的比较。与 Cable Modem 相比，ADSL 技术具有相当大的优势。Cable Modem 的 HFC 接入方案采用分层树状结构，其优势是带宽比较高（10MHz）。但这种技术本身是一个较粗糙的总线网络，这就意味着用户要和邻近用户分享有限的带宽，当一条线路上用户激增时，其速度将会减慢。再者，有关资料表明，大部分情况下，HFC 方案必须兼顾现有的有线电视节目，只剩余了一部分带宽可供传送其他数据信号，所以 Cable Modem 传输速率只能达到理论传输速率的一小半。国外公司实验表明，其速率减为 1Mbps～2Mbps，更常见的是 400Mbps～500Kbps。综合来看，即使在理想状态下，HFC 只相当于一个 10Mbps 的共享式总线状以太网，而 ADSL 接入方案在网络拓扑结构上较为先进，因为每个用户都有单独的一条线路与 ADSL 端相连，它的结构可以看做星状结构，它的数据传输带宽是由每个用户独享的。

②ADSL 与普通拨号 Modem 和 N-ISDN 的比较。比起普通拨号 Modem 的最高 56Kbps 的传输速率，以及 N-ISDN 128Kbps 的传输速率，ADSL 的传输速率的优势是不言而喻的。而与普通拨号 Modem 或 ISDN 相比，ADSL 更为吸引人的地方是：它在同一铜线上分别传送数据和语音信号。数据信号并不通过电话交换机设备，减轻了电话交换机的负载，并且不

需要拨号，一直在线，属于专线上网方式。这意味着使用 ADSL 上网并不需要缴付另外的电话费。

宽带通信的实质是依托强大的、具有综合化、数字化、宽带化、智能化、多样化的光纤通信网，向用户提供视、图、文、通信和数据的交互多媒体信息服务。宽带通信网采用宽带传输频带，目前，利用光纤/同轴电缆混合网（HFC 网）等技术传送信息，保证了网络的先进性、安全性和可靠性。宽带应用可包括下列几个方面。

①高速上网、宽带互连。

中国宽带互连网拥有全国互连网最大的带宽，完全实现与互联网（Internet）的高速连接，无论上网浏览、下载或上传文件，都可以达到很快的速度。

②网络电视、可视电话。

宽带互连网突破传统的电视模式，跨越时间和空间的约束，在网上实现无限频道的电视收视。通过 Web 浏览器（也可通过机顶盒等连接到电视机上观看）的方式直接从网上收看电视节目，克服了现有电视频道受地区和气候等多种因素约束的弊病，而且有利于进行一种新型交互式“网络电视剧”的制作和播放。

③视频点播、在线游戏。

宽带互连网为传送高质量的图像和声音提供了技术上的保障，用户可以到提供影视点播的网站即时收看收听喜欢的电影和音乐，而无须下载；可以进行网络在线游戏，无论远近，就像在同一台游戏机上一样，快速真实。

④远程教育、远程医疗。

宽带互连网让人们在异地和家里接受教育和再教育成为可能，从国内外著名学校获取多媒体教育课程，甚至和老师随意交谈。

随着生活水平的提高，用户通过宽带互连网在家中可以享受医疗咨询服务，掌握更多的医疗知识，也可以设立家庭病房及获取医院的远程看护。

⑤远程办公、电子商务。

宽带互连网提供视像会议、远程办公和各种电子商务方案。用户可以在家中完成办公室的工作，与远在国外的业务伙伴举行即时视像会议；高速连接证券公司，及时了解股市变化。凭借宽带互连网，每一个股民都可享受大户的待遇。

4. 连入 Internet 需要的设备

连入 Internet 所需的设备根据接入方式的不同而略有不同。

（1）以终端方式入网时，需要的设备和条件如下：

①一台计算机，现在的 PC 机基本都能满足要求；

②一条电话线，但人工转接的分机线不能使用；

③一台 Modem，速度越快越好；

④普通的通信软件。

（2）以 SLIP/PPP 方式入网时，需要的设备如下：

①一台计算机；

②一台 Modem，速度越快越好；

③一条电话线，但人工转接的分机线不能使用；

④支持 SLIP/PPP 的通信软件。

(3) 以专线方式入网时，所需的设备如下：

①根据你所选择的线路类型申请一条专线（DDN、FR、ISDN 或直连网络电缆）；

②一台支持 TCP/IP 的路由器，若是 ISDN 专线，路由器上应有 ISDN 接口；

③对 DDN 和 FR 专线，需要一台 CSU/DSU；

④对 ISDN 专线，需要一块 ISDN 接口卡或数字 Modem；

⑤为本地局域网中的每一台计算机各申请一个静态 IP 地址；

⑥TCP/IP 软件。

第二节　电子邮件服务

13.2.1　电子邮件服务简介

电子邮件（E-mail）为 Internet 上的用户提供了快速、简便、廉价的现代化通信手段，它是目前用户使用最多的一种 Internet 服务功能。

电子邮件服务具有以下几个优点：

(1) 方便迅捷；

(2) 费用低廉；

(3) 功能齐全，传输信息量大。

13.2.2　电子邮件服务的工作过程

1. 邮件服务器

邮件服务器是 Internet 邮件服务系统的核心，一方面，邮件服务器负责接收用户送来的邮件，并根据收件人地址发送到对方的邮件服务器中；另一方面，它负责接收由其他邮件服务器发来的邮件，并根据收件人地址分发到相应的电子邮箱中。

2. 电子邮箱

要使用电子邮件服务，首先要拥有一个电子邮箱（mailbox）。电子邮箱是由提供电子邮件服务的机构（一般是 ISP）为用户建立的。当用户向 ISP 申请 Internet 账号时，ISP 就会在它的邮件服务器上建立该用户的电子邮件账号，其中包括用户名（username）与用户密码（password）。

建立电子邮箱就是在邮件服务器的硬盘上，为用户开辟一块专用的存储空间，用来存放该用户的电子邮件。用户在邮件服务器上拥有合法的账号后，就在该服务器上拥有了自己的邮箱，可以通过它来发送和接收电子邮件。任何人都可以将电子邮件发送到某个电子邮箱中，但只有电子邮箱的拥有者输入正确的用户名与用户密码后，才能查看电子邮件内容或处理电子邮件。

3. 电子邮件地址

每个电子邮箱都有一个邮箱地址，称为电子邮件地址（E-mail address）。电子邮件地址的格式是固定的，并且在全球范围内是唯一的。用户的电子邮件地址格式为：用户名@主机名，其中“@”符号表示“at”，主机名指的是拥有独立 IP 地址的计算机的名字，用户名是指在该计算机上为用户建立的电子邮件账号。

4. 电子邮件服务的工作过程

电子邮件服务基于客户机/服务器结构，它的具体工作过程如图 13—2 所示。首先，发送方将写好的邮件发送给自己的邮件服务器；发送方的邮件服务器接收用户送来的邮件，并根据收件人地址发送到对方的邮件服务器中；接收方的邮件服务器接收其他服务器发来的邮件，并根据收件人地址分发到相应的电子邮箱中；接收方可以在任何时间或地点从自己的邮件服务器中读取邮件，并对它们进行处理。

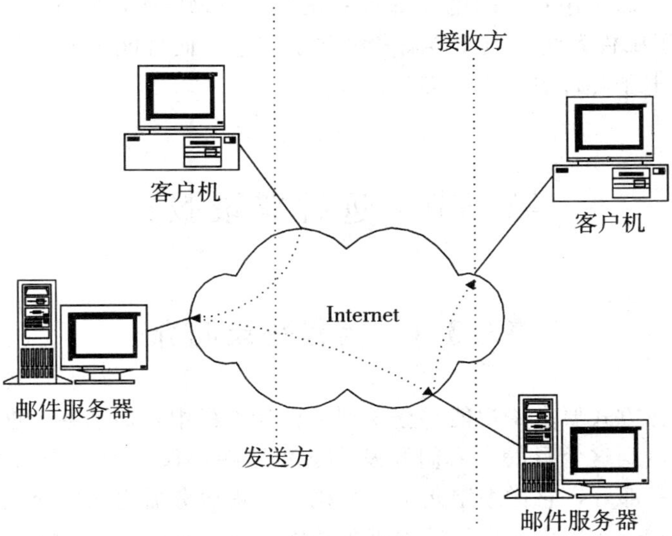

图 13—2　电子邮件服务的工作过程

13.2.3　电子邮件应用程序

通过客户机中的电子邮件应用程序，可以发送与接收电子邮件。电子邮件应用程序负责将写好的邮件发送到邮件服务器中，也负责从邮件服务器中读取邮件，并对它们进行处理。

目前，电子邮件系统几乎可以运行在任何硬件与软件平台上。各种电子邮件系统所提供的服务功能基本相同，都可以完成以下操作：

- 创建与发送电子邮件；
- 接收、阅读与管理电子邮件；
- 账号、邮箱与通信簿管理。

电子邮件程序向邮件服务器中发送邮件时，使用的是简单邮件传输协议（SMTP，Simple Mail Transfer Protocol）；电子邮件程序从邮件服务器中读取邮件时，可以使用 POP3（Post Office Protocol）或 IMAP（Interactive Mail Access Protocol）协议，这取决于邮件服务器支持的协议类型。

用电子邮件程序访问 POP3 服务器时，邮箱中的邮件被复制到客户机中，在邮件服务器中不保存邮件的副本，用户在自己的计算机中阅读与管理邮件。这种方式适合于用户从一台固定的计算机中访问邮件服务器的情况。目前，大多数邮件服务器都支持这种协议。

13.2.4 电子邮件的格式

电子邮件与普通的邮政信件相似，也有自己固定的格式。电子邮件包括邮件头（mail header）与邮件体（mail body）两部分。邮件头由多项内容构成。其中一部分是由系统自动生成的，如发信人地址、邮件发送的日期与时间；另一部分是由发件人自己输入的，如收信人地址、抄送人地址与邮件主题等。邮件体是实际要传送的信函内容。传统的电子邮件系统只能传输英文信息，而采用多目的电子邮件系统扩展（MIME，Multipurpose Internet Mail Extensions）的电子邮件系统不但能传输各种文字信息，而且能传输图像、语音与视频等多种信息，从而使得电子邮件更加丰富多彩。

第三节 远程登录服务

13.3.1 远程登录简介

协同操作的工作方式要求用户能够登录到远程计算机中，启动某个进程并使进程之间能够相互通信。为了达到这个目的，人们开发了远程终端协议，即 Telnet 协议。Telnet 协议是 TCP/IP 协议的一部分，它详细定义了客户机与远程服务器之间的交互过程。

远程登录是 Internet 最早提供的基本服务功能之一。Internet 中的用户远程登录是指使用 Telnet 命令，使自己的计算机暂时成为远程计算机的一个仿真终端的过程。一旦成功地实现了远程登录，用户的计算机就可以像一台与远程计算机直接相连的本地终端一样工作。远程登录允许在任意类型的计算机之间进行通信。远程登录之所以能提供这种功能，主要是因为所有的运行操作都是在远程计算机上完成的，用户的计算机仅仅是作为一台仿真终端向远程计算机传送击键信息与显示结果。

13.3.2 远程登录协议

在 TCP/IP 协议族中有两个远程登录协议：Telnet 协议与 Rlogin 协议。

系统的差异性给计算机系统的互操作性带来了很大的困难。Telnet 协议的主要优点就是能够解决不同类型的计算机系统之间的互操作问题。不同计算机系统的差异性首先表现在不同系统对终端键盘输入命令的解释上。键盘定义的差异性给远程登录带来了很多的问题。为了解决系统的差异性，Telnet 协议引入了网络虚拟终端（NVT，Network Virtual Terminal）的概念。它提供了一种专门的键盘定义，用来屏蔽不同计算机系统对键盘输入的差异性。

Rlogin 协议是 Sun 公司专为 BSD UNIX 系统开发的远程登录协议，它只适用于 UNIX

系统，不能很好地解决不同类型的计算机之间的互操作性问题。

13.3.3 远程登录的工作原理

Telnet 采用了客户机/服务器模式，其结构如图 13—3 所示。在远程登录过程中，用户的实终端（Real Terminal）采用用户终端的格式与本地 Telnet 客户机进程通信；远程主机采用远程系统的格式与远程 Telnet 服务器进程通信。

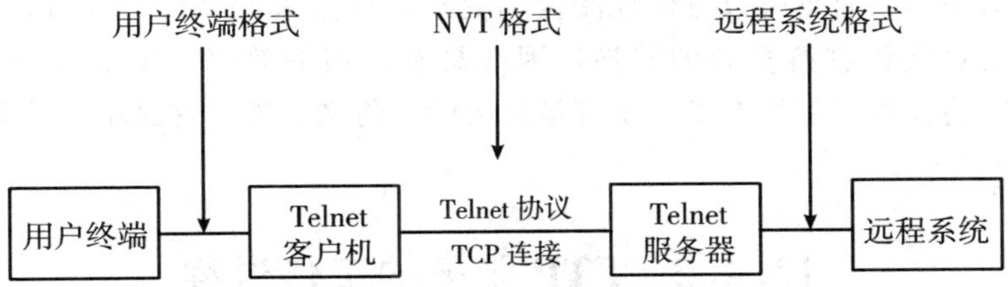

图 13—3 Telnet 客户机/服务器模型

在 Telnet 客户机进程与 Telnet 服务器进程间，通过网络虚拟终端 NVT 标准进行通信。在采用网络虚拟终端后，不同的用户终端格式只与标准的网络虚拟终端打交道，而与各种不同的本地终端格式无关。Telnet 客户机进程与 Telnet 服务器进程一起完成用户终端格式、远程主机系统格式与标准网络虚拟终端 NVT 格式的转换。

13.3.4 使用远程登录的方法

使用 Telnet 功能，需要具备两个条件：(1) 用户的计算机要有 Telnet 应用软件；(2) 在远程计算机上有自己的用户账号。用户在使用 Telnet 命令进行远程登录时，首先应在 Telnet 命令中给出对方计算机的主机名或 IP 地址，然后根据对方系统的询问，正确键入自己的用户名与用户密码。有时还要根据对方的要求，回答自己所使用的仿真终端的类型。Internet 有很多信息服务机构提供开放式的远程登录服务，登录到这样的计算机时，不需要事先设置用户账号，使用公开的用户名就可以进入系统。

用户可以使用 Telnet 命令，使自己的计算机暂时成为远程计算机的一个仿真终端。一旦成功地实现了远程登录，就可以像远程计算机的本地终端一样进行工作，使用远程计算机对外开放的全部资源，如硬件、程序、操作系统、应用软件和信息等。

第四节 文件传输服务

13.4.1 文件传输服务简介

文件传输服务是 Internet 中最早提供的服务功能之一。文件传输服务提供了在 Internet

的任意两台计算机之间相互传输文件的机制，它是广大用户获得丰富的 Internet 资源的重要方法之一。

文件传输服务是由 TCP/IP 中的文件传输协议（FTP，File Transfer Protocol）支持的，它允许用户将文件从一台计算机传输到另一台计算机上，并且能保证传输的可靠性。因此，人们通常将文件传输服务称为 FTP 服务。

由于采用 TCP/IP 协议作为 Internet 的基本协议。无论两台 Internet 上的计算机在地理位置上相距多远，只要它们都支持 FTP 协议，就可以相互传送文件。这样做不仅可以节省实时联机的通信费用，而且可以方便地阅读与处理传输过来的文件。同时，采用 FTP 传输文件时，不需要对文件进行复杂的转换，因此具有较高的效率。Internet 与 FTP 的结合，好像使每个联网的计算机都拥有了一个容量巨大的备份文件库，这是单个计算机无法比拟的优势。

13.4.2 FTP 服务的工作过程

FTP 服务采用典型的客户机/服务器工作模式，它的工作过程如图 13—4 所示。远程提供 FTP 服务的计算机称为 FTP 服务器，它通常是信息服务提供者的计算机，相当于一个大的文件仓库；用户的本地计算机称为客户机。文件从 FTP 服务器传输到客户机的过程称为下载；文件从客户机传输到 FTP 服务器的过程称为上传。

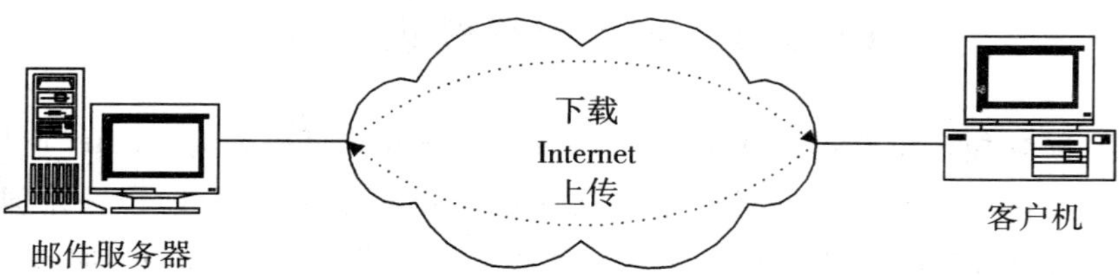

图 13—4 FTP 服务的工作过程

FTP 服务是一种实时的联机服务。访问 FTP 服务器前必须进行登录，登录时要求用户正确键入自己的用户名与用户密码。只有在登录成功后，才能访问 FTP 服务器，并对授权的文件进行查看与传输。根据所使用的用户账号的不同，可以将 FTP 服务分为普通 FTP 与匿名 FTP 服务两种类型。

13.4.3 匿名 FTP 服务

普通 FTP 服务要求用户在登录时提供正确的用户名与用户密码，也就是说用户必须在远程主机上拥有自己的账号，否则将无法使用 FTP 服务。这对于大量没有账号的用户是不方便的。为了便于用户获得在 Internet 上公开发布的各种信息，许多机构提供了一种称为匿名 FTP（anonymous FTP）的服务。

匿名 FTP 服务的实质是提供服务的机构在它的 FTP 服务器上建立一个公开账号（通常为 Anonymous），并赋予该账号访问公共目录的权限。如果用户要访问这些提供匿名服务的

FTP 服务器，一般不需要输入用户名与用户密码。如果需要输入它们，可以用 Anonymous 作为用户名，用 Guest 作为用户密码。有些 FTP 服务器可能会要求用户用自己的电子邮件地址作为用户密码。

目前，Internet 用户使用的大多数 FTP 服务都是匿名服务。为了保证 FTP 服务器的安全，几乎所有的匿名 FTP 服务都只允许用户下载文件，而不允许用户上传文件。然而，单独使用 FTP 服务时，将文件下载到本地前，是无法了解文件内容的。为此人们一般使用 WWW 浏览器去搜索需要的文件，然后利用 WWW 浏览器支持的 FTP 功能下载文件。

13.4.4 FTP 客户端程序

目前，常用的 FTP 客户端程序通常有三种类型：传统的 FTP 命令行、浏览器与 FTP 下载工具。

传统的 FTP 命令行是最早的 FTP 客户端程序，它需要进入 MS-DOS 窗口，并且 FTP 命令行包括了五十多条命令，对初学者来说比较难以使用。

浏览器不但支持 WWW 方式访问，还支持 FTP 方式访问，通过它可以直接登录到 FTP 服务器并下载文件。

FTP 下载工具解决了下载过程中网络连接意外中断导致下载失败的问题，它可以通过断点续传功能来继续剩余部分的传输。目前，常用的 FTP 下载工具主要有 Netants 与 Net Vampire 等。

第五节　WWW 服务

WWW（World Wide Web）称为万维网，它的出现是 Internet 发展中的一个里程碑。WWW 服务又称为 Web 服务，是目前 Internet 上最方便与最受用户欢迎的信息服务类型，它的影响力已远远超出了专业技术范畴，并且已经进入广告、新闻、销售、电子商务与信息服务等领域。

13.5.1 超文本与超媒体

1. 超文本的基本概念

超文本方式对普通的菜单方式作了重大的改进，将菜单集成于文本信息中，因此可以看做一种集成化的菜单系统。用户直接看到的是文本信息本身，在浏览文本信息的同时，随时可以选中其中的“热字”。热字往往是上下文关联的单词，通过选择热字可以跳转到其他的文本信息。超文本在文本中包含了与其他文本的链接，这是它的最大特点：无序性。

2. 超媒体的基本概念

超媒体进一步扩展了超文本所链接的信息类型。用户不仅能从一个文本跳到另一个文本，而且可以激活一段声音，显示一个图形，甚至可以播放一段动画。在目前市场上，流行的多媒体电子书籍大都采用这种方式组织信息。

超文本与超媒体将菜单集成于信息之中，使用户的注意力可以集中于信息本身。这样做不仅可以避免用户对菜单理解的二义性，而且能将多媒体信息有机地结合起来。因此，超文本与超媒体得到了广泛应用。目前，超文本与超媒体的界限已经比较模糊了，通常所指的超文本一般也包括超媒体的概念。

13.5.2 WWW 服务简介

1. WWW 的基本概念

WWW 是以超文本标注语言（HTML，Hyper Text Markup Language）与超文本传输协议（HTTP，Hyper Text Transfer Protocol）为基础，提供面向 Internet 服务、具有一致的用户界面的信息浏览系统。Internet 采用超文本和超媒体的信息组织方式，将信息的链接扩展到整个 Internet 上。

2. WWW 的发展历史

在 WWW 出现之前，最常用的 Internet 信息检索方式是菜单方式。菜单驱动的应用程序可以看做一种树形结构。使用菜单方式操作时，总是从主菜单开始搜索，一步一步通过子菜单，最后延伸到被检索的信息内容。这种检索方式有很大的缺陷：在子菜单上找不到预期的信息时，必须先返回到主菜单，再重新进行搜索。

WWW 的信息结构是网状的，它是一种纵横交错的网状系统。它最初设计的实际上是超文本标注语言（HTML），目的是为分布在世界各地的物理学研究组织提供信息服务，使组内成员可以方便地交换信息或想法。目前，已经有很多 Web 服务器分布在世界各地，大到一个国际组织或政府结构的 Web 服务器，小到用户个人的 Web 服务器，它们的数量正在以惊人的速度增长。

3. WWW 服务的特点

WWW 服务主要有以下几个特点：

- 以超文本方式组织网络多媒体信息；
- 可以在世界范围内任意查找、检索、浏览和添加信息；
- 提供生动直观、易于使用、统一的图形用户界面；
- 站点之间可以互相链接，可以提供信息查找和漫游的透明访问；
- 可访问图像、声音、视频与文本信息。

4. WWW 的工作方式

WWW 系统的结构采用了客户机/服务器模式。信息资源以主页的形式存储在 Web 服务器中，用户通过浏览器向 Web 服务器发出请求；Web 服务器根据客户端的请求内容，将保存在 Web 服务器中的某个页面发送给客户端；浏览器在接收到该页面后对其进行解释，并最终将该页面显示给用户。用户可以通过页面中的超链接方便地访问位于其他 Web 服务器中的页面或其他类型的网络信息资源。WWW 系统的工作方式如图 13—5 所示。

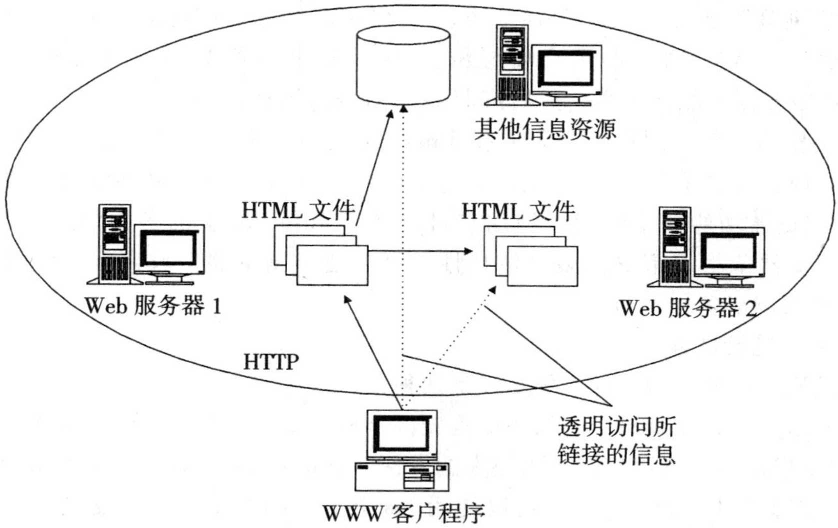

图 13—5　WWW 系统的工作方式

13.5.3　主页的概念

主页（home page）指个人或机构的基本信息页面，用户通过主页可以访问有关的信息资源。主页一般包含以下几种基本元素。

- 文本（text）：最基本的元素，就是通常所说的文字。
- 图像（image）：WWW 浏览器一般只识别 GIF 与 JPEG 两种图像格式。
- 表格（table）：类似于 Word 中的表格，表格单元内容一般为字符类型。
- 超链接（hyperlink）：HTML 中的重要元素，用于将 HTML 元素与其他主页相连。

主页是人们通过 Internet 了解学校、公司或政府部门的重要手段，人们可以使用主页介绍公司的概况，展示公司新产品的图片，介绍新产品的特性，或利用它来公开发行免费的软件等。目前，几乎所有连接到 Internet 上的公司和大学都有自己的主页，或正在积极开发自己的主页。

13.5.4　URL 与信息定位

在 Internet 中有众多的 Web 服务器，每台服务器中又包含很多的主页，要想找到所需的主页，可以使用统一资源定位器（URL，Uniform Resource Locator）。标准的 URL 由三部分组成：http://www.china.com/index.html。其中，http：指出要使用 HTTP 协议，www.china.com 指出要访问的服务器的主机名，index.html 指出要访问的主页的路径与文件名。

13.5.5　WWW 浏览器

1. WWW 浏览器的基本概念

WWW 的客户程序在 Internet 上称为 WWW 浏览器，它用来浏览 Internet 上的主页的软件。WWW 浏览器是采用 HTTP 通信协议与 WWW 服务器相连的，主页按照 HTML 格式制作与阅读。WWW 浏览器用户要想浏览 WWW 服务器上的主页内容，必须先按照 HTTP协议从服务器上取回主页，然后按照 HTML 格式阅读主页。

WWW 浏览器不仅为用户打开了寻找 Internet 上内容丰富、形式多样的主页信息资源的便捷途径，而且提供了 Usenet 新闻组、电子邮件与 FTP 协议等功能强大的通信手段。现在的 WWW 浏览器功能非常强大，利用它可以访问 Internet 上的各类信息。更重要的是，目前流行的浏览器基本上都支持多媒体特性，可以通过浏览器播放声音、动画与视频，使 WWW 世界更加丰富多彩。

2. 主要的浏览器软件

目前，最流行的浏览器软件主要是以下两种：

(1) Netscape Navigator。Navigator 是美国 Netscape 公司开发的 WWW 浏览器软件。Navigator 的出现，给网络用户带来了很大的方便。新版本的 Navigator 6.0 软件已将 Internet 中使用的整套工具集成在一起，可以使用 Navigator 浏览主页、收发电子邮件、阅读新闻组、制作与发表主页或上网聊天。

(2) Microsoft Internet Explorer。Internet Explorer 是美国 Microsoft 公司开发的 WWW 浏览器软件。Internet Explorer 虽比 Navigator 出现得晚一些，但由于 Microsoft 公司在计算机操作系统领域的优势，以及它本身是一个免费软件，因此在浏览市场的占有率逐年增长。新版本的 Internet Explorer 已将 Internet 中使用的整套工具集成在一起。可以使用 Internet Explorer 浏览主页、收发电子邮件、阅读新闻组、制作与发表主页或上网聊天。

第六节 Internet 新闻与公告类服务

Internet 不仅能够提供丰富的信息资源，而且还能使分布在世界各地的网络用户之间进行通信，并针对某个话题展开讨论。Internet 的新闻与公告类服务主要有两种：网络新闻与电子公告牌。

13.6.1 网络新闻

1. 网络新闻的概念

网络新闻（Usenet）是为数众多的综合性新闻或专题讨论组的总称，它也可以叫做新闻论坛。每个讨论组都围绕某个专题展开讨论，所有能想到的主题都会有相应的讨论组。Usenet 在 20 世纪 70 年代初开始出现在美国的一些大学里，现已拥有上万个新闻组（news group）及数百万参与者。

从根本上说，Internet 仅是 Usenet 的一个通信载体而已。Usenet 是自发产生的，并像一个有机体一样不断地变化着。不断有新的新闻组产生，而内容复杂的新闻组又会分裂成更小的专业性新闻组，同时某些新闻组也可能会解散。所有的这些都基于某些共同接受的原则，并不存在任何强制机构或中心管理机构，完全依赖于计算机的拥有者与使用者的合作。

Usenet 的基本通信手段是电子邮件，它不是采用点对点通信方式，而是采用多对多的方式进行通信。但是，所有信息并不像电子邮件一样发送到用户的邮箱中，用户必须使用专门的新闻阅读程序（News Reader）来访问 Usenet 主机，阅读网络新闻，发表自己的意见，提出自己的问题，决定是加入还是退出新闻组。

2. 网络新闻阅读程序

网络新闻阅读程序是一种专门阅读网络新闻的程序，它可以完成以下的工作：

- 搜索用户指定的新闻组，列出用户未曾读过的文章；
- 根据用户的命令显示文章的内容；
- 保存用户阅读的文章；
- 选择用户感兴趣的新闻组；
- 允许用户针对某文章发表自己的意见；
- 允许用户提出自己的问题。

在新闻阅读程序启动后，将会列出所有用户加入的新闻组；在选择某个新闻组后，阅读程序会检索该新闻组，列出所有用户未读的文章；如果选择某篇文章，就可以看到该文章的内容。

13.6.2 电子公告牌

电子公告牌（BBS，Bulletin Board System）是 Internet 上的一种电子信息服务系统。它提供一块公共电子白板，每个用户都可以在上面书写、发布信息或提出看法。电子公告牌可以方便、迅速地使各地用户了解公告信息，是一种有力的信息交流工具，大部分 BBS 站是由教育机构、研究机构或商业机构创建并管理的。

电子公告牌可以按不同的主题分成很多个布告栏，布告栏是依据大多数 BBS 使用者的需求与喜好设立的。使用者可以阅读他人关于某个主题的最新看法，也可以将自己的看法贴到布告栏中，同样也可以看到别人对你的观点发表的看法。如果需要私下进行交流，可以将想说的话直接发到某人的电子邮箱中。如果想参与电子公告栏中某些人的聊天，可以启动聊天程序加入他们的行列。

在 BBS 中，人们之间的交流打破了空间与时间的限制。与别人进行交往时，无需考虑自己的年龄、学历、知识、社会地位、财富、外貌与健康状况，而这些条件在其他交往形式中是无法回避的。参与 BBS 的人可以平等地与他人进行任何问题的讨论。

各个 BBS 站的功能有所不同，但它们的主要功能都有软件交流、信息发布和网上游戏等。大多数 BBS 站都有自己专用的拨入电话号码，用户只需使用计算机、调制解调器与电话线，就可以通过电话线拨号登录。随着 WWW 的广泛应用，大多数 BBS 站正在向 WWW 的方式转移。

后　记

经全国高等教育自学考试指导委员会同意，由经济管理类专业委员会负责高等教育自学考试经济管理类专业教材的组编工作。

《计算机与网络技术基础》自学考试教材由于淼（中国政法大学商学院副教授、博士后）担任主编独立完成。

参加本教材审稿讨论会，并提出修改意见的有：李金轩（中国人民大学商学院教授）、马俊（对外经济贸易大学商学院副教授）、杨纪成（北京外国语大学国际商学院副教授）。参与本书资料收集工作的有何健、张彩霞、凌屹、钟莹、辛尧、于鑫、马文亮、唐磊、王钰、陈匀、李国伟、孙道权、毛文睿、程琳、门琛、杨文娟、王竞、张旭、潘园园等人，在此一并表示感谢。

全国高等教育自学考试指导委员会

经济管理类专业委员会

2006 年 11 月

附：

计算机与网络技术基础
自学考试大纲

全国高等教育自学考试指导委员会　制定

出 版 前 言

为了适应社会主义现代化建设事业对培养人才的需要，我国在 20 世纪 80 年代初建立了高等教育自学考试制度：经过 20 多年的发展，高等教育自学考试已成为我国高等教育基本制度之一。高等教育自学考试是个人自学、社会助学和国家考试相结合的一种高等教育形式，是我国高等教育体系的一个重要组成部分。实行高等教育自学考试制度，是落实宪法规定的“鼓励自学成才”的重要措施，是提高中华民族思想道德和科学文化素质的需要，也是造就和选拔人才的一种途径。应考者通过规定的专业考试课程并经思想品德鉴定达到毕业要求的，可以获得毕业证书，国家承认学历，并按照规定享有与普通高等学校毕业生同等的有关待遇。

从 20 世纪 80 年代初期开始，各省、自治区、直辖市先后成立了高等教育自学考试委员会。开展了高等教育自学考试工作，多年来为国家培养造就了大批专门人才。为科学、合理地制定高等教育自学考试标准，提高教育质量，全国高等教育自学考试指导委员会（以下简称“全国考委”）组织各方面的专家对高等教育自学考试专业设置进行了调整，统一了专业设置标准。全国考委陆续制定了 200 多个专业考试计划。在此基础上，各专业委员会按照专业考试计划的要求，从造就和选拔人才的需要出发，编写了相应专业的课程自学考试大纲，进一步规定了课程学习和考试的内容与范围，有利于社会助学，使个人自学要求明确，考试标准规范化、具体化。

全国考委按照国务院发布的《高等教育自学考试暂行条例》的规定，根据教育测量学的要求，对高等教育自学考试课程的自学考试大纲进行了探索、研究与建设。目前，为更好地贯彻中共十六大和全国考委五届二次会议精神，以“三个代表”重要思想为指导，全国考委办公室及各个专业委员会在 2003 年开始较大幅度地对新一轮的课程自学考试大纲组织修订或重编。

全国考委经济管理类专业委员会在考试大纲建设过程中结合高等教育自学考试工作的实践，参照全日制普通高等学校相关课程的教学基本要求，并力图反映学科内容的发展变化、体现自学考试的特点，组织制定了《计算机与网络技术基础自学考试大纲》。现经教育部批准，颁发施行。

《计算机与网络技术基础自学考试大纲》是该课程编写教材和自学辅导书的依据，也是个人自学、社会助学和国家考试的依据，各地教育部门、考试机构应认真贯彻执行。

全国高等教育自学考试指导委员会

2006 年 11 月

第一部分　课程性质

本课程是高等教育自学考试电子商务专业（专科）的专业课程之一，该课程是电子商务专业课程体系中的基础课程之一。

第二部分　课程考核目标与内容

一、课程特征

在本课程的助学或教学中应当尽可能采用解决实际问题的方法，从著名的IT公司中取得教学实例，以使考生的学习与未来的实际工作能够更加紧密地结合。

试卷中所涉及的问题将以本课程大纲中所确定的识记、领会和应用的有关要求为依据，试题将不超过大纲要求的内容。

但是，考题将要求考生具备理解并应用专业知识的能力。考试大纲及课程内容中所给出的场景只是特例，试卷有可能在其他场景条件下提出问题。

课程学习将以案例助学与教学相结合为主。通过课程的学习，应使考生掌握阅读、分析计算机与商务应用案例的技巧。这些方法包括：

1. 综合阅读技巧；
2. 解读案例的能力和技巧；
3. 撰写案例分析报告的技巧。

在本课程的助学或教学中，建议采用案例教学和案例考核方法。培养考生的上述能力是十分必要的，这不仅能使考生学习尽可能多的知识，还使他们能够在考试中最大限度地发挥潜能。

本门课程的重点内容包括：计算机数制；计算机中的数据与编码；计算机硬件系统的基本结构；计算机软件系统的基本结构；计算机网络的基本概念；计算机网络的分类；数据通信的基本概念；点-点通信方式；TCP/IP协议的体系结构；OSI协议的体系结构；LAN协议；局域网的体系结构；局域网的拓扑结构与传输介质；报文分组交换网；拥塞控制与流量控制；网络互连概述；局域网互连；数据加密概述。

二、课程目标

课程设置的目标是使考生能够：

1. 了解计算机系统的基本结构；
2. 了解当前计算机和网络技术发展的现状及趋势；
3. 掌握计算机网络技术的基本原理；
4. 初步具备运用LAN技术、WWW技术和企业内部网技术进行组网的能力。

三、课程目录

第一章　计算机基础知识

第二章　计算机系统结构

第三章　Windows XP操作系统

第四章　计算机网络概述
第五章　网络通信基础
第六章　计算机网络协议
第七章　计算机局域网
第八章　计算机广域网
第九章　计算机网络互连
第十章　网络操作系统
第十一章　Linux 操作系统
第十二章　网络安全与网络管理
第十三章　Internet 应用技术

四、考核目标

试题可取自课程内容中的任何有关专题内容。每个专题按章列出相应内容；每章由若干节组成；每节又进一步分成若干“目”。每个内容标题下列出内容细节，包括试题要求的识记、领会和应用的各种内容。

专题是根据设定的学习顺序列出的。当然，教师和考生可以根据他们的具体需要适当调整学习顺序。

考核的能力要求由低到高分为“识记”“领会”“应用”三个层次：

1. 识记：应识记的内容涉及本课程的基本知识；
2. 领会：要求对课程相关内容能够进行理解；
3. 应用：要求应用课程知识和对内容的领会处理不同条件下的实际问题。

五、课程内容

第一章　计算机基础知识

学习目的和要求

通过本章的学习，考生应该了解计算机发展的总体历程，并理解和掌握计算机的不同数制以及这些数制之间的转换方法，并在一定程度上了解计算机的不同编码，从而能够在宏观上对于计算机与现代信息社会之间的联系形成整体的认识。

课程内容

第一节　计算机概述

本节详细讲述了电子计算机和微型计算机的产生、发展和分类，并介绍了计算机的巨型化、微型化、网络化和智能化的发展趋势，同时阐述了计算机的性能特点。

第二节　计算机数制

本节首先讲述了数制的基本概念和不同数制之间的相互转换，在此基础上着重介绍了二进制数的算术运算和逻辑运算。

第三节　计算机中的数据与编码

本节首先介绍了数据的单位与存储形式并具体讲述了位（bit）、字节（Byte）、字（word）的概念，随后以ASCII码为例介绍了计算机字符的编码，说明了ASCII码与EBCDIC两种编码方式在应用范围上的差别。在本节的最后，介绍了汉字编码方法，并简单说明了各种编码之间的关系。

第四节　计算机与信息时代

本节首先介绍了信息和数据的基本概念，随后阐述了信息处理的概念、方法以及计算机在信息处理中的作用。本节的重点是对信息高速公路的介绍，主要包括信息高速公路的产生、组成（通信网络、通信设备、通信资源等）和意义。

考核知识点

第一节　计算机的发展历程、计算机的性能特点和计算机的分类。

第二节　数制的概念、不同数制之间的转换方法、二进制数的算术运算和逻辑运算、二进制数在计算机中的表示和存储方法。

第三节　数据的单位、数据的存储形式、计算机字符编码、计算机汉字编码。

第四节　信息、数据和信息处理的概念。

考核要求

第一节　计算机概述

识记：计算机的发展历程、计算机的性能特点和计算机的分类。

第二节　计算机数制

识记：数制的概念。

应用：不同数制之间的转换方法、二进制数的算术运算和逻辑运算。

第三节　计算机中的数据与编码

识记：数据的单位、数据的存储形式、计算机字符编码、计算机汉字编码。

第四节　计算机与信息时代

识记：信息、数据和信息处理的概念。

第二章　计算机系统结构

学习目的和要求

通过本章的学习，考生应该了解计算机系统的整体结构，并能够准确把握计算机硬件系统的组成以及计算机软件系统的划分方法，从而能够在宏观上对计算机的系统组成形成全面的认识。

课程内容

第一节　计算机硬件系统的基本结构

本节从整体上介绍了计算机硬件系统的五大功能部分，即运算器、控制器、存储器、输入设备和输出设备，并从细处着手分别对每一部分进行了详细的说明，在此基础上，由对计算机硬件系统的分析引出了对计算机工作原理的阐述。

第二节　计算机软件系统的基本结构

在本节的起始部分对计算机软件系统进行了简单的划分，即系统软件和应用软件，然后针对二者所包含的软件体系进行了详细的介绍。

考核知识点

第一节　计算机硬件系统的五大功能部分、计算机的工作原理。

第二节　计算机软件系统的组成。

考核要求

第一节　计算机硬件系统的基本结构

识记：计算机硬件系统的五大功能部分。

领会：计算机的工作原理。

第二节　计算机软件系统的基本结构

识记：计算机软件系统的组成。

第三章　Windows XP 操作系统

学习目的和要求

通过本章的学习，考生应该学会安装 Windows XP 操作系统，并掌握配置 Windows XP 的一些常用组件的功能和用法。理解网络的一些基本概念，学会配置 Windows XP 系统的网络参数。

课程内容

第一节　概述

本节首先介绍了 Windows XP 操作系统的设计思想，随后介绍了 Windows XP 操作系统的主要功能和特点。

第二节　Windows XP 安装

本节首先介绍了 Windows XP 安装前的准备，随后讲述了 Windows XP 的安装和运行要求以及安装的选项，最后简述了 Windows XP 的安装过程。

第三节　Windows XP 桌面基本操作

本节首先讲述了 Windows XP 的桌面构成，随后介绍了浏览计算机（包括我的电脑、资源管理器）、对程序的操作（包括添加和删除程序及启动和退出程序）与文件和文件夹的管理（创建文件夹、查找文件和文件夹、打开文件和文件夹、重命名文件和文件夹、复制和移动文件夹、删除文件和文件夹以及关闭计算机）。

第四节　Windows XP 的 TCP/IP 网络配置

本节首先介绍了 TCP/IP 的几个概念，即 IP 地址、子网掩码、默认网关等。然后介绍了如何向 Windows XP 系统添加 TCP/IP 协议、配置 IP 地址、配置 DNS 参数的方法。

考核知识点

第一节　Windows XP 操作系统的设计思想，Windows XP 操作系统的主要功能。

第二节　Windows XP 安装前的准备工作，Windows XP 的安装。

第三节　Windows XP 系统的桌面基本操作。

第四节　IP 地址、子网掩码、默认网关、域名等概念，向 Windows XP 系统添加 TCP/IP协议、配置 IP 地址、配置 DNS 参数的方法。

考核要求

第一节　概述

识记：Windows XP 的设计思想。

领会：Windows XP 操作系统的功能和特点。

第二节　Windows XP 安装

领会：Windows XP 的安装选项、安装和运行要求，以及大致的安装过程。

应用：安装 Windows XP 操作系统。

第三节　Windows XP 桌面基本操作

识记：桌面、Windows 资源管理器、我的电脑、文件夹。

领会：Windows XP 程序组包括的内容，掌握 Windows 资源管理器的使用方法。

应用：Windows XP 资源管理器、网上邻居、我的电脑、Windows XP 的启动和关闭。

第四节　Windows XP 的 TCP/IP 网络配置

识记：IP 地址、子网、子网掩码、默认网关、域名。

领会：TCP/IP 的几个概念，掌握向 Windows XP 系统安装网卡和添加 TCP/IP 协议、配置 IP 地址、配置网关、配置 DNS 参数的方法。

应用：安装和配置网卡以及相关网络参数。

第四章　计算机网络概述

学习目的和要求

通过本章的学习，考生应该在了解计算机网络的产生与发展历程的基础上，深刻理解计算机网络的基本概念，准确把握计算机网络的各种分类方法以及其间的区别和联系，并对计算机网络的实际应用领域和应用方式有一个整体的了解。

课程内容

第一节　计算机网络的产生与发展

计算机和通信技术的相互结合产生了计算机网络，本节对这一结合予以阐述，在此基础上，进一步对计算机网络的发展历程展开说明。同时，还简要介绍了各国的网络发展情况。

第二节　计算机网络的基本概念

本节首先严格界定了计算机网络的定义：一些互相连接的、自治的计算机的集合。同时将此定义与早期的计算机网络定义加以比较和区别。随后还介绍了计算机通信协议的基本概念，以及数据通信与计算机通信、计算机网络与分布式计算机系统等容易混淆的概念。

第三节　计算机网络的分类

本节从不同角度对计算机网络的分类展开详细论述，并根据不同分类对分类对象进行了详细介绍和阐述。本节还讨论了计算机拓扑结构的基本概念。

第四节　计算机网络的应用

本节首先介绍了计算机网络在现代信息社会中的广泛应用，随后介绍了计算机的远程信息访问、个人通信、交互式娱乐，最后就计算机网络所带来的社会问题进行了探讨。

考核知识点

第一节　计算机网络的产生与发展历程。电路交换网络、报文交换网络、分组交换网络。

第二节　计算机网络、计算机网络通信协议、数据通信、计算机通信。

第三节　集中式网络、分布式网络、拓扑结构、星形结构、环形结构、总线形结构、广域网、局域网、城域网、公用网和专用网。

第四节　计算机网络的应用领域、计算机网络的应用方式。

考核要求

第一节　计算机网络的产生与发展

领会：计算机网络的产生与发展历程；电路交换网络、报文交换网络、分组交换网络。

第二节　计算机网络的基本概念

识记：计算机网络、计算机网络通信协议、数据通信、计算机通信。

领会：计算机网络通信协议在计算机网络中的重要作用，数据通信与计算机通信的区别和联系。计算机网络和分布式计算机系统的区别。

第三节　计算机网络的分类

识记：拓扑结构、星形结构、环形结构、总线形结构、集中式网络、分布式网络、广域网、局域网、城域网、公用网和专用网。

领会：集中式网络、分布式网络的结构以及它们之间的区别和联系，广域网、局域网、城域网的空间界限。星形结构、环形结构、总线形结构的区别和联系。

第四节　计算机网络的应用

领会：计算机网络的应用范围。

第五章　网络通信基础

学习目的和要求

通过本章的学习，考生应该理解数据通信基本模型和数据通信的基本概念，领会点-点通信的各种工作方式，并在此基础上掌握数据检测和纠错技术的基本原理。最后应该理解和掌握数据链路控制的几种方法，并了解信道的链路复用技术。

课程内容

第一节　数据通信基础

本节主要讲述了数据通信系统模型。

第二节　数据通信的基本概念

本节主要讲述了数据通信的相关概念：数据、信号、信息、模拟、数字、带宽。同时还对模拟信号和数字信号、模拟数据和数字数据等进行了比较分析。

第三节　点-点通信方式

本节讲述了点-点通信的各种方式，还讲述了通信线路结构，接着阐述了异步通信和同步通信的概念与区别，最后讲述了 DTE 和 DCE 的概念。

第四节　传输信号错误检测技术

本节首先讲述了错误检测的各种方法，然后重点阐述了 CRC 校验，最后阐述了纠错码和纠错方法。

第五节　数据链路控制

本节讲述了数据链路控制中最重要的两种控制机制：流量控制和差错控制，以及链路控制规程。

第六节　链路复用

本节主要介绍了局域网络和远程通信中链路的多路复用技术。其主要技术有频分多路复用技术、时分多路复用技术、统计时分多路复用技术。本节最后简略介绍了集中器的工作原理。

考核知识点

第一节　数据通信基础。

数据通信系统模型。

第二节　数据、信号、模拟信号、数字信号、信道、带宽、模拟数据和数字数据之间的区别与联系。

第三节　点-点通信方式的各种方式：单工方式、半双工方式、全双工方式；数据通信的过程、异步通信和同步通信的概念与区别、DTE（计算机或数据终端处理设备）和 DCE（中间设备）的概念与区别。

第四节　CRC 校验、纠错码、两种纠错方法——检错加重发和自动纠错。

第五节　流量控制的目的和概念、差错控制的目的和概念、停止一等待法的意义与内涵、滑动窗口法的意义与内涵、差错控制的两个基本内容、两种链路控制协议——面向字符的控制规程和面向比特的控制规程。

第六节　频分多路复用技术、时分多路复用技术、统计时分多路复用技术、集中器的工作原理。

考核要求

第一节　数据通信基础

领会：数据传输的整体过程以及各中间环节在信号转换和接收过程中的作用。

第二节　数据通信的基本概念

识记：数据、模拟数据、数字数据、信号、模拟信号、数字信号、信道、带宽。

领会：模拟信号和数字信号、模拟数据和数字数据之间的区别与联系。

第三节　点-点通信方式

识记：点-点通信方式、点-点结构、多点结构、单工方式、半双工方式、全双工方式、多点通信方式、异步通信和同步通信的概念、DTE（计算机或数据终端处理设备）、DCE（中间设备）。

领会：数据通信的过程、异步通信和同步通信的概念与区别、DTE（计算机或数据终端处理设备）和 DCE（中间设备）的概念与区别，单工方式、半双工方式、全双工方式在实际应用中功能和特点的不同。

第四节　传输信号错误检测技术

识记：CRC 校验、纠错码、检错加重发、自动纠错。

领会：检错加重发、自动纠错的作用机制和意义。

应用：能够应用本节的相关概念和原理解释通信中的一些问题并能对不同纠错方法加以

熟练应用。

第五节　数据链路控制

识记：流量控制、差错控制、停止—等待法、滑动窗口法、链路控制协议、面向字符的控制规程、面向比特的控制规程。

领会：流量控制、差错控制的目的和作用、停止—等待法和滑动窗口法的意义。

第六节　链路复用

识记：频分多路复用技术、时分多路复用技术、统计时分多路复用技术、集中器。

领会：各种多路复用技术的区别和联系，理解集中器的工作原理。

第六章　计算机网络协议

学习目的和要求

通过本章的学习，要求考生了解网络体系结构的基本概念，网络协议的种类及其内容。重点掌握 TCP/IP 协议的分层结构以及各层的作用，还应该掌握开放网络互连（OSI）协议的七层结构与它们的作用和运行机制。了解 LAN 协议族的内容，并重点掌握 IEEE 802.1～IEEE 802.6 协议的机理和相关内容。最后理解宽带综合业务数字网和异步传输模式（ATM）的原理与协议。

课程内容

第一节　计算机网络协议概述

本节介绍了网络体系结构的基本概念，并论述了建立计算机网络通信协议的必要性。

第二节　TCP/IP 协议的体系结构

本节详细讲述了 TCP/IP 协议族的具体内容。同时还介绍了 TCP/IP 的一些相关概念，随后讲述了 TCP/IP 的工作方式和它的应用程序，最后介绍了因特网标准和标准化过程。

第三节　OSI 协议的体系结构

OSI 七层结构——物理层、数据链路层、网络层、运输层、会话层、表示层、应用层及它们的协议。

第四节　LAN 协议

本节主要介绍了 LAN 协议的组成，包括 IEEE 802 标准系列。

第五节　宽带综合业务数字网（B-ISDN）和异步传输模式（ATM）及其协议简介

宽带综合业务数字网（B-ISDN）是将语音、数据、图像综合在一个网络中传送的网络模型。其协议参考模型是一个三维立体模型。本节同时简略讲述了有关 ATM 的技术和协议。

考核知识点

第一节　网络体系结构的概念和建立该体系结构的必要性。

第二节　TCP/IP 的五个协议层次：物理层、网络接入层、互联网层、运输层、应用层的作用和机理，IP 和 IPv6、TCP 和 UDP 的概念，简单邮件传送协议（SMTP）、文件传送协议（FTP）远程登录（TELNET）的内容、功能和机制。

第三节　OSI 的七层结构——物理层、数据链路层、网络层、运输层、会话层、表示层和应用层的功能、作用与相互联系，以及它们各自的运行和作用机理。

第四节　IEEE 802 标准系列的内容，逻辑链路层（LLC）、介质存取控制层（MAC）和物理层的任务、功能与作用机制。

第五节　宽带综合业务数字网（B-ISDN）的原理和概念、异步传输模式（ATM）的原理和概念、ATM 和 B-ISDN 协议的关系。

考核要求

第一节　计算机网络协议概述

识记：网络体系结构。

领会：建立网络体系结构的必要性。

第二节　TCP/IP 协议的体系结构

识记：TCP/IP 的五个协议层次：物理层、网络接入层、互联网层、运输层、应用层，IP 和 IPv6、TCP 和 UDP、简单邮件传送协议（SMTP）、文件传送协议（FTP）、远程登录（TELNET）。

领会：TCP/IP 的五个协议层次之间的关系以及各自的功能、作用和任务，各层的作用机理，简单邮件传送协议（SMTP）的内容和功能、文件传送协议（FTP）的内容和功能、远程登录（TELNET）的内容和功能。

应用：运用所学知识解释信息传送过程，对常见的网络服务如电子邮件服务、FTP 服务和远程登录等能运用所学知识做理论阐释。

第三节　OSI 协议的体系结构

识记：物理层、数据链路层、网络层、运输层、会话层、表示层以及应用层、A 型网络、B 型网络、C 型网络。

领会：物理层协议的内容和功能，物理层的机械特性、电气特性、功能特性、规程特性；数据链路层协议的内容和功能，链路管理、帧同步、流量控制、差错控制、数据信息和控制信息分离、透明传输、寻址等的原理；网络层协议的内容和功能，路由选择原理、作用和目的，网络层所提供的两大服务的内容与功能；运输层协议的内容和功能，以及它针对不同网络结构所适配的多种运输层协议；会话层协议的内容和功能；表示层、应用层协议的内容和功能。最后掌握各通信协议层次的内容和功能，以及它们之间的联系。

应用：能够应用 OSI 协议的体系结构深入了解和学习 Internet 相关的技术。

第四节　LAN 协议

识记：IEEE 802 标准系列、逻辑链路层（LLC）和介质存取控制层（MAC）。

领会：局域网协议作用在物理层和数据链路层上的原因，IEEE 802 标准系列与 OSI 的层次对应关系。

第五节　宽带综合业务数字网（B-ISDN）和异步传输模式（ATM）及其协议简介

识记：宽带综合业务数字网（B-ISDN）、异步传输模式（ATM）、ATM 信元结构。

领会：宽带综合业务数字网（B-ISDN）与异步传输模式（ATM）的关系，宽带综合业务数字网（B-ISDN）协议的三维立体模型内容和各自功能，ATM 信元封装与传输的基本原理。

第七章　计算机局域网

学习目的和要求

通过本章的学习，考生应该了解局域网的特点，熟悉局域网的通信协议内容，掌握构建局域网的拓扑结构和这些不同结构的适用范围，并学会做简单的局域网设计方案。还要掌握一些局域网构建所用设备的特点、用途和作用，以及局域网中的介质存取控制的基本原理和方法。基带和宽带局域网的相关概念、原理也是重点之一。最后考生应该掌握高速局域网的新发展和一些新技术。

课程内容

第一节　局域网概述

本节先对局域网与多处理器系统以及广域网进行了比较，随后讲述了局域网的特点，最后介绍了局域网的应用。

第二节　局域网的体系结构

本节介绍了局域网体系与 OSI 的比较。

第三节　局域网络的拓扑结构和传输介质

本节首先介绍了局域网络的基本拓扑结构，然后讲述了局域网中的介质存取控制的基本原理和方法。

第四节　基带和宽带局域网

本节讲述了基带传输和宽带传输的概念与原理。

第五节　局域网新技术

本节首先讲述了交换式集线器的相关内容，同时讨论了交换式集线器在应用中的一些问题和欠缺之处，最后介绍了高速局域网的相关技术。

考核知识点

第一节　局域网的特点、局域网络与多处理器系统和广域网的比较。

第二节　局域网的最低三层标准（IEEE 802 标准）、MAC 子层的主要功能、LLC 子层的主要功能。

第三节　局域网络的基本拓扑结构：星形结构、总线形结构、树形结构、环形结构，常见传输介质：双绞线、同轴电缆、光纤及其他介质（微波、红外、激光），总线结构中介质争用的方法（CSMA/CD），环结构中的令牌控制方法，环结构中的 Slotted 方法（剑桥环），总线结构中的令牌传送介质控制方法。

第四节　基带传输、宽带传输、宽带系统的服务。

第五节　交换式集线器及其特点、10BASE-T 技术、100VG-AnyLAN 技术、等时以太网、全双工以太网、全双工令牌环网。

考核要求

第一节　局域网概述

识记：局域网。

领会：局域网的特点以及与多处理器系统和广域网的比较、广播和组播各自的特点和区别、不同局域网的数据传输速率和速率相关的局域网分类。

第二节　局域网的体系结构

识记：MAC 子层、LLC 子层、IEEE 802.5 标准（令牌环）。

领会：MAC 子层和 LLC 子层的主要功能、局域网体系结构与 OSI 的区别和联系。

应用：能运用所学知识解释局域网中信息传输方式和传输过程。

第三节　局域网络的拓扑结构和传输介质

识记：拓扑结构、星形结构、总线形结构、树形结构、环形结构，双绞线、同轴电缆、光纤及其他介质（微波、红外、激光）。

领会：局域网络的基本拓扑结构形式和特点，总线结构中介质争用（CSMA/CD）的方法、基本思想和原理，环结构中的令牌控制方法、基本原理和思想，环结构中的 Slotted 方法（剑桥环）的原理和基本思想，总线结构中的令牌传送介质控制方法的基本原理和思想，以及这些方法的特点和它们之间的区别。

应用：能运用所学知识进行简单的局域网拓扑结构设计，并能实际构建局域网。

第四节　基带和宽带局域网

识记：基带传输、宽带传输。

领会：基带传输过程和特点与局限性，宽带传输的过程和特点，以及与基带传输过程的区别。

第五节　局域网新技术

识记：交换式集线器、10BASE-T 技术、100VG-AnyLAN 技术、等时以太网、全双工以太网、全双工令牌环网。

领会：交换式集线器的性能特点，10BASE-T 技术的传输速率、网络覆盖最大距离，100VG-AnyLAN 技术的传输速率、网络覆盖最大距离。

应用：会分析提高局域网信息传输速率的方法，并能针对局域网提出一些提高数据传输速率的方法、措施等。

第八章　计算机广域网

学习目的和要求

通过本章的学习，考生首先应该理解几种通信网交换技术的原理和特点，以 ARPANET 为例对报文分组网的分组交换机制有较深入的了解，并对 ARPANET 网的通信协议有明确的认识；对网络死锁现象的机理有正确认识，并能掌握预防网络拥塞的方法和流量控制方法；掌握几种路由算法，明确路由表的作用，了解最短路由方法的原理和求解算法，理解具有适应能力的分布式路由算法的原理和优缺点；掌握 X.25 网的数据包类型，虚电路的概念、作用和建立、拆除过程，以及 X.25 网络协议的通信过程。

课程内容

第一节　通信网交换技术

本节首先讲述了结点和站的概念以及结点的功能，随后阐述了源结点与目标结点之间实现连接的三类交换技术，最后对三种交换技术的优劣进行了比较分析。

第二节　报文分组交换网

本节以 ARPANET 为例，介绍了包交换网中信息传输的三个基本过程，以及如何利用网络进行通信。

第三节　ARPANET 的通信协议

本节重点介绍了 ARPANET 中规定的协议：IMP-IMP 协议、源 IMP-目标 IMP 协议、HOST-IMP 协议和 HOST-HOST 协议。

第四节　拥塞控制和流量控制

本节首先介绍了拥塞和流量控制的概念及相关内容，随后重点讲述了几种网络中产生死锁的原因，同时介绍了预防拥塞的方法。最后介绍了源主机与目标主机之间的流量控制。

第五节　路径选择

本节介绍了路径选择的内容和相关概念，以及几种常用的、有一定参考意义的路径算法。

第六节　X.25 网络存取协议

本节讲述了 CCITT（国际电报电话资询委员会）提出的在公共数据网上分组式终端和分组交换网接口的 X.25 网络。首先简单说明了 X.25 网的三层通信协议和它的虚电路服务，然后详细讨论了 X.25 中使用的信息包类型和格式，最后讲述了 X.25 网的通信过程。

考核知识点

第一节　结点和站的概念以及结点的功能，源结点与目标结点之间实现连接的三类交换技术：电路交换、报文交换、包交换的原理，“包”、“分组”、“报文”的概念，信息包或报文的格式，数据报和虚电路的通信过程，明确三种交换技术的特点和优劣。

第二节　包交换网中信息传输的三个基本过程，利用网络进行通信的过程。

第三节　ARPANET 通信协议的主要内容及其通信过程。

第四节　拥塞和流量控制的概念，网络信息传输死锁的原因和种类，预防拥塞的方法，源主机与目标主机之间的流量控制方法。

第五节　路径选择的内容和相关概念，“最佳”路由的意义，几种路径选择的算法和各自的优缺点。

第六节　X. 25 网的三层通信协议和它的虚电路服务，X. 25 网络中使用的信息包类型和格式，虚电路的建立与拆除过程，以及 X. 25 网的通信过程。

考核要求

第一节　通信网交换技术

识记：结点、站、源结点、目标结点、电路交换、报文交换、包、分组、报文、包交换、数据报、虚电路。

领会：理解结点和站的概念以及结点的功能，掌握源结点与目标结点之间实现连接的三类交换技术、各自的特点以及之间的区别，理解电路交换的概念和信息传输过程，理解报文交换的概念和信息传输过程，理解包交换的概念和信息传输过程，理解包、报文的数据格式及各个组成部分的作用，理解数据报和虚电路的概念及区别，理解三种交换技术的优劣。

应用：用所掌握的通信网交换技术分析广域网信息传输机制，可以定性解释各种交换技术对网络传输的影响。

第二节　报文分组交换网

识记：源主机、源 IMP、目标 IMP、目标主机、传输地址。

领会：包交换网中信息传输的三个基本过程。

第三节　ARPANET 的通信协议

识记：协议、ARPANET 协议。

领会：协议的概念，ARPANET 协议的内容。

第四节　拥塞控制和流量控制

识记：拥塞、流量控制、死锁、间接存储转发死锁、重装死锁。

领会：拥塞和流控的概念及相关内容，几种网络死锁的原因，直接存储转发型死锁和重装死锁的概念及区别，预防拥塞的方法。

应用：应用所学知识阐释网络拥塞的原因和解决办法，能对一般的网络死锁提出定性的解决办法。

第五节　路径选择

识记：路径选择、固定路由算法、最短路径路由法、分布式路由算法。

领会：路径选择的内容及相关概念，理解“最佳”传输路径的意义。

第六节　X.25 网络存取协议

识记：X.25 网络、虚呼叫虚电路、永久虚电路。

领会：X.25 网络的三层通信协议和它的虚电路服务，虚电路的建立与拆除过程。

第九章　计算机网络互连

学习目的和要求

通过本章的学习，考生应该掌握互连的相关概念，并了解网络互连所常用的几种中继系统。掌握 OSI 网络层标准的内容和相关的互连协议。对于局域网互连，考生应该掌握中继器、网桥、路由器以及协议变换器的作用和局域网互连的几种形式，即 LAN-LAN（直接连接）、LAN-Network-LAN（通过远程网间接连接）、LAN-Network（LAN 和远程网相连）。还应该掌握网络互连协议结构层次和基于不同层次的网络协议互连时应该考虑的问题和互连方法。掌握网络 IP 地址的意义、基于 IP 的网络分类和 IP 协议、IP 路由的原理，明确传输控制协议和用户数据报协议的内容及相关控制信息格式和作用。最后应了解子网的概念和作用原理。

课程内容

第一节　网络互连概述

本节介绍了网络互连所要解决的一些问题，同时还介绍了网络互连的五种中继系统——转发器（repeater）、网桥（bridge）、路由器（router）、桥路器（brouter）、网关（gateway）。最后介绍了网络互连简化设计的标准方法。

第二节　OSI 的网络层标准

本节介绍了 OSI 网络层的内部结构。还介绍了非等级编号寻址（平坦地址）和分级编号寻址的概念及 OSI 的网络地址结构。最后着重介绍了 OSI 的互联网协议，同时还介绍了互联网分组的首部格式及其相关概念。

第三节　局域网互连

本节首先介绍了网络互连设备。当前用于网络互连的设备包括网络中继器或重复器（Repeater）、网桥（Bridge），路由服务器（Router）和协议变换器（Gateway）。在本节的最后，介绍了局域网互连的几种典型方式，即 LAN-LAN（直接连接）、LAN-Network-LAN（通过远程网间接连接）和 LAN-Network（LAN 和远程网相连）。

第四节　网络互连结构

本节介绍了计算机网络系统的层次结构、网桥和网关的概念及作用。

第五节　TCP/IP 网络

本节首先讲述了 IP 网络的基本思想，随后讲述了 IP 网络地址、IP 协议，同时讲述了

IP 路由的原理，最后讲述了网间网的传输层协议。

考核知识点

第一节　了解网络互连所要解决的一些问题，掌握网络互连的五种中继系统，理解网络互连简化设计的标准方法。

第二节　掌握 OSI 网络层协议的三个部分：子网接入协议、子网相关汇合协议、子网无关汇合协议，理解非等级编号寻址（平坦地址）和分级编号寻址的概念，理解 OSI 的网络地址结构，掌握 OSI 的互联网协议内容，理解互联网的一些名词术语的意义及其相关概念。

第三节　了解各种网络互连设备的基本作用，掌握局域网互连的几种典型方式。

第四节　掌握计算机网络系统协议的层次结构和各层之间的功能，理解“异型”网络的概念，明确网络互连可以在不同层次上实现，理解网桥和网关的概念及作用，理解网关与网桥的区别。

第五节　理解 IP 网络的基本思想，理解 IP 地址的结构和网络的分类，理解 IP 协议的内容和工作原理及 IP 协议下数据传送的过程，理解网间网控制报文协议（ICMP）的报文格式和作用，理解网间网的传输层协议。

考核要求

第一节　网络互连概述

识记：转发器（repeater）、网桥（bridge）、路由器（router）、桥路器（brouter）、网关（gateway）。

领会：网络互连所要解决的一些问题，网络互连的五种中继系统——转发器（repeater）、网桥（bridge）、路由器（router）、桥路器（brouter）、网关（gateway），掌握网络互连简化设计的标准方法。

第二节　OSI 的网络层标准

识记：子网接入协议（SNACP，Sub Network Access Protocol）、子网相关汇合协议（SNDCP，Sub Network Dependent Convergence Protocol）、子网无关汇合协议（SNICP，Sub Network Independent Convergence Protocol）、非等级编号寻址（平坦地址）、分级编号寻址、互联网分组的长度指示、段长度、SP 和 MS、数据单元标识符、段偏移、寿命、地址、服务类型与分组类型和任选参数。

领会：OSI 网络层的内部结构，OSI 的互联网协议内容。

第三节　局域网互连

识记：网络中继器或重复器（Repeater）、网桥（Bridge）、路由服务器（Router）、协议变换器（Gateway）。

领会：几种网络互连设备和它们的作用，局域网互连的几种典型方式。

应用：可以运用网络互连设备进行简单的局域网互连。

第四节　网络互连结构

识记："异型"网络。

领会：计算机网络系统的层次结构，"异型"网络的概念，计算机网络互连协议的层次同构或异构对计算机网络网络系统互连的影响，计算机网络的上层采用相同协议的优点和实质，网桥和网关的概念及作用及它们之间的区别。

第五节　TCP/IP 网络

识记：A 类网络、B 类网络、C 类网络、D 类网络、差错报告报文、传输控制报文、请求/应答服务报文、ARP（地址解析协议）、RARP（反向地址解析协议）、TCP（传输控制协议）、UDP（用户数据报协议）。

领会：IP 网络的基本思想和 IP 地址的结构，按照 IP 地址编号对网络进行的分类，IP 协议的工作原理，TCP（传输控制协议）和 UDP（用户数据报协议）的内容与作用。

第十章　网络操作系统

学习目的和要求

通过本章的学习，考生应了解网络操作系统的发展历史和现状，以及网络操作系统的特点和功能需求，掌握 Windows 操作系统的主要功能和常用组件，了解 UNIX 文件系统的结构、进程管理和系统管理。

课程内容

第一节　网络操作系统概述

本节讲述了网络操作系统的发展历史和现状，介绍了目前几种最流行的网络操作系统的使用情况和演变过程，并简要论述了网络操作系统的特点和功能需求。

第二节　Windows Server 2003 网络操作系统

本节首先介绍了 Windows Server 2003 操作系统的基本概况，然后对 Windows Server 2003 系统的主要功能和常用组件进行了详细阐述。

第三节　Windows Server 2003 的安全配置

本节介绍了如何使用安全策略对 Windows Server 2003 进行配置。

第四节　UNIX 系统简介

本节介绍了 UNIX 系统的基础知识：UNIX 系统的发展历史、现状和未来，文件系统结构和使用上的一些问题，以及文件系统在内部实现上的一些特点。

考核知识点

第一节　网络操作系统的发展历史和现状；目前几种最流行的网络操作系统的使用情况和演变过程；网络操作系统的特点和功能需求。

第二节　Windows Server 2003 操作系统的基本概况；Windows Server 2003 系统的主

要功能。

第三节　Windows Server 2003 如何实现安全策略，Windows Server 2003 安全策略从哪些方面提高了可靠性和安全性，网络管理员如何实施安全策略。

第四节　UNIX 系统的发展历史、现状和未来；文件系统结构和使用上的一些问题；文件系统在内部实现上的特点。

考核要求

第一节　网络操作系统概述

识记：网络操作系统的发展历史和现状；最流行的网络操作系统的使用情况和演变过程。

领会：网络操作系统的特点和功能需求。

第二节　Windows Server 2003 网络操作系统

识记：Windows Server 2003 操作系统的基本概况；Windows Server 2003 系统的主要功能和常用组件。

领会：Windows Server 2003 的网络环境、安装、用户和组、文件系统、网络资源。

第三节　Windows Server 2003 的安全配置

识记：安全策略，SCW，可靠性。

领会：SCW 的使用，网络管理员的安全策略和安全维护。

应用：SCW 的安装，安全配置。

第四节　UNIX 系统简介

识记：文件系统。

领会：UNIX 系统的发展历史、现状和未来；文件系统结构和使用上的一些问题；文件系统在内部实现上的一些特点。

第十一章　Linux 操作系统

学习目的和要求

通过本章的学习，考生应了解 Linux 系统的产生、历史和发展，理解 Linux 系统和 UNIX 系统的区别和联系以及各自的特点，了解 Linux 系统的各个不同版本的特点，掌握 Linux 系统的具体使用方法。

课程内容

第一节　Linux 的产生与发展

本节首先简单介绍了 Linux 的产生，然后介绍了其发展历史以及人们关心的此系统能完成哪些工作。

第二节　Linux 与 UNIX 的关系。

本节介绍了 Linux 与 UNIX 各自的特点。

第三节　Linux 的发行版

本节介绍了在世界上比较有影响的三种 Linux 发行版本：Slackware、Debian 和 RedHat。

第四节　RedHat Linux 的使用方法

本节以 RedHat Linux 为具体实例，讲述了 RedHat Linux 的新特性、安装指南、登录和退出系统、文件操作与目录操作、磁盘管理、用户管理、进程管理和网络应用。

考核知识点

第一节　Linux 的发展历史

第二节　Linux 与 UNIX 的关系

第三节　Linux 各种版本比较

第四节　Linux 文件操作命令，目录操作命令和常用系统命令，启动和关闭 Linux 系统，磁盘管理、用户管理，进程管理网络应用

考核要求

第一节　Linux 的产生与发生

领会：Linux 的发展历史。

第二节　Linux 与 UNIX 的关系

领会：Linux 与 UNIX 的关系。

第三节　Linux 的发行版

领会：各种 Linux 版本的区别与特点。

第四节　RedHat Linux 的使用方法

识记：文件系统，进程。

领会：RedHat Linux 的功能强大应用。

第十二章　网络安全与网络管理

学习目的和要求

通过本章的学习，考生应该了解计算机网络所面临的网络安全问题和计算机网络安全控制的一些内容。掌握各种数据加密的原理，并理解不同的加密过程以及这些加密方法如何应用在计算机网络保密中。理解计算机网络信息和数据面临的威胁及非法破坏数据的方法，并掌握一些常用的针对这些威胁而采取的防止措施的原理和使用时机，掌握网络防火墙技术的基本概念、原理和计算机网络防火墙的基本体系结构，了解代理服务的原理和它在计算机网

络中的作用，最后应了解网络管理的功能、网络管理的协议和影响网络管理的因素。

课程内容

第一节　网络安全概述

本节讲述了计算机网络面临的几大安全性威胁，并详细介绍了恶意程序攻击的种类，还介绍了计算机网络安全的一些内容，如保密性、安全协议的设计和接入控制。

第二节　数据加密概述

本节首先介绍了密码技术的几个方面，随后介绍了对称密钥密码体制、公开密钥密码体制和密钥分配。

第三节　网络环境下的威胁和安全措施

本节首先介绍了在网络环境下对网络安全的威胁，随后介绍了实现通信安全的加密策略，通常有两种，即链路加密与端到端加密，最后介绍了在端到端加密下的若干措施。

第四节　网络防火墙概述

本节首先讲述了防火墙的作用，其次介绍了 Internet 防火墙的组成结构，随后简单介绍了网络防火墙设计的基本概念，最后讲述了几种主要的防火墙体系结构。

第五节　代理服务简介

本节分析了使用代理的原因，并介绍了代理服务的优点和代理服务的缺点。

第六节　网络管理

本节首先简单介绍了网络管理的五大功能：性能管理、故障管理、配置管理、计费管理、安全管理。在网络管理的基础上介绍了两种网络管理协议：SNMP（简单网络管理协议）和 CMIP。

考核知识点

第一节　计算机网络面临的几大安全性威胁，计算机网络安全的一些内容，如保密性、安全协议的设计和接入控制。

第二节　对称密钥密码体制、公开密钥密码体制、密钥分配。

第三节　网络环境下计算机网络面临的安全威胁——析出信息、篡改信息、非法拒绝或中止一些用户对资源的使用。三种主动攻击形式，即更改报文流、拒绝报文服务和伪造连接初始化，实现通信安全的加密策略，在端到端加密下的若干措施。

第四节　防火墙的作用，Internet 防火墙的组成结构，网络防火墙设计的基本概念，几种主要的防火墙体系结构——双重宿主主机体系结构、被屏蔽主机体系结构、被屏蔽子网体系结构。

第五节　使用代理的原因和使用代理的作用，代理服务的优点和缺点，代理服务可能出现安全漏洞。

第六节　网络管理的五大功能：性能管理、故障管理、配置管理、计费管理、安全管理。两种网络管理协议：SNMP（简单网络管理协议）和 CMIP，影响网络管理的各个因素。

考核要求

第一节　网络安全概述

识记：网络安全的内容。

应用：能运用所学习的一些计算机病毒知识，防止日常病毒入侵，在实际中树立病毒防护意识。

第二节　数据加密概述

识记：对称密钥密码体制、公开密钥密码体制、密钥分配。

领会：数据加密的必要性，公开密钥密码体制和对称密钥密码体制的相关概念和基本原理。

第三节　网络环境下的威胁和安全措施

识记：被动攻击、主动攻击、链路加密、端到端加密。

领会：网络环境下对网络安全的威胁，被动攻击和主动攻击的方法和区别，实现通信安全的加密策略，即链路加密与端到端加密，以及端到端加密下的若干措施。

应用：能运用一些简单的加密措施，防止信息泄密。

第四节　网络防火墙概述

识记：双重宿主主机、被屏蔽主机体系、被屏蔽子网结构。

领会：防火墙的作用，Internet 防火墙的组成结构，网络防火墙设计的基本概念和几种主要的防火墙体系结构。

第五节　代理服务简介

识记：代理。

领会：使用代理的原因，代理服务的优点、缺点，代理服务因协议引起的安全漏洞。

应用：能根据网络需要，对使用代理的方案进行简单考虑和设计。

第六节　网络管理

识记：性能管理、故障管理、配置管理、计费管理、安全管理、网络管理协议、SNMP、CMIP。

领会：网络管理的五大功能：性能管理、故障管理、配置管理、计费管理、安全管理，两种网络管理协议的内容。

应用：可以运用所学进行更深入的网络管理知识学习，并了解一些典型的网络操作系统的用户、账号管理功能等。

第十三章　Internet 应用技术

学习目的和要求

通过本章的学习，考生应了解电子邮件服务、远程登录服务、文件传输服务、WWW 服务和 Internet 新闻与公告类服务的概念，理解它们的工作原理，掌握它们的使用方法。

课程内容

第一节　概述

本节介绍了 Internet 的概念和发展历程，同时简述了 Internet 的接入技术。

第二节　电子邮件服务

本节首先介绍了电子邮件的含义和优点，随后介绍了电子邮件服务的组成和工作过程，并简单讲述了电子邮件传输协议（SMTP 和 POP3）。本节最后介绍了常用的电子邮件应用程序及它们都能实现的功能，同时介绍了电子邮件的格式：邮件头和邮件体。

第三节　远程登录服务

本节首先介绍了远程登录的概念，随后讲述了远程登录协议，最后介绍了远程登录的工作原理和远程登录的使用方法。

第四节　文件传输服务

本节首先介绍了文件传输服务的概念，随后讲述了 FTP 服务的工作过程和 FTP 服务的两种类型。本节最后介绍了常用的 FTP 客户端程序：传统的 FTP 命令行、浏览器和 FTP 下载工具。

第五节　WWW 服务

本节首先介绍了 WWW 服务的基本概念、发展历史和特点，同时讲述了超文本与多媒体的基本概念。随后介绍了 WWW 的组成和工作原理。本节最后讲述了主页的概念及组成、浏览器的概念和 URL 定义。

第六节　Internet 新闻与公告类服务

本节主要介绍了网络新闻的概念及其功能，同时讲述了电子公告牌的功能。

考核知识点

第一节　Internet 的概念和发展历程；Internet 的接入技术。

第二节　电子邮件的含义和优点；电子邮件服务的组成和工作过程；SMTP 协议和 POP3 协议；常用的电子邮件应用程序及其功能；电子邮件的格式。

第三节　远程登录的概念；Telnet 协议；Rlogin 协议；远程登录的工作原理；远程登录的使用方法。

第四节　文件传输服务的概念；FTP 服务的工作过程；FTP 服务的两种类型；常用的 FTP 客户端程序，即传统的 FTP 命令行、浏览器和 FTP 下载工具。

第五节　WWW 服务的基本概念、发展历史和特点；超文本与多媒体的基本概念；WWW 的组成和工作原理；主页的概念和组成；浏览器的概念；URL 定义。

第六节　网络新闻的概念及其功能；电子公告牌的功能。

考核要求

第一节　概述

识记：Internet 的概念和发展历程；Internet 的接入技术。

第二节 电子邮件服务

识记：电子邮件的含义和优点；电子邮件服务的组成；SMTP 协议和 POP3 协议；电子邮件的格式。

领会：电子邮件服务的工作过程；常用的电子邮件应用程序的功能。

应用：能运用常用的电子邮件应用程序收发电子邮件。

第三节 远程登录服务

识记：远程登录的概念；Telnet 协议；Rlogin 协议。

领会：远程登录的工作原理。

应用：能使用远程登录服务。

第四节 文件传输服务

识记：文件传输服务的概念；FTP 服务的两种类型；常用的 FTP 客户端程序。

领会：FTP 服务的工作过程。

应用：能运用 FTP 服务实现文件的传输。

第五节 WWW 服务

识记：WWW 服务的基本概念、发展历史和特点；超文本与多媒体的基本概念；WWW 的组成；主页的概念和组成；浏览器的概念；URL 定义。

领会：WWW 的工作原理。

应用：能运用 WWW 服务在 Internet 上浏览和发布信息。

第六节 Internet 新闻与公告类服务

识记：网络新闻的概念。

领会：网络新闻的功能；电子公告牌的功能。

应用：运用网络新闻和电子公告牌浏览信息及发表意见。

第三部分　有关说明与实施要求

一、课程分量

电子商务专业（专科）设16门课程。需修满73学分。本课程占6学分。

二、自学用书

1. 于淼．计算机与网络技术基础．北京：中国人民大学出版社，2007
2. 于淼．计算机与网络技术基础辅导与练习．北京：中国人民大学出版社，2007

三、自学方法指导

试题可能涉及本大纲中的任何内容。考生应尽可能地联系实际获取相关经验。这将有助于考生顺利通过考试，并有更大的收获。剖析、研究计算机和网络技术方面的各种实例和案例对考生来说也是必需的。在考试中，要求考生应用本课程的知识和技能以及在实践中获得的宝贵经验对案例进行分析。

因此，考生需要注意以下几个方面：

1. 使用本考试大纲推荐的教材；
2. 阅读本大纲推荐的一本或更多的参考书；
3. 使用为本课程设计的"计算机与网络技术基础辅导与练习"；
4. 保证掌握和领会考核知识点中所列出的所有内容；
5. 能够根据内容要求提供自己的实例；
6. 尽可能地积累大量与课程内容有关的实践经验；
7. 尽可能利用书籍、参观访问、电视、网络等手段发现各种计算机和网络技术的相关实例；
8. 能够应用自己的实践经验和所学知识，分析各种不熟悉的案例。

四、对社会助学的建议

1. 尽可能给予考生获得实践经验的机会，并为他们提供各种类型的案例，以使他们在各种情况下运用所学知识和获得经验。

2. 应用解决问题的方法并能举一反三。实例可取自各行各业。

五、关于命题考试的要求

1. 考试方式：闭卷，笔试。

2. 试卷分数：满分 100 分（60 分为及格线）。

3. 考试时间：150 分钟。

4. 试卷分数分配：识记部分约占 33%；领会部分约占 33%；应用部分约占 34%。易中难比例 3∶4∶3。

试题覆盖考试大纲中涉及的内容。

正如大纲所描述的那样，考生需要应用自身掌握的实践经验分析说明来自于 IT 领域内的各种案例。

六、题型举例

一、单项选择题（在每小题列出的四个备选项中只有一个是符合题目要求的，请将其代码填写在题后的括号内。错选、多选或未选均无分。）

1. 路由器工作在 OSI 模型的 （　　）

A. 应用层　　B. 传输层

C. 网络层　　D. 数据链路层

2. 下面哪种拓扑结构可以把每个结点的电缆连接到一台中央设备上？ （　　）

A. 总线形　　B. 环形

C. 星形　　D. 企业级

二、多项选择题（在每小题列出的五个备选项中至少有两个是符合题目要求的，请将其代码填写在题后的括号内。错选、多选、少选或未选均无分。）

1. IEEE 802 定义的标准是 OSI 模型的 （　　）

A. 应用层

B. 会话层

C. 传输层

D. 数据链路层

E. 物理层

2. 下面关于基带传输系统的描述正确的有 （　　）

A. 它使用单频传送数字信号

B. 它使用多频传送数字信号

C. 它使用放大器来增强信号

D. 它使用中继器来增强信号

E. 某些设备同时既能发送又能接收

三、名词解释题

1. 计算机网络

2. 局域网

四、计算题

1. 在一个 4Mbps 的令牌环中，令牌持有时间为 10ms，可在此环上发送的最大帧有多长？

2. 把八进制数 532.07 转换成二进制数。

五、简答题

1. 局域网中常用的有哪几种结构？
2. 什么是网络体系结构？

六、论述题

1. IEEE 802 局域网参考模型与 OSI 参考模型有何异同？
2. 为何要引入传输层？其作用具体表现在哪几个方面？

后　记

2005 年 4 月由教育部高等教育自学考试办公室召开了全国高等教育自学考试课程大纲、教材编前会，会上确立了《计算机与网络技术基础》课程大纲编写的指导思想、基本原则和要求。

本大纲由于森负责编写（中国政法大学商学院副教授、博士后）。大纲写成后，由李金轩（中国人民大学商学院教授）、马俊（对外经济贸易大学商学院副教授）、杨纪成（北京外国语大学国际商学院副教授）审稿，在此一并表示感谢。

全国高等教育自学考试指导委员会
经济管理类专业委员会
2006 年 11 月

全国高等教育自学考试

计算机与网络技术基础辅导与练习

（2007年版）

全国高等教育自学考试指导委员会　组编

于　森　主编

中国人民大学出版社

出 版 前 言

为了完善高等教育自学考试教育形式，促进高等教育自学考试的发展，我们组织编写了全国高等教育自学考试自学辅导书。

自学辅导书以全国考委公布的课程自学考试大纲为依据，以全国统编自考教材为蓝本，旨在帮助自学者达到学习目标，顺利通过国家考试。

自学辅导书是高等教育自学考试教育媒体的重要组成部分，我们将根据专业的开考情况和考生的实际需要，陆续组织编写出版文字、音像等多种自学媒体，由此构成与大纲和教材相配套的、完整的自学媒体系统。

全国高等教育自学考试指导委员会

2006 年 11 月

目　录

第一章　计算机基础知识

一、章节结构及重点

本章分为计算机概述、计算机数制、计算机中的数据与编码，以及计算机与信息时代四节。

第一节详细讲述了电子计算机和微型计算机的产生、发展和分类，并介绍了计算机的巨型化、微型化、网络化和智能化的发展趋势，同时阐述了计算机的性能特点。

第二节介绍了计算机中使用的数制。首先讲述了数制的基本概念和不同数制之间的相互转换，在此基础上着重介绍了二进制的算术运算和逻辑运算，进而讲述了二进制数在计算机中的表示和存储方法。

第三节介绍了计算机中的数据与编码。先讲述了比特（bit）、字节（Byte）、字（Word）的概念，随后以 ASCII 码为例介绍了计算机字符的编码，最后介绍了汉字编码方法。

第四节介绍了信息与数据的基本概念，以及计算机在信息处理中的作用。

二、本章主要内容

（一）计算机的发展历程、计算机的性能特点和计算机的分类

1. 计算机的发展历程

电子计算机的发展阶段通常以构成计算机的电子器件来划分，至今已经历了四代。

第一代电子计算机是以使用电子管为特征的。1946 年第一台电子计算机 ENIAC 的主要器件是 18 000 支电子管。

第二代电子计算机的特点是用晶体管代替了电子管。从 1956 年起，半导体晶体管开始用于制作电子计算机。第二代计算机普遍采用磁芯存储器作内存，采用磁盘与磁带作外存，使存储容量增大，可靠性提高。汇编语言取代了机器语言，开始出现高级语言。

第三代电子计算机的主要特点是以中、小规模集成电路取代了晶体管。用半导体存储器淘汰了磁芯存储器，使存储器也开始集成电路化；内存容量大幅度增加。系统软件和应用软件有了很大发展，出现了结构化、模块化程序设计方法。

第四代电子计算机的主要特点是用大规模集成电路（LSI）和超大规模集成电路（VLSI）取代中小规模集成电路。这时，出现了微处理器，从而产生了微型计算机。微型机的突出优点使其得以迅速发展和普及。人们通常把 1971 年至今出现的大型机称为第四代电子计算机。

计算机的发展有如下四个重要的方向：①巨型化；②微型化；③网络化；④智能化。

2．计算机的性能特点

（1）运算速度快。

（2）计算精度高。

（3）存储功能强。

（4）具有逻辑判断能力。

（5）具有自动运行能力。

可以说，计算机以上几个方面的特点，是促使计算机迅速发展并获得极其广泛应用的最根本的原因。

3．计算机的分类

（1）按计算机原理分类：电子数字式计算机、电子模拟式计算机和混合式计算机。

（2）按用途分类：通用机和专用机。

（3）按计算机的规模分类：巨型机、大中型机、小型机和微型计算机。

（二）数制的概念、不同数制之间的转换方法、二进制数的算术运算和逻辑运算、二进制数在计算机中的表示和存储方法

1．数制的概念

在一种数制中，只能使用一组固定的数字符号来表示数目的大小，具体使用多少个数字符号来表示数目的大小，就称为该数制的基数。如十进制数，基数是 10，它有 10 个数字符号，即 0，1，2，3，4，5，6，7，8，9。其中最大数码是基数减 1，即 9，最小数码是 0。

在数制中有一个规则，N 进制必须是逢 N 进 1。对于多位数，处在某一位上的 1 所表示的数值的大小，称为该位的位权。例如，十进制第 2 位的位权为 10；第 3 位的位权为 100；而二进制第 2 位的位权为 2，第 3 位的位权为 4。

2．不同数制之间的转换方法

要将非十进制数转换成十进制数，只要把非十进制数按权展开求和即可。

对于十进制数转换成非十进制数，整数转换中采用除基数取余的方法；小数转换中采用乘基数取整的方法。

由于八进制数的 1 位数相当于二进制数的 3 位数，因此，从八进制数转换成二进制数，只需以小数点为界，向左向右，每位八进制数用相应的 3 位二进制数取代，即可分别转换成二进制数的整数和小数。无论向左还是向右，最后不足 3 位二进制数时都用零补足 3 位。

由于十六进制的 1 位数相当于二进制数的 4 位数，因此，从十六进制数转换成二进制数时，只需以小数点为界，整数部分向左，小数部分为向右，每位十六进制数用相应的 4 位二进制数取代，即可分别转换成二进制数的整数和小数。无论向左还是向右，最后不足 4 位时都用零补足 4 位。

3．二进制数的算术运算和逻辑运算

二进制数的加法运算法则是：①0＋0＝0；②0＋1＝1＋0＝1；③1＋1＝1（向高位进位）。

二进制数的减法运算法则是：①0－0＝1－1＝0；②1－0＝1；③0－1＝1（向高位借位）。

二进制数的乘法运算法则是：①0×0＝0；②0×1＝1×0＝0；③1×1＝1。

二进制数的除法运算法则是：①0÷1=0（1÷0 无意义）；②1÷1=1。

逻辑变量之间的运算称为逻辑运算。二进制数 1 和 0 在逻辑上可以代表“真”与“假”、“是”与“否”、“有”与“无”。这种具有逻辑属性的变量就称为逻辑变量。

计算机的逻辑运算与算术运算的主要区别是：逻辑运算是按位进行的，位与位之间不像加减运算那样有进位或借位的联系。

逻辑运算主要包括三种基本运算：逻辑加法（又称“或”运算）、逻辑乘法（又称“与”运算）和逻辑否定（又称“非”运算）。此外，“异或”运算也很有用。

(1) 逻辑加法（“或”运算）。

逻辑加法通常用符号“+”或“∨”来表示。逻辑加法的运算规则如下：

0+0=0，　0∨0=0

0−1=1，　0∨1=1

1+0=1，　1∨0=1

1+1=1，　1∨1=1

从上式可见，逻辑加法有“或”的意义。也就是说，在给定的逻辑变量中，A 或 B 只要有一个为 1，其逻辑加的结果为 1；两者都为 1 则逻辑加为 1。

(2) 逻辑乘法（“与”运算）。

逻辑乘法通常用符号“×”或“∧”或“·”来表示。逻辑乘法的运算规则如下：

0×0=0，　0∧0=0，　0·0=0

0×1=0，　0∧1=0，　0·1=0

1×0=0，　1∧0=0，　1·0=0

1×1=1，　1∧1=1，　1·1=1

不难看出，逻辑乘法有“与”的意义。它表示只当参与运算的逻辑变量都同时取值为 1 时，其逻辑乘积才等于 1。

(3) 逻辑否定（“非”运算）。

逻辑非运算又称逻辑否运算。其运算规则为：

0=1　非 0 等于 1

1=0　非 1 等于 0

(4) 异或逻辑运算（半加运算）。

异或运算通常用符号“⊕”表示。其运算规则为：

0⊕0=0　0 同 0 异或，结果为 0

0⊕1=1　0 同 1 异或，结果为 1

1⊕0=1　1 同 0 异或，结果为 1

1⊕1=0　1 同 1 异或，结果为 0

即两个逻辑变量相异，输出才为 1。

4. 二进制数在计算机中的表示和存储方法

计算机采用的数制是二进制，它的特点是逢 2 进 1，因此在二进制数中，只有 0 和 1 两个数字符号。计算机采用二进制，这是因为只需表示 0 和 1，这在物理上很容易实现。例如，电路的导通或截止等；0 和 1 两个数的传输和处理抗干扰性强，不易出错，可靠性好。另外，0 和 1 正好与逻辑代数“假”和“真”相对应，易于进行逻辑运算。

（三）数据的单位与存储形式、计算机字符编码、计算机汉字编码

1．数据的单位与存储形式

在计算机内部，数据是以二进制数的形式存储和运算的。数据的最小单位是二进制数的 1 位数（bit）。通常将 8bit 编为一组，叫做一个字节（byte）。在计算机中常用一个字（word）来表示该种计算机能最方便、最有效地进行操作的数据或信息的长度。一个字由若干字节组成。通常将组成一个字的位数叫做该字的字长。不同级别的计算机的字长是不同的。

2．计算机字符编码

字符编码（Character Code）就是规定用怎样的二进制码来表示字母、数字和专门符号。在计算机系统中，有两种重要的字符编码方式：EBCDIC 和 ASCII。

ASCII（美国标准信息交换码，American Standard Code for Information Interchange）已被国际标准化组织（ISO）接收为国际标准，已为世界所公认，并在世界范围内通用。ASCII 码有 7 位，它包含 10 个阿拉伯数字、52 个英文大小写字母、32 个标点符号和运算符，以及 34 个控制码，总共 128 个字符，所以可用 7 位码（$2^7=128$）来表示。ASCII 的新版本称为 ASCII-8。它把原来的 7 位码扩展成 8 位码，因此它可以表示 256 个字符。

3．计算机汉字编码

（1）国标码。

我国制定了“中华人民共和国国家标准信息交换汉字编码”，代号为 GB2312—80。这种编码称为国标码。国标 GB2312—80 规定，所有的国标汉字与符号组成一个 94×94 的矩阵，每一行称为一个“区”，每一列称为一个“位”。因此，这个方阵实际上组成了一个有 94 个区，每个区内有 94 个位的汉字字符集。一个汉字所在的区号和位号组合在一起就构成了该汉字的“区位码”。在汉字的区位码中，高两位为区号，低两位为位号。区位码与汉字或符号之间是一一对应的。

（2）机内码。

汉字的机内码是指在计算机中表示汉字的编码。机内码与区位码稍有区别。通常一个汉字的机内码占两个字节，分别称为高位字节与低位字节，且这两位字节与区位码的关系如下：机内码高位＝区码＋A0H，机内码低位＝位码＋A0H（H 表示十六进制）。

（3）汉字字模信息。

在需要输出一个汉字时，首先根据该汉字的机内码找出其字模信息在汉字库中的位置，然后取出该汉字的字模信息作为图形在屏幕上显示或在打印机上打印输出。

（四）信息、数据和信息处理的概念

1．信息和数据的概念

（1）信息。

信息在我们的现实世界中是广泛存在的。从计算机应用角度，通常将信息看做人们进行

各种活动所需的或所获取的知识。

(2) 数据。

数据是现实世界中的各种信息记录下来的、可以识别的符号。它们是信息的载体，是信息的具体表示形式。

数据和信息这两者既有联系，又有区别：数据是信息的表示形式，信息是数据所表达的含义；数据是具体的物理形式，信息是抽象出来的逻辑意义；数据可用多种不同的形式来表示一种同样的信息，信息不随它的数据形式的不同而改变，它反映了现实世界中客观存在的知识。

2. 信息处理的概念

在当今信息社会，信息处理实际上就是利用计算机的特点，由计算机进行数据处理的过程。实际上，信息处理的本质就是数据处理，其主要目标是获取有用的信息。

三、难点释疑

本章主要的难点是不同数制之间的转换方法与二进制数的算术运算和逻辑运算。

(一) 不同数制之间的转换方法

1. 非十进制数转换成十进制数

要将非十进制数转换成十进制数，只要把非十进制数按权展开求和即可。

(1) 二进制数转换成十进制数

$$
\begin{aligned}
(1010.101)_2 &= 1\times 2^3+0\times 2^2+1\times 2^1+0\times 2^0+1\times 2^{-1}+0\times 2^{-2}+1\times 2^{-3} \\
&= 8+2+0.5+0.125 \\
&= (10.625)_{10}
\end{aligned}
$$

(2) 八进制数转换成十进制数

$$
\begin{aligned}
(126.55)_8 &= 1\times 8^2+2\times 8^1+6\times 8^0+5\times 8^{-1}+5\times 8^{-2} \\
&= 64+16+6+0.625+0.078\,125 \\
&= (86.703\,125)_{10}
\end{aligned}
$$

(3) 十六进制数转换成十进制数

$$
\begin{aligned}
(30CF.4A)_{16} &= 3\times 16^3+0\times 16^2+12\times 16^1+15\times 16^0+4\times 16^{-1}+10\times 16^{-2} \\
&= 12\,288+512+192+15+0.25+0.039\,062\,5 \\
&= (12\,495.289\,062\,5)_{10}
\end{aligned}
$$

2. 十进制数转换成非十进制数

对于十进制数转换成非十进制数，整数转换中采用除基数取余的方法；小数转换中采用乘基数取整的方法。

十进制整数转换成二进制整数时，应采用“除 2 取余”法。先获得的余数为二进制整数的低位，后获得的余数为二进制整数的高位。

例如，把十进制整数 $(112)_{10}$ 转换成二进制整数，结果是 $(1110000)_2$。

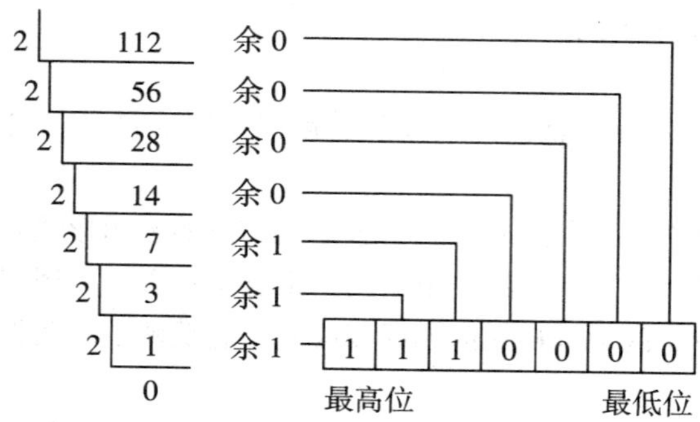

把十进制小数转换成二进制小数时，应采用"乘 2 取整"法。第一个乘积的整数为转换结果的最高位，最后一个乘积的整数为转换结果的最低位。

例如，把 $(0.375)_{10}$ 转换成二进制小数，结果为 $(011)_2$。

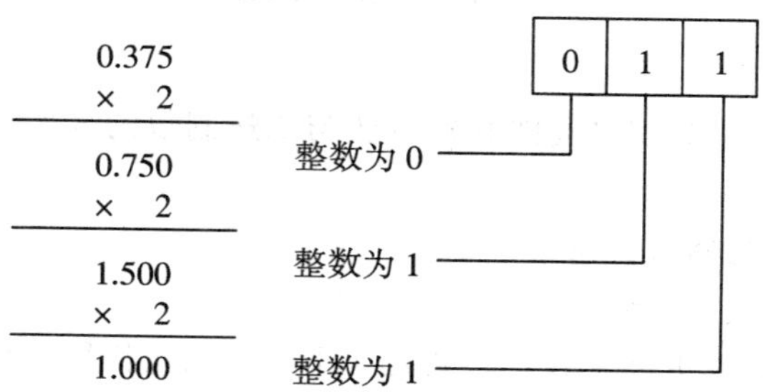

用同样的方法，可将十进制数转换成八进制数和十六进制数，即"除 8 取余、乘 8 取整"和"除 16 取余、乘 16 取整"。

3. 二进制数、八进制数、十六进制数之间的转换

(1) 二进制数、八进制数之间的相互转换。

由于八进制数的 1 位数相当于二进制数的 3 位数，因此，从八进制数转换成二进制数，只需以小数点为界，向左向右，每位八进制数用相应的 3 位二进制数取代，即可分别转换成二进制数的整数和小数。无论向左还是向右，最后不足 3 位二进制数时都用零补足 3 位。

同理，把二进制数转换成相应的八进制数只是上述方法的逆过程。

(2) 二进制数、十六进制数之间的相互转换。

由于十六进制的 1 位数相当于二进制数的 4 位数，因此，从十六进制数转换成二进制数时，只需以小数点为界，整数部分向左，小数部分向右，每位十六进制数用相应的 4 位二进制数取代，即可分别转换成二进制数的整数和小数。无论向左还是向右，最后不足 4 位时都用零补足 4 位。

同理，把二进制数转换成相应的十六进制数只是上述方法的逆过程。

(二) 二进制数的算术运算和逻辑运算

1. 二进制数的算术运算

(1) 二进制数的加法运算。

例如，$(110)_2+(1011)_2$ 的算式如下：

```
  被加数    110
    加数   1011
+)进位    111
-------------------
    和数  10001
```

(2) 二进制数的减法运算。

例如，$(11000011)_2-(00101101)_2$ 的算式如下：

```
  被减数   11000011
    减数   00101101
—) 借位      1111
-------------------
    差数   10010110
```

(3) 二进制数的乘法运算。

例如，$(1110)_2\times(1101)_2$ 的运算乘法算式为：

```
    被乘数   1110
      乘数   1101
---------------------
             1110
部分积      0000
           1110
          1110
---------------------
  乘积   10110110
```

其特点是，乘数某位为 1，则将被乘数复制下来，为 0 则不复制，换 1 位则左移 1 位。可见，二进制数的乘法可以归结为“复制＋移位”操作。

(4) 二进制数的除法运算。

例如，$(100110)_2\div(110)_2$ 得商 $(110)_2$ 并余数 $(10)_2$ 的运算算式为：

```
                 110——商
除数——110 │100110——被除数
          -) 110
          ----------
              111
          -)  110
          ----------
               10——余数
```

在计算机内部，二进制数的加法是基本运算，利用加法可以实现二进制数的减法、乘法和除法运算。

2. 二进制数的逻辑运算

(1) 逻辑加法（“或”运算）。

逻辑加法有“或”的意义。也就是说，在给定的逻辑变量中，两者只要有一个为 1，其逻辑加的结果为 1；两者都为 1 则逻辑加为 1。

（2）逻辑乘法（“与”运算）。

逻辑乘法有“与”的意义。它表示只当参与运算的逻辑变量都同时取值为 1 时，其逻辑乘积才等于 1。

（3）逻辑否定（“非”运算）。

（4）异或逻辑运算（半加运算）。

两个逻辑变量相异，输出才为 1。

四、练习题

（一）单项选择题（在备选答案中选出一个正确答案）

1. 第一台电子计算机诞生于（　　）。

A. 1913 年　　B. 1946 年

C. 1948 年　　D. 1956 年

2. 计算机采用二进制的原因是（　　）。

A. 二进制运算简单　　B. 二进制运算速度快

C. 电子元器件的两态特性　　D. 控制台操作简单

3. 数据的最小单位是（　　）。

A. 位　　B. 字节　　C. 字　　D. 字长

4. 标准 ASCⅡ字符共有（　　）个，在计算机内用（　　）位二进制数字编码。

A. 256，8　　B. 127，7　　C. 255，8　　D. 128，7

5. 信息处理的本质是（　　）。

A. 数据处理　　B. 数值计算　　C. 数据压缩　　D. 信息传递

6. 在计算机内存储每个 ASCⅡ字符编码需要（　　）个字节。

A. 1　　B. 2　　C. 7　　D. 8

7. 模拟计算机主要适用于（　　）。

A. 商业数据处理　　B. 人工智能

C. 高强度数学计算　　D. 过程控制

8. 屏幕显示常用的汉字点阵是（　　）。

A. 7×9　　B. 16×16

C. 24×24　　D. 32×32

9. 第一代电子计算机使用的典型电子元件是（　　）。

A. 电子管　　B. 晶体管

C. 中小规模集成电路　　D. 大规模和超大规模集成电路

10. 第四代电子计算机使用的典型电子元件是（　　）。

A. 电子管　　B. 晶体管

C. 中小规模集成电路　　D. 大规模和超大规模集成电路

11. 八进制数 375.6 按位权展开式为（　　）。

A. $3\times8^3+7\times8^2+5\times8^1+6\times8^{-1}$　　B. $3\times8^3+7\times8^2+5\times8^1+6\times8^0$

C. $3\times8^2+7\times8^1+5\times8^0+6\times8^{-1}$　　D. $3\times8^0+7\times8^1+5\times8^2+6\times8^3$

12. 对 J 进制数，若小数点左移一位，则该数（　　）；若小数点右移一位，则该数（　　）。

A. 扩大 J 倍，缩小 J 倍　　B. 缩小 J 倍，扩大 J 倍

C. 扩大 J 倍，扩大 J 倍　　D. 缩小 J 倍，缩小 J 倍

13. 十进制数 10.25 与（　　）相等。

A. 10.01B　　B. 1010.10101BCD

C. 14.2O　　D. A.4H

14. 用 16×16 点阵的汉字字形码存储约 7 000 汉字，大约需要存储量（　　）。

A. 22.4KB　　B. 224KB　　C. 2.24MB　　D. 22.4MB

15. 国家标准信息交换码所用的汉字编码简称国标码，其中约有汉字（　　）个。

A. 3 008　　B. 3 775　　C. 7 000 余　　D. 6 763

（二）多项选择题（在备选答案中选出两个或两个以上的正确答案）

1. 计算机的特点有（　　）。

A. 运算速度快　　B. 计算精度高　　C. 存储功能强

D. 具有逻辑判断能力　　E. 具有自动运行能力

2. 以下芯片属于 32 位微型计算机芯片的有（　　）。

A. Intel 80386　　B. Intel 80486　　C. Intel Pentium

D. Intel 80286　　E. Intel 8086

3. 计算机采用二进制的原因有（　　）。

A. 计算机只能采用二进制

B. 在物理上很容易实现

C. 传输和处理抗干扰性强，不易出错，可靠性好

D. 二进制数字少，简单

E. 易于进行逻辑运算

4. 以下关于计算机字符编码的叙述中正确的有（　　）。

A. ASCⅡ编码主要用于 IBM 大型机

B. EBCDIC 编码是当前在微机上流行的通用字符编码

C. ASCⅡ是美国标准信息交换码，它已被国际标准化组织接收为国际标准

D. ASCⅡ编码目前已经被扩展到了 8 位

E. 所有计算机都已经使用了 ASCⅡ编码

5. 在计算机系统中，两种重要的字符编码方式是（　　）。

A. BCD　　B. EBCDIC　　C. GB2312—80

D. ASCⅡ　　E. BIG5

（三）名词解释

1. 基数

2. 位权

3. 字长
4. 信息
5. 数据
6. 信息处理
7. 人工智能
8. 过程控制
9. CAD
10. CAI

(四) 简答题

1. 如何对计算机进行分类?
2. 计算机采用的数制是什么? 它的特点是什么? 一共有多少个数字符号?
3. 二进制数 $(11101011)_2$ 转换成十进制数、八进制数和十六进制数分别是多少? 十进制数 127 转换成二进制数、八进制数和十六进制数分别是多少?
4. $(11011)_2+(10101011)_2$ 结果是多少? $(11011011)_2-(00100011)_2$ 结果是多少? $(10101110)_2\times(101)_2$ 结果是多少? $(10011001)_2\div(110)_2$ 商是多少? 余数是多少?
5. $(1\cdot(0+(1\oplus0)))\oplus(1+(0\cdot(1\oplus1)))$ 结果是多少?
6. 32 位计算机的字长是多少位? 该机的一个字由几个字节多少位组成?
7. 机内码高位和低位如何由区位码计算?
8. 简述数据和信息之间的关系。
9. 按照实现原理可以把计算机分成哪些类? 请简述每一类的特点。
10. 按照用途可以把计算机分成哪些类? 请简述每一类的特点。

五、参考答案

(一) 单项选择题

1. B	2. C	3. A	4. D	5. A
6. A	7. D	8. B	9. A	10. D
11. C	12. B	13. D	14. B	15. C

[典型分析] 3. 数据的最小单位是位，8 位为一个字节，2 个字节（16 位机）或 4 个字节（32 位机）为一个字，一个字的位数叫做字长。

所以，正确答案是 A。

(二) 多项选择题

1. ABCDE 2. ABC 3. BCE 4. CD 5. BD

[典型分析] 3. 计算机采用二进制的原因有：在物理上很容易实现；传输和处理抗干扰性强，不易出错，可靠性好；易于进行逻辑运算。

所以，正确答案是 B、C 和 E。

（三）名词解释

1. 基数：在一种数制中，只能使用一组固定的数字符号来表示数目的大小，具体使用多少个数字符号来表示数目的大小，就称为该数制的基数。

2. 位权：对于多位数，处在某一位上的1所表示的数值的大小，称为该位的位权。

3. 字长：通常将组成一个字的位数叫做该字的字长。不同级别的计算机的字长是不同的。

4. 信息：信息在我们的现实世界中是广泛存在的。从计算机应用角度，通常将信息看做人们进行各种活动所需的或所获取的知识。

5. 数据：数据是现实世界中的各种信息记录下来的、可以识别的符号。它们的信息的载体，是信息的具体表示形式。

6. 信息处理：在当今信息社会，信息处理实际上就是利用计算机的特点，由计算机进行数据处理的过程。实际上，信息处理的本质就是数据处理，其主要目标是获取有用的信息。

7. 人工智能：人工智能（AI）是指用计算机来“模仿”人的智能，使计算机能像人一样具有识别语言、文字、图形和“推理”、学习以及适应环境的能力。

8. 过程控制：过程控制是指实时采集、检测数据，并进行处理和判定，按最佳值进行调节的过程。

9. CAD：CAD是计算机辅助设计的缩写，是指用计算机帮助工程设计人员进行设计工作。

10. CAI：CAI是计算机辅助教学的缩写，是指利用计算机进行辅助教学工作。

（四）简答题

1. 答：按计算机原理分类：电子数字式计算机、电子模拟式计算机和混合式计算机。按用途分类：通用机和专用机。按计算机的规模分类：巨型机、大中型机、小型机和微型计算机。

2. 答：计算机采用的数制是二进制，它的特点是逢2进1。因此在二进制中，只有0和1两个数字符号。

3. 答：$(235)_{10}$、$(353)_8$、$(EB)_{16}$；$(1111111)_2$、$(177)_8$、$(7F)_{16}$。

4. 答：$(11000110)_2$、$(10111000)_2$、$(1101100110)_2$、$(11001)_2$、$(11)_2$。

5. 答：0。

6. 答：32位计算机的字长是32位，该机的一个字由4个字节组成。

7. 答：机内码高位＝区码＋A0H，机内码低位＝位码＋A0H。

8. 答：数据和信息这两者既有联系，又有区别：数据是信息的表示形式，信息是数据所表达的含义；数据是具体的物理形式，信息是抽象出来的逻辑意义；数据可用多种不同的形式来表示一种同样的信息，信息不随它的数据形式不同而改变，它反映了现实世界中客观存在的知识。

9. 答：计算机从原理上可分为三大类：电子数字式计算机、电子模拟式计算机和混合式计算机。

(1) 电子数字式计算机是指其中的数字都是由0和1构成的二进制数的形式，即不连续的数字量表示：基本运算部件是数字逻辑电路，因此其精度高，便于大量信息存储，通用性强。通常我们使用的一般都是电子数字式计算机，简称电子计算机。

（2）模拟式计算机是指用连续变化的模拟量即电压表表示，其基本运算部件是运算放大器构成的各类运算电路。模拟式计算机运算速度快、精度不高、通用性差，主要用于过程控制中。

（3）混合式计算机结合了两者的优点。

10．答：按用途分类可以把计算机分成通用机和专用机两大类，其各自的特点如下。

（1）通用机是指为解决各种问题，具有较强的通用性而设计的计算机。平时使用的计算机一般都是通用机。

（2）专用机是指为了解决一个或一类特定的问题而设计的计算机。一般在过程控制中使用的是专用机。

第二章 计算机系统结构

一、章节结构及重点

本章分为计算机硬件系统的基本结构和计算机软件系统的基本结构两节。

第一节计算机硬件系统的基本结构，从整体上介绍了计算机硬件系统的五大功能部分，并从细处着手分别对每一部分进行了详细的说明，在此基础上，由对计算机硬件系统的分析引出了对计算机工作原理的阐述，并附带介绍了指令和程序的概念。

第二节计算机软件系统的基本结构，对计算机软件系统进行了简单的划分，并针对二者所包含的软件体系进行了详细的介绍。

二、本章主要内容

（一）计算机硬件系统的五大功能部分、计算机的工作原理

1. 微型计算机系统的基本硬件结构（见图 2—1）

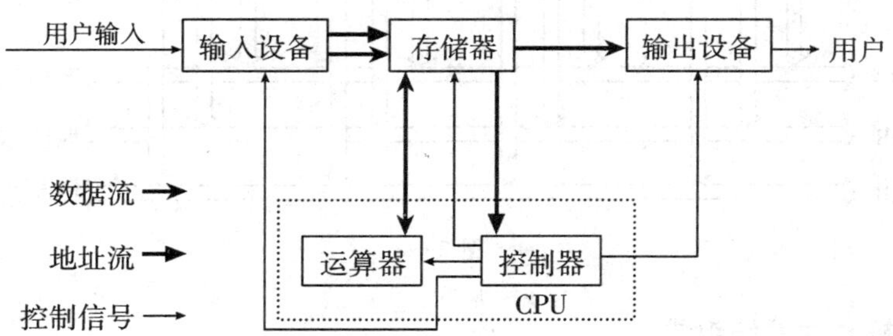

图 2—1

2. 计算机硬件系统的五大功能部分

（1）运算器：运算器又称算术逻辑单元（Arithmetic Logic Unit，简称 ALU）。它是计算机对数据进行加工处理的部件。

（2）控制器：控制器负责从存储器中取出指令，并对指令进行译码；根据指令的要求，按时间的先后顺序，负责向其他各部件发出控制信号，保证各部件协调一致地工作，一步一步地完成各种操作。控制器主要由指令寄存器、译码器、程序计数器和操作控制器等组成。硬件系统的核心是中央处理单元（Central Processing Unit，简称 CPU）。它主要由控制器和运算器等组成，并采用大规模集成电路工艺制成芯片，又称微处理器芯片。

（3）存储器：存储器是计算机记忆或暂存数据的部件。计算机中的全部信息，包括原始的输入数据、经过初步加工的原始数据和最后处理完成的有用信息都存放在存储器中。而

且，指挥计算机运行的各种程序，即规定对输入数据如何进行加工处理的一系列指令也都存放在存储器中。存储器分为内存储器（内存）和外存储器（外存）两种。

（4）输入设备：输入设备是给计算机输入信息的设备。它是重要的人机接口，负责将输入的信息（包括数据和指令）转换成计算机能认识的二进制代码，送入存储器保存。

（5）输出设备：输出设备是输出计算机处理结果的设备。在大多数情况下，它将这些结果转换成便于人们识别的形式。

3. 计算机的简单工作原理

首先把表示计算步骤的程序和计算中需要的原始数据，在控制器输入命令的作用下，通过输入设备送入计算机的存储器。当计算开始时，在取指令命令的作用下把程序指令逐条送入控制器。控制器对指令进行译码，并根据指令的操作要求向存储器和运算器发出存数、取数命令和运算命令，经过运算器计算并把计算结果存放在存储器内。在控制器发出的取数和输出命令的作用下，通过输出设备输出计算结果。

4. 微型计算机硬件结构的特点

微型计算机硬件结构最重要的特点是总线（Bus）结构。它将信号线分成三大类：数据总线、地址总线和控制总线。微型计算机的总线化硬件结构如图 2—2 所示。

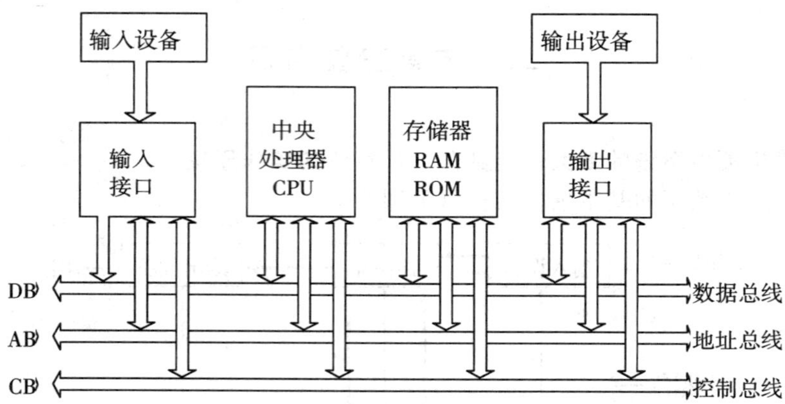

图 2—2

（二）计算机软件系统组成

微型计算机系统的软件分为两大类，即系统软件和应用软件。系统软件是指由计算机生产厂为使用该计算机而提供的基本软件，最常用的有操作系统、文字处理程序、计算机语言处理程序、数据库管理程序、联网及网络管理系统软件、各类服务程序和工具软件等。应用软件是指用户为自已的业务应用而使用系统开发出来的用户软件。系统软件依赖于机器，而应用软件则更接近用户业务。

（1）操作系统（OS）。

操作系统（Operating System）是最基本、最重要的系统软件。它负责管理计算机系统的各种硬件资源（如 CPU、内存空间、磁盘空间、外部设备等），并且负责解释用户对机器的管理命令，使它转换为机器实际的操作。

（2）文字处理程序。

微型计算机用于办公自动化，文字处理是其重要内容。所以，文字处理程序也是很基本的系统软件。

(3) 计算机语言处理程序。

计算机语言分机器语言、汇编语言和高级语言。

①机器语言(Machine Language)。

机器语言是指机器能直接认识的语言，它是由1和0组成的一组代码指令。

②汇编语言(Assemble Language)。

汇编语言实际是由同一组与机器语言指令一一对应的符号指令和简单语法组成的。

③高级语言(High Level Language)。

高级语言是为一般用户使用而设计的，比较接近日常用语，对机器依赖性低，即适用于各种机器的计算机语言。

将高级语言所写的程序翻译为机器语言有两种翻译程序，一种叫“编译程序”，一种叫“解释程序”。编译程序可把高级语言所写的程序作为一个整体进行处理，编译后与子程序库链接，形成一个完整的可执行程序。解释程序则对高级语言程序逐句解释执行。

(4) 数据库管理系统(DBMS)。

较著名的适用于微机系统数据库管理的系统有dBASE、FoxBase、Visual FoxPro等。SyBase是非常适合于微机网络环境的分布式数据库管理系统，而Oracle是一种大型数据库的管理程序。

(5) 联网和网络管理系统软件。

(6) 各类服务程序和工具软件。

三、难点释疑

本章主要的难点是计算机工作原理。

要理解计算机的简单工作原理，首先要了解计算机硬件系统的五个主要组成部分：运算器、控制器、存储器、输入设备和输出设备。

首先把表示计算步骤的程序和计算中需要的原始数据，在控制器输入命令的作用下，通过输入设备送入计算机的存储器。当计算开始时，在取指令命令的作用下把程序指令逐条送入控制器。控制器对指令进行译码，并根据指令的操作要求向存储器和运算器发出存数、取数命令和运算命令，经过运算器计算并把计算结果存放在存储器内。在控制器发出的取数和输出命令的作用下，通过输出设备输出计算结果。

四、练习题

(一) 单项选择题(在备选答案中选出一个正确答案)

1. 计算机对数据进行加工处理的部件是(　　)。

A. 运算器　　B. 控制器　　C. 存储器　　D. 输入输出设备

2. 现在流行的微机采用的是(　　)结构。

A. 总线形　　B. 星形　　C. 环形　　D. 树形

3. 硬件系统的核心是（　　）。

A. 运算器　　B. 控制器　　C. 存储器　　D. 中央处理单元

4. 下列逻辑部件中，（　　）不包括在运算器内。

A. 累加器　　B. 状态条件寄存器

C. 指令寄存器　　D. ALU

5. 在计算机的整个工作流程中都要用到的部件是（　　）。

A. 运算器　　B. 控制器

C. 存储器　　D. 输入输出设备

6. （　　）属于输入设备。

A. 扫描仪　　B. 显示器

C. 绘图仪　　D. 扬声器

7. 最基本、最重要的系统软件是（　　）。

A. 操作系统　　B. 计算机语言处理程序

C. 数据库管理系统　　D. 联网和网络管理系统软件

8. 计算机硬件能直接识别执行的语言是（　　）。

A. 机器语言　　B. 汇编语言

C. 高级语言　　D. 第四代语言

9. 计算机系统加电启动时，应该先给（　　）加电。

A. 主机　　B. 显示器

C. 外部设备　　D. 打印机

10. 计算机字长取决于（　　）的宽度。

A. 控制总线　　B. 地址总线

C. 数据总线　　D. 通信总线

11. 冯·诺依曼的计算机模型主要是指计算机（　　）。

A. 具有输入输出设备　　B. 能进行运算

C. 可运行预先存储的程序　　D. 提供了人机交互界面

12. （　　）属于输出设备。

A. 鼠标器　　B. 话筒

C. 显示器　　D. 扫描仪

13. 用符号形式表示指令代码的语言是（　　）。

A. 机器语言　　B. 汇编语言

C. 高级语言　　D. 第四代语言

14. 可直接由计算机硬件执行的程序是（　　）。

A. 源程序　　B. 目标程序

C. C语言程序　　D. 汇编语言程序

15. 用高级语言编写的程序称之为（　　）。

A. 源程序　　B. 目标程序

C. 汇编程序　　D. 命令程序

(二) 多项选择题（在备选答案中选出两个或两个以上的正确答案）

1. 控制器的作用有（　　）。

A. 算术运算

B. 逻辑运算

C. 从存储器中取出指令，并对指令进行译码

D. 负责向其他各部件发出控制信号，保证各部件协调一致地工作

E. 记忆或暂存数据

2. 计算机存储器存储的内容包括（　　）。

A. 原始的输入数据　　B. 经过初步加工的数据

C. 最后处理完成的有用信息　　D. 指挥计算机运行的各种程序

E. CPU 的微代码

3. 以下属于系统软件的有（　　）。

A. 操作系统　　B. 计算机语言处理程序　　C. 数据库管理程序

D. 联网和网络管理系统软件　　E. 各类服务程序

4. 微型计算机的总线分为（　　）。

A. 输入总线　　B. 控制总线　　C. 输出总线

D. 数据总线　　E. 地址总线

5. 控制器的主要组成部分有（　　）。

A. 指令寄存器　　B. 译码器　　C. 程序计数器

D. 操作控制器　　E. 中央处理单元

(三) 名词解释

1. 算术逻辑单元

2. 中央处理单元

3. 系统软件

4. 应用软件

5. 操作系统

(四) 简答题

1. 简述计算机的工作原理。

2. 操作系统的作用是什么？

3. 简述将高级语言所写的程序翻译为机器语言的两种翻译程序。

4. 简述输入设备的用途。

五、参考答案

(一) 单项选择题

1. A　　2. A　　3. D　　4. C　　5. B

6. A	7. A	8. A	9. C	10. C
11. C	12. C	13. B	14. B	15. A

［**典型分析**］5. 在计算机的工作流程中，不管输入、计算、存储，还是输出，控制器从头到尾都发挥着作用。

所以，正确答案是 B。

（二）多项选择题

1. CD　　2. ABCD　　3. ABCDE　　4. BDE　　5. ABCD

［**典型分析**］1. 控制器负责从存储器中取出指令，并对指令进行译码；根据指令的要求，按时间的先后顺序，负责向其他各部件发出控制信号，保证各部件协调一致地工作，一步一步地完成各种操作。

所以，正确答案是 C 和 D。

（三）名词解释

1. 算术逻辑单元（Arithmetic Logic Unit，简称 ALU）又称运算器。它是计算机对数据进行加工处理的部件，包括算术运算（加、减、乘、除等）和逻辑运算（与、或、非、异或、比较等）。

2. 中央处理单元（Central Processing Unit，简称 CPU）是硬件系统的核心。它主要由控制器、运算器等组成，并采用大规模集成电路工艺制成芯片，又称微处理器芯片。

3. 系统软件是指由计算机生产厂（部分由“第三方”）为使用该计算机而提供的基本软件。

4. 应用软件是指用户为自己的业务应用而使用系统开发出来的用户软件。

5. 操作系统（Operating System）是最基本、最重要的系统软件。它负责管理计算机系统的各种硬件资源，并且负责解释用户对机器的管理命令，使它转换为机器实际的操作。

（四）简答题

1. 答：首先把表示计算步骤的程序和计算中需要的原始数据，在控制器输入命令的作用下，通过输入设备送入计算机的存储器。当计算开始时，在取指令命令的作用下把程序指令逐条送入控制器。控制器对指令进行译码，并根据指令的操作要求向存储器和运算器发出存数、取数命令和运算命令，经过运算器计算并把计算结果存放在存储器内。在控制器发出的取数和输出命令的作用下，通过输出设备输出计算结果。

2. 答：操作系统（Operating System）是最基本、最重要的系统软件。它负责管理计算机系统的各种硬件资源（如 CPU、内存空间、磁盘空间、外部设备等），并且负责解释用户对机器的管理命令，使它转换为机器实际的操作。

3. 答：将高级语言所写的程序翻译为机器语言有两种翻译程序：一种叫“编译程序”，另一种叫“解释程序”。

编译程序可把高级语言所写的程序作为一个整体进行处理，编译后与子程序库链接，形成一个完整的可执行程序。此方法的缺点是编译、链接较费时，但可执行程序的运行速度很快。FORTRAN 和 C 语言等都采用这种编译的方法。

解释程序则对高级语言程序逐句解释执行。这种方法的优点是程序设计的灵活性大，但程序的运行效率较低。

4. 答：输入设备是给计算机输入信息的设备。它是重要的人机接口，负责将输入的信息（包括数据和指令）转换成计算机能认识的二进制代码，送入存储器保存。

第三章 Windows XP 操作系统

一、章节结构及重点

本章分为概述、Windows XP 安装、Windows XP 桌面基本操作和 Windows XP 的 TCP/IP 网络配置四节。

第一节概述。首先介绍了 Windows XP 操作系统的设计思想，随后介绍了 Windows XP 操作系统的主要功能和特点。

第一节的重点是 Windows XP 操作系统的主要功能和特点。

第二节 Windows XP 安装。首先介绍了 Windows XP 安装前的准备，随后讲述了 Windows XP 的安装和运行要求以及安装的选项，最后简述了 Windows XP 的安装过程。

第三节 Windows XP 桌面基本操作。首先讲述了 Windows XP 的桌面构成，随后介绍了浏览计算机（包括我的电脑、资源管理器和网上邻居的使用）、对程序的操作（包括添加和删除程序及启动和退出程序）与文件和文件夹的管理（创建文件夹、查找文件和文件夹、打开文件和文件夹、重命名文件和文件夹、复制和移动文件夹、删除文件和文件夹以及关闭计算机）。

第三节的重点是 Windows 资源管理器的使用方法。

第四节 Windows XP 的 TCP/IP 网络配置。首先介绍了 TCP/IP 的几个概念，即 IP 地址、子网、子网掩码、默认网关、域名等内容。然后介绍了在 Windows XP 中安装网卡的步骤，并详细介绍了如何向 Windows XP 系统添加 TCP/IP 协议，配置 IP 地址、网关和 DNS 参数的方法。最后介绍了一些常用的网络调试方法。

第四节的重点有 TCP/IP 的几个概念、向 Windows XP 系统安装网卡和添加 TCP/IP 协议，以及配置 IP 地址、网关和 DNS 参数的方法。

二、本章主要内容

（一）Windows XP 操作系统的设计思想和 Windows XP 操作系统的主要功能

1. Windows XP 操作系统的设计思想

Windows XP 是当前 PC 平台上的主流操作系统，它的设计思想主要体现在：

（1）用户更容易使用。

（2）速度更快，功能更强。

（3）具有很好的兼容性。

2. Windows XP 操作系统的主要功能

（1）易于使用。

(2) 可靠性更高。

(3) 速度更快。

(4) 真正的 Web 集成。

(5) 更具娱乐性。

(二) Windows XP 安装前的准备工作和 Windows XP 的安装

1. Windows XP 安装简介

第一次安装 Windows XP，用户需要完成以下基本任务：

(1) 检查用户自己的计算机硬件；同时关掉所有正在运行的应用程序，并且从内存中撤除不需要的 TSR（内存驻留程序）；用磁盘工具检查和重整用户的硬盘，并备份关键文件。

(2) 启动 Windows XP 安装程序。

(3) 选择一个安装 Windows XP 的目录。

(4) 选择安装类型。可以选择的项包括典型安装、紧凑安装、便携安装和定制安装。

(5) 提供用户名、计算机名和其他安装 Windows XP 所需要的标识信息。

(6) 如果用户选择了定制安装的安装方式，则必须对选项和系统组件做出符合自己要求的选择，包括网络和多媒体等。

(7) 安装程序复制完所有要求的文件并重新启动计算机后，用户应该选择正确的时区，并完成特定软件和硬件的配置。

2. 安装前的准备

安装要求

操作系统要求

(1) Windows XP Home Edition/Professional 的最低硬件要求（见表 3—1）。

表 3—1

序　号	内　容
1	Pentium 233MHz 或更快的处理器（建议 300MHz）
2	至少 64MB 的 RAM（建议 128MB）
3	硬盘上至少有 1.5GB 的可用空间
4	CD-ROM 或 DVD-ROM 驱动器
5	键盘和 Microsoft 鼠标或一些其他兼容指针设备
6	Super VGA（800×600）或更高分辨率的视频适配器和监视器
7	声卡
8	扬声器或耳机

(2) 使用某些 Windows XP 功能所需的其他项目或服务。

①Internet 接入：一些 Internet 功能可能需要 Internet 接入、Microsoft. NET Passport 账号、向服务提供商单独付费；可能需要支付本地和/或长途电话费。14.4Kbps 或更高速率的调制解调器。

②联网：用户接入局域网、广域网、无线或家庭网络所需的网卡，接入适合的网络结构；接入第三方网络可能需要支付额外的费用。

③对于即时消息、语音和视频会议及应用程序共享，双方需要 Microsoft. NET Passport

账号和 Internet 接入或 Exchange 2000 Server 即时消息账号和网络接入（某些配置可能要求下载其他组件）。

④对于语音和视频会议，双方还需要 33.6Kbps 或更高速率的调制解调器，或网络连接，以及带扬声器或耳机的麦克风和声卡。

⑤对于视频会议，双方还需要视频会议摄像头。

⑥对于应用程序共享，双方还需要 33.6Kbps 或更高速率的调制解调器，或网络连接。

⑦对于远程协助，双方必须都运行 Windows XP，并与网络连接。

⑧对于远程桌面，需要基于 Windows 95 或更新版本的计算机，且两台计算机必须已联网。

⑨声音：声卡和扬声器或耳机。

⑩DVD 视频回放：DVD 驱动器和 DVD 解码器卡或 DVD 解码软件，8MB 视频 RAM。

⑪Windows Movie Maker：视频采集功能需要相应的数字或模拟采集设备，以及 400MHz 或更高的处理器，用于数字视频摄像机采集。

实际需求会根据系统配置与选装的应用程序和功能有所不同。如果通过网络进行安装，则可能需要更大的可用硬盘空间。

3. Windows XP 的安装

(1) 启动 Windows XP 安装程序。

①从 Windows 3.1 或 Windows for Workgroups 启动。

开机进入 Windows 以后，如果从 CD-ROM 安装，则插入 CD 盘，在文件管理器中双击此驱动器。如果从网络盘的源文件安装，则连接服务器，切换到包含 Windows XP 源文件的共享网络目录。

在 Windows XP 安装文件目录中双击 SETUP.EXE，或从“文件”菜单中选择“运行”，然后键入 SETUP，启动“Windows XP 安装向导”。

②从 MS-DOS 启动。

开机以后，如果从 CD-ROM 安装，则插入 CD 盘，并使光驱成为当前盘。如果从网络盘的源文件安装，则连接服务器，切换到包含 Windows XP 源文件的共享网络目录。

在命令行提示符下，键入 SETUP，回车，遵照屏幕上的指导，启动“Windows XP 安装向导”。

(2) 安装 Windows XP 的全过程包括的具体内容。

- 收集信息；
- 分析计算机（硬件检测）；
- 定制安装中选择软件组件；
- 定制安装中选择硬件组件；
- 指定计算机标识；
- 定制安装中改变计算机设置；
- 建立启动盘；
- 复制文件，完成安装。

由于安装程序具有智能性，所以安装所需要的信息基本上都由安装程序自动收集。然而下面的信息则必须由用户提供：

- Windows XP 的安装目录；
- 安装类型；
- 用户信息。

（三）Windows XP 系统的桌面基本操作

1. 桌面简介

启动 Windows XP 之后，首先出现的就是桌面，即屏幕工作区。桌面左边是一些图标，每个图标分别代表一个对象，如文件夹或程序，如图 3—1 所示。

图 3—1　桌面

2. 浏览计算机

（1）简介。

浏览计算机的方法很多，如表 3—2 所示。

表 3—2

浏览方法	位　置	显示驱动器和网络计算机	最佳用途
"开始"按钮	任务栏	不能	启动程序、打开收藏夹、获得帮助、关闭系统
我的电脑	桌面	能	浏览磁盘驱动器和使用系统工具
Windows 资源管理器	"开始"菜单	能	在一个窗口内查看整个计算机内容和资源的层次

（2）任务栏与"开始"菜单。

使用任务栏和"开始"按钮可以方便地浏览 Windows 98。无论打开多少窗口，这两个功能在桌面上总是随时可用。

任务栏如图 3—2 所示。

图 3—2　任务栏

“开始” 菜单如图 3—3 所示。

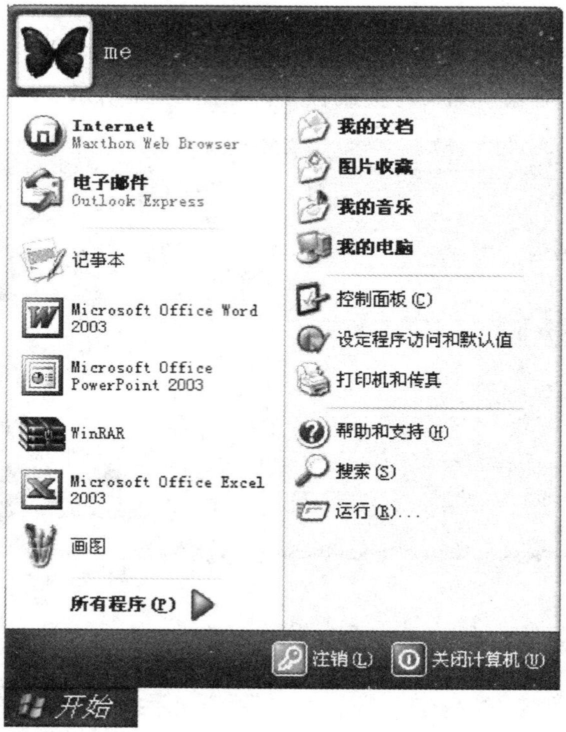

图 3—3　“开始” 菜单

(3) 我的电脑。

如果要查看单个文件夹或驱动器上的内容，那么双击桌面上的 “我的电脑”，将在一个新窗口中显示有效的驱动器，如表 3—3 所示。

表 3—3

双　击	目　的
	查看硬盘内容，通常是指 C 盘
	如果计算机有 CD-ROM 驱动器，则查看 CD-ROM 驱动器中的光盘内容
	如果计算机有 DVD-ROM 驱动器，则查看 DVD-ROM 驱动器中的光盘内容
	查看文件夹内容

使用“我的电脑”查看硬盘：

①在桌面上双击“我的电脑”，将显示“我的电脑”窗口，如图 3—4 所示。

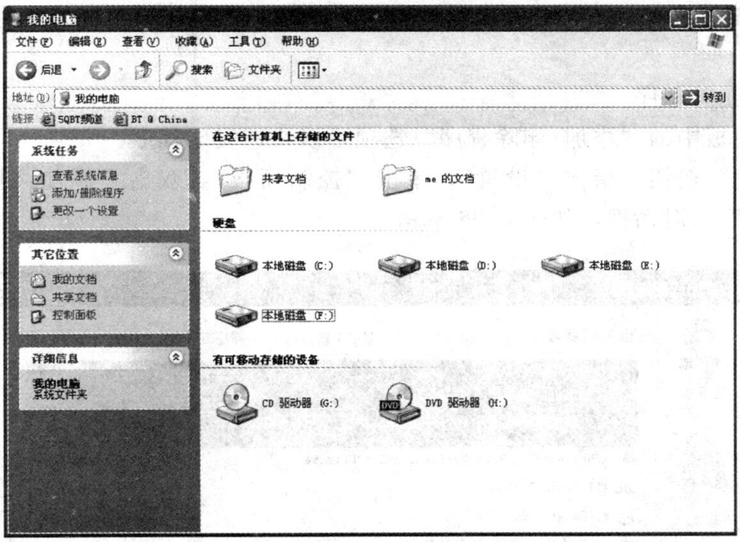

图 3—4

②双击表示硬盘的图标，将显示硬盘窗口，同时显示硬盘中的内容。

（4）Windows 资源管理器。

使用“Windows 资源管理器”，可以在单个窗口中浏览这些项目，而不用在许多独立的窗口中分别打开各个驱动器和文件夹。“资源管理器”的左窗格包含驱动器和文件夹列表，而右窗格显示所选文件夹的内容。可以使用“查看”菜单更改图标在右窗格中显示的方式，如图 3—5 所示。

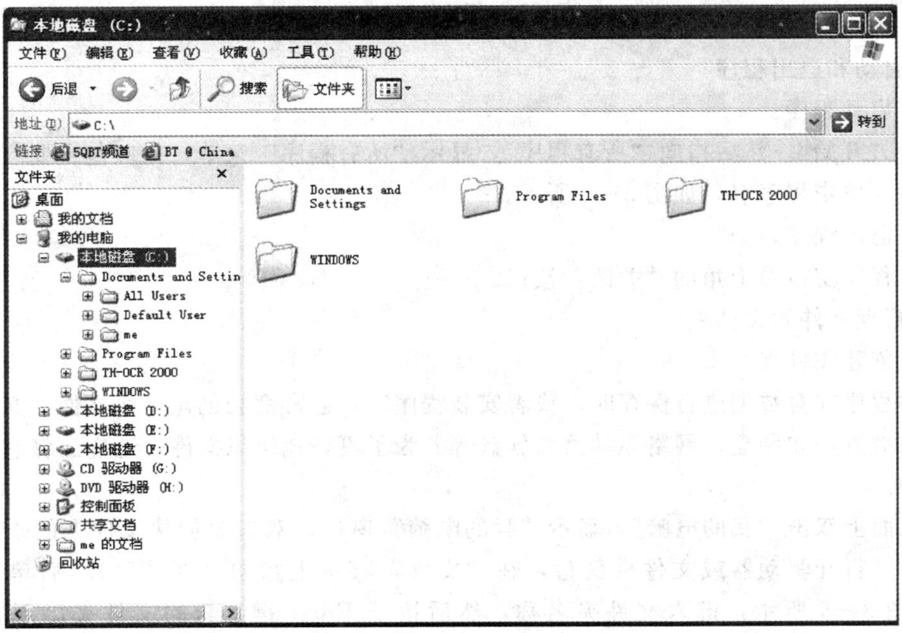

图 3—5

使用 Windows 资源管理器查看硬盘：

①单击窗口上方的“文件夹”按钮。

②在左窗格中，单击表示硬盘的驱动器符，硬盘的内容将显示在右窗格中，如图 3—5 所示。

3. 添加和删除程序

使用控制面板中的“添加/删除程序”选项可以快速安装程序。

单击“开始”按钮，指向“设置”，单击“控制面板”，双击“添加/删除程序”，显示“添加或删除程序”对话框，如图 3—6 所示。

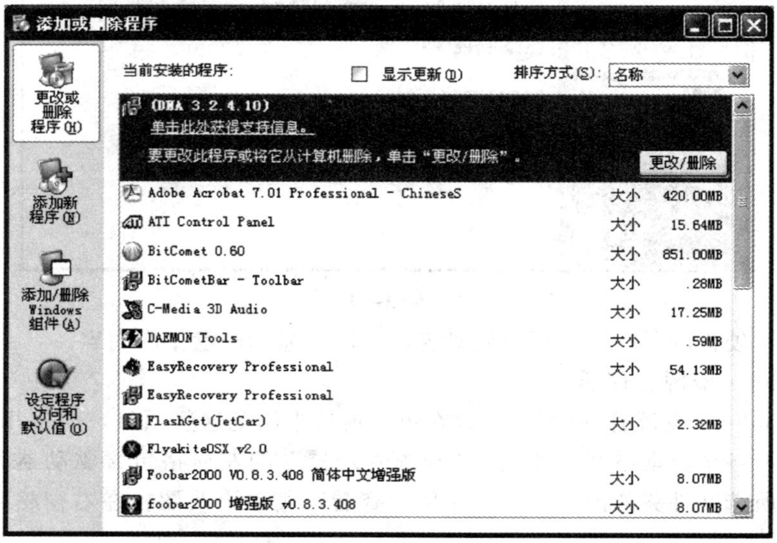

图 3—6

4. 启动和退出程序

（1）启动程序。

单击“开始”，然后指向“所有程序”，显示“所有程序”菜单，指向包含要启动的程序的程序组，单击程序名，如图 3—7 所示。

（2）退出程序。

单击程序窗口右上角的“关闭”按钮。

5. 管理文件和文件夹

（1）创建文件夹。

使用程序并对数据进行保存时，或者安装程序时，通常都会创建一些文件。文件可以存储在许多地方，如硬盘、网络驱动器和软盘等。为了更好地组织文件，还应当将它们存储在文件夹中。

在桌面上双击“我的电脑”，显示“我的电脑”窗口，双击要创建文件夹的磁盘驱动器或文件夹，打开驱动器或文件夹窗口，在“文件”菜单上指向“新建”，然后单击“文件夹”。如图 3—8 所示，键入文件夹名称，然后按下 Enter 键，新的文件夹出现在选好的地方。

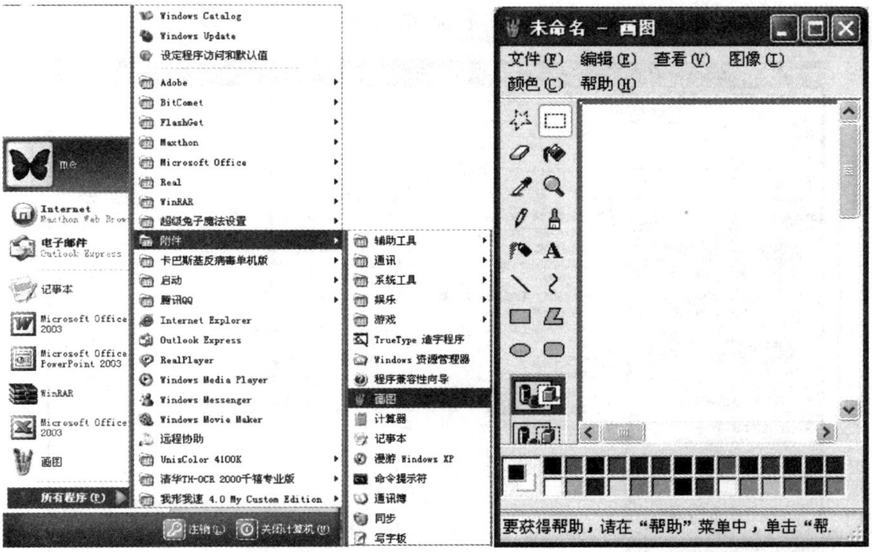

图 3—7

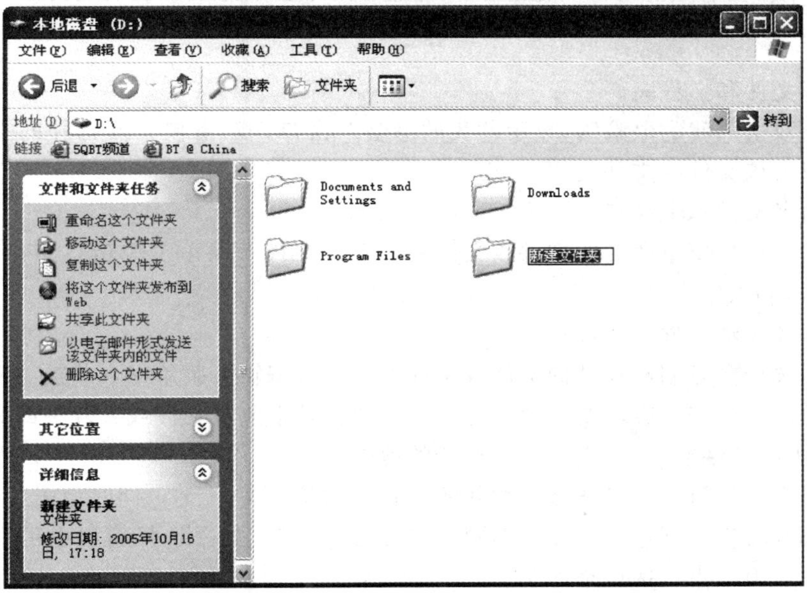

图 3—8

注意　在 Windows XP 中文件名可用 255 个字符，包括空格。然而文件名不能包含下列字符：\ / ： * ？" < > | 。

(2) 查找文件和文件夹。

查找指定的文件夹或文件时，可用“查找”命令，而不必打开众多的文件夹。使用“开始”菜单上的“查找”命令可以快速搜索整个计算机，或者指定的文件夹和驱动器。

单击“开始”，指向“查找”，单击“文件或文件夹”，显示“查找”对话框，在“名称”中，输入要查找的文件或文件夹名称，单击“搜索”的下箭头，或单击“浏览”以指定要搜索的位置，单击“开始查找”。稍等片刻，将显示搜索结果，如图 3—9 所示。

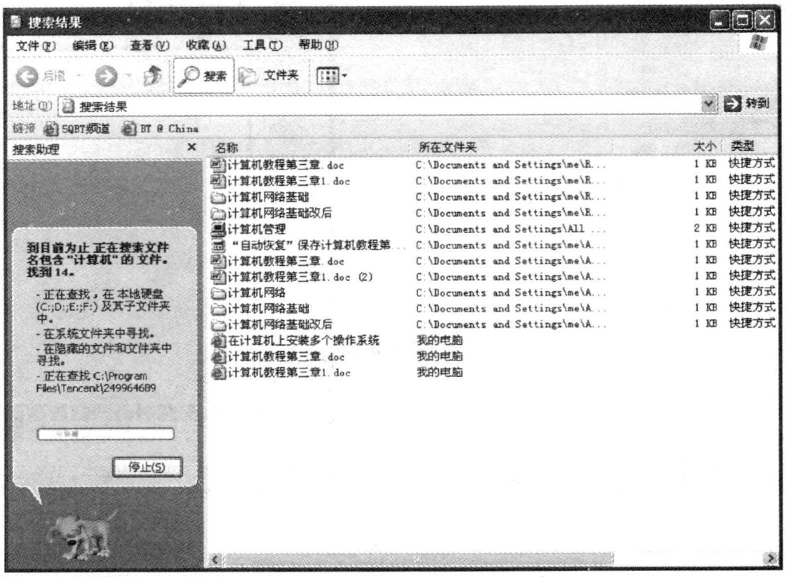

图 3—9

(3) 打开文件和文件夹。

在桌面上双击“我的电脑”，显示“我的电脑”窗口，双击包含要打开的文件或文件夹的驱动器，双击该文件或文件夹。

(4) 重命名文件和文件夹。

在窗口中，选择要重命名的文件或文件夹，在“文件”菜单上单击“重命名”，键入名称，然后按 Enter 键。

(5) 复制和移动文件、文件夹。

在窗口中选择要复制或移动的文件或文件夹，在“编辑”菜单中，单击“复制”表示要复制文件，单击“剪切”表示要移动文件，双击要在其中放置文件或文件夹的文件夹，单击“编辑”菜单中的“粘贴”，该文件出现在新的地方。

可以选择多个项目。如果选择不相邻的项目，请按住 Ctrl 键，同时单击要选择的项目。如果选择相邻的项目，则在选择项目的同时按住 Shift 键。如果选择窗口中的所有项目，则在“编辑”菜单中单击“选择全部”。

(6) 删除文件和文件夹。

无论何时删除文件，此文件都被暂时移到桌面上的“回收站”里。如果改变了主意，则可以恢复此文件。但在“清空回收站”后，其中的全部项目将从计算机中被永久删除。

①删除文件和文件夹。

双击“我的电脑”，显示“我的电脑”窗口，选择要删除的文件或文件夹，在“文件”菜单上单击“删除”，显示“确认文件删除”对话框，单击“是”，文件被移到“回收站”中。

②永久删除文件和文件夹。

在桌面上双击“回收站”，即打开“回收站”，在“文件”菜单上单击“清空回收站”。

（7）关闭计算机。

在 Windows XP 中的工作结束后，使用“开始”菜单上的“关闭系统”命令可以关闭窗口和程序，并为关闭计算机做准备。在没有看到通知您完成关闭计算机的消息前请不要关闭计算机。如果不是正确关闭计算机，有可能丢失信息。

单击“开始”，然后单击“关闭系统”，显示“关闭计算机”对话框，如图 3—10 所示。

图 3—10

（四）Windows XP 的 TCP/IP 网络配置

1. Windows XP 的 TCP/IP 配置参数

（1）IP 地址。

一个 IP 地址是一个逻辑的 32 位地址，以用来指定一台 TCP/IP 主机。每个 IP 地址被分为两个部分，一部分是网络 ID，另一部分是主机 ID。网络 ID 用来指定所有的机器在同一个物理网段上，而主机 ID 则用来指定在网络上的一台网络设备。在网络上每台运行 TCP/IP 的机器都需要一个不同的 IP 地址。

（2）子网掩码。

一个子网掩码用来掩住 IP 地址的一部分，以使 TCP/IP 能够利用分主机 ID 的一部分来作为网络 ID。当一台 TCP/IP 主机想要通信时，子网掩码可以用来决定一台主机是在本地网还是在远程网。

（3）默认网关。

为了和另一个网段的主机进行通信，一个 IP 地址必须指出一个路由器地址，使网络信息通过默认网关和另一个网段的主机进行通信。默认网关用来指示 TCP/IP 从什么地方发出数据包，最终是要把数据送到远程的目的网中去。如果用户不指出默认网关，那么信息只能在本地网中进行传送。

2. 安装 TCP/IP 协议

用户可以根据自己的需要安装 TPC/IP 协议，具体步骤如下：

（1）从“控制面板”中单击“网络连接”图标，就会在 Windows XP 的桌面上弹出一个“网络连接”窗口。

（2）选定连接后单击“更改此连接的设置”按钮（见图 3—11）。

（3）在弹出的连接属性窗口的“常规”选项卡上，在“此连接使用下列项目”列表中选中“Internet 协议（TCP/IP）”复选框，单击“安装”按钮，它就会被添加到用户的网络组件中去（见图 3—12）。

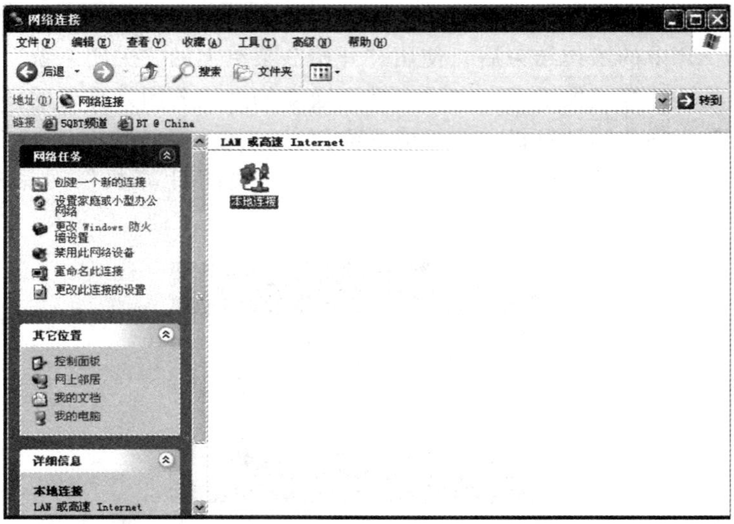

图 3—11

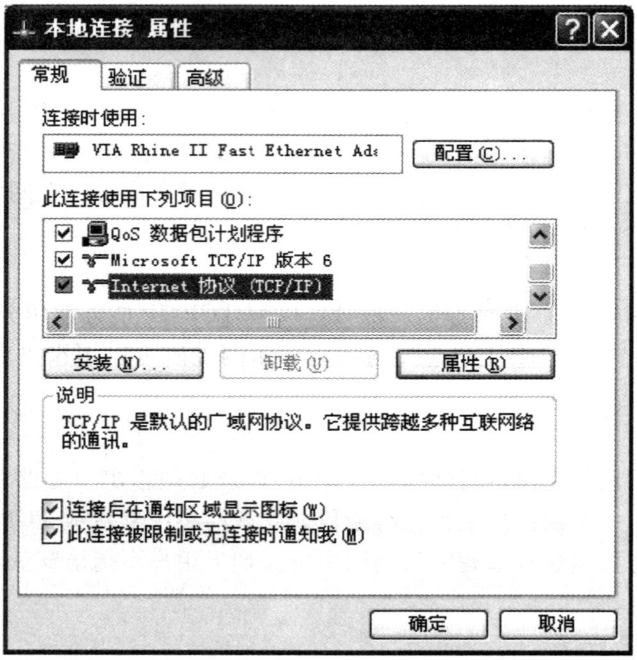

图 3—12

3. 配置 Windows XP 下的 TCP/IP

在连接属性窗口的“常规”选项卡上，在“此连接使用下列项目”列表中选中“Internet 协议（TCP/IP)”，单击“属性”按钮（见图 3—12)，进入“Internet 协议（TCP/IP)属性”对话框（见图 3—13)。从中可以进行对 IP 和 DNS 进行配置，也可以单击“高级”按钮进一步配置（见图 3—14)。

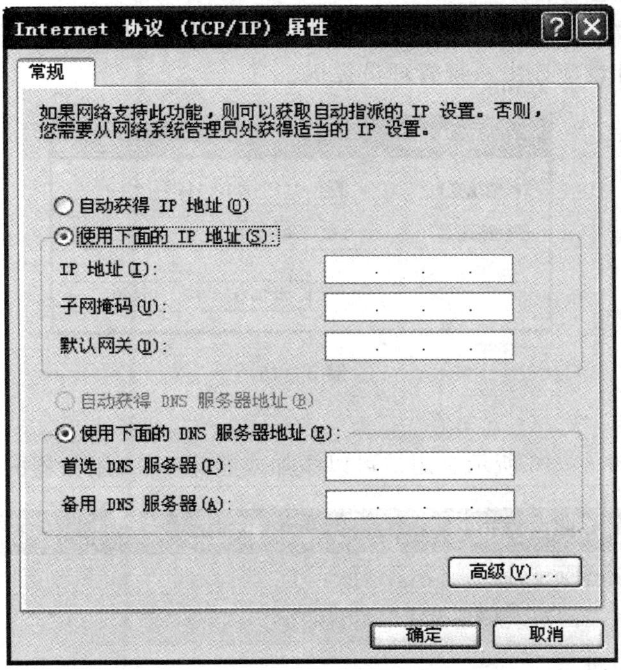
Internet 协议 (TCP/IP) 属性
常规
如果网络支持此功能，则可以获取自动指派的 IP 设置。否则，您需要从网络系统管理员处获得适当的 IP 设置。
自动获得 IP 地址(O)
使用下面的 IP 地址(S):
IP 地址(I):
子网掩码(U):
默认网关(D):
自动获得 DNS 服务器地址(B)
使用下面的 DNS 服务器地址(E):
首选 DNS 服务器(P):
备用 DNS 服务器(A):
高级(V)...
确定
取消

图 3—13

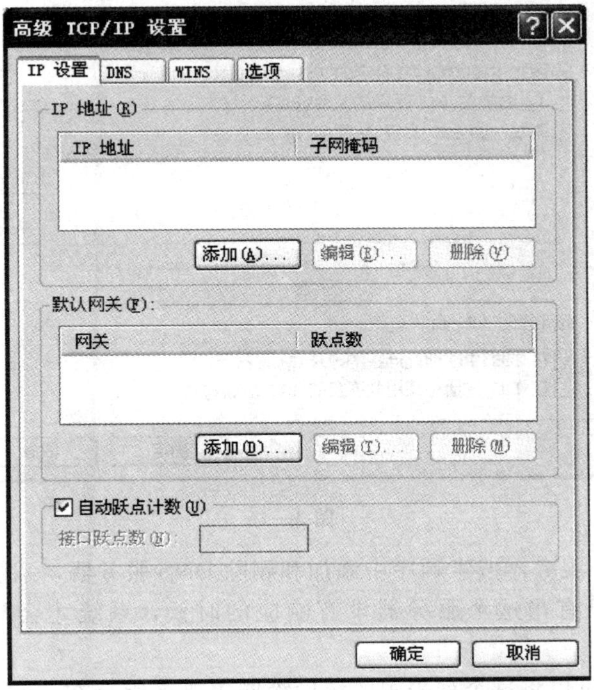
高级 TCP/IP 设置
IP 设置
DNS
WINS
选项
IP 地址(R)
IP 地址
子网掩码
添加(A)...
编辑(E)...
删除(V)
默认网关(F):
网关
跃点数
添加(D)...
编辑(T)...
删除(M)
自动跃点计数(U)
接口跃点数(N):
确定
取消

图 3—14

（1）“IP 设置”选项卡。

用户可以使用“添加”按钮和“删除”按钮来管理本机所使用的 IP（见图 3—15）与网关，这个网关的地址也应该由系统管理员提供。

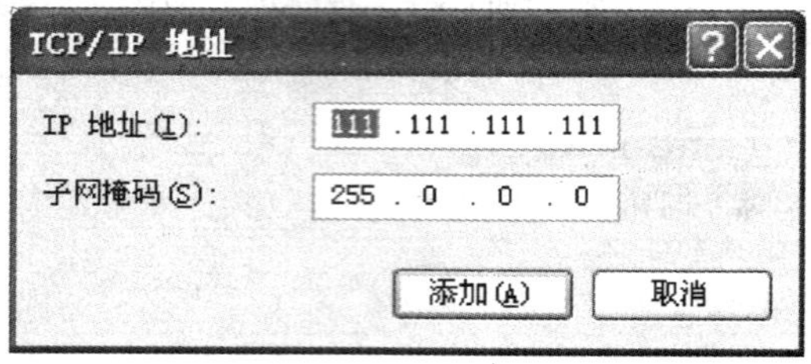

图 3—15

（2）DNS 选项卡。

DNS 选项卡如图 3—16 所示。用户可以添加或删除 DNS 服务器的 IP 地址。

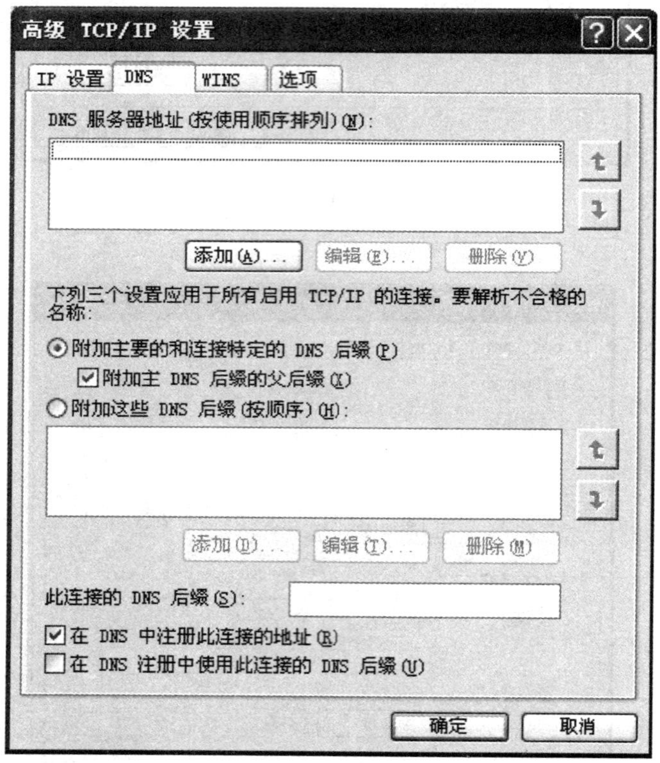

图 3—16

用户可以在 DNS 服务器搜索顺序中添加和删除 DNS 服务器，系统将优先使用排在第一个的 DNS 服务器，只有当这个服务器没有响应的时候，系统才会与第二个 DNS 服务器通信。

域后缀是指系统可以将这个列表中的域后缀同主机名组合在一起与 DNS 服务器进行交流。与 DNS 服务器相同，在域后缀列表中也是排在前面的域名先参与匹配。

注意　域后缀列表中最多只能添加 5 个域名。

DNS服务器必须使用IP地址来标识，而不能通过主机名加域名来标识。因为DNS服务器就是提供IP和主机名加域名之间的转换服务的。如果不使用IP地址，那么谁又来做这个DNS服务器的IP和主机名加域名之间的转换呢？

用户最好使用一个DNS服务器。否则用户虽然可以在Internet上遨游，但是只能通过大量的无法记忆的IP地址来访问Internet，而不能使用简单、容易记忆的主机名加域名（www.microsoft.com，www.ibm.com）来访问Internet。

三、难点释疑

本章主要的难点有安装Windows XP操作系统、理解TCP/IP的几个概念、安装网卡和添加TCP/IP协议，以及配置IP地址、网关和DNS参数。

（一）安装 Windows XP 操作系统

Windows XP是一个比较复杂的系统，安装的时候需要配置的参数很多，所以在安装过程中出现错误是在所难免的。但是Windows XP的图形化安装界面是非常人性化的，非常方便一般用户安装，按照本书中的步骤和方法安装Windows XP，一般情况下是不会出现问题的。

如果在安装过程中出现错误，可以按照出现的错误提示检查安装前的准备工作和安装参数设置，准备妥当或者修改错误之后重新安装。如果出现的错误比较严重或者不明白错误提示的含义，则最好向Windows专家或者微软公司请求技术支持。

（二）TCP/IP 的几个概念

一个基于Windows XP的系统要想在一个可路由的网络环境中使用TCP/IP，需要设置三个参数。

（1）IP地址。

一个IP地址是一个逻辑的32位地址，以用来指定一台TCP/IP主机。每个IP地址被分为两个部分，一部分是网络ID，另一部分是主机ID。网络ID用来指定所有的机器在同一个物理网段上，而主机ID则用来指定在网络上的一台网络设备，如一台机器或一台路由器。在网络上每台运行TCP/IP的机器都需要一个不同的IP地址。

（2）子网掩码。

一个子网掩码用来掩住IP地址的一部分，以使TCP/IP能够利用分主机ID的一部分来作为网络ID。当一台TCP/IP主机想要通信时，子网掩码可以用来决定一台主机是在本地网还是在远程网。

（3）默认网关。

为了和另一个网段的主机进行通信，一个IP地址必须指出一个路由器地址，使网络信息通过默认网关（用户也许已经知道在TCP/IP中，网关和路由是同一个概念）和另一个网段的主机进行通信。默认网关用来指示TCP/IP从什么地方发出数据包，最终是要把数据送到远程的目的网中去。如果用户不指出默认网关，那么信息只能在本地网中进行传送。

（三）安装网卡和添加 TCP/IP 协议

网卡直接安装到机箱内主板上的相应插槽（ISA 或者 PCI）内，保证接触紧密，并且固定稳妥即可。启动计算机进入 Windows XP 操作系统之后，系统一般能够自动检测到网卡，根据提示安装相应的网卡驱动程序之后，网卡的安装就完成了。根据网卡型号不同，可能在安装驱动程序的过程中需要提供 Windows XP 安装光盘或者相应的网卡驱动程序盘。

在 TCP/IP 协议添加过程中，可能会需要提供 Windows XP 安装光盘。TCP/IP 协议添加完成之后，需要重新启动计算机才能使设置生效。

（四）配置 IP 地址、网关和 DNS 参数

在“网络”对话框中选中网卡所对应的 TCP/IP 选项，单击“属性”按钮，才能出现正确的“TCP/IP 属性”对话框。

IP 地址是计算机或者路由器在 Internet 上的唯一标识，所以在设置的时候要注意 IP 地址一定不能和别的计算机出现重复，因为 IP 冲突的结果就是两台机器都不能正常地进行网络工作。

子网掩码用于划分子网，详细信息可以参考后续章节。一般的 C 类子网把子网掩码设置为 255.255.255.0 就可以了。

具体网关设置请向系统管理员或者网管询问。

DNS 参数用于指定进行域名解析的主机，具体设置请向网管询问。

四、练习题

（一）单项选择题（在备选答案中选出一个正确答案）

1. 以下关于操作系统的叙述中，正确的是（　　）。

A. 操作系统是一种重要的的应用软件

B. 操作系统只管理硬件资源，不管理软件资源

C. 操作系统只管理软件资源，不管理硬件资源

D. 操作系统是计算机中所有软硬件资源的组织者和管理者

2. Windows 中，管理系统资源的两个工具是“资源管理器”和（　　）。

A. 控制面板　　B. 回收站　　C. 我的电脑　　D. 我的文档

3. 以下关于 Windows 的任务栏的说法中，正确的是（　　）。

A. 只能改变大小不能移动位置　　B. 不能改变大小也不能移动位置

C. 只能移动位置不能改变大小　　D. 既能改变大小也能移动位置

4. 将一个应用程序窗口最小化，表示（　　）。

A. 终止该应用程序的运行

B. 该应用程序转入后台但不再运行

C. 该应用程序转入后台并继续运行

D. 该应用程序窗口缩小为桌面上（不在任务栏中）的一个图表按钮

5. 在不同的运行着的 Windows 应用程序间切换，可以使用快捷键（　　）。

A. Alt+Tab　　B. Alt+Esc　　C. Ctrl+Esc　　D. Ctrl+Tab

6. 操作系统的作用是（　　）。

A. 提高软件和硬件资源的利用率及提供使用方便的用户界面

B. 提高软件和硬件资源的利用率

C. 提供使用方便的用户界面

D. 提供丰富的系统软件和应用软件

7. 关闭应用程序，可以使用快捷键（　　）。

A. Alt+F1　　B. Alt+F2　　C. Alt+F3　　D. Alt+F4

8. 当关闭一个文档窗口后，该文档将（　　）。

A. 保存在外存中　　B. 同时保存在内存和外存中

C. 保存在内存中　　D. 保存在剪贴板中

9. 下列叙述中，正确的是（　　）。

A. 当前窗口处于前台运行状态，其余窗口处于后台运行状态

B. 当前窗口处于后台运行状态，其余窗口处于前台运行状态

C. 当前窗口处于后台运行状态，其余窗口处于后台运行状态

D. 当前窗口处于前台运行状态，其余窗口处于前台运行状态

10. 要启动应用程序并运行，下列操作错误的是（　　）。

A. 可以使用“开始”按钮来运行任何一个程序

B. 可以使用“浏览”按钮来运行任何一个程序

C. 可以通过系统菜单中的“运行”命令来运行任何一个程序

D. 可以通过系统菜单中的“设置”命令来运行任何一个程序

11. 关闭一个应用程序窗口后，该应用程序将（　　）。

A. 被终止执行　　B. 继续执行

C. 被暂停执行　　D. 被转入后台执行

12. 要在中文状态中输入英文字符，下列操作中错误的是（　　）。

A. 用 Ctrl+空格键切换到英文输入方式中，然后输入英文字符

B. 按 Caps Lock 键使 Caps Lock 指示灯亮，然后输入英文字符

C. 按住 Shift 键再按英文字符

D. 用 Ctrl+Shift 键切换到英文输入法中，然后输入英文字符

13. 下列叙述中，正确的是（　　）。

A. 用户可以先打开菜单，再按组合键就可以执行该菜单命令

B. 用户可以不打开菜单，直接按组合键就可以执行该菜单命令

C. 用户只能使用鼠标操作

D. 上述都不正确

14. 在使用鼠标拖放功能实现文件或文件夹的移动时，下列说法中正确的是（　　）。

A. 只能用鼠标左键实现文件或文件夹的移动

B. 只能用鼠标右键实现文件或文件夹的移动

C. 即可以用鼠标右键也可用鼠标左键实现文件或文件夹的移动

D. 不能使用鼠标实现文件或文件夹的移动

15. 用鼠标拖放功能实现文件或文件夹的快速移动时，正确的操作是（　　）。

A. 按住 Ctrl 键，再用鼠标左键拖动文件或文件夹到目的文件夹上

B. 按住 Shift 键，再用鼠标右键拖动文件或文件夹到目的文件夹上

C. 用鼠标左键拖动文件或文件夹到目的文件夹上

D. 用鼠标右键拖动文件或文件夹到目的文件夹上，再在弹出菜单中选择“移动到当前位置”

（二）多项选择题（在备选答案中选出两个或两个以上的正确答案）

1. 操作系统的功能是（　　）。

A. 用户和计算机之间的接口　　B. 协调计算机资源使用　　C. 进程控制

D. 设备控制　　E. 连接网络

2. Windows XP 操作系统的主要特点有（　　）。

A. 易于使用　　B. 可靠性更高　　C. 速度更快

D. 真正的 Web 集成　　E. 更具娱乐性

3. 要制作某个文件的快捷方式，先要找到该文件，用鼠标右键单击该文件，在弹出的系统快捷菜单中选择（　　）命令，就可以制作出来。

A. “发送到”→“桌面快捷方式”　　B. 创建快捷方式

C. “发送到”→“桌面”　　D. “发送到”→“开始菜单”

E. “发送到”→“频道”

4. 在 Windows XP 中浏览计算机的方法主要有（　　）。

A. “开始”按钮　　B. 我的电脑　　C. 资源管理器

D. 网上邻居　　E. 任务栏

5. 一般情况下，Windows XP 中需要设置的 TCP/IP 参数有（　　）。

A. 网卡驱动程序　　B. IP 地址　　C. 子网掩码

D. 默认网关　　E. DNS

6. 要设置文件或文件夹的属性，应当（　　）。

A. 鼠标右键单击文件，打开“属性”对话框

B. 可以用 DOS 命令 ATTRIB 修改

C. 可以用 DOS 命令 FILE 修改

D. 可以用 DOS 命令 PATCH 修改

E. 可以用 DOS 命令 PARAM 修改

7. 要进行窗口的切换，应该（　　）。

A. 按 Alt＋Esc　　B. 按 Alt＋Tab　　C. 按 Alt＋Shift

D. 按 Ctrl＋空格键　　E. 按 Alt＋数字键

8. 通过（　　）可恢复被误删的文件或文件夹。

A. 回收站　　B. 控制面板

C. 浏览器　　D. “开始”菜单

9. 要安装或删除一个应用程序，必须先打开（　　）窗口，然后使用其中的“添加/删除程序”功能。

A. 控制面板　　B. 系统配置信息
C. 引导信息　　D. 硬件信息

10. 在 Windows XP 操作系统中，文件或文件夹具有的属性包括（　　）。
A. 只读　　B. 隐藏　　C. 存档
D. 系统　　E. 只写

11. Windows XP 操作系统的窗口排列方式有（　　）两种。
A. 平铺　　B. 层叠　　C. 透明
D. 按时间排列　　E. 按名字排列

12. 窗口“最大化”将使窗口（　　）。
A. 菜单条消失　　B. 任务栏消失　　C. 占据整个屏幕
D. 盖住总在前端的程序　　E. 无法盖住那些总在前端的程序

13. 创建新的文件夹可以在（　　）中进行。
A. “文件”菜单中　　B. 右键弹出的菜单中
C. 打开文件的对话框中　　D. “开始”菜单中
E. 屏幕右下角的图表组中

14. 要卸载某个中文输入法，应当（　　）。
A. 右键单击屏幕右下角的输入法控制图表，选择弹出菜单中的“属性”命令
B. 进入控制面板，打开“输入法”窗口
C. 直接删除 Windows 目录下的输入法文件
D. 进入控制面板，打开“添加/删除应用程序”窗口
E. 进入控制面板，打开“添加/删除应用程序”窗口中的“Windows 系统”标签

15. 在 Windows XP 操作系统中，要打开已创建的文档，可以使用（　　）两种方法。
A. 用鼠标左键双击该文档　　B. 用控制面板打开该文档
C. 从“开始”菜单中打开该文档　　D. 将该文档放到桌面上
E. 在应用程序中打开该文档

（三）名词解释

1. IP 地址
2. 子网掩码
3. 域后缀
4. 默认网关
5. 主机
6. 域

（四）简答题

1. Windows XP 安装前的准备工作都有哪些？
2. 在 Windows XP 中如何正确关闭计算机？
3. 如何标识 DNS 服务器？为什么？
4. 剪贴板的功能是什么？如何实现应用程序之间的数据传送？

5. 什么是“即插即用”的特性?

6. 回收站的功能是什么?如何删除文件?

(五)实践题

1. 有条件的话,自己分别在没有系统的计算机上、装有 Windows 2000 的计算机上及装有和 MS-DOS 双引导的 Windows NT 的计算机上安装 Windows XP 操作系统。

2. 分别通过“开始”按钮、我的电脑、资源管理器和网上邻居浏览计算机。

3. 添加和删除程序、启动和退出程序。

4. 创建、查找、打开、重命名、复制、移动、删除文件和文件夹。

5. 在 Windows XP 中添加 TCP/IP 协议,并设置 IP 地址、子网掩码、默认网关和 DNS 服务器。

五、参考答案

(一)单项选择题

1. D	2. A	3. D	4. C	5. A
6. A	7. D	8. A	9. A	10. D
11. A	12. C	13. B	14. C	15. D

(二)多项选择题

1. ABCD	2. ABCDE	3. AB	4. ABCD	5. BCDE
6. AB	7. AB	8. AB	9. AC	10. ABCD
11. AB	12. CE	13. ABC	14. AB	15. AE

(三)名词解释

1. 一个 IP 地址是一个逻辑的 32 位地址,以用来指定一台 TCP/IP 主机。每个 IP 地址被分为两个部分,一部分是网络 ID,另一部分是主机 ID。网络 ID 用来指定所有的机器在同一个物理网段上,而主机 ID 则用来指定在网络上的一台网络设备,如一台机器或一台路由器。在网络上每台运行 TCP/IP 的机器都需要一个不同的 IP 地址。

2. 一个子网掩码用来掩住 IP 地址的一部分,以使 TCP/IP 能够利用分主机 ID 的一部分来作为网络 ID。当一台 TCP/IP 主机想要通信时,子网掩码可以用来决定一台主机是在本地网还是在远程网。

3. 域后缀是指系统可以将这个列表中的域后缀同主机名组合在一起与 DNS 服务器进行交流。与 DNS 服务器相同,在域后缀列表中也是排在前面的域名先参与匹配。

4. 默认网关用来指示 TCP/IP 从什么地方发出数据包,最终是要把数据送到远程的目的网中去。如果用户不指出默认网关,那么信息只能在本地网中进行传送。

5. 主机是指这台计算机在网络中的名称。它是由大小写字母 a~z、A~Z、数字 0~9 和符号“-”组成的。

6. 域是指这台计算机所处在的域。域名除了由大小写字母 a～z、A～Z、数字 0～9 和符号“-”组成外，还可以使用符号“·”作为分隔符，如 net. tsinghua. edu. cn 是一个合法的域名。

（四）简答题

1. 答：Windows XP 安装前的准备工作主要有：

安装要求

Windows XP Home Edition/Professional 的最低硬件要求，如表 3—4 所示。

表 3—4

序 号	内 容
1	Pentium 233MHz 或更快的处理器（建议 300MHz）
2	至少 64MB 的 RAM（建议 128MB）
3	硬盘上至少有 1. 5GB 的可用空间
4	CD-ROM 或 DVD-ROM 驱动器
5	键盘和 Microsoft 鼠标或一些其他兼容指针设备
6	Super VGA（800×600）或更高分辨率的视频适配器和监视器
7	声卡
8	扬声器或耳机

2. 答：在 Windows XP 中的工作结束后，使用“开始”菜单上的“关闭计算机”命令可以关闭窗口和程序，并为关闭计算机做准备。在没有看到通知您完成关闭计算机的消息前请不要关闭计算机。如果不是正确关闭计算机，有可能丢失信息。

单击“开始”，然后单击“关闭计算机”，显示“关闭计算机”对话框。单击“关闭”按钮，则 Windows XP 安全退出之后就可以关机了。

3. 答：DNS 服务器必须使用 IP 地址来标识，而不能通过主机名加域名来标识。因为 DNS 服务器就是提供 IP 和主机名加域名之间的转换服务的。

4. 答：剪贴板实际上是一块内存区域，程序之间可以通过剪贴板来传送数据。

利用剪贴板传送数据的方法是：一个程序先将被传送的数据复制到剪贴板上，另一个程序再从剪贴板上粘贴数据。

5. 答：“即插即用”功能是指可以自动侦测新硬件并自动安装新硬件的驱动程序的自动化技术，这种技术的实施需要硬件本身具有对即插即用特性的支持。

6. 答：回收站的主要功能是防止误删文件操作。被删除的文件先被放在回收站里，如何确实不再需要，可使用“清空回收站”命令将回收站清空。

［**典型分析**］2. 在 Windows 系列的操作系统中都不能采用直接关闭电源的方法关机。因为操作系统要退出图形操作界面，退出正在运行的程序，为保存所有没有保存的数据，必须使用“开始”菜单中的“关闭计算机”选项来关闭 Windows 和计算机。

第四章　计算机网络概述

一、章节结构及重点

本章分为计算机网络的产生与发展、计算机网络的基本概念、计算机网络的分类和计算机网络的应用四节。

第一节介绍计算机网络的产生与发展，主要讲述了计算机和通信技术的相互结合产生了计算机网络，进一步对计算机网络的发展历程展开说明，即从最初的双机连网实验到 ARPANET 和 NSFNET 的产生以至两者相互结合发展成为后来的国际互联网 Internet。同时，还简要介绍了各国的网络发展情况。

第二节介绍计算机网络的基本概念，首先严格界定了计算机网络的定义，同时将当前关于网络的定义与早期的计算机网络定义加以比较和区别，随后还介绍了计算机通信协议的基本概念以及数据通信与计算机通信、计算机网络与分布式计算机系统等容易混淆的概念。

第三节介绍计算机网络的分类，从不同角度对计算机网络的分类展开详细论述，并根据不同分类对分类对象进行了详细介绍和阐述。

第四节介绍计算机网络的应用，主要讲述计算机网络推动社会发展的因素，并就因网络产生的社会问题进行探讨。

二、本章主要内容

（一）计算机网络的产生与发展历程

1. 计算机网络的产生

线路控制器（见图 4—1）

多重线路控制器（见图 4—2）

前端处理机 FEP（见图 4—3）

集中器（见图 4—4）

2. 分组交换网的产生

在研究计算机网络的发展时，必须着重介绍分组交换（packet switching）。分组交换也称为包交换，它是现代计算机网络的技术基础。

传统的电路交换技术不适合计算机数据的传输，必须找出新的适合于计算机通信的交换技术。1966 年 6 月，NPL 的戴维斯（Davies）首次提出“分组”（packet）这一名词。1969 年 12 月，美国的分组交换网 ARPANET（当时仅 4 个结点）投入运行。从此，计算机网络

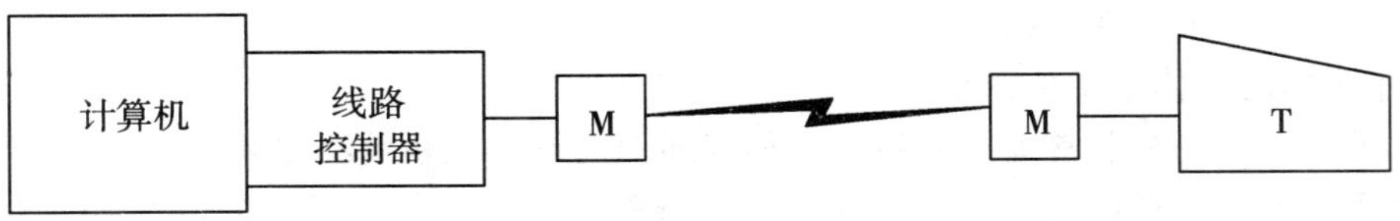

图 4—1 线路控制器

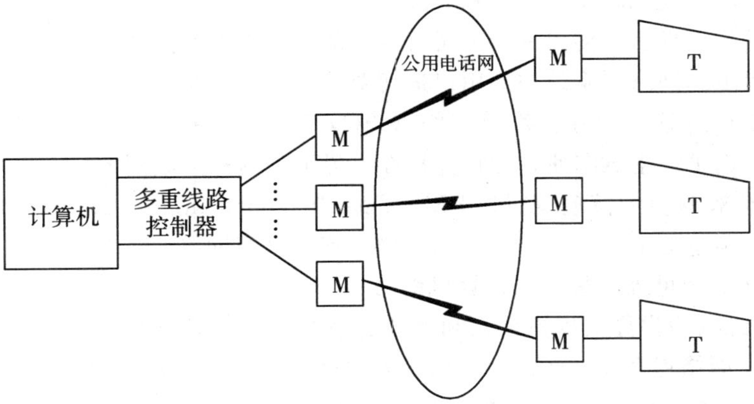

图 4—2 多重线路控制器

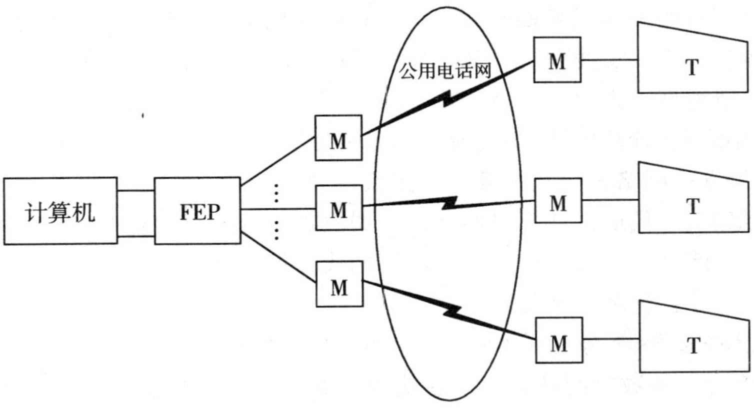

图 4—3 前端处理机

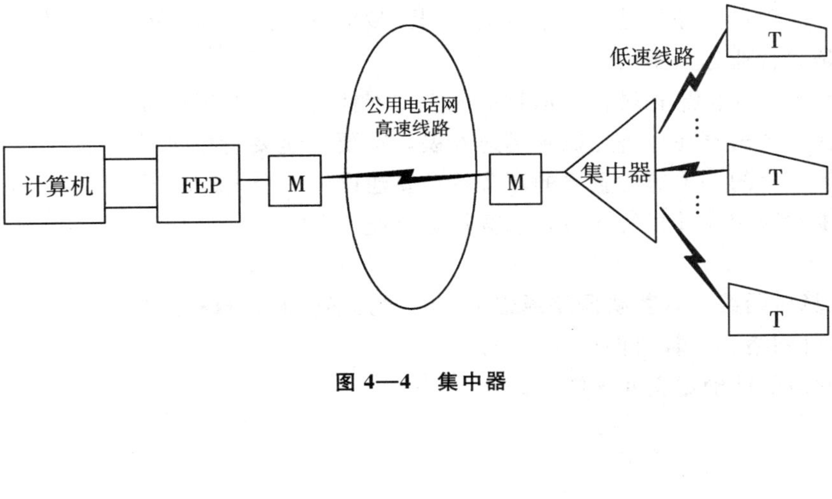

图 4—4 集中器

的发展就进入了一个崭新的纪元。

3. 计算机网络体系结构的形成

计算机网络是一个非常复杂的系统。相互通信的计算机系统必须高度协调工作才行，而这种“协调”是相当复杂的。为了设计这样复杂的计算机网络，早在最初的 ARPANET 设计时即提出了分层的方法。“分层”可将庞大而复杂的问题转化为若干较小的局部问题，而这些较小的局部问题就比较易于研究和处理。

网络体系结构出现后，使得一个公司所生产的各种设备都能够很容易地互连成网。然而社会的发展使得不同网络体系结构的用户迫切要求能够互相交换信息。为了使不同体系结构的计算机网络都能互连，国际标准化组织（ISO）于 1977 年成立了专门机构研究该问题。不久，他们就提出了一个试图使各种计算机在世界范围内互连成网的标准框架，这就是著名的开放系统互连基本参考模型（OSI/RM，Open Systems Interconnection/Reference Model)，简称 OSI。从这以后，就开始了所谓的第三代计算机网络。

4. Internet 成为世界上最大的计算机网络

Internet 已经成为世界上规模最大和增长速率最快的计算机网络。在 1995 年初的统计是：有 12 000 个网络连在 Internet 上，而每天约有 1 200 台计算机入网。在 Internet 上的数据通信量每月约增加 10%。每天在世界范围有约 1 500 万人直接使用 Internet。Internet 已连通了世界上的 137 个国家和地区。

目前，几乎所有的发达国家都相继建设了自己的国家级的教育和科研计算机网络，并且与 Internet 互连在一起。实践表明，凡是建立了国家教育科研计算机网络的国家，其教育和科研事业都明显地得到了迅速的发展。

Internet 仍属第三代计算机网络，它使用的也是分层的体系结构，并没有使用 OSI 体系结构。

5. 新一代计算机网络——宽带综合业务数字网

进入 20 世纪 90 年代后，计算机网络的发展更加迅速，目前正在向宽带综合业务数字网的方向演变。这也就是人们常说的新一代或第四代计算机网络。新一代计算机网络的技术上最主要的特点就是综合化和高速化。

综合化是指将多种业务综合到一个网络中。这样的网络就叫做综合业务数字网(ISDN)。采用综合业务数字网最大的潜在优点就是经济，这样就可以不必按照不同的业务来分别建造各自的通信网。

网络向综合化发展与多媒体技术的迅速发展也是密切相关的。多媒体技术是指能够同时获取、处理、编辑、存储和显示两个以上不同类型信息媒体技术。传送多媒体信息最合适的网络显然就是综合业务数字网。

当前世界已进入信息化时代，信息已成为发展社会生产力和提高人民生活质量日益重要的资源。现在一个国家在经济上能否迅速发展，重要的是要看整个社会信息化的程度如何。而实现社会信息化的一个非常重要的环节就是要建设好一个先进的国家信息网络。这种网络就是上面所说的新一代计算机网络，或宽带综合业务数字网。

（二）计算机网络、计算机网络通信协议、数据通信和计算机通信

1. 计算机网络和计算机网络通信协议

计算机网络的精确定义并未统一。

关于计算机网络的最简单的定义是：一互相连接的、自治的计算机的集合。

一个计算机网络应当有三个主要的组成部分：

(1) 若干个主机，它们向各用户提供服务。

(2) 一个通信子网。它由一些专用的通信处理机（通信子网中的结点交换机）和连接这些结点的通信链路所组成。

(3) 一系列的协议。这些协议是为在主机和主机之间或主机和子网之间或子网中各结点之间的通信而用的。协议是通信的双方事先约定好的和必须遵守的规则。

计算机网络与分布式计算机系统虽然有相同之处，但二者并不等同。分布式系统的最主要特点是整个系统中的各计算机对用户都是透明的。由此可见，计算机网络并不等同于分布式计算机系统。一般说来，分布式系统是计算机网络的一个特例。当然，也许一些分布式系统根本就不是计算机网络（如分布式计算机）。

2. 计算机通信和数据通信

"计算机通信"与"数据通信"这两个名词也常混用。不过在许多情况下，数据通信网往往指的是计算机网络中的通信子网。

(三) 计算机网络的分类

1. 按距离划分

(1) 广域网（远程网，WAN，Wide Area Network）。广域网的作用范围一般为几十到几千千米。

(2) 局域网（LAN，Local Area Network）。局域网的作用范围通常为几米到几十千米。

以上两种为传统的划分方式，近年来在 LAN 与 WAN 之间又出现了一种新的分类。

(3) 城域网（MAN，Metropolitan Area Network）。城域网的作用范围界于 WAN 与 LAN 之间，其运行方式与 LAN 相似。

2. 按通信介质划分

(1) 有线网。采用如同轴电缆、双绞线、光纤等物理介质来传输数据的网络。

(2) 无线网。采用卫星、微波等无线形式来传输数据的网络。

3. 按通信传播方式划分

(1) 点对点式传播方式网。点对点式传播方式网是以点对点的连接方式，把各个计算机连接起来的。这种传播方式的主要拓扑结构有星形、树形、环形、网形。

(2) 广播式传播方式网。广播式传播方式网是用一个共同的传播介质把各个计算机连接起来的，主要有以同轴电缆连接起来的总线形网；以微波、卫星方式传播的广播形网。

4. 按通信速率划分

(1) 低速网。网上数据传输速率在 300bps～1.4Mbps 之间的系统。这种系统通常是借助调制解调器利用电话网来实现的。

(2) 中速网。网上数据传输速率在 1.5Mbps～45Mbps 之间的系统。这种系统主要是传统的数字式公用数据网。

(3) 高速网。网上数据传输速率在 50Mbps～750Mbps 之间的系统。信息高速公路的数据传输速率会更高。

5. 按使用范围划分

（1）公用网，又称为公众网。对所有的人来说，只要符合网络拥有者的要求就能使用这个网，也就是说它是为全社会所有的人提供服务的网络。

（2）专用网。专用网为一个或几个部门所拥有，它只为拥有者提供服务，这种网络不向拥有者以外的人提供服务。

6. 按网络控制方式划分

（1）集中式计算机网络。

这种网络处理的控制功能高度集中在一个或少数几个结点上，所有的信息流都必须经过这些结点之一。因此，这些结点是网络处理的控制中心，而其余的大多数结点则只有较少的处理控制功能。星形网络和树形网络都是典型的集中式网络。

集中式网络的主要优点是实现简单，其网络操作系统很容易从传统的分时操作系统经适当的扩充和改造而成。但它们都存在着一系列缺点，如实时性差、可靠性低、缺乏较好的可扩充性和灵活性。

（2）分布式计算机网络。

在这种网络中，不存在一个处理的控制中心，网络中的任一结点都至少和另外两个结点相连接，信息从一个结点到达另一结点时，可能有多条路径。同时，网络中的各个结点均以平等地位相互协调工作和交换信息，并可共同完成一个大型任务。分组交换、网状型网络都属于分布式网络，这种网络具有信息处理的分布性、高可靠性、可扩充性和灵活性等一系统列优点，因此，它是网络的发展方向。

目前的大多数广域网中的主干网，便是做成分布式的控制方式，并采用较高的通信速率，以提高网络性能；而对大量非主干网，为了降低建网成本，则仍采取集中控制方式和较低的通信速率。

7. 按网络环境划分

（1）部门网络（Departmental Network）。

部门网络是局限于一个部门的 LAN，这种网络通常由几个至 20 个工作站、1～2 个服务器和可共享的一般打印机或激光打印机等组成。在大型企业和校园中，通常都包括多个部门网络，它们通过网桥/路由器或其他方式互联。

部门网络规模小且技术成熟，目前最流行的是总线形以太网，传输速率为 10/100Mbps，网络管理也比较简单，且由于已经积累了较多的经验，故不需要专职的管理人员，可由本部门的业务人员兼任网络管理员。

（2）企业网络（Enterprise Network）。

这是在一个企业中配置的、能覆盖整个企业的计算机网络。中等规模的企业网络通常由两级网络构成，其低层是分布在各个部门（分公司、处、科）的部门网络，而高层则是用于互联这些部门网络的主干网。主干网通常都具有较高的传输速率，如 100Mbps，并挂有中、小型机作为整个企业的数据服务器，存储整个企业的重要数据；在规模较大且地理上分散的企业中，往往还需要通过广域网络将各地的主干网和部门网互联起来。

企业网络不仅规模大，可能拥有多种类型的网络，以及配置大量的、品种繁多的硬件和软件，而且是作为现代企业活动的神经中枢。因此，在企业网中对关键部件都采用了容错技术，同时，由于对网络的管理和维护要求较高，因而必须配备经验丰富的专职网络管理人员。

（3）校园网络（Campus Network）。

校园网络是在学校中配置的、覆盖整个学校的计算机网络。通常在一所大学的计算中心和一些院、系里都配置了部门 LAN，它们分散在各个大楼中，可利用主干网络或网络中心单元将这些网络互联起来形成一个统一的校园网。但当前更流行也更有效的方法是利用一个高速网络，将分散的部门 LAN 连接起来，形成一个两级网络形式的校园网。

8. 按拓扑结构划分

计算机网络系统的拓扑结构主要有总线形、星形、环形、树形、全互连形和不规则形几种，如图 4—5 所示。网络拓扑结构对整个网络的设计、功能、可靠性、费用等方面有着重要的影响。

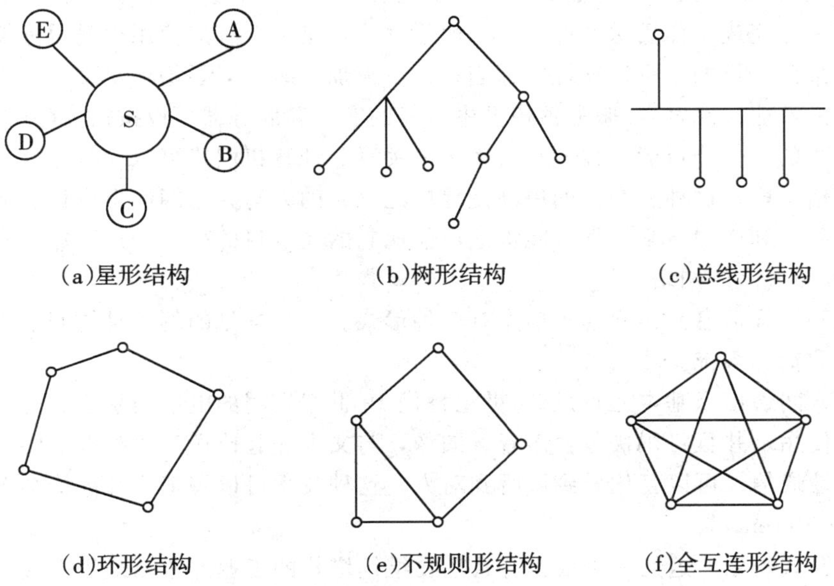

图 4—5

（四）计算机网络的应用领域和计算机网络的应用方式

1. 用于企业的网络

核心问题就是资源共享（resource sharing）。其目的是让网络上的用户都能使用网络中的程序、设备，尤其数据。

第二个目的是依靠可替代的资源来提供高可靠性（high reliability）。例如，所有的文件可以在两台或三台计算机上留有副本，如果其中之一不能使用（由于硬件故障），还可以使用其他的副本。另外，多处理机的出现，意味着如果其中一台机器出了故障，其余的处理机仍然可以分担它的任务，尽管性能可能有所下降。

第三个目的是节约经费。许多系统设计者用多台功能强大的个人计算机来组建系统，每个用户使用一台个人计算机，数据则存放在一台或多台共享的文件服务器（File Server）里。在这一模式中，用户被称做客户（Client），而整个结构被称做客户/服务器模型（Client/Server Model），如图 4—6 所示。

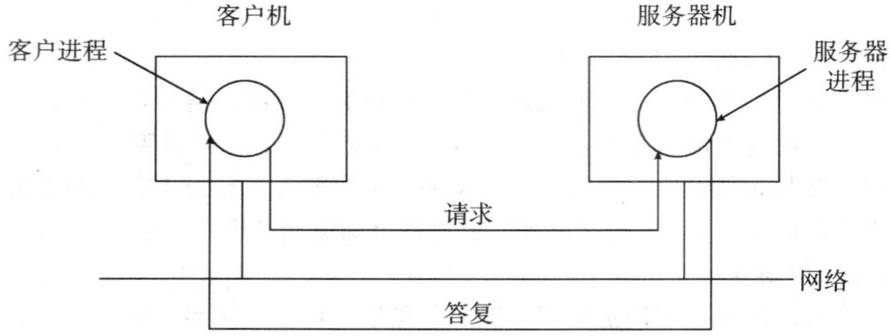

图 4—6

在客户/服务器模型中，通信的方式通常是客户向服务器发送请求信息，指示需要完成的工作，服务器完成工作后送回应答。一般情况下，是多个客户使用少量服务器。

网络的第四个目的是可扩充性，即当工作负荷加大时，只要增加更多的处理器，就能逐步改善系统的性能。在客户/服务器模型中，新的客户和服务器可以按需要随时加入。

建立网络的另一个目的与技术没有太大的关系。计算机网络可以为分布在各地的雇员提供强大的通信手段。这种速度上的提高使得广泛分布的人与人之间的合作很容易进行。从长远的观点来看，利用网络来增强人际沟通可能比它的技术目的（如增加可靠性）更重要。

2. 服务于公众的网络

（1）访问远程信息。访问远程信息有多种形式。一个常见的例子是访问财务部门。第二类应用是访问信息系统。

（2）个人间通信。基本上它是 21 世纪替代 19 世纪发明的电话的手段。电子邮件已在上百万人当中使用，并且将很快包含声音、图像，与文本一起传送。实时电子邮件使远程用户可以无延迟地通信，可以互相看到或听到对方。这种技术可以用来召开虚拟会议，即视频会议（video conference）。

（3）交互式娱乐。这是一个巨大并且还在继续增长的工业。这里最吸引人的应用是视频点播（video on demand）和实时模拟游戏。

简单地说，综合信息、通信和娱乐的能力将造成一个新兴的基于计算机网络的巨大工业。

3. 社会问题

网络的广泛应用将会引发新的社会、种族和政治问题。

三、难点释疑

本章主要的难点是计算机网络的拓扑结构。

拓扑（Topology）是从图论演变而来的，是一种研究与大小形状无关的点、线、面特点的方法。在计算机网络中抛开网络中的具体设备，把工作站、服务器等网络单元抽象为“点”，把网络中的电缆等通信介质抽象为“线”，这样从拓扑学的观点看计算机和网络系统，就形成了点和线组成的几何图形，从而抽象出了网络系统的具体结构。这种采用拓扑学抽象的网络结构称为计算机网络的拓扑结构。

计算机网络系统的拓扑结构主要有总线形、星形、环形、树形、全互连形和不规则形几种。网络拓扑结构对整个网络的设计、功能、可靠性和费用等方面有着重要的影响。

(一) 星形结构

星形结构由一个功能较强的转接中心S和一些各自连到中心的从结点组成。这种网络各个从结点间不能直接通信，从结点间的通信必须经过转接结点。

星形结构有两类：一类是转接中心仅起各从结点连通的作用；另一类的转接中心是一个很强的计算机，从结点是一般计算机或终端，这时转接中心有转接和数据处理的双重功能。强的转接中心也成为各从结点共享的资源，转接中心也可按存储转发方式工作。

星形结构的优点是建网容易，控制相对简单，其缺点是属于集中控制，对中心结点依赖性大。

(二) 层次结构或树形结构

层次结构是联网的各计算机按树形或塔形组成，树的每个结点都为计算机。一般来说，愈靠近树根（或塔的顶部）的结点，其处理能力就愈强。最低层的结点命名为0级，次低层的为1级，塔顶的级最高。低层计算机的功能和应用有关，一般都具有明确定义的和专业化很强的任务，塔的顶部则有更通用的功能，以便控制系统的工作。低层的结点通常仅带有限数量的外围设备，相反，顶部的结点常为可带有前端机的中型甚至大型计算机。烦琐的重复性的功能和算法，如数据收集和变换都在最低层处理，相反，数据处理、命令执行（控制）、综合处理等都由顶部结点完成，如共享的数据库放在顶部而不分散在各个低层结点。信息在各个级上垂直进行传输，这些信息可以是程序、数据、命令或以上三者的组合。层次结构如果仅有两级，就变为星形。一般来说，层次的层也不宜过多，以免转接开销过大。

层次结构适用于相邻层通信较多的情况，典型的应用是低层结点解决不了的问题，请求中层解决，中层计算机解决不了的问题请求顶部的计算机来解决。

(三) 总线形结构

由一条高速公用总线连接若干个结点所形成的网络。其中一个结点是网络服务器，由它提供网络通信和资源共享服务，其他结点是网络工作站（用户计算机）。总线形网络采用广播通信方式，即由一个结点发出的信息可被网络上的多个结点所接收。由于多个结点连接到一条公用总线上，因此必须采取某种介质访问控制规程来分配信息，以保证在一段时间内，只允许一个结点传送信息。目前最常用的且已列入国际标准的规程有：(1) CSMA/CD访问控制规程；(2) 令牌传送访问控制规程。

在总线结构网络中，作为数据通信必经之路的总线的负载能力是有限度的，这由通信介质本身的物理性能决定。所以，总线结构网络中工作站结点的个数是有限制的，如果工作站结点的个数超出总线负载能力，就需要采用分段等方法，并加入相当数量的附加部件，使总线负载符合容量要求。

总线形网络结构简单灵活、可扩充、性能好。所以，进行结点设备的插入与拆卸非常方便。另外，总线形网络可靠性高、网络结点间响应速度快、资源共享能力强、设备投入量少、成本低、安装使用方便。当某个工作站点出现故障时，对整个网络系统影响小。因此，总线结构网络是最普遍使用的一种网络。但是由于所有的工作站通信均通过一条共用的总线，所以，实时性较差，并且总线的任何一点故障，都会造成整个网络瘫痪。

（四）环形结构

环形网是局域网常用的拓扑结构，它由通信线路将各结点连接成一个闭合的环。数据在环上单向流动，每个结点按位转发所经过的信息，可用令牌控制来协调控制各结点发送，任意两点都可通信。

（五）点–点部分连接的不规则形

在广域网中，互联的计算机一般都安装在各个城市，各结点间距离很近，某些结点间是否用点–点线路专线连接，要依据其间的信息流量和网络所处的地理而定。如果某结点间的通信可由其他中继结点转发且不太影响网络性能，则可不必直接互联。因此，当地域范围很大且结点数较多时，都为部分结点连接的任意拓扑结构。部分结点连接的网络必然带来经由中继结点转发而相互通信的现象，称为交换。

（六）点–点全连接结构

点–点全连接结构的网，每一结点和网上其他所有结点都有通信线路连接，这种网的复杂性随处理机数目的增加而迅速地增长。该类网络的优点是无需路由选择，通信方便。但这种网络连接复杂，适合于结点数少、距离很近的环境。

四、练习题

（一）单项选择题（在备选答案中选出一个正确答案）

1. 低速网的数据传输速率范围为（　　）。

A. 300bps～1.4Mbps　　B. 1.5Mbps～45Mbps

C. 50Mbps～750Mbps 或更高　　D. 以上都不对

2. 计算机网络按传播方式可分为（　　）。

A. 有线网、无线网　　B. 广域网、局域网、城域网

C. 点对点式、广播式　　D. 公用网、专用网

3. 中速网的数据传输速率范围为（　　）。

A. 300bps～1.4Mbps　　B. 1.5Mbps～45Mbps

C. 50Mbps～750Mbps 或更高　　D. 以上都不对

4. 从本质上讲，在联机多用户系统中，不论主机上连接多少台计算机终端或计算机，主机与其连接的计算机终端或计算机之间都是（　　）的关系。

A. 信任与被信任　　B. 支配与被支配

C. 独占与被独占　　D. 分解与被分解

5. 高速网的数据传输速率范围为（　　）。

A. 300bps～1.4Mbps　　B. 1.5Mbps～45Mbps

C. 50Mbps～750Mbps 或更高　　D. 以上都不对

6. 在多用户系统中，终端的特征是（　　）。

A. 具备并行的数据处理能力　　B. 具备单独的数据处理能力

C. 不具备单独的数据处理能力　　D. 具备串行的数据处理能力

7. 在联机系统中，被连接在多用户系统中智能终端的资源不能被（　　）共享。

A. 普通用户　　B. 输入/输出设备

C. 终端　　D. 主计算机

8. 在联机多用户系统中，终端是系统中的（　　）设备。

A. 输入/输出设备　　B. 控制

C. 计算　　D. 存储

9. 凡将地理位置不同并具有独立功能的多个计算机系统通过通信设备和线路连接起来，以功能完善的网络软件实现网络中的（　　）的系统，称为计算机网络系统。

A. 资源独占　　B. 资源共享

C. 资源回收　　D. 资源封锁

10. 计算机网络是通过通信媒体，把各个独立的计算机互相连接而建立起来的系统。它实现了计算机与计算机之间的（　　）和资源共享。

A. 屏蔽　　B. 独占

C. 通信　　D. 交换

11. 第四代计算机网络是（　　）。

A. 网络互连和高速计算机网络　　B. 神经网络

C. 军用网络　　D. 家庭网络

(二) 多项选择题（在备选答案中选出两个或两个以上的正确答案）

1. 一个计算机网络应当具有的三个主要组成部分是（　　）。

A. 若干个主机，它们向各用户提供服务

B. 一个通信子网，它由一些专用的通信处理机和连接这些结点的通信链路所组成

C. 一系列的协议

D. 一个通信主网，它由一些主机和服务器组成

E. 一个通信骨干网，它由主交换器构成

2. 计算机网络发展经历了（　　）四个阶段。

A. 联机系统　　B. 互联网络　　C. 标准化网络

D. 网络互联与高速网络　　E. 专用网络

3. 以下有关分布式计算机网络的叙述中，正确的是（　　）。

A. 不存在一个处理的控制中心

B. 网络中的任一结点都至少和另外两个结点相连接

C. 网络中的各个结点均以平等地位相互协调工作和交换信息

D. 网络中的各个结点可共同完成一个大型任务

E. 信息从一个结点到达另一结点时，只能有一条路径

4. 计算机和远程终端发出的数据信号都是（　　），而公用电话系统的传输系统只能传输（　　）。

A. 量化信号　　B. 声音信号　　C. 视频信号

D. 数字信号　　E. 模拟信号

5. 以下有关集中式计算机网络的叙述中，正确的是（　　）。

A. 网络处理的控制功能高度集中在一个或少数几个结点上

B. 所有的信息流都必须经过控制结点之一

C. 实现简单　　D. 实时性好　　E. 可靠性高

6. 计算机内的传输是（　　）传输，而电话通信线路上的传输是（　　）传输。

A. 并行　　B. 串行　　C. 串/并行混合

D. 双向　　E. 单向

7. 星形结构的特点包括（　　）。

A. 由一个功能较强的转接中心和一些各自连到中心的从结点组成

B. 从结点间的通信必须经过转接结点

C. 从结点间有专门的通信通路，可以直接通信

D. 各个从结点间根本不能直接通信

E. 转接中心必须提供 Internet 服务

8. 组成传统的联机多用户系统必须有的几部分包括（　　）。

A. 外存储器　　B. 一台中央处理器　　C. 多个联机终端

D. 具有处理能力的终端系统　　E. 多用户操作系统

9. 分布式计算机系统与计算机网络系统，在计算机硬件连接、系统拓扑结构和通信控制等方面基本都是一样的，它们都具有的功能包括（　　）。

A. 通信　　B. 资源共享　　C. 资源锁定

D. 资源独占　　E. 并发控制

10. 计算机网络系统是在网络操作系统支持下，实现互连的计算机之间的（　　），计算机网络系统中的各计算机通常是（　　）进行工作的。

A. 资源独占　　B. 资源共享　　C. 各自独立

D. 互相关联　　E. 资源封锁

11. 计算机网络的发展过程是从（　　）、由（　　）的通信，演变到计算机与计算机之间的直接通信过程。

A. 多机到集中式　　B. 单机到多机　　C. 终端与计算机之间

D. 主机与主机之间　　E. 网络和网络之间

12. 第一阶段的计算机网络系统实质上是（　　）系统，是面向（　　）的计算机通信。

A. 主机　　B. 联机多用户　　C. 网络

D. 终端　　E. 用户计算机的脱机通信

13. 在计算机通过线路控制器与远程终端直接相连的系统中，计算机既要进行（　　），又要承担（　　），主计算机负荷加重，实际工作效率下降；而且分散的终端都要单独占用一条通信线路，通信线路利用率低，费用高。

A. 事务决策支持　　B. 数据处理　　C. 主机之间的通信
D. 各终端间的通信　　E. 终端线路占用分配

14. 计算机网络是突破地理范围限制，集合了大量计算机设备的群体，它们彼此用物理信道互连，并遵守共同的协议而进行（　　），从而实现用户对网络系统中各互连计算机设备群体的（　　）。

A. 数据通信　　B. 共享　　C. 排他
D. 资源限制　　E. 设备标准

15. 计算机网络系统是由（　　）组成的。

A. 通信子网　　B. 资源子网　　C. 信息子网
D. 内层　　E. 外围

（三）名词解释

1. 拓扑（Topology）
2. 分布式计算机网络
3. 集中式计算机网络

（四）简答题

1. 简述计算机网络与分布式计算机系统的区别。
2. 按距离可将网络划分为哪几种？
3. 按通信传播方式可以将网络划分为哪几种？
4. 简述集中式计算机网络的特点和优缺点。
5. 远程联机系统中为什么需要调制解调器？
6. 简答分组交换过程。
7. 计算机网络的发展可划分为几个阶段？每个阶段各有何特点？
8. 试说明计算机网络由哪几部分组成，各部分的主要功能是什么？
9. 为什么网络体系结构需要标准化？

五、参考答案

（一）单项选择题

1. A　　2. C　　3. B　　4. B　　5. C
6. C　　7. D　　8. A　　9. B　　10. C
11. A

（二）多项选择题

1. ABC　　2. ABCD　　3. ABCD　　4. DE　　5. ABC
6. AB　　7. ABD　　8. BCE　　9. AB　　10. BC
11. BC　　12. BD　　13. BD　　14. AB　　15. AB

（三）名词解释

1. 拓扑（Topology）：拓扑是从图论演变而来的，是一种研究与大小形状无关的点、线、面特点的方法。

2. 分布式计算机网络：分布式网络是指网络不存在一个处理的控制中心，网络中的任一结点都至少和另外两个结点相连接，信息从一个结点到达另一结点时，可能有多条路径。同时，网络中的各个结点均以平等地位相互协调工作和交换信息，并可共同完成一个大型任务。

3. 集中式计算机网络：集中式计算机网络处理的控制功能高度集中在一个或几个结点上，所有的信息流都必须经过这些结点之一，因此，这些结点是网络处理的控制中心，而其余的大多数结点则只有较少的处理控制功能。集中式网络的主要优点是实现简单，其网络操作系统很容易从传统的分时操作系统经适当的扩充和改造而成。

（四）简答题

1. 答：计算机网络与分布式计算机系统虽然有相同之处，但二者并不等同。分布式系统的最主要特点是整个系统中的各计算机对用户都是透明的。也就是说，对用户来说，这种分布式计算机系统就好像只有一个计算机一样。用户通过键入命令就可以运行程序，但用户并不知道是哪一个计算机在为他运行程序。由此可见，计算机网络并不等同于分布式计算机系统。一般说来，分布式系统是计算机网络的一个特例。

2. 答：按距离可将网络划分为以下几种。

(1) 广域网（远程网，WAN，Wide Area Network）。广域网的作用范围一般为几十到几千千米。

(2) 局域网（LAN，Local Area Network）。局域网的作用范围通常为几米到几十千米。

(3) 城域网（MAN，Metropolitan Area Network）。城域网的作用范围界于 WAN 与 LAN 之间，其运行方式与 LAN 相似，它是近年来在 LAN 与 WAN 之间又出现的一种新的分类。

3. 答：根据通信传播方式的不同，可将网络划分为以下几种。

(1) 点对点式传播方式网：点对点式传播方式网是以点对点的连接方式，把各个计算机连接起来的。这种传播方式的主要拓扑结构有星形、树形、环形、网形。

(2) 广播式传播方式网：广播式传播方式网是用一个共同的传播介质把各个计算机连接起来的，主要有以同轴电缆连接起来的总线形网；以微波、卫星方式传播的广播形网。

4. 答：集中式网络的处理控制功能高度集中在一个或少数几个结点上，所有的信息流都必须经过这些结点之一。因此，这些结点是网络处理的控制中心，而其余的大多数结点则只有较少的处理控制功能。星形网络和树形网络都是典型的集中式网络。

集中式网络的主要优点是实现简单，其网络操作系统很容易从传统的分时操作系统经适当的扩充和改造而成。故早期的计算机网络都属于集中式的网络，目前仍被广泛采用。但它们都存在着一系列缺点，如实时性差、可靠性低、缺乏较好的可扩充性和灵活性。

5. 答：因为在远程联机系统中的中心计算机与远程终端的通信当时只能利用公用电话系统，而利用电话线传输计算机或远程终端发出的信号，就必须要经过数据转换。由于计算机和远程终端发出的数据信号都是数字信号，而公用电话系统的传输系统只能传输模拟信号，因此需要实现两种信号的转换。

调制解调器的作用：在通信前，先把从计算机或远程终端发出的数字信号转换成可以在电话线上传送的模拟信号；通信后再将被转换的信号进行复原。

6. 答：分组交换，简单地说，就是在一个主机向另一个主机发送数据时，首先将主机发出的数据划分成一个个分组，每个分组都携带一些有关目的地址的信息，系统根据分组中的目的地址信息，利用系统中的数据传输的路径算法，确定分组的下一个结点并将数据发往确定的结点，分组数据被一步步传下去，直至目的计算机接收。

7. 答：计算机网络的发展分为以下四个阶段。

(1) 面向终端的计算机通信网：其特点是计算机是网络的中心和控制者，终端围绕中心计算机分布在各处，呈分层星形结构，各终端通过通信线路共享主机的硬件和软件资源，计算机的主要任务还是进行批处理，在20世纪60年代出现分时系统后，则具有交互式处理和成批处理能力。

(2) 分组交换网：分组交换网由通信子网和资源子网组成，以通信子网为中心，不仅共享通信子网的资源，还可共享资源子网的硬件和软件资源。网络的共享采用排队方式，即由结点的分组交换机负责分组的存储转发和路由选择，给两个进行通信的用户断续（或动态）分配传输带宽，这样就可以大大提高通信线路的利用率，非常适合突发式的计算机数据。

(3) 形成计算机网络体系结构：为了使不同体系结构的计算机网络都能互联，国际标准化组织（ISO）提出了一个能使各种计算机在世界范围内互联成网的标准框架——开放系统互连基本参考模型（OSI)。这样，只要遵循（OSI）标准，一个系统就可以和位于世界上任何地方、也遵循同一标准的其他任何系统进行通信。

(4) 高速计算机网络：其特点是高速网络技术的采用，综合业务数字网的实现，以及多媒体和智能型网络的兴起。

8. 答：计算机网络从功能上讲由资源子网和通信子网两部分组成。

(1) 资源子网提供访问网络和处理数据的能力，实现网络资源的共享。它由各种硬件（主机和外设）和软件（网络操作系统和网络数据库系统）组成。主机是资源子网中的主要组成单元，在主机中除了装有本地操作系统外，还配有网络操作系统、各种用户软件、网络数据库和各种工具软件。

(2) 通信子网提供网络通信功能，完成主机之间的数据传送任务，它由交换部分和传输部分组成。交换部分指结点处理机或分组交换机，负责数据的发送、接收与转发，涉及路由选择、避免拥塞及有效地使用资源等。传输部分指传输链路及其设备，负责数据的传输。

9. 答：计算机网络系统是非常复杂的系统，计算机之间相互通信涉及许多复杂的技术问题，为实现计算机网络通信，实现网络资源共享，计算机网络采用的是对解决复杂问题的十分有效的分层解决问题的方法。

第五章　网络通信基础

一、章节结构及重点

本章主要介绍数据通信基本模型及数据通信的基本概念和基本原理。本章共分为六节。

第一节介绍了数据通信模型，主要讲述点-点传输模型，并在此基础上介绍了多点传输的实现。

本节的重点是点-点传输模型。

第二节介绍了数据通信的基本概念，主要讲述了数据、信号、信道、带宽和编码的概念，并对信道带宽与信号带宽、模拟信号和数字信号、模拟数据和数字数据等进行比较分析。

本节的重点是数据通信的诸多基本概念。

第三节介绍了点-点通信的工作方式，包括单工方式、半双工方式和全双工方式，还讲述了通信线路结构及异步通信和同步通信的概念与区别，最后讲述了 DTE（计算机或数据终端处理设备）和 DCE（中间设备）的概念。

本节的重点是点-点通信的工作方式。

第四节介绍了传输信号错误检测技术，首先讲述了错误检测的各种方法，然后重点阐述了 CRC 校验，最后阐述了纠错码和纠错方法。

本节的重点是错误检测技术。

第五节介绍了数据链路控制，讲述了数据链路控制中最重要的两种控制机制，即流量控制机制和差错控制机制，以及相关的链路控制协议，即链路控制规程。

本节的重点是数据链路控制的两种控制机制。

第六节着重讲述链路复用的概念，主要包括频分多路复用技术、时分多路复用技术和统计时分多路复用技术，最后简略介绍了集中器的工作原理。

本节的重点是链路复用的基本概念。

二、本章主要内容

（一）点-点传输模型

本章将介绍计算机间的数据通信系统。如果把计算机间传输文件的系统抽象化，就成为如图 5—1 所示的数据通信系统一般结构模型。

在图中，DTE（Data Terminal Equipment）是数据终端设备，它是数据的出发点和目的地。数据输入/输出设备、通信处理机和计算机属于 DTE 的范围。DTE 根据协议控制通信的功能。通信控制器负责 DTE 和通信线路的连接，完成数据缓冲、速度匹配和串并转换等。例如，微机内部的异步通信适配器（UART）、数字基带网中的网卡就是通信控制器。

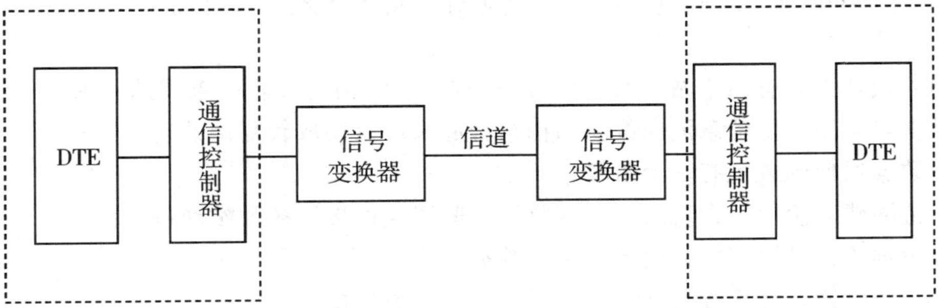

图 5—1

（二）数据、模拟数据、数字数据、信号、模拟信号、数字信号、信道和带宽的概念

数据是把事件的某些属性规范化后的表现形式，它能被识别，也可以被描述。数据的概念包括两个方面：其一，数据内容是事物特性的反映或描述；其二，数据以某种媒体作为载荷体，即数据是存储在媒体上的。

信号是数据的具体的物理表现，具有确定的物理描述。

模拟数据是取某一区间的连续值，而模拟信号是一个连续变化的物理量。利用模拟信号进行数据通信比较方便，但传输过程中会受到干扰而失真，必须采用有效的差错控制技术。

数字数据取某一区间内有限个离散值，数字信号取几个不连续的物理状态来代表数字。数字是与离散相对应的。由这些离散数字按不同的规则组成的离散数字序列就形成了数字数据，其离散数字的序列便是数字数据的代码。利用数字信号传输的数据，在受到一定限度内的干扰后是可以恢复的。

信道是传输信号的通道，可以是有线的传输介质，也可以是无线的传输介质。信号变换器的功能是把通信控制器发出的信号转换成适合于在信道上传输的信号，或者相反，把从信道上接收的信号转换成通信控制器所能接收的信号。信号变换器和其他的网络通信设备又统称为数据通信设备（DCE，Data Communication Equipment），DCE 为用户设备提供入网的连接点。

信号的带宽是指它的频谱宽度。理论上任意持续期有限的信号的频谱总是无限宽的，但在实际应用中，频谱宽度被认为是信号能量比较集中的那样一个频率范围。如果认为能量主要集中在主频谱 τ 内，则它的带宽 B_f 是 $1/\tau$。数据传输率越高，则信号带宽越宽。

语音信号的频谱大约在 20Hz～20kHz 之间，在电话线中传输的标准的话音信号频谱在 300Hz～3 400Hz 之间；电视信号的带宽为 0～4MHz。

（三）点-点结构及其原理，单工方式、半双工方式、全双工方式的概念和实现原理

按信息传送的方向，可把点-点通信方式分为：

(1) 单工方式（Simplex)。在这种方式中，信息固定地从一端（发送端）传送到另一端（接收端）。

(2) 半双工方式（Half-Duplex)。在这种方式中，信息可以向两个相反方向传送，但不能同时进行。依据信息传送的方向，发送设备和接收设备交替地使用传输信道相连。

(3) 全双工方式。在这种方式中，能同时在两个相反方向上传输信息，因此需要两个独立的通道。这两个独立的通道，可以采用两对线路来实现，也可以采用多路复用技术来实现。

若一条线路上只有两个站，则通信线路是点-点结构的；若一条线路上有多个站，则通信线路是多点结构。由信息流向线路结构组合起来可以构成较复杂的通信方式。

一般数据通信的过程有三个阶段：

(1) 链路建立阶段。在发送站和接收站之间建立连接，接收站准备好接收。

(2) 数据传输阶段。以帧的形式传送数据。

(3) 结束阶段。终止接收站和发送站之间的逻辑连接。

(四) 异步通信和同步通信的概念与区别

同步问题是数据通信中一个十分关键的问题。发送端一位一位地把信息通过介质发往接收端，接收端必须识别信息的开始和结束，而且必须知道每一位的持续时间。只有这样，接收端才能从传输线上正确地取出被传送的数据。通常使用两种同步方式进行传输，即异步传输和同步传输。

在信息传输的过程中，往往还要求在不同的等级上实现同步。通常有：

(1) 字符同步，即识别每一个字符或一帧数据的开始和结束。

(2) 位同步，即识别每一位的开始和结束。

在异步传输中，每发送一个字符其开头都带一位起始位，以便在每一个字符开始时接收端和发送端同步一次。在同步传输中，在每块数据的开头设置专门的同步字符，它可以是一个字符或多个字符，然后要求发送端和接收端在该帧数据传输的过程中保持同步。

同步传输有面向字符和面向位的两种控制方式。对于面向字符的传输，数据都被看做字符序列，所有的控制信息也都是字符形式。在数据串（字符序列）的前、后分别设有开始标志和结束标志。其一般格式如图 5—2 所示。

一个或多个 同步字符	控制字符	数据字符	结束控制字符

图 5—2

接收端首先寻找开始同步字符，然后处理控制字符，接收数据字符。一帧的结束可以用结束控制字符标志，也可以在控制字符中设置帧长度加以控制。对于面向位的传输，数据都被看做二进制位序列。有若干种控制规程，如 HDLC（高级数据链路控制规程）、SDLC 等都是用于面向位的数据传输。

(五) DTE（计算机或数据终端处理设备）和 DCE（中间设备）的概念与区别

计算机或数据终端通过传输介质相互连接而进行通信。一般把计算机或终端这类数据处理设备称为 DTE（Data Terminal Equipment）。通常 DTE 都是要通过另一个中间设备把数据变成适合于在介质传输的信号形式再和介质相连。这个中间设备称为 DCE（Data Circuit-Terminal Equipment），它是一种通信控制设备。例如，调制解调器就是一种 DCE 设备。

DCE一方面负责和线路相联系：例如，接收另一端DCE来的位串；另一方面又要和与它相连的DTE联系，向DTE传达它从链路上所接收的控制和数据信息。为了生产厂商和用户的方便，DTE和DCE之间必须规定出标准的物理连接方式，这些关于物理连接的规定称为通信过程中的物理层协议。二者之间的关系如图5—3所示。

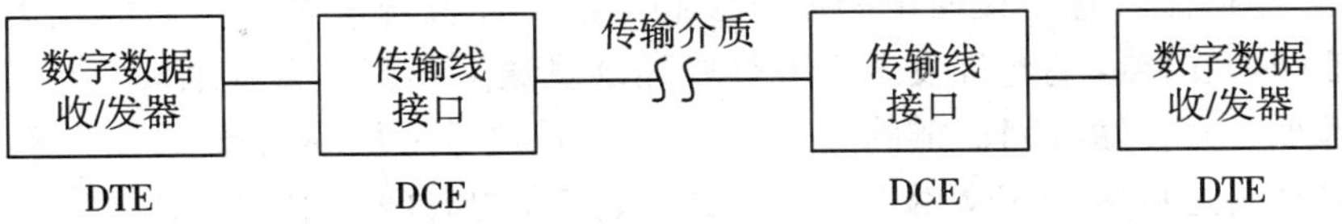

图5—3

(六) 校验方法

一般对一个字符是否出错常常采用奇偶校验的方法；对一个字符块是否出错常常采用块奇偶校验方法，有时又称为水平垂直奇偶校验。字符块奇校验码的形成如表5—1所示。

表5—1

字符发送序号	字　符	各字符奇校验位（垂直奇校验位）
1	1 0 1 0 0 1 0	0
2	1 0 0 0 0 0 1	1
3	0 1 0 1 1 0 0	0
4	1 0 1 0 0 0 0	1
5	1 0 0 0 0 1 0	1
6	0 1 0 1 0 0 0	1
块奇校验字符（由水平奇校验位组成）	1 1 1 1 0 1 0	0

如表5—1所示，每一行设置一位字符本身的奇偶校验位，常称为垂直奇偶校验位；发送端在发送完一个字符块以后，再发送一个块校验字符（它由各字符的相同位产生的奇偶校验位组成）。接收端在接收到字符块及其块校验字符后进行检查，根据一个字符的奇偶校验和字符块的块奇偶校验，就能查出一个错误的确切位置，并自动纠正它。

对于一维位串，为检测传输中的错误，常采用CRC（循环冗余码校验）方法。CRC（Cyclic Redundancy Checks）校验的基本思想是：已知一个长度为k的二进制位串（往往称为一帧），为了检查它在传输中的错误，发送器产生另一个n位二进制序列，往往称为帧校验序列（Frame Check Sequence，FCS），使得合成的$k+n$位二进制数据帧能够被某一个预先确定的数整除（按模2运算）。接收端收到$k+n$位位串以后，用这个预定的二进制数去除（模2运算），若能除尽，则无错误；若除不尽则有错误发生。模2运算只做加减法时不管进位（借位）位，加减法用异或运算进行。

在传输中出现的差错原则上可有两种方法处理：

(1) 检错加重发。在发送数据中加入足够的冗余位，使接收方知道是否有错误发生，如果有错，则请求发送方重发。

(2) 自动纠错。在发送数据中加入足够的冗余位，使接收方不仅知道发生了错误而且还能知道哪里错了，从而纠正它。

(七) 流量控制的概念和方法 (停止–等待法和滑动窗口法)

流量控制是指在传输介质负载能力允许的情况下，使发送站以不超过接收站的能力发送数据。

流量控制常用下列方法实现：

(1) 停止–等待法。这是最简单的流量控制方法，即发送一帧数据后停止下来，等待接收端的响应信号，在接收端允许发送下一帧则继续发送下一帧，否则继续等待。这种方法对于传播时间远小于帧传输时间的链路是适宜的。传播时间是从 A 站开始发送到 B 开始接收的时间；传输时间是从 A 站开始发送到 B 站接收完成的时间。因此，传输时间一般等于传播时间加发送一帧所需的时间。但是对于帧发送时间小于传播时间的链路，等待响应的时间大大超过发送时间，链路用于传输有效数据的时间太少，利用率低，此时这种单纯的停等方式也就不适用了。单纯的停等方式在发送端没有得到接收端响应的情况下，只允许发出一帧数据；若对这种情况加以改善，发送端在没有得到接收端的响应时允许发送 N 帧数据，在卫星传输时，相当于有多帧数据同时处于传输之中。

(2) 滑动窗口法。这是更为一般的流量控制方法。它允许发送端在没有接收端响应的情况下最多发送出 N 帧数据，N 称为窗口的大小，当 $N=1$ 时，滑窗法就是停等方式。利用滑窗法进行流量控制的过程可参考教材中的示例。

(八) 差错控制的目的和概念和差错控制的两个基本内容

差错控制是使被传输系统引入的错误有一定的检查和纠正方法。差错控制技术主要基于两个方面：

(1) 错误检测。利用 CRC 码检查传输过程是否有错。

(2) 请求自动重发。当接收端检测出错误以后，接收器产生自动重发请求 (ARQ)，请求发送器重新发送。

采用差错控制技术的目的是使一个不可靠的链路变成一个可靠的链路。

在采用停–等方式的链路控制中，发送端接收到 Nak (非正常响应帧) 或者超过一定的时间未接收到响应，则自动重新发送上一帧。

在采用滑窗式流量控制的链路中，用连续自动重发技术。连续自动重发实际上又分为返回全部重发和选择性自动重发。

(九) 两种链路控制协议 (面向字符的控制规程和面向比特的控制规程)

为了保证通信的双方能有效、可靠地进行数据传输，在通信的发送和接收之间有一系列的约定或规定，我们把这些约定或规定称为通信控制规程。由于对控制方法影响较大的是传输信息的基本单位，因此链路控制规程有“面向字符的控制规程”和“面向比特的控制规程”。面向字符的控制规程把数据和控制信息都看做字符，面向比特的控制规程把数据和控制信息都看做位的组合。

(1) 面向字符的控制规程。

①控制字符：在面向字符的控制规程 (BISYNC) 中，规定了大约十个控制字符，如同步字符、查询字符、文本结束字符和转义字符等。

②透明与非透明数据：数据和控制字符在同一条链路中传送，因此一般要求被传送的数

据中不包含控制字符，不包含控制字符的数据称为非透明数据。如果采用特殊的措施允许数据中包含所有的字符，即也包括控制字符在内，这种数据称为透明数据。传输透明数据的方式称为透明传输方式。

③报头与报文：报文指传输的正文。报头往往指发送设备的标志符、接收设备的标志符、数据传输的路径、数据的优先级、数据的密级、数据的控制特征或信息特征等内容。

④传输数据的结构：在双同步通信规程中采用如下形式的一些数据结构。

无报头帧格式：

SYN	SYN	STX	非透明数据	ETX	BCC（块校验字符）

有报头和一个数据块的帧格式：

SYN	SYN	SOH	报头	STX	非透明数据	ETX	BCC

数据分块传送格式：

SYN	SYN	SOH	报头	STX	非透明数据	ITB	BCC	STX	非透明数据	ETB	BCC

为了能进行透明传输（只对报文进行透明传输，报头总是不透明），在控制字符之前加上一个 DLE 字符。例如，用 DLE·STX 表示透明数据开始；DLE·ETX 表示透明正文结束；DLE·SYN 表示数据暂停期间的 SYN 等。透明数据的传输结构如下。

无报头帧格式：

SYN	SYN	DLE	STX	透明数据	DLE	ETX	BCC（块校验字符）

有报头，数据中间有间断的格式：

SYN	SYN	SOH	报头	DLE	STX	透明数据	DLE	SYN	透明数据	DLE	ETX	BCC

数据分块传送格式：

SYN	SYN	SOH	报头	DLE	STX	透明数据	DLE	ITB	BCC	DLE	STX	透明数据	DLE	ETB	BCC

为了真正做到数据透明，如果数据中有和 DLE 相同的字符，则要增加一个 DLE，即把 DLE 变成 DLE·DLE，在接收数据中检测到两个 DLE 时，则去掉一个。透明传输的实现原理可形象地表示如下：

…	DLE	STX	数据	DLE	DLE	数据	DLE	ETX	…

控制方符加 DLE 前缀（指向第一个 DLE）

发方加入 收方去掉（指向第二个 DLE）

(2) 面向比特的控制规程

面向字符的控制规程把数据和控制信息看做字符；面向比特的控制规程（HDLC）是把数据和控制信息看做位的组合。HDLC（High-Level Data Link Control）是应用普遍、颇有代表性的链路控制规程。它是国际标准化组织（ISO）开发的。在 HDLC 中，定义了三种类型的工作站、两种类型的链路结构和三种数据操作方式。

①三种类型的工作站

- 主站（Primary Station）。它负责控制链路的操作。主站发出的帧称为命令帧。
- 次站（Secondary Station）。在主站控制下操作。它发出的帧称为响应帧。主站和每个次站都有一个独立的逻辑通路。
- 组合站（Combined Station）。它综合了主站和次站的特性，可以发出命令帧和响应帧。

②两种类型的链路结构

- 非平衡式结构（Unbalanced Configuration）。它由一个主站、一个或若干个次站组成。这种结构支持半双工或双工传输。
- 平衡式结构（Balanced Configuration）。它由两个组合站组成，支持半双工或全双工传输。

③三种数据操作方式

- 正常响应方式（Normal Response Mode，NRM）。这是一种非平衡结构中的数据操作方式。它是主站进行对次站的数据传输，次站响应主站的探询，以传输数据。没有主站的允许，次站不能主动发数据。
- 异步平衡方式（Asynchronous Balanced Mode，ABM）。这是一种平衡结构中的数据操作方式。在这种方式中，每一个组合站都可以进行对另一个站的数据传输。
- 异步响应方式（Asynchronous Response Mode，ARM）。这是一种非平衡结构中的数据操作方式。在这种方式中，次站可以在没有主站明确允许的情况下着手进行数据传输，即是在没有命令的情况下，发出数据。主站仍然负责初始化、错误恢复、逻辑上拆除、连续等功能。

正常响应方式有用于点-点方式和多分支线的情形。一台计算机连接多个终端，计算机查询每个终端。异步平衡方式用于全双工点-点方式。异步响应方式用于次站需要主动传输数据的情况。

④HDLC 的帧结构

HDLC 的帧具有下列段：

- Flag—标志。8 位。
- Address—地址段。一个或多个 8 位。
- Control—控制段。8 或 16 位。
- Data—数据段。其长度可以变化。
- FCS—帧校验序列。16 或 32 位。

上述各段组成的帧结构如下：

Flag 为八位二进制数组成的标志 01111110，标志帧的起始和结束，同时兼作同步信号，数据中则不能出现这样的数据模式，为此，对发送数据采取凡是 5 个连续的 1 之后插入一个 0；在接收的时候，再去掉 5 个连续 1 之后的 0，以此保证任意的数据模式都可以包括在数据域中，这种特性称为透明性。

Flag	Address	Control	Data	FCS	Flag

|←— 帧头(Header) —→|　　　|←— 帧尾(Trailer) —→|

地址段通常是 8 位，以识别次站的地址。对于点-点通信实际上不需要，但为了统一起见，仍然保留。地址段可以补充到多个 8 位组，格式如下：

<table>
<tr><td>1</td><td>2</td><td>3</td><td>4</td><td>5</td><td>6</td><td>7</td><td>8</td><td>9</td><td>10</td><td>11</td><td>12</td><td>13</td><td>14</td><td>15</td><td>16</td><td>17</td><td>…</td><td>$n\times8$</td></tr>
<tr><td colspan="8">0</td><td colspan="6">0</td><td colspan="4">0</td><td>1</td></tr>
</table>

地址段的扩展

其中，前面的 8 位组首位为 0，只有最后一个 8 位组首位为 1，以表示地址段的结束。单个 8 位地址 111111111 解释为所有站地址，用以表示主站“广播”到所有的次站。

控制段定义的三类帧：

第一，信息帧（I-Frame）用于传送数据。N(S) 为发送的数据帧号；N(R) 为接收端附在帧上的响应信息，它指出下一次希望接收的帧号。对于信号帧中的 P/F 位，主站的命令帧用它作查询位，次站的响应帧用它标志这是最后一帧数据，即在 NRM 方式中，主站以 P=1 给出允许次站发送的命令；次站以 F=1 表示发送最后一帧。控制段格式如表 5—2 所示。

表 5—2

位序号 / 类别	1	2	3	4	5	6	7	8
信息帧 I	0	N(S)			P/F	N(R)		
监控帧 S	1	0	S	S	P/F	N(R)		
无编号帧 U	1	1	M	M	P/F	M		

第二，管理帧（S-Frame）用于流量和差错控制。其中，SS 两位的功能如表 5—3 所示。

表 5—3

SS	意　义	功能说明
0　0	RR	接收就绪。当无适当的返回帧时，用它作响应
0　1	RNR	接收未准备好
1　0	REJ	返回全部自动重发请求
1　1	SREJ	选择性自动重发请求

在管理帧中的 P/F 位往往作如下用途：主站在 RR 中置 P=1，用以查询次站，次站以信息帧响应；当次站无信息发送时以一个 F=1 的 RR 帧作回答。主站（或组合站）也可以置 P=1 的 RNR 帧去了解对方站（次站或组合站）的接收状态，对方站如果能接收信息帧，则以 F=1 的 RR 帧回答；若对方站忙，则以 F=1 的 RNR 帧回答。

第三，无编号帧（U-Frame）主要用于各种控制目的，自身不携带编号，也不影响其他帧编号。它可以分为以下几组：

- 设置方式的命令和响应
- 关于信息传送的命令和响应
- 恢复命令和响应
- 其他命令和响应

设置方式的命令用于主站或组合型站去控制次站（或组合站）的工作方式。次站发出无编号响应（UA）帧，以表示接收上述命令，UA 中的 F 位设置成与接收到的 P 位具有相同数值。

设置方式的命令有：

- SNRM—置正常响应方式，也适用于多点结构。
- SNRME—置扩充正常响应方式。
- SARM—置异步响应方式。
- SARME—置扩充异步响应方式。
- SABM—置异步平衡方式，适用于平衡结构。
- SABME—置扩充异步平衡方式。
- SIM—设置初始化方式，使被寻址的次站（或组合站）重新初始化链路控制功能。
- DISC—终止逻辑链路的连接命令。它告诉被寻址的站，发送站终止操作。

对上述设置方式命令的响应有：

- UA—无编号响应。用于对上述设置方式命令的确认。
- DM—拆除连接响应。用于指出被寻址的站已经拆除逻辑连接。
- RIM—请求初始化。用于指出该站（响应站）准备未就绪，需要一个初始化命令。
- RD—请求终止连接。用于指出该站要求一个 DISC 命令，以终止逻辑链路的连接。

信息传送命令和响应用于站间信息交换，主要有：

- UI—无编号信息帧，用于交换控制信息。它既可作命令又可作应答。
- UP—无编号查询命令。用于请求控制信息，可以同时探询多个站址。

恢复命令和响应用于当正常的自动重发请求（ARQ）机构不起作用时。

- RESET—复位命令。用于清除错误状态，复位帧序号数 N(R)和 N(S)。
- FRMR—帧拒收响应。用于报告接收端接收到一个错误帧。例如，非法控制域或数据域太长，非法的帧序号数等。

其他命令和响应包括：

- XID—交换标志命令/响应。用于交换两个站的标志和特点。
- TEST—测试命令/响应。一个测试命令必须用一个测试响应尽可能早地回答，这是测试线路和被寻址站是否正常进行的简单方法。

（十）链路复用技术的概念及其实现方法

在局域网络和远程通信中，为提高介质利用率，研究和发展了链路的多路复用技术，即在同一介质上时传输多路信号，它只需要一条传输线和一个 I/O 口，就可使多个终端同时与主机通信。链路的多路复用有两种主要的技术：频分多路复用技术和时分多路复用技术。

（1）频分多路复用。

当介质的有效带宽超过被传输的信号带宽时，可以把多个信号调制在不同的载波频率上，从而在同一介质上实现同时传送多路信号，这种技术称为频分多路复用（Frequency Division Multiplexing），简称 FDM。其输入信号可以是模拟的，也可以是数字的。例如，在一根音频电话线上，进行全双工 FSK 传输时，一路通道的中心频率 $F_1=1\,170\text{Hz}$，另一通道的中心频率 $F_2=2\,125\text{Hz}$，信号沿着这两路通道向着相反的两个方向传输。这是双路频分复用的简单例子。FDM 还常常用于在同一传输线上沿同一方向传输多路信号。

FDM 系统的一般工作方式如下：为使 N 路模拟或数字信号 $m_i(t)(i=1,2,\cdots,n)$ 在同一传输介质上同时传输，则对每一路 $m_i(t)$ 应在频率 f_{sci} 上进行调制。f_{sci} 称为子载波频率，原则上各种调制方式均可使用。图 5—4 所示为各路被调子载波 $S_{sci}(t)$ 迭加在一起形成子调制组合信号 $m_c(t)$。各 f_{sci} 的选择应使各路子载波信号 $S_{sci}(t)$ 的频带 B_{sci} 之间互不重叠。组合信号的总带宽 $B > \sum_{i=1}^{N} B_{sci}$ 。组合信号的整个频带还可以通过第二级调制再移动到载波频率为 F_c 的两个边带上，此为 FDM 的多级调制技术。在接收站，首先通过解调制，恢复出组合信号 $m_c(t)$，然后利用中心频率分别在 f_{sci} 的带通滤波器把组合信号再分解成若干分量，每一个分量对应于原来的子调制信号 $S_{sci}(t)$，每一个子调制信号再经过解调以后恢复出 $m_i'(t)$，其过程如图 5—5 所示，采用多级 FDM 调制技术，可以扩大通道的数目。

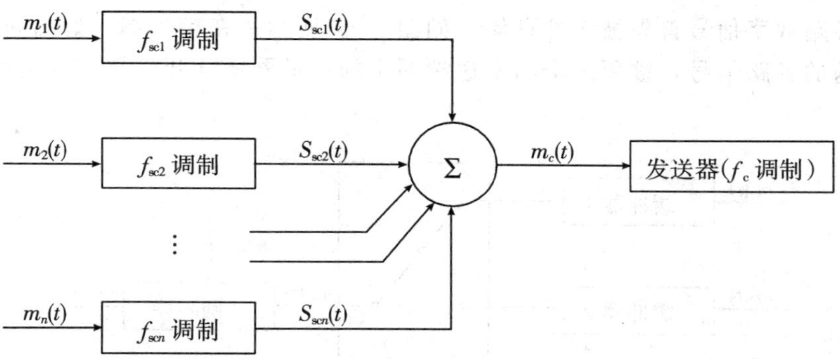

图 5—4　FDM 的发送过程

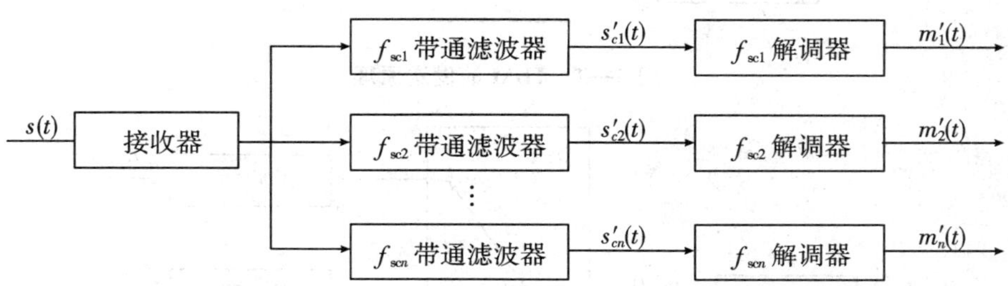

图 5—5　FDM 的接收过程

（2）时分多路复用。

由于传输介质可达到的数据传输速率通常总是超过一些信号的数据传输速率，所以，可以采用将多路信号按一定的时间间隔相间传送的方法，实现在一条传输线上“同时”传送多路信号，此即时分多路复用。

基本的时分多路复用技术是同步时分多路复用技术，简称 TDM。如果采用一些较复杂的措施，改善同步时分多路复用的性能，就产生了统计时分多路复用或称为异步时分多路复用、智能时分多路复用等。

在同步时分多路复用技术中，各路时隙的分配是预先确定的时间，因此各信号源的传输定时是同步的，原理如图 5—6 所示。

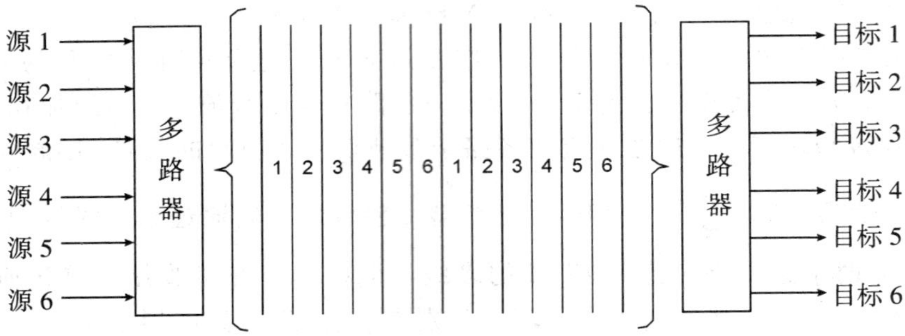

图 5—6

每一个通道在时间上按照预先确定的间隔错开一位、一个字节或一块数据的时间，以此来共享传输链路。在一般情况下，同步时分的工作方式如下：

输入的各路数字信号首先被缓冲存储，如图 5—7 所示；在接收端，如图 5—8 所示，时间上错开传送的各路信号，被用一个与发送端同步的扫描器所分开，并被分送到相应的目标缓冲存储器。

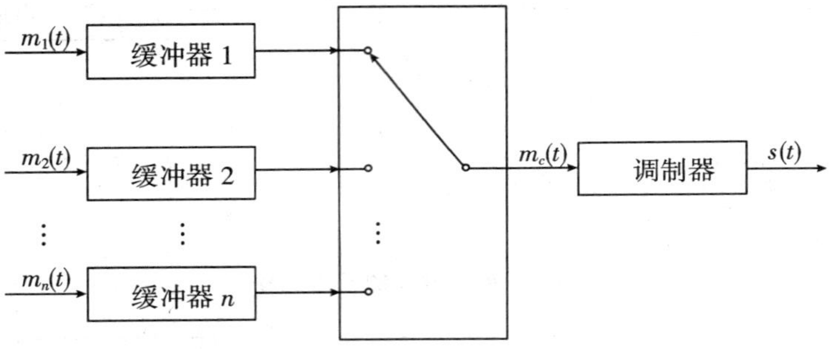

图 5—7　TDM 的发送原理

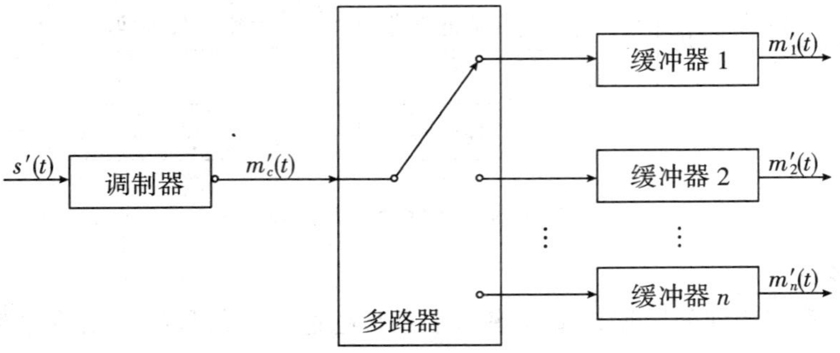

图 5—8　TDM 的接收原理

典型的缓冲器长度是一位或一个字节。多路转换器 MUX 顺序地扫描每一个缓冲器，形成 $m_c(t)$。对扫描操作的速度要求是希望每个缓冲器在下一个输入到达前被扫描一次，因此 $m_c(t)$ 的数据率至少等于每个输入通道数据率的和。数字信号 $m_c(t)$ 可以直接在介质上传输，模拟信号需通过调制才能传输。$m_c(t)$ 信号的格式如下：

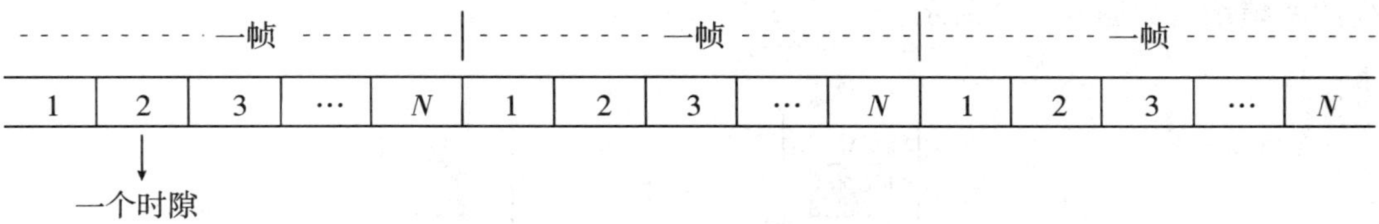

发送一个缓冲器的内容（典型的为发送一位或一个字节）所需的时间长度称为一个时隙（Time Slot）或时间片；扫描器扫描完各缓冲器为一个周期，扫描一周期产生的信号称为一帧，一帧由若干个时隙组成，每路输入信号占据一个时隙。各帧中同一个位置的时隙用于传送同一输入信号，为一条通道。采用字符错开技术的多路器，每个时隙传送一个字符；采用位错开技术的多路器每个时隙传送一位。

在同步时分多路复用技术中，因为输入信号源和它所使用的时隙之间的关系是预先排定的，所以扫描器依固定的时序对输入源进行扫描。如果某一个输入源没有信息发送，则相应的时隙仍然被它占据着，这就造成了介质实际传输能力利用不足。

同步时分多路复用技术和 FDM 一样，它也用于长距离电话通信系统。广泛使用的最基本的 TDM 系统是采用 DS-1 传输格式的 24 通道多路器。DS-1 格式中一帧数据包括 24 个 8 位加上一位帧同步位，总共 193 位。

当传输声音时，因为取样率为 8kHz，帧长为 193 位，因此，24 路同步时分多路复用的数据率应是 8 000×193＝1.544MB/s（因为一帧对每一路只能传送一个取样点，每路每秒 8k 个取样点要 8k 帧才能传送）。

（3）统计时分多路复用。

同步时分常用于把多个终端连接到一个计算机 I/O 口的情况。由于不是每个终端在扫描到它的时刻都有数据传送，因此，在一帧中的许多时隙实际被浪费掉。所以，完全可以设计成有 N 个输入/输出线，但是只有 K 个（$K<N$）时隙的时分多路器，使得时隙和输入线之间的关系不再是固定的。多路器在扫描输入缓冲存储器时，若有数据传送，则给该输入线分配一个时隙；无数据传送的输入线则不分配时隙。因此，在统计时分多路复用方式中，是根据各缓冲存储器有无数据发送而动态分配时隙的。由于输入/输出线和时隙之间的关系不固定，这样，在每个时隙中除了要传送数据以外，还必须携带有关输入线地址的信息，以便在接收端能正确地把数据分发到相应的缓冲存储器中去。这时，一个时隙内的数据格式可考虑为如图 5—9 所示情况。

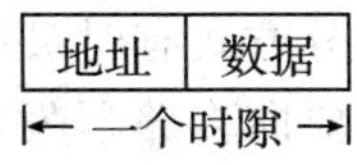

图 5—9

图 5—10～图 5—12 是同步时分和统计时分的工作方式比较。假设有 4 个输入源 A，B，C，D，它们在 t_0，t_1，t_2，t_3 时刻所产生的数据如图 5—12 所示，空白处表示没有数据需要传送。

在同步时分多路复用技术中，对应于 4 个输入源，将产生 4 个时隙，在 t_0，t_1，t_2，t_3 帧内的时隙分配情况如图 5—11 所示。图中有阴影的时隙表示有数据传送，空白时隙没有数据传送而白白浪费掉了。在异步时分多路复用技术中，对于图 5—10 所示的数据待传情况，产生的各帧结构如图 5—12 所示。

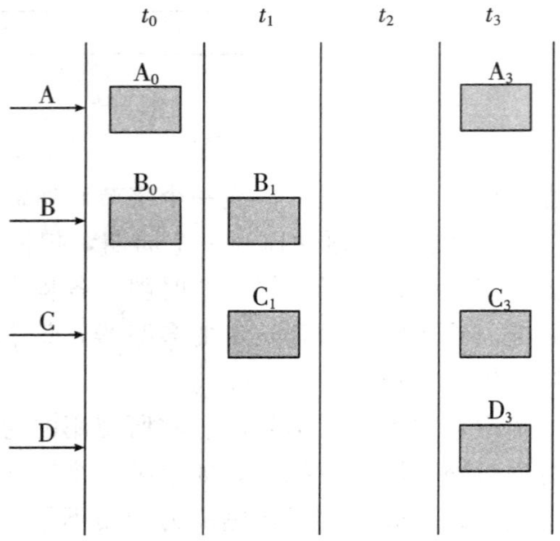

图 5—10

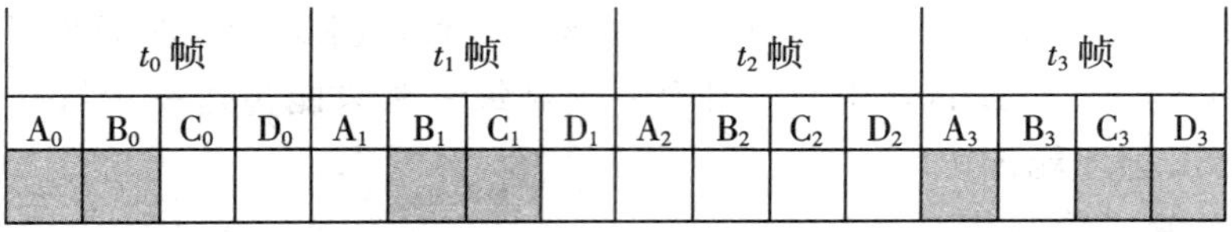

图 5—11

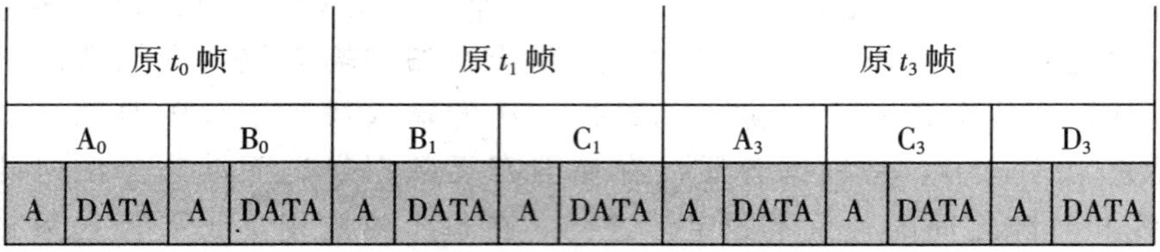

图 5—12

可见，在异步时分技术中，对于没有数据传输的输入线不予分配时隙，这样就不会发送空闲时隙，提高了线路利用率。统计时分方式有时又称为请求多路时分复用方式，因为当输入端一帧信息收集完毕，等待传输时，要向多路器发出请求（置一个标志），多路器则分配一个时隙。

（4）集中器的原理。

集中器集中各低速链路的信息，使它们共享一条高速传输线路。集中器把统计时分多路技术和存储转发技术结合起来。控制器扫描每一个输入缓冲器，当某一缓冲器有数据传输时，就给该数据附加一个地址头信息，并把它放到发送缓冲队列中去，当线路有空时，再依次把它们发送出去。目前的集中器除集中功能外，往往还能实现本地链路之间的数据交换。集中器的原理如图 5—13 所示。

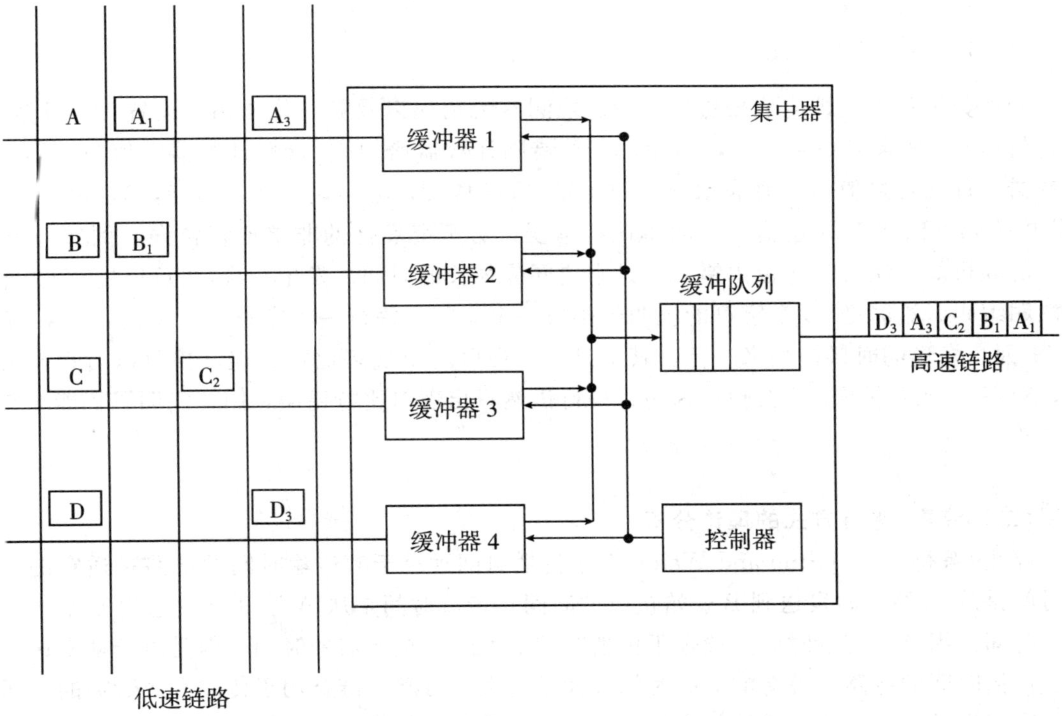

图 5—13

三、难点释疑

（一）Hamming 纠错码的编码方式

Hamming 纠错码如下：

如果我们考虑通常的七位 ASCII 码，字符 A 的 ASCII 码为 1000001，字符 B 的 ASCII 码为 1000010 等。我们可以在每个字符的编码中加入若干冗余位，使它具有纠错功能。这些冗余位称为校验码，把它插入到序号数是 2^n（$n=0$，1，2，…）的地方，形成的纠错 ASCII 码记为：

$$P_1P_2P_3P_4P_5P_6P_7P_8P_9P_{10}P_{11}$$

其中 $P_1P_2P_4P_8$ 为插入的校验位，$P_3P_5P_6P_7P_9P_{10}P_{11}$ 为原来的 ASCII 码。如果数据位的长度为 m，校验码长度为 r，有 $r+m\leqslant 2^r-1$，已知 m 的大小则可以求出所要求的校验位长度 r。如果把数据位的下标写成 2 的幂次方之和，即

$3=1+2$，$5=1+4$，$6=2+4$，$7=1+2+4$，
$9=1+8$，$10=2+8$，$11=1+2+8$。

各校验位由下式决定：

$P_1=D_3\oplus D_5\oplus D_7\oplus D_9\oplus D_{11}$（⊕代表异或）

$P_2=D_3\oplus D_6\oplus D_7\oplus D_{10}\oplus D_{11}$

$P_4 = D_5 \oplus D_6 \oplus D_7$

$P_8 = D_9 \oplus D_{10} \oplus D_{11}$

则由数据位可立即生成校验位。为了检测有无错误以及哪一位出错，设置一个计数器，其初值为 0，如果 P_i（$i=1$，2，4，8，…）错则计数器增加 i。最后计数器之值为 0 则表示没有错，计数器之值为 x 则表示第 x 位出错（$x=1$，2，3，4，5，6，7，8，9，…）。可见 r 位校验码可以纠正 m 位信息中的单比特错误。对于突发性的非单比特错误，例如一个 10 位长的帧可能一次发生多位出错，但是它要间隔很长的时间才发生一次，也可以变个花样使用汉明编码。这时把 10 个字符的汉明码排成一个矩阵，每行一个字符的汉明码，一共有 10 行 11 列，发送的时候按列来进行。其中只有一列可能出现多比特错误，接收以后再排成矩阵，对每一行汉明码进行校验，因为每一行仍然只出现单比特错误，因此汉明码仍能对它进行纠正。

（二）停止-等待方式的理论分析

停止-等待方式（Stop-and-Wait）对于传播时间远小于帧传输时间的链路是适宜的。传播时间是从 A 站开始发送到 B 开始接收的时间；传输时间是从 A 站开始发送到 B 站接收完成的时间。因此，传输时间一般等于传播时间加发送一帧所需的时间。但是对于帧发送时间小于传播时间的链路，等待响应的时间大大超过发送时间，链路用于传输有效数据的时间太少，利用率低，此时这种单纯的停等方式也就不适用了。单纯的停等方式在发送端没有得到接收端响应的情况下，只允许发出一帧数据；若对这种情况加以改善，发送端在没有得到接收端的响应时允许发送 N 帧数据，在卫星传输时，相当于有多帧数据同时处于传输之中。在这种情况下介质的利用率可以作如下分析：

在通信过程中，介质利用率是指介质传送有效数据的时间与该传输过程所经历的总时间之比。设 A 站向 B 站发送一帧数据所需要的时间为一个单位时间，数据从 A 站到 B 站的传播时间为 a 个单位时间，则传输完一帧数据所需要的时间为（$1+a$）个单位时间。对于单纯的停等方式，接收完一帧数据后应紧接发一响应帧，如果不计响应帧长，一个响应帧从 B 站到 A 站的传输时间也为 a 个单位。在（$1+2a$）单位时间内，传送有效数据的时间是一个单位，所以介质的最大利用率为 $1/(1+2a)$；当 $a \ll 1$ 时，近似为 1。

（1）对于允许连续发送 N 帧的情况，当 $N<1+2a$ 时，传输景象如下：

①t_0　　A 站开始发送第一帧；

②t_0+a　　第一帧开始到达 B 站；A 站发完 a 帧；

③t_0+a+1　　B 站接收完第一帧，发回一个响应帧 ack1，A 站发完 $a+1$ 帧；

④t_0+N　　A 站发完 N 帧，等待回答；

⑤t_0+2a+1　　A 站接收到响应帧 ack1，允许发送下一帧；B 站接收完 $a+1$ 帧。

这时的介质利用率为 $N/(1+2a)$，即在 $1+2a$ 的时间内传输 N 帧有效数据，有效利用时间为 N 个单位时间。

（2）当 $N>2a+1$ 时，传输景象如下：

①t_0　　A 站开始发送；

②t_0+a　　第一帧开头到 B 站，A 站发完 a 帧；

③t_0+a+1　　B 站收完第一帧，发出响应帧 ack1；

④t_0+2a+1　　A 站收到第一帧的响应帧 ack1，$N>2a+1$，这时 A 站一直发送下去。可见介质没有任何空闲时间，B 站在 a 以后一直接收有数据，因此介质利用率为 1。

总之，发送端在没有收到接收端响应信号的情况下，允许连续发送 N 帧数据，链路的利用率为

$$U=\begin{cases}1 & N>2a+1\\ \dfrac{N}{2a+1} & N<2a+1\end{cases}$$

四、练习题

(一) 单项选择题（在备选答案中选出一个正确答案）

1. 以下关于集中器的叙述中，正确的是（　　）。

A. 集中器集中各低速链路的信息，使它们共享一条高速传输线路

B. 集中器集中各高速链路的信息，负责协调使它们共享一条低速传输线路

C. 集中器集中各低速链路的信息，使它们加速在高速线路中传输

D. 集中器集中各高速链路的信息，使它们协调进入低速的接收设备

2. 如果采用特殊的措施允许数据中包含所有的字符，即也包括控制字符在内，这种数据可称为（　　）。

A. 非透明数据　　B. 透明数据

C. 统计数据　　D. 统一数据

3. 每发送一个字符其开头都带一位起始位，以便在每一个字符开始时接收端和发送端同步一次，这种传送方式是（　　）。

A. 同步传输　　B. 异步传输

C. 低速传输　　D. 协同传输

4. 集中器把（　　）技术和存储转发技术结合起来。

A. 频分多路复用　　B. 基本时分多路复用

C. 同步时分多路复用　　D. 统计时分多路复用

5. 对于一维位串，为检测传输中的错误，适用的校验方法是（　　）。

A. 发送校验字符　　B. DHT

C. CRC　　D. CRN

6. 在远程通信中，采用将多路信号以一定的时间间隔传送的方法，实现在一条传输线上“同时”传送多路信号，这种技术称为（　　）。

A. 频分多路复用　　B. 时分多路复用

C. 同步时分多路复用　　D. 异步时分多路复用

7. 下列纠错方法中，能在检验到错误的同时纠正错误的方法是（　　）。

A. DHT　　B. 横向奇偶校验

C. 纵向奇偶校验　　D. Hamming 码

8. 一般人们把对现实世界事物存在方式或运动状态的某种认识称为（　　）。

A. 数据　　B. 信号　　C. 信息　　D. 模型

9. 频分多路复用技术简称为（　　）。

A. TDM　　B. ATM　　C. FDM　　D. CRC

10. 在信号传输过程中，信号的带宽越宽，则数据的传输速率（　　）。

A. 不受影响　　B. 越高　　C. 越低　　D. 不变

11. 当介质的有效带宽超过被传输的信号带宽时，可以把多个信号调制在不同的载波频率上，从而在同一介质上实现同时传送多路信号，这种技术称为（　　）。

A. 频分多路复用　　B. 时分多路复用

C. 同步时分多路复用　　D. 异步时分多路复用

12. 广泛使用的最基本的同步时分多路复用系统是采用 DS-1 传输格式的 24 通道多路器，DS-1 格式中一帧数据总共有（　　）位。

A. 192　　B. 193　　C. 200　　D. 256

（二）多项选择题（在备选答案中选出两个或两个以上的正确答案）

1. 以下关于 DTE 的叙述中，正确的有（　　）。

A. 通常 DTE 都是要通过另一个中间设备把数据变成适合于在介质传输的信号形式再和介质相连

B. DTE 和 DCE 之间必须规定出标准的物理连接方式

C. DTE 和 DCE 之间可以有不同的物理连接方式，由 DTE 负责协调

D. DTE 直接连入通信链路

E. DTE 向 DCE 提供链路上传输的信息

2. 在通信时，为了对数据传输过程加以控制和管理，必须进行的工作包括（　　）。

A. 流量控制　　B. 计费管理　　C. 差错控制

D. 设备管理　　E. 链路控制规程协议

3. 一般数据通信过程的三个阶段是（　　）。

A. 数据交换阶段　　B. 链路建立阶段　　C. 数据传输阶段

D. 结束阶段　　E. 数据校验阶段

4. 差错控制技术主要基于（　　）。

A. 错误检测　　B. 流量控制　　C. 计费控制

D. 线路保障　　E. 请求自动重发

5. 在面向比特的控制规程中，定义了三种类型的工作站，它们是（　　）。

A. 主站　　B. 中间站　　C. 次站

D. 组合站　　E. 相关站

6. 实现流量控制常用的方法有（　　）。

A. 奇偶校验法　　B. 停-等方法　　C. 汉明纠错码法

D. 滑动窗口法　　E. CRC 校验法

7. 同步传输的两种控制方式是（　　）。

A. 面向字符　　B. 面向码　　C. 面向帧
D. 面向位　　E. 面向块

(三) 名词解释

1. 数据
2. 信号
3. 模拟数据
4. 数字数据
5. 带宽
6. 链路复用
7. 频分多路复用
8. 时分多路复用
9. 编码
10. 单工通信
11. 全双工通信
12. 通信控制规程
13. 透明数据
14. 信息
15. 半双工通信
16. 非透明数据

(四) 简答题

1. 简述点-点通信方式的分类。
2. 简述数据通信的过程。
3. 简述 DCE 和 DTE 的概念与相互关系。
4. 简述流量控制的概念和实现方式。
5. 简述差错控制的概念和实现方式。
6. 简述通信控制规程的概念和实现方式。
7. 在数据通信中，收发端为何必须同步?
8. 数据通信方式和传输方式各有几种?
9. 两种最常用的多路复用技术是什么?
10. 为什么在电话公共交换网中，传输数字信号必须使用调制解调器?
11. 数据的概念包括哪两个方面?

五、参考答案

(一) 单项选择题

1. A　　2. B　　3. B　　4. D　　5. C

6. B　　7. D　　8. B　　9. C　　10. B
11. A　　12. B

（二）多项选择题

1. AB　　2. ACE　　3. BCD　　4. AE　　5. ACD
6. BD　　7. AD

（三）名词解释

1. 数据：数据是把事件的某些属性规范化后的表现形式，它能被识别，也可以被描述。数据的概念包括两个方面。其一，数据内容是事物特性的反映或描述；其二，数据以某种媒体作为载荷体，即数据是存储在媒体上的。

2. 信号：信号是数据的具体的物理表现，具有确定的物理描述。

3. 模拟数据：模拟是与连续相对应的。模拟数据是取某一区间的连续值，而模拟信号是一个连续变化的物理量。

4. 数字数据：数字是与离散相对应的。数字数据取某一区间内有限个离散值，数字信号取几个不连续的物理状态来代表数字。

5. 带宽：信号的带宽是指它的频谱宽度。理论上任意持续期有限的信号的频谱总是无限宽的，但在实际应用中，频谱宽度被认为是信号能量比较集中的那样一个频率范围。如果认为能量主要集中在主频谱 τ 内，则它的带宽 B_f 是 $1/\tau$。

6. 链路复用：在局域网络和远程通信中，为提高介质利用率，研究和发展了链路的多路复用技术，即在同一介质上时传输多路信号，它只需要一条传输线和一个 I/O 口，就可使多个终端同时与主机通信。

7. 频分多路复用：当介质的有效带宽超过被传输的信号带宽时，可以把多个信号调制在不同的载波频率上，从而在同一介质上实现同时传送多路信号，这种技术称为频分多路复用（Frequency Division Multiplexing），简称 FDM。

8. 时分多路复用：由于传输介质可达到的数据传输速率通常总是超过一些信号的数据传输速率，所以，可以采用将多路信号按一定的时间间隔相间传送的方法，实现在一条传输线上“同时”传送多路信号，此即时分多路复用。

9. 编码：编码就是把数据转换成适合在介质上传输的信号。

10. 单工通信：在点-点通信方式中，信息固定地从一端传送到另一端的通信方式。

11. 全双工通信：在点-点通信方式中，能同时在两个相反方向上传输信息的通信方式。

12. 通信控制规程：为了保证通信的双方能有效、可靠地进行数据传输，在通信的发送和接收之间有一系列的约定或规定，称为通信控制规程。

13. 透明数据：在数据通信过程中，采用特殊的措施允许数据中包含所有的字符，也包括控制字符在内，这种数据称为透明数据。

14. 信息：信息是人对现实世界事物存在方式或运动状态的某种认识。

15. 半双工通信：在点-点通信方式中，信息可以向两个相反方向传送，但不能同时进行的通信方式。依据信息传送的方向，发送设备和接收设备交替地使用传输信道相连。

16. 非透明数据：在数据通信过程中，不包含控制字符的数据称为非透明数据。

（四）简答题

1. 答：按信息传送的方向，可把点-点通信方式分为以下三种方式。

（1）单工方式（Simplex）。在这种方式中，信息固定地从一端（发送端）传送到另一端（接收端）。

（2）半双工方式（Half-Duplex）。在这种方式中，信息可以向两个相反方向传送，但不能同时进行。依据信息传送的方向，发送设备和接收设备交替地使用传输信道相连。

（3）全双工方式。在这种方式中，能同时在两个相反方向上传输信息，因此需要两个独立的通道。这两个独立的通道，可以采用两对线路来实现，也可以采用多路复用技术来实现。

2. 答：一般数据通信的过程有三个阶段。

（1）链路建立阶段。在发送站和接收站之间建立连接，接收站准备好接收。

（2）数据传输阶段。以帧的形式传送数据。

（3）结束阶段。终止接收站和发送站之间的逻辑连接。

3. 答：计算机或数据终端通过传输介质相互连接而进行通信。一般把计算机或终端这类数据处理设备称为 DTE（Data Terminal Equipment）。通常 DTE 都是要通过另一个中间设备把数据变成适合于在介质传输的信号形式再和介质相连，这个中间设备称为 DCE（Data Circuit-Terminal Equipment），它是一种通信控制设备。DCE 一方面负责和线路相联系，另一方面又要和与它相连的 DTE 联系，向 DTE 传达它从链路上所接收的控制和数据信息。为了生产厂商和用户的方便，DTE 和 DCE 之间必须规定出标准的物理连接方式，这些关于物理连接的规定称为通信过程中的物理层协议。

4. 答：流量控制是指在传输介质负载能力允许的情况下，使发送站以不超过接收站的能力发送数据。

流量控制常用下列方法实现：

（1）停止-等待法，即发送一帧数据后停止下来，等待接收端的响应信号，在接收端允许发送下一帧则继续发送下一帧，否则继续等待。这种方法对于传播时间远小于帧传输时间的链路是适宜的。

（2）滑动窗口法。这是更为一般的流量控制方法。它允许发送端在没有接收端响应的情况下最多发送出 N 帧数据，N 称为窗口的大小，当 $N=1$ 时，滑窗法就是停等方式。

5. 答：差错控制是使被传输系统引入的错误有一定的检查和纠正方法。差错控制技术主要基于两个方面。

（1）错误检测。利用 CRC 码检查传输过程是否有错。

（2）请求自动重发。当接收端检测出错误以后，接收器产生自动重发请求（ARQ），请求发送器重新发送。

在采用停-等方式的链路控制中，发送端接收到 Nak（非正常响应帧）或者超过一定的时间未接收到响应，则自动重新发送上一帧。在采用滑窗式流量控制的链路中，用连续自动重发技术。连续自动重发在实际上又分为返回全部重发和选择性自动重发。

6. 答：为了保证通信的双方能有效、可靠地进行数据传输，在通信的发送和接收之间有一系列的约定或规定，我们把这些约定或规定称为通信控制规程。

链路控制规程有“面向字符的控制规程”和“面向比特的控制规程”。

面向字符的控制规程把数据和控制信息都看做字符。

面向比特的控制规程把数据和控制信息都看做位的组合。

7. 答：在数据通信中，发送端一位一位地把信息通过介质发往接收端，接收端必须识别信息的开始和结束，而且必须知道每一位的持续时间，只有这样，接收端才能从传输上正确地取出被传送的数据，所以收发端必须同步。同步问题是数据通信中一个十分关键的问题。

8. 答：数据通信有两种基本方式，即串行方式和并行方式。数据传输方式分为两种，即基带传输和频带传输。

9. 答：两种最常用的多路复用技术是：频分多路复用技术（FDM）和时分多路复用技术（TDM）。其中时分多路复用又可分为同步时分和异步时分两种。

（1）频分多路复用是将该物理信道上的总带宽分割成若干子信道，每个子信道可传输一路信号。

（2）时分多路复用是将一条物理信道按时间分成若干时间片轮换地给多个信号源使用，每一个时间片由复用的一个信号源占用，而不像 FDM 那样，同一时间同时发送多路信号。

10. 答：因为电话公共交换网是一种模拟信道，它的频带范围仅为 300Hz～3 400Hz，而数字信号由于所含的极其丰富的高次谐波成分使得频宽范围从 0Hz 一直延伸到几千兆 Hz。如果不加任何措施地利用模拟信道传输数字信号，必定出现极大的失真。因此，必须用 MODEM 进行数字信号和模拟信号间的转换。

11. 答：数据的概念包括两个方面。其一，数据内容是事物特性的反映或描述；其二，数据以某种媒体作为载荷体，即数据是存储在媒体上的。

第六章　计算机网络协议

一、章节结构及重点

本章共分为五节，主要讲述了计算机网络协议的基本概念，包括计算机网络协议概述、TCP/IP 协议的体系结构、OSI 协议的体系结构、LAN 协议，宽带综合业务数字网（B-ISDN）和异步传输模式（ATM）及其协议简介。

第一节简要介绍了计算机网络协议的基本概念，引出了 IEEE 802 系列标准、TCP/IP 协议族、OSI 协议和异步传输模式的 ATM 协议等常用的计算机网络通信协议。

第二节主要针对 TCP/IP 协议的体系结构进行详细介绍，这是本章乃至全书的重点。

第三节介绍了 OSI 协议的体系结构，详细介绍了 OSI 体系结构中每一层的作用和概念。

第四节主要介绍 LAN 协议，通过对 IEEE 802 标准系列的介绍来列举局域网协议。

第五节介绍宽带综合业务数字网（B-ISDN）和异步传输模式（ATM），并对 B-ISDN 和 ATM 的传输协议进行了详细介绍。

二、本章主要内容

（一）有关体系结构和网络体系结构的概念

体系结构是一个广义的概念，它包括三类重要的相互有关的结构：物理结构、逻辑结构和软件结构。其中每一种结构都是由一组元素和它们之间的交互作用方式所定义的。而这些结构的相互关系就形成了所要考虑系统的体系结构。

（1）物理结构：物理结构元素是完成一定功能的物理部件。系统的物理结构依赖于所处理的任务，这些部件可以是集成电路、计算机部件、计算机或由计算机组成的系统。物理结构决定系统所需的资源，即所需硬件设备的数目和技术要求。在构造系统时，首先注意的可能是物理结构；但是，在进行系统分析时，先研究的却应该是逻辑结构。

（2）逻辑结构：逻辑结构元素决定输入、存储、发送、处理或信息传递的基本操作功能。常将逻辑结构元素称为逻辑模块。逻辑结构可以是计算机操作系统、终端模块、通信程序模块等。逻辑结构元素还可以是相关的几个逻辑模块联合起来的更复杂的实体。分析逻辑结构元素的相互作用，应考虑整个系统的操作，研究处理与信息流有关的进程（操作系统中的一个概念，表示程序的一次执行），并决定系统的逻辑资源。

（3）软件结构：在大多数情况下，一个系统包括不同目的的各种软件。这些软件执行不同的信息处理任务。因此，系统体系结构的重要特性之一就是其软件或程序结构。软件结构由数据处理、进程访问、硬件故障诊断、数据发送、通道（或信道）控制等一些相互有关的程序组成。软件结构元素就是各种程序。程序之间的相互作用保证了必要的信息处理任务的正确执行。

计算机网络是一种十分复杂的系统，应从物理的、逻辑的和软件结构来描述其体系结构。具体来说，逻辑结构是指执行各种网络操作任务所需的功能；物理结构是指实现网络逻辑功能最优分配的各种网络子系统和设备；软件结构是指网络软件的结构，这些网络软件就是在各网络部件中执行网络功能的程序。计算机网络的体系结构是计算机网络及其组成部分的功能的精确定义。

（二）有关计算机网络协议的基本概念

协议是用来描述进程之间信息交换过程的术语。在计算机网络中，两个相互通信的实体处在不同的地理位置，其上的两个进程相互通信，需要通过交换信息来协调它们的动作和达到同步，而信息的交换必须按照预先共同约定好的过程进行。

计算机网络的协议主要由语义、语法和定时三部分组成。语义规定通信双方彼此“讲什么”，即确定协议元素的类型，如规定通信双方要发出什么控制信息、执行的动作和返回的应答。语法规定通信双方彼此“如何讲”，即确定协议元素的格式，如数据和控制信息的格式。定时关系规定了信息交流的次序。

（三）TCP/IP 协议的五个层次

TCP/IP 通常指 TCP/IP 协议族，由许多协议组成，这些协议是目前通行的因特网标准。

一般将 TCP/IP 的通信任务组织成五个相对独立的层次：

- 应用层
- 主机到主机层或运输层
- 互联网层
- 网络接入层
- 物理层

（1）物理层（physical layer）定义了数据传输设备（如工作站、计算机）和传输媒体或网络间的接口。这一层涉及对于传输媒质特性、信号特性、数据速率和相关内容的确定。

（2）网络接入层（network access layer）关心的则是一个端系统和它连接的网络之间的数据交换。发送方计算机必须给网络提供目的地计算机的地址，以便网络将数据转送到相应的目的地。在这一层使用的具体软件依赖于所使用的网络的类型：对于电路交换、分组交换、局域网和其他网络，都有着不同的标准。因此，将有关网络接入的功能划分到一个单独层次中是有意义的。这样做可以使得网络接入层以上的其他通信软件不必再去关心它们所使用的网络的具体细节。同一个高层软件应该不管计算机所连接的是什么网络而都能正常运行。网络接入层关心的是如何在同一网络中的两个端系统之间传送数据的问题。

（3）互联网层（internet layer）的功能是处理连在两个不同网络上的设备的通信，即对数据穿过多个互连的网络的处理互联网协议（IP）在这一层提供越过多个网络的选路功能。这个协议不仅要在端系统中实现，而且要在路由器中实现。一个路由器就是一个连接两个网络的处理机，其主要功能是将数据沿着源端系统到目的端系统的路径，从一个网络转送到另一个网络。

(4) 主机到主机层（host-to-host layer）或运输层（transport layer）的作用是确保所有的数据都能到达目的应用程序，并且数据到达的顺序与发送时的顺序相同。实现可靠传送的机制与应用程序的特性实质上是无关的，因此，将这种机制集中到一个共同的层次以便使所有的应用程序都能共享，是很有意义的。这样的层次被称为主机到主机层（host-to-host layer）。传输控制协议（TCP，Transmission Control Protocol）是提供这项功能的最常用的协议。

(5) 应用层（application layer）包括支持各种用户应用程序所需的逻辑功能。每一个不同种类的应用程序，例如文件传送，都需要一个专供这种应用程序使用的单独的模块。

（四）TCP 和 UDP 的关系

作为 TCP/IP 协议体系结构的一部分的应用程序，其中的大部分都是利用 TCP 作为运输层协议。TCP 为应用程序之间的数据传送提供可靠连接。除了 TCP 之外，在 TCP/IP 协议族中还有另外一个经常用到的运输层协议：用户数据表协议（UDP，User Datagram Protocol）。UDP 为应用层过程提供无连接服务，它并不保证一定传到，也不保证按序传送和不重复传送。UDP 能够使一个应用程序用最少的协议机制向另一个应用程序发送报文。面向事务的应用程序通常使用 UDP，由于 UDP 是无连接的，它本身做的事情很少。实际上，UDP 仅仅对 IP 增加了端口寻址功能。

（五）IPv6 的基本概念

IPv6 对现有 IP（称为 IPv4）作了许多功能上的增强。IPv6 是为适应当今网络的高速化趋势和数据融合（包括图形和图像数据）趋势而设计的。但推动这一新协议的发展的主要力量则来自于增加地址的需要。目前的 IP 使用 32bit 长的地址标识一个源系统或目的系统。随着因特网的急剧增大以及各种专用网络相继接入因特网，这个地址长度就变得不再能够满足所有系统入网的地址需求了。IPv6 包括各有 128bit 长的源地址和目的地址字段。预计最终所有 TCP/IP 系统都将从目前的 IP 协议转移到 IPv6 协议，但这个过程可能要花费数年甚至几十年的时间。

（六）TCP/IP 的工作方式

为了清楚地表示整个通信设施可能由多个网络组成，作为组成部分的各网络通常被称为子网（sub network）。某些种类的网络接入协议，如以太网逻辑，被用来将一台计算机连接到一个子网。这种协议使主机可以向同一个子网上所连接的另一台主机发送数据。当接收端主机处于另外的子网上时，发送端主机就将数据发到一个路由器。所有的端系统和路由器都要运行 IP 协议。IP 的作用就是将一台主机上的数据块通过一个或多个路由器传送到另一台主机。TCP 则只在端系统上实现；它跟踪各个数据块以保证所有数据块都可靠地传递给相应的应用程序。

为了能成功地通信，整个系统中的每个实体都必须有一个唯一的地址。实际上，我们需要两个层次的寻址。每个连到子网上的主机都应有一个在全互联网唯一的地址，这可以使数据能够交付给正确的主机。这个地址供 IP 选路和交付数据使用。主机上每个应用程序则必须有一个在此主机上唯一的地址，这个地址使主机到主机协议（TCP）能够将数据交付给正确的进程。后一种地址被称为端口。

为了控制这个工作过程，控制信息应连同用户数据一起传输。假设发送进程产生了一块数据并将它交给 TCP。TCP 可能会将该数据块再划分为许多更小的数据块，以便更方便地进行管理。对每一个这样的小块，都要附加一个包含控制信息的 TCP 首部，这就形成了一个 TCP 报文段（segment）。这些控制信息是供主机 B 中的 TCP 协议实体使用的。TCP 首部中包含的可能项目有以下几个。

- 目的端口：当主机 B 上的 TCP 实体收到这一报文段时，它必须知道这个报文段是要交付给谁的。
- 序号：TCP 对发送到一个特定目的端口的报文段按顺序编上号码，以便当报文段未能按序到达时，目标主机上的 TCP 实体能够恢复它们原来的顺序。
- 检验和：发送方 TCP 还包括一段代码，它是报文段中其余内容的一个函数。接收方 TCP 实体进行一个相同的计算，并将结果与收到的代码比较。若两者不一致就说明在传输中出现了差错。

接下来 TCP 将每一个报文段交给 IP，并让 IP 将其传送到目标主机。这些报文段要穿过一个或多个子网，并经过一个或多个路由器的转发处理。这项操作也要使用控制信息。因此 IP 实体将包含控制信息的首部加到每一个报文段上，这就形成了 IP 数据报（IP datagram）。IP 首部中包含的项目中就有目的主机地址。

最后，每个 IP 数据报被交给网络接入层，以便将其通过它在到达目的地的路途中所遇到的第一个子网传输出去。网络接入层给 IP 报文加上其首部，构成分组（或称为帧）。该分组通过子网向路由器发送。分组首部包含子网所需要的用来传送数据的信息。分组首部包括的内容如下。

- 目的子网地址：子网必须知道分组到底要交付给连在其上的哪一个设备。
- 要求的设施：网络接入协议可能要用到某些子网设施，如优先级。

在路由器处，分组首部被去掉，路由器继而检看 IP 首部。依据 IP 首部中所包含的目的地址信息，路由器中的 IP 模块将数据报通过选择出来的路径送到目标主机。为了做到这一点，数据报又被加上一个网络接入首部。当目标主机收到了上述数据后，要完成一个相反的过程。在每一层上相应的首部都被去掉，剩下的部分上交给紧邻的上一层，这个过程持续到原始数据交付到目的进程为止。

（七）TCP/IP 提供的应用程序

以 TCP/IP 为基础提供的应用程序包括以下几个。

（1）简单邮件传送协议（SMTP，Simple Mail Transfer Protocol）：SMTP 提供了基本的电子邮件功能。它提供了一个将报文在各个主机之间传送的机制。SMTP 的功能包括邮件发送清单（mailing list）、返回回执（return receipts）和转发（forwarding）。SMTP 协议并不指定报文的生成方式，它需要和某种本地编辑或电子邮件设施联合使用。报文生成之后，SMTP 接收它，并使用 TCP 将它发到另一主机上的一个 SMTP 模块。目的端 SMTP 模块使用本地电子邮件软件包，将收到的消息存储到用户的邮箱之中。

（2）文件传送协议（FTP，File Transfer Protocol）：FTP 协议在用户命令的指示下从一个系统向另一个系统发送文件，无论文本格式还是二进制格式的文件都可以传送。FTP还具有控制用户访问的功能。当用户要传送文件时，FTP就与目的系统建立一条TCP连接以交换控制报文。这可以使用户将其标识符和口令发送到对端，并可以让用户指明文件以及对文件的操作。在文件传送被对方允许后，FTP实体将建立另一条TCP连接用于数据的传送。文件就通过这个数据连接进行传送，而在应用层则不再需要任何的首部或控制信息开销。传送完成后，控制用的TCP连接负责通知对方传送完成的消息，并可以继续接收新的文件传送命令。

(3) TELNET协议：TELNET协议提供远程登录功能。远程登录可以使一个终端或个人计算机用户登录到一个远端的计算机上，并像直接登录到该机上一样工作。这个协议是为简单的卷动模式（scroll-mode）终端设计的。TELNET实际上由两个模块实现：用户TELNET和服务器TELNET。用户TELNET与终端I/O模块交互以实现与本地终端的通信。它在实际终端的特性与网络标准之间实现转换功能。服务器TELNET与应用程序交互，它作为一个代理终端处理程序使远程终端对于应用程序来说就像本地终端一样。用户和服务器TELNET之间的终端通信量由TCP连接承载。

（八）以TCP/IP为基础的因特网标准

因特网是使用TCP/IP协议族的网络互连起来形成的大型网络集合体。因特网发源于ARPANET，而后来国防远景研究规划局（DARPA，Defense Advanced Research Projects Agency）又支持它发展供军队用户和政府承包商使用的另外的一些网络。IAB是因特网设计、工程建设和管理的协调委员会。这个委员会不仅管理因特网本身，而且还要管理为实现互操作性因特网终端所用协议的标准化过程。IAB有两个主要的分支工作组：因特网工程部IETF和因特网研究部IRTF（Internet Research Task Force）。各部的实际工作是由所属的各工作组完成的。各工作组成员是自愿加入的。任何感兴趣的方面都可以参加。IETF负责发布RFC。RFC实际上是因特网研究和开发领域的工作备忘录。RFC的一个文件可能讨论有关计算机通信的任何话题，它可能是一份会议报告，也可以是一个标准的规约。哪个RFC会最终成为因特网标准则由IAB根据IETF的建议做出决定。一个规约要成为标准必须满足以下准则：

- 已经稳定下来并易于理解；
- 技术适当；
- 已具有多种独立的可互操作的实现，并具备充分的运行经验；
- 具有明显的广泛支持；
- 在因特网的某些部分或全部组成部分中有明确的用途；
- 上述准则与国际标准制定的准则的一个重要区别就是这里强调运营经验。

所有RFC第一步都是作为一个因特网草案（Internet Draft）公布的。因特网草案是供非正式评论用的。这些文件可以从因特网上容易地得到，因此可以进行公开的评论或修改。一个因特网草案可能要经过多次修改才能最终以RFC的形式公布。处于标准轨迹上的规约，其走向成熟的第一步是迈到建议标准。一个建议标准通常是稳定的。它已经在各种已知的设计选择中作出了取舍。它已经被有关人员所了解，并且已经受到有分量的同行评议。它已经引起业界足够的兴趣，因此可以被认为有相当的发展价值。建议标准上升为草案标准的条件是必须已经用不同的程序代码完成的至少两种独立的和可互操作的实现，且必须有足够的运行经验。一个草案标准被认为是最终的规约，而在典型情况下，进一步的修改仅仅是要解决新的特定的问题。

经过一段时间的评议，如果草案标准符合所有的上述的准则，它将被升级到因特网标准（Internet Standard）层次。因特网标准有如下特征：高度成熟的技术，以及大家一致认为指明的协议或服务将为因特网提供重要好处。到了这个阶段，除了 RFC 号码之外，这个规范还被分配一个 STD 号码。最终，若协议变得过时了，它就被归入“历史”范畴。还有一些另外的 RFC 并不是标准轨迹的一部分。如果一个协议或者其他的规约还不成熟，因而不能进入标准化过程，但它可作为一个实验性的 RFC 发表。在经过进一步的工作后，这个规约可以重新提交而进入标准的轨迹。还有一种信息性的 RFC。发表这种 RFC 的目的是为因特网共同提供一般的有用信息。

（九）开放系统互连（OSI）参考模型

国际标准化组织（ISO）制定的模型，称为开放系统互连（OSI）参考模型。计算机系统间的通信是一个复杂的过程，为了减少协议设计和调试过程的复杂性，ISO/OSI 参考模型采用了分层的方法，整个通信子系统划分为若干层，每层执行一种明确定义的功能，并由较低层执行附加的功能，为较高层服务。

OSI 构造了顺序式的七层模型，即物理层、数据链路层、网络层、运输层、会话层、表示层、应用层，不同系统对等层之间按相应协议进行通信，同一系统不同层之间通过接口进行通信。只有最低层物理层完成物理数据传递，其他对等层之间的通信称为逻辑通信，其通信过程为将通信数据交给下一层处理，下一层对数据加上若干控制位后再交给它的下一层处理，最终由物理层传递到对方系统物理层，再逐层向上传递，从而实现对等层之间的逻辑通信。一般用户由最上层的应用层提供服务。

（十）OSI 参考模型中物理层的基本概念

物理层是 OSI 的最低层，它建立在物理通信介质的基础上，作为系统和通信介质的接口，用来实现数据链路实体间透明的比特（bit）流传输。物理层是 OSI 中唯一涉及通信介质的一层。

物理层有四个重要特性。

（1）机械特性：主要规定了 DTE/DCE 接口连接器的尺寸、芯数和芯的安排、连线的根数等。

（2）电气特性：主要规定了每种信号的电平、信号的脉冲宽度、允许的数据传输速率和最大传输距离。

（3）功能特性：规定了接口电路引脚的功能和作用。

（4）规程特性：规定了接口电路信号发出的时序、应答关系和操作过程。

物理层提供的服务有以下几种。

（1）物理连接。数据电路是一条通信路径。该路径是由两个物理实体之间的物理介质和用于传输比特流必需的设施，以及物理层中的中继设备、互联数据电路构成的。物理连接分为两类。

①点-点连接：它连接两个数据链路实体。

②多点连接：一个数据链路实体与多个数据链路实体连接。

当物理层一旦完成数据链路互联后，其中间的物理实体在物理层以上是不可见的，数据链路层所能感知的只是两个物理连接端点（点-点连接），或多个物理连接端点（多点连接）。物理连接可以是永久性连接（专线），也可以是动态连接（交换网）。

（2）物理服务数据单元。物理层提供两类物理服务数据单元：①串行传输方式物理服务数据单元，它仅含有1个比特；②并行传输方式物理服务数据单元，它由若干个比特组成。

（3）顺序化。物理层在进行比特传输时能保证接收物理实体所收到的比特顺序，与发送物理实体所发送的比特顺序相同。

（4）数据电路标识。物理层提供唯一能标识两相邻系统之间数据电路的标识符。

（5）故障情况报告。当物理层内出现差错时，应向数据链路实体报告物理层中所检测到的故障和差错。

（6）服务质量指标。物理连接服务的质量大部分由数据电路本身确定，其质量指标包括误码率、服务可用性、数据传输速率和传输延时。

为了实现数据链路实体之间比特流的透明传输，物理层应具有下述功能：

（1）物理连接的建立与拆除。当数据链路层请求在两个数据链路实体之间建立物理连接时，物理层应能立即为它们建立相应的物理连接。若两个数据链路实体之间要经过若干中继数据链路实体时，物理层还应对这些中继数据链路实体进行互联，以建立起一条有效的物理连接。当物理连接不再需要时，由物理层立即拆除。

（2）物理服务数据单元传输。物理层既可以采取同步传输方式，也可以采取异步传输方式来传输物理服务数据单元。前者要求在系统中配置同步适配器板；而后者则应配置异步适配器板来完成数据的发送和接收功能。

（3）物理层管理。物理层要涉及本层的某些管理事务，如功能的激活（何时发送和接收，异常情况处理等）、差错控制（传输中出现的奇偶错和格式错等）。

（十一）OSI参考模型中数据链路层的基本概念

数据链路层的主要用途是为在相邻网络实体之间建立、维持和释放数据链路连接，并传输数据链路服务数据单元。亦即数据链路层的主要职责是控制相邻系统之间的物理链路，它在物理层传送“位”信息的基础上，在相邻结点间传送被称为帧的数据信息，数据链路层由于种种原因也可能在传输中出现差错，也需进行检错、纠错，从而向网络层提供无错的透明传送。数据链路层软件是计算机中网络最基本的软件，该层是任何网络都必须有的层次，相对于高层来说，所用的服务和协议比较成熟。

数据链路层的目的：

（1）数据链路层在网络实体间提供建立、维持和释放数据链路连接，以及传输数据链路服务数据单元所需的功能和过程的手段，在物理连接上建立数据链路连接。

（2）数据链路连接是建立在物理连接基础上的，在物理连接已经建立时，一般可保持较长时间不变。每次通信前后，双方相互联系以确认一次通信的开始和结束，这就是建立数据链路连接和拆除数据链路连接。

（3）数据链路层检测和校正在物理层出现的错误，并能使网络层控制物理层中的数据电路的互联。

数据链路层的功能和服务：数据链路层的主要功能是为网络层提供连接服务，并在数据链路连接上传送数据链路协议数据单元 L-PDU，一般将 L-PDU 称为帧。

（1）数据链路连接的建立和释放：根据数据链路层向网络层提供的服务质量、应用环境以及是否有连接这三个因素，服务可分为以下三种：

①无应答、无连接服务。在这种服务中，源主机的数据链路层可以在任何时候发送任意长的信息。接收主机的数据链路层将收到的信息送入自己的网络层。发送前不必建立数据链路连接，传输时接收方也不做应答，出错和数据丢失时也不做处理。这种服务质量低，适用于线路误码率很低以及传送实时性要求高的信息等。

②有应答、无连接服务。在这种服务中，当发送主机的数据链路层要发送数据时，直接发送数据帧。当接收数据链路能接收帧，并经校验结果正确时，就向源主机数据链路层返回应答帧；若不能接收或接收后经校验不正确的帧，就返回否定应答帧，发送端要么重发原帧，要么暂时不能进行。在一个结点的物理链路多或通信量小的情况下，有应答、无连接方式成功的概率大，且实现和控制都较为简单。应答可分为正向应答、双向应答和负向应答三种方式。

③面向连接的服务。这种服务的质量好，是 ISO/OSI 参考模型推荐的主要服务方式。这种服务方式对网络层移交的一次数据传送分为三个阶段：数据链路的建立、数据传送和数据链路的拆除。数据链路建立阶段是让双方的数据链路层都同意并做好传送的准备；数据传送阶段是将网络层移交的数据传送到对方。当数据传送结束时，拆除数据链路连接。

（2）数据链路数据单元的构成：将数据链路服务数据单元，配上数据链路协议控制信息，形成数据链路协议数据单元。数据链路层以服务数据单元与网络层交换数据。

（3）数据链路连接的分裂：当数据量很大时，为提高传输速率和效率，可将原来在一条物理链路上传输的数据，改用多条物理链路来传输。显然，该功能恰与多路复用相反。

（4）定界与同步：用于从物理连接上传输的比特流中，识别出数据链路服务数据单元的开始和结束，以及识别出其中的每个字段，以便实现正确的接收和控制。

（5）顺序和流量控制：顺序控制功能可使通过数据链路连接的各数据链路协议数据单元，能按发送的顺序传输到相邻结点。流量控制功能用以保持数据单元的发送速率与接收速率的匹配。

（6）差错的检测和恢复：用于检测出传输出错、格式出错或操作出错。这些错误可能是由于物理连接或相应的数据链路实体的误动作所造成的。恢复功能则是从上述三种出错状态中解脱出来，并将不能恢复的差错向有关的网络实体报告。

数据链路层协议：数据链路层协议可分为面向字符的通信规程和面向比特的通信规程。

（1）面向字符的通信规程的特点是利用若干个控制字符控制报文的传输。报文通常由标题和正文两部分组成。标题含有报文名称、源站地址、目标站地址、发送日期等信息，用于传输控制；正文则是报文的具体内容。当标题和正文长度不定时，还要求有用于标识它们开始和结束的控制字符。

（2）面向比特的通信规程典型的是 ISO 制定的 HDLC（High-level Data Link Control，高级数据链路控制）。该规程传送信息的单位称为帧。帧分为控制帧和信息帧。在信息帧的数据字段（正文）中，不以字符为单位，可以看做比特流，故称为面向比特的通信规程。比特流用帧标志来划分帧边界，帧标志也可用作同步字符。面向比特的通信规程有许多优点：首先，HDLC在正文字段没有位数限制时，即可传递5单位、7单位和8单位的编码以及其他无结构的信息，而面向字符的通信规程规定只能传送8位字符（7位编码和1位校验码）；其次，字符型规程规定了一些（通常为10个）控制字符，接收端搜索判别不方便，透明性不好，虽可用编码独立的通信规程，但传递效率低。

（十二）OSI参考模型中网络层的基本概念

网络层的主要用途是为实现源DCE和目标DCE之间的通信建立、维护和终止网络连接，并通过网络连接交换网络服务数据单元。在网络层的支持下，两个端系统的传输实体之间要进行通信，只需把要交换的数据交给它们的网络层便可实现。传输实体不必考虑建立和操作一个指定的网络连接时有关的路径选择及中转等细节。至于网络层如何利用数据链路层的资源来提供网络连接，对传输层是透明的。网络层和运输层的界面，既是层间的接口，又是通信子网和用户主机组成的资源子网的界限。该层综合以下两层和本层的功能向资源子网提供丰富的服务，对广域计算机网是极为重要的。数据链路层的任务是在相邻两个结点间实现透明的无差错的帧级信息的传送，而网络层则要在通信子网内把报文分组从源结点传送到目标结点。网络层协议就要实现这种传送中涉及的中继结点路由选择、子网内的信息流量控制和差错处理等。

网络层利用本层和以下两层的功能向运输层提供服务；网络层的主要功能是支持网络连接的实现。它包括点-点结构的网络连接以及由具有不同特性的子网所支持的网络连接等。网络层的具体功能包括：

（1）建立和拆除网络连接。此功能是指利用数据链路层提供的数据链路连接，构成传输实体间的网络连接。网络连接同样可由若干个通信子网以串联形式构成。这些互联的子网可具有相同或不相同的服务能力，子网连接的两端可采用不同的子网协议。

（2）路径选择和中继。此功能是在两个网络地址之间选择一条适当的路径。为了建立端系统之间的通信，网络层必须使用数据链路层的服务来控制数据链路的互联。当网络连接是由几个子网串联而构成时，应将单独子网内的路径选择和中继功能与由子网互联所构成的网际、网内的路径选择和中继功能分开。

（3）网络连接多路复用。此功能提供网络连接多路复用的数据链路连接，以提高数据链路连接的利用率。

（4）分段和组块。为了提高传输效率，当数据单元太长时，可以对它们进行分段；反之，也可将几个较短的数据单元组成块后一起传输。无论哪种情况，都必须保留网络服务数据单元分界符。

（5）传输和流量控制：当传输实体需要有序传输网络服务数据单元时，网络层将在指定的网络连接上用有序传送的方法来实现。利用网络层提供的流量控制服务来对网络连接上传输的网络服务数据单元进行有效控制，以免发生信息“堵塞”或“拥挤”现象。

（6）加速数据传递。

（7）复位。

（8）差错的检测与恢复。

（9）服务选择。当一个网络连接要穿越几个子网时，若各子网具有不同的服务指标，则需要利用服务选择功能，使网络连接的两端能提供相同的服务。

在 OSI/RM 中规定，网络层中提供两种类型的网络服务，即无连接服务和面向连接的服务。在现代计算机网络的网络层中，都提供了这两种服务，它们分别被称为数据报服务和虚电路服务。

（1）数据报（Data gram）服务。在数据报传输方式中，网络层从运输层接受报文（发送时）并拆分为报文分组，把每一个分组作为一个独立的信息单位传送。在传输过程中并不去考虑它与前面已发出的数据报和后面将要发出的数据报的顺序关系。数据报每经过一个中继结点时，都要根据当时情况并按照一定的算法为其选择一条最佳的传输路径。这就有可能使从某结点先发出的数据报未必比后发出的数据报先到达目标。事实上，数据报类似于通常的信件和电报。数据报服务的特征包括：①不需建立连接；②采用全网地址；③要求路由选择；④数据报不能按序到达目标；⑤对故障的适应性强；⑥易于平衡网络流量。

（2）虚电路（Virtual Circuit）服务。在源主机与目标主机通信之前，应先建立一条网络连接，即虚电路。为此，源主机应发出呼叫请求分组，在该分组中包含了源和目标主机的全网地址。呼叫请求分组途径的每一个网络结点，都要记下该分组所用的虚电路号，并为它选择一条最佳传输路由发往下一个网络结点。当呼叫请求分组到达目标主机后，若它同意与源主机通信，便由网络层为双方建立一条虚电路。这样，在以后每个分组中不必再填上源和目标主机的全网地址，而只需标上虚电路号。当通信结束时，将该虚电路拆除。虚电路服务包含以下特征：①要求先建立连接；②全网地址；③路由选择；④按序到达；⑤可靠性较高；⑥适用于交互式作用。

虚电路服务和数据报服务的区别，实质上在于将分组的差错和顺序控制放在网络层还是放在运输层，也就是放在通信子网中还是放在主机系统中。由于应用场合的不同，两种服务各有自己的优缺点。数据报服务是解决短小分组交换网络层的方法之一，在一些实时性要求较高而对准确性要求较低的语音数字化的数据传送中也应当采用数据报服务。远程联机系统、长数据的文件传送系统和银行系统等均支持网络层的虚电路服务。实现虚电路服务在硬件和软件上都要比实现数据报服务有更大的开销，但是它免除了主机出错处理、排序和流控制的麻烦，特别是在多种类型功能差异很大的主机之间，要实现本应由通信子网完成的虚电路服务，困难将更大一些，因为这要求每一种机器都必须有一种运输层协议软件。如果放在子网来完成，因为子网的结点机类型单一，实现起来会更方便，各用户都可受益，但费用要高一点。

（十三）路由选择的概念

路由选择是指网络中的结点根据通信网络的情况，按照一定的策略选择一条可用的传输路由，把信息发往目标 DTE。路由选择是通信网络的重要功能之一，它将严重地影响网络传输性能。

（1）路由选择的时机。

网络路由选择算法是网络层软件的一部分，路径选择的频繁程度取决于选择的时机，即在什么情况下进行一次路由选择。当网络内部采用无连接的数据报方式时，每传送一个分组都要选择一次路由，因此路由选择频度较高。当网络层采用虚电路服务时，每次传送都在建立呼叫连接时，选择一次路径，后继的数据分组就沿着建立的虚电路路径传送，路径选择的频度较低。虚电路路径选择也叫会话路径选择，在整个用户会话期都存在一条有效的路径。

（2）路由选择算法的要求。

路由选择算法的要求是：

①正确性，即能正确而迅速地将分组从源结点传送到目标结点。

②简单性，即实现方便，相应的软件开销少。

③健壮性，即能根据网络拓扑变化（如某结点损坏）和通信量的变化而选择新的路径，不致引起作业的夭折。

④稳定性。算法应是可靠的，即不管运行多久，保持正确而不发生振荡。

⑤公平性和最优化，即要保证每个结点都有机会传送信息，保证路径选择最佳。

路由选择算法可按不同的原则进行分类。根据源结点发送分组是全路、多路还是单路向外发送，可将路由选择算法分为扩散式、选择扩散式和单路路由选择。在单路路由选择中，按照健壮性又可分为自适应式和非自适应式。非自适应式不能依据当前实际传输量和拓扑变化来作路径选择，而是按原先设计好的路径传送，一般称为固定式；自适应算法能较好地适应网络中的通信量和拓扑的变化，但实现时难度大、开销多。自适应算法又可分为孤立式、集中式和分布式。实际上，非自适应路径的修改是静态的，它的修改经过一定运行后才能进行；而适应式路径的选择和修改是依当前网络流量与网络拓扑而动态进行的。

（十四）OSI 参考模型中运输层的基本概念

运输层是整个协议层次结构中最核心的一层，它为源主机和目标主机之间提供性能可靠、价格合理的数据传输。运输层一方面为会话层提供服务，一方面使用网络层所提供的服务。

（1）运输层的功能。

①映像运输地址到网络地址。

②多路复用与分割。

③运输连接的建立与释放。

④分段与重新组装。

⑤组块与分块。

（2）运输层协议类型。

运输层协议显然和网络层提供的服务有关。网络层提供的服务愈完善，运输层协议就愈简单，网络层提供的服务愈简单，运输层协议就愈复杂。网络层服务可分成三类。

A 类：它可提供完善的服务，分组的丢失、重复和错序的情况可忽略不计。不使用 N-RESET 原语，两运输实体间的数据类似于数据链路层实体间通信的环境。广域网几乎不可能提供 A 类的服务，但有些局域计算机网络可提供接近 A 类的服务。基于 A 类服务的运输层协议是很简单的。

B 类：单个分组很少丢失，但网络层会因为内部拥塞、硬件故障和软件错误而时常发出 N-RESET 服务原语。运输层协议要纠正由于 N-RESET 原语而出现的混乱，需建立新的网络连接，重新同步，恢复正常传送，使运输服务用户对网络层出现的 N-RESET 一无所知。广域网常提供该类服务。

C 类：网络提供的数据传送服务是完全不可靠的。提供数据报服务的广域网、无线电分组交换网以及很多经网络互联形成的国际网络服务，均属此类。该类服务会出现丢失和重复分组。另外，还可能发送 N-RESET 服务原语。

（十五）OSI 参考模型中会话层的基本概念

应用进程之间为完成某项处理任务而需进行一系列内容相关的信息交换，会话层就是为有序地、方便地控制这种信息交换提供控制机制。

会话层完成的主要功能有：

（1）会话连接到运输连接的映射。会话连接要通过运输连接来实现。会话连接和运输连接有三种对应关系，即一个会话连接对应一个运输连接；多个会话连接建立在一个运输连接上；一个会话连接对应多个运输连接。

（2）数据传送。包括会话的常规数据、加速数据、特权数据和能力数据的传送。

（3）会话连接的恢复和释放。

（4）会话管理。包括同步和浮动的管理。

（十六）OSI 参考模型中表示层的基本概念

表示层的目的是处理有关被传送数据的表示问题。由于不同厂家的计算机产品常使用不同的信息表示标准，如果不解决信息表示上的差异，通信的用户之间就不能互相识别。从物理层到会话层的各层协议尽量采用各种措施来确保发送的信息准确、可靠，由于表示上的差异存在，这些正确传送的信息仍不能使用。解决差异的方法是，在保持数据含义的前提下进行信息表示格式的转换。为了保持数据信息的意义，可以在发送前转换，也可以在接收后转换，或双方都转换为某标准的数据表示格式。

因此，应用数据具有两个方面的问题：

（1）语法—数据的表示形式。

（2）语义—数据的内容和含义。

表示层提供了应用实体之间通信时所涉及的信息表示，即应用数据的语法，且只涉及应用数据的表示，不涉及应用数据对于应用层的意义。由于表示层要为应用层服务，当应用实体有数据信息语义要进行转换时，表示层提供应用实体之间要用到的公共表示，消除不同的应用进程之间信息表示在结构上的区别，这就使得应用实体不必关心信息在“公共表示”方面的问题，从而为应用实体提供了语法独立性。所谓公共表示，就是将各应用实体的本地信息表示转换为公共表示，或从公共表示变成各应用实体的本地表示。对于异种计算机网络来说，表示层的功能是非常重要的。表示层使用的就是公共信息表示，并提供转换机制。具体的公共信息表示法由专门的国际标准给出。

表示层的主要功能包括：

（1）数据语法转换。传送的数据有三种语法形式，即产生数据源的应用实体所用的数据表示语法、数据接收方应用实体所用的数据语法和表示实体之间传送数据所用的数据语法。显然，这些语法有可能两两相同或三者完全相同。表示层包含有公共数据表示语法和另外两个数据语法中任意一个进行转换所需要的功能。具体所用的公共数据语法是由相应表示实体之间共同协商的。

（2）数据语法的表示。表示层提供在连接开始选择一种数据语法和随后可选择另一种数据语法的方法。协商的过程是通过表示实体间显式应答来实现的，协商的各表示实体代表了应用实体对数据语法的要求。协商的内容包括采用的语法形式、需要哪些转换以及在哪里执行数据转换等。

（3）为用户执行会话服务原语提供手段。表示层与上下相邻层的关系，类似于会话层与相邻层的关系。表示层大多数原语与会话层中的相同。实际上这些原语中的多数原语是由会话层实现的。其他有关活动及活动管理、令牌控制和管理等原语，则主要由会话层执行，表示层或进行传递，或仅加入少量原语参数后再传递。

（4）表示连接管理。利用会话层提供的服务建立表示连接，管理在这个连接上的数据传送和同步控制以及连接的释放等。

（5）管理当前所需的数据结构集。如有多种传送语法和多种转换功能，为语法协议提供多种选择。

（6）数据加密和数据压缩。加密可增加数据安全性，压缩则可提高传输效率并节约存储空间。

（十七）OSI 参考模型中应用层的基本概念

应用层是开放系统互联参考模型的最高层。它给应用进程提供了访问 OSI 环境的手段。应用层的目的是作为用户使用 OSI 功能的唯一窗口。每个应用进程都是通过所在端开放系统中的应用实体，表示给其他开放系统的应用实体。应用层也许是功能最丰富、实现最复杂的一层，同时又是相对最不成熟的一层。该层中包含了许多服务，其中有的服务标准已经出台，但更多的服务还尚未出台。

应用进程借助于应用实体（AE）、实用协议和表示服务来交换信息。应用层的作用是在实现应用进程相互通信的同时，完成一系列业务处理所需的服务功能。当然，这些服务功能与所处理的业务有关。

应用进程使用 OSI 定义和通信功能，这些通信功能是通过 OSI 参考模型各层实体来实现的。但是，应用实体是应用进程利用 OSI 通信功能的唯一窗口。它按照应用实体间约定的通信协议，传送应用进程的要求，并按照应用实体的要求在系统间传送应用协议控制信息，有些功能可由表示层和表示层以下各层实现。

应用实体由一个用户元素和一组应用服务元素组成。应用服务元素可分为两类，即公共应用服务元素（CASE）和特定应用服务元素（SASE）。特定应用服务元素能提供满足特定应用的特殊需要的服务。而公共应用服务元素则是特定应用服务中公共使用的那部分，或者它提供其他服务元素都通用的服务，如应用的连接和释放就是公共应用服务元素。另外，公共服务元素也是用户元素要使用的。

在应用层中，已制定了多种广泛使用协议，其中很多是有代表性的协议：

（1）文件传递、存取和管理（FTAM）。

（2）虚拟终端协议（VTP）。

（3）报文处理系统（MHS）。

（4）作业传递与操作（JTM）。

（5）事务处理（TP）等。

（十八）关于局域网协议的基本概念

对局域网来说，人们最关心的是控制网络访问的协议。最普通的协议有令牌传送和载波侦听多路访问（CSMA）。

局域网拓扑结构简单，共享传输介质，在任意两个结点之间都有唯一的路由，所以网络层不存在路由选择问题，其他的功能如流量控制、寻址、排序、差错控制等功能可由数据链路层完成，因此，IEEE 802 标准不单独设立网络层。但考虑到多个 IEEE 802 局域网需要互连，IEEE 802 在实现模型中在 LLC 之上设立了网际层。

在 ISO/OSI 参考模型中，数据链路层的功能简单，它只负责把数据从一个结点可靠地传输到相邻的结点。但在局域网中，多个站点共享传输介质，在结点间传输数据之前必须首先解决由哪些设备占用传输介质，因此数据链路层要有介质访问控制功能。由于介质的多样性，所以必须提供多种介质访问控制方法。为此，IEEE 802 标准把数据链路层划分为两个子层：逻辑链路控制（LLC）子层和介质访问控制（MAC）子层。LLC 子层负责向网际层提供服务。MAC 子层管理基于各种介质的链路上的通信，并且在发送数据时负责把数据组装成带有地址和差错校验段的帧，在接收数据时负责把帧拆封，执行地址识别和差错校验。LLC 子层和 MAC 子层的功能分工使得 LLC 对各种物理介质的访问在 MAC 子层完全透明，即各种 MAC 子层与 LLC 子层的界面是一致的。

IEEE 802 委员会已经公布了许多 IEEE 802 标准的文本，这些标准在物理层和 MAC 子层有区别，但在逻辑链路控制（LLC）子层是兼容的。

（1）IEEE 802.1 标准负责解决 802 计划中其他各种标准之间的互操作性、网络互连及系统管理。

（2）IEEE 802.2（LLC）负责逻辑链路控制子层协议。

（3）IEEE 802.3（CSMA/CD）定义使用 CSMA/CD 协议和总线拓扑的网络。IEEE 802.3 标准继承了 DEC、Intel 和 Xerox 开发的 DIX 以太网标准。

（4）IEEE 802.4 标准定义了一种使用宽频带或单信道媒体的令牌总线拓扑。运用这种拓扑，在网络负荷量大的情况下，网络性能将优于 CSMA/CD 网络。

（5）IEEE 802.5 标准规定了令牌环网的拓扑，在这种拓扑结构中，电缆形成一个闭合的环。该网络标准的每个环网最多可以连接 250 个结点，数据传输速率为 4Mbps 或 16Mbps。当结点接收到一个令牌帧，它才对环网具有访问权，才能发送信息。

（6）IEEE 802.6 标准针对城域网提出了一种快速而合算的连接 LAN 的方案。

（7）IEEE 802.7 标准负责制定使用宽频带技术及其安装方法的网络标准。

（8）IEEE 802.8 作为 IEEE 802.3 ～IEEE 802.5 这几种标准中介绍的电缆的替代标准，选中了光纤电缆及其安装方法。

（9）IEEE 802.9 标准用于电话和数据通信的各种桌面接口，其目标是建立一种与 ISDN 和 IEEE 802.2 技术标准相兼容的标准。

（10）IEEE 802.10 处理加密问题以及与 OSI 参考模型相兼容的安全结构问题。

（11）IEEE 802.11 解决无线网络的协议和接口标准等问题。

（12）IEEE 802.12（100VG-AnyLAN）考察 HP 公司提交的使用需求优先协议和四重信号法的 100Mbps 以太网方案。

IEEE 802.2 标准规定了 LLC 子层协议，其中包括 LLC 子层对网际层、MAC 子层以及

LLC 子层本身管理功能的界面服务规范。LLC 协议标准向网际层提供三种服务形式，即无确认无连接方式服务、面向连接方式服务和有确认的无连接服务。

（1）无确认无连接方式服务。它是在不建立数据链路级连接的方式下提供网络层实体交换链路服务数据单元（LSDU）的手段。这是一种数据报服务，支持点到点、多点式或广播式数据传输。网际层实体之间要传输多个数据单元，只需要作一次服务访问。服务提供者不保证一个用户提交的数据顺序地传递给另一个用户，如果传输失败，也不通知发送者。

（2）面向连接方式服务。它提供了建立、使用、复位和终止数据链路层连接的手段。这些连接是通过 LLC 服务访问点之间的点到点式连接，并提供数据链路层的定序、流控和差错恢复。这是一种虚电路服务。

（3）有确认的无连接服务需要对每个接收到的数据单元提供立即确认功能。服务提供者每次只发送一个数据单元，在得到这个数据单元的接收确认之后，再发送下一个数据单元。

（十九）宽带综合业务数字网（B-ISDN）的原理和概念

宽带综合业务数字网（B-ISDN）是将各种业务，如话音、数据、图像和活动图像都综合在一个网络中传送，包括了 N-ISDN 所有的业务功能。

B-ISDN 和 N-ISDN 除了在传输带宽方面差别很大外，还有以下的一些重大区别：

（1）N-ISDN 以目前正在使用的电话网为基础，其用户环路采用双绞线（铜线）。但在 B-ISDN 中，其用户环路和干线都采用光缆。

（2）N-ISDN 使用的是电路交换。只是在传送信令的 D 通路使用分组交换。B-ISDN 则使用一种快速分组交换，称为异步传输模式（ATM）。

（3）N-ISDN 各通路的比特率是预先设置的。如 B 通路比特率为 64kbps。但 B-ISDN 使用虚通路的概念，其比特率只受用户到网络接口的物理比特率的限制。

（4）N-ISDN 无法传送高速图像，但 B-ISDN 可以传送。

CCITT 对 B-ISDN 中的业务作了如下的分类：

（1）交互型业务（interactive service）。这是在两个用户间或用户与服务提供者之间双向交换信息（不包括控制信令）。交互型业务还可分为以下三种。

● 会话业务（conversational service）。这是在用户之间或用户与服务提供者之间的双向、实时（无存储转发）的对话通信，如电视会议、电视监测和数字数据等。

● 留言业务（messaging service）。这种业务要经过具有存储转发信箱或信息处理功能的存储，因而不必是实时的。

● 检索业务（retrieval service）。提供用户从信息中心检索公用信息的能力，如可视图文和数据检索等。

（2）分配型业务（distribution service）。这主要是从服务提供者到用户的单向信息传送。分配型业务也可再划分为以下两种。

● 用户能单独进行演示控制的分配型业务（distribution service with user individual presentation control）。以周期性重复的信息实体（例如帧）的序列来提供的，使用户有能力选择单个信息实体和控制信息的起点和次序，如可视图文。

● 用户不能单独进行演示控制的分配型业务。特点是用户可接入，但不能对所分配信息的演示的起点和次序进行任何控制，如广播电视和高清晰度电视。

（二十）异步传输模式（ATM）的基本概念

对于电路交换，当数据的传输速率及其突发性变化非常大时，交换的控制就变得十分复杂。对于分组交换，当数据传输速率很高时，协议数据单元在各层的处理成为很大的开销，无法满足实时性很强的业务的时延要求。电路交换的实时性很好，而分组交换的灵活性很好，因此，对于宽带综合业务数字网，应当采用另一种结合这两种交换方式优点的新的交换技术。

异步传输模式（ATM，Asynchronous Transfer Mode）就是建立在电路交换和分组交换的基础上的一种新的交换技术。ATM 的主要优点如下：

（1）选择固定长度的短信元（cell）作为信息传输的单位，有利于综合业务传输和高速交换。信元长度为 53 字节，其首部为 5 字节。长度固定的首部可使结点的功能尽量减少，只用硬件电路就可对信元进行处理，因而缩短了信元的处理时间。

（2）能支持不同速率的各种业务。ATM 允许终端有足够多比特时就去利用信道，从而取得灵活的带宽共享。来自各终端的数字流在链路控制器中形成完整的信元后，即按先到先服务的规则，经统计复用器，以统一的传输速率将信元插入一个空闲时隙内。链路控制器调节信息源进网的速率。不同类型的服务都可复用在一起，高速率信源就占有较多的时隙。交换设备只需按网络最大速率来设置，它与用户设备的特性无关。

（3）所有信息在最低层以面向连接的方式传送，以保持电路交换适合于传送实时性很强的业务的优点。但对用户来说，ATM 既可工作于确定方式（承载某种业务的信元基本上周期性地出现），以支持实时型业务；也可以工作于统计方式（信元不规则地出现），以支持突发型业务。

（4）由于光纤信道的误码率极低，且容量很大，因此在 ATM 网内不必在数据链路层进行差错控制和流量控制，因而明显地提高了信元在网络中的传送速率。

宽带综合业务数字网（B-ISDN）使用的交换方式是异步传输模式（ATM），而 ATM 的物理基础是采用 SDH 标准的光纤传输网络。

三、难点释疑

TCP/IP 的工作方式

如图 6—1 所示，主机 A 位于网络 1，主机 B 位于网络 2，网络 1 和网络 2 被称为子网。所有的端系统和路由器都要运行 IP 协议。IP 的作用就是将一台主机上的数据块通过一个或多个路由器传送到另一台主机。TCP 则只在端系统上实现，它跟踪各个数据块以保证所有数据块都可靠地传递给相应的应用程序。

为了能成功地通信，整个系统中的每个实体都必须有一个唯一的地址。我们需要两个层次的寻址：

（1）每个连到子网上的主机都应有一个在全互联网唯一的地址。这可以使数据能够交付给正确的主机，这个地址供 IP 选路和交付数据使用。

（2）主机上每个应用程序必须有一个在此主机上唯一的地址。这个地址使主机到主机协议（TCP）能够将数据交付给正确的进程，这种地址被称为端口。

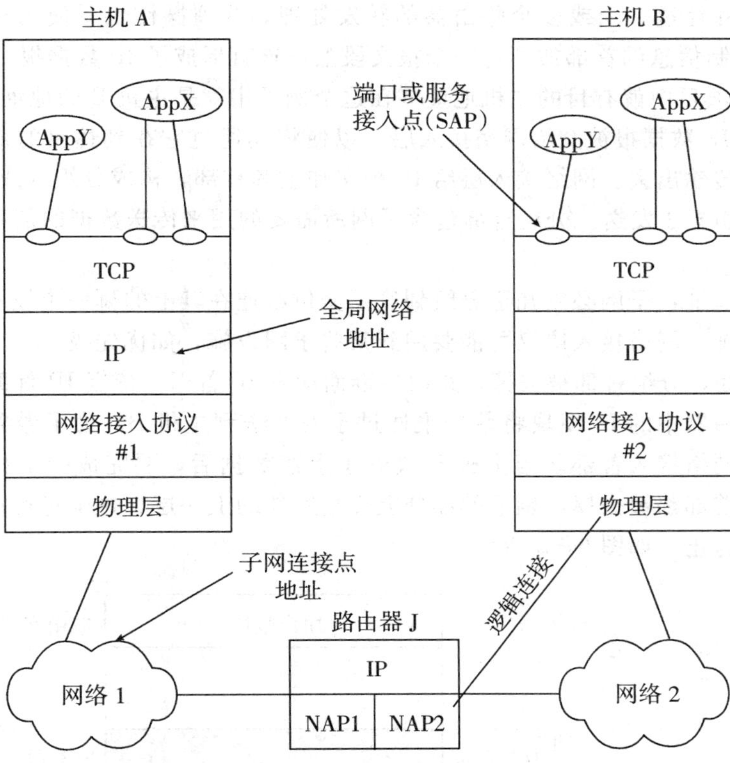

图 6—1

下面我们来跟踪数据传输的过程。

假定有一个进程使用主机 A 上的端口 1 进行通信，它希望将一个报文发送给利用主机 B 上端口 2 进行通信的进程。主机 A 上的进程将此报文交给下面的 TCP，并让其发送给主机 B 上的端口 2。TCP 将此报文交给下面的 IP，并让其发送给主机 B。IP 只要知道数据是发给主机 B 就可以了。接下来 IP 将此报文向下交给网络接入层（如以太网逻辑），告诉它将其发到路由器 J。为了控制这个工作过程，控制信息应连同用户数据一起传输。假设发送进程产生了一块数据并将它交给 TCP。TCP 可能会将该数据块再划分为许多更小的数据块，以便更方便地进行管理。对每一个这样的小块，都要附加一个包含控制信息的 TCP 首部，这就形成了一个 TCP 报文段（segment）。这些控制信息是供主机 B 中的 TCP 协议实体使用的。TCP 首部中包含的可能项目有以下几个。

• 目的端口：当主机 B 上的 TCP 实体收到这一报文段时，它必须知道这个报文段是要交付给谁的。

• 序号：TCP 对发送到一个特定目的端口的报文段按顺序编上号码，以便当报文段未能按序到达时，主机 B 上的 TCP 实体能够恢复它们原来的顺序。

• 检验和：发送方 TCP 还包括一段代码，它是报文段中其余内容的一个函数。接收方 TCP 实体进行一个相同的计算，并将结果与收到的代码比较。若两者不一致就说明在传输中出现了差错。

接下来 TCP 将每一个报文段交给 IP，并让 IP 将其传送到主机 B。这些报文段要穿过一个或多个子网，并经过一个或多个路由器的转发处理。这项操作也要使用控制信息。因此IP实体将包含控制信息的首部加到每一个报文段上，这就形成了IP数据报（IP datagram）。IP首部中包含的项目中就有目的主机地址（在这个例子中就是主机B的地址）。

最后，每个IP数据报被交给网络接入层，以便将其通过它在到达目的地的路途中所遇到的第一个子网传输出去。网络接入层给IP报文加上其首部，构成分组（或称为帧）。该分组通过子网向路由器J发送。分组首部包含子网所需要的用来传送数据的信息。分组首部包括的内容如下。

- 目的子网地址：子网必须知道分组到底要交付给连在其上的哪一个设备。
- 要求的设施：网络接入协议可能要用到某些子网设施，如优先级。

在路由器J处，分组首部被去掉，路由器继而检看IP首部。依据IP首部中所包含的目的地址信息，路由器中的IP模块将数据报通过子网2送到主机B。为了做到这一点，数据报又被加上一个网络接入首部。当主机B收到了上述数据后，要完成一个相反的过程。在每一层上相应的首部都被去掉，剩下的部分上交给紧邻的上一层，这个过程持续到原始数据交付到目的进程为止。如图6—2所示。

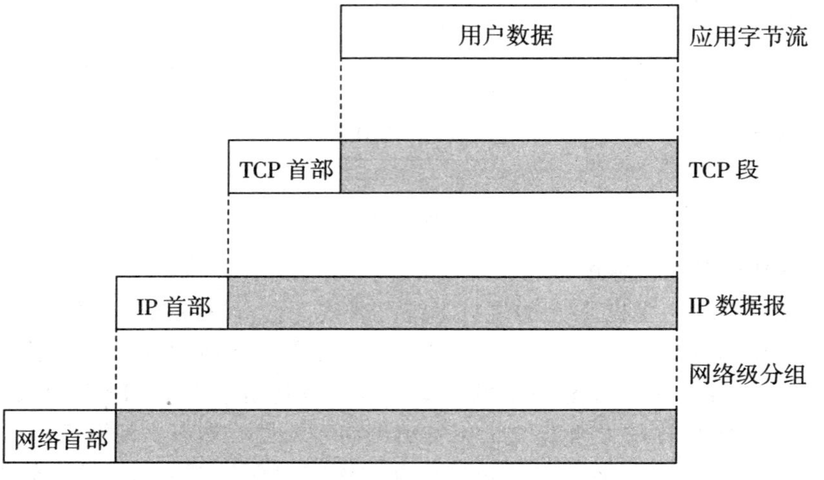

图6—2

四、练习题

（一）单项选择题（在备选答案中选出一个正确答案）

1. 在现行TCP/IP协议中，IP首部包括的源地址和目的地址的长度是（　　）。

A. 32bit　　B. 48bit　　C. 64bit　　D. 128bit

2. 为了实现源DCE和目标DCE之间的通信建立、维护和终止网络连接，并通过网络连接交换网络服务数据单元的OSI参考模型层是（　　）。

A. 协议层　　B. 网络层　　C. 链路层　　D. 应用层

3. 在IPv6协议中，源地址和目的地址字段的长度是（　　）。

A. 64bit　　B. 128bit　　C. 256bit　　D. 可变

4. 在OSI开放系统互连参考模型中，控制信息转换和路径选择的是（　　）。

A. 物理层　　B. 数据链路层　　C. 网络层　　D. 传输层

5. 在Internet管理系统中，负责RFC发布的机构是（　　）。

A. KFC　　B. IRTF　　C. IETF　　D. IEEE

6. 在网络协议中将规定通信双方数据与控制信息的结构和格式的这一部分，称为（　　）。

A. 语法部分　　B. 语义部分

C. 定时关系　　D. 以上都不正确

7. 以下关于异步传输模式（ATM，Asynchronous Transfer Mode）对信元（cell）使用的说法中，正确的是（　　）。

A. ATM选择可变长度的短信元作为信息传输的单位

B. ATM选择可变长度的长信元作为信息传输的单位

C. ATM选择固定长度的长信元作为信息传输的单位

D. ATM选择固定长度的短信元作为信息传输的单位

8. 在以下四种叙述中，（　　）不是ATM技术的特点。

A. ATM能够支持多媒体通信

B. ATM网络传输延时少，适应实时通信要求

C. ATM协议简单，数据交换效率高

D. ATM采用固定长度的数据传输单元，长度为1 024字节

9. 以下关于B-ISDN的说法中，正确的是（　　）。

A. B-ISDN使用一种快速分组交换，称为异步传输模式（ATM）

B. B-ISDN的用户环路的传输介质是双绞线

C. B-ISDN各通路的比特率是预先设定的

D. B-ISDN仍旧无法传送高质量的图像

10. 在建立国际标准方面，代表美国的标准化组织是（　　）。

A. ANSI　　B. ISO

C. ITU　　D. CCITT

11. 在网络实体间提供建立、维持和释放数据链路连接以及传输数据链路服务数据单元所需的功能和过程的手段，在物理连接上建立数据链路连接的OSI模型层是（　　）。

A. 数据链路层　　B. 传输链路层

C. 逻辑链路层　　D. 实体链路层

12. 计算机网络系统与分布式系统之间的区别主要是（　　）。

A. 系统物理结构　　B. 系统高层软件

C. 传输介质类型　　D. 服务器类型

13. 帧中继系统设计的主要目标是用于互连多个（　　）。

A. 广域网　　B. 局域网

C. ATM网　　D. 电话网

14. 在Client/Server计算机模式中，中间的作用主要是利用高层应用程序编程接口

API来隔离（　　）。

A. 应用软件与网卡驱动程序　　B. 通信网络与网络操作系统

C. 应用与网络　　D. 网络用户与网络管理员

15. 国际标准化组织制定的开放式系统互连参考模型分为七层，在通信子网中通常只有三层，依次为物理层、（　　）和网络层。

A. 会话层　　B. 应用层

C. 运输层　　D. 数据链路层

16. 促进了电气工程和计算机科学领域发展与教育的标准化组织是（　　）。

A. ISO　　B. ANSI　　C. IEEE　　D. ITU

17. OSI模型中负责处理电缆规格的层次是（　　）。

A. 应用层　　B. 表示层　　C. 物理层　　D. 网络层

18. OSI模型中负责完成可靠的端到端通信的层次是（　　）。

A. 应用层　　B. 会话层　　C. 表示层　　D. 物理层

19. OSI模型中负责处理加密与解密数据的层次是（　　）。

A. 网络层　　B. 物理层　　C. 表示层　　D. 数据链路层

20. OSI模型中负责将数据分割成帧的层次是（　　）。

A. 数据链路层　　B. 表示层　　C. 应用层　　D. 网络层

21. 定义令牌环帧的IEEE标准号是（　　）。

A. 802.2　　B. 802.4　　C. 802.5　　D. 802.1

（二）多项选择题（在备选答案中选出两个或两个以上的正确答案）

1. 在OSI参考模型中，会话层完成的主要功能有（　　）。

A. 会话连接到运输连接的映射　　B. 数据传送

C. 会话连接的恢复和释放　　D. 会话管理

E. 会话目标地址路由

2. TCP/IP的层次包括（　　）。

A. 应用层　　B. 主机到主机层或运输层

C. 互联网层　　D. 网络接入层

E. 物理层

3. 在OSI参考模型中，数据链路层提供的服务有（　　）。

A. 无应答、无连接服务　　B. 有应答、无连接服务

C. 面向连接的服务　　D. 面向事务处理的服务

E. 有应答、有连接服务

4. 在OSI模型中，物理层的特性有（　　）。

A. 物理特性　　B. 机械特性

C. 功能特性　　D. 规程特性

E. 电气特性

5. 以下协议中，属于OSI参考模型应用层协议的有（　　）。

A. 简单邮件（SMTP）　　B. 文件传递、存取和管理（FTAM）

C. 虚拟终端协议（VTP） D. 报文处理系统（MHS）
E. 作业传递与操作（JTM）

（三）名词解释

1. 体系结构
2. 物理结构
3. 逻辑结构
4. 软件结构
5. 协议

（四）简答题

1. 简述 TCP/IP 协议的层次结构和每层的作用。
2. 简述 TCP/IP 和 UDP 的关系。
3. 简述 ISO 参考模型中物理层的功能。
4. 简述 ISO 参考模型中网络层的功能。
5. 简述数据报服务的基本特征。
6. 简述虚电路服务的基本特征。
7. 简述 TCP/IP 协议的特点。
8. TCP/IP 协议互联网层的功能是什么？
9. 路由选择算法的要求是什么？
10. 机械特性主要考虑的问题包括哪些内容？
11. 功能特性主要包括哪些内容？
12. 简述 ISO 参考模型中运输层协议与网络服务类型的关系。
13. ISO 参考模型中运输层服务包括哪些？
14. 简述 ISO 参考模型中会话层与运输层之间的区别。
15. 简述 ATM 的概念及其特点。

五、参考答案

（一）单项选择题

1. A	2. B	3. B	4. C	5. C
6. A	7. D	8. D	9. A	10. A
11. A	12. B	13. B	14. C	15. D
16. C	17. C	18. B	19. C	20. A
21. C				

（二）多项选择题

1. ABCD	2. ABCDE	3. ABC	4. BCDE	5. BCDE

（三）名词解释

1. 体系结构：体系结构是一个广义的概念，它包括三类重要的相互有关的结构，即物理结构、逻辑结构和软件结构。其中每一种结构都是由一组元素和它们之间的交互作用方式所定义的。而这些结构的相互关系就形成了所要考虑系统的体系结构。计算机网络的体系结构是计算机网络及其组成部分的功能的精确定义。

2. 物理结构：物理结构元素是完成一定功能的物理部件。物理结构决定系统所需的资源，即所需硬件设备的数目和技术要求。

3. 逻辑结构：逻辑结构元素决定输入、存储、发送、处理或信息传递的基本操作功能。常将逻辑结构元素称为逻辑模块。逻辑结构可以是计算机操作系统、终端模块、通信程序模块等。逻辑结构元素还可以是相关的几个逻辑模块联合起来的更复杂的实体。分析逻辑结构元素的相互作用，应考虑整个系统的操作，研究处理与信息流有关的进程（操作系统中的一个概念，表示程序的一次执行），并决定系统的逻辑资源。

4. 软件结构：软件结构由数据处理、进程访问、硬件故障诊断、数据发送、通道（或信道）控制等一些相互有关的程序组成。软件结构元素就是各种程序。程序之间的相互作用保证了必要的信息处理任务的正确执行。

5. 协议：协议是用来描述进程之间信息交换过程的术语。在计算机网络中，两个相互通信的实体处在不同的地理位置，其上的两个进程相互通信，需要通过交换信息来协调它们的动作和达到同步，而信息的交换必须按照预先共同约定好的过程进行。

（四）简答题

1. 答：可以将 TCP/IP 的通信任务组织成五个相对独立的层次。

- 应用层
- 主机到主机层或运输层
- 互联网层
- 网络接入层
- 物理层

（1）物理层（physical layer）定义了数据传输设备（如工作站、计算机）和传输媒体或网络间的接口。这一层涉及对于传输媒质特性、信号特性、数据速率和相关内容的确定。

（2）网络接入层（network access layer）关心的则是一个端系统和它连接的网络之间的数据交换。发送方计算机必须给网络提供目的地计算机的地址，以便网络将数据转送到相应的目的地。在这一层使用的具体软件依赖于所使用的网络的类型：对于电路交换、分组交换、局域网和其他网络，都有着不同的标准。因此将有关网络接入的功能划分到一个单独层次中是有意义的。这样做可以使得网络接入层以上的其他通信软件不必再去关心它们所使用的网络的具体细节。同一个高层软件应该不管计算机所连接的是什么网络而都能正常运行。网络接入层关心的是如何在同一网络中的两个端系统之间传送数据的问题。

（3）互联网层（internet layer）的功能是处理连在两个不同网络上的设备的通信，即对数据穿过多个互连的网络的处理互联网协议（IP）在这一层提供越过多个网络的选路功能。这个协议不仅要在端系统中实现，而且要在路由器中实现。一个路由器就是一个连接两个网络的处理机，其主要功能是将数据沿着源端系统到目的端系统的路径，从一个网络转送到另一个网络。

（4）主机到主机层（host-to-host layer）或运输层（transport layer）的作用是确保所有的数据都能到达目的应用程序，并且数据到达的顺序与发送时的顺序相同。实现可靠传送的机制与应用程序的特性实质上是无关的，因此，将这种机制集中到一个共同的层次以便使所有的应用程序都能共享，是很有意义的。这样的层次被称为主机到主机层。传输控制协议（TCP，Transmission Control Protocol）是提供这项功能的最常用的协议。

（5）应用层（application layer）包括支持各种用户应用程序所需的逻辑功能。每一个不同种类的应用程序都需要一个专供这种应用程序使用的单独的模块。

2. 答：TCP 为应用程序之间的数据传送提供可靠连接，而用户数据表协议（UDP，User Datagram Protocol）为应用层过程提供无连接服务，它并不保证一定传到，也不保证按序传送和不重复传送。UDP 能够使一个应用程序用最少的协议机制向另一个应用程序发送报文。UDP 仅仅对 IP 增加了端口寻址功能。

3. 答：物理层总的目标是实现数据链路实体之间比特流的透明传输，因此物理层应具有下述功能。

（1）物理连接的建立与拆除：当数据链路层请求在两个数据链路实体之间建立物理连接时，物理层应能立即为它们建立相应的物理连接。若两个数据链路实体之间要经过若干中继数据链路实体时，物理层还应对这些中继数据链路实体进行互联，以建立起一条有效的物理连接。当物理连接不再需要时，由物理层立即拆除。

（2）物理服务数据单元传输：物理层既可以采取同步传输方式，也可以采取异步传输方式来传输物理服务数据单元。前者要求在系统中配置同步适配器板；而后者则应配置异步适配器板来完成数据的发送和接收功能。

（3）物理层管理：物理层要涉及本层的某些管理事务，如功能的激活（何时发送和接收，异常情况处理等）、差错控制（传输中出现的奇偶错和格式错等）。

4. 答：根据 ISO/OSI 层间操作的思想，网络层利用本层和以下两层的功能向运输层提供服务；网络层的主要功能是支持网络连接的实现。它包括点-点结构的网络连接以及由具有不同特性的子网所支持的网络连接等。网络层的具体功能如下。

（1）建立和拆除网络连接：此功能是指利用数据链路层提供的数据链路连接，构成传输实体间的网络连接。网络连接同样可由若干个通信子网以串联形式构成。这些互联的子网可具有相同或不相同的服务能力，子网连接的两端可采用不同的子网协议。

（2）路径选择和中继：此功能是在两个网络地址之间选择一条适当的路径。为了建立端系统之间的通信，网络层必须使用数据链路层的服务来控制数据链路的互联。当网络连接是由几个子网串联而构成时，应将单独子网内的路径选择和中继功能与由子网互联所构成的网际、网内的路径选择和中继功能分开。

（3）网络连接多路复用：此功能提供网络连接多路复用的数据链路连接，以提高数据链路连接的利用率。

（4）分段和组块：为了提高传输效率，当数据单元太长时，可以对它们进行分段；反之，也可将几个较短的数据单元组成块后一起传输。无论哪种情况，都必须保留网络服务数据单元分界符。

（5）传输和流量控制：当传输实体需要有序传输网络服务数据单元时，网络层将在指定的网络连接上用有序传送的方法来实现。利用网络层提供的流量控制服务来对网络连接上传输的网络服务数据单元进行有效控制，以免发生信息“堵塞”或“拥挤”现象。

（6）加速数据传递。

（7）复位。

（8）差错的检测与恢复：网络层的差错检测是利用数据链路层的差错报告以及其他的差错检测能力来检测经网络连接所传输的数据单元的，目的是检测是否出现异常情况。所谓恢复功能是指从被检测到的出错状态中解脱出来。

（9）服务选择：当一个网络连接要穿越几个子网时，若各子网具有不同的服务指标，则需要利用服务选择功能，使网络连接的两端能提供相同的服务。

5. 答：数据报服务的基本特征包括以下几方面。

（1）不需建立连接。

（2）采用全网地址。

（3）要求路由选择。

（4）数据报不能按序到达目标。

（5）对故障的适应性强。

（6）易于平衡网络流量。

6. 答：虚电路服务方式具有如下基本特征。

（1）要求先建立连接。网络层应为源和目标主机建立一条网络连接，供双方进行通信。

（2）全网地址。仅在源主机发出的呼叫分组中需要填上源和目标主机的全网地址，而在数据传输阶段的分组中，只需填上虚电路信号即可。

（3）路由选择。同样只是当呼叫请求分组在网络中传输时，各途径的结点都要为它们进行路径选择，以后便不再需要。

（4）按序到达。由于源主机发出的所有分组都能通过事先建立好的一条虚电路进行传输，故能保证主机所发出的所有分组都按照发送时的先后顺序到达目标主机。

（5）可靠性较高。由于在通信前双方已进行过联系，每发送完一定数量的分组后，对方也都给予了确认，故比较可靠。

（6）适用于交互式作用。利用虚电路服务来实现交互作用，不仅及时而且网络开销小。

7. 答：TCP/IP 协议的特点如下。

（1）协议标准具有开放性，其独立于特定的计算机硬件及操作系统，可以免费使用。

（2）统一分配网络地址，使的整个 TCP/IP 设备在网中都具有唯一的 IP 地址。

（3）实现最高协议的标准化，能为用户提供多种可靠的服务。

8. 答：TCP/IP 互联网层解决的是计算机到计算机间的通信问题，它包括三个方面的功能。

（1）处理来自传输层的分组发送要求，收到请求后将分组装入 IP 数据库，填充报头，选择路径，然后将数据报发往适当的网络接口。

（2）处理数据报。

（3）处理网络控制报文协议，即处理路径、流量控制、阻塞等。

9. 答：路由选择算法要求包括以下几项。

（1）正确性：即能正确而迅速地将分组从源结点传送到目标结点。

(2) 简单性：实现方便，相应的软件开销少。

(3) 健壮性：能根据网络拓扑变化和通信量的变化而选择新的路径，不至引起作业的夭折。

(4) 稳定性：算法应是可靠的，即不管运行多久，保证正确而不发生振荡。

(5) 公平性和最优化：要保证每个结点都有机会传送消息，又要保证路径选择最佳。

10. 答：机械特性是指实体间硬件连接接口的特性，它主要考虑如下几个方面的问题。

(1) 接口的形状、大小。

(2) 接口引脚的个数、功能、规格，引脚的分布。

(3) 相应通信媒体的参数和特性。

11. 答：功能特性主要反映接口电路的功能，即物理接口各条信号线的用途。功能特性的标准主要由 CCITT 规定。

功能特性标准主要包括两方面的内容：

(1) 接口线功能规定方法。接口线功能规定方法有每条接口线有一个功能和每条接口线有多个功能两种规定。

(2) 接口线功能分类。接口线功能分类一般分四类，即数据、控制、定时和接地。

接口线命名的方法有三种：用阿拉伯数字命名、用英文字母组合命名和用英文缩写命名。

12. 答：运输层协议和网络层提供的服务有关。网络层提供的服务愈完善，运输层协议就愈简单，网络层提供的服务愈简单，运输层协议就愈复杂。网络层服务可分成三类，即 A 类网络服务、B 类网络服务和 C 类网络服务。根据网络层提供的服务质量 ISO/OSI 把运输协议分为 5 类，即 0 类协议、1 类协议、2 类协议、3 类协议和 4 类协议。

13. 答：运输层提供的服务可归纳为两类：一类是运输连接管理，即负责建立和在通信完毕时释放运输连接；另一类是数据传送。

(1) 连接与传输。在一般情况下，会话层要求的每个传送连接，运输层相应都要在网络层上建立连接。运输层的这种连接总是以通信子网提供的服务为基础的。

(2) 运输层服务。运输层的服务，使高层的用户可以完全不考虑信息在物理层、数据链路层和网络层通信的详细情况，方便了用户使用。

(3) 端对端通信。运输层的协议都具有端对端的性质，通过运输层提供的服务，实现了从一个传输实体到另一个传输实体的网络连接，所以，运输层不关心路径选择和中继。

(4) 状态报告和安全保密。运输层不仅要为运输层用户提供运输层实体或运输连接的状态信息，还要提供对发送者与接收者的确认、数据加密与解密，提供保密的链路和结点的路由选择等安全的服务。

14. 答：会话层与运输层之间有明显的区别，其主要表现为以下几方面。

(1) 协议功能。会话层协议是在运输层连接服务的基础上提供一个用户接口，而运输层协议负责产生和维持两个端点之间的逻辑连接。

(2) 服务。会话层提供的为数据交换用的服务非常丰富和复杂，而运输层的服务非常简单，它只提供一个可靠的运输数据服务。

(3) 协议特性。由于运输层保证了把会话协议数据单元送到对等层用户，所以，会话层协议是非常简单的。而运输层协议要在各种不利的条件下保证运输服务的可靠性，因此，运输层协议非常复杂。

15. 答：异步传输模式（ATM，Asynchronous Transfer Mode）就是建立在电路交换和分组交换的基础上的一种新的交换技术。ATM 的主要特点如下：

（1）选择固定长度的短信元（cell）作为信息传输的单位，有利于综合业务传输和高速交换。

（2）能支持不同速率的各种业务。ATM 允许终端有足够多比特时就去利用信道，从而取得灵活的带宽共享。

（3）所有信息在最低层以面向连接的方式传送，以保持电路交换适合于传送实时性很强的业务的优点。但对用户来说，ATM 既可工作于确定方式，以支持实时型业务，也可以工作于统计方式，以支持突发型业务。

（4）由于光纤信道的误码率极低，且容量很大，因此在 ATM 网内不必在数据链路层进行差错控制和流量控制，因而明显地提高了信元在网络中的传送速率。

第七章　计算机局域网

一、章节结构及重点

本章共分为五节，重点介绍了局域网的特点和局域网的通信协议。

第一节讲述了局域网的特点，并简要介绍了局域网络的应用。

第二节详细讲述了局域网络的参考模型，首先介绍了局域网络的低三层标准（IEEE 802 标准），然后重点介绍了 IEEE 802.3 标准（CSMA/CD）、IEEE 802.4 标准（令牌总线局域网）和 IEEE 802.5 标准（令牌环）。

第三节介绍了局域网络的拓扑结构和传输介质，并详细阐述了局域网中的介质存取控制的基本原理和方法。

第四节介绍了基带和宽带局域网，重点放在两者的比较上。

第五节主要是对局域网新技术进行介绍和展望，重点放在对交换式集线器的讲解上，并对虚拟局域网进行了简要介绍。

二、本章主要内容

（一）局域网的自身特点

局域网也称局部网，是计算机网络的一种，它既具有一般计算机网络的特点，又具有自己的特征。局域网是在一个较小的范围，利用通信线路将众多计算机和外设连接起来，达到数据通信和资源共享的目的。

一般来说，局域网的特点是：

- 为一个单位所拥有，且地理范围和站点数目均有限；
- 所有的站共享较高的总带宽（较高的数据传输速率）；
- 较低的时延和较低的误码率；
- 各站为平等关系而不是主从关系；
- 能进行广播（一站向其他所有站发送）或组播（一站向多个站发送）。

一个工作在多用户系统下的小型计算机，也基本上可以完成局域网所能做的工作。二者相比，局域网具有如下的一些主要优点：

（1）能方便地共享昂贵的外部设备、主机以及软件、数据。从一个终端可访问全网。

（2）便于系统的扩展和逐渐地演变。

（3）提高了系统的可靠性、可用性和残存性。

（4）响应速度较快。

(5) 各设备的位置可灵活调整和改变，有利于数据处理和办公自动化。

但是，局域网也引起了一些问题，例如：

(1) 当不同厂家的设备一起连到网上时，它们未必能够进行数据交换。

(2) 数据的安全与保密需要采取专门的措施。

(3) 由于每个小单位很容易增加连在网络上的计算机设备，从总体来看，一个局域网的总的设备往往超过总的需求，这就造成了浪费。

通常局域网按网络拓扑进行分类。集中控制的典型实例是星形网，近年来由于集线器（hub）的出现和双绞线大量用于局域网中，星形网和多级结构的星形网获得了非常广泛的应用。环形网中最典型的就是令牌环形网（token ring），它又称为令牌环或令牌环路、权标传递环。总线网的特征是各站直接连在总线上，总线网可以使用两种协议：一种是以太网使用的 CSMA/CD，另一种是令牌传递总线协议；后一种方法综合了令牌环和总线网的优点，即物理上的总线网（各站与总线直接相连），但协议却使它在逻辑上相当于一个令牌环。总线网最有应用价值的变形是树形网，主要用于频分复用的宽带局域网。

局域网可使用多种传输媒体。双绞线最便宜，原来只用于低速（1MB/s～2MB/s）基带局域网。50Ω 同轴电缆可用到 10MB/s，而 75Ω 同轴电缆可用到 50MB/s，也可用在宽带局域网中（数据率约为 20MB/s～50MB/s）。光纤具有很好的抗电磁干扰特性和很宽的频带，过去主要用在环形网中，其数据率可达 100MB/s 或更高。现在技术发展很快，点到点线路使用光纤也逐渐增多，而在双绞线上传送数据的速率达到 10MB/s 已很平常，有的甚至可达 100MB/s。

（二）局域网的最低三层标准（IEEE 802 标准）

局域网的体系结构与 OSI 的有相当大的区别。物理层是需要的，因为物理连接以及按比特在媒体上传输都需要物理层。局域网不存在路由选择问题，因此局域网可以不要网络层。

由于局域网的种类繁多，其媒体接入控制的方法也各不相同，远远不像广域网那样简单。为了使局域网中的数据链路层不致过于复杂，就应当将局域网的数据链路层划分为两个子层，即媒体接入控制或媒体访问控制（MAC，Medium Access Control）子层和逻辑链路控制（LLC，Logical Link Control）子层，而网络的服务访问点（SAP）则在 LLC 子层与高层的交界面上。

因此，和 OSI 参考模型相比，局域网的参考模型就只相当于 OSI 的最低的两层。

与接入各种传输媒体有关的问题都放在 MAC 子层。MAC 子层还负责在物理层的基础上进行无差错的通信。具体地讲，MAC 子层的主要功能是：

- 将上层交下来的数据封装成帧进行发送（接收时进行相反的过程，将帧拆卸）；
- 实现和维护 MAC 协议；
- 比特差错检测；
- 寻址。

数据链路层中与媒体接入无关的部分都集中在逻辑链路控制（LLC）子层。具体地讲，LLC 子层的主要功能是：

- 建立和释放数据链路层的逻辑连接；
- 提供与高层的接口；
- 差错控制；
- 给帧加上序号。

局域网对 LLC 子层是透明的。只有下到 MAC 子层才能看见所连挂的是采用什么标准的局域网（总线网、令牌总线网或令牌环形网）。

（三）局域网络的基本拓扑结构

拓扑结构是指网络中的各个结点或站相互连接的方式。一种拓扑结构对应于一种通信线路连接和一种交换设备的分布方式。拓扑结构确定，则各站之间的通路也就确定了。常用局域网络的拓扑结构有以下几种类型。

（1）星形：任两个站必须通过交换中心连接，工作站简单，交换中心较复杂。星形还可以构成多级。

（2）总线形：它包括简单总线和多段总线形，后者是为了扩大范围而将总线分段的。

（3）树形：它是一种有分支的总线结构，多用于宽带网（CATV 系统）。

（4）环形：为安装维护方便，扩大系统范围，采用具有布线中心的星环结构。另外，还有一种由多环组成的桥结构。

（四）局域网络中常用的传输介质

局域网络中通常使用的传输介质有以下几种。

（1）双绞线。双绞线是成本低廉、应用广泛的传输介质，过去一直用于低速传输。但随着通信技术和微电子技术的不断发展，最大数据率已可达 10Mbps，甚至可达 100Mbps。国际上流行的双绞线是两两绞合在一起的，以减少线间电磁干扰，常用于局域网的星形结构中。双绞线抗干扰能力较差，不适于环境恶劣的场合，比较适合在办公室或教学环境中使用。安装简单、方便。

（2）同轴电缆。同轴电缆的数据传输率高，抗干扰能力较强，性能价格比高，安装维护方便。在局域网中常用以下三种同轴电缆：

①75Ω 同轴电缆用于宽带或基带传输中。数据传输率为 1Mbps～50Mbps。

②50Ω 同轴电缆用于基带传输中，数据传输率为 10Mbps。它又包括粗缆和细缆两种。粗缆抗干扰能力强，传输距离远，价格昂贵；细缆抗干扰能力较粗缆差，传输距离较近，价格便宜，安装容易。

③93Ω 同轴电缆用于基带传输，数据率为 2Mbps～10Mbps，常用于 ARCnet 局域网中。

（3）光纤。光缆是最有前途的传输介质，具有远距离的高传输率，多模光纤一般可达 2km（一段），单模光纤一般可达 3km。数据传输率为 100Mbps，甚至可达 1 000Mbps，误码率很低，抗干扰能力较强，基本上不受电磁干扰或噪声影响，具有很好的保密性和很低的损耗。光缆不适宜用在总线形或树形结构中，常用于环形网或远距离的点-点连接（如两个总线网之间的高速连接），铺设费用高，安装维护较困难。

（4）微波、红外、激光（视线距离内的传播）。

（五）局域网络中常用的介质存取控制技术

LAN 中典型的拓扑结构有总线形、树形、环形、星形。在总线形、树形、环形中，各个网络工作站共用一根传输介质；在星形中，各工作站共用交换中心。介质存取控制的基本原理与方法有以下几种。

（1）总线结构中介质争用的方法 CSMA/CD。

CSMA/CD 是 Carrier Sense Multiple Access With Collision Detection 的缩写，称为具有冲突检测的载波侦听多路存取方法。基本思想是，任何一个站需要发送数据时，首先侦听一下目前有无另一个站正在发送，即介质上有无信号传输。如果侦听的结果为总线空闲，则该站可以立即发送一帧数据；如果侦听结果是总线上有数据传送，则就一直侦听下去，等到发现总线上无信号传输时，该站就立即发送一帧数据。问题是在同一段时间内，可能有多个站都在各自的位置侦听。这时，它们都会发现总线是空闲的，则这些站几乎都有可能同时发送数据，造成冲突。

在 CSMA 技术中，若载波侦听后，发现总线忙，根据以后处理方法的不同又可分为几种不同的 CSMA 技术。

①Non-Persistent CSMA（非坚持的 CSMA）。若总线忙，则不再侦听，隔一定时间间隔后再侦听。若总线空闲，则立即发送。隔一定时间间隔再侦听的这个时间间隔，是依一定的概率分布决定的。

②P-Persistent CSMA（P 坚持 CSMA）。若总线忙，继续侦听；但当发现总线空闲时，并不总是发送数据。为减少冲突，以概率 P 发送数据，以概率（$1-P$）延迟一个单位时间，再侦听。

③1-Persistent CSMA（此处，$P=1$，称为 1 坚持算法）。若总线忙，一直侦听，直到发现总线空闲时，立即发送数据；若有冲突，回退一个随机时间间隔，重新侦听。

P 坚持算法理论上比较好。1 坚持算法由于采用了冲突检测技术，冲突浪费的时间并不多；又由于采用了二进制指数回退时间的算法，两个原冲突的站下次几乎不可能再冲突，因此，1 坚持算法实际上被采用的较多。CSMA/CD 称为总线争用介质控制技术，是最普通也较为成熟的技术。

（2）环结构中的令牌控制方法。

令牌传送的基本思想是：在环中设置了一个称为 token（令牌或标志）的数据帧，让它沿着环一站接一站地往下传送。token 的格式，原理上只须一位，如果各站都无数据发送，则空闲标志 Free token 一站接一站沿环传送。若有某站要发送数据，则必须等到它捉住一个 Free token 后，把 Free token 改成 Busy token，然后接着发送一帧数据，它包括源地址、目标地址、数据、校验部分等。

因为环是循环结构的，当数据到达目标站，并被接收以后，接收站做一个记号（改变帧中的控制位），当数据回到源站时，由源站把数据清除掉。数据发送完毕，或定时时间到，发送站再发出一个 Free token，使以后的站有权利使用环。所以，Token Ring 的思想是，谁抓住 Free token，谁就有权传送一帧数据，数据传完后，再放出 Free token。数据一般由源发送站清除。

令牌环网中的一个比较典型的改进是剑桥环网。剑桥环的基本思想是：使一个环中永远有若干个（少数）slot 在其中循环，待发送的站首先抓住一个空闲时隙（empty slot），然后把数据填入 slot 中。在这个 slot 没有绕回来之前，工作站无响应信息回来，不能用另外的 slot 再发送新一帧数据。当载有数据的 slot 绕回发送站时，由发送站清除满/空（Full/Empty）位；当另外一个满/空位＝0 的 slot 到达后，该站方能利用它继续发送数据。slot 的最大问题是开销太大，38 位中只有 16 位数据；当同时发送的站少时，slot 有空，效率低，一般当 slot 数等于一个环周期内平均发送站的数目时，效率较高。剑桥环在欧洲使用较普遍。

（3）总线结构中的令牌传送介质控制方法。

此法是在令牌环控制方法启发下产生的。一个总线结构的网络，如果指定每一个站的前者和后者，在逻辑上构成一个环，即得 Token Bus。和物理环不同，它的任两个站之间的通路都是借助于总线来实现的，但在原理上是用 Token Ring 的思想来使用总线。一般整个逻辑环上只有一个 Free token，其具体做法是：

初始化时就排定了总线上每一个站的逻辑位置，每一个站都知道它的前者和后者，构成一个逻辑环，产生一个 Free token 在环传送。要发送的站抓住 Free token，把它置为 Busy token，并发送一帧数据，接着再释放出一个 Free token 到下一站，这种方法比 CSMA/CD 复杂些，需要更多维护。

（六）基带和宽带局域网的概念和比较

在 Bus/Tree 结构中，通常使用了两类传输技术：基带传输和宽带传输。它们是按介质上传送的信号形式来区分的。

（1）基带（Baseband）传输系统。

- 数据采用数字信号（如非归零脉冲或曼彻斯特编码等）。
- 整个介质带宽为信号所占用。同一时刻只有一个信号在总线上传送。不能使用频分多路技术。
- 传输方向为双向。
- 距离可达几千米。

（2）宽带（Broadband）传输系统。

在这种传输系统中，是利用被调制的模拟信号来表示数据，必须使用调制解调器。对一个介质可采用频分多路复用技术。通常有三种调制方式：振幅键控（ASK）、频移键控（FSK）和相移键控（PSK）。在这种系统中，信号一般是单向传输的，传输距离可达到几十千米。

有一种比较特殊的情况，即整个电缆上只传输一个通道的模拟信号，除数据是以调制的方式传输外，其他规定都和基带网一样。例如，数据是以双向传输的，介质控制协议采用了 CSMA 技术等，它称为单道宽带系统，用于 HSLN 中。

基带系统的缺点在于：衰减大，带宽有限，同时传送电视和数据有困难，这导致了对宽带的研究。宽带的特点是带宽，可充分利用频分技术；既能传送数字信息，又能传送模拟信息。

（七）宽带系统的结构和服务

宽带系统有以下几种结构：

（1）单电缆频分系统总线结构。

（2）双电缆系统。

（3）树形结构的公共天线电视系统（CATV）。

宽带系统主要提供以下服务：

（1）专用。每个 F_i 频率相当于一个专用通道，每个通道需要能把信号调制在不同频率上的调制解调器。

（2）提供交换服务。用户（入网设备）向控制器发出要求交换数据的请求信号；控制器指定相应设备（变频调制器）调制到相应的频率，以把它们接通，实现数据交换。

（3）实现在同一频带上的多点存取（类似 CSMA）。F_0 频带相当于一个基带，任何时候也只允许一个设备发送，因此存取过程需要介质存取协议加以控制。

(4) 单道宽带 HSLN 中的介质存取协议。一根电缆仅用于一个模拟信道，称为单道宽带，适用于 HSLN，它利用总线拓扑结构双向传输。此时所用调制器价廉，性能价格比与基带差不多。美国国家标准协会针对这种情况制定了相应的标准，称为 ANSI 的 X3T9·5MAC，是关于介质存取控制的美国国家标准，用于单道宽带的介质控制协议。

X3T9·5MAC（避免冲突的 CSMA）协议的基本思想如下。

设有 N 个站（或口），共用总线，但要避免冲突发生。措施如下。

(1) 先侦听。若总线忙，则经推迟以后再侦听发送。

(2) 当总线闲时，采用分优先级方法，避免冲突发生。基本规则如下：

①系统初始化后，按优先级给每一个口都分配一个发送机会（一段时间）。开始 Port0 有权发送，若 Port0 过时不发，则 Port1 有权发送，依次类推。若都不发送，则重新初始化。

②任何一个口，要在它前面的口都不发送时方能有机会发送一次；每发送一次以后，系统重新初始化，重新侦听总线。

③任何一次发送，当发送完毕系统重新初始化后，规定上次接收站首先有权优先发送响应帧；若超过规定时间不发，则依次才是 Port0 有权发送；若 Port0 不发，则 Port1 有权发送，等等。这样，虽不会产生冲突，但是当前的站不需要发送，只有后面的站要发送时，分配给前面各种的发送机会就浪费了。

④由于上次接收的站有最高的发送优先权，故可实现两个站之间不间断的多帧传输。

（八）几种典型的局域网新技术

典型的局域网新技术包括交换式集线器和高速局域网。

(1) 交换式集线器。

在局域网中使用交换式集线器（switching hub 或 hub/switch）可明显地提高局域网的性能。交换式集线器的主要特点是：所有端口平时都不连通。当工作站需要通信时，交换式集线器能同时连通许多对的端口，使每一对相互通信的工作站都能像独占通信媒体那样，无冲突地传输数据。通信完成后就断开连接。

在使用交换式集线器时，一个用户在通信时是独占而不是和其他网络用户共享传输媒体的带宽，这一点正是交换式集线器的最大优点。

交换式集线器的交换方式有两种，即直通（cut-through）方式和传统的存储转发方式。直通方式并非简单直接连通。这种方式不必将整个数据帧先存入缓冲区再进行处理，而是在接收数据帧的同时就立即按数据帧中的目的地址决定该帧的转发端口。这就使得转发速度大大提高。由于在这种交换式集线器的内部采用了基于硬件交叉矩阵，其交换时延仅为 30μs 左右。对于多媒体应用，直通式交换是一种很好的方法。但在某些情况下，仍需要采用基于软件的存储转发方式进行交换。

从一般的局域网集线器升级到交换式集线器并不需要改变局域网的原有线路或网卡，而仅需更换集线器即可。交换式集线器的发展与建筑物结构化布线系统的普及应用密切相关。在结构化布线系统中，广泛地使用了交换式集线器。

目前交换式集线器存在的一些问题有：

- 还没有制定一个统一的管理交换式集线器的标准。网络管理员必须使用多个管理控制台才能监控不同厂商生产的交换式集线器。

- 绝大多数交换式集线器在分析交换流量方面都很欠缺。网络管理员需要为每个端口配备测试工具。

(2) 高速局域网。

目前有以下几种方法来解决局域网媒体的数据传输速率。

①100BASE-T 技术。

100BASE-T 是在双绞线上传送 100Mbps 基带信号的以太网，仍使用 IEEE 802.3 标准，即 CSMA/CD 协议。这种以太网又称为快速以太网 (Fast Ethernet)。用户只要更换一线网卡，再配上一个 100Mbps 的集线器，就可很方便地由 10BASE-T 以太网直接升级到 100Mbps，而不必改变网络的拓扑结构。所有在 10BASE-T 上的应用软件和网络软件功能都可保持不变。100BASE-T 的网卡有很强的自适应性，它能够自动识别 10Mbps 和 100Mbps。现在 IEEE 已将 100BASE-T 的快速以太网定为正式的国际标准，其代号为 802.3u。

②100VG-AnyLAN 技术。

这也是一种 100Mbps 的高速局域网，它综合了现有以太网和令牌环的优点。IEEE 也为此技术制定了国际标准 802.12。100VG-AnyLAN 常简写为 100VG。100VG 技术不仅仅是提高了局域网的传输速率，而且还将 CSMA/CD 协议中的某些部分改进为能更好地支持多媒体传输。这一点正是 100VG 技术有强竞争力的原因。100VG 以 100Mbps 的速率传输以太网和令牌环的帧信息，能使用多种传输媒体。100VG 是一种无冲突局域网，用户可以在此网络上获得高达 95%的吞吐量。它在媒体接入控制 (MAC) 子层运行一种新的协议，叫做需求优先级 (demand priority) 协议。各工作站有数据要发送时，要向中心集线器发出请求。每个请求都标有优先级别。一般的数据为普通优先级，而对时间敏感的多媒体应用的数据 (如话音、活动图像) 则可定为高级优先级。中心集线器使用一种循环仲裁过程来管理网络的结点。它对各结点的请求连续进行快速的循环扫描，检查来自结点的服务请求。高级优先级的请求可在普通优先级请求之前优先接入网络，因而可保证对时间敏感的一些应用提供所需的实时服务。集线器接收输入的数据帧只将其导向具有匹配目的地址的端口，从而提供了固有的网络数据安全性。优先级的标记 (高级或普通的) 由高层应用软件完成。标记信息作为帧信息的一部分被发往媒体接入控制 (MAC) 子层。100VG 支持 10BASE-T 和令牌环的网络拓扑，因此现有的 10BASE-T 以太网和令牌环的用户可以很方便地将现有网络移植成 100Mbps 的速率。此外，100VG 还可通过 FDDI 或 ATM 与广域网相连。

③其他种类的高速局域网。

- 等时以太网 (isochronous Ethernet)。采用 4B/5B 编码技术，将以太网的 10Mbps 信道和一个 6Mbps 的等时信道组合起来的网络技术，其信号速率为 20MBand。这 6Mbps 带宽就可用于传送图像、语音的等时信号。

- 全双工以太网，即 20Mbps 以太网。其关键部件除了两个独立的发送和接收通道外，还包括一个能使用这些通道的主机系统接口和新的服务器网卡 (终端适配器)。这种全双工以太网有可能广泛用于桌面图像通信系统中。

- 全双工令牌环。全双工令牌环发送数据时，不需要截获令牌就可以发送。因此它已不再是一个真正的令牌环，而只是使用了与令牌环相同的帧格式、相同的首部和尾部。由于在发送数据时不必等待令牌，因此全网的吞吐量明显得到提高。由于不需要维护令牌，因而可靠性也更高了。

三、难点释疑

环结构中的令牌控制方法

典型的环形局域网的结构如图 7—1 所示。

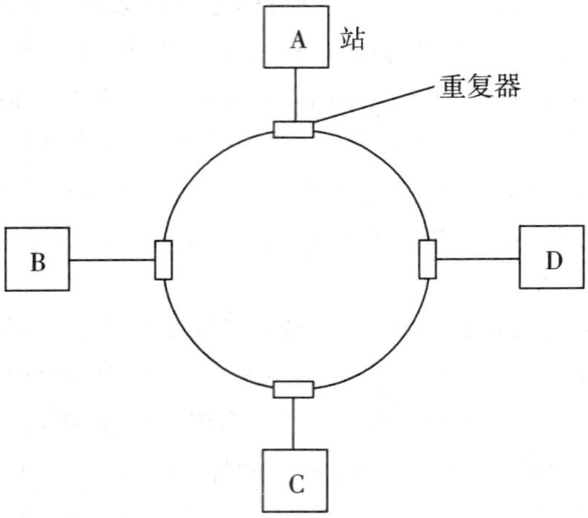

图 7—1

重复器作为环中一节，接收一位发送一位，一般有一位延迟，数据单方向流动。

令牌传送的基本思想是：在环中设置了一个称为 token（令牌或标志）的数据帧，让它沿着环一站接一站地往下传送。token 的格式，原理上只须一位，如果各站都无数据发送，则空闲标志 Free token 一站接一站沿环传送。若有某站要发送数据，则必须等到它捉住一个 Free token 后，把 Free token 改成 Busy token，然后接着发送一帧数据，它包括源地址、目标地址、数据、校验部分等。如图 7—2 所示。

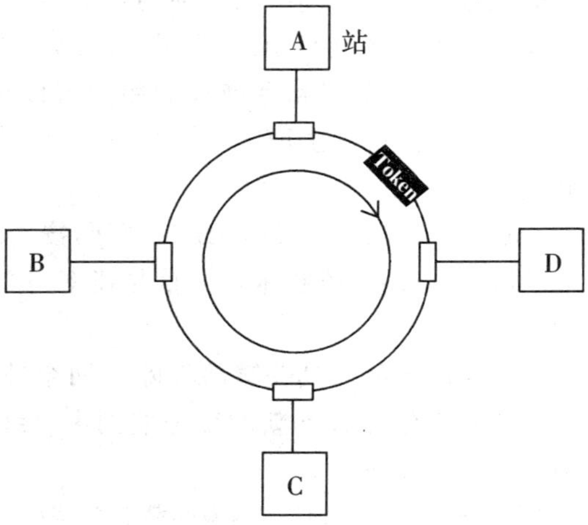

图 7—2

因为环是循环结构的，当数据到达目标站，并被接收以后，接收站做一个记号（改变帧中的控制位），当数据回到源站时，由源站把数据清除掉。数据发送完毕，或定时时间到，发送站再发出一个 Free token，使以后的站有权利使用环。所以 Token Ring 的思想是，谁抓住 Free token，谁就有权传送一帧数据，数据传完后，再放出 Free token；数据一般由源发送站清除。其过程如图 7—3 所示。

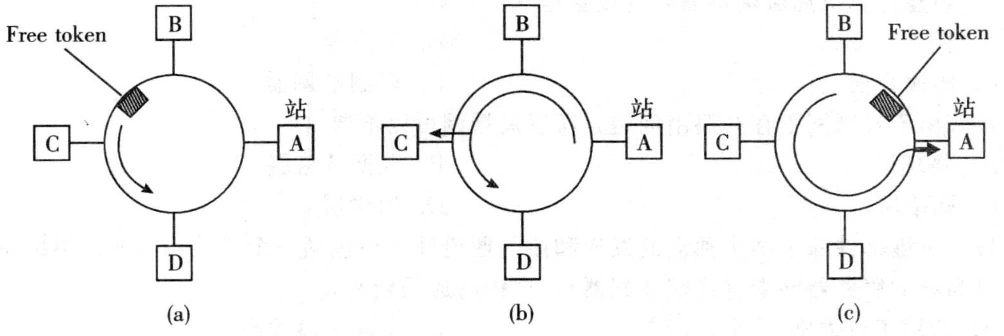

图 7—3

四、练习题

(一) 单项选择题（在备选答案中选出一个正确答案）

1. 局域网络服务访问点（SAP）处于（　　）。

A. LLC 子层与高层的交界面上　　B. MAC 子层与高层的交界面上

C. MC 子层与高层的交界面上　　D. OC 子层与高层的交界面上

2. 局域网络最常用的拓扑结构有（　　）四种。

A. 星形、总线形、集中形和分布式　　B. 星形、环形、集中形和分布式

C. 星形、环形、树形和总线形　　D. 星形、树形、集中形和环形

3. CSMA/CD 和令牌传递总线协议适用于下列哪种网络拓扑结构？（　　）

A. 星形网　　B. 总线网

C. 各种类型的网络拓扑结构均能适用　　D. 仅适用于比较复杂的树形结构网络

4. LAN 的中文含义是（　　）。

A. 微机通信网络　　B. 大面积网络

C. 远程通信网络　　D. 局部地区网络

5. 和 OSI 参考模型相比，局域网的参考模型（　　）。

A. 完全不能参照 OSI 模型　　B. 可以精确对应 OSI 的七层

C. 仅相当于 OSI 的最低的两层　　D. 以上说法都不对

6. 计算机局域网络介质访问方式有（　　）。

A. 基带与宽带等　　B. CSMA/CD、令牌环等

C. 同轴电缆与光纤等　　D. 远程网与星形网

7. 计算机网络按传输距离和传输速率可以分为（　　）。

A. 环形网和星形网

B. 局域网和总线网

C. 远程网和局域网

D. 远程网和星形网

8. Ethernet 属于（　　）拓扑结构。

A. 环形

B. 总线形

C. 星形

D. 树形

9. 组建计算机局域网不需要的设备是（　　）。

A. 网卡

B. 服务器

C. 传输介质

D. 调制解调器

10. 由于局域网不存在路由问题，所以局域网可以不要（　　）。

A. 物理层

B. 数据链路层

C. 网络层

D. 运输层

11. 关键部件除了两个独立的发送和接收通道外，还包括一个能使用这些通道的主机系统接口和新的服务器网卡（终端适配器），这种高速局域网是（　　）。

A. 全双工以太网

B. 半双工以太网

C. 令牌环网

D. FDDI

12. 以下关于交换式集线器的叙述中，错误的是（　　）。

A. 从一般的局域网集线器升级到交换式集线器并不需要改变局域网的原有线路或网卡

B. 交换式集线器在分析交换流量方面的功能很全面

C. 交换式集线器的发展与建筑物结构化布线系统的普及应用密切相关

D. 目前还没有制定一个统一的管理交换式集线器的标准

13. 100VG 是一种（　　）。

A. 有冲突局域网

B. 无冲突局域网

C. 有冲突广域网

D. 无冲突广域网

14. 采用 4B/5B 编码技术，将以太网的 10Mbps 信道和一个 6Mbps 的等时信道组合起来的网络技术是（　　）。

A. 100Base-T 技术

B. 100VG-AnyLAN 技术

C. 等时以太网

D. 全双工以太网

15. IEEE 802.3 的物理层协议 10BASE-T 规定从网卡到集线器的最大距离为（　　）。

A. 100m

B. 185m

C. 500m

D. 850m

（二）多项选择题（在备选答案中选出两个或两个以上的正确答案）

1. 局域网的数据链路层可划分为两个子层，它们是（　　）。

A. 媒体接入控制或媒体访问控制（MAC，Medium Access Control）子层

B. 逻辑链路控制（LLC，Logical Link Control）子层

C. 介质控制（MC，Media Control）子层

D. 访问模式控制（AMC，Access Mode Control）子层

E. 输出控制（OC，Output Control）子层

2. 目前存在的几种用来解决局域网媒体的数据传输速率的方法包括（　　）。

A. 100BASE-T 技术　　B. 100VG-AnyLAN 技术　　C. 等时以太网

D. 剑桥环网　　E. 全双工以太网

3. 局域网络有自己的优点，但也存在不少缺点，包括（　　）。

A. 可靠性不如多用户小型机高

B. 数据的安全与保密需要采取专门的措施

C. 一个局域网的总的设备往往超过总的需求，这就造成了浪费

D. 响应速度比多用户小型机系统要慢

E. 不利于共享昂贵的外部设备

4. 全双工令牌环网的特点包括（　　）。

A. 全双工令牌环网发送数据时，不需要截获令牌就可以发送

B. 使用了与普通令牌环网相同的帧格式、相同的首部和尾部

C. 不需要维护令牌

D. 全双工令牌环网发送数据时需要截获令牌

E. 全双工令牌环网发送大量重复数据时需要截获令牌

5. 在 CSMA 技术中，若载波侦听后发现总线忙，根据处理方法的不同可将 CSMA 技术分为（　　）。

A. 全坚持 CSMA　　B. P 坚持 CSMA　　C. 1 坚持 CSMA

D. 2 坚持 CSMA　　E. 非坚持 CSMA

6. 宽带传输系统的特点包括（　　）。

A. 数据采用数字信号　　B. 数据采用被调制的模拟信号

C. 传输方向为单向　　D. 可以采用频分多路复用技术

E. 传输距离可达几十千米

7. 基带传输系统的特点包括（　　）。

A. 数据采用数字信号　　B. 数据采用被调制的模拟信号

C. 传输方向为双向　　D. 不能使用频分多路复用技术

E. 传输距离达几千米

8. 局域网中典型的拓扑结构有（　　）。

A. 星形　　B. 总线形　　C. 分布式

D. 树形　　E. 环形

9. 在通信中，常用的传输介质有（　　）。

A. 双绞线　　B. 同轴电缆　　C. 光纤

D. 微波　　E. 激光系统

10. 宽带传输系统包括（　　）。

A. 单电缆频分系统总线结构　　B. 单电缆频分系统星形结构

C. 双电缆系统　　D. 单电缆系统

E. 树形结构的公共天线视频系统

（三）名词解释

1. 局域网

2. 网络拓扑结构
3. CSMA/CD
4. 等时以太网

（四）简答题

1. 简述计算机局域网的特点。
2. 和工作在多用户环境下的小型计算机相比，局域网的优点和缺点是什么？
3. 简述 MAC 子层和 LLC 子层的作用。
4. 列举几种常见的局域网络拓扑结构，并介绍各自的特点。
5. 简述基带局域网和宽带局域网各自的特征。
6. 简述宽带系统提供的几种典型的服务。
7. 列举几种在局域网络中常用的传输介质，并简要阐述各自的适用范围和特点。
8. 总线网中，冲突现象指什么？
9. 交换式集线器的特点是什么？
10. 何谓 IEEE 802 系列标准？
11. LAN 中为什么把数据链路层分为 LLC 子层和 MAC 子层？
12. 简述 P 坚持型 CSMA 的思想。
13. 简述 CSMA/CD 的思想。
14. 简述令牌环的工作原理。

五、参考答案

（一）单项选择题

1. A	2. C	3. B	4. D	5. C
6. B	7. C	8. B	9. D	10. C
11. A	12. B	13. B	14. C	15. A

（二）多项选择题

1. AB	2. ABCE	3. BC	4. ABC	5. BCE
6. BCDE	7. ACDE	8. ABDE	9. ABCDE	10. ACE

（三）名词解释

1. 局域网：局域网也称局部网，是计算机网络的一种，是在一个较小的范围，利用通信线路将众多计算机和外设连接起来，达到数据通信和资源共享的目的。

2. 网络拓扑结构：拓扑结构是指网络中的各个结点或站相互连接的方式。一种拓扑结构对应于一种通信线路连接和一种交换设备的分布方式。拓扑结构确定，则各站之间的通路也就确定了。

3. CSMA/CD：CSMA/CD 称为具有冲突检测的载波侦听多路存取方法。基本思想是，任何一个站需要发送数据时，首先侦听一下目前有无另一个站正在发送，即介质上有无信号传输。如果侦听的结果为总线空闲，则该站可以立即发送一帧数据；如果侦听结果是总线上有数据传送，则就一直侦听下去，等到发现总线上无信号传输时，该站就立即发送一帧数据。

4. 等时以太网：采用4B/5B编码技术，将以太网的10Mbps信道和一个6Mbps的等时信道组合起来的网络技术，其信号速率为20MBand。这6Mbps带宽就可用于传送图像、语音的等时信号。

(四) 简答题

1. 答：一般来说，局域网的特点如下。

- 为一个单位所拥有，且地理范围和站点数目均有限；
- 所有的站共享较高的总带宽（较高的数据传输速率）；
- 较低的时延和较低的误码率；
- 各站为平等关系而不是主从关系；
- 能进行广播（一站向其他所有站发送）或组播（一站向多个站发送）。

2. 答：一个工作在多用户系统下的小型计算机，也基本上可以完成局域网所能做的工作。二者相比，局域网具有如下的一些主要优点：

(1) 能方便地共享昂贵的外部设备、主机以及软件、数据。从一个终端可访问全网。

(2) 便于系统的扩展和逐渐地演变。

(3) 提高了系统的可靠性、可用性和残存性。

(4) 响应速度较快。

(5) 各设备的位置可灵活调整和改变，有利于数据处理和办公自动化。

但是，局域网也引起了如下一些问题：

(1) 当不同厂家的设备一起连到网上时，它们未必能够进行数据交换。

(2) 数据的安全与保密需要采取专门的措施。

(3) 由于每个小单位很容易增加连在网络上的计算机设备，从总体来看，一个局域网的总的设备往往超过总的需求，这就造成了浪费。

3. 答：与接入各种传输媒体有关的问题都放在MAC子层。MAC子层还负责在物理层的基础上进行无差错的通信。具体地讲，MAC子层的主要功能是：

- 将上层交下来的数据封装成帧进行发送（接收时进行相反的过程，将帧拆卸）；
- 实现和维护MAC协议；
- 比特差错检测；
- 寻址。

数据链路层中与媒体接入无关的部分都集中在逻辑链路控制LLC子层。具体地讲，LLC子层的主要功能是：

- 建立和释放数据链路层的逻辑连接；
- 提供与高层的接口；
- 差错控制；
- 给帧加上序号。

4．答：常用局域网络的拓扑结构有以下几种类型。

（1）星形。任两个站必须通过交换中心连接，工作站简单，交换中心较复杂。星型还可以构成多级。

（2）总线形。它包括简单总线和多段总线形，后者是为了扩大范围而将总线分段的。

（3）树形。它是一种有分支的总线结构，多用于宽带网（CATV 系统）。

（4）环形。为安装维护方便，扩大系统范围，采用具有布线中心的星环结构。另外，还有一种由多环组成的桥结构。

5．答：基带传输和宽带传输是按介质上传送的信号形式来区分的。

在基带传输中，数据采用数字信号；整个介质带宽为信号所占用，同一时刻只有一个信号在总线上传送。不能使用频分多路技术；传输方向为双向；距离可达几千米。

在宽带传输系统中，利用被调制的模拟信号来表示数据，必须使用调制解调器；对一个介质可采用频分多路复用技术。通常有三种调制方式：振幅键控（ASK）、频移键控（FSK）和相移键控（PSK）。信号一般是单向传输的，传输距离可达到几十千米。

6．答：宽带系统主要提供以下服务。

（1）专用：每个 F_i 频率相当于一个专用通道，每个通道需要能把信号调制在不同频率上的调制解调器。

（2）提供交换服务：用户（入网设备）向控制器发出要求交换数据的请求信号；控制器指定相应设备（变频调制器）调制到相应的频率，以把它们接通，实现数据交换。

（3）实现在同一频带上的多点存取（类似 CSMA）：F_0 频带相当于一个基带，任何时候也只允许一个设备发送，因此存取过程需要介质存取协议加以控制。

（4）单道宽带 HSLN 中的介质存取协议：一根电缆仅用于一个模拟信道，称为单道宽带，适用于 HSLN，它利用总线拓扑结构双向传输。此时所用调制器价廉，性能价格比与基带差不多。ANSI 的 X3T9 • 5MAC 是关于介质存取控制的美国国家标准，用于单道宽带的介质控制协议。

7．答：局域网络常用的传输介质包括以下几种。

（1）双绞线：双绞线是成本低廉、应用广泛的传输介质，过去一直用于低速传输。但随着通信技术和微电子技术的不断发展，最大数据率可达 10Mbps，甚至可达 100Mbps。国际上流行的双绞线是两两绞合在一起的，以减少线间电磁干扰，常用于局域网的星形结构中。双绞线抗干扰能力较差，不适于环境恶劣的场合，比较适合在办公室或教学环境中使用。安装简单、方便。

（2）同轴电缆：同轴电缆的数据传输率高，抗干扰能力较强，性能价格比高，安装维护方便。

（3）光纤：光缆是最有前途的传输介质，具有远距离的很高传输率，多模光纤一般可达 2km（一段），单模光纤一般可达 3km。数据传输率为 100Mbps，甚至可达 1 000Mbps，误码率很低，抗干扰能力较强，基本上不受电磁干扰或噪声影响，具有很好的保密性和很低的损耗。光缆不适宜用在总线形或树形结构中，常用于环形网或远距离的点-点连接（如两个总线网之间的高速连接），铺设费用高，安装维护较困难。

（4）微波、红外、激光（视线距离内的传播）。

8．答：在总线网的介质访问控制中，侦通过信道的传输是广播式的，在信道上可能有两个或更多的设备在同一瞬间都发送帧，从而在信道上造成帧的重叠而出现差错，这种现象称为冲突。

9. 答：交换式集线器的主要特点是：所有端口平时都不连通，当工作站需要通信时，交换式集线器能同时连通许多对的端口，使每一对相互通信的工作站都能像独占通信媒体那样，无冲突地传输数据，通信完成后就断开连接。

在使用交换式集线器时，一个用户在通信时是独占而不是和其他网络用户共享传输媒体的带宽，这一点正是交换式集线器的最大优点。

10. 答：IEEE 在 1980 年 2 月成立了 LAN 标准化委员会（简称为 IEEE 802 委员会），专门从事 LAN 的协议制定，形成了一系列的标准，这些称为 IEEE 802 系列标准。

IEEE 802.3 是载波监听多路访问/冲突检测访问方法和物理层技术规范，IEEE 802.4 是令牌总线访问方法和物理层技术规范，IEEE 802.5 是令牌环访问方法和物理层技术规范，IEEE 802.6 是城域网访问方法和物理层技术规范，IEEE 802.7 是时隙环访问方法和物理层技术规范。

11. 答：LAN 的多个设备共享公共传输介质，在设备之间传输数据之前，首先要解决由哪个设备占有介质的问题，所以数据链路层必须有介质访问控制功能。为了使数据帧的传送独立于所采用的物理介质和介质访问控制方法，IEEE 802 标准特意把 LLC 独立出来形成一个单独子层，使 LLC 子层与介质无关，MAC 子层则依赖于物理介质和拓扑结构。

12. 答：（1）监听总线，如果介质是空闲的，则以 P 的概率发送，而以 $(1-P)$ 的概率延迟一个时间单位。因为如果介质空闲就一定发送，则当多个站同时侦听时一定会发生冲突。

（2）如果介质是忙的，继续监听直至介质空闲并重复第一步。

（3）如果传输延迟了一个时间单位，重复第一步。

13. 答：任何一个站需要发送数据时，首先侦听一下目前有无另一个站正在发送，即介质上有无信号传输。如果侦听的结果为总线空闲，则该站可以立即发送一帧数据；如果侦听结果是总线上有数据传送，则就一直侦听下去，等到发现总线上无信号传输时，该站就立即发送一帧数据。问题是在同一段时间内，可能有多个站都在各自的位置侦听。这时，它们都会发现总线是空闲的，则这些站几乎都有可能同时发送数据，造成冲突。此外，由于信号传播时间的存在，这种单纯的先侦听后发送的策略不可能彻底避免总线冲突。

为了检测冲突，在每个站的网络接口单元中都设置有相应的电路，它可以把发送出去的和总线上接收回的信号相比较。当有冲突时，则其中一个站延迟一个随机时间，再重新侦听，以使冲突的双方在下一次发送的时间上能够错开，尽量减少冲突发生的可能性。

14. 答：在环中设置了一个称为 token（令牌或标志）的数据帧，让它沿着环一站接一站地往下传送。token 的格式，原理上只须一位，如果各站都无数据发送，则空闲标志 Free token 一站接一站沿环传送。若有某站要发送数据，则必须等到它捉住一个 Free token 后，把 Free token 改成 Busy token，然后接着发送一帧数据，它包括源地址、目标地址、数据、校验部分等。

因为环是循环结构的，当数据到达目标站，并被接收以后，接收站做一个记号（改变帧中的控制位），当数据回到源站时，由源站把数据清除掉。数据发送完毕，或定时时间到，发送站再发出一个 Free token，使以后的站有权利使用环。所以，Token Ring 的思想是，谁抓住 Free token，谁就有权传送一帧数据，数据传完后，再放出 Free token。数据一般由源发送站清除。

第八章　计算机广域网

一、章节结构及重点

本章主要介绍通信网交换技术的原理及特点，重点介绍报文分组网的分组交换机制，对ARPANET网的通信协议进行了详尽剖析，在此基础上介绍广域网中的路由技术和交换技术。全章共分为六节。

第一节介绍了通信网交换技术。先讲述了结点和站的概念以及结点的功能，随后阐述了源结点与目标结点之间实现连接的三类交换技术，最后对三种交换技术的优劣进行了比较分析。

第二节介绍了报文分组交换网。以ARPANET为例，介绍了包交换网中信息传输的三个基本过程，并详细介绍了利用网络进行通信的过程。

第三节介绍了ARPANET的通信协议，包括IMP-IMP协议、源IMP-目标IMP协议、HOST-IMP协议和HOST-HOST协议。

第四节介绍了拥塞控制和流量控制，包括拥塞和流控的概念及相关内容，并介绍了源主机与目标主机之间的流量控制。

第五节介绍了路径选择的内容和相关概念，并详细介绍了几种常用的、有一定参考意义的路径算法，包括固定路由算法、最短路径路由法等。

第六节重点介绍X.25网络存取协议，包括X.25网的三层通信协议和它的虚电路服务，并介绍了虚电路的建立与拆除过程，同时讲述了X.25网的通信过程——呼叫请求、呼叫指示、呼叫接通、呼叫接受、发送数据包、清除请求和清除确认。

二、本章主要内容

（一）有关结点和站的概念

两个结点之间直接有线路相连，它们之间的通信是最简单的。但不可能任两个结点间都直接有线相连，它们之间的通信是通过网中的中间结点来实现的。对于一个结点它应有以下几方面的功能：

（1）能把主机或工作站接入网络（主机接口功能）。

（2）能实现交换功能，即按一定的要求，在源和目标之间建立起一种连接（Switching功能）。

（3）具有一定的监测功能。例如，对线路的质量进行检查，对信息流量进行统计等功能。

结点一般不处理传输内容，用来处理传输内容的设备称为站，通常把网络中所有通信结点和链路一起称为通信子网，而把所有“站”的集合称为资源子网，整个系统（通信子网和资源子网）一起称为计算机网络。

（二）三种交换技术及其比较

站通过网络进行通信。源结点与目标结点之间采用交换技术实现其连接。通常有三种交换方式：（1）电路交换（Circuit Switching）；（2）信息交换，也称报文交换（Message Switching）；（3）包交换（Packet Switching），也称为分组交换。

（1）电路交换（Circuit Switching）：它是在源结点和目标结点之间建立起一条物理通路引导信息从源站到达预定的目的站。采用这种交换方式时，通信过程必须包括建立连接、传输数据和拆除线路连接三部分。

（2）报文交换（Message Switching）：这种交换的结点是存储转发系统（Store and Forward Message System），它一般由通用小型机或微机构成，它的工作方式与电路交换完全不同，在每个结点为每一条链路设置发送排队栈，某个站要发送信息，就把目标地址并入信息中，然后通过源结点送上网络。网中的结点接收信息后，依据目标地址选择相应的一条通道，把信息存储在相应通道的发送缓冲器队列中，等待转发，这样一个结点一个结点地转发下去，就能把信息从源发往目的地，达到数据交换的目的。而且，在这种交换技术中，用计算机进行路由选择、流量控制、差错校验都比较容易。报文交换的优点是采用了排队等待发送，充分利用了线路。缺点是传输延迟时间有时可能比较长，对于较长的报文因为要求先存储、再转发，限制了它在实时传输和交互式传输中的应用。

（3）包交换（Packet Switching）：为了利用综合电路交换延时小，报文交换线路利用率高的优点，提出了包交换（又称报文分组交换）的方法。在原理上它类似于报文交换（存储转发），但是在网络中传输的信息长度是受限制的，一般最长一千到几千位。对于一个较长的信息，它要分为若干独立的段，一次发送一段。每一段称为一个“包”或“分组”（Packet）。每个包除数据外还要包括诸如目标地址、包顺序号等控制信息，像报文一样，经过一个个的结点传送到目的地；待所有的包到达后，在目的结点中再把这些“包”拼接成一个完整的报文。包交换改善了报文交换系统的性能，使信息传送能够做到基本实时。

目前，网络内部处理由源结点送上的“包”系列的方法有数据报（Data gram）和虚电路（Virtual Circuit）。在数据报中，每个包是独立的，看做一个消息，每个结点利用包中的目标地址段等信息，根据相应的路径选择算法，独立地选择传输路径。数据报的方式简单，但是到达目标结点时包的先后顺序和发送结点处的顺序可能不一致，因此需要重新整理顺序，恢复原来的报文信息；在虚电路方法中，在发送之前，首先通过发送呼叫请求信息包，建立起一条逻辑通道。相继发送的所有信息包都经过这条路径，这样，包的接收顺序就和发送顺序是一样的，也无需每一个包在各个结点进行路径选择。信息发送完以后拆除所建立的逻辑通道。

主机上的两个进程通过网络进行通信，不一定要了解网络的内部结构，只须关心从主机看来网络有什么功能，即网络能为主机提供什么服务，这种服务和网络的内部结构是彼此独立的。从主机和网络的接口来看网络所提供的服务，原则上也分为两类，一类是虚电路服务，一类是数据报服务。在虚电路服务中，从源主机看来，网络是一个可靠的依发送顺序把信息包传送到目标主机的通道；在数据报服务方式中，从源主机看来，网络能接收从源主机送来的信息包，并把它作为一个独立的单位发送到目标主机。

由于网络提供的服务和网络的内部结构是相互独立的，因此网络的工作方式存在四种可能的组合：

（1）通信子网内部实现虚电路，接口也提供虚电路服务，如 IBM 系列机的 SNA 结构。

（2）通信子网内部实现数据报，对主机的接口提供虚电路服务。这时源/目主机和源/目结点之间的链路被复用成多条虚电路，中间结点按数据报方式工作，如 ARPANET。

（3）通信子网内部实现数据报，网络对主机也提供数据报服务。这是最简单的方式，这时每个包包括了完全的目标地址。错误控制、包顺序控制、网络的流量控制都由主机完成。Internet 采用了这种方式。

（4）通信子网内部实现虚电路，接口提供数据报服务，它用于比较特殊的场合，如互联局域网络等。

这里可以对三种交换技术进行一下比较：

- 对于实时性强，交互式的传输，采用报文交换不适合；
- 对间歇性或轻的负载，采用电路交换较有效；
- 对于持续性或重的负载，采用租用专线的电路交换系统适合；
- 对于中等或稍重的负载，包交换能较好地利用线路。在包交换中，短信息用数据报较灵活，长信息用虚电路较方便。

（三）报文分组交换网的技术实现

当网中两个主机（一个称为源主机，另一个称为目的主机）需要传送信息时，其传输过程可以分为三个阶段：(1) 源主机到源 IMP；(2) IMP 到 IMP（源 IMP→中间 IMP→目标 IMP)；(3) 目标 IMP 到目标主机。

在“源主机到源 IMP”过程中，信息以报文为单位传送，一个报文包括报头和正文，报头主要含有控制信息，如顺序信息和分组信息等，正文则是包的主要内容。在“IMP 到 IMP”传输的过程中，源 IMP 收到源主机的报文后，把报文分解为若干个分组，每个分组（Packet）又包括分组头和正文，源 IMP 依据一定的方式选择路径，把分组沿网络传输，在传输时，IMP 附加上同步及起始、结束标志等。当某 IMP 欲向相邻 IMP 发送分组时，先由硬件产生 SYN、DLE、ETX 三个字符，作为帧的开始；接着发送分组头和正文；最后又由硬件产生两个字符 DLE 和 ETX，以及三个字节的 CRC 校验码。这一帧和下一帧的 DLE 之间至少有两个字节的 SYN 同步字符。IMP 把每条链路复用成 8 条逻辑信道（卫星信道是复用成 16 条信道）。当有数据发送时，IMP 选择号码最低的逻辑信道，在每一条逻辑信道上采用停-等方式控制流量。当每一个 IMP 接收到一个分组并检查正确后，沿原链路发回一个 ACK，同时把报文分组发向下一个 IMP，当 IMP 收到肯定回答 ACK 后，IMP 才能从缓冲区中清除该分组副本，否则超时（>125ms）后，IMP 自动重发该分组。当目标 IMP 收到由源 IMP 发来的一个报文的全部数据包以后，把它组合成一个完整的报文发向目标主机，同时向源 IMP 送回一个响应报文包 RFNM。当源 IMP 收到相应的 RFNM 后，才能消除该报文并从源主机取得下一个报文。因此，RFNM 在网络的两个端点之间起到控制流量的作用。主机发一个报文，被对方接收了以后才发下一个报文。

（四）主机利用网络进行通信

计算机都有一个操作系统，若干用户进程都是通过操作系统使用机器。在网络条件下，各个用户进程也希望能够通过操作系统像使用本地资源一样地使用远程资源，如列出远程主机磁盘上的目录等。为此，在主机中必须有实现网络通信功能的软件，它是操作系统的一部分或扩充。在 ARPANET 中早期使用的这个软件称为网络控制协议（NCP），主机不同，NCP 也不同。一个主机内的 NCP 和网内另一个主机内的 NCP 通过控制命令通信；每个主机内的用户进程可以通过系统调用使用 NCP。NCP 的功能是为主机上的一个进程和另一个主机上的进程之间的通信提供一个可靠的逻辑通道。这个通道是借助于网络提供的服务实现的。由于网络所提供的服务不同，NCP 所要完成的工作也就不同，如果网络本身提供了一个可靠的免除错误的虚电路服务，则 NCP 就比较简单；如果网络提供一个不可靠的数据报服务，NCP 还要完成顺序控制、差错控制等功能，NCP 的功能依赖于通信网所提供的服务。为了适应不同网络的互连，ARPANET 网络后来开发了一个传输控制协议（TCP），以适应于更广泛的网络服务。两个进程之间传送的信息多半是报文序列。在 ARPANET 中 NCP 提供给用户的传输服务是提供一个免除错误的、报文顺序不变的单工通道，如果要实现双工则要使用两个通道。

位于两台主机上的两个进程通过网络进行通信，首先要在它们之间实现连接。为了连接，必须指定连接的对象，一般称它为传输地址，是由网络号、主机号、主机指定的端口（PORTS）号码组成的。在 TCP 协议中，用 32 位二进制数指定网络和主机，用 16 位二进制数指定主机内的端口（PORTS）。在 NCP 中，用 32 位的一个套接字（Socket）来指定连接的一方，一个发送套接字和一个接收套接字确定了一个连接，一个连接在通信的双方建立了一条单工通道，套接字相当于这个通道的进出端。连接工作由 NCP 中的 RTS 和 STR 两条命令实现，一旦连接成功，这条单工通道由 RTS 命令中的 8 位二进制数所指出的链路号表示，在这条通道上传送的报文只须包括这个链路号就能被正确地发送到目标进程。主机之间通信的全过程就归结为发送进程向连接的输入端注入报文，而接收进程从连接的输出端取出报文。

（五）ARPANET 的通信协议

由于在类似 ARPANET 网络中的计算机型号不同，操作系统不同，要实现资源共享，使整个系统可靠，结构清晰，必须对系统中的各个层次功能，层次之间的接口作明确而统一的规定，这些规定称为协议（Protocol）。

ARPANET 中规定有以下协议。

（1）IMP-IMP协议：该协议规定了在两个相邻的 IMP 之间传送数据的方式。一条链路复用成 8 条逻辑通道，每一条逻辑通道采用停-等方式，按帧格式传送一个报文包。

（2）源IMP-目标IMP 协议：规定了在源 IMP 和目标 IMP 之间传送数据的方式。源 IMP 把主机发来的报文分成若干个报文包，每个包选择一条逻辑通道传送到下一个 IMP；目标 IMP 接收到一个报文的全部包以后，装配成原报文，并把报文传送到目标主机同时向源 IMP 发出 RFNM 信息。

（3）HOST-IMP协议（网络服务协议）：HOST-IMP协议规定了主机和 IMP 之间的通信方式，主机和 IMP 之间建立了 256 条虚电路，0 号虚电路用于传送源主机 NCP 和目标主机 NCP 之间的控制命令。一个报文从一条虚电路发出后，该电路暂时封闭；当源主机接收到由目标 IMP 发回的 RFNM 之后，该虚电路被释放，才可以用来传送下一个报文。

(4) HOST-HOST协议：该协议为不同主机上的两个用户进程之间的通信提供服务，它以网络提供的服务为基础，但在它向用户提供的服务中网络通信的细节已经完全被隐蔽起来。这一层次的通信功能往往称为传输层协议或端—端协议。在 ARPANET 中，主机中的 NCP（网络控制程序或协议）是HOST-HOST协议的实体；而操作系统中关于连接、接收、发送等系统调用则是HOST-HOST协议向用户提供的传输服务。

（六）拥塞和流量控制的基本概念

拥塞（Congestion）指的是在包交换网络中由于传送的包数目太多，但存储转发结点的资源有限而造成网络传输性能下降的情况。拥塞会使网络的吞吐量（单位时间传输的有效数据量）明显下降。拥塞的一种极端情况是死锁（Deadlock），退出死锁往往需要网络复位操作，所以应尽量避免死锁的发生。

流量控制（Flow Control）指的是在一条通道上控制发送端发送数据的数量和速度使其不超过接收端所能承受的能力，这个能力主要指接收端接收数据的速率和接收数据缓冲区的大小。通常采用停等法或滑动窗口法控制流量。流量控制是针对端系统中资源受限而设置的；拥塞控制是针对中间结点资源受限而设置的。流量控制限制了进入网络中的信息总量，可以在一定的程序上起到减缓拥塞的作用。

（七）网络中流量控制的方法

(1) 网络中产生死锁的原因。由于一个结点总是和周围多个结点相连，采用存储转发的方式实现交换功能，如果在某一时刻相邻两个 IMP 的缓冲区都被各处发往对方的数据包所占满，这时两个 IMP 既不能收也不能发，会产生死锁。这种死锁称为直接存储转化型死锁。在环形结构中，若每个 IMP 的缓冲区都被发往下一个 IMP 的信息所占满，这时所有的 IMP 也都既不能发也不能收，这样造成的死锁称为间接存储一转发死锁，克服的方法是使缓冲区总是留有余地，或设置一个溢出专用缓冲区。报文在源 IMP 拆成报文分组，在目标 IMP 中重新装配。目标 IMP 的缓冲区也是有限的。如果目标 IMP 中的缓冲区被许多未齐全的（不能组成同一个报文的）报文包所占满，它就不能再接收，也不能向目标主机发送报文，从而造成死锁。这种死锁称为重装死锁。避免重装死锁的办法是采用预约缓冲区。源 IMP 在发送报文分组之前就先向目标 IMP 发预约缓冲器请求，当得到同意接收的信息后再发该报文的分组。目标 IMP 在收齐该报文的分组后，按原序号装配成原报文，然后送往目标主机；此后，缓冲器空，则向源 IMP 发出 RFNM 信息。

(2) 预防拥塞的方法。为了防止各种类型的存储转发死锁，需要为信息包提供足够的存储缓冲区。在提供虚电路服务的网络中，可以在建立虚电路时为每一条虚电路保留若干专用缓冲区，例如对采用停-等协议的链路，只需要为每条虚电路保留一个自用单元；对采用滑动窗口法的链路则需保留与窗口大小相应的存储单元。在建立虚电路时如果某结点缓冲区不够则需要重新作路径选择。若缓冲区固定地分配给各条虚电路专用，将降低缓冲区的利用率。但这时虚电路就不会发生拥塞。还有许多合理分配存储区就能避免拥塞的方法。

(3) 源主机与目标主机之间的流量控制。拥塞控制主要是控制通信子网内部的信息流，而主机之间的流控则是控制资源子网穿过通信子网的信息流量。主机之间的流控在 ARPA-

NET 中也是采用预约和分配缓冲区的方法实现的。NCP 中的 ALL（分配缓冲区命令）、GVB（归还缓冲区命令）、RET（归还认可即对 GVB 命令的应答）等命令就是用于控制主机之间流量的命令，它使主机输入到通信子网的报文速率与主机从子网接收报文的速率一致，并使接收主机所接收的报文序列数不会超过它的缓冲区所能承受的能力。

（八）路径选择的基本概念

路径选择是指报文分组交换网（通信子网）中，每个结点具有自动选择最佳传输路径的能力。对路径选择的要求在各种网络中并不完全一样，路径选择有固定的算法。

（九）X. 25 网络存取协议

X. 25 是一个对公用分组交换网的接口的规范。X. 25 规定了三级通信协议：物理层、链路层或称帧层和网络层。物理层建议采用 X. 21 或 X. 21bis。链路层采用了 HDLC 中异步平衡方式（ABM），称为 LAP-B。分组级也称为网络层是 X. 25 的最高层，以上都称为用户级。

X. 25 主要提供虚电路服务，也可以提供数据报服务。通常有两类虚电路，即虚呼叫虚电路和永久虚电路。前者通过呼叫才能建立，数据传输完毕要拆除，在这一点上类似于电路交换过程；后者不需要建立和拆除，类似于专线连接方式。

X. 25 中使用的包类型和格式：为了在网络上的两个分组式终端（DTE）之间建立连接、传输数据、拆除连接等，把在网络上传送的报文分组分成了若干类型，它们包括以下几种。

（1）呼叫建立和清除包；

（2）数据与中断包；

（3）数据报分组；

（4）流量控制与复位包；

（5）诊断包。

虚电路的建立过程：当网上一个 DTE 想和另一个 DTE 通信时，首先由主叫端向被叫端发送呼叫请求包，在其逻辑通道组号和逻辑通道号中填入当时未使用的最低逻辑通道号。包中还要指明主叫端 DTE 地址、被叫端 DTE 地址等信息。主叫端 DCE（网络源结点）收到呼叫请求包后，把它发向网络，在网络中按网内协议传送到被叫端 DCE（网络目标结点）。在此，被叫端 DCE 把呼叫请求包转换为呼叫指示包，表示它收到了一个呼叫请求，把呼叫指示包发往与它相连的 DTE。呼叫请求包和呼叫指示包的格式完全相同，但是呼叫指示包的逻辑通道号和呼叫请求包的逻辑通道号没有任何关系。被叫端 DCE 从它当前没有使用的逻辑通道中选择一个最小的逻辑通道号赋予呼叫指示包。被叫端 DTE 接收到呼叫指示包后，如果接受这次呼叫，则采用和呼叫指示包相同的逻辑通道号向它的 DCE 发送呼叫接受包，DCE 收到呼叫接受包以后，知道 DTE 接受呼叫，把呼叫接受包发向网络，在网内传输到主叫端 DCE，主叫端 DCE 收到被叫端的呼叫接受包以后，以和呼叫请求包相同的逻辑通道号向主叫端 DTE 发送呼叫接通包，主叫端 DTE 收到呼叫接通包以后表明本次呼叫成功，虚电路已经建立，可以进入数据交换阶段。

虚电路的拆除过程：当数据传送结束，主叫端或被叫端的任何一方都可以提出清除虚电路的要求。例如，主叫端要求清除虚电路，主叫端 DTE 向被叫端 DCE 发出清除请求包，DCE 收到后，把该清除请求包发向网络，同时向主叫端 DTE 发出一个清除确认包，以表示主叫端电路拆除。当被叫端 DCE 收到清除请求包以后，它向被叫端 DTE 发出清除指示包，被叫端 DTE 收到清除指示包以后，向被叫端 DCE 回答一个清除确认包，以表示被叫端虚电路拆除。当然，也可以设计成让被叫端清除确认包通过网络传到主叫端去，这时主叫端才最后拆除主叫端虚电路。

X. 25 包中的发送顺序号 P（S）和接收顺序号 P（R）是对在一条虚电路上传输的数据分组进行编号用的，利用它们对在一条虚电路上传送的报文进行顺序控制和流量控制。流量控制采用滑动窗口法，类似于在一条逻辑链路上对数据帧所采用的流量控制方法，所不同的是，这里是在一条虚电路上对数据包采用滑窗控制法。

DTE 要能实现 X. 25 协议，在源和目标之间建立虚电路，使数据以包的形式通过不同的虚电路，同时和多个 DTE 进行通信，这种 DTE 称为分组式终端，实质上是一个主机。实际上使用的一般计算机终端往往都不具备或不完全具备实现 X. 25 层 3 协议的能力，这类设备称为一般终端。为了实现一般终端的入网，作为 X. 25 建议的补充。国际电报电话咨询委员会（CCITT）规定了另外一组与 PAD（Packet Assembly and Disassembly）有关的协议。这组协议包括：

- X. 3 规定了公共数据网上 PAD 设备的功能。
- X. 28 异步起止式数据终端和 PAD 之间的接口协议。
- X. 29 PAD 和分组式 DTE 之间控制信息与数据传输的规程。

一个 PAD 可以为多个终端提供服务，PAD 有许多控制参数以适应不同类型终端的要求。与 PAD 连接的终端以异步起止式工作，终端一次向 PAD 发送一个字符，他们首先被存储在 PAD 的缓冲区中，然后把它们组装成 X. 25 形式的数据包，以和 X. 25 协议类似的方式通过网络送到远程 DTE 去。远程 DTE 通过 X. 25 网络送到终端的数据包也首先存储在 PAD 中，剥去 X. 25 层 3 协议的头部数据包，然后一次一个字符地送到终端。X. 28 规定了终端和 PAD 之间通信的协议，终端经过 PAD 和远端 DTE 之间的通信仍然要首先建立连接。例如，终端首先应向 PAD 提出与远端 DTE 进行通信的要求。因为一个 PAD 可以为多个不同类型的终端服务，所以，一般要求 PAD 把请求连接的终端类型发送到对方去，这可以在终端的呼叫请求包中的附加数据段内指定。一旦 PAD 和远端 DCE 建立连接，远程 DCE 依 X. 25 协议在 DCE 和 DTE 之间建立起虚拟电路，数据传输才能进行。如果主叫端是分组式终端，被叫端是一般终端而且不一定确切知道它的类型，这时往往要求 PAD 把被叫终端的参数传送到主叫端 DTE 中，传送时采用了 X. 25 数据包中的数据段。为了区别这类数据是 PAD 的参数，需将数据包中的 Q 位置 1。X. 29 规定了 PAD 和分组型终端 DTE（HOST）之间控制信息交换和用户数据交换的规程。

三、难点释疑

常用路由算法

（1）固定路由算法。

对于如图 8—1 所示的一个网络，为了实现路由选择可以作出一张表（见表 8—1），表中指出从源结点到目标结点所经过的第一个结点名。

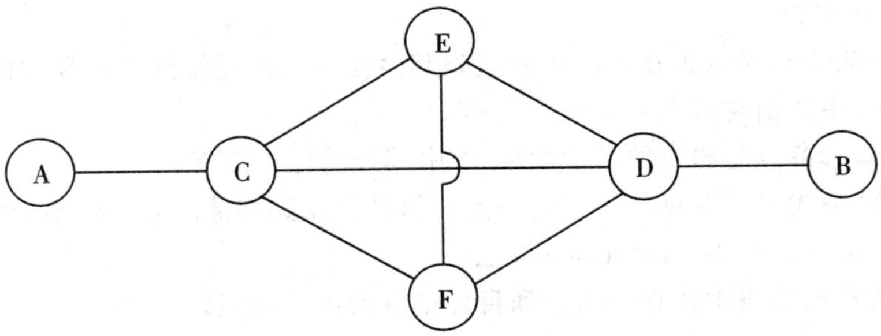

图 8—1

表 8—1

目标结点＼源结点	A	B	C	D	E	F
A		D	A	F	C	C
B	C		F	B	D	D
C	C	D		F	C	C
D	C	D	D		D	D
E	C	D	E	E		D
F	C	D	F	F	D	

在某一结点中只需存储表 8—1 中的相应一列，依据目标结点的信息就能决定该分组往哪一个结点传送。如果路由表中要用的某一个结点出现故障，则传送失败。为此，除了绝对的固定路由之外，也常常选择备用的第二、第三路由，并且标示出该路径是否可用。例如，用 0 表示路径正常，用 1 表示故障。

(2) 求解最短路径的方法。

当网络拓扑和链路长度一定时，往往很关心从源点到其他各结点的最短路径。假如各条链路的费用是已知的，该方法也可以用来确定最低费用的路径；如果已知各条链路的延迟，该方法也能用于确定最小延迟路径。下面讨论两种确定最短路径的方法。

在如图 8—2 所示网络中，已知各链路的长度。

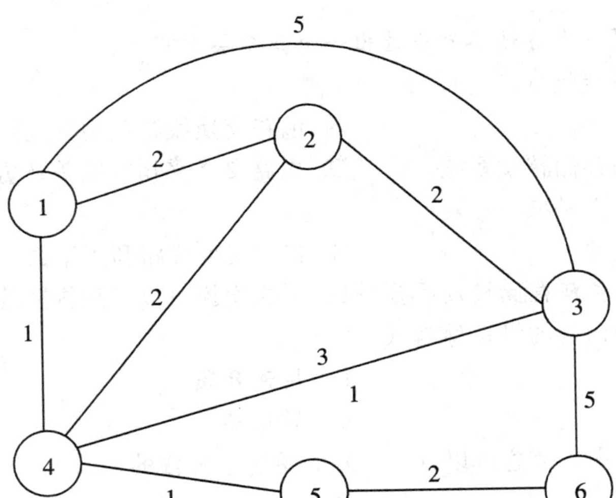

图 8—2

(3) Dijkstra 算法。

该算法是用来由近及远地逐渐找出源点到其他任一点的最短路径，具体做法是：

①在集合 M 中找出与源点最近的一点 W。

②求 M 中其余各点与源点的最短距离 M 中其余的任一点 X。

③继续在 M 中找出与源点①最近的一点，得到源点到其他所有点的最短路径。

(4) Backward－Search Algorlthem算法。

该算法用来找出网络中任意一结点到目标结点的最短路径。

算法原理如下：如果已知源点 S 的相邻点集 $\{y_i\}$ 中的每个点 y_i 到达目标点 D 的最短路径分别为 $D(y_i)$；每个点 y_i 到达源点的距离记为 $L(y_i)$；则源点 S 与目标点 D 之间的最短路径为

$$\mathrm{Min}[L(y_i)+D(y_i)] \qquad i=1,2,\cdots,n$$

式中，n 是 S 相邻点集 $\{y_i\}$ 中点 y_i 的个数。为了找到 y_i 点到目标点 D 的最短路径，又必须借助于 y_i 点的相邻集 $Z=\{z_i\}$，$i=1,\cdots,n$ 到目标点的最短路径。为了找到 z_i 到源点的最短路径，又要求助于它的相邻点到目标的最短路径。因为网络结点数是有限的，递推下去最后总可以借助于 D 点和相邻结点的距离逐次求出源点到目标点的最短路径。

(5) 具有适应能力的分布式路由算法。

具有适应能力的分布式路由算法是根据网络当前运行情况，动态地调整路由选择。完全能适应的路由算法，要将网络当前的状态汇集到某一结点，然后在该结点选择路径。由于汇集网络状态本身就比较困难，因此，完全适应的路由算法也难实现。分布式路由选择法是各结点依据当前相邻结点的情况来修改自己的路由表；网络远端的变化只有经过相邻点的多次传递才能逐渐反映出来。

四、练习题

(一) 单项选择题（在备选答案中选出一个正确答案）

1. 电路交换的特点是（　　）。

A. 电路交换延时小　　B. 电路交换线路利用率高

C. 电路交换依赖存储转发系统　　D. 电路交换采用排队等待方式缓冲数据处理

2. 报文交换的特点是（　　）。

A. 报文交换延时小　　B. 报文交换线路利用率高

C. 报文交换不用依赖存储转发系统　　D. 报文交换可以解除排队等待方式带来的延时

3. 用来处理传输内容的设备称为（　　）。

A. 结点　　B. 传输介质

C. 站　　D. 路由器

4. 在分组交换网中，信息是以（　　）为单位来传输的。

A. 字节　　B. 位

C. 报文　　D. 比特

5. ARPANET 通信网在源主机/目标主机和子网之间建立了（　　）虚电路，为主机之间的传输提供网络服务。

A. 128 条　　B. 256 条

C. 64 条　　D. 24 条

6. ARPANET 网络早期使用（　　）进行网络通信。

A. 传输控制协议（TCP）　　B. 网络控制协议（NCP）

C. 文件传送协议（FTP）　　D. 互联网协议（IP）

7. 为了适应不同网络的互连和更广泛的网络服务，后来为 ARPANET 网络开发了（　　）。

A. 传输控制协议（TCP）　　B. 网络控制协议（NCP）

C. 文件传送协议（FTP）　　D. 简单邮件传送协议（SMTP）

8. X.25 协议主要提供虚电路服务，通常有（　　）虚电路。

A. 二类　　B. 三类

C. 四类　　D. 五类

9. 在分组交换中，短信息传输一般采用（　　）。

A. 正向应答方式　　B. 数据报方式

C. 双向应答方式　　D. 虚电路方式

10. 在分组交换中，长信息传输一般采用（　　）。

A. 正向应答方式　　B. 数据报方式

C. 双向应答方式　　D. 虚电路方式

11. 在环形结构中，由于每个 IMP 的缓冲区都被发往下一个 IMP 的信息所占满而造成的死锁称为（　　）。

A. 间接存储—转发死锁　　B. 直接存储转化型死锁

C. 重装死锁　　D. 以上都不是

12. 互连局域网络采用的工作方式是（　　）。

A. 通信子网内部实现虚电路，接口也提供虚电路服务

B. 通信子网内部实现数据报，对主机的接口提供虚电路服务

C. 通信子网内部实现数据报，网络对主机也提供数据报服务

D. 通信子网内部实现虚电路，接口提供数据报服务

13. Internet 采用的工作方式是（　　）。

A. 通信子网内部实现虚电路，接口也提供虚电路服务

B. 通信子网内部实现数据报，对主机的接口提供虚电路服务

C. 通信子网内部实现数据报，网络对主机也提供数据报服务

D. 通信子网内部实现虚电路，接口提供数据报服务

14. ARPANET 采用的工作方式是（　　）。

A. 通信子网内部实现虚电路，接口也提供虚电路服务

B. 通信子网内部实现数据报，对主机的接口提供虚电路服务

C. 通信子网内部实现数据报，网络对主机也提供数据报服务

D. 通信子网内部实现虚电路，接口提供数据报服务

15. 目前实际存在和使用的广域网基本都是采用（　　）。

A. 星形拓扑结构　　B. 环形拓扑结构

C. 树形拓扑结构　　D. 网状拓扑结构

（二）多项选择题（在备选答案中选出两个或两个以上的正确答案）

1. 以下关于结点和站的叙述中，正确的是（　　）。

A. 结点一般不处理传输内容　　B. 结点处理传输内容

C. 站是用来处理传输内容的设备　　D. 站是负责传输和中转数据的设备

E. 通常把网络中所有通信结点和链路一起称为通信子网

2. 采用电路交换方式时，通信过程必须包括（　　）。

A. 打开连接　　B. 校验连接　　C. 建立连接

D. 传输数据　　E. 拆除线路连接

3. 以下关于分组交换（Packet Switching）的叙述中，正确的是（　　）。

A. 综合了电路交换延时小，报文交换线路利用率高的优点

B. 对于一个较长的信息，它要分为若干独立的段，一次发送一段

C. 在原理上它类似于报文交换（存储转发）

D. 最长信息长度不能超过几十位

E. 在网络中传输的信息长度是受限制的

4. 报文交换（Message Switching）的特征包括（　　）。

A. 在每个结点为每一条链路设置发送排队栈

B. 在每个结点为每一条链路设置发送队列

C. 网中的结点接收信息后，依据目标地址选择相应的一条通道，把信息存储在相应通道的发送缓冲器队列中，等待转发

D. 用计算机进行路由选择、流量控制、差错校验都比较容易

5. X.25 协议规定了三级通信协议，它们分别是（　　）。

A. 物理层　　B. 运输层　　C. 链路层

D. 网络层　　E. 应用层

6. 在 X.25 协议中，网络上传送的报文分组的类型有（　　）。

A. 呼叫建立和清除包　　B. 数据与中断包　　C. 数据报分组

D. 流量控制与复位包　　E. 诊断包

7. 当 ARPANET 中两个主机需要传送信息时，其传输过程可以分为三个阶段，即（　　）。

A. 源主机到源 IMP　　B. 源主机到目标 IMP　　C. 源 IMP 到目标 IMP

D. 源 IMP 到目标主机　　E. 目标 IMP 到目标主机

8. ARPANET 中规定的协议包括（　　）。

A. IMP-IMP协议　　B. 源 IMP-目标 IMP 协议　　C. HOST-IMP协议

D. 文件传输协议（FTP）　　E. HOST - HOST 协议

9. 在 ARPANET 的分组头中，用于引导和控制数据帧穿过链路，起链路控制作用的信息包括（　　）。

A. SEQ 发送包顺序号　　B. 源 IMP 和目标 IMP 段　　C. 逻辑通道号

D. 应答信息　　E. 信息块使用次数

10. 在 ARPANET 的分组头中，用于引导和控制报文从源 IMP 穿过网络到达目标 IMP 的信息包括（　　）。

A. 源 IMP 和目标 IMP 段　　B. S/N 位　　C. 最后包

D. 包编号　　E. 包编码

11. 传输地址是由（　　）组成的。

A. 网络号　　B. 标号　　C. 主机号

D. IP 号　　E. 主机指定的端口号

（三）名词解释

1. 拥塞（Congestion）
2. 流量控制（Flow Control）
3. 电路交换
4. 路径选择
5. 通信子网
6. 站
7. 虚呼叫虚电路

（四）简答题

1. 列举结点所应具有的功能。
2. 列举源结点与目标结点之间采用的交换技术，并对每种交换技术进行简单解释。
3. 简要介绍一下 ARPANET 中规定的协议。
4. 在 ARPANET 分组头中，包括哪几部分信息？
5. 简述网络中死锁的种类和生成原因。
6. X.25 协议把在网络上传送的报文分组分成了哪些类型？
7. 简述虚电路的建立过程。
8. 简述虚电路的拆除过程。

五、参考答案

（一）单项选择题

1. A	2. B	3. C	4. C	5. B
6. B	7. A	8. A	9. B	10. D
11. A	12. D	13. C	14. B	15. D

（二）多项选择题

1. ACE	2. CDE	3. ABCE	4. ACD	5. ACD

6. ABCDE　　7. ACE　　8. ABCE　　9. ACD　　10. ABCDE
11. ACE

(三) 名词解释

1. 拥塞(Congestion):拥塞指的是在包交换网络中由于传送的包数目太多,但存储转发结点的资源有限而造成网络传输性能下降的情况。拥塞会使网络的吞吐量(单位时间传输的有效数据量)明显下降。拥塞的一种极端情况是死锁,退出死锁往往需要网络复位操作,所以应尽量避免死锁的发生。

2. 流量控制(Flow Control):流量控制指的是在一条通道上控制发送端发送数据的数量和速度使其不超过接收端所能承受的能力,这个能力主要指接收端接收数据的速率和接收数据缓冲区的大小。通常采用停等法或滑动窗口法控制流量。流量控制是针对端系统中资源受限而设置的;拥塞控制是针对中间结点资源受限而设置的。流量控制限制了进入网络中的信息总量,可以在一定的程序上起到减缓拥塞的作用。

3. 电路交换:电路交换是在源结点和目标结点之间建立起一条物理通路引导信息从源站到达预定的目的站。采用这种交换方式时,通信过程必须包括建立连接、传输数据和拆除线路连接三部分。

4. 路径选择:路径选择是指报文分组交换网(通信子网)中,每个结点具有自动选择最佳传输路径的能力。

5. 通信子网:网络中所有的通信结点和链路一起称为通信子网。

6. 站:用来处理传输内容的设备称为站。

7. 虚呼叫虚电路:用呼叫包建立的虚电路称为虚呼叫虚电路。

(四) 简答题

1. 答:对于一个结点它应有以下几方面的功能。

(1) 能把主机或工作站接入网络(主机接口功能)。

(2) 能实现交换功能,即按一定的要求,在源和目标之间建立起一种连接(Switching功能)。

(3) 具有一定的监测功能。例如,对线路的质量进行检查,对信息流量进行统计等功能。

2. 答:源结点与目标结点之间采用交换技术实现其连接,通常有三种交换方式:(1)电路交换(Circuit Switching);(2) 信息交换,也称报文交换(Message Switching);(3)包交换(Packet Switching),也称为分组交换。

(1) 电路交换(Circuit Switching):它是在源结点和目标结点之间建立起一条物理通路引导信息从源站到达预定的目的站。采用这种交换方式时,通信过程必须包括建立连接、传输数据和拆除线路连接三部分。

(2) 报文交换(Message Switching):这种交换的结点是存储转发系统(Store and Forward Message System),它一般由通用小型机或微机构成,它的工作方式与电路交换完全不同,在每个结点为每一条链路设置发送排队栈,某个站要发送信息,就把目标地址并入信息中,然后通过源结点送上网络。网中的结点接收信息后,依据目标地址选择相应的一条通道，把信息存储在相应通道的发送缓冲器队列中，等待转发，这样一个结点一个结点地转发下去，就能把信息从源发往目的地，达到数据交换的目的。而且，在这种交换技术中，用计算机进行路由选择、流量控制、差错校验都比较容易。报文交换的优点是采用了排队等待发送，充分利用了线路。缺点是传输延迟时间有时可能比较长，对于较长的报文因为要求先存储、再转发，限制了它在实时传输和交互式传输中的应用。

(3) 包交换 (Packet Switching)：为了综合电路交换延时小，报文交换线路利用率高的优点，提出了包交换（又称报文分组交换）的方法。在原理上它类似于报文交换（存储转发)，但是在网络中传输的信息长度是受限制的，一般最长一千到几千位。对于一个较长的信息，它要分为若干独立的段，一次发送一段。每一段称为一个“包”或“分组”(Packet)。每个包除数据外还要包括诸如目标地址、包顺序号等控制信息，像报文一样，经过一个个的结点传送到目的地；待所有的包到达后，在目的结点中再把这些“包”拼接成一个完整的报文。

3. 答：(1) IMP-IMP 协议。该协议规定了在两个相邻的 IMP 之间传送数据的方式。一条链路复用成 8 条逻辑通道，每一条逻辑通道采用停—等方式，按帧格式传送一个报文包。

(2) 源 IMP-目标 IMP 协议。该协议规定了在源 IMP 和目标 IMP 之间传送数据的方式。源 IMP 把主机发来的报文分成若干个报文包，每个包选择一条逻辑通道传送到下一个 IMP；目标 IMP 接收到一个报文的全部包以后，装配成原报文，并把报文传送到目标主机同时向源 IMP 发出 RFNM 信息。

(3) HOST-IMP 协议（网络服务协议)。HOST-IMP 协议规定了主机和 IMP 之间的通信方式，主机和 IMP 之间建立了 256 条虚电路，0 号虚电路用于传送源主机 NCP 和目标主机 NCP 之间的控制命令。一个报文从一条虚电路发出后，该电路暂时封闭；当源主机接收到由目标 IMP 发回的 RFNM 之后，该虚电路被释放，才可以用来传送下一个报文。

(4) HOST-HOST 协议。该协议为不同主机上的两个用户进程之间的通信提供服务，它以网络提供的服务为基础，但在它向用户提供的服务中网络通信的细节已经完全被隐蔽起来。这一层次的通信功能往往称为传输层协议或端-端协议。在 ARPANET 中，主机中的 NCP（网络控制程序或协议）是 HOST-HOST 协议的实体；而操作系统中关于连接、接收、发送等系统调用则是 HOST-HOST 协议向用户提供的传输服务。

4. 答：第一部分信息是用于引导和控制帧数据穿过一条链路，起链路控制作用，主要包括 SEQ 发送包顺序号、逻辑通道号和应答信息。

第二部分信息是用于引导和控制一个报文从源 IMP 穿过网络到达目标 IMP，主要包括源 IMP 和目标 IMP 段、S/N 位、最后包、包编号和包编码。

第三部分信息是用于主机和 IMP 通信，如虚拟电路号等。

第四部分信息总是供主机使用的，如引导标志等。

5. 答：(1) 直接存储转化型死锁。在采用存储转发的方式实现交换功能时，如果在某一时刻相邻两个 IMP 的缓冲区都被各处发往对方的数据包所占满，这时两个 IMP 既不能收也不能发，从而产生直接存储转化型死锁。

(2) 重装死锁，即间接存储－转发死锁。在环形结构中，若每个 IMP 的缓冲区都被发往下一个 IMP 的信息所占满，这时所有的 IMP 也都既不能发也不能收，这样造成的死锁称为间接存储－转发死锁。克服的方法是使缓冲区总是留有余地，或设置一个溢出专用缓冲区。

(3) 如果目标IMP中的缓冲区被许多未齐全的（不能组成同一个报文的）报文包所占满，它就不能再接收，也不能向目标主机发送报文，从而造成重装死锁。避免重装死锁的办法是采用预约缓冲区。

6. 答：X.25协议把在网络上传送的报文分组分成以下几种类型。

(1) 呼叫建立和清除包；

(2) 数据与中断包；

(3) 数据报分组；

(4) 流量控制与复位包；

(5) 诊断包。

7. 答：当网上一个DTE想和另一个DTE通信时，首先由主叫端向被叫端发送呼叫请求包，在其逻辑通道组号和逻辑通道号中填入当时未使用的最低逻辑通道号，包中还要指明主叫端DTE地址、被叫端DTE地址等信息。主叫端DCE（网络源结点）把呼叫请求包发向网络，在网络中按网内协议传送到被叫端DCE（网络目标结点）。

被叫端DTE接收到呼叫指示包后，如果接受这次呼叫，则采用和呼叫指示包相同的逻辑通道号向它的DCE发送呼叫接受包，DCE收到呼叫接受包以后，知道DTE接受呼叫，把呼叫接受包发向网络，在网内传输到主叫端DCE，主叫端DCE收到被叫端的呼叫接受包以后，以和呼叫请求包相同的逻辑通道号向主叫端DTE发送呼叫接通包，主叫端DTE收到呼叫接通包以后表明本次呼叫成功，虚电路已经建立，可以进入数据交换阶段。

8. 答：当数据传送结束，主叫端或被叫端的任何一方都可以提出清除虚电路的要求。例如，主叫端要求清除虚电路，主叫端DTE向被叫端DCE发出清除请求包，DCE收到后，把该清除请求包发向网络，同时向主叫端DTE发出一个清除确认包，以表示主叫端电路拆除。当被叫端DCE收到清除请求包以后，它向被叫端DTE发出清除指示包，被叫端DTE收到清除指示包以后，向被叫端DCE回答一个清除确认包，以表示被叫端虚电路拆除。当然，也可以设计成让被叫端清除确认包通过网络传到主叫端去，这时主叫端才最后拆除主叫端虚电路。

第九章　计算机网络互连

一、章节结构及重点

本章共分为五节，主要介绍互连的相关概念，并详细讲述了网络互连所常用的几种中继系统。重点在于 OSI 网络层标准的内容和相关的互连协议。本章也介绍了局域网互连，以及网络互连协议结构层次和基于不同层次的网络协议互连时应该考虑的问题与互连方法。

第一节是网络互连概述，主要介绍了网络互连所要解决的一些问题，网络互连的五种中继系统——转发器（repeater）、网桥（bridge）、路由器（router）、桥路器（brouter）、网关（gateway），以及网络互连简化设计的标准方法。

第二节介绍了 OSI 的网络层标准，重点介绍了 OSI 网络层的内部结构，还介绍了非等级编号寻址（平坦地址）和分级编号寻址的概念与 OSI 的网络地址结构，并详细介绍了 OSI 的互联网协议。

第三节主要讲述了局域网互连，介绍了网络互连设备和局域网互连的几种典型方式。

第四节介绍了网络互连的结构，重点介绍了计算机网络系统的层次结构，包括低层协议和高层协议等。

第五节介绍了 TCP/IP 网络。先讲述了 IP 网络的基本思想，随后讲述了 IP 协议，并讲述了 IP 路由的原理。本章同时讲述了关于网间网的传输层协议，最后讲述了子网的概念和原理。

二、本章主要内容

（一）网络互连的基本概念和网络互连的桥梁——中继的概念

网络互连是指 LAN-LAN、LAN-WAN、WAN-WAN、LAN-HOST 之间的连通性和互操作能力。网络互连要通过一个中间设备（或中间系统），ISO 的术语称为中继（relay）系统。根据中继系统所在的层次，可以有以下五种中继系统：

（1）物理层中继系统，即转发器（repeater）。

（2）数据链路层中继系统，即网桥或桥接器（bridge）。

（3）网络层中继系统，即路由器（router）。

（4）网桥和路由器的混合物桥路器（brouter）。桥路器是一种产品，它兼有网桥和路由器的功能。实际上，严格的网桥或严格的路由器产品是较少见的。

（5）在网络层以上的中继系统，即网关（gateway）。网关又称为网间连接器、信关或联网机。用网关连接两个不兼容的系统就要在高层进行协议的转换。

（二）OSI网络层标准的内部技术细节

网络层是由整个系统中相互协作的一些网络层实体所组成的，与子网（或网络）是完全不同的。ISO 8649标准将网络层的协议划分为以下三个部分：

（1）子网接入协议（SNACP，Sub Network Access Protocol）。子网接入协议（SNACP）是子网内的一个网络层实体与子网外的一个网络层实体之间的协议。子网接入协议取决于具体的子网所采用的技术，它定义数据应怎样通过接入子网的界面。一个子网所提供的服务可以等于，也可以不等于OSI的网络服务。若二者相等，则网络层有一个子网接入协议就够了，而不再需要其他由各网络实体共同合作的功能。也就是说，这时就不需要在网络层再设置上面的两个子层。

（2）子网相关汇合协议（SNDCP，Sub Network Dependent Convergence Protocol）。子网相关汇合协议（SNDCP）和子网无关汇合协议（SNICP）的共同特点是，这些协议是在子网以外的网络层实体之间的协议。SNDCP的作用是上下调整由子网接入协议（SNACP）所提供的服务，屏蔽各种子网内部的差异。SNDCP或者提供OSI网络服务，或者只提供SNICP所需的服务。若提供的是OSI网络服务，则在网络层就不再需要SNICP子层了。

（3）子网无关汇合协议（SNICP，Sub Network Independent Convergence Protocol）。子网无关汇合协议（SNICP）以各子网中的一个最小子网服务为基础。这样做可以在整个网络范围内使用一个统一的互联网协议，但代价是有些可使用的子网服务未能被利用。互联网协议主要完成分组的转发（中继）和路由选择功能。

并不是在每一种情况下网络层都一定有三个子层存在。有时网络层为SNACP＋SNDCP，但也有时网络层为SNACP＋SNICP。

（三）OSI网络层寻址的技术细节

互联网络中的任何一个系统都可以和其他的系统互相通信，但需要一个全球范围内统一的识别系统。而标准ISO 8348的补充篇2，就是一个全球网络层寻址标准，是互连系统中大家都必须遵循的一个标准。目前常采用的地址编号方法有两大系统，一种是非等级的(flat)，或称为平坦地址，另一种是分级的（hierarchical）。

非等级的地址空间的特点是，每个地址的编号都是平等的且彼此无关。地址的编号也和具体的地理位置无关。但是这种编号系统需要有一个全球系统的管理机构，同时地址映射表要占很大的空间。可以说在全球范围内采用非等级的地址编号实际上是不可行的。

分级的地址空间是将全球的地址空间划分为若干个子域（如每个国家相当于一个子域）。各子域下面又划分为更小的一些子域。每个地址子域只管理自己直属的一些子域的编号，因而使地址映射表和路由表的编制大为简化。一个网络也只管自己网内主机的编号，其他网络主机的编号情况则与本网络无关。

OSI的网络地址结构相当复杂。要找到某个DTE中的某个进程，先要通过一个MAC地址找到这个DTE，然后再通过LLC子层的SAP地址找到该进程。如果一个实系统DTE连接在某个实子网上，DTE与实子网之间不存在服务访问点（SAP），这是因为实子网的物理媒体处于OSI参考模型之外。一个实系统与实子网的接口叫做子网连接点（SNPA，Sub Network Point of Attachment）。子网连接点（SNPA）也可称为DTE在子网中的物理地址，或称为子网地址。CCITT所制定的许多关于地址的标准，都讲的是如何识别一个DTE在子网中的物理地址。SNPA 的作用是使分组在子网中能找到目的进程所驻留的 DTE。当一个 DTE 同时与多个子网相连时，该 DTE 就有多个子网地址 SNPA。要找到所要找的运输层实体，还要在 DTE 内部按照层次的关系找到数据链路层服务访问点 DLSAP 和网络层服务访问点（NSAP）。而且，网络层可以有多个 NSAP，每一个 NSAP 与某个实体相连接。为了从 DLSAP 能找到所需的 NSAP，在网络层中设有一个 NSAP 选择开关（NSEL），从子网连接点 SNPA 经 DLSAP 和 NSEL，就可到达所要找的运输实体。这样，我们就可定义一个网络层服务访问点 NSAP 地址，它能够完全确定网络服务用户（运输实体）的地址。

一个进程的地址至少应当由四部分组成：

地址＝〈子网地址〉〈DT 在子网中的连接点 SNPA〉〈DLSA〉〈NSEL〉

这里〈子网地址〉用来从多个子网中识别所要找的子网，而〈NSEL〉用来找到与网络用户相连的 NSAP。但是，我们还知道只有子网的拥有单位才有权力分配子网的地址号码。因此，地址至少应由以下五部分组成：

地址＝〈子网拥有单位标识符〉〈子网地址〉〈DTE 在子网中的 SNPA〉〈DLSAP〉〈NSEL〉

这五部分组成的地址叫做 NSAP 地址的特定域部分（DSP，Domain-Specific Part）。特定域部分还不是完整的 NSAP 地址。一个完整的 NSAP 地址应当在上面五部分的基础上再加上一个部分，即初始域部分（IDP，Initial Domain Part），它用来描述对子网拥有单位的管理机构。这样，就得出了完整的 NSAP 地址结构如下：

NSAP 地址＝〈IDP〉〈DSP〉

＝〈IDP〉〈子网单位标识符〉〈子网地址〉〈SNPA〉〈DLSAP〉〈NSEL〉

在采用分级的地址空间时，地址长度与我们使用的地址空间子域数有很大的关系。地址空间的子域数越少，地址长度就越短，但地址的管理就越复杂。这样，经综合考虑，ISO 确定用 20 个字节作为 NSAP 地址的最大长度。如果用二进制编码，则可以有 2^{160} 个地址。

（四）OSI 的互联网协议的具体内容

互联网协议（IP，Internet Protocol）是指在 Internet 中使用的一个特定的互联网协议。不加 IP 的“互联网协议”表明它是泛指提供无连接服务的互联网协议，而不一定是指 Internet 这一特定的互联网协议。

对于无连接的数据报服务，为完成数据传输所需要的全部信息都在数据报的首部中，OSI 称这种数据报为互联网协议数据单元（IPDU，Internetwork Protocol Data Unit）。对这种数据报服务，运输层必须有适当的机制来保持数据的完整性。和虚电路服务相比，采用这种数据报服务的最大好处是简化了路由器的设计和降低了其成本。此外，在灵活性方面也是较好的。

ISO 的互联网协议的分组首部（IPDU 首部）包含有许多传输上的关键信息，主要字段包括：

- 长度指示。“长度”是指 IPDU 首部的长度。长度指示是必要的，因为在 IPDU 的首部有三个字段的长度是可变的。长度指示字段占 8bit，所指示的长度单位是字节，因此，IPDU 首部长度的最大值是 254 字节。

● 段长度。一个网络所允许通过的数据报的最大长度是受限制的。段长度字段在将长报文进行分段时指出每个段的长度（包括首部在内），而并不是指未分段前的数据报长度。

● SP 和 MS。IPDU 中第 5 字节的第一比特是允许分段比特（SP，Segmentation Permitted)。当 SP=1 时才允许分段。SP=0 表明不允许分段，此时首部后面的"数据单元标识符""段偏移"和"总长度"这三个字段就不出现。虽然这样做可以减少一点额外开销，但这对路由器分析数据报的首部时会带来一些麻烦。SP 字段的后面是更多字段（MS，More Segment)。MS=1 表示后面还有段，而 MS=0 表示这已是最后的一个段。

● 数据单元标识符。必须保证在网络中产生的分组（当然是指分段前的分组），都不使用重复的数据单元标识符。

● 段偏移。段偏移字段指出，较长的分组在分段后，某个段在原分组中的相对位置。也就是说，相对于用户数据字段的起点，该段从何处开始。

● 寿命。寿命字段指出允许分组在网络中存在多长的时间，其单位为 0.5s。寿命字段对防止分组在网络中无限制地兜圈子是很有用的。

● 地址。地址字段长度可变（不超过 20 字节），因此要有地址长度指示字段。

● 服务类型与分组类型。类型字段共有 5bit 长，它说明这是一个数据 IPDU 还是一个差错报告 IPDU。还有一个 ER 比特是差错报告标记。ER=1 表明当此 IPDU 被丢弃时应向源站发送一个差错报告。

● 任选参数。任选字段写入填充参数、安全性参数、源路由选择参数、路由记录参数、服务质量参数和优先级参数。

(五) 几种典型的网络互连设备

网络互连设备通常分为以下四种：

(1) 网络中继器或重复器（Repeater)。它是一种位重复设备，从一段网络接收一位，再按原逻辑产生出一个新位，送到另一个网络段中。它在物理层上实现两个网络之间的互连，用于物理层以上各层协议完全相同的网络互连。

(2) 网桥（Bridge)。它和位重复器不同，是一种帧存储转发设备，从一个网段接收一帧数据，并判断该帧的目标地址，如果是到该网段内某一主机（工作站）的，则不予转发，如果是到另一个网段的则转发出去。

(3) 路由服务器（Router)。它是对数据进行存储转发的设备，是在网络层对数据包(packet) 进行存储转发并改变其格式的设备。它具有路径选择功能，可依据网络当前的拓扑结构，选择一条"最佳"路径，把接收到的包转发出去。

把桥（Bridge）和路由器（Router）的功能合在一起的设备称为桥路由器（Brouter)。对于它能识别的网络层协议起着路由器的功能，不能识别的网络层协议起着桥的功能。适用于高层协议（传输层以上各层）相同的网络互连。

(4) 协议变换器（Gateway)。用于传输层以及其上各层协议不相同的网络互连设备，称为协议变换器。它必须把一个协议转换为另一个协议，而不丢失过多的内容。Gateway 有时也用来泛指广义的网络协议变换，适用于任何一个层次。

（六）局域网互联的典型方式

异型局域网互连的典型方式有以下几种：

（1）LAN-LAN（直接相连）。一个 LAN（我们把它叫 LAN A 或 B）的用户通过连接可以和另一个 LAN 中的用户交换信息。LAN A 和 LAN B 是不同类型的网络，它们可以位于同一个或不同的地方。

（2）LAN-Network-LAN。两个不同类型的局域网可以经过一个远程的包交换网络相互连接，使 LAN A（B）中的用户与 LAN B（A）中的用户交换信息。

（3）LAN-Network（LAN 和远程网相连）。在这种连接中，LAN 中的每一个主机可以建立一个独立通道与 Network 相连，也可以是 LAN 中所有主机共用的一个通道与 Network 相连。

（七）网络互连结构

计算机网络系统是分层次实现的，低层（网络层、数据链路层、物理层）协议的功能为分组（Packet）的传送提供物理通道；高层（会话层、表示层、应用层）协议在两个用户间实现信息（文件、邮件、查询结果）交换。传输层为应用程序的编写提供了一个与具体网络细节无关的接口。一个网络总是由低层和高层协议共同构成的。"异型"网络是指具有不同协议的网络，原则上只要有一层协议不相同则网络就是异型的。但是由于计算机网络系统是分层次实现的，上层协议往往支持多种下层协议，并且对上层协议而言，下层协议的异质性被屏蔽起来了，似乎是根本就不存在一样。网络互连可以在不同的层次上实现。在物理层上实现转换的设备称为中继器或重复器；在介质访问控制层上实现转换的设备称为网桥；在网络层上实现转换的设备称为网关或路由器；在传输层及以上各层中进行转换的设备称为协议变换器。网络的目的是能够相互之间进行数据交换，只要两个机器的应用程序之间能够交换数据并理解其信息内容则通信的目的就能达到，在什么层次上实现互连并不太重要。解决网络互连的问题最好是上层采用相同的协议，而在下层（链路层、网络层）实现不同协议之间的转换。实际上把小网变成统一的大网。

下面重点介绍一下网络互连常用的设备——网桥与网关。

网桥是在介质访问控制层互联网络的设备。除了互连与协议转换以外，网桥的另一个作用是调节负载或调节带宽。网桥具有自动判别帧的目标地址是否不属于该网段的能力。

网关和网桥的区别在于网关在网络层处理包的存储转发，它考查的不是帧地址而是包中的网络地址。在互联网中子网编号往往是网络地址的一个部分，因此如果网桥换成路由器，则它们只要查一下包中的目标地址部分的子网号码就能完成路径选择的工作，比起网桥来容易得多。

OSI 的网关有两种：一种是面向连接的网关，一种是无连接的网关。当两个子网之间有一定距离时，往往可以把一个网关分成两半，中间用一条链路连接起来。

面向连接的网关用于虚电路网络的互连，无连接的网关用于数据报网络的互连。IP 网络在网络层提供统一的 IP 协议，它是一个不可靠的数据报网络，在传输层提供可靠的 TCP（传输控制）协议和不可靠的 UDP（用户数据报）协议。从用户的观点来看它是一个独立的、统一的网络；但在物理上它是由不同的网络互连而成的，而且还不可能在每个网络之间实现全互连。因此，一个主机和另一个主机之间交换的数据可能中间穿越了许多网络。作为互联网络的一个实例就是Internet网络，它是从ARPANET逐渐发展起来的，其网间协议称为IP，传输层协议称为TCP，并有许多应用协议，如FTP（文件传输协议）、SMTP（简单邮件传输协议）、TELNET（远程登录协议）、DNS（域名服务）等。网间网的结构从层次的划分来看它可以分成应用层、传输层、网间层（IP）、子网接口层和物理网络层。物理网络从拓扑结构上可以分为总线形、树形、环形、星形，从传输介质上可以分为光纤网、卫星网、无线电网，从范围来讲可以分为远程网、局域网，从协议上讲可以分为802.3、802.4、802.5、X.25、ARPANET等。因此，网间网是一个包罗万象的网络。

（八）IP网络和IP网络地址

IP网络的基本思想是任何一个能够传输分组的网络，都可以作为一个物理子网融入到网间网之中，在传输层采用统一的TCP协议，因此TCP/IP网络是一个概念抽象、十分灵活而通用的网络系统。

在任何一个物理网中，每个站点都有一个唯一标识该站点的地址，它就是网卡中的6个字节长的地址码。对于IP网中的主机和网关也必须有一个全网统一的地址。IP地址的格式由网络号和主机号共同形成，长度为32位。按照各个成分占用的位数区分，可以把IP地址分成A类、B类、C类和D类四种。

A类地址用于网络规模大（主机多）而网络数量小的情况，C类地址用于网络规模小（主机少）而网络数量大的情况，B类地址介于A类和C类之间。在文档中IP地址以四个用圆点隔开的十进制整数表示。D类地址称为多目地址（multicast address），用于表示一个应用组。

其中A类网络地址127是一个保留地址，用于网络软件测试和本机进程间通信，称为回送（Loop back）地址。在网络中不能出现含网络号127的分组。各位全为0的网络号解释成本网络。32位全为1的IP地址代表本网络内部广播地址，称为有限广播地址（Limited broadcast address）。主机号全为1的IP地址称为向该网的广播地址。

在网间网中一个网关或路由器至少同时属于两个不同的网络，因此它们都具有至少两个IP地址。如果一个主机经不同的通道同时和若干个网络相连，则该主机同时具有几个IP地址。

因为IP地址是数字式的，难于记忆也难于理解，因此IP网络中同时设计了一套字符型的命名机制，称为域名系统（DNS，Domain Name System）。一个IP网的主机或网关都有相应的域名（Domain name），一个主机域名唯一地对应着一个IP地址，但是一个域名如果还有若干别名，一个IP地址就对应着若干个域名。为使域名找到相应的IP地址，在网间网中提供了一套域名服务系统，它由若干级的名字服务器组成。用户习惯使用的是域名，而系统内部使用的是IP地址，从域名到IP地址的解析由域名服务器完成。

（九）IP协议的具体技术细节

IP协议作为网间网中网络层协议，提供无连接的数据报传输机制。IP数据报分组的格式和一般“包”的格式差不多，也分为报头和数据区两个部分，报头中包含有版本号、IHL等信息。版本号指该IP协议的版本号。不同版本的IP协议其报头的格式不完全相同。IHL指报头的长度，它包括到目标地址为止的20个字节的固定部分，以4个字节作为一个单位长度，如果没有选择项和填充区，其值为5。

IP协议的工作原理如下：传输层把报文分成若干个数据报，每个数据报最长为64KB。每个数据报在网关中进行路径选择，穿越一个一个物理网络从源主机到达目标主机。在传输过程中数据报可能被分成小段，每一小段都被当做一个独立的数据报被传输。分段是在进入一个帧长较小的物理网络的网关上进行的，但是并不在离开这个网络进入下一个网络的网关上重装，而是让这些分段作为一个个独立的数据报传输到目标主机，在目标主机上重装。一个片段发生丢失也会引起整个数据报的重传。

和IP协议一起工作，用于报告IP层的错误和传输IP层控制信息的工具还有一个网间网控制报文协议（ICMP，Internet Control Message Protocol）。该报文的格式也分为报头和数据区两个部分，报头中包含有类型、代码和校验和等内容。其中类型域为一个字节整数，指出该报文的类型。不同类型的报文用来报告不同的差错或传输不同的控制信息。代码域也为一个字节整数，它提供报文类型的进一步信息。校验和占两个字节，它是整个报文（包括数据部分在内）的校验和。对于不同类型的报文，其数据区的格式是不同的。ICMP报文是在两个不同机器中的IP软件之间传输信息，但是它是在封装在IP数据报中作为数据来传输的。ICMP协议不作为一个独立的协议，它仅作为IP协议中的一个模块，来处理IP层中的控制问题。

ICMP报文分成三类：

(1) 差错报告报文，包括目标下可达报文（3类）、数据报超时报文（11类）、数据报参数出错报文（12类）。在IP数据报传输过程中，某个网关上的IP软件一旦发现传输出错，它把IP报头和数据区前64位（上层协议中最重要的数据）数据复制到ICMP报文的数据区，丢掉出错的IP数据报，形成ICMP差错控制报文，再将其封装到IP数据报中，传输到源主机的IP层，向源主机报告出错情况。

(2) 传输控制报文，包括源抑制报文（4类）和重定向报文（5类）。其中源抑制报文用于网间网的阻塞控制。重定向报文是一个物理网络周边的网关向内部主机传达路径信息用的。主机收到重定向报文后，修改自己的路径表，使之适应于变化了的网络拓扑。因此，重定向报文是用来改变主机的初始路由信息的。

(3) 请求/应答报务报文，包括回应请求/应答（8/0类）、时戳请求/应答（13/14类）、子网屏蔽请求/应答（17/18类）。回应请求/应答用于测试目标主机的可达性；时戳请求/应答报文是用于主机之间调整时钟的。报文的数据区中有三项：①初始时戳，由时戳请求者填写的该机时钟值；②接收时戳，由时戳应答者收到请求时填上自己的时钟值；③发送时戳，由应答者填上发回时戳应答报文时间。其中发送时戳与接收时戳之差即为应答者的报文处理时间。时戳请求者收到时戳应答报文的时间减去初始时间，再减去应答者的报文处理时间即是报文往返一次所用去的时间。由报文传输时间和初始时戳及接收时戳可以判断出两个主机时钟的差值，以供调整。子网屏蔽字模在IP网络中用来决定原来IP地址中表示主机号的那位现在声明为表子网络。

（十）IP路由的技术细节

路径选择是网络层重要的功能。IP路由选择采用路由表的方法来实现，每个主机和网关上都有一个路由选择表，其中指明目标网络号和下一个网关的地址。当一个网关收到一个

IP 数据报后首先判断该数据报的目标网络号是否就是它自己，如果不是则依路由表进行转发；如果是，则进入子网内部寻径，将 IP 包发向相应的主机，主机收到 IP 包以后，正确的则交给上层处理，否则丢弃，报告出错。还有许多主机到网关，网关到主机，网关到网关利用共享介质的广播，只需把 IP 包封装在以太帧中再广播到介质上就行了。

从一个网关把 IP 包装到帧内部传到另一个网关时也需要对方网关的帧地址，这类帧地址称为物理地址。在不同的物理子网内部每个主机和网关的物理地址，其含义和表示方法是不同的，能够执行 IP 软件的主机及网关总是知道自己的物理地址和 IP 地址的，但是不一定知道和对方 IP 地址相应的物理地址，为此，在物理网络的内部提供了一个 ARP（Address Resolution Protocol，地址解析协议），它用于从 IP 地址找出物理地址。IP 网络还提供一个相反的协议 RARP（Reverse Address Resolution Protocol，反向地址解析协议），用于从物理地址获取它的 IP 地址。

IP 路由选择虽然是由路由表来决定的，但是路由表是由周期性存在的网关之间交换的路由信息不断刷新的，以此适应网络拓扑结构和内部状态的变化。

（十一）网间网的传输层协议

网间网的网络层采用无连接的不可靠数据报服务，传输层有两个并列的协议：TCP（Transport Control Protocol，传输控制协议）和 UDP（User Datagram Protocol，用户数据报协议）。前者提供面向连接的可靠的服务，后者提供高效的但不可靠的服务，其可靠性由应用程序处理。

网络层处理的是使 IP 数据报从一个主机传到另一个主机；而传输层是要利用网络层提供的服务实现位于两个主机上的进程之间的通信。一个多用户系统中同时运行着若干进程，进程是通过端口来接收、发送数据的，在 TCP/IP 网络中将一个主机中的端口分为两部分，一部分称为保留端口，另一部分称为自由端口。保留端口由系统服务程序使用，不同主机上的同样服务程序占用相同的端口。自由端口由用户程序使用，它必须首先向系统申请，然后与远地服务程序的众所周知的端口建立联系方能传输数据。

（1）UDP 协议：用户数据报（UDP）协议建立在 IP 协议之上，它增加了端口的功能，相当于多个进程可以共享 IP 数据报传输。

（2）TCP 协议：TCP 协议提供面向连接的可靠的字节流服务。所谓面向连接，就是在传输数据之前必须先在两个不同主机的传端口之间建立一条连接，一旦连接成功，在两个进程之间就建立起来了一条虚电路，它如同一根流动数据的管道，发送进程向它输入数据，接收进程从它依次取出数据。TCP 协议的连接服务提供全双工的方式，由在相反方向上传送数据的两个独立的通道组成，可以同时在两个相反的方向上传送数据字节流。为了保证数据的可靠性，TCP 协议中采用了确认与超时重传的机制。TCP 协议把通过连接而传送的数据看做字节流，用一个 32 位整数对被传送的字节编号，接收端对收到的字节流必须不时发回响应信息，告诉发送端下一次希望接收的字节号。如果发送端对发出的字节流超过一定的时间限制还没有收到确认，则重发该字节流。由于在存储转发的包交换中采用了超时重发的机制，也就可能引起数据报的延迟重复出现现象，从而损害数据的可靠性，因此传输连接的建立采用了三次握手的方法。传输层协议把从应用程序来的字节流划分成段，每段作为一个 TCP 报文，封装在 IP 数据报之中通过网间网传输。TCP 协议报文只有一种格式，各种不同的功能（连接、断连、响应等）是靠其中的若干码位来实现的。

三、难点释疑

IP 网络地址的分类

IP 网络地址由网络号和主机号构成。按照不同情况，可以在不同场合决定网络号和主机号各自占用的位数。按照网络号和主机号占用位数不同，可以把 IP 网络地址分成 A 类、B 类、C 类和 D 类。区分这四类 IP 网络地址的标志就是 IP 网络地址的前几位，如果第 0 位为 0，则说明当前网络地址为 A 类地址，如果第 0 位为 1，则继续用第 1 位加以判断，依次类推。如图 9—1 所示。

	0	1	2	3	4　5　6　7	8　15	16　17　23	24　31
A 类	0	网络号				主机号	主机号	主机号
B 类	1	0	网络号			网络号	主机号	主机号
C 类	1	1	0	网络号		网络号	网络号	主机号
D 类	1	1	1	0	多目地址	多目地址	多目地址	多目地址

图 9—1

A 类地址用于网络规模大（主机多）而网络数量小的情况，给网络号只分配了 7 位，但主机号占用了 24 位，这种 IP 地址适合于主机数量众多的计算中心或信息中心，是以主机为主的网络。

C 类地址用于网络规模小（主机少）而网络数量大的情况，网络号占用了 21 位，而主机号仅仅占用 8 位，这种 IP 地址适合于局域网络或办公室网络较多的大型企业，有利于部门的扩充。

B 类地址介于 A 类和 C 类之间。

D 类地址称为多目地址（multicast address），用于表示一个应用组。

IP 地址中，有些地址位的特定值是有特定含义的：其中 A 类网络地址 127 是一个保留地址，用于网络软件测试和本机进程间通信，称为回送地址，测试网卡的时候经常用到 PING 127.0.0.0 命令，即测试本机到本机是否通畅。在网络中不能出现含网络号 127 的分组。各位全为 0 的网络号解释成本网络。32 位全为 1 的 IP 地址代表本网络内部广播地址，称为有限广播地址，用于向本网络发送广播信息，也可以在纠错工作中测试本网络的通信能力。主机号全为 1 的 IP 地址称为向该网的广播地址。

四、练习题

（一）单项选择题（在备选答案中选出一个正确答案）

1. 在网络层对数据包（packet）进行存储转发并改变其格式，具有路径选择功能，可依据网络当前的拓扑结构选择一条“最佳”路径传送数据的设备是（　　）。

A. 路由服务器（Router） B. 域名服务器（DNS）

C. 协议变换器（Gateway） D. 重复器（Repeater）

2. 在物理层上实现两个网络之间的互连，用于物理层以上各层协议完全相同的网络互连的设备是（ ）。

A. 域名服务器（DNS） B. 重复器（Repeater）

C. 路由服务器（Router） D. 协议变换器（Gateway）

3. 以下选项中不属于ICMP报文的是（ ）。

A. 差错报告报文 B. 传输控制报文

C. 流量调整报文 D. 请求/应答报务报文

4. 具有同样网络操作系统的两个网络连接时，为了使互连的网络从网络层到应用层协议都一致，连接时必须使用（ ）。

A. 网卡 B. 网桥 C. 适配器 D. 文件服务器

5. 以下关于UDP协议的叙述中，错误的是（ ）。

A. UDP协议建立在IP协议之上 B. UDP数据报传输不适合多进程共享

C. UDP协议具有端口的功能 D. UDP报文中不包括主机的地址

6. www. edu. cn是Internet上一台计算机的（ ）。

A. 域名 B. IP地址

C. 命令 D. 协议名称

7. 下面合法的IP地址是（ ）。

A. 202：144：300：65 B. 202.112.144.70

C. 202，122，144，70 D. 202.112.70

8. TCP/IP中最重要的两个协议是（ ）。

A. NCP协议和IP协议

B. TCP协议和IP协议

C. NCP协议和TCP协议

D. TCP协议和SMTP协议

9. 网桥是在（ ）实现互连的设备。

A. 网络层 B. 数据链路层

C. 物理层 D. 传输层

10. 用于传输层以及其上各层协议不相同的网络互连设备是（ ）。

A. 域名服务器（DNS） B. 重复器（Repeater）

C. 路由服务器（Router） D. 协议变换器（Gateway）

11. 网络层是由整个系统中相互协作的一些网络层实体组成，ISO标准将网络层划分为（ ）子层。

A. 2个 B. 3个 C. 4个 D. 4个

12. 异型网络是指（ ）。

A. 具有相同协议的网络 B. 具有不同协议的网络

C. 具有相同层次的网络 D. 具有不同层次的网络

13. 计算机网络系统是分层次实现的，（ ）的功能为分组的传送提供物理通道。

A. 低层协议

B. 高层协议

C. 应用层协议

D. 传输层协议

14. 计算机网络系统是分层次实现的，（　　）在两个用户间实现信息交换。

A. 低层协议

B. 高层协议

C. 物理层协议

D. 传输层协议

15. 把桥和路由器的功能合在一起的设备称为（　　）。

A. 协议变换器

B. 网关

C. 重复器

D. 桥路由器

16. （　　）适用于网络规模大（主机多）而网络数量小的情况。

A. A类地址

B. B类地址

C. C类地址

D. D类地址

17. （　　）适用于网络规模小（主机少）而网络数量大的情况。

A. A类地址

B. B类地址

C. C类地址

D. D类地址

18. 用于将逻辑地址转换为物理地址的协议是（　　）。

A. ICMP协议

B. IP协议

C. ARP协议

D. RARP协议

19. 互联网的网络层采用的是无连接的（　　）。

A. 可靠数据报服务

B. 不可靠数据报服务

C. 可靠虚电路服务

D. 不可靠虚电路服务

20. 在互联网的传输层中提供面向连接的可靠的服务的协议是（　　）。

A. 传输控制协议（TCP）

B. 互联网控制报文协议（ICMP）

C. 用户数据报协议（UDP）

D. 文件传输协议（FTP）

（二）多项选择题（在备选答案中选出两个或两个以上的正确答案）

1. 网间网在传输层的协议有（　　）。

A. TCP（Transport Control Protocol，传输控制协议）

B. UDP（User Datagram Protocol，用户数据报协议）

C. IP（Internet Protocol，网间网协议）

D. SMTP（Simple Mail Transfer Protocol，简单邮件传输协议）

E. FTP（File Transfer Protocol，文件传输协议）

F. HTTP（Hyper Text Transfer Protocol，超文本传输协议）

2. 以下选项中，属于Internet网络中应用层协议的是（　　）。

A. FTP　　B. SMTP　　C. TELNET

D. TCP/IP　　E. DNS　　F. IP

3. ISO 8649标准将网络层的协议划分为（　　）三个部分。

A. 子网接入协议（SNACP）

B. 子网线控协议（SNLCP）

C. 子网相关汇合协议（SNDCP）

D. 子网路由协议（SNRCP）

E. 子网无关汇合协议（SNICP）

4. 以下关于 TCP 协议的叙述中，正确的有（　　）。

A. TCP 协议的连接服务提供全双工的方式

B. TCP 协议把通过连接而传送的数据看做字节流

C. 在存储转发的包交换中采用了超时重发的机制

D. 传输连接的建立采用了不可靠的方法

E. 传输层协议把从应用程序来的字节流划分成段，每段作为一个 TCP 报文

5. NSAP 地址结构中的特定域部分包括（　　）。

A. 子网拥有单位标识符　　B. 子网地址

C. DTE 在子网中的连接点 SNPA　　D. 数据链路层服务访问点 DLSAP

E. NSAP 的选择开关 NSEL

6. NSAP 地址结构中的初始域部分包括（　　）。

A. 子网拥有单位标识符　　B. 子网地址

C. 管理机构和格式标识符 AFI　　D. 初始域标识符 IDI

E. DTE 在子网中的连接点 SNPA

7. 局域网通常采用（　　）三种介质存取控制协议。

A. IEEE 802.1 协议　　B. IEEE 802.2 协议　　C. IEEE 802.3 协议

D. IEEE 802.4 协议　　E. IEEE 802.5 协议

8. 异型局域网互连的典型方式有（　　）。

A. LAN-LAN　　B. LAN-Network-LAN　　C. LAN-Network

D. LAN-WAN　　E. WAN-WAN

9. IP 网络地址包括（　　）。

A. A 类网络地址　　B. B 类网络地址　　C. C 类网络地址

D. D 类网络地址　　E. E 类网络地址

10. ICMP 报文包括（　　）。

A. 时间同步报文　　B. 传输控制报文　　C. 差错报告报文

D. 请求/应答服务报文　　E. 封装报文

11. 差错报告报文包括（　　）。

A. 目标下可达报文　　B. 源抑制报文　　C. 数据报超时报文

D. 重定向报文　　E. 数据报参数出错报文

12. 传输控制报文包括（　　）。

A. 目标下可达报文　　B. 源抑制报文　　C. 数据报超时报文

D. 重定向报文　　E. 数据报参数出错报文

（三）名词解释

1. 网桥（Bridge）
2. 重复器（Repeater）
3. 协议变换器（Gateway）
4. 路由服务器（Router）
5. 网络互连

6. 桥路由器（Brouter）
7. 子网地址
8. 异型网络
9. 子网接入协议（SNACP）

（四）简答题

1. 简述网络互连设备的分类，并简要说明每一类的特征。
2. 简述异型局域网互连的典型方式。
3. 简述 IP 协议的工作原理。
4. 简述 ICMP 报文协议的作用和分类。
5. 简述非等级地址编号的特点。
6. 简述分级地址编号的特点。
7. IP 地址与域名的关系是什么？
8. 简述网关的分类。
9. 简述 DNS 域名系统的工作过程。

五、参考答案

（一）单项选择题

1. A	2. B	3. C	4. A	5. B
6. A	7. B	8. B	9. B	10. D
11. B	12. B	13. A	14. B	15. D
16. A	17. C	18. C	19. B	20. A

（二）多项选择题

1. AB	2. ABCE	3. ACE	4. ABCE	5. ABCDE
6. CD	7. CDE	8. ABC	9. ABCD	10. BCD
11. ACE	12. BD			

（三）名词解释

1. 网桥（Bridge）：网桥是一种帧存储转发设备，从一个网段接收一帧数据，并判断该帧的目标地址，如果是到该网段内某一主机（工作站）的，则不予转发，如果是到另一个网段的则转发出去。网桥是在介质访问控制层互联网络的设备。除了互连与协议转换以外，网桥的另一个作用是调节负载或调节带宽。

2. 重复器（Repeater）：重复器是一种位重复设备，从一段网络接收一位，再按原逻辑产生出一个新位，送到另一个网络段中。它在物理层上实现两个网络之间的互连，用于物理层以上各层协议完全相同的网络互连。

3. 协议变换器（Gateway）：协议变换器用于传输层以及其上各层协议不相同的网络互

连设备，称为协议变换器。它必须把一个协议转换为另一个协议，而不丢失过多的内容。Gateway有时也用来泛指广义的网络协议变换，适用于任何一个层次。

4. 路由服务器（Router）：路由服务器是对数据进行存储转发的设备，是在网络层对数据包进行存储转发并改变其格式的设备。它具有路径选择功能，可依据网络当前的拓扑结构，选择一条“最佳”路径，把接收到的包转发出去。

5. 网络互连：网络互连是指LAN-LAN、LAN-WAN、WAN-WAN、LAN-HOST之间的连通性和互操作能力。

6. 桥路由器（Brouter）：把网桥和路由器的功能合在一起的设备称为桥路由器。对于它能识别的网络层协议起着路由器的功能，不能识别的网络层协议起着桥的功能。

7. 子网地址：一个实系统与实子网的接口叫做子网连接点（SNPA）或子网地址。

8. 异型网络：具有不同协议的网络称为异型网络。

9. 子网接入协议（SNACP）：子网接入协议（SNACP）是子网内的一个网络层实体与子网外的一个网络层实体之间的协议。

（四）简答题

1. 答：网络互连设备通常分为以下四种。

（1）网络中继器或重复器（Repeater）：它是一种位重复设备，从一段网络接收一位，再按原逻辑产生出一个新位，送到另一个网络段中。它在物理层上实现两个网络之间的互连，用于物理层以上各层协议完全相同的网络互连。

（2）网桥（Bridge）：它和位重复器不同，是一种帧存储转发设备，从一个网段接收一帧数据，并判断该帧的目标地址，如果是到该网段内某一主机（工作站）的，则不予转发，如果是到另一个网段的则转发出去。

（3）路由服务器（Router）：它是对数据进行存储转发的设备，是在网络层对数据包（packet）进行存储转发并改变其格式的设备。它具有路径选择功能，可依据网络当前的拓扑结构，选择一条“最佳”路径，把接收到的包转发出去。

把桥（Bridge）和路由器（Router）的功能合在一起的设备称为桥路由器（Brouter）。对于它能识别的网络层协议起着路由器的功能，不能识别的网络层协议起着桥的功能。适用于高层协议（传输层以上各层）相同的网络互连。

（4）协议变换器（Gateway）用于传输层以及其上各层协议不相同的网络互连设备，称为协议变换器。它必须把一个协议转换为另一个协议，而不丢失过多的内容。

2. 答：异型局域网互连的典型方式有以下几种。

（1）LAN-LAN（直接相连）：LAN A（或B）的用户通过连接可以和LAN B（或A）中的用户交换信息。LAN A和LAN B是不同类型的网络，它们可以位于同一个或不同的地方。

（2）LAN-Network-LAN：两个不同类型的局域网可以经过一个远程的包交换网络相互连接，使LAN A（B）中的用户与LAN B（A）中的用户交换信息。

（3）LAN-Network（LAN和远程网相连）：在这种连接中，LAN中的每一个主机可以建立一个独立通道与Network相连，也可以是LAN中所有主机共用的一个通道与Network相连。

3. 答：传输层把报文分成若干个数据报，每个数据报最长为64 KB。每个数据报在网关中进行路径选择，穿越一个一个物理网络从源主机到达目标主机。在传输过程中数据报可能被分成小段，每一小段都被当做一个独立的数据报被传输。分段是在进入一个帧长较小的物理网络的网关上进行的，但是并不在离开这个网络进入下一个网络的网关上重装，而是让这些分段作为一个个独立的数据报传输到目标主机，在目标主机上重装。一个片段发生丢失也会引起整个数据报的重传。

4. 答：ICMP 报文协议和 IP 协议一起工作，用于报告 IP 层的错误和传输 IP 层控制信息。ICMP 报文是在两个不同机器中的 IP 软件之间传输信息，但它是封装在 IP 数据报中作为数据来传输的。ICMP 协议不作为一个独立的协议，它仅作为 IP 协议中的一个模块，来处理 IP 层中的控制问题。

ICMP 报文分成三类：

(1) 差错报告报文，包括目标下可达报文（3 类）、数据报超时报文（11 类）、数据报参数出错报文（12 类）。

(2) 传输控制报文，包括源抑制报文（4 类）和重定向报文（5 类）。其中源抑制报文用于网间网的阻塞控制。重定向报文是一个物理网络周边的网关向内部主机传达路径信息用的。

(3) 请求/应答报务报文，包括回应请求/应答（8/0 类）、时戳请求/应答（13/14 类）、子网屏蔽请求/应答（17/18 类）。回应请求/应答用于测试目标主机的可达性。时戳请求/应答报文用于主机之间调整时钟的。报文的数据区中有三项：①初始时戳，由时戳请求者填写的该机时钟值；②接收时戳，由时戳应答者收到请求时填上自己的时钟值；③发送时戳，由应答者填上发回时戳应答报文时间。其中发送时戳与接收时戳之差即为应答者的报文处理时间。

5. 答：非等级地址编号的特点是，每个地址的编号都是平等的且彼此无关，地址的编号也和具体的地理位置无关。但是这种编号系统需要有一个全球系统的管理机构，同时地址映射表要占很大的空间，因此在全球范围内采用非等级的地址编号实际上是不可行的。

6. 答：分级地址编号是将全球的地址空间划分为若干个子域，各子域下面又划分为更小的一些子域，这样，每个地址子域只管理自己直属的一些子域的编号，因而使地址映射表和路由表的编制大为简化，同时，一个网络也只管自己网内主机的编号，其他网络主机的编号情况则与本网络无关。但在具体实现地址编号时，采用分级的方法编出的地址号码要比非等级的方法长一些。

7. 答：域名系统与 IP 地址有映射关系，实行层次型管理。在访问一台计算机时，既可用 IP 地址表示，也可用域名表示。Internet 上有将主机地址转为 IP 地址的服务系统——域名服务器 DNS，这个服务系统自动将域名翻译为 IP 地址。

8. 答：OSI 的网关有两种，一种是面向连接的网关；一种是无连接的网关。面向连接的网关用于虚电路网络的互连，无连接的网关用于数据报网络的互连。

9. 答：DNS 是一个服务器软件，在指定的计算机上运行，完成域名——IP 地址的转换。它把网络中的主机按树形结构分成域和子域，子域名或主机名在上级域名结构中必须是唯一的。每一个子域都有域名服务器，管理着本域的域名转换，各级服务器构成一棵树。当使用域名时，应用程序先向本地域名服务器请求，本地服务器查找自己的域名库，如果找到该域名，则返回 IP 地址；如果未找到，则分析域名，然后向上级域名服务器发出申请。这样传递下去，直至有一个域名服务器找到该域名，返回 IP 地址。

第十章　网络操作系统

一、章节结构及重点

本章共分为四节，主要讲述了网络操作系统的形成过程和自身特点，并着重讲述了当前流行的网络操作系统 Windows Server 2003、UNIX、Linux 各自的特点和基本操作。

第一节是网络操作系统概述，讲述了网络操作系统的发展历史和现状，介绍了目前几种最流行的网络操作系统的使用情况和演变过程，论述了网络操作系统的特点和功能需求。

第二节介绍了 Windows Server 2003 网络操作系统，主要介绍了 Windows Server 2003 网络特性和新特性、Windows Server 2003 的网络环境，以及如何安装 Windows Server 2003 服务器。

第三节介绍了 Windows Server 2003 的安全配置，主要介绍了如何安装 SCW，如何配置"安全策略"，并讲述了如何开始运行和工作。

第四节是 UNIX 系统简介，介绍了 UNIX 系统的基础知识，包括 UNIX 系统的发展历史、现状和未来，并重点介绍了文件系统结构和使用上的一些问题，以及文件系统在内部实现上的一些特点，同时强调了使用 UNIX 系统过程中涉及的有关进程中的一些问题（进程概念、进程状态、进程控制、系统进程），最后简要介绍了最常用的一些 UNIX 工具（Unix Shell、Vi），并讲述了利用这些工具进行系统管理的方法。

二、本章主要内容

（一）网络操作系统的类型

网络操作系统有三种类型：

（1）集中式。集中式网络操作系统实际上是从分时操作系统加上网络功能演变而成的，这种系统的基本单元是一台主机和若干台与主机相连接的终端，将多台主机连接就构成了网络，UNIX 系统是典型的例子。

（2）客户/服务器模式。这种模式代表了现代网络的潮流，在网络中连接多台计算机，有的计算机提供文件、打印等服务，被称为服务器。而另外一些计算机则向服务器请求服务，称为客户机或工作站。客户机与集中式网络中的终端不同的是，客户机有自己的处理能力，仅在需要通信时才向服务器发出请求，而典型的终端一般称为傻终端，没有自己的处理能力，是靠主机的 CPU 分时完成各种处理。服务器在性能上要求往往没有主机高，在中等应用场合较为流行。Novell 的 NetWare 和 Microsoft 的 Windows NT 是这种网络操作系统的典型代表。

（3）对等式。与客户/服务器模式相关的另一种模式是对等式网络，它使网络中每一台计算机都具有客户和服务器两种功能，既可向其他机器提供服务，又可向其他机器请求服务。这种模式应用于以下两种场合。

①简单网络连接。适用于工作组内几台计算机之间仅需提供简单的通信和资源共享，这种情况下无须购置专用服务器。在小规模应用时是投资少、实施简单的方案。

②分布式计算。把处理和控制分布到每个计算机的分布式计算模式是极为复杂的，目前尚无成熟的系统。

（二）网络操作系统的组成

在集中式网络中，网络操作系统仅用于主机，终端本身不需要安装系统。

在客户/服务器网络中，网络操作系统实际上由两部分组成，一部分是服务器软件，另一部分是客户机软件，其中服务器软件是网络操作系统中的主要组成部分，而客户机软件要简单得多，主要提供用户访问网络的接口。在这种模式下，对于连接在网络中的计算机，哪一台安装了服务器软件，就被称为服务器，反之，则称为客户机。当然，服务器软件一般装在网络中性能最好的计算机上，以便提供最好的服务。

在对等式网络中，所有的计算机安装的都是同一系统，提供客户/服务器两种功能。

（三）网络操作系统的特征

网络操作系统除具有一般操作系统的特征外，还具有自己的特性。一个典型的网络操作系统应有以下特征：

（1）与硬件无关，可运行于不同的网络硬件上。不同的硬件设备可以构成不同的拓扑结构，如总线形、环形、星形、混合形。因此，网络操作系统应独立于网络的拓扑结构。当然，任何一种网络操作系统都不可能支持所有的连网硬件，包括新开发出来的硬件设备，从而对连网硬件的支持能力也就成了选择网络操作系统时的一个考虑因素。

（2）广域网连接。一个功能齐全的网络操作系统应可以通过网桥、路由交换器等与其他网络连接，并支持 DHCP（动态主机配置协议）、IP 路由、DNS（域名服务）等广域网连接功能。

（3）多种客户端支持。

（4）目录服务。这是一种以单一逻辑的方式访问可能位于全球范围内的所有网络服务和资源的技术。无论用户在何处，也无论资源位于什么地方，用户只需通过一次登录就可访问网络服务和资源。

（5）多用户支持。网络操作系统应能同时支持多个用户对网络的访问。

（6）网络管理。支持网络实用程序，如系统备份、安全管理、容错、性能控制等。

（7）安全性和存取控制。

（8）系统容错能力。

（9）支持多种增值服务。它是评价网络操作系统的重要因素。

（10）互操作性。允许多种操作系统和厂商的产品共享相同的网络电缆系统，并且彼此可以连通访问。

（四）Windows Server 2003 网络特性和新特性

无论作为工作站的操作系统还是作为服务器操作系统，微软公司推出的 Server 2003 操作系统都极具特色：

（1）体系结构的独立性。

（2）多处理器支持。

（3）多线程的多任务。

（4）大量的内存空间。

（5）集中化的用户环境文件。

（6）远程访问服务。

（7）基于域和工作组的管理功能。

（8）容错与多驱动器阵列（RAID）支持。

（9）NetWare 支持。

Server 2003 具有十大优点：

（1）便于部署、管理和使用。

（2）安全的基础结构。

（3）企业级的可靠性、可用性、可伸缩性和性能。

（4）采用了最新技术，降低了 TCO。

（5）便于创建动态的 Internet 和 Internet Web 站点。

（6）用 Intergrated Application Server 加快开发速度。

（7）便于查找、共享和重新利用 XML Web 服务。

（8）稳定的管理工具。

（9）降低支持成本，增强用户功能。

（10）利用全球伙伴和认证专业人士网的专家知识。

（五）Windows Server 2003 的网络环境

（1）域——改进的工作组。

如果要使网络系统增加更多的智能和更高的安全性，那就需要域（domain）。域可以看做一个“超级工作组”，一个具有集中安全控制的工作组。与工作组一样，域也是一组联网的计算机集合；与工作组不同的是，对域资源的所有访问都由该域中的某个计算机授权监控。这个计算机称为主域控制器，域主要有两个优点：

①一个域对一个用户来说只有一个密码，该密码可打开该域的所有被授权使用的资源。

②密码是由用户设定的。网络管理员若要拒绝某人上网，只需要删除那个人的账号。别人无需更改密码仍可继续使用网络。

域的概念是构造微软高级网络的基础。域可由共享资源和用户组成。

（2）网络用户。

每个用户都有一个账号及其用户信息的数据库记录，最简单的用户账号包括以下信息：用户名、密码和权限。

（3）用户权限。

权限即允许对某个打印机、目录、文件或其他网络资源进行访问的权利。访问有多种级别：只读、只执行、读/写等。

（4）组。

组可用于为相同的用户集合分配权限。

(5) 网络中的计算机。

在微软网络中，要求给每一台上网的计算机赋名，名字最长不超过15个字符。

(6) 域间安全性。

域中的用户使用用户权力去共享信息。如果需要使用其他域中的信息资源，可在域之间建立信任关系来解决。

(7) 网络软件。

①网卡驱动软件，要求选用与硬件相适应的驱动程序。

②网络协议，网络协议十分繁杂，针对不同的应用，选取的网络协议可能不同。同UNIX和Internet连接，一般用TCT/IP；同NetWare连接，选IPX/SPX；同微软网络连接，选NetBEUI。

(六) 安装 Windows Server 2003 的系统要求

(1) CPU与RAM。

Server 2003有4个32位版本：

- Server 2003 Web版。
- Server 2003 Standard版（标准版）。
- Server 2003 Enterprise版（企业版）。
- Server 2003 Datacenter版。

CPU与RAM要求如表10—1所示。

表 10—1

要　求	Web版	标准版	企业版	Datacenter版
最小CPU速度	133MHz	133MHz	基于x86的计算机：133MHz，基于Itanium的计算机：733MHz	基于x86的计算机：133MHz，基于Itanium的计算机：733MHz
推荐CPU速度	550MHz	550MHz	733MHz	733MHz
最小内存	128MB	128MB	128MB	512MB
推荐最小内存	256MB	256MB	256MB	1GB
最大内存	2GB	4GB	基于x86的计算机：32GB，基于Itanium的计算机：64GB	基于x86的计算机：64GB，基于Itanium的计算机：512GB
多CPU支持	最多2个	最多4个	最多8个	最少需要8个，最多64个
安装所需的磁盘空间	1.5GB	1.5GB	基于x86的计算机：1.5GB，基于Itanium的计算机：2.0GB	基于x86的计算机：1.5GB，基于Itanium的计算机：2.0GB

(2) 视频卡：VGA制式。

(3) CD-ROM或网络连接条件：以提供安装软件源。

(4) 硬盘：200MB以上。

(5) 鼠标和串行接口。

(6) 网卡。

硬件准备好后，可用测试软件检查硬件的工作状况。

（七）Windows Server 2003 的安装方式

（1）通过从光盘启动计算机并全新安装 Windows Server 2003。

①检查计算机，确定该计算机能够从光盘驱动器启动，并且是要执行全新安装。

②启动计算机，将光盘插入驱动器。

③等待安装程序显示对话框。

④按照提示进行操作。

（2）在 MS-DOS 的计算机上安装 Windows Server 2003。

①将光盘插入驱动器。

②在命令提示符下，键入 X:,其中 X 是光盘驱动器的驱动器号。

③在 X：提示符下，键入 CD \ I386，然后按回车键。

④在 X:\ I386>提示符下，键入 WINNT，然后按回车键。

⑤按照提示进行操作。

（3）在运行 Windows 98/NT/2000 的计算机上安装 Windows Server 2003。

①将光盘插入驱动器。

②在运行 Windows 98/NT 4.0/2000 的计算机上，将自动运行启动安装，运行的程序为 X:\ I386 \ WINNT32.EXE，其中 X 是光盘驱动器的驱动器号。

③按照提示进行操作。

（4）从网络启动安装程序。

要想通过网络安装 Windows Server 2003，可以直接把 CD-ROM 设为共享，或者把安装源文件（在 \ I386 目录中）复制到一个共享文件夹中，再用合适的程序来启动安装程序。

①在一台网络服务器上插入 CD-ROM 并共享该驱动器以共享安装文件，或把 CD-ROM 上 \ I386 目录下的文件复制到一个共享文件夹中。

②将要安装 Windows Server 2003 的计算机连接到共享 CD-ROM 或共享文件夹。

③按下述情况查找且运行 CD-ROM 的 \ I386 目录或共享文件夹中的正确文件。

- 在运行 MS-DOS 或 Windows 3x 的计算机上，启动共享文件夹中的 WINNT.EXE 文件。
- 在运行 Windows 98/NT 4.0/2000 的计算机上，启动共享文件夹中的 WINNT32.EXE 文件。

④按照提示进行操作。

（八）本地用户和组

在 Windows Server 2003 服务器中，“计算机管理”“本地安全设置”是管理网络中的用户账号、组，以及计算机和域安全规则的最基本的管理工具。

计算机管理允许网络管理人员完成以下工作：

（1）创建、修改、删除域中的用户账号。

（2）定义用户环境和网络连接。

（3）为用户账号分配登录信息。

（4）管理域中的组和组中各账号间的成员关系。

（5）管理网络中不同域之间的信任关系。

（6）管理域的安全规则。

计算机管理的所有功能对于管理者（administrators）是可用的，账号管理员组（Account Operators）的成员可以管理大部分用户的账号，但不能实现任何安全规则。一般用户只能通过计算机管理来查看信息，而不能删改。

打开“控制面板”，“计算机管理”如图 10—1 所示，首先会看到域中所有用户的列表，紧跟其后的是域中所定义的组。

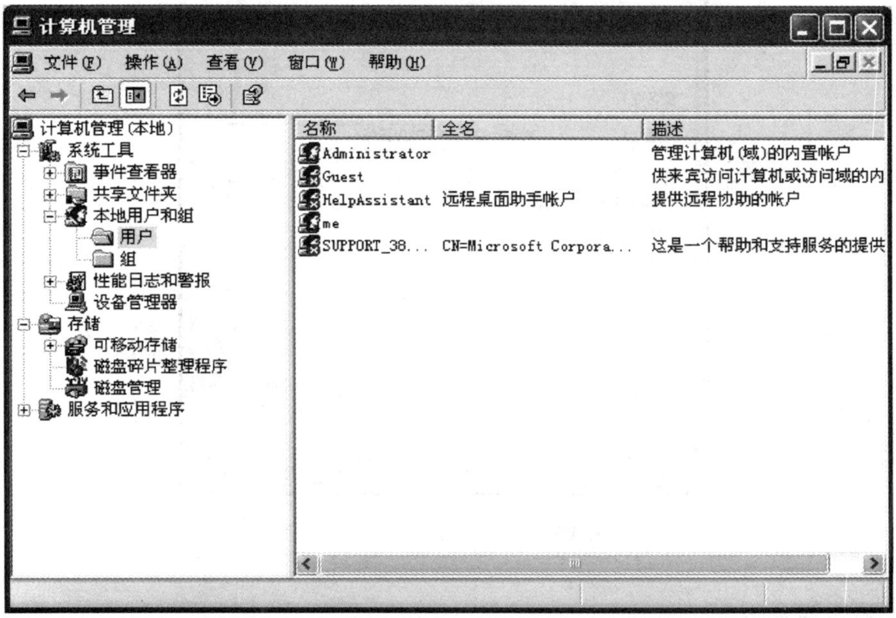

图 10—1　计算机管理中的用户

要查看组成员，可单击“用户”菜单下的“组”命令，如图 10—2 所示。

图 10—2　计算机管理中的组

要想查看和管理任何显示出来的用户账号或组的属性，只需在账号或组名上用鼠标双击，即可出现如图 10—3 所示“用户属性”对话框。

图 10—3　“用户属性”对话框

(九) 创建新用户

Windows Server 2003 服务器中，用户账号包括用户名、密码、隶属关系。用户对网络中资源进行访问的权限及优先级等信息的说明如表 10—2 所示。

表 10—2

用户账号属性	说　明
用户名	用户登录时输入的名字
密码	用户登录到自己账号的密码
全名	用户的全名
登录脚本	用户登录时自动运行的批处理文件或可执行文件

用户账号在创建时被自动分配一个安全识别符（SID）。SID 是 Windows Server 2003 服务器安全系统中识别该账号的唯一数字。

在 Windows Server 2003 服务器中创建新的用户账号时，右击“用户”选择“新用户”选项即可，如图 10—4 所示。

建立用户账号时应注意以下几点：

(1)“用户名”框中输入的用户名应具唯一性，用户名最多为 20 个字符（大小写均可）或 10 个汉字，但不得包含下列字符：

” / \ [ ] ; | : = , + * ? < >

用户名允许输入空格，但在命令中引用用户名时还需加引号，所以应尽量避免。

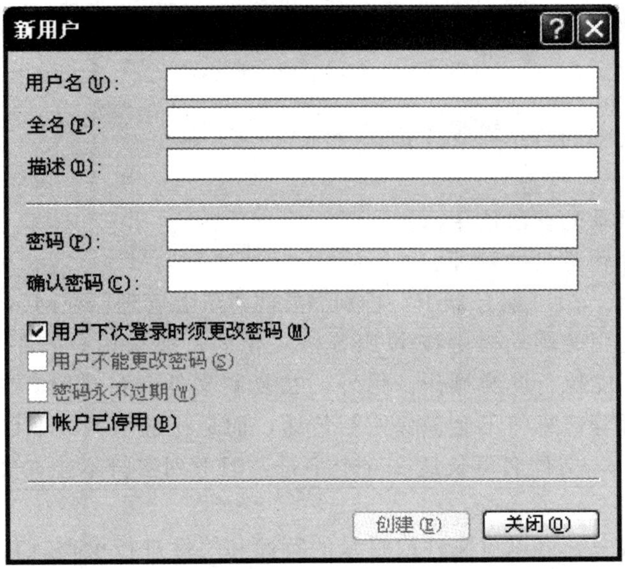

图 10—4 创建“新用户”对话框

（2）在“全名”和“描述”框中分别输入用户的全名和摘要。由于可以在“查看”选项中按全名排序，因此一个统一的取名标准（如按姓氏排序）是必要的。

（3）在“密码”和“确认密码”框中输入密码时须注意，密码是区分大小写字母的。

（4）如果新账户建立后，暂不使用，可选择“账户已停用”检查框。

创建新用户账号的密码和账号选项如表 10—3 所示。

表 10—3　　创建新用户账号的密码和账号选项

选　项	默认值	说　明
用户下次登录时须更改密码	On	强迫用户在下一次登录时修改其密码；之后，其值将被设置为 off
用户不能更改密码	Off	若选中，将禁止用户修改该账号的密码。该选项适用于共享账号
密码永不过期	Off	若选中，用户账号将忽略密码失效期，该密码将永不会失效。该选项对于代表服务的账号和希望有一个永久性密码的账号都非常有用
账户已停用	Off	若选中，该账号将被关闭，在打开以前任何人都无法以该账号登录（但该账号并没有从数据库中删除）。该选项适于被当做模板的账号

右击“新用户”，“属性”对话框的顶部有三个标签，分别是“常规”“隶属于”和“配置文件”，它们可分别用于定义账户属性。

（十）Windows Server 2003 的文件系统及网络资源的管理

在 Windows Server 2003 服务器中，资源管理器是进行磁盘控制、目录和文件权限管理的简便工具。

使用 Windows Server 2003 资源管理器可完成以下任务：

- 显示、遍历目录和文件。
- 创建和删除目录。

- 移动、复制和删除文件。
- 确定文件的属性。
- 维护软盘。
- 与网络上被共享的目录建立连接。
- 共享目录。
- 防止文件和目录的非法使用。

(1) 目录、文件和磁盘的管理。

在 Windows Server 2003 服务器中，特别需要注意资源管理器在网络环境下的特殊情况：

①如果某个被选用的驱动器是按 NTFS 格式化的，那么用户若不具有移动或复制文件或目录的权限，则不能执行此类操作。另外，在复制文件和目录时，它们原有的安全权限、监查参数和所拥有者等信息将不会被保留与传递，而是将继承另一个目录的权限。

②在 NTFS 卷上，文件名可长达 255 个字符，但下列字符不能在文件名中出现：?” / < > * | :

③在资源管理器中，可以对文件或目录的特性和属性进行检查。其做法是，先选中一个文件或目录，然后再选择“文件”菜单下的“属性”选项，即可检查目录和文件特性。

④在删除 NTFS 卷中的文件和目录前，用户必须具有删除这些目录和文件的权限。

(2) 连接网络资源。

除了基本的文件管理和安全功能外，资源管理器还为网络管理员提供了目录共享的功能。用户可以通过网络连接到这些共享目录上，并对其上的信息进行访问。

要查看网络中的共享资源，可打开“工具”菜单，选择“映射网络驱动器”，就会出现图 10—5 所示对话框。

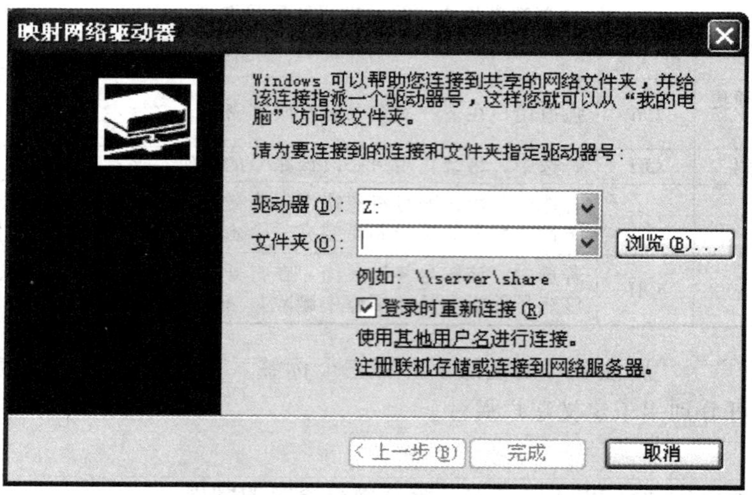

图 10—5 “映射网络驱动器”对话框

该对话框中，网络的域、工作组、计算机和共享目录按树形结构组织。双击列表中任何网络名、域名、工作组名或计算机名都可以把这棵网络树展开。

要与网上的共享资源建立连接，首先在“驱动器”框中选择一驱动器名（默认为下一个可用驱动器名），然后单击“浏览”按钮会弹出共享的网络文件夹列表，从列表中选择一个共享目录，目录选中后，单击“确定”按钮其路径会出现在“文件夹”框中，再单击“完成”按钮就可建立起连接。另外，也可双击网络树中的共享目录建立与它的连接。

如果希望在登录时自动建立与共享目录的连接，则可单击“登录时重新连接”框，再单击“确认”按钮。

(3) 共享驱动器和目录。

网络上的大多数服务器主要用来存放可供网络用户访问的文件和目录。要使用户可以访问，必须首先对这些文件和目录进行共享。

进行目录共享时，必须以 Administrators、Servers 或 Operators 组的成员身份登录。管理员先连接管理根目录 C$，再执行下面的步骤：

①在资源管理器窗口中选择一个要共享的目录。

②从“文件”菜单下选择“属性/共享”，便会出现图 10—6 所示的“共享”对话框。

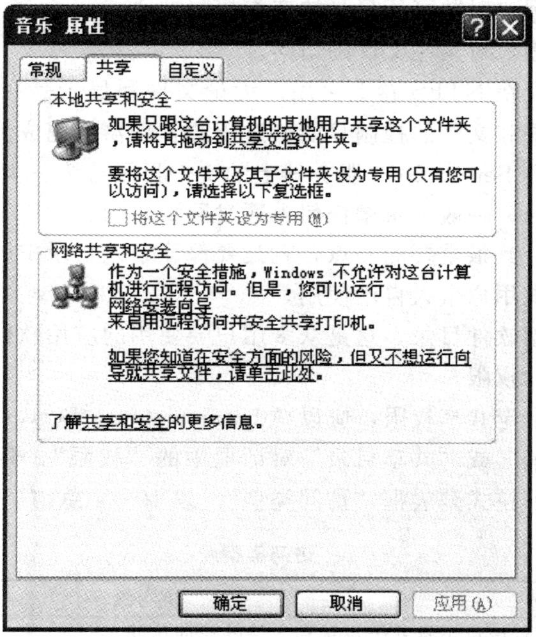

图 10—6　“共享”对话框

③将需要共享的文件夹拖入或复制到“共享文档”文件夹。

④单击“确定”按钮，该目录便会以“共享文档”图标形式出现在目录中。

(4) 停止目录共享。

要停止目录的共享，可按如下步骤操作：

①单击与共享目录相连接的驱动器图标。

②从“文件”菜单中选择“属性/共享”。

③在“共享”对话框中，选择“将这个文件夹设为专用”。

④单击“确定”按钮。

(5) 修改共享特性。

要改变共享目录的共享特性，只需选中共享目录，然后从“文件”菜单下选择“属性/

共享”。这时“共享”对话框将出现，通过该框可以完成如下工作：

①改变允许访问共享目录的用户数。

②编辑共享目录的注释。

③改变共享目录上的共享权限。

(6) 控制对共享目录和文件的访问。

除了具有文件管理和目录共享的能力外，Windows Server 2003 服务器的资源管理器还是控制用户文件访问的基本工具。在诸多方面，资源管理器还是域用户管理器的配套工具，域用户管理器中的安全功能针对的是网络用户，规定他们对系统各部分的访问权力和执行某些任务的权力；而资源管理器的安全功能则针对文件和目录本身，规定哪些用户可以对它们进行访问。

Windows Server 2003 对共享数据有三类权限：

①共享权限，使用整个共享目录。

②目录权限，控制用户对共享子目录的查看权限。

③文件权限，控制用户对某些文件的访问。

目录和文件的权限仅在 NTFS 卷上可用。无论文件和目录是在本地驱动器上还是在远程网络驱动器上，对目录和文件的控制只能通过资源管理器来完成。

一般来说，Windows Server 2003 服务器上的文件目录分为三类，即：

①系统文件所在目录，一般不希望任何人通过网络访问它。

②用户的个人目录，其很重要的一点，就是要保证个人目录中的数据安全性，没有特许的情况下，个人目录仅供用户个人自己使用。

③可互相访问的应用软件目录，这是众多用户要使用的应用软件。

(7) 控制共享访问的权限。

在共享目录时，为指定共享权限，应以 Administrators、Servers 或 Operators 组的成员身份登录，选择“新共享”或“共享目录”对话框中的“权限”，会出现“通过共享访问的权限”对话框，请注意下拉式列表框“访问类型”。表 10—4 总结了访问类型可选项。

表 10—4　　访问类型

访问类型	访问级
拒绝访问	禁止对该目录及其子目录和文件的任何访问
读取	允许查看文件名和子目录名，改变共享目录的子目录，查看文件中的数据和运行程序
更改	允许查看文件名和子目录名，改变共享目录的子目录，查看文件中的数据，运行应用程序，增加文件和子目录，修改文件中的数据，删除子目录和文件
完全控制	允许查看文件和子目录名，改变共享目录中的子目录，查看文件中的数据，运行应用程序，增加文件和子目录，修改文件中的数据，删除目录和文件，修改权限（只对 NTFS 的文件和目录），接管所有权（只对 NTFS 的文件和目录）

这些权限可以对任何共享目录进行设置，无论用 NTFS，还是 FAT 格式化的驱动器。在目录上设置的任何权限对该目录的内容（包括子目录）都同样有效。

（十一）安装 SCW

Windows Server 2003 系统为增强其安全性，默认情况下，很多服务组件是不被安装的，要想使用，必须手工安装。SCW 功能也是一样，虽然你已经成功安装了补丁包 SP1，但也需要手工安装"安全配置向导（SCW）"组件。

进入"控制面板"后，运行"添加或删除程序"，然后切换到"添加/删除 Windows 组件"页。在"Windows 组件向导"对话框中选中"安全配置向导"选项，最后单击"下一步"按钮，就能轻松完成 SCW 组件的安装。

安装过程很简单，接下来就能根据自身需要，利用 SCW 配置安全策略，增强 Windows Server 2003 服务器安全。

（十二）配置"安全策略"

在 Windows Server 2003 服务器中，单击"开始"→"运行"后，在运行对话框中执行 SCW. exe 命令，就会弹出"安全配置向导"对话框，开始你的安全策略配置过程。当然，也可以进入"控制面板"→"管理工具"窗口后，执行"安全配置向导"快捷方式来启用 SCW。

（1）新建第一个"安全策略"。

如果是第一次使用 SCW 功能，首先要为 Windows Server 2003 服务器新建一个安全策略，安全策略信息是被保存在格式为 XML 的文件中的，并且它的默认存储位置是 C:\WINDOWS\security\msscw\Policies。因此，一个 Windows Server 2003 系统可以根据不同需要，创建多个"安全策略"文件，并且还可以对安全策略文件进行修改，但一次只能应月其中一个安全策略。

在"欢迎使用安全配置向导"对话框中单击"下一步"按钮，进入到"配置操作"对话框。因为是第一次使用 SCW，这里要选择"创建新的安全策略"单选项，单击"下一步"按钮，就开始配置安全策略。

（2）配置"角色"。

首先进入"选择服务器"对话框，在"服务器"栏中输入要进行安全配置的 Windows Server 2003 服务器的机器名或 IP 地址，单击"下一步"按钮后，"安全配置向导"会处理安全配置数据库。

接着就进入到"基于角色的服务配置"对话框。在基于角色的服务配置中，可以对 Windows Server 2003 服务器角色、客户端角色、系统服务、应用程序和管理选项等内容进行配置。

所谓服务器"角色"，其实就是提供各种服务的 Windows Server 2003 服务器，如文件服务器、打印服务器、DNS 服务器和 DHCP 服务器等。一个 Windows Server 2003 服务器可以只提供一种服务器"角色"，也可以扮演多种服务器角色。单击"下一步"按钮后，就进入到"选择服务器角色"配置对话框，这时需要在"服务器角色列表框"中勾选你的 Windows Server 2003 服务器所扮演的角色。

注意　为了保证服务器的安全，只勾选你所需要的服务器角色即可，选择多余的服务器角色选项，会增加 Windows Server 2003 系统的安全隐患。如笔者的 Windows Server 2003 服务器只是作为文件服务器使用，这时只要选择"文件服务器"选项即可。

进入"选择客户端功能"标签页，从中配置 Windows Server 2003 服务器支持的"客户端功能"。其实 Windows Server 2003 服务器的客户端功能也很好理解，服务器在提供各种网络服务的同时，也需要一些客户端功能的支持才行，如 Microsoft 网络客户端、DHCP 客户端和 FTP 客户端等。根据需要，在列表框中勾选你所需的客户端功能即可，同样，对于不需要的客户端功能选项，建议你一定要取消对它的选择。

接下来进入到“选择管理和其他选项”对话框，在这里选择你需要的一些 Windows Server 2003 系统提供的管理和服务功能，操作方法是一样的，只要在列表框中勾选你需要的管理选项即可。单击“下一步”按钮后，还要配置一些 Windows Server 2003 系统的额外服务，这些额外服务一般都是第三方软件提供的服务。

然后进入到“处理未指定的服务”对话框，这里“未指定的服务”是指，如果此安全策略文件被应用到其他 Windows Server 2003 服务器中，而这个服务器中提供的一些服务没有在安全配置数据库中列出，那么这些没被列出的服务该在什么状态下运行呢？在这里就可以指定它们的运行状态，建议选中“不更改此服务的启用模式”单选项。最后进入到“确认服务更改”对话框，对你的配置进行最终确认后，就完成了基于角色的服务配置。

（3）配置网络安全。

以上完成了基于角色的服务配置。但 Windows Server 2003 服务器包含的各种服务都是通过某个或某些端口来提供服务内容的，为了保证服务器的安全，Windows 防火墙默认是不会开放这些服务端口的。下面就可以通过“网络安全”配置向导开放各项服务所需的端口，这种向导化配置过程与手工配置 Windows 防火墙相比，更加简单、方便和安全。

在“网络安全”对话框中，要开放选中的服务器角色、Windows Server 2003 系统提供的管理功能以及第三方软件提供的服务所使用的端口。单击“下一步”按钮后，在“打开端口并允许应用程序”对话框中开放所需的端口，如 FTP 服务器所需的 20 和 21 端口，IIS 服务所需的 80 端口等。这里要切记“最小化”原则，只要在列表框中选择必须开放的端口选项即可，最后确认端口配置。这里要注意：其他不需要使用的端口，建议不要开放，以免给 Windows Server 2003 服务器造成安全隐患。

（4）注册表设置。

Windows Server 2003 服务器在网络中为用户提供各种服务，但用户与服务器的通信中很有可能包含“不怀好意”的访问，如黑客和病毒攻击。如何保证服务器的安全，最大限度地限制非法用户访问，通过“注册表设置”向导就能轻松实现。

利用注册表设置向导，修改 Windows Server 2003 服务器注册表中某些特殊的键值，来严格限制用户的访问权限。用户只要根据设置向导提示和服务器的服务需要，分别对“要求 SMB 安全签名”“出站身份验证方法”“入站身份验证方法”进行严格设置，就能最大限度地保证 Windows Server 2003 服务器的安全运行，并且免去手工修改注册表的麻烦。

（5）启用“审核策略”。

聪明的网管会利用日志功能来分析服务器的运行状况，因此适当地启用审核策略是非常重要的。SCW 功能也充分地考虑到这些，利用向导化的操作就能轻松启用审核策略。

在“系统审核策略”配置对话框中要合理选择审核目标，毕竟日志记录过多的事件会影响服务器的性能，因此建议用户选择“审核成功的操作”选项。当然，如果有特殊需要，也可以选择其他选项，如“不审核”或“审核成功或不成功的操作”选项。

（6）增强 IIS 安全。

IIS 服务器是网络中最为广泛应用的一种服务，也是 Windows 系统中最易受攻击的服务。如何来保证 IIS 服务器的安全运行，最大限度地免受黑客和病毒的攻击，这也是 SCW 功能要解决的一个问题。利用“安全配置向导”可以轻松地增强 IIS 服务器的安全，保证其稳定、安全运行。

在“Internet 信息服务”配置对话框中，通过配置向导，来选择你要启用的 Web 服务扩展、要保持的虚拟目录，以及设置匿名用户对内容文件的写权限。这样 IIS 服务器的安全性就大大增强。如果你的 Windows Server 2003 服务器没有安装、运行 IIS 服务，则在 SCW 配置过程中不会出现 IIS 安全配置部分。

完成以上几步配置后，进入到保存安全策略对话框。首先在“安全策略文件名”框中为你配置的安全策略起个名字，最后在“应用安全策略”中选择“现在应用”选项，使配置的安全策略立即生效。

利用 SCW 增强 Windows Server 2003 服务器的安全性能就这么简单，所有的参数配置都是通过向导化对话框完成的，免去了手工烦琐的配置过程。SCW 功能的确是安全性和易用性有效的结合点。

（十三）UNIX 的树形目录结构

目录是一种文件，UNIX 系统通过此种特殊文件将系统中所有的文件分级、分层组织在一起。各目录文件之间通过一个特殊的结构关联起来，就形成了 UNIX 文件系统的树形层次结构。

熟悉 MS-DOS 的用户可能知道，DOS 中有一个称为 tree 的命令，它可以列出一定层次的目录结构。仿照此命令的输出结果，可以画出 UNIX 文件系统的一个不太完全的目录结构，如图 10—7 所示。

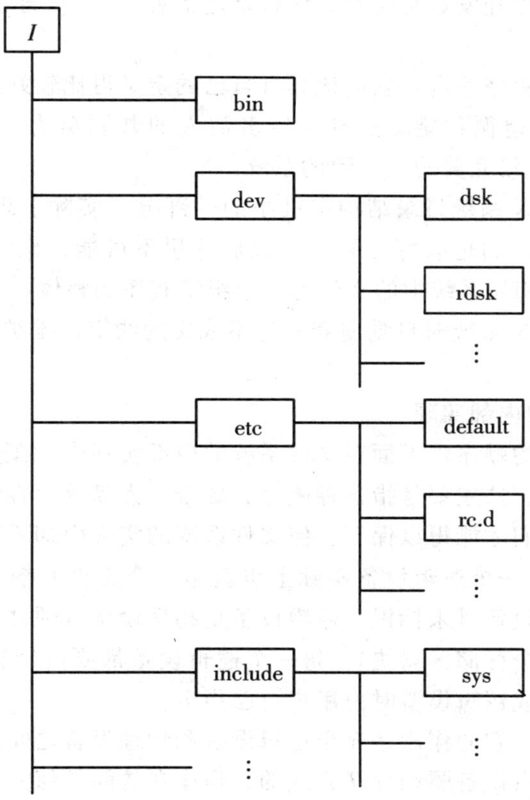

图 10—7　UNIX 的目录结构

图 10—7 中，我们只画出了目录结点名称（加方框表示，下同）而没有画出各个目录“之下”的每一个文件。用图论的语言来说，也就是只画出了“非叶结点”（有子孙的结点），而文件（指普通文件）则相当于图论中树结构中的“叶结点”（不再有子孙的结点）。实际上，各个目录结点“之下”都会有一些文件，并且，系统在建立每一个目录时，都会自动地给它设定两个目录文件，一个是“.”，代表该目录文件自己；另一个则是“..”，代表新建目录的父目录。对于根目录“/”，其“.”和“..”都代表它自己。

UNIX 系统经过长期的发展，逐步形成了比较标准的命名规则，应用程序和用户一般都能而且应该遵循这些约定。bin 目录之下所组织的是二进制文件，这里专指一些可执行文件，如系统提供的命令、实用程序。/dev 目录所组织的是对各种外围设备，如磁盘、打印机、终端等进行访问的各个特别文件（Special File），用户不能删除此目录下的文件。按照设备类型的不同，此目录中还包含有几个子目录，这些子目录下分别组织有与某类设备相关的特别文件。

/etc 目录组织有各种用于系统管理的程序和数据。这些文件都是必需的，但有些文件用户可对照进行修改，以控制系统的行为。根据管理任务的不同，该目录之下也有若干个子目录，如/etc/default、/etc/rc. d 等，前者主要用于组织系统程序所用的一些默认值文件，后者则用于控制系统的初始化。

/include 目录所组织的都是一些 C 语言开发所用的头文件（Header File）。这些头文件对于程序员进行应用程序开发是必需的。该目录之下有一个 sys 子目录，其中组织有系统程序所用的一些头文件。

对于一个大的应用程序而言，它应该具有自己的定义得比较好的目录结构，并且在对目录进行命名时，应尽量遵循约定。这样，经多数人的共同努力，将可以使 UNIX 系统在“外观”上保持为一个比较完美的、一致的系统。

以上只介绍了 UNIX 系统目录结构中极小的一部分。实际上现在较大的 UNIX 系统中有些有一千多个目录，小的也有好几百个。我们这里不可能、也没有必要对之一一进行介绍。由此可以看出，UNIX 系统中的文件是一个组织有序的整体，为保持此种有序状态，需要广大用户在使用 UNIX 系统时自觉遵守一些不成文的约定，维护 UNIX 系统的完美。

（十四）文件系统的内部实现

按照从底层到上层的顺序，下面对文件系统的内部实现作一概述。

（1）存储设备硬件。这主要是指各种磁盘、磁带、光盘等大容量的存储设备。系统中的各种数据都得借助于它们才能得以保存。但文件系统的实现中却不直接涉及具体的硬件，而只是涉及“逻辑设备”。一个逻辑设备实际上也就是一个文件系统。UNIX 系统中的每一个文件系统都由一个逻辑设备号来标识。逻辑设备是物理设备（硬件）的一种抽象，其物质基础是物理设备上的一个个存储区（块）。每一个逻辑设备都要占用物理设备上的一段连续的存储区域，此区域在生成逻辑设备时由用户自己指定。

（2）设备驱动程序。它的作用是充当逻辑设备和物理设备之间的中介。逻辑设备地址到物理设备地址的转换是由设备驱动程序完成的。程序在访问任何文件的数据时给出的均是逻辑地址。这种地址只能经设备驱动程序的转换之后才能找到数据实际的存放位置。另外，设备驱动程序还要负责物理设备与程序之间的数据传输。各种不同的设备有其各自不同的驱动程序。

(3) 高速缓冲。此部分主要是为提高文件系统的效率而设置的。此缓冲实际上是内存中的一部分存储区域，其大小是在系统安装时由安装人员指定的。设置高速缓冲的目的主要是减少对磁盘这种速度较低的外部设备的访问，从而缩小系统响应时间，提高系统吞吐率。

(4) 文件子系统。这部分是文件系统实现中最为核心的一部分。它所要完成的任务包括对文件的内部表示、对文件访问的控制、对高速缓冲和存储设备的存储空间的管理等。文件的内部表示是由一个被称做索引结点（Index Node）的结构来完成的；对文件的访问控制要实现文件的保护与共享、一致性等；高速缓冲区的管理目标是要尽可能地减少对磁盘的访问，使得要访问的数据均能够在内存中找到；存储空间的管理要完成对存储空间的分配与释放。

(5) 系统调用接口。该接口提供的是一些标准的服务，其形式同函数调用类似。开发人员使用此系统调用接口，将能够方便地实现对系统中文件的访问控制。例如，打开文件，读文件中的数据，向文件中写数据等。

三、难点释疑

UNIX 文件系统的内部实现

按照从底层到上层的顺序，可以把 UNIX 的文件系统分成 5 个层次，最低下一层最贴近硬件设备，最上面一层最贴近用户。

(1) 存储设备硬件。

存储设备硬件主要是指各种磁盘、磁带、光盘等大容量的存储设备。系统中的各种数据都得借助于它们才能得以保存。但文件系统的实现中却不直接涉及具体的硬件，而只是涉及“逻辑设备”。一个逻辑设备实际上也就是一个文件系统。UNIX 系统中的每一个文件系统都由一个逻辑设备号来标识。逻辑设备是物理设备（硬件）的一种抽象，其物质基础是物理设备上的一个个存储区（块）。每一个逻辑设备都要占用物理设备上的一段连续的存储区域，此区域在生成逻辑设备时由用户自己指定。

(2) 设备驱动程序。

它的作用是充当逻辑设备和物理设备之间的中介。逻辑设备地址到物理设备地址的转换是由设备驱动程序完成的。程序在访问任何文件的数据时给出的均是逻辑地址。这种地址只能经设备驱动程序的转换之后才能找到数据实际的存放位置。另外，设备驱动程序还要负责物理设备与程序之间的数据传输。各种不同的设备有其各自不同的驱动程序。

目前常用的设备驱动程序有各类硬盘的设备驱动程序，如 SCSI 硬盘的驱动程序，还有磁带机和光盘机的驱动程序等。设备驱动程序直接和硬件打交道，把高层的调用解释成驱动设备的元语，对设备进行一步步的操纵。

(3) 高速缓冲。

此部分主要是为提高文件系统的效率而设置的。此缓冲实际上是内存中的一部分存储区域，其大小是在系统安装时由安装人员指定的。设置高速缓冲的目的主要是减少对磁盘这种速度较低的外部设备的访问，从而缩小系统响应时间，提高系统吞吐率。

比较先进的 UNIX 系统和 Linux 系统支持动态的高速缓冲机制，即不需要人工指定高速缓冲区的大小，由操作系统根据当前内存使用情况动态分配高速缓冲区，当内存使用比较紧张时，会自动缩减高速缓冲区的大小。

为了提高效率，先进的操作系统如 Linux 是在操作系统内核层次来实现高速缓冲管理，直接调用系统的内存管理例程来管理高速缓冲的。

（4）文件子系统。

这部分是文件系统实现中最为核心的一部分。它所要完成的任务包括对文件的内部表示、对文件访问的控制、对高速缓冲和存储设备的存储空间的管理等。文件的内部表示是由一个被称做索引结点（Index Node）的结构来完成的；对文件的访问控制要实现文件的保护与共享、一致性等；高速缓冲区的管理目标是要尽可能地减少对磁盘的访问，使得要访问的数据均能够在内存中找到；存储空间的管理要完成对存储空间的分配与释放。

文件子系统连接的是设备驱动程序和上层的面向文件的系统调用。在先进的操作系统如 UNIX 中，可以挂接不同的文件子系统，如 NTFS、HPFS 或 FAT32 等，上层的面向文件的系统调用无须考虑具体文件系统中文件的结构，只须调用文件系统中提供的标准例程就可以访问不同文件系统中的文件。

（5）系统调用接口。

该接口提供的是一些标准的服务，其形式同函数调用类似。开发人员使用此系统调用接口，将能够方便地实现对系统中文件的访问控制。例如，打开文件，读文件中的数据，向文件中写数据等。系统调用接口是面向应用的。

四、练习题

（一）单项选择题（在备选答案中选出一个正确答案）

1. 采用 Sheet Talk 全局命名服务，使系统管理员能轻易地在不同服务之间转移资源，达到负载平衡的操作系统是（　　）。

A. Banyan System 公司的 VINES　　B. Microsoft 的 Windows 2003 系统

C. Novell 的 NetWare　　D. Sun Microsystem 公司的 NFS

2. 以下网络操作系统中，特别挖掘了 Intel 芯片的能力，且只能运行在以 Intel 80×86 为 CPU 的计算平台上的是（　　）。

A. Banyan System 公司的 VINES　　B. Novell 的 NetWare

C. Microsoft 的 Windows 2003 系统　　D. Sun Microsystem 公司的 NFS

3. 提供了在异种机、异种操作系统的网络环境下共享文件的简单方法，并基于 Client/Server 模式的网络操作系统是（　　）。

A. Banyan System 公司的 VINES　　B. Microsoft 的 Windows XP 操作系统

C. Sun Microsystem 公司的 NFS　　D. Microsoft 的 Windows 98 操作系统

4. 以下网络操作系统中，功能强大，但必须植根于 UNIX 系统，借助 UNIX 系统才能运行的是（　　）。

A. Microsoft 的 Windows 2003 系统　　B. Sun Microsystem 公司的 NFS

C. Novell 的 NetWare　　D. Banyan System 公司的 VINES

5. 在 UNIX 系统里，用来存放各种外围设备，如磁盘、打印机、终端等进行访问的特别文件（Special File）的目录是（　　）。

A. /dev 目录　　B. /bin 目录

C. /include 目录　　D. /sys 目录

6. UNIX 操作系统允许用户程序在（　　）上使用系统调用。

A. 汇编语言级和 C 语言级　　B. 机器语言级

C. 各种程序设计语言级　　D. 汇编语言级

7. 一个计算机系统可以认为由以下四个层次构成，而我们所说的裸机是指（　　）。

A. 操作系统层　　B. 硬件层

C. 语言处理程序层　　D. 应用程序层

8. UNIX 系统是典型的（　　）。

A. 分布式操作系统　　B. 客户/服务器模式操作系统

C. 对等式操作系统　　D. 集中式操作系统

9. 客户/服务器模式中的客户机与集中式网络中的终端最主要的区别是客户机（　　）。

A. 性能要求高　　B. 性能要求低

C. 有自己的处理能力　　D. 没有自己的处理能力

10. 在 NT 服务器中创建新的用户账号时，用户名最多为（　　）。

A. 10 个字符　　B. 20 个字符

C. 30 个字符　　D. 40 个字符

11. 在 NTFS 卷上，不能在文件名中出现的字符是（　　）。

A. 阿拉伯数字　　B. 小写字母

C. ? "/<>* | :　　D. []; =, +

12. UNIX 系统是一个（　　）的分时系统。

A. 单用户、单任务　　B. 多用户、单任务

C. 单用户、多任务　　D. 多用户、多任务

13. 在 UNIX 系统中，路径的主要构成是目录名称，中间用（　　）隔开。

A. /　　B. \　　C. |　　D. _

14. 在 UNIX 系统中，逻辑设备地址到物理设备地址的转换是由（　　）完成的。

A. 高速缓冲　　B. 文件子系统

C. 设备驱动程序　　D. 系统调用接口

15. 在 UNIX 系统中，用于父子进程之间进行通信的管道是（　　）。

A. 输出管道　　B. 输入管道

C. 有名管道　　D. 无名管道

（二）多项选择题（在备选答案中选出两个或两个以上的正确答案）

1. Microsoft 的 Windows 2003 操作系统支持的 CPU 包括（　　）。

A. Intel X86　　B. MIPS R4000　　C. Digital Alpha AXP

D. PowerPC　　E. Motorola 6502

2. 以下选项中，支持 SMP 对称多处理的操作系统是（　　）。

A. Linux　　B. UNIX　　C. Windows 2003

D. Novell NetWare　　E. Sun NFS

3. 在 Microsoft Windows 2003 操作系统中进行目录共享时，应当使用下面哪些身份登录才能进行管理？（　　）

A. Administrators 组　　B. Servers 组　　C. Operators 组

D. Users 组　　E. Systems 组

4. 在客户机/服务器模式中，操作系统是由（　　）构成的。

A. 工作组软件　　B. 协同通信软件　　C. 服务器软件

D. 编译软件　　E. 客户机软件

5. 分布式计算机系统的特征包括（　　）。

A. 系统中任意两台计算机之间可以利用通信交换信息

B. 系统各计算机具有相对的自主性或自治性

C. 各计算机上的资源可以共享，而且用户不必考虑资源所在的位置

D. 任何一台计算机出现故障不会使系统瘫痪，可以“降级”使用

E. 系统中的各计算机对用户都是透明的

6. 当前流行的网络操作系统包括（　　）。

A. Banyan System 公司的 VINES　　B. Sun Microsystem 公司的 NFS

C. Microsoft 的 Windows XP　　D. Microsoft 的 Windows 98

E. Novell 的 NetWare

7. 一般 NT 服务器上的文件目录分为（　　）。

A. 工作目录　　B. 系统文件所在目录　　C. 用户的个人目录

D. 当前目录　　E. 可互相访问的应用软件目录

8. 在用户登录到 UNIX 系统中后，系统就已建立好的文件包括（　　）。

A. 标准输入文件　　B. 标准输出文件　　C. 标准设备文件

D. 标准错误文件　　E. 标准控制文件

9. 在 UNIX 系统中，管道分为（　　）。

A. 输出管道　　B. 输入管道　　C. 有名管道

D. 无名管道　　E. 控制管道

10. 文件子系统要完成的任务包括（　　）。

A. 对文件的内部表示　　B. 对文件访问的控制

C. 高速缓冲的管理　　D. 存储设备的存储空间的管理

E. 内存的管理

11. UNIX 系统的优点包括（　　）。

A. 系统安全性高　　B. 结构简洁且功能强大

C. 丰富的软件开发环境　　D. 系统的开放性和可移植性

E. 先进的网络功能

12. 虚拟存储管理中，用户的虚拟空间体现在（　　）中。

A. 主存　　B. 辅存　　C. 段表

D. 快表　　　　　　E. 页表

13. 文件的物理结构有（　　）等类型。

A. 顺序式　　　　　B. 流式　　　　　C. 链接式

D. 记录式　　　　　E. 索引式

14. 用于进程间的通信的信箱，通常由（　　）部分组成。

A. 信箱名　　　　　B. 可存放信件的数目　　　　　C. 已有信件数

D. 可存放信件的指针　　E. 存放信件的空间（若干格子）

15. UNIX 文件系统采用链接技术，如果这个系统有两个以上目录则（　　）。

A. 根目录的链接数一定≥1　　　　　B. 根目录的链接数一定≥2

C. 其他目录的链接数一定≥1　　　　D. 其他目录的链接数一定≥2

E. 其他目录的链接数一定≥3

（三）名词解释

1. Windows Server 2003 域
2. Windows Server 2003 用户权限
3. UNIX 系统中的“当前目录”（Current Directory）
4. UNIX 系统中的“管道”
5. UNIX 系统中的“设备文件”
6. 目录服务
7. 网络操作系统
8. 路径
9. 多用户
10. 多任务

（四）简答题

1. 简述网络操作系统的分类和各类别的特征。
2. 简述当代典型网络操作系统应当具有的基本特征。
3. 简述 Windows Server 2003 操作系统的特点。
4. 简述 NetWare 的特点。
5. Windows Server 2003 对共享数据有哪些权限？
6. 简述 UNIX 系统的优点。
7. 简述 UNIX 系统中设备文件的分类和主要区别。
8. 简述 UNIX 系统中文件子系统能够完成哪些任务。

五、参考答案

（一）单项选择题

1. A　　2. B　　3. C　　4. D　　5. A

6. A 7. B 8. D 9. C 10. B
11. C 12. D 13. A 14. C 15. D

(二) 多项选择题

1. ABCD 2. ABCE 3. ABC 4. CE 5. ABCDE
6. ABCE 7. BCE 8. ABD 9. CD 10. ABCD
11. BCDE 12. CE 13. ACE 14. ABCDE 15. AC

(三) 名词解释

1. Windows Server 2003 域：域可以看做一个"超级工作组"，一个具有集中安全控制的工作组。域的概念是构造微软高级网络的基础。域可由共享资源和用户组成。与工作组一样，域也是一组联网的计算机集合；与工作组不同的是，对域资源的所有访问都由该域中的某个计算机授权监控。这个计算机称为主域控制器，域主要有两个优点：

(1) 一个域对一个用户来说只有一个密码，该密码可打开该域的所有被授权使用的资源。

(2) 密码是由用户设定的。网络管理员若要拒绝某人上网，只需要删除那个人的账号。别人无需更改密码仍可继续使用网络。

2. Windows Server 2003 用户权限：权限即是允许对某个打印机、目录、文件或其他网络资源进行访问的权利。访问有多种级别：只读、只执行、读/写等。

3. UNIX 系统中的"当前目录"（Current Directory）：从逻辑上讲，用户在登录到 UNIX 系统中之后，每时每刻都"处在"某个目录之中，此时用户可以显示出该目录所组织的所有文件，此目录就称做当前目录或工作目录（Working Directory）。当前目录是可以改变的。当用户初始登录至系统中时，其主目录（Home Directory）就成为其当前目录。

4. UNIX 系统中的"管道"：管道是 UNIX 系统中的一类特殊文件。管道的引入主要是为了解决如何方便地将一个命令的输出作为另一命令的输入问题。在系统中，管道文件的存储有一块专用的内存区域。而且它的存取不像其他文件那样具有"随机访问"的特点，而是"先进先出"的。管道可分为两种，一为无名管道，二为有名管道。前者主要用于父子进程之间的通信，而后者则用于关系不太密切的进程之间。在使用时，除无名管道的建立与普通文件有些不同之外，其他诸如管道的读、写、关闭等与普通文件是完全相同的。读写管道的两个进程在执行上是并发进行的，而不像是在使用临时文件的情况下那样，两条命令是串行执行的，这也是其效率较高的一个原因。

5. UNIX 系统中的"设备文件"：可以把各种设备特别文件看做一个用于描述相应硬设备的说明。这类文件并不是普通的磁盘文件，它只是占据文件系统树形结构中的一个结点，应用程序和用户通过这个结点来访问相应的硬件设备。某些结点可能对应的是同一个硬设备，但是根据其结点名称的不同，对硬设备的访问可能具有不同的特点。设备文件分为两类。一类为字符设备文件，另一类为块设备文件。区分主要是根据它们与核心之间每次传送字节数的不同。字符设备与核心每次只传送一个字节。块设备与核心之间每次传送的是一个数据块。

6. 目录服务：一种以单一逻辑的方式访问可能位于全球范围内的所有网络服务和资源

的技术。无论用户在何处，也无论资源位于什么地方，用户只需通过一次登录就可访问网络服务和资源。

7. 网络操作系统：网络操作系统是网络用户和计算机网络的接口，它管理计算机的硬件和软件资源，为用户提供各种网络服务和专项服务。

8. 路径：路径是指到某个文件结点的一条道路，路径的主要构成是目录名称，中间用“/”分开。

9. 多用户：多用户是指在同一时间内可以有多个用户使用同一台计算机。

10. 多任务：多任务是指同一台计算机在同一时间可以运行多个应用程序。

(四) 简答题

1. 答：网络操作系统有三种类型。

(1) 集中式：集中式网络操作系统实际上是从分时操作系统加上网络功能演变而成的，这种系统的基本单元是一台主机和若干台与主机相连接的终端，将多台主机连接就构成了网络。

(2) 客户/服务器模式：在网络中连接多台计算机，有的计算机提供文件、打印等服务，被称为服务器。而另外一些计算机则向服务器请求服务，称为客户机或工作站。客户机有自己的处理能力，仅在需要通信时才向服务器发出请求。服务器在性能上要求往往没有主机高，在中等应用场合较为流行。

(3) 对等式：网络中每一台计算机都具有客户和服务器两种功能，既可向其他机器提供服务又可向其他机器请求服务。

2. 答：一个典型的网络操作系统应有以下特征。

(1) 与硬件无关。可运行于不同的网络硬件上，网络操作系统应独立于网络的拓扑结构。

(2) 广域网连接。一个功能齐全的网络操作系统应可以通过网桥、路由交换器等与其他网络连接，并支持 DHCP (动态主机配置协议)、IP 路由、DNS (域名服务) 等广域网连接功能。

(3) 多种客户端支持。

(4) 目录服务。这是一种以单一逻辑的方式访问可能位于全球范围内的所有网络服务和资源的技术。无论用户在何处，也无论资源位于什么地方，用户只需通过一次登录就可访问网络服务和资源。

(5) 多用户支持。网络操作系统应能同时支持多个用户对网络的访问。

(6) 网络管理。支持网络实用程序，如系统备份、安全管理、容错、性能控制等。

(7) 安全性和存取控制。

(8) 系统容错能力。

(9) 支持多种增值服务。它是评价网络操作系统的重要因素。

(10) 互操作性。允许多种操作系统和厂商的产品共享相同的网络电缆系统，并且彼此可以连通访问。

3. 答：(1) 体系结构的独立性。

(2) 多处理器支持。

(3) 多线程的多任务。

(4) 大量的内存空间。

(5) 集中化的用户环境文件。

(6) 远程访问服务。

(7) 基于域和工作组的管理功能。

(8) 容错与多驱动器阵列（RAID）支持。

(9) NetWare 支持。

4. 答：NetWare 具有以下特点。

(1) 具有高性能的文件系统，支持 4GB～32TB 的文件空间。

(2) 高可靠性，具有一、二、三级容错。

(3) 良好的权限管理，安全保密度高。

(4) 开放性好。开放的开发环境；开放的数据链路接口（ODI）；可安装模块的体系结构。

(5) NDS 服务为大型应用提供可能。

(6) 对 Internet 的支持丰富。

5. 答：Windows Server 2003 对共享数据有三类权限。

(1) 共享权限，使用整个共享目录。

(2) 目录权限，控制用户对共享子目录的查看权限。

(3) 文件权限，控制用户对某些文件的访问。

6. 答：UNIX 具有许多优点。

(1) 结构简洁且功能强大。

(2) 丰富的软件开发环境。

(3) 系统的开放性和可移植性。

(4) 先进的网络功能。

7. 答：设备文件分为两类，一类为字符设备文件，另一类为块设备文件。区别主要是它们与核心之间每次传送字的节数不同，字符设备与核心每次只传送一个字节，块设备与核心之间每次传送的是一个数据块。

8. 答：文件子系统所要完成的任务包括对文件的内部表示、对文件访问的控制、对高速缓冲和存储设备的存储空间管理等。文件的内部表示是由一个被称做索引结点的结构来完成的；对文件访问的控制要实现文件的保护与共享、一致性等；高速缓冲管理的目标是要尽可能地减少对磁盘的访问，使得要访问的数据均能够在内存中找到；存储空间管理要完成对存储空间的分配与释放。

第十一章　Linux 操作系统

一、章节结构及重点

本章分为四节，包括 Linux 的产生与发展、Linux 与 UNIX 的关系、Linux 的发行版、RedHat Linux 的使用方法。

第一节介绍了 Linux 的产生与发展，以及 Linux 的功能。

第二节阐述了 Linux 与 UNIX 的关系，即从 Linux 的特点和 UNIX 的特点对比，来说明两者的联系和区别。

第三节介绍了 Linux 的发行版，一种是 Slackware Linux，另一种是 RedHat Linux，还有 Debian GNU/Linux，以及三者的特点。

第四节介绍了 RedHat Linux 的使用方法，其中对新特性和安装，登出和退出系统，文件和目录操作，磁盘管理，用户管理，进程管理和网络应用作了详细的介绍。

二、本章主要内容

（一）Linux 的产生与发展

在微机领域，随着 Microsoft 公司 Windows 系列操作系统的日益成熟，全球的微机操作系统市场已经成了 Microsoft 公司的天下。但是，随着 Internet 的迅猛发展，在国际互联网上出现了一群由世界各地的编程高手、业余计算机爱好者、网络黑客们组成的强大开发队伍。他们基于自己对计算机的爱好和对计算机知识的深刻了解，开发出了一个在功能上不逊色于任何一个现在市场上出售的 UNIX 操作系统的、全新的、免费的、源代码完全公开的 UNIX 系统——Linux。

Linux 是一个可以在基于 Intel 386、Intel 486、Pentium、Pentium Pro、Pentium MMX、Pentium Ⅱ 处理器以及 Cyrix、AMD 的兼容芯片的微机上运行的 UNIX 系统。Linux 系统具有最新 UNIX 的全部功能，包括真正的多任务、虚拟存储、共享库函数、即时负载、优越的存储管理和 TCP/IP、UUCP 网络工具。

Linux 开发者最关心的就是 Linux 能够做什么，我们可以简单归纳为以下几点。

（1）编辑器。

（2）中文输入。

（3）视窗。

（4）网络功能。

（5）编译程序。

（6）图形/动画。

（7）与其他操作系统的兼容性。

（8）游戏。

（二）Linux 与 UNIX 的关系

（1）UNIX 的特点。

UNIX 之所以在计算机界能够如此受欢迎，它本身具有许多优点：

①结构简洁且功能强大。

②丰富的软件开发环境。

③系统的开放性和可移植性。

④先进的网络功能。

（2）Linux 的特点。

Linux 从 UNIX 那里继承了许多优点，同时它自身又具有一些特点。

①多用户。

多用户是指在同一时间内可以有多个用户使用同一台机器。在这方面，Linux 的实现要比 UNIX 更为方便，因为大部分的 UNIX 都是商业性质的，所以都有最多用户人数的限制，而 Linux 就没有这样的规定。这对于用户来说非常有用，因为他根本不需要系统资金的投入就可以获得多用户的支持，这对于构建一个非营利性质的 Internet 站点有着巨大的吸引力。

②多任务。

多任务是指同一台计算机在同一时间可以运行多个应用程序。用户可以同时做多件事情，这不管对用户来说，还是对于最大限度地利用系统资源来说都是非常有好处的。Linux 的这一特性是从 UNIX 那里继承下来的，因为 UNIX 就是一个典型的多任务操作系统。

③多平台。

Linux 最初是为了在 x86 平台下运行而设计的，但由于它在 Internet 上的成功引起了世人的注意，所以很快被移植到 SPARC 和 Alpha 平台上了，并且 RedHat 公司已经推出了这两种平台下的发行套件。到了现在，由于 Linux 的名气越来越大，所以许多商业公司平台都开始支持 Linux，Linux 向其他平台的移植工作进行得更加迅速。

④按需存取。

在 Linux 下，一个应用程序执行时，并不是它所有的代码段都要被加载到内存中。Linux 只把那些在应用程序运行时确实要用到的代码段加载到内存中，这样做的目的就是减少读写磁盘的时间，加快应用程序的运行。在 DOS 中我们经常使用的一个应用程序 Smartdrv 也是出于这方面的考虑，但由于在 Linux 下这种方法是集成在操作系统中的，所以它的效率要比 Smartdrv 高得多。

⑤内存保护。

在 Linux 下，应用程序只能访问系统分配给它的内存区域，而不能访问其他内存区域。这种应用程序使用相对独立的内存区域的好处在于：当一个应用程序出错时，不会影响整个操作系统的正常运行。Linux 还采用一种非正式的解决方案，很好地解决了 UNIX 下经常由于溢出而造成的系统安全漏洞问题。

⑥虚拟内存分页技术。

在 Linux 下，系统把虚拟内存分为许多小的内存页面。在系统运行时，并不是把整个进程都交换到硬盘上，而是按照内存页面来交换。也就是说，在 Linux 系统中，不仅可以使用整个分区来做虚拟内存，而且还可以使用单独的文件来做虚拟内存。另外，Linux 可以在系统运行时动态地增加交换空间，而不是像 UNIX 那样，要想使用新的交换空间必须重新启动系统。

⑦内存页面共享。

在 Linux 中，多个应用程序可以共享同一块内存页面（每块大小为 4KB）。只有当一个进程试图对这块共享内存执行写操作时，Linux 系统才把它复制到内存的另一块区域，这样做不仅可以加快应用程序的执行速度，而且还节省了大量的物理内存。这是对 x86 下有限的物理内存进行合理利用的最好解决方案。

⑧具有优秀的磁盘缓冲调度功能。

Linux 的磁盘 I/O 操作与其他操作系统都有所不同，这也是 Linux 最引人注目的优点。由于它把系统运行时没有用到的所有剩余物理内存都用来做硬盘高速缓冲，所以它的磁盘 I/O 操作速度要比其他操作系统快得多。反之，如果有应用程序需要使用这部分内存，Linux 就会释放它，以供应用程序使用，这一点是其他任何操作系统都不具备的。

⑨动态链接共享库。

与 Microsoft 公司的 Windows 3.1 和 Windows 95/Windows Server 2003 系列操作系统使用动态链接库一样，Linux 也使用动态链接共享库（dynamically linked shared libraries）。使用动态链接共享库的目的和 Microsoft 公司使用动态链接库 dll 是一样的，都是为了在程序设计时实现模块化，并有效减小应用程序的大小。而且，使用动态链接共享库的另一个重要的优点就是：用户只需要对动态链接共享库进行升级，那些使用该动态链接共享库的应用程序都会随之升级。

⑩支持伪终端设备。

Linux 允许同时有多个用户从网络登录到系统中，每个登录进程使用一个单独的伪终端设备。Linux 默认的伪终端设备数目为 64 个，而且只需要给系统打一个简单的补丁就可以使 Linux 系统可以支持 256～1 024 个伪终端设备。在 Linux 中采用了动态收集的策略，Linux 系统会自动回收已经废弃的终端，以供别的用户使用。

⑪支持多个虚拟控制台。

用户可以在一个真正的控制台前登录多个虚拟控制台。

⑫支持的硬件范围广泛。

由于在世界各地都有 Linux 的爱好者在为 Linux 编写各种硬件产品的驱动程序，所以 Linux 下可用的硬件驱动程序比较多，几乎所有硬件产品的驱动程序都可以在 Linux 下找到。这一点比起别的 UNIX 操作系统产品要优越得多。

⑬支持多种 CPU。

Linux 几乎支持目前流行的全部 CPU。

⑭支持数学协处理器 387 的软件模拟。

由于 Linux 操作系统内核支持协处理器 FPU 的软件模拟，所以 Linux 可以在那些没有 FPU 的机器上运行。

⑮支持多种文件系统。

Linux 自身使用的是 ext2FS，这是一种非常先进的文件系统。这种文件系统支持的硬盘容量可以为 2TB，文件名的长度可以为 255 个字符。同时，Linux 还支持其他很多种文件系统，如表 11—1 所示。

表 11—1

Minix	ext	ext2	xiafs
Hpfs	fat	msdos	umsdos
Vfat	proc	nfs	iso9660
Smbfs	ncpfs	affs	ufs
Romfs	sysv	xenix	coherent

(三) Linux 的发行版

通常所说的 Linux 是由两部分组成的。

一部分是 Linux 的内核，由 Linus Torvalds 开发维护并拥有版权。目前，Linux 的内核的稳定版本是 2.0.34。Linux 的内核为其他的系统程序和应用程序的运行创造一个基本的环境，主要包括 CPU 管理和内存管理等部分。

另外一部分是在内核之上运行的系统程序和应用程序，是由 Internet 上的广大 Linux 爱好者自己开发或者移植过来的，是操作系统和用户交互的程序以及用户用来完成自己工作的程序。

原则上，用户可以从网上或其他地方获取 Linux 的内核，并且自己编译它。然后用户可以用同样的方式获取许多应用程序的源代码，编译以后装入系统。对于复杂的程序，这样做不但费时，而且容易出错。为了避免这些问题的出现，用户通常选择从 Linux 的发行商那里获取操作系统和应用程序。Linux 各发行版本之间的区别在于它们的软件、协议，它们如何封装、安装和在用户系统中跟踪应用软件包，以及安装和维护工具、文档和其他服务。

目前，在世界上比较有影响的 Linux 发行版本主要有 Slackware、Debian 和 RedHat。

(四) RedHat Linux 7.1 的新特性

(1) RedHat Linux 7.1 版本采用最新的 Linux 2.4.2 版稳定内核，支持更多硬件设备，采用最新的图形系统 Xfree86 4.0.3，提供强大的硬件支持，同时引入全图形安装界面，使得安装界面更为简单。

(2) RedHat Linux 7.1 版本显著改进了对多处理器计算机的支持，单处理器计算机最高可支持 4GB 的用户登录进程，消除 PCI 总线限制，进一步扩展了虚拟内存的性能，支持 64GB 的物理内存，支持更多的用户和用户组，促使调度程序可处理更多的进程；增加和改进了对硬件设备的支持，以及改进了多线程的网络栈性能。

(3) RedHat Linux 7.1 版本对移动存储设备提供了出色的支持，包括可“热插拔”USB 设备、ZIP 驱动器和各种光盘刻录机。另外，还增强了对 PCMCIA 设备的支持，这对使用 PCMCIA 设备的笔记本电脑的用户来说是非常重要的。

(4) 加入了最新系统配置工具，方便用户管理和系统调用，如 apacheconf、bindconf 和 printconf 等。这些工具能方便用户通过 GUI 图形用户界面来配置 Apache、Bind 和打印机。

(5) 新版本在安全方面也做了许多修补工作。安全默认设置可保证端口关闭，新的防火墙屏蔽可由用户随意打开或关闭。

（五）安装指南

（1）安装硬件要求。

安装硬件要求如表 11—2 所示。

表 11—2

硬件设备	要　求
CPU	Intel、AMD 的 X86 系列 CPU
内存	建议 64MB，最好 128MB 以上
CD-ROM	IDE 接口和大部分 SCSI 接口光驱
显卡	xfree86 4.0 大大提高了兼容性，能够支持几乎所有的主流显卡（不过，在字符终端小、太新的显卡支持可能有问题）
网卡	NE2000 兼容显卡，3COM，Intel
SCSI 卡	支持 ADAPTERE 152X、154X、274X、284X、294X、394X、AIC7890 和大部分流行的 SCSI 卡

登录 RedHat 的官方网站 https：//hardware. redhat. com/hwcert/index. cgi 可以获得更详细的信息。

（2）安装 RedHat Linux。

1）从 CD-ROM 安装。安装 RedHat Linux 7.1，常用的方法就是使用光盘安装。其安装光盘共有两张，第 1 张可直接从光盘启动，包含大部分的软件包和一些安装工具；第 2 张光盘则包含许多附加的软件包。将第 1 张光盘放入光驱，使计算机从 CD-ROM 启动之后即开始自动安装 RedHat Linux。

安装过程相对较简单。

①选择合适的安装方式。

• 图形模式：默认方式。整个安装过程的图形界面类似于 Windows。不过可能有些显卡无法显示或显示不正常，如果是这样，可以选用文本方式安装。

• 文本模式：在提示符状态下输入 text，回车，即进入文本模式的安装界面。建议有一定经验的用户选用这种方式。

• 专家模式：输入 expert，回车。如果十分熟悉 Linux，或有一些特殊的硬件安装程序无法正确配置，则可考虑使用这种安装方式。

• 救援模式：这不是在首次安装时使用的，它仅用于原有的 Linux 系统无法正常启动的情况下，用来拯救系统。

• 驱动盘模式：如果有特殊的硬件驱动盘，需要在安装时提供给 Linux 系统使用，则输入 linux dd，回车，安装程序会提示插入驱动软盘。

②选择合适的安装类型。安装过程中，RedHat Linux 提供了 Workstation、Server System、Laptop、Custom System 和 Upgrade Existing System 5 种安装类型，用户可根据具体情况选择。

• Workstation：工作站。安装程序会自动利用空闲空间完成分区工作。但如果机器上安装过 NT，则不选用这种方式。

- Server System：服务器系统。选用这种方式安装，将清除整个硬盘的分区信息。如果是用空硬盘来构建服务器，建议选用。
- Laptop：为笔记本电脑准备的安装方式。
- Custom System：定制安装。这是最灵活、最安全的安装方式。
- Upgrade Existing System：升级现有系统。若已安装了旧版本的 RedHat Linux，这是最佳的选择。

③硬盘分区。Linux 最少需要两个分区，一个 Linux native（文件）分区，一个 Linux swap（交换）分区。其中，Linux native 分区是存放 Linux 系统的分区，在分区时应该将 Mount Point 设置为“/”。而 Linux swap 分区则用做交换空间（内存的补充），建议与内存的大小相等，但最好也不超过 128MB。

④LILO 的设置。通常 LILO 可以安装在第一硬盘的主引导区（MBR）或 Linux 分区的引导扇。如果要使用 LILO 来做双启动，需要选择第 1 种；如果使用 Linux 启动软盘或其他系统引导器引导 Linux，请选择第 2 种方式，即安装在 Linux 分区的引导扇。

⑤选择系统安全等级。这是 RedHat Linux 7.1 提供的新选项，它提供了 3 种选择。

- High：如果选择 High 级，那么所有来自外界的网络访问都将被禁止。
- Medium：默认的级别。选择该级别，则对于外界的网络访问仅限于该系统提供的网络服务。
- No firewall：最低安全保障，任何外界的网络访问都将被允许。

2）其他安装方式。可以通过 FTP 服务器、NFS 服务器、SMB 共享卷、硬盘进行安装。如果采用这些安装方式，请首先制作 Linux 启动盘。

首先，在安装光盘上找到 Linux 启动盘映像文件，即/images 目录下的 boot.img（启动盘文件：然后从/images、/install 或/dosutil 目录中找到制作映像盘的工具 rawrite.exe；再将映像文件和 rawrite.exe 复制到同一目录，最后在 DOS 命令行下执行 rawrite 命令。

C:\ linst>RAWRITE

Enter disk image source flie name：(在这里输入映像文件名)

Enter target diskette drive：(在这里输入目标盘符，如 A:)

①从 FTP 站点安装。使用该方式必须与 FTP 服务器（该 FTP 服务器还须支持长文件名）高速相连，不能够以拨号连接来安装。

②从 NFS 服务器安装。如果在局域网中有一台 NFS 服务器，可将安装盘复制到 NFS 服务器上，然后用 Linux 启动盘启动，访问 NFS 服务器进行安装。同样，这也需要 NFS 服务器能够支持长文件名。

③从 SMB 共享卷安装。将安装盘放到一个支持共享卷的 Windows 9x/NT/2000 服务器上，然后通过访问共享卷中的安装盘实现安装。

④从硬盘安装。这种方式适合于从网上下载了安装文件的用户。首先将 RedHat Linux 安装文件复制到硬盘同一个分区的 RedHat 目录下，然后将要安装的软件包复制到另一个子目录 RPMS 中，接着就可使用 Linux 的启动盘启动进行系统安装。

⑤AUTOBOOT 安装。

（六）登录和退出系统

（1）启动系统。

通常 LILO 是安装在主引导区（MBR）上的，计算机启动后，主引导区上的程序被执行，将出现一个登录界面：左边是一个小红帽图像，右边列出了可以启动的操作系统，可以用键盘箭头进行切换。（安装好后默认值为 Linux）

如果默认的选择是 Windows 操作系统，那可以在启动 Linux 后，用 vi 修改/etc 目录下的 lilo. conf 文件，在其中加上“default＝windows”命令行，然后再执行“/sbin/lilo”命令即可重新生成新的 LILO。

（2）用户登录。

Linux 是一个真正意义上的多用户操作系统，用户要使用该系统，必须首先登录。用户登录系统时，为了使系统能够识别该用户，必须输入用户名和密码，经系统验证无误后才可登录系统使用。Linux 下有两种用户。

①root 用户：超级权限者，系统的拥有者。在 Linux 系统中有且只有一个 root 用户，它可以在系统中做任何操作。在系统安装时所设定的密码就是 root 用户的密码。

②普通用户：Linux 系统可以创建许多普通用户，并为其指定相应的权限，使其有权使用 Linux 系统。

用户登录时，首先输入用户的登录名，系统根据该登录名来识别用户；然后，输入用户的口令，该口令是用户自己选择的一个字符串，对其他用户完全保密，是登录系统时识别用户的唯一根据，因此每一个用户都应该保护好自己的口令！

系统在建立之初，仅有 root 用户，其他的用户则是由 root 用户创建。由于 root 用户的权限太大了，所以如果 root 用户出现误操作将可能造成很大的损失。建议系统管理员为自己新建一个用户，只有需要做系统维护、管理任务时才以 root 用户登录。

登录成功，我们将获得 Shell（Shell 是用来与用户交互的程序，它就像 DOS 中的 Command. com，不过在 Linux 下可以有多种 Shell 供选择，如 bash、csh、ksh 等）提示符，如果以 root 用户登录，那么获得的提示符是“#”，否则将是“$”。

提示：如果在安装时设置为启动即进入图形界面，则系统启动后，用户登求界面将是图形化的，而且当输入正确的用户名与密码后，就会直接进入 X Window。这个设置是可以修改的，在/etc 目录下有一个 inittab 文件，其中有一行配置：

id：3：initdefault：

其中，数字 3 代表一启动即进入字符终端，如果改为 5 则代表一启动即进入 X Window。

（3）修改口令。

为了更好地保护用户账号的安全，Linux 允许用户在登录之后随时使用 passwd 命令修改自己的口令。修改口令需要输入原来的口令，如果口令错误，将中止程序，无法修改口令；输入新的口令，提示重复一遍新的口令，如果两次输入的口令相吻合，则口令修改成功。而如果是 root 用户修改口令，则不需要输入旧密码。也就是说，它可以修改任何用户的口令。

（4）退出登录。

不论 root 用户还是普通用户，只需简单地执行 exit 命令就可以退出登录。

（5）关闭机器。

在 Linux 系统中，普通用户是无权关闭系统的。只有 root 用户才能够关闭它。可以通过以下几种方法实现：

①按 Ctrl＋Alt＋Del 组合键，这样系统将重新启动。

②执行 reboot 命令，这样系统也将重新启动。

③执行 shutdown-h now 命令，这样系统将关闭计算机。

④执行 halt 命令，也可以关闭计算机。

（七）文件与目录操作

与其他操作系统一样，在 Linux 系统下用户的数据和程序也是以文件的形式保存的。所以在使用 Linux 的过程中，曾经常对文件与目录进行操作。

（1）文件名与文件类型。

文件名是一个文件的标识。Linux 系统中文件名的规则与 Windows 系统中的基本上相同。它同样是由字母、数字、下划线、圆点组成，最大的长都是 225 个字符。

与 Windows 系统一样，Linux 系统中也有文件和目录。而在 Linux 系统中有一种特殊的文件，那就是设备文件。在 Linux 系统中，每一个 I/O 设置都映射为一个文件，可以像普通文件一样处理，这就使得文件与设备的操作尽可能统一。从用户的角度来说，对 I/O 设备的使用和一般文件的使用几乎一样，这样就可以让用户不必了解 I/O 设备的细节。

（2）目录结构。

与 Windows 一样，在 Linux 中也是通过目录来组织文件的。但不同的是，在 Linux 下只有一个根目录。如果有多个分区，就需要将其他分区 mount 到根目录。

在 Linux 分区时，有一个选项要填，那就是 Mount Point，将其中一个写成了“/”，也就是根目录（这一点与 Windows 相反，一个是“\”，一个是“/”）。其他的则可能是/home、/usr。安装完系统后，会发现/home、/usr 就是根目录下面的 home、usr 目录。这样，整个分区就用于该目录了。

另外，需要说明的是，在 Linux 下“当前目录”“路径”等概念与在 Windows 下的是一样的。

（3）显示文件内容。

在 Linux 下有 4 个相关的命令，功能各有千秋。

①cat 命令。cat 命令使用的方法很简单：“cat 文件名”。不过比 type 命令更强大的是，它可同时查看多个文件，如“cat 文件名一 文件名二”。

②more 命令。如果文本文件比较长，一屏无法显示完全。可以使用 more 来代替 cat 命令即可。其效果与 type 文件名/p 类似。使用 more 命令将一次显示一屏文本，显示满后，停下来，并提示出已显示全部内容的百分比，按空格键就可以继续显示下一屏。

③less 命令。less 命令的功能几乎和 more 命令的一样，也是按页显示文件，不同之处在于 less 命令在显示文件时允许用户既可以向前又可以向后翻阅文件。向前翻按 b 键；向后翻按 p 键；指定位置输入百分比；退出为 q。

④head 命令。通过 head 命令可以仅查看某文件的前几行，如果未指定行数，则使用默认值 10，即 10 行。其格式为：head 行数文件名。

（4）编辑文件。

在 RedHat Linux 中有许多文字编辑工具，这里推荐 vi。vi 是 UNIX 系统中使用最广泛的文件编辑器。

启动 vi 的方法很简单：直接输入 vi 或直接输入 Vi 文件名命令。启动 vi 时，处于命令状态，不能够输入字符，只能输入命令。

a：新增文本命令，执行后将进入输入模式，在当前光标之后新增文本。

i：插入文本命令，执行后将进入输入模式，在当前光标位置处新增文本。

dd：删除一行命令。

x：删除当前字符命令。

p：粘贴命令。如果在执行该命令之前，使用了 dd 或 X 命令，那么将会把删除的内容粘贴到当前光标位置。

：q：退出 vi 命令。不过如果在执行这个命令之前修改过内容，则无法退出。

：q!：“不存盘退出”命令，即放弃所有的修改，强行退出。

：w：存盘命令。

：wq：存盘退出命令。

：n（其中 n 为数字）：跳转到文件的第 n 行，如果超过了总行数，那么将会停到最后一行。

/pattern（其中 pattern 是要查找的内容）：如“/default”就是在文件中查找 default 字符串。

当使用 a 或 i 命令进入输入模式后，如果要回到命令模式，只需按一下 Esc 键即可。

（5）文件查找命令。

Linux 下提供了一个强大的文件查找命令 find。

语法格式：find 起始目录　寻找条件

起始目录很容易理解，就是从哪里开始找。下面介绍一些常用的“寻找条件”。

-name 字符串：字符串中可以用通配符“*”“?”，用于寻找文件名与字符串匹配的文件。

-user 用户名：查找文件属主是指定用户的文件。

-group 组名：查找文件属主所在的组是指定组的文件。

-atime 天数：查找在指定天数前被访问的文件。

-ctime 天数：查找在指定天数前创建的文件。

-mtime 天数：查找在指定天数前修改过的文件。

-amin n：查找在 n 分前被访问的文件。

-cmin n：查找在 n 分前创建的文件。

-mmin n：查找在 n 分前修改过的文件。

而且它支持多个条件进行组合（and，or，not），其中用-a 表示 and（与），用-o 表示 or（或），用！表示 not（非）。例如，在全盘查找一个名为 a. txt 的文件：$find/-name a. txt；在 home 目录下查找属于用户 xf 的所有扩展名为 htm 的文件：$find/home-name * htm-a-user xf。

（6）文件内容查询命令。

在 Linux 下，还提供了一个强大的文件内容查询命令 grep，它可以在一大堆文件中找到特定的字符串，并打印出它所在的行和所在的文件。下面通过几个实例来说明 grep 命令的使用方法。

列出文件 file1 中所有的 software develop 字符串：$grep ‘software develop’ filel。

列出当前目录中所有包含 software develop 字符串的文件：$grep ‘software develop’* 。

列出当前目录下所有子目录中所有包含 software develop 字符串的文件：$grep-s ‘software develop’* 。

(7) 文件的复制、删除与移动。

下面介绍如何在 Linux 系统中完成文件的复制、删除与移动操作。

①cp 命令：文件/目录复制命令。

语法格式：cp [选项] 源文件或目录，目标文件或目录

常用的选项有如下几种。

a：该选项常在复制目录时使用，它保留链接、文件属性，并递归地复制目录。

f：如果目标文件或目录已存在，就覆盖它，并且不做提示。

i：与 f 选项正好相反，它在覆盖时，会让用户确认。

p：使用该选项，复制文件时将保留修改时间和访问权限。

r：若给出的源是一个目录，那么 cp 将递归复制该目录下所有的子目录和文件，不过这要求目标也是一个目录。

另外，需要注意的是，如果源是文件名，目标是目录名，那么使用 cp 命令可以指定多个源文件名。例如，$cp a. txt b. txt/home/user1，该命令将把 a. txt 和 b. txt 文件复制到/home/usrl目录中。

②rm 命令：文件/目录删除命令。

语法格式：rm [选项] 文件…

常用的选项有如下几种。

f：在删除过程中不给任何提示，直接删除。

r：指示 rm 将参数中列出的全部目录和子目录都递归删除。

i：交互式的删除，每个文件在删除时都给出提示。

③mv 命令：文件/目录移动命令。

语法格式：mv [选项] 源文件或目录，目标文件或目录

常用的选项有如下几种。

f：当操作要覆盖已有的目标文件时不给任何提示。

i：交互式的操作，当操作要覆盖已有的目标文件时会询问用户是否覆盖。

(8) 目录操作。

①创建新目录。

语法格式：mkdir 目录名

②删除空目录。

语法格式：rmdir 目录名

③改变目录。

语法格式：cd 目录名

不管目录名是什么，cd 与目录名之间必须有空格，也就是说“cd/”、“cd/”、“cd..”、“cd.”都是非法的，而应该输入“cd/”、“cd..”、“cd.”，如果直接输入命令“cd”，而不加任何参数，将回到这个用户的主目录。

④显示当前目录。

语法格式：pwd

⑤列目录命令。

语法格式：ls［选项］［目录或文件］

常用的选项有如下几种。

a：显示指定目录下所有的子目录与文件，包括隐藏文件。

c：按文件的修改时间排序。

l：采用长格式来显示文件的详细信息。每个文件一行信息，其内容为文件类型与权限、链接数、文件属主、文件数组、文件大小、最近修改时间、文件名等。

（八）磁盘管理

系统软件和应用软件都要以文件的形式存储在计算机的磁盘空间中，作为系统管理员，应随时监视磁盘空间的使用情况。可以使用下面两个命令来实现。

（1）df 命令。

df 就是 disk free，顾名思义，就是检查磁盘上还剩下多少空间等信息。

（2）du 命令。

du 就是 disk usage，就是看一下磁盘使用了多少。

该命令还有一些常用的选项，用来完成以下更多的功能。

-a：将列出当前目录下所有的文件、子目录、子目录下的文件、子目录下的子目录等的磁盘占用情况。/

-b：以 Byte 为单位表示占用的磁盘空间。

-c：在最后显示出一个统计值。

（九）用户管理

用户管理，主要的工作就是建立一个合法的用户账户、设置和管理用户的密码、修改用户账户的属性以及在必要时删除已经废弃的用户账号。

（1）增加一个新用户。

在 Linux 系统中，只有 root 用户才能够创建一个新用户。

语法格式：useradd［选项］用户名

例如，新建一个登录名为 userl 的用户：＃useradd userl。但是，这个用户还不能够登录，因为还没为它设置初始密码，而没有密码的用户是不能够登录 Linux 系统的。在默认情况下，将会在/home 目录下新建一个与用户名相同的用户主目录。如果需要另外指定用户主目录，可以使用如下命令：

＃useradd-d /home/xf userl

同时，该用户登录时将获得一个 Shell 程序：/bin/bash，而假如不想让该用户登录．也就可以指定该用户的 Shell 程序为/bin/false，这样该用户即使登录，也不能够执行 Linux 下的命令：

＃useradd-s /bin/false userl

在 Linux 中，新增一个用户的同时会创建一个新组，这个组与该用户同名，而这个用户就是该组的成员。如果要让新的用户归属于一个已经存在的组，则可以使用如下命令：

＃useradd-g user userl

这样该用户就属于 user 组的一员了。而如果要让其仅属于一个组，那么应该使用：

＃useradd-G user userl

完成了这一操作后，还应该使用 passwd 命令为其设置一个初始密码。

(2) 删除一个用户。

语法格式：userdel [选项] 用户名

删除用户的同时最好将它留在系统上的文件也删除掉，可以使用“userdel-r 用户名”来实现这一目的。

(3) 修改用户属性。

在前面看到了在新建一个用户的时候如何指定它的用户主目录，如何指定它的 Shell，如何设置它所属的组等。Linux 中提供了一个命令来实现修改用户属性。

语法格式：usermod-g 组名-G 组名-d 用户主目录-s 用户 Shell

(4) 增加一个组。

还记得 Linux 的文件可以为同组的人、非同组的人设置不同的访问权限吗？我们可以根据自己的需要创建用户组。

语法格式：groupadd 组名

(5) 删除一个组。

语法格式：groupdel 组名

(6) 修改组成员。

如果需要将一个用户加入一个组，只需编辑/etc/group 文件，将用户名写到组名的后面。

例如，将 newuser 用户加入到 softdevelop 组，只需找到 softdevelop 这一行：

softdevelop：x：506：userl，userZ

然后在后面加上 newuser，形成：

softdevelop：x：506：userl，userZ，newuser

另外，RedHat Linux 还提供了一个图形化的用户管理工具 userconf，通过它可以更直接地进行用户管理。

（十）进程管理

Linux 是一个多用户多任务的操作系统。多用户是指多个用户可以在同一时间使用计算机系统；多任务是指 Linux 可以同时执行几个任务，它可以在还未执行完一个任务时又执行另一个任务。

所有在 Linux 系统上运行的内容都可以称之为一个进程。每个用户任务、每个系统管理守护进程，都可以称之为进程。Linux 用分时管理方法使所有的任务共同分享系统资源。下面看一下如何控制这些进程。

（1）启动进程。

在 Linux 系统中有两种启动进程的方法。

①直接输入命令启动一个进程。在普通情况下，进程将在前台执行，这时无法再执行新的命令；如果在命令之后加上一个“&”，则该进程将会放在后台执行，仍然可以执行新的命令。

②通过命令启动。通过 at、cron、crontab 命令可以像 Windows 中的计划任务一样定时启动某个进程，可以使用“man 命令名”来查询具体的使用方法。

（2）查看进程。

在 Linux 系统中，可以使用 ps 命令来查看正在运行的进程。

（3）终止进程。

一个进程在任务完成之后，将自动完成。如果要中止该进程，有两种方法：对于在前台运行的程序，直接通过组合键 Ctrl+C 就可以中止进程；而对于在后台运行的程序，则需要通过前面介绍的 ps 命令找到它的进程号，然后使用“kill 进程号”来终止该进程。

（十一）网络应用

RedHat Linux 7.1 系统提供了与网络相关的工具，掌握好这些工具是十分必要的。

（1）设置工具。

设置工具有 2 种。

①Netconfig。Netconfig 是 RedHat Linux 提供的 Linuxconf 的一部分，主要用于设置与网络相关的参数。它可以在 console 下运行（文本选单），也可以在 X Window 中运行（图形界面）。

②ifcofig。ifcofig 是 Linux 系统中最常用的一个用来显示和设置网络设备的工具。

其中 if 是 interface 的缩写。它可以用来设置网卡的状态或显示当前的设置。

（2）诊断工具。

诊断工具有以下 3 种。

1）Ping。Ping 是一个最常用的检测是否能够与远端机器建立网络通信连接的命令。

2）traceroute。如果 ping 不通远端服务器，想知道是在什么地方出的问题；或者想知道信息到远端服务器都经过了哪些路由器，可以使用 traceroute 命令。顾名思义，trace 是跟踪，route 是路由，也就是跟踪路由。使用这个命令很简单，traceroute 远程主机 IP 地址或域名。

这个命令的输出格式如下：

1 路由器（网关）的 IP 地址 访问所需时间 1 访问所需时间 2 访问所需时间 3

2 路由器（网关）的 IP 地址 访问所需时间 1 访问所需时间 2 访问所需时间 3

其中，最前面的数字代表“经过第几站”；路由器（网关）的 IP 地址就是该站点的 IP 地址；访问所需时间 1、2、3 是指访问到这个路由器（网关）需要的时间。

3）netstat。在 Linux 系统中，提供了一个功能十分强大的查看网络状态的工具：netstat。通过它可以得知整个 Linux 系统的网络情况。

①统计出各网络设备传送、接收数据包的情况：netstat-i

这个命令将输出一张表，其中包括以下内容。

Iface：网络接口名

MTU：最大传输单元

RX-OK：共成功接收多少个包

RX-ERR：接收的包中共有多少个错误包

RX-DRP：接收时共丢失多少个包

RX-OVR：共接收多少个碰撞包

TX-OK：共成功发送多少个包

TX-ERR：发送的包中共有多少个错误包

TX-DRP：发送时共丢失多少个包

TX-OVR：共发送多少个碰撞包

②显示网络的统计信息：netstat-s

使用这个命令，将会以摘要的形式统计出 IP、ICMP、TCP、UDP、TCPEXT 形式的通信信息。

③显示 TCP 传输协议的网络连接情况：netstat-t

这个命令的输出也是一张表，其中包括以下内容。

Local Address：本地地址，格式是 IP 地址：端口号

Foreign Address：远程地址，格式也是 IP 地址：端口号

State：连接状态，包括 LISTEN、ESTABLISHED、TIME_WAIT 等。

④只显示使用 UDP 的网络连接情况：netstat-u

⑤显示路由表：netstat-r

这个命令与 route 命令的输出相同。

（3）网络服务访问限制。

在 RedHat Linux 7.1 中加强了对网络中不安全因素的防范，如果安装时安全等级不是在最低一级，那么本机之外的所有访问都可能被拒绝。这是因为在 RedHat Linux 7.1 中做了一些默认的 ipchains 设置，这是 Linux 内置的防火墙机制，它可以使用一些规则来允许或禁止某种访问。它的规则存放在/etc/sysconfig/ipchains 文件中，如果要让它暂时不生效，则可以运行/etc/rc. d/init. d/ipchains stop，那么所有的规则都将被取消，所有的网络访问都将被允许。可以运行/etc/rc. d/init. d/ipchains status 来获知现在对网络访问的限制。

（4）通过 Modem 拨号上网。

在 Linux 下，也可以通过 Modem 拨号上网。Modem 是串行设备，外置的需要连一个串口上，内置的自带一个串口。在 RedHat Linux 7j 中，串口设备的命令与 DOS 的关系如下：

COM/dev/ttyS0

COMZ/dev/ttysl

通常情况下，我们是无须设置 Modem 的，只需要对 Modem 对应的端口进行操作就可以了。

①拨号上网。可以使用拨号工具进行手动拨号上网。

②终止拨号。终止拨号是十分简单的：$ dip-k。

三、难点释疑

诊断工具的灵活运用

诊断工具有以下 3 种。

(1) Ping。Ping 是一个最常用的检测是否能够与远端机器建立网络通信连接的命令。

(2) traceroute。如果 ping 不通远端服务器，想知道是在什么地方出的问题；或者想知道信息到远端服务器都经过了哪些路由器，可以使用 traceroute 命令。顾名思义：trace 是跟踪，route 是路由，也就是跟踪路由。使用这个命令很简单，traceroute 远程主机 IP 地址或域名。

这个命令的输出格式如下：

1 路由器（网关）的 IP 地址 访问所需时间 1 访问所需时间 2 访问所需时间 3

2 路由器（网关）的 IP 地址 访问所需时间 1 访问所需时间 2 访问所需时间 3

其中，最前面的数字代表"经过第几站"；路由器（网关）的 IP 地址就是该站点的 IP 地址；访问所需时间 1、2、3 是指访问到这个路由器（网关）需要的时间。

(3) netstat。在 Linux 系统中，提供了一个功能十分强大的查看网络状态的工具：netstat。它可以得知整个 Linux 系统的网络情况。

①统计出各网络设备传送、接收数据包的情况：netstat-i

这个命令将输出一张表，其中包括以下内容。

Iface：网络接口名

MTU：最大传输单元

RX-OK：共成功接收多少个包

RX-ERR：接收的包中共有多少个错误包

RX-DRP：接收时共丢失多少个包

RX-OVR：共接收多少个碰撞包

TX-OK：共成功发送多少个包

TX-ERR：发送的包中共有多少个错误包

TX-DRP：发送时共丢失多少个包

TX-OVR：共发送多少个碰撞包

②显示网络的统计信息：netstat-s

使用这个命令，将会以摘要的形式统计出 IP、ICMP、TCP、UDP、TCPEXT 形式的通信信息。

③显示 TCP 传输协议的网络连接情况：netstat-t

这个命令的输出也是一张表，其中包括以下内容。

Local Address：本地地址，格式是 IP 地址：端口号

Foreign Address：远程地址，格式也是 IP 地址：端口号

State：连接状态，包括 LISTEN、ESTABLISHED、TIME_WAIT 等。

④只显示使用 UDP 的网络连接情况：netstat-u

⑤显示路由表：netstat-r

这个命令与 route 命令的输出相同。

本章属于实际运用，需大量的上机操作

四、练习题

(一) 单项选择题（在备选答案中选出一个正确答案）

1. Linux 与 UNIX 的关系是(　　)。

A. 没有关系

B. UNIX 是一种类 Linux 的操作系统

C. Linux 是一种类 UNIX 的操作系统

D. Linux 和 UNIX 是一回事

2. 下面哪个是 Web 服务器的配置文件？(　　)

A. http. conf　　B. named. conf　　C. apache　　D. squid. conf

3. Linux 系统是一个(　　)。

A. 单用户 单任务　　B. 单用户 多任务

C. 多用户 单任务　　D. 多用户 多任务

4. 在安装开始之前，用光盘启动系统，想要进入字符界面安装，需要输入的命令是(　　)。

A. linux doc　　B. linux　　C. linux text　　D. linux note

5. 安装 RedHat Linux，采用专家模式时应输入(　　)。

A. expert　　B. linux dd　　C. Ustom　　D. Text

6. 某公司使用 RedHat Linux 作为 Web 服务器，安装了 Apache 在 Internet 上提供信息浏览服务，则 Apache 在这个 Linux 系统上属于(　　)。

A. 内核　　B. 运行期库和系统程序

C. Shell　　D. 实用程序

7. 在 RedHat Linux 系统中，下列哪个命令可以用来安装驱动程序包？(　　)

A. setup　　B. load　　C. rpm　　D. installmod

8. 在 RedHat Linux 系统中，下列哪个命令可以用来系统分区？(　　)

A. fdisk　　B. mkfs　　C. tune2fs　　D. mount

9. 在 RedHat Linux 系统中，下列哪个命令可以用来加载驱动程序？(　　)

A. insmod　　B. load　　C. init　　D. installmod

10. 在 RedHat Linux 系统中，下列哪个命令可以用来格式化分区？(　　)

A. fdisk　　B. mkfs　　C. tune2fs　　D. mount

11. 在 RedHat Linux 系统中，下列哪个命令可以用来将分区挂载到目录？(　　)

A. fdisk　　B. mkfs　　C. tune2fs　　D. mount

12. 在 RedHat Linux 系统中，下列哪个命令来显示系统自检信息？（　　）

A. show　　B. post　　C. dmesg　　D. view

13. 在 RedHat Linux 系统中，所有文件系统的挂载信息存放在哪个配置文件中？（　　）

A. /etc/passwd　　B. /etc/fstab

C. /etc/modules. conf　　D. /etc/inittab

14. 某公司要安装 Linux 系统作为 Web 服务器，应该选用最新的内核稳定版本，下面（　　）能满足需求。

A. 2.2.11　　B. 2.4.24　　C. 2.5.2　　D. 2.1.132

15. 若安装了 RedHat Linux 9.0，该系统中有个文件/dev/hda2/，则该文件最可能是（　　）。

A. 普通文件　　B. 特殊文件　　C. 目录文件　　D. 链接文件

（二）多项选择题（在备选答案中选出两个或两个以上的正确答案）

1. UNIX 的特点是（　　）。

A. 多用户多任务　　B. 结构简洁且功能强大

C. 丰富的软件开发环境　　D. 系统的开放性和可移植性

E. 先进的网络功能

2. 下列属于 Linux 的特点的是（　　）。

A. 单用户　　B. 单任务　　C. 多平台

D. 按需存取　　E. 内存保护

3. Linux 的很多日常管理功能，可以使用脚本程序来完成。下列关于脚本的概念叙述正确的是（　　）。

A. 脚本的内容以文本形式存储，运行之前不需要编译就可以执行

B. 脚本的内容以文本形式存储，运行之前必须进行编译才可以执行

C. 脚本程序一般比二进制程序运行速度快

D. 脚本能够处理大量重复性的系统工作，提高管理员工作效率

4. 在 RedHat Linux 的应用程序中，有一类是文本编辑器。下列应用程序属于文本编辑器的是（　　）。

A. pico　　B. pine　　C. vi　　D. Emacs

5. 使用 vi 打开/etc/fstab 文件，想修改该文件中的一行，需要输入命令（　　）才能开始编辑。

A. s　　B. a　　C. h　　D. i

6. 想要查看/root 下文件和文件夹的赋权的详细列表，应该使用（　　）命令 。

A. ls-t　　B. ls-i　　C. ii　　D. dir

7. RedHat Linux 提供了多种安装方式，其中包括（　　）。

A. 光盘安装　　B. 硬盘安装　　C. 软盘安装　　D. 网络安装

8. RedHat Linux 可以使用（　　）启动引导器对多操作系统启动提供支持。

A. LILO　　B. GRUB

C. NT OSLoader　　D. Boot Loader

9. 开放源代码 OS 中，有一类属于 BSD 家族的 UNIX 系统。以下操作中，(　　)属于 BSD 家族。

A. FreeBSD　　B. GnuBSD　　C. Darwin　　D. NetBSD

10. (　　)命令可以用来随时监听磁盘空间的使用情况。

A. df　　B. du　　C. da

D. db　　E. Di

(三) 名词解释

1. Linux
2. 多用户
3. 多任务
4. RedHat Linux
5. 用户管理
6. ifconfig
7. Ping

(四) 简答题

1. 简述 Linux 的用途。
2. 简述 UNIX 的特点。
3. 简述 Linux 的特点。
4. Linux 是由哪几部分组成的?
5. Debian GNU/Linux 具有哪些特点?
6. 简述 RedHat Linux 7.1 的新特性。
7. 简述 Linux 下的用户登录。
8. Linux 系统中关闭机器可以通过哪几种方法实现?
9. 简述 Linux 系统中启动进程的方法。
10. 简述 RedHat Linux 中设置工具的方法。

五、参考答案

(一) 单项选择题

1. C	2. A	3. D	4. C	5. A
6. D	7. C	8. A	9. A	10. B
11. D	12. C	13. B	14. B	15. B

(二) 多项选择题

1. BCDE	2. CDE	3. AD	4. ACD	5. ABD

6. BC　　7. ABD　　8. AB　　9. ACD　　10. AB

（三）名词解释

1. Linux：Linux 是一个可以在基于 Intel 386、Intel 486、Pentium、Pentium Pro、Pentium MMX、Pentium Ⅱ处理器以及 Cyrix、AMD 的兼容芯片的微机上运行的 UNIX 系统。

2. 多用户：多用户是指在同一时间内可以有多个用户使用同一台机器。

3. 多任务：多任务是指同一台计算机在同一时间可以运行多个应用程序。

4. RedHat Linux：RedHat Linux 是由 RedHat Software 公司发行的，目前的版本是 5.1，它是基于 2.0.34 内核的。它的 RPM 技术，即 RedHat 的软件包管理系统，可以方便地安装和卸掉应用软件和操作系统本身，包括内核和操作系统的基础部分。

5. 用户管理：用户管理，主要的工作就是建立一个合法的用户账户、设置和管理用户的密码、修改用户账户的属性以及在必要时删除已经废弃的用户账号。

6. ifconfig：ifconfig 是 Linux 系统中最常用的一个用来显示和设置网络设备的工具。

7. Ping：Ping 是一个最常用的检测是否能够与远端机器建立网络通信连接的命令。

（四）简答题

1. 答：(1) 编辑器。
(2) 中文输入。
(3) 视窗。
(4) 网络功能。
(5) 编译程序。
(6) 图形/动画。
(7) 与其他操作系统的兼容性。
(8) 游戏。

2. 答：UNIX 之所以在计算机界能够如此受欢迎，它本身具有许多优点。
(1) 结构简洁且功能强大。
(2) 丰富的软件开发环境。
(3) 系统的开放性和可移植性。
(4) 先进的网络功能。

3. 答：(1) 多用户。
(2) 多任务。
(3) 多平台。
(4) 按需存取。
(5) 内存保护。
(6) 虚拟内存分页技术。
(7) 内存页面共享。
(8) 具有优秀的磁盘缓冲调度功能。
(9) 动态链接共享库。

（10）支持伪终端设备。

（11）支持多个虚拟控制台。

（12）支持的硬件范围广泛。

（13）支持多种 CPU。

（14）支持数学协处理器 387 的软件模拟。

（15）支持多种文件系统。

4. 答：我们通常所说的 Linux 是由两部分组成的。

一部分是 Linux 的内核，由 Linus Torvalds 开发维护并拥有版权。目前，Linux 的内核的稳定版本是 2.0.34。Linux 的内核为其他的系统程序和应用程序的运行创造一个基本的环境，主要包括 CPU 管理和内存管理等部分。

另外一部分是在内核之上运行的系统程序和应用程序，是由 Internet 上的广大 Linux 爱好者自己开发或者移植过来的，是操作系统和用户交互的程序以及用户用来完成自己工作的程序。

5. 答：（1）独立的相互依存关系（dependency）。在所有 Linux 的发行版本里，Debian 是第一个提出相互依存关系的，也是做得最好的一个版本。所谓相互依存关系，就是当安装一个软件包时，它会首先检查是否已经安装了需要调用的模块、其版本对不对、是否与其他模块的存在发生冲突。这种依靠关系是由软件包的维护者仔细地设计的。

（2）DPKG 包管理系统。它使得软件包的维护和升级变得非常容易。当用户需要升级某个软件包时，不需要重新安装整个系统，只要安装某一软件包就行了，而 Slackware 升级却需要安装整个系统。Debian 还可以在系统运行时进行升级，包括对内核等关键部分的升级，这就为必须不间断工作的系统提供了无缝的升级。

（3）全功能。Debian 发行版本目前包括近 500 个软件包，是所有发行版本中包含的软件最多最全的。用户可以选择安装软件包，因为 Debian 已经为此提供了一个工具。用户可以在 Debian 的任何一个镜像站点找到 Debian 目前所能提供的软件包的列表和说明。

（4）自由地使用和分发。发行和开发 Debian 是不需要付任何费用的。Debian 发行版本里的所有正式的软件包都可以自由地分发，通常这要在 GNU 的普通公共许可协议（General Public License）指定的条款约束下进行。

6. 答：（1）RedHat Linux 7.1 版本采用最新的 Linux 2.4.2 版稳定内核，支持更多硬件设备，采用最新的图形系统 Xfree86 4.0.3，提供强大的硬件支持，同时引入全图形安装界面，使得安装界面更为简单。

（2）RedHat Linux 7.1 版本显著改进了对多处理器计算机的支持，单处理器计算机最高可支持 4GB 的用户登录进程，消除 PCI 总线限制，进一步扩展了虚拟内存的性能，支持 64GB 的物理内存，支持更多的用户和用户组，促使调度程序可处理更多的进程；增加和改进了对硬件设备的支持，以及改进了多线程的网络栈性能。

（3）RedHat Linux 7.1 版本对移动存储设备提供了出色的支持，包括可“热插拔”USB 设备、ZIP 驱动器和各种光盘刻录机。另外，还增强了对 PCMCIA 设备的支持，这对使用 PCMCIA 设备的笔记本电脑的用户来说是非常重要的。

（4）加入了最新系统配置工具，方便用户管理和系统调用，如 apacheconf、bindconf 和 printconf 等。这些工具能方便用户通过 GUI 图形用户界面来配置 Apache、Bind 和打印机。

(5) 新版本在安全方面也做了许多修补工作。安全默认设置可保证端口关闭，新的防火墙屏蔽可由用户随意打开或关闭。

7. 答：Linux 是一个真正意义上的多用户操作系统，用户要使用该系统，必须首先登录。用户登录系统时，为了使系统能够识别该用户，必须输入用户名和密码，经系统验证无误后才可登录系统使用。Linux 下有两种用户。

(1) root 用户：超级权限者，系统的拥有者。在 Linux 系统中有且只有一个 root 用户，它可以在系统中做任何操作。在系统安装时所设定的密码就是 root 用户的密码。

(2) 普通用户：Linux 系统可以创建许多普通用户，并为其指定相应的权限，使其有权使用 Linux 系统。

8. 答：在 Linux 系统中，普通用户是无权关闭系统的。只有 root 用户才能够关闭它。可以通过以下几种方法实现。

(1) 按 Ctrl＋Alt＋Del 组合键，这样系统将重新启动。

(2) 执行 reboot 命令，这样系统也将重新启动。

(3) 执行 shutdown-h now 命令，这样系统将关闭计算机。

(4) 执行 halt 命令，也可以关闭计算机。

9. 答：在 Linux 系统中有两种启动进程的方法。

(1) 直接输入命令启动一个进程。在普通情况下，进程将在前台执行，这时无法再执行新的命令；如果在命令之后加上一个“&”，则该进程将会放在后台执行，仍然可以执行新的命令。

(2) 通过命令启动。通过 at、cron、crontab 命令可以像 Windows 中的计划任务一样定时启动某个进程，可以使用“man 命令名”来查询具体的使用方法。

10. 答：设置工具有两种。

(1) Netconfig。Netconfig 是 RedHat Linux 提供的 Linuxconf 的一部分，主要用于设置与网络相关的参数。它可以在 console 下运行（文本选单），也可以在 X Window 中运行（图形界面）。

(2) ifconfig。ifconfig 是 Linux 系统中最常用的一个用来显示和设置网络设备的工具。其中 if 是 interface 的缩写。它可以用来设置网卡的状态或显示当前的设置。

第十二章　网络安全与网络管理

一、章节结构及重点

本章共分为六节，主要介绍了当今网络面临的安全问题和防范方法，包括对网络计算机病毒的介绍、数据加密的介绍和防火墙技术的介绍，并着重讲述了网络管理的方法和策略。

第一节是网络安全概述。首先讲述了计算机网络面临的几大安全性威胁，详细介绍了恶意程序攻击的种类，还介绍了计算机网络安全的一些内容，如保密性、安全协议的设计和接入控制。

第二节介绍了数据加密的若干基本概念。首先介绍了数据加密的必要性，随后介绍了常规密钥密码体制的相关概念，并重点介绍了数字签名的原理和数字签名必须的三个基本条件，即接收者能够核实发送者对报文的签名、发送者事后不能抵赖对报文的签名和接收者不能伪造对报文的签名；最后介绍了密钥分配的问题。

第三节介绍了网络环境下的威胁和安全措施。首先介绍了在网络环境下对网络安全的威胁，随后介绍了实现通信安全的加密策略，最后介绍了在端到端加密下的若干措施。

第四节是网络防火墙概述。首先讲述了防火墙的作用，接着介绍了 Internet 防火墙的组成结构，并简单介绍了网络防火墙设计的基本概念，最后讲述了几种主要的防火墙体系结构。

第五节是对代理服务的简介。其中分析了使用代理的原因，并介绍了使用代理服务的优点和缺点。

第六节是网络管理。首先简单介绍了网络管理的五大功能，并在网络管理的基础上介绍了 SNMP（简单网络管理协议）和 CMIP 协议，同时简单分析了网络管理的各个因素，其中包括网络管理者、网络管理应用、网络管理代理和管理器、层管理实体、网络管理协议和被管对象等，最后简要讲述了网络管理需求。

二、本章主要内容

（一）计算机网络面临的主要威胁

一般认为，计算机网络系统的安全威胁主要来自黑客攻击、计算机病毒和拒绝服务等方面，具体有以下表现形式：

（1）身份窃取。指用户的身份在通信时被他人非法截取。

（2）非授权访问。指对网络设备和信息资源进行非正常使用或越权使用等。

（3）冒充合法用户。主要指使用各种假冒或欺骗的手段非法获得合法用户的使用权限，以达到占用合法用户资源的目的。

(4) 数据窃取。指非法用户截取通信网络中的某些重要信息。

(5) 破坏数据的完整性。指使用非法手段，删除、修改、重发某些重要的信息，以干扰用户的正常使用。

(6) 拒绝服务。指通信被终止或时实操作被延迟。

(7) 否认。指通信的双方有一方事后否认曾参与某次活动。

(8) 数据流分析。指分析通信线路中的信息流向、流量和流速等，从中获得有用信息。

(9) 干扰系统正常运行。指改变系统的正常运行方法、减慢系统的响应时间等手段。

(10) 病毒与恶意攻击。指通过网络传播病毒或恶意攻击等。

(二) 计算机网络安全的主要内容

计算机网络安全主要有以下一些内容。

(1) 保密性：为用户提供安全可靠的保密通信是计算机网络安全最为重要的内容。尽管计算机网络安全不仅仅局限于保密性，但不能提供保密性的网络肯定是不安全的。网络的保密性机制除为用户提供保密通信以外，也是许多其他安全机制的基础，如接入控制中登录口令的设计、安全通信协议的设计和数字签名的设计等，都离不开密码机制。

(2) 安全协议的设计：人们一直希望能设计出安全的计算机网络，但网络的安全性是不可判定的。目前在安全协议的设计方面，主要是针对具体的攻击设计安全的通信协议。通常协议安全性的保证有两种方法，一种是用形式化方法来证明，另一种是用经验来分析协议的安全性。形式化证明的方法是人们所希望的，但一般的协议安全性也是不可判定的。对复杂的通信协议的安全性，目前主要采用找漏洞分析的方法。对于简单的协议，可通过限制敌手的操作（假定敌手不会进行某种攻击）来对一些特定情况进行形式化的证明。当然，这种方法有很大的局限性。

(3) 接入控制：接入控制（access control）也叫做访问控制。必须对接入网络的权限加以控制，并规定每个用户的接入权限。由于网络是一个非常复杂的系统，其接入控制机制比操作系统的访问控制机制更复杂，尤其在高安全性级别的多级安全性（multilevel security）情况下更是如此。

所有上述计算机网络安全的内容都与密码技术紧密相关。如在保密通信中，要用加密算法来对消息进行加密，以对抗可能的窃听；安全协议中的一个重要内容就是要论证协议的安全性取决于加密算法的强度；在接入控制系统的设计中，也要用到加密技术。

(三) 密码技术的主要内容

密码技术主要包括以下几个方面。

- 加密：简单地说，就是把明文变换成密文的过程。
- 解密：简言之，就是把密文还原成明文的过程。
- 认证：识别个人、网络上的机器或机构。
- 数字签名：将发送文件与特定的密钥捆在一起。它是把密文和用来解码的密钥一起发送，而该密钥本身又被加密，还需要另一个密钥来解密。
- 签名识别：数字签名的反过程，它证明签名有效。

（四）对称密钥密码体制的概念和不足

对称密钥密码体制属于传统密钥密码系统。如果一个加密系统的加密密钥和解密密钥相同，或者虽不相同，但可以由其中一个推导出另一个，则是对称密钥密码体制。

对称密钥密码体制也称为私钥加密法，它的优点是使用的加密算法比较简便高效，密钥简短，破译极其困难，因此具有很高的保密强度，但它的密钥必须按照途径进行传递。根据“一切秘密寓于密钥当中”的公理，密钥管理成为影响系统安全的关键因素，难于满足开放式计算机网络的需求。

对称密钥密码体制主要有以下几点不足：

（1）密钥使用一段时间后就要更换，加密方每次启动新密码时，都要经过某种秘密渠道把密钥传给解密方，而密钥在传递过程中很容易泄露。

（2）网络通信时，如果网内的所有用户都使用同样的密钥，就失去了保密的意义，但如果网内任意两个用户通信时都使用互不相同的密钥，N 个人就要使用 $N(N-1)/2$ 个密钥，密钥量太大，难于管理。

（3）无法满足互不相识的人进行私人谈话时的保密要求。Internet 中，有时互不相识的两方需要传送加密信息。

（4）难于解决数字签名验证的问题。

（五）公开密钥密码体制的概念和优点

如果将一个加密系统的加密密钥和解密密钥分开，加密和解密分别由两个密钥来实现，并使得由加密密钥推导出解密密钥，这在计算机上是不可行的。采用公开密钥密码体制的每一个用户都有一对选定的密钥，其中加密密钥不同于解密密钥，加密密钥公之于众，谁都可以用，解密密钥只有解密人自己知道，分别称为“公开密钥”和“私密密钥”。公开密钥密码体制也称为不对称密钥密码体制。

公开密钥密码体制是现代密码学的最重要的发明和进展。保护敏感的信息一直是密码学多年来的重点。但这仅是当今密码学的一个方面，另一个方面是对信息发送人的身份验证。公开密钥密码体制为这两个方面的问题都给出了出色的答案。

公开密钥密码体制的优点有以下几方面：

（1）密钥分配简单。由于加密密钥和解密密钥不同，且不能由加密密钥推导出解密密钥，因此，加密密钥表可以像电话号码本一样，分发给各用户，而解密密钥则由用户自己掌握。

（2）密钥的保存量少。网络中的每一密码通信成员只需秘密保存自己的解密密钥，N 个成员只需产生 N 对密钥，便于密钥管理。

（3）可以满足互不相识的人之间进行私人谈话时的保密性要求。

（4）可以完成数字签名和数字鉴别。发信人使用只有自己知道的密钥进行签名，收信人利用公开密钥进行检查，既方便又安全。

由于任何人都可获得公开密钥，公开密钥存在的问题是能否信任使用密钥的密钥持有者。这就是公开密钥认证问题。认证是指用户必须提供他是谁的证明，如他是某个人、某个组织的代理等。每个密钥都有它们自己的标识（keyID），keyID 是一个八位十六进制数，两个密钥具有相同 keyID 的可能性是几十亿分之一。公开密钥证明也称为数字 ID、数字证书、数字护照。

（六）威胁网络安全的攻击（主动攻击和被动攻击）

可以将网络环境下对网络安全的威胁分为以下三类：（1）未经许可地析出信息；（2）未经许可地篡改信息；（3）未经许可地拒绝或中止一些用户对资源的使用。

在上述的析出信息的攻击称为被动攻击，而更改信息和拒绝用户使用资源的攻击称为主动攻击。

在被动攻击中，攻击者只是观察通过一个连接的协议数据单元（PDU）而不干扰信息流。即使这些数据对攻击者来说是不易理解的，他也可通过观察 PDU 的协议控制信息部分，了解正在通信的协议实体的地址和身份，研究 PDU 的长度和运输的频度，以便了解所交换的数据的性质。

主动攻击是指攻击者对连接中通过的 PDU 进行各种处理。如有选择地更改、删除、延迟这些 PDU。还可在稍后的时间将以前录下的 PDU 插入这个连接。甚至还可将合成的或伪造的 PDU 送入到一个连接中去。主动攻击可进一步划分为三种：（1）更改报文流；（2）拒绝报文服务；（3）伪造连接初始化。

更改报文流包括对通过连接的 PDU 的真实性、完整性和有序性的攻击。对真实性的攻击可以是更改 PDU 中的协议控制信息，这样就使 PDU 被送往错误的目的地。对完整性的攻击可以是更改 PDU 的数据部分。对有序性的攻击则可用删除 PDU 或更改 PDU 中协议控制部分的序号来实现。

拒绝报文服务是指攻击者或者删除通过某一连接的所有 PDU，或者将双方或单方的所有 PDU 加以延迟。

伪造连接初始化则是攻击者重放以前合法连接初始化序列的记录，或者伪造身份而企图建立连接。

对于主动攻击，可以采取适当措施加以检测。但对于被动攻击，通常却是检测不出来的。根据这些特点，可得出计算机网络通信安全的五个目标如下：（1）防止析出报文内容；（2）防止信息量分析；（3）检测更改报文流；（4）检测拒绝报文服务；（5）检测伪造连接初始化。

对付被动攻击可采用各种数据加密技术，而对付主动攻击，则需将加密技术与适当的鉴别技术相结合。

（七）链路加密与端到端加密

（1）链路加密的概念。

在采用链路加密的网络中，每条通信链路上的加密是独立实现的。通常对每条链路使用不同的加密密钥。当某条链路受到破坏时，就不会导致其他链路上传送的信息被析出。加密算法常采用序列密码。由于 PDU 中的协议控制信息和数据都被加密，这就掩盖了源结点和目的结点的地址。若在结点间保持连续的密文序列，则 PDU 的频度和长度也能得到掩盖。这样就能防止各种形式的通信量分析。由于不需要传送额外的数据，采用这种技术不会减少网络的有效带宽。由于只要求相邻结点之间具有相同的密钥，因而密钥管理易于实现。链路加密对用户来说是透明的，因为加密的功能是由通信子网提供的。

链路加密的最大缺点是在中间结点都暴露了信息的内容。在网络互连的情况下，仅采用链路加密是不能实现通信安全的。此外，链路加密也不适用于广播网络，因为它的通信子网没有明确的链路存在。若将整个 PDU 加密，则会造成无法确定接收者和发送者。由于上述原因，除非采取其他措施，否则在网络环境中链路加密将受到很大的限制，可能只适用于局部数据的保护。

（2）端到端加密的概念。

端到端加密是在源结点和目的结点中对传送的 PDU 进行加密和解密，端到端加密已超出了通信子网的范围，因此要在运输层或其以上各层来实现。这样就使端到端加密的层次选择有一定的灵活性。若选择在运输层进行加密，可以使安全措施对用户来说是透明的。这样可不必为每一个用户提供单独的安全保护，但容易遭受运输层以上的攻击。当选择在应用层实现加密时，用户可根据自己的特殊要求来选择不同的加密算法，而不会影响其他用户。这样，端到端加密更容易适合不同用户的要求。端到端加密不仅适用于互联网环境，而且同样也适用于广播网。

在端到端加密的情况下，PDU 的控制信息部分（如源结点地址、目的结点地址、路由信息等）不能被加密，否则中间结点就不能正确选择路由。这就使得这种方法易于受到被动攻击。虽然也可以通过发送一些假的 PDU 来掩盖有意义的报文流动，但这要以降低网络性能为代价。由于各结点必须持有与其他结点相同的密钥，这就需要在全网范围内进行密钥管理和分配。

为了获得更好的安全性，可将链路加密与端到端加密结合在一起使用。链路加密用来对 PDU 的目的地址进行加密，而端到端加密则提供了对端到端的数据进行保护。

（八）防火墙的概念和优缺点

防火墙从本质上说是一种保护装置，是用来保护网络数据、资源和用户声誉的。因特网防火墙常常被安装在受保护的内部网络连接到因特网的结点上，所有来自 Internet 的传输信息或从你的内部网络发出的信息都必须穿过防火墙。因此，防火墙能够确保如电子信件、文件传输、远程登录或在特定的系统间信息交换的安全。

从逻辑上讲，防火墙是分离器、限制器、分析器。从物理角度看，各站点防火墙物理实现的方式有所不同。通常防火墙是一组硬件设备——路由器、主计算机或者路由器、计算机和配有适当软件的网络的多种组合。

防火墙主要有以下优点：

（1）防火墙能强化安全策略。

（2）防火墙能有效地记录 Internet 上的活动。

（3）防火墙限制暴露用户点。

（4）防火墙是一个安全策略的检查站。

防火墙也有自己的缺点：

（1）不能防范恶意的知情者。

（2）防火墙不能防范不通过它的连接。

（3）防火墙不能防备全部的威胁。

（4）防火墙不能防范病毒。

（九）防火墙的体系结构

防火墙的体系结构一般有以下几种。

(1) 双重宿主主机体系结构：双重宿主主机体系结构是围绕具有双重宿主的主体计算机而构筑的。该计算机至少有两个网络接口，这样的主机可以充当与这些接口相连的网络之间的路由器，并能够从一个网络到另一个网络发送 IP 数据包。然而，实现双重宿主主机的防火墙体系结构禁止这种发送功能。因而，IP 数据包从一个网络并不是直接发送到其他网络。防火墙内部的网络系统能与双重宿主主机通信，同时防火墙外部的网络系统也能与双重宿主主机通信。通过双重宿主主机，防火墙内外的计算机便可进行通信了，但是这些系统不能直接互相通信，它们之间的 IP 通信被完全阻止。

(2) 被屏蔽主机体系结构：被屏蔽主机体系结构使用一个单独的路由器提供来自仅仅与内部的网络相连的主机的服务。在这种体系结构中，主要的安全由数据包过滤提供。在屏蔽的路由器上的数据包过滤是按这样一种方法设置的，即堡垒主机是因特网上的主机连接到内部网络上的系统的桥梁。任何外部的系统试图访问内部的系统或者服务，都必须连接到这台堡垒主机上。因此，堡垒主机需要拥有高等级的安全。

因为这种体系结构允许数据包从因特网向内部网的移动，所以，它的设计比没有外部数据包能到达内部网络的双重宿主主机体系结构似乎更具风险。当然，双重宿主主机体系结构在防备数据包从外部网络穿过内部的网络时也容易失败。多数情况下，被屏蔽的主机体系结构提供比双重宿主主机体系结构更高的安全性和可用性。然而，比较其他体系结构，屏蔽主机体系结构仍然有一些缺点。当侵袭者没有办法侵入堡垒主机时，而且在堡垒主机和其余的内部主机之间没有任何网络安全措施存在的情况下，路由器会出现一个单点失效。如果路由器被损害，整个网络对侵袭者就全面开放了。

(3) 被屏蔽子网体系结构：被屏蔽子网体系结构添加了额外的安全层到被屏蔽主机体系结构中，即通过添加周边网络更进一步地把内部网络与因特网络隔离开。

堡垒主机是用户的网络上最容易受侵袭的主体。任凭用户尽最大的力气去保护它，它仍是最有可能被侵袭的，因为它的本质决定了它是最容易被侵袭的对象。如果在被屏蔽主机体系结构中，用户的内部网络在没有其他的防御手段时，一旦有人成功地侵入被屏蔽主机体系结构中的堡垒主机，那就可以毫无阻挡地进入了内部系统，因此，用户的堡垒主机是非常诱人的攻击目标。

被屏蔽子网体系结构的最简单的形式为两个屏蔽路由器，每一个都连接到周边网，一个位于周边网与内部的网络之间，另一个位于周边网与外部网络之间（通常为因特网）。如果想侵入用这种类型的体系结构构筑的内部网络，侵袭者必须要通过两个路由器。即使侵袭者设法侵入堡垒主机，他们仍然需要通过内部路由器。在此情况下，网络内部的单一的易受侵袭点便不会存在了。

（十）代理服务的概念和特点

代理只允许单个主机或少数主机提供因特网访问服务，而不允许所有的主机都能为用户提供此类服务。代理服务的条件是具有访问因特网能力的主机才可以作为那些无权访问因特网的主机的代理，这样使得一些不能访问因特网的主机通过代理服务也可以完成访问因特网的工作。

代理服务是在双重宿主主机或堡垒主机上运行一个特殊协议或一组协议，使一些仅能与内部用户交谈的主机同样也可以与外界交谈，这些用户的客户程序通过与该代理服务器交谈来代替直接与外部因特网中的服务器的“真正的”交谈。代理服务器判断从客户端来的请求并决定哪些请求允许传送而哪些应被拒绝。当某个请求被允许时，代理服务器就代表客户与真正的服务器进行交谈，将从客户端来的请求传送给真实服务器，并将真实服务器的回答传送给客户。

作为代理服务不需任何特殊硬件，但对于大多数服务来说要求专门的软件。代理服务只是在客户和服务器之间限制 IP 通信的时候才起作用的，如一个屏蔽路由器或双重宿主主机。如果在客户与真实服务器之间存在 IP 级连通，那么客户可以绕过代理系统。

（十一）代理服务的优点和缺点

代理服务的优点如下：

(1) 代理服务允许用户直接访问因特网。采用双重宿主主机的方案，用户需要登录到主机上才能访问因特网，所以用户感到不方便，而采用代理服务，用户会认为他们是直接访问因特网。当然这需要在后台运行一些程序，但这对用户来讲是透明的。代理服务系统允许用户从他们自己的系统访问因特网，但不允许数据包在用户系统和因特网之间直接传送。传送只能是间接的，或通过双重宿主主机，或通过一个堡垒主机和屏蔽路由器系统。

(2) 代理服务适合于做日志。因为代理服务遵循优先协议，它们允许日志服务以一种特殊且有效的方式来进行。

代理服务的缺点如下：

(1) 代理服务落后于非代理服务。在一个服务出现和它的代理服务出现之间一般会有一个较为明显的延迟，这个延迟时间的长短主要依赖于为代理而设计的服务器。所以一个站点在提供一个新的服务时无法立刻提供代理服务，则在可以使用代理服务之前，该服务只能放在防火墙外，这样便会产生安全漏洞。

(2) 每个代理服务要求不同的服务器。用户可能需要为每个协议配置不同的代理服务器，而代理服务对真实服务器来说是客户，对客户来说是真实服务器。因此，选择、安装和配置这些不同的代理服务器是一项复杂的工作。

(3) 代理服务一般要求对客户或程序进行修改。除了一些专门为代理而设计的服务外，代理服务器一般都要求对客户或程序进行修改，而每一种修改难免会带来某些缺憾，因为这些修改，代理应用就可能没有非代理应用运行得那样好，同时对于协议的理解也可能有偏差，并且一些客户程序和服务器要比非代理服务缺乏灵活性。

(4) 代理服务对某些服务来说是不合适的。代理服务能否实现，取决于能否在客户和真实服务器之间插入代理服务器，这要求两者间的交谈有相对的直接性。一个过于复杂的交谈可能永远无法进行代理。

(5) 代理服务不能保护用户不受协议本身缺点的限制。作为一个确保安全的方案，代理要判断协议中哪些操作是安全的，对于本身存在缺陷的协议，代理也无法保证其安全性。

（十二）网络管理的功能

为实现开放系统的互连，国际电信联盟制定了电信管理网标准。该标准为网络管理规定了五个方面的任务，即性能管理、故障管理、配置管理、计费管理和安全管理。

（1）性能管理：性能管理是对网络性能的管理，要求做到对网络的特性、资源利用率和有关通信活动进行分析，以帮助网络管理人员评价网络资源及相关的通信活动的情况和效率。有效的性能管理能优化网络的性能，最大限度地满足不同层次用户对网络的需求。进行性能管理需要了解局域网上的全部业务，管理员可根据需要了解配置信息，查看服务器负载是否过重，是否使用了网桥、路由器将网络分段等。通过对这些信息的收集、统计，可进行故障诊断和对重大故障发出报警警告。

（2）故障管理：故障管理是网络管理最基本的功能之一。故障管理主要对网络设备和服务器故障进行检测、诊断、故障排除、维修与报告。故障主要发生在三个方面，即硬件、软件和电缆系统。网络硬件的故障可用诊断程序诊断，也可使用故障诊断设备，有经验的人员还可人工查错。主要检查网络参数，如帧头长度、帧顺序、CRC 错、冲突发生的频度等。查找软件故障较困难，一般使用规程分析仪。

（3）配置管理：配置管理是维护网络正常有序运行的重要手段。它初始化网络、并配置网络，以使其提供网络服务。目的是实现某个特定功能或使网络性能达到最优。配置管理的任务是识别网上设备和用户，收集必要的数据，为通信系统的初始化提供数据，而且要提供连续可靠的连接。配置管理与硬件、软件和电路维护清单相连，这些清单随配置改变而做相应的修改，配置改变也会影响网络性能。

（4）计费管理：计费管理负责记录网络资源的使用，目的是控制和监测网络操作的费用和代价，它对一些公共商业网络尤为重要。它可以估算出用户使用网络资源可能需要的费用和代价，以及已经使用的资源。网络管理员还可以通过向用户收取费用来控制用户过多使用和占有网络资源。另外，当用户需要使用多个网络中的资源时，计费管理应能计算总费用。

（5）安全管理：安全管理是网络管理中非常重要的内容。安全性一直是网络的重要环节之一，而用户对网络安全的要求又相当高。网络中主要有以下几大安全问题：网络数据的私有性、授权、访问控制。相应地，网络安全管理应包括对授权机制、访问控制、加密和加密关键字的管理，另外，还要维护和检查安全日志。

对任何一个网络而言，信息安全都是极为重要的。安全管理的任务主要是保护网上处理的信息不被泄露和修改，限制没有授权的用户或者具有破坏作用的用户对网络的访问，要能控制网上的合法用户只能访问自己访问权限范围内的资源，以保护网上信息不会在传输时泄露和被修改。

当前主要的网络操作系统是通过对文件服务器的公共接入使用集中式的存储。对数据的保护应注意以下几点：

①局域网上承受安全危险最大的是工作站和电缆。

②网络操作系统对逻辑访问的管理包括两部分，一是控制用户对网络的访问；二是保护文件不被不该访问的用户访问，不被随意修改和删除。

③访问控制的目的是控制用户对网上文件的访问。系统为用户授权，对文件和目录层层设防。用户欲对某目录下的文件进行某种操作，必须有相应的权限。另外，访问控制还能对非法入网的用户进行跟踪。

④病毒是威胁信息安全的大敌，应该高度重视。市场上虽有种类繁多的防病毒工具，但对新病毒却显得力不从心，所以应严格禁止使用复制软件，加强对病毒的监测和及时清除病

毒，这也是保证网上信息安全的重要措施。

三、难点释疑

代理服务用于网络防火墙

防火墙的设计可以采用双重宿主主机，形成“内外分治”的格局，隔离内部和外部。

代理服务是运行在防火墙主机上的专门的应用程序，或者称服务程序。防火墙主机可以是有一个内部网络接口和一个外部网络接口的双重宿主主机，也可以是一些可以访问因特网并可被内部主机访问的堡垒机。这些程序接受用户对因特网服务的请求，并按照安全策略转发它们到实际的服务。所谓代理，就是一个提供替代连接并且充当服务的网关。

代理服务位于内部用户（在内部的网络上）和外部服务（在因特网上）之间。代理在幕后处理所有用户和因特网服务之间的通信以代替相互间的直接交谈。

透明是代理服务的一大优点。对于用户来说，代理服务器给出用户直接使用真正的服务器的假象；对于真正的服务器来说，代理服务器给出真正的服务器在代理主机上直接处理用户的假象。

代理服务器的作用不仅仅是转送用户的请求以得到因特网络的服务。代理服务器还能控制用户做些什么，因为是它来决定处理的请求。依据用户站点的安全策略，请求可以被允许也可以被拒绝，这就构成了代理服务器的控制能力。更先进的代理服务可以允许不同的主机有不同的代理能力，而不在所有主机上都执行一样的限制。

比较典型的代理服务兼做防火墙的程序是运行在 Microsoft Windows NT Server 上的 Win Proxy 代理服务程序，这个程序使安装它的服务器成为桥接内部网络和外部网络的枢纽，内部网络中的计算机必须通过它才能访问外部网络，而外部网络如果没有得到防火墙的许可，根本不可能看到内部网络的结构。代理服务程序还能控制允许通过的 IP 号，甚至可以限制数据的流量，提供了十分完善的代理服务。

四、练习题

（一）单项选择题（在备选答案中选出一个正确答案）

1. 如果一个加密系统的加密密钥和解密密钥相同，或者虽不相同，但可以由其中一个推导出另一个，则这种加密方式属于(　　)。

A. 对称密钥密码体制　　B. 公开密钥密码体制

C. 统计密钥密码体制　　D. 量化密钥密码体制

2. 更改信息和拒绝用户使用资源的攻击被称为(　　)。

A. 被动攻击　　B. 主动攻击

C. 双向攻击　　D. 以上选项都不对

3. 有一种加密方法，其最大弱点是在中间结点都暴露了信息的内容，这种加密方法是(　　)。

A. 链路加密　　B. 端到端加密　　C. 终点加密　　D. 校验加密

4. 以下关于防火墙的叙述中，错误的是(　　)。

A. 防火墙能强化安全策略　　B. 防火墙是一个安全策略的检查站

C. 防火墙限制暴露用户点　　D. 防火墙能防范计算机病毒

5. 对析出信息的攻击称为(　　)。

A. 被动攻击　　B. 主动攻击　　C. 双向攻击　　D. 单向攻击

6. 攻击者或者删除通过某一连接的所有 PDU，或者将双方或单方的所有 PDU 加以延迟的攻击被称为(　　)。

A. 信息量分析　　B. 更改报文流

C. 拒绝报文服务　　D. 伪造连接初始化

7. 攻击者重放以前合法连接初始化序列的记录，或者伪造身份而企图建立连接的攻击被称为(　　)。

A. 信息量分析　　B. 更改报文流

C. 拒绝报文服务　　D. 伪造连接初始化

8. 实现端到端加密的最低层是(　　)。

A. 链路层　　B. 运输层　　C. 网络层　　D. 应用层

9. 在被屏蔽子网体系结构中，主要用于保护内部网络，使之免受外部网和周边网侵犯的设备是(　　)。

A. 双重宿主主机　　B. 堡垒主机　　C. 内部路由器　　D. 外部路由器

10. 在被屏蔽子网体系结构中，主要用于保护周边网和内部网使之免受来自外部网侵犯的设备是(　　)。

A. 双重宿主主机　　B. 堡垒主机　　C. 内部路由器　　D. 外部路由器

11. 维护网络正常有序运行的重要手段是(　　)。

A. 安全管理　　B. 配置管理　　C. 故障管理　　D. 性能管理

12. 在 CMIP 管理模型中，用于描述管理任务如何分配的模型是(　　)。

A. 功能模型　　B. 过程模型　　C. 信息模型　　D. 组织模型

13. 在 CMIP 管理模型中，用于描述各种网络管理功能和它们之间关系的模型是(　　)。

A. 功能模型　　B. 过程模型　　C. 信息模型　　D. 组织模型

14. 在 CMIP 管理模型中，提供了描述被管对象和相关管理信息准则的模型是(　　)。

A. 功能模型　　B. 过程模型　　C. 信息模型　　D. 组织模型

(二) 多项选择题（在备选答案中选出两个或两个以上的正确答案）

1. 防火墙的体系结构一般有(　　)。

A. 双重宿主主机体系结构　　B. 被屏蔽主机体系结构

C. 被屏蔽子网体系结构　　D. 被屏蔽子网内用户体系结构

E. 被屏蔽外网用户体系结构

2. 以下选项中，防火墙系统不能防范的是(　　)。

A. 恶意的知情者　　B. 不通过它的连接

C. 病毒　　D. 其他代理服务器发来的恶意攻击

E. 通过其他代理服务器来窃取数据

3. 主动攻击可进一步划分为三种，它们是(　　)。

A. 更改报文流　　B. 电磁窃听　　C. 拒绝报文服务

D. 线路干扰　　E. 伪造连接初始化

4. 计算机网络通信安全的目标包括(　　)。

A. 防止析出报文内容　　B. 防止信息量分析

C. 检测更改报文流　　D. 检测拒绝报文服务

E. 检测伪造连接初始化

5. SNMP 管理模型基本组成部分包括(　　)。

A. 管理进程　　B. 管理客户　　C. 管理信息库

D. 管理服务器　　E. 管理代理

6. 密码技术包括(　　)。

A. 加密　　B. 解密　　C. 认证

D. 数字签名　　E. 签名识别

7. 更改报文流包括对通过连接的 PDU 的(　　)的攻击。

A. 安全性　　B. 真实性　　C. 有序性

D. 有效性　　E. 完整性

8. 实现通信安全的加密策略包括(　　)。

A. 直接加密　　B. 间接加密　　C. 链路加密

D. 端到端加密　　E. 运输层加密

9. 数据是指用户保存在计算机里的信息，需要保护的数据的典型特征是(　　)。

A. 保密性　　B. 完整性　　C. 真实性

D. 可用性　　E. 有效性

10. 被屏蔽子网体系结构组成包括(　　)。

A. 双重宿主主机　　B. 堡垒主机　　C. 周边网络

D. 内部路由器　　E. 外部路由器

11. 网络管理任务包括(　　)。

A. 性能管理　　B. 故障管理　　C. 配置管理

D. 计费管理　　E. 安全管理

12. CMIP 管理模型可以用(　　)进行描述。

A. 安全模型　　B. 组织模型　　C. 过程模型

D. 功能模型　　E. 信息模型

(三) 名词解释

1. 端到端加密
2. 防火墙
3. 计算机病毒
4. 计算机蠕虫

5．接入控制

6．加密

7．解密

8．对称密钥密码体制

9．被动攻击

10．主动攻击

（四）简答题

1．简述网络管理的功能。

2．简述计算机网络安全的主要内容。

3．简述恶意程序攻击的种类。

4．密码技术主要包括哪些方面？

5．对称密钥密码体制的缺点有哪些？

6．公开密钥密码体制有哪些优点？

7．网络环境下对网络安全的威胁有几类？

8．对于更改报文流的抗击采取哪些措施？

9．简述防火墙的优点。

10．简述防火墙的缺点。

11．代理服务的缺点是什么？

12．故障管理包括哪些功能？

五、参考答案

（一）单项选择题

1．A	2．B	3．A	4．D	5．A
6．C	7．D	8．B	9．C	10．D
11．B	12．D	13．A	14．D	

（二）多项选择题

1．ABC	2．ABC	3．ACE	4．ABCDE	5．ACE
6．ABCDE	7．BCE	8．CD	9．ABD	10．BCDE
11．ABCDE	12．BDE			

（三）名词解释

1．端到端加密：端到端加密是在源结点和目的结点中对传送的PDU进行加密和解密，端到端加密已超出了通信子网的范围，因此要在运输层或其以上各层来实现。这样就使端到端加密的层次选择有一定的灵活性。

2．防火墙：防火墙从本质上说是一种保护装置，是用来保护网络数据、资源和用户声誉的。防火墙能够确保如电子信件、文件传输、远程登录或在特定的系统间信息交换的安全。从逻辑上讲，防火墙是分离器、限制器、分析器。从物理角度看，各站点防火墙物理实现的方式有所不同。通常防火墙是一组硬件设备——路由器、主计算机或者路由器、计算机和配有适当软件的网络的多种组合。

3. 计算机病毒：计算机病毒是一种会传染其他程序的程序，传染是通过修改其他程序来把自身或其变种复制进去完成的。

4. 计算机蠕虫：计算机蠕虫是一种通过网络的通信功能将自身从一个结点发送到另一个结点并启动的程序。

5. 接入控制：接入控制是指必须对接入网络的权限加以控制，并规定每个用户的接入权限。

6. 加密：把明文变换成密文的过程。

7. 解密：把密文还原成明文的过程。

8. 对称密钥密码体制：如果一个加密系统的加密密钥和解密密钥相同，或者虽不相同，但可以由其中一个推导出另一个，则称其为对称密钥加密体制。

9. 被动攻击：对析出信息的攻击称为被动攻击。

10. 主动攻击：更改信息和拒绝用户使用资源的攻击称为主动攻击。

（四）简答题

1. 答：为实现开放系统的互连，国际电信联盟制定了电信管理网标准。该标准为网络管理规定了五个方面的任务，即性能管理、故障管理、配置管理、计费管理和安全管理。

（1）性能管理：性能管理是对网络性能的管理，要求做到对网络的特性、资源利用率和有关通信活动进行分析，以帮助网络管理人员评价网络资源及相关的通信活动的情况和效率。

（2）故障管理：故障管理是网络管理最基本的功能之一。故障管理主要对网络设备和服务器故障进行检测、诊断、故障排除、维修与报告。

（3）配置管理：配置管理是维护网络正常有序运行的重要手段。它初始化网络、并配置网络，以使其提供网络服务。目的是实现某个特定功能或使网络性能达到最优。

（4）计费管理：计费管理负责记录网络资源的使用，目的是控制和监测网络操作的费用和代价，它对一些公共商业网络尤为重要。

（5）安全管理：安全管理是网络管理中非常重要的内容。安全性一直是网络的重要环节之一，而用户对网络安全的要求又相当高。网络中主要有以下几大安全问题：网络数据的私有性、授权、访问控制。相应地，网络安全管理应包括对授权机制、访问控制、加密和加密关键字的管理，另外，还要维护和检查安全日志。

2. 答：计算机网络安全主要有以下一些内容。

（1）保密性。

（2）安全协议的设计。

（3）接入控制。

3. 答：恶意攻击的种类包括以下几种。

（1）计算机病毒，一种会传染其他程序的程序，传染是通过修改其他程序来把自身或其变种复制进去完成的。

(2) 计算机蠕虫，一种通过网络的通信功能将自身从一个结点发送到另一个结点并启动的程序。

(3) 特洛伊木马，一种执行超出程序定义之外的程序。

(4) 逻辑炸弹，一种当运行环境满足某种特定条件时执行其他特殊功能的程序。

4. 答：密码技术主要包括以下几方面。

(1) 加密，把明文转换成密文的过程。

(2) 解密，把密文还原成明文的过程。

(3) 认证，识别个人、网络上的机器或机构。

(4) 数字签名，是把密文和用来解码的密钥一起发送，而该密钥本身又被加密，还需要另一个密钥来解密。

5. 答：对称密钥密码体制主要有以下几点不足。

(1) 密钥使用一段时间后就要更换，加密方每次启动新密码时，都要经过某种秘密渠道把密钥传给解密方，而密钥在传递过程中很容易泄露。

(2) 网络通信时，如果网内的所有用户都使用同样的密钥，就失去了保密的意义，但如果网内任意两个用户通信时都使用互不相同的密钥，则密钥量太大，难于管理。

(3) 无法满足互不相识的人进行私人谈话时的保密要求。Internet 中，有时互不相识的两方需要传送加密信息。

(4) 难于解决数字签名验证的问题。

6. 答：公开密钥密码体制的优点有以下几方面。

(1) 密钥分配简单。由于加密密钥和解密密钥不同，且不能由加密密钥推导出解密密钥，而解密密钥则由用户自己掌握。

(2) 密钥的保存量少。网络中的每一密码通信成员只需秘密保存自己的解密密钥，N 个成员只需产生 N 对密钥，便于密钥管理。

(3) 可以满足互不相识的人之间进行私人谈话时的保密性要求。

(4) 可以完成数字签名和数字鉴别。发信人使用只有自己知道的密钥进行签名，收信人利用公开密钥进行检查，既方便又安全。

7. 答：网络环境下对网络安全的威胁分为以下三类。

(1) 未经许可地析出信息；

(2) 未经许可地篡改信息；

(3) 未经许可地拒绝或中止一些用户对资源的使用。

8. 答：对于更改报文流的抗击就是要检测报文的完整性、真实性和有序性。为保证报文的完整性，必须采用鉴别（authentication）技术；为保证报文的真实性，应在所有时间内使每个连接都有唯一的标识符，并将此标识符附加到通过此连接的每一个 PDU 上；为了防止对有序性的攻击，可在每一个 PDU 中增加一个序号，同时不能在某个连接唯一标识符存在期间重复使用该符号。

9. 答：防火墙具有以下优点。

(1) 防火墙能强化安全策略。防火墙是为了防止不良现象发生的“交通警察”，它执行站点的安全策略，仅仅容许“认可的”和符合规则的请求通过。

(2) 防火墙能有效地记录 Internet 上的活动。因为所有进出信息都必须通过防火墙，所以防火墙非常适用收集关于系统和网络使用与误用的信息。

(3) 防火墙限制暴露用户点。防火墙能够用来隔开网络中一个网段与另一个网段。这样，就能够有效控制影响一个网段的问题通过整个网络传播。

(4) 防火墙是一个安全策略的检查站。所有进出网络的信息都必须通过防火墙，防火墙便成为一个安全检查点，使可疑的访问被拒绝于门外。

10. 答：防火墙还有以下缺点。

(1) 不能防范恶意的知情者。如果入侵者已经在防火墙内部，防火墙是无能为力的。

(2) 防火墙不能防范不通过它的连接。防火墙能够有效地防止通过它进行传输的信息，然而不能防止不通过它而传输的信息。

(3) 防火墙不能防备全部的威胁。防火墙被用来防备已知的威胁，但没有一个防火墙能自动防御所有的新的威胁。

(4) 防火墙不能防范病毒。防火墙不能消除网络上的 PC 机的病毒。无论防火墙是多么安全，用户只能在防火墙后面清除病毒。

11. 答：代理服务有以下缺点。

(1) 代理服务落后于非代理服务。在一个服务出现和它的代理服务出现之间一般会有一个较为明显的延迟，所以一个站点在提供一个新的服务时无法立刻提供代理服务，这样便会产生安全漏洞。

(2) 每个代理服务要求不同的服务器。选择、安装和配置这些不同的代理服务器是一项复杂的工作。

(3) 代理服务一般要求对客户或程序进行修改。代理服务器一般都要求对客户或程序进行修改，而每一种修改难免会带来某些缺憾。

(4) 代理服务对某些服务来说是不合适的。一个过于复杂的交谈可能永远无法进行代理。

(5) 代理服务不能保护用户不受协议本身缺点的限制。作为一个确保安全的方案，代理要判断协议中哪些操作是安全的。

12. 答：故障管理包括以下功能。

(1) 维护并检查错误日志。

(2) 接受错误检测报告并做出响应。

(3) 跟踪、辨认错误。

(4) 执行诊断测试。

(5) 纠正错误。

第十三章　Internet 应用技术

一、章节结构及重点

本章共分为六节，分别介绍了电子邮件服务、远程登录服务、文件传输服务、WWW服务，以及 Internet 新闻与公告类服务的概念和工作原理，并简要介绍了各种服务的使用方法。

第一节概述了 Internet 的概念和发展历程，同时简述了 Internet 的接入技术。

第二节讲述了电子邮件服务。首先介绍了电子邮件的含义和优点，随后介绍了电子邮件服务的组成和工作过程，并简单讲述了电子邮件传输协议，最后介绍了常用的电子邮件应用程序及它们都能实现的功能，同时介绍了电子邮件的格式。

第三节讲述了远程登录服务。首先介绍了远程登录的概念，随后讲述了远程登录协议，最后介绍了远程登录的工作原理和远程登录使用方法。

第四节讲述了文件传输服务。首先介绍了文件传输服务的概念，随后讲述了 FTP 服务的工作过程和类型，重点讲述了匿名 FTP 服务，最后介绍了常用的 FTP 客户端程序。

第五节讲述了 WWW 服务。首先介绍了 WWW 服务的基本概念、发展历史和特点，同时讲述了超文本与多媒体的基本概念，随后介绍了 WWW 的组成，最后讲述了主页的概念和组成、浏览器的概念和 URL 定义。

第六节讲述了 Internet 新闻与公告类服务，主要介绍网络新闻的概念及其功能，同时讲述了电子公告牌的功能。

二、本章主要内容

（一）电子邮件服务的概念、原理和使用方法

电子邮件（E-mail）为 Internet 上的用户提供了快速、简便、廉价的现代化通信手段，它是目前用户使用最多的一种 Internet 服务功能。

电子邮件服务的工作过程是以邮件服务器为核心的。邮件服务器是 Internet 邮件服务系统的核心，一方面，邮件服务器负责接收用户送来的邮件，并根据收件人地址发送到对方的邮件服务器中；另一方面，它负责接收由其他邮件服务器发来的邮件，并根据收件人地址分发到相应的电子邮箱中。

电子邮件服务基于客户机/服务器结构。发送方将写好的邮件发送给自己的邮件服务器；发送方的邮件服务器接收用户送来的邮件，并根据收件人地址发送到对方的邮件服务器中；接收方的邮件服务器接收其他服务器发来的邮件，并根据收件人地址分发到相应的电子邮箱中；

接收方可以在任何时间或地点从自己的邮件服务器中读取邮件，并对它们进行处理。

通过客户机中的电子邮件应用程序，可以发送与接收电子邮件。电子邮件应用程序负责将写好的邮件发送到邮件服务器中，也负责从邮件服务器中读取邮件，并对它们进行处理。

目前各种电子邮件系统所提供的服务功能基本相同，都可以完成以下操作：

- 创建与发送电子邮件；
- 接收、阅读与管理电子邮件；
- 账号、邮箱与通信簿管理。

电子邮件程序向邮件服务器中发送邮件时，使用的是简单邮件传输协议（SMTP，Simple Mail Transfer Protocol）；电子邮件程序从邮件服务器中读取邮件时，可以使用 POP3（Post Office Protocol）或 IMAP（Interactive Mail Access Protocol）协议，这取决于邮件服务器支持的协议类型。

电子邮件与普通的邮政信件相似，也有自己固定的格式。电子邮件包括邮件头（mail header）与邮件体（mail body）两部分。邮件头由多项内容构成。其中一部分是由系统自动生成的，另一部分是由发件人自己输入的。邮件体是实际要传送的信函内容。传统的电子邮件系统只能传输英文信息，而采用多目的电子邮件系统扩展（MIME，Multipurpose Internet Mail Extensions）的电子邮件系统不但能传输各种文字信息，而且能传输图像、语音与视频等多种信息，从而使得电子邮件更加丰富多彩。

（二）远程登录服务的概念、原理和使用方法

远程登录是 Internet 最早提供的基本服务功能之一。Internet 中的用户远程登录是指使用 Telnet 命令，使自己的计算机暂时成为远程计算机的一个仿真终端的过程。一旦成功地实现了远程登录，用户的计算机就可以像一台与远程计算机直接相连的本地终端一样工作。远程登录允许在任意类型的计算机之间进行通信。远程登录之所以能提供这种功能，主要是因为所有的运行操作都是在远程计算机上完成的，用户的计算机仅仅是作为一台仿真终端向远程计算机传送击键信息与显示结果。

在 TCP/IP 协议族中有两个远程登录协议：Telnet 协议与 Rlogin 协议。

Telnet 采用了客户机/服务器模式。在远程登录过程中，用户的实终端（Real Terminal）采用用户终端的格式与本地 Telnet 客户机进程通信；远程主机采用远程系统的格式与远程 Telnet 服务器进程通信。

在 Telnet 客户机进程与 Telnet 服务器进程间，通过网络虚拟终端 NVT 标准进行通信。在采用网络虚拟终端后，不同的用户终端格式只与标准的网络虚拟终端打交道，而与各种不同的本地终端格式无关。Telnet 客户机进程与 Telnet 服务器进程一起完成用户终端格式、远程主机系统格式与标准网络虚拟终端 NVT 格式的转换。

使用 Telnet 功能，需要具备两个条件：（1）用户的计算机要有 Telnet 应用软件；（2）在远程计算机上有自己的用户账号。用户在使用 Telnet 命令进行远程登录时，首先应在 Telnet 命令中给出对方计算机的主机名或 IP 地址，然后根据对方系统的询问，正确键入自己的用户名与用户密码。有时还要根据对方的要求，回答自己所使用的仿真终端的类型。Internet 有很多信息服务机构提供开放式的远程登录服务，登录到这样的计算机时，不需要事先设置用户账号，使用公开的用户名就可以进入系统。用户可以使用 Telnet 命令，使自

己的计算机暂时成为远程计算机的一个仿真终端。一旦成功地实现了远程登录，就可以像远程计算机的本地终端一样进行工作，使用远程计算机对外开放的全部资源，如硬件、程序、操作系统、应用软件和信息等。

（三）文件传输服务的概念、原理和使用方法

文件传输服务是 Internet 中最早提供的服务功能之一。文件传输服务提供了在 Internet 的任意两台计算机之间相互传输文件的机制，它是广大用户获得丰富的 Internet 资源的重要方法之一。

文件传输服务是由 TCP/IP 中的文件传输协议（FTP，File Transfer Protocol）支持的，它允许用户将文件从一台计算机传输到另一台计算机上，并且能保证传输的可靠性。因此，人们通常将文件传输服务称为 FTP 服务。

由于采用 TCP/IP 协议作为 Internet 的基本协议，所以无论两台 Internet 上的计算机在地理位置上相距多远，只要它们都支持 FTP 协议，就可以相互传送文件。这样做不仅可以节省实时联机的通信费用，而且可以方便地阅读与处理传输过来的文件。同时，采用 FTP 传输文件时，不需要对文件进行复杂的转换，因此具有较高的效率。Internet 与 FTP 的结合，好像使每个联网的计算机都拥有了一个容量巨大的备份文件库，这是单个计算机无法比拟的优势。

FTP 服务采用典型的客户机/服务器工作模式。远程提供 FTP 服务的计算机称为 FTP 服务器，它通常是信息服务提供者的计算机，相当于一个大的文件仓库；用户的本地计算机称为客户机。文件从 FTP 服务器传输到客户机的过程称为下载；文件从客户机传输到 FTP 服务器的过程称为上传。

FTP 服务是一种实时的联机服务。访问 FTP 服务器前必须进行登录，登录时要求用户正确键入自己的用户名与用户密码。只有在登录成功后，才能访问 FTP 服务器，并对授权的文件进行查看与传输。根据所使用的用户账号的不同，可以将 FTP 服务分为普通 FTP 与匿名 FTP 服务两种类型。

目前，Internet 用户使用的大多数 FTP 服务都是匿名服务。为了保证 FTP 服务器的安全，几乎所有的匿名 FTP 服务都只允许用户下载文件，而不允许用户上传文件。然而，单独使用 FTP 服务时，将文件下载到本地前，是无法了解文件内容的。为此，人们一般使用 WWW 浏览器去搜索需要的文件，然后利用 WWW 浏览器支持的 FTP 功能下载文件。

目前，常用的 FTP 客户端程序通常有三种类型：传统的 FTP 命令行、浏览器与 FTP 下载工具。

（四）WWW 服务的概念、原理和使用方法

WWW 服务又称为 Web 服务，是目前 Internet 上最方便与最受用户欢迎的信息服务类型，它的影响力已远远超出了专业技术范畴，并且已经进入广告、新闻、销售、电子商务与信息服务等领域。

WWW 是以超文本标注语言（HTML，Hyper Text Markup Language）与超文本传输协议（HTTP，Hyper Text Transfer Protocol）为基础，提供面向 Internet 服务、具有一致的用户界面的信息浏览系统。Internet 采用超文本和超媒体的信息组织方式，将信息的链接

扩展到整个 Internet 上。

WWW 服务主要有以下几个特点：

- 以超文本方式组织网络多媒体信息；
- 可以在世界范围内任意查找、检索、浏览和添加信息；
- 提供生动直观、易于使用、统一的图形用户界面；
- 站点之间可以互相链接，可以提供信息查找和漫游的透明访问；
- 可访问图像、声音、视频与文本信息。

WWW 系统的结构采用了客户机/服务器模式。信息资源以主页的形式存储在 Web 服务器中，用户通过浏览器向 Web 服务器发出请求；Web 服务器根据客户端的请求内容，将保存在 Web 服务器中的某个页面发送给客户端；浏览器在接收到该页面后对其进行解释，并最终将该页面显示给用户。用户可以通过页面中的超链接方便地访问位于其他 Web 服务器中的页面，或其他类型的网络信息资源。

在 Internet 中有众多的 Web 服务器，每台服务器中又包含很多的主页，要想找到所需的主页，可以使用统一资源定位器（URL，Uniform Resource Locator）。标准的 URL 由三部分组成，如 http：//www. china. com/index. html。其中，http：指出要使用 HTTP 协议，www. china. com 指出要访问的服务器的主机名，index. html 指出要访问的主页的路径与文件名。

WWW 的客户程序在 Internet 上称为 WWW 浏览器，它是用来浏览 Internet 上的主页的软件。WWW 浏览器是采用 HTTP 通信协议与 WWW 服务器相连的，主页按照 HTML 格式制作与阅读。WWW 浏览器用户要想浏览 WWW 服务器上的主页内容，必须先按照 HTTP 协议从服务器上取回主页，然后按照 HTML 格式阅读主页。

（五）Internet 新闻与公告类服务的概念、原理和使用方法

网络新闻（Usenet）是为数众多的综合性新闻或专题讨论组的总称，它也可以叫做新闻论坛。从根本上说，Internet 仅是 Usenet 的一个通信载体而已。Usenet 是自发产生的，并像一个有机体一样不断地变化着。不断有新的新闻组产生，而内容复杂的新闻组又会分裂成更小的专业性新闻组，同时某些新闻组也可能会解散。所有的这些都基于某些共同接受的原则，并不存在任何强制机构或中心管理机构，完全依赖于计算机的拥有者与使用者的合作。

Usenet 的基本通信手段是电子邮件，它不是采用点对点通信方式，而是采用多对多的方式进行通信。但是，所有信息并不像电子邮件一样发送到用户的邮箱中，用户必须使用专门的新闻阅读程序（News Reader）来访问 Usenet 主机，阅读网络新闻，发表自己的意见，提出自己的问题，决定是加入还是退出新闻组。

网络新闻阅读程序是一种专门阅读网络新闻的程序，在新闻阅读程序启动后，将会列出所有用户加入的新闻组。在选择某个新闻组后，阅读程序会检索该新闻组，列出所有用户未读的文章，如果选择某篇文章，就可以看到该文章的内容。

电子公告牌（BBS，Bulletin Board System）是 Internet 上的一种电子信息服务系统。它提供一块公共电子白板，每个用户都可以在上面书写、发布信息或提出看法。电子公告牌可以方便、迅速地使各地用户了解公告信息，是一种有力的信息交流工具、大部分 BBS 站是由教育机构、研究机构或商业机构创建并管理的。电子公告牌可以按不同的主题分成很多个布告栏，布告栏是依据大多数 BBS 使用者的需求与喜好设立的。使用者可以阅读他人关于某个主题的最新看法，也可以将自己的看法贴到布告栏中，同样也可以看到别人对你的观点发表的看法。如果需要私下进行交流，可以将想说的话直接发到某人的电子邮箱中。如果想参与电子公告栏中某些人的聊天，可以启动聊天程序加入他们的行列。

三、难点释疑

以 SLIP/PPP 方式入网的原理

SLIP 是英文 Serial Line Internet Protocol（串行线 IP 协议）的缩写。PPP 是英文的 Point-to-Point Protocol（点对点协议）的缩写。SLIP 是一个比较简单的互联网络协议，用于在拨号电话线等串行链路上运行 TCP/IP 协议。大多数 SLIP 连接均有静态的 IP 地址。PPP 是由 SLIP 扩充发展而来的。对于 PPP，远程服务器可以为本地客户机提供一个动态 IP 地址，这是 PPP 协议内的标准功能。

如果一台计算机每次入网时都使用固定的同一个 IP 地址，那么该 IP 地址就称为静态 IP 地址（分配）。反之，若一台计算机没有固定的 IP 地址，而是在入网时由 ISP 从一组 IP 地址中选出一个未分配的 IP 地址分配给入网机器使用，退网后该 IP 地址又可以分配给其他需入网的机器使用，那么该 IP 地址就称为动态 IP 地址（分配）。不论动态 IP 地址还是静态 IP 地址，在 Internet 上都是唯一的，不能在网上同时重复使用。使用动态 IP 地址是因为在 Internet 中，IP 地址的数量是有限的，而进入 Internet 的计算机却在不断增长，造成了 IP 地址不够分配。为了解决这个问题，人们就把没有上网的计算机的 IP 地址拿出来，动态地分配给需要上网的计算机，退网后再回收回来分配给其他需要上网的计算机。这样就部分地在一定程度上解决了 IP 地址不够分配的问题。

SLIP/PPP 协议可使普通电话线呈现出专线的连接特性，这样用户就可以在本地计算机上运行 TCP/IP 软件，使本地的计算机如同 Internet 主机一样，尽管运行速度低些，但是具有专线连接的所有功能。也就是说，以 SLIP/PPP 方式入网的用户本地计算机是作为 Internet 的一台主机来使用的。以主机身份人网的计算机，可以享有 Internet 上的全部服务。

以 SLIP/PPP 方式入网时，需要的设备如下：

（1）一台计算机。

（2）一个 Modem，速度越快越好。

（3）一条电话线，但人工转接的分机线不能使用。

（4）支持 SLIP/PPP 的通信软件。

四、练习题

（一）单项选择题（在备选答案中选出一个正确答案）

1. 所有的 Internet 服务资源都使用的体系结构是（　　）。

A. 客户/服务器结构　　B. 集中式结构

C. 星形结构　　D. 平级结构

2. 电子邮件程序向邮件服务器中发送邮件时，使用的协议是(　　)。

A. FTP 协议　　B. SMTP 协议　　C. QMTS 协议　　D. HTTP 协议

3. FTP 可以传输的文件格式是(　　)。

A. 文本和二进制　　B. 文本和图像

C. 二进制和图像　　D. 二进制和声音

4. 下面哪一个不是传送电子邮件的协议？(　　)

A. SMTP 协议　　B. POP 协议

C. MIME 协议　　D. TELNET 协议

5. 负责我国 Internet 域名和域名注册的机构是(　　)。

A. 中国国家计算与网络设施 NCFC　　B. 中科院网络 CASNET

C. 中国互联网信息中心 CNNIC　　D. 中国公用计算机互联网 ChinaNET

6. 把单位内部规模较小的、主要用网络电缆将计算机连接起来形成的网络称为(　　)。

A. 城域网　　B. 局域网　　C. 广域网　　D. 互联网

7. 把用公共通信设施将计算机互相连接形成的规模很大的网络称为(　　)。

A. 城域网　　B. 局域网　　C. 广域网　　D. 互联网

8. 对于个人拨号用户来说，接入 Internet 必不可少的设备是(　　)。

A. 网卡　　B. 调制解调器　　C. 路由器　　D. 访问服务器

9. 网络赖以生存的基础是(　　)。

A. 主机　　B. 操作系统　　C. 网络通信协议　　D. 应用程序

10. Internet 邮件服务系统的核心是(　　)。

A. 电子邮箱　　B. 邮件服务器

C. 电子邮件地址　　D. 电子邮件应用程序

11. 用户与邮件服务器之间进行交互的协议是(　　)。

A. SMTP 协议　　B. POP 协议

C. MIME 协议　　D. Telnet 协议

12. 传送非文本文件邮件的协议是(　　)。

A. SMTP 协议　　B. POP 协议

C. MIME 协议　　D. Telnet 协议

13. 只适用于 UNIX 系统的远程登录协议是(　　)。

A. Telnet 协议　　B. Rlogin 协议

C. SMTP 协议　　D. FTP 协议

14. 用于将 HTML 元素与其他主页相连的主页元素是(　　)。

A. 文本　　B. 图像　　C. 表格　　D. 超链接

15. 在 Internet 中，要找到所需的主页可以使用(　　)。

A. 域名服务系统 DNS　　B. 统一资源定位器 URL

C. 地址转换协议 ARP　　D. 反向地址转换协议 RARP

(二) 多项选择题（在备选答案中选出两个或两个以上的正确答案）

1. 电子邮件程序从邮件服务器中读取邮件时，可以使用的协议有(　　)。

A. POP3 协议　　B. IMAP 协议　　C. HTTP 协议

D. SMTP 协议　　E. FTP 协议

2. 在 TCP/IP 协议族中有两个远程登录协议，它们是(　　)。

A. POP3 协议　　B. Telnet 协议　　C. Rlogin 协议

D. FTP 协议　　E. Strem 协议

3. Internet 的接入方式包括(　　)。

A. 以终端方式入网　　B. 以 SLIP/PPP 方式入网

C. 以 WWW 方式入网　　D. 以 TCP/IP 方式入网

E. 以 DDN 专线方式入网

4. 电子邮件包括(　　)。

A. 电子邮箱　　B. 电子邮件地址　　C. 邮件头

D. 邮件体　　E. 邮件尾

5. 主页包含的基本元素有(　　)。

A. 文本　　B. 图像　　C. 表格

D. 表单　　E. 超链接

(三) 名词解释

1. Internet 中的主机
2. Internet 中的终端
3. 局域网
4. 广域网
5. 服务器程序
6. 客户端程序
7. 客户/服务系统
8. WWW
9. 主页
10. 网络新闻

(四) 简答题

1. 简述 Internet 的接入方式。
2. 简述匿名 FTP 的实现方式。
3. 简述 Internet 的基本构件。
4. 我国的公共通信网提供的线路主要有几种类型?
5. 简述电子邮件服务的优点。
6. 简述电子邮件服务的过程。
7. 电子邮件系统提供的服务功能有哪些?
8. 常用的 FTP 客户端程序通常有几种类型?
9. WWW 服务的主要特点是什么?
10. 简述 WWW 的工作方式。

11. 采用SLIP/PPP方式入网需要的设备有哪些?

五、参考答案

(一) 单项选择题

1. A	2. B	3. A	4. D	5. C
6. B	7. C	8. B	9. C	10. B
11. B	12. C	13. B	14. D	15. B

(二) 多项选择题

1. AB	2. BC	3. ABE	4. CD	5. ABCDE

(三) 名词解释

1. Internet中的主机：在Internet中，每一台拥有自己的Internet地址或IP地址的计算机才被称为主机。主机可以是一台PC机或工作站，也可以是小型机甚至于巨型机。

2. Internet中的终端：终端通常由一个键盘、一个显示器和一些通信部件组成。在多用户系统中，主计算机往往带有很多终端（Terminal)，这些终端往往只有很有限的计算能力，所以有时也称之为哑终端。所有终端都通过通信线路或直接与主计算机相连接，主计算机则为每个终端提供计算、存储、主件访问等操作能力。在终端方式下，用户只能做所连接的主机允许做的事情，而且除了用户所输入的命令和显示的结果外，其他所有工作都由远程主机来完成。

3. 局域网：把单位内部规模较小的、主要用网络电缆将计算机连接起来形成的网络称为局域网（LAN)。

4. 广域网：把用公共通信设施将计算机互相连接形成的规模很大的网络称为广域网（WAN)。

5. 服务器程序：安装在提供资源和服务的计算机上的程序被称做服务器（Server）程序。

6. 客户端程序：获取和使用Internet上的资源和服务、需要安装在用户的计算机上的程序被称为客户（Client）端程序。

7. 客户/服务系统：由服务器程序和客户端程序共同完成一件任务的系统就称为客户/服务器系统。

8. WWW：WWW是以超文本标注语言（HTML）与超文本传输协议（HTTP）为基础，提供面向Internet服务、具有一致的用户界面的信息浏览系统。

9. 主页：主页（home page）指个人或机构的基本信息页面，用户通过主页可以访问有关的信息资源。

10. 网络新闻：网络新闻（Usenet）是为数众多的综合性新闻或专题讨论组的总称。

(四) 简答题

1. 答：Internet的接入方式有三种。

（1）以终端方式入网：ISP 的主计算机与 Internet 直接连接，是 Internet 的一台主机。它可以连接若干台终端。用户的本地计算机通过通信软件的终端仿真功能连接到 ISP 的主机上并成为该主机的一台终端，经由主机系统访问 Internet。

（2）以 SLIP/PPP 方式入网：SLIP 是英文 Serial Line Internet Protocol（串行线 IP 协议）的缩写。PPP 是英文的 Point-to-Point Protocol（点对点协议）的缩写。SLIP 是一个比较简单的互联网络协议，用于在拨号电话线等串行链路上运行 TCP/IP 协议。大多数 SLIP 连接均有静态的 IP 地址。PPP 是由 SLIP 扩充发展而来的。对于 PPP，远程服务器可以为本地客户机提供一个动态 IP 地址，这是 PPP 协议内的标准功能。

（3）以 DDN 专线方式入网：使用这种连接方式时，需要在用户和 ISP 两端分别加装支持 TCP/IP 协议的路由器，为局域网上的每一台计算机申请一个静态 IP 地址，并向电信部门申请一条 DDN 数字专线，由用户独自使用。

2. 答：匿名 FTP 服务的实质是提供服务的机构在它的 FTP 服务器上建立一个公开账号（通常为 Anonymous），并赋予该账号访问公共目录的权限。如果用户要访问这些提供匿名服务的 FTP 服务器，一般不需要输入用户名与用户密码。如果需要输入它们，可以用 Anonymous作为用户名，用 Guest 作为用户密码。有些 FTP 服务器可能会要求用户用自己的电子邮件地址作为用户密码。

3. 答：Internet 基本构件有硬件和软件，而硬件主要包括通信线路、网络设备和计算机（主机和终端）；软件则包括操作系统、网络协议和应用程序。Internet 的全部服务实际上都是由操作系统、网络协议和应用程序共同来实现的。

4. 答：我国的公共通信网提供的线路主要有以下几种类型。

（1）公用电话交换网 PSTN。

（2）公用分组交换网，即 X. 25 网（CHINAPAC）。

（3）数字数据网，即 DDN 网（CHINADDN）。

（4）依附于 X. 25 网或 DDN 网的帧中继网 FR。

（5）综合业务数据网 ISDN。

5. 答：电子邮件服务具有以下几个优点。

（1）方便迅捷。

（2）费用低廉。

（3）功能齐全，传输信息量大。

6. 答：电子邮件服务基于客户机/服务器结构。首先，发送方将写好的邮件发送给自己的邮件服务器；发送方的邮件服务器接收用户送来的邮件，并根据收件人地址发送到对方的邮件服务器中；接收方的邮件服务器接收其他服务器发来的邮件，并根据收件人地址分发到相应的电子邮箱中；接收方可以在任何时间或地点从自己的邮件服务器中读取邮件，并对它们进行处理。

7. 答：电子邮件系统提供的服务功能包括以下几个。

（1）创建与发送电子邮件。

（2）接收、阅读与管理电子邮件。

（3）账号、邮箱与通信簿管理。

8. 答：常用的 FTP 客户端程序通常有三种类型。

(1) 传统的 FTP 命令行。

(2) 浏览器。

(3) FTP 下载工具。

9. 答：WWW 服务主要有以下几个特点。

(1) 以超文本方式组织网络多媒体信息。

(2) 可以在世界范围内任意查找、检索、浏览和添加信息。

(3) 提供生动直观、易于使用、统一的图形用户界面。

(4) 站点之间可以互相链接，可以提供信息查找和漫游的透明访问。

(5) 可访问图像、声音、视频与文本信息。

10. 答：WWW 系统的结构采用了客户机/服务器模式。信息资源以主页的形式存储在 Web 服务器中，用户通过浏览器向 Web 服务器发出请求；Web 服务器根据客户端的请求内容，将保存在 Web 服务器中的某个页面发送给客户端；浏览器在接收到该页面后对其进行解释，并最终将该页面显示给用户。用户可以通过页面中的超链接方便地访问位于其他 Web 服务器中的页面，或其他类型的网络信息资源。

11. 答：以 SLIP/PPP 方式入网时，需要的设备如下。

(1) 一台计算机。

(2) 一个 Modem，速度越快越好。

(3) 一条电话线，但人工转接的分机线不能使用。

(4) 支持 SLIP/PPP 的通信软件。

封面设计/王奕文

ISBN 978-7-300-03718-9

03>

9 787300 037189

ISBN 978-7-300-03718-9/G·772 总定价：48.00元(共两册)